DEUTSCHE DEMOKRATISCHE REPUBLIK
DEUTSCHE AKADEMIE DER LANDWIRTSCHAFTSWISSENSCHAFTEN ZU BERLIN
INSTITUT FÜR LANDWIRTSCHAFTLICHE INFORMATION UND DOKUMENTATION

Landwirtschaftliches Zentralblatt

ABTEILUNG II

PFLANZLICHE PRODUKTION

8. JAHRGANG

1963

AKADEMIE-VERLAG · BERLIN

LZ. II PFLANZLICHE PRODUKTION · JG. 1963 · NR. 6 · SEITE 1441—1712 · BERLIN · JUNI 1963

INHALTSVERZEICHNIS

NAMENVERZEICHNIS

Seitenzahl in [Klammer] bedeutet Bibliographie, mit Stern * bedeutet Buchbesprechung

LANDWIRTSCHAFTLICHES ZENTRALBLATT
ABTEILUNG PFLANZLICHE PRODUKTION

1963 NR. 6 JUNI

I. ALLGEMEINES

Richter, A.; Eberswalde, Inst. für Forstwiss. der Dtsch. Akad. der Landwirtsch.-Wiss. zu Berlin. **Vom Sinn der Akademie in unserer Zeit.** S.-B. dtsch. Akad. Landwirtsch.-Wiss. Berlin **10** (1961) Nr. 12. S. 1–19. – Zus. in Russ., Engl.

Ausgehend von der Entstehung in der Antike wird ein kurzer Abriß über die Entwicklung der Akademie als Wissenschaftsinstitution bis in die Gegenwart gegeben. Ihre Bedeutung in der sozialistischen Gesellschaftsordnung wird umrissen. An Hand der Dokumente über die alle zwei Jahre stattfindenden Festsitzungen und wissenschaftlichen Tagungen der Deutschen Akademie der Landwirtschaftswissenschaften zu Berlin wird die Entwicklung während der ersten zehn Jahre ihres Bestehens aufgezeigt. Zum Schluß werden die Aufgaben für die nächste Zeit umrissen. 1.

C. Ausstellungen, Tagungen, Mitteilungen aus den Instituten

Anonym. Az országos távlati tudományos kutatási tervröl. **(Der Landes-Perspektivplan für wissenschaftliche Forschungen.)** Magyar tudományos Akad., Agrártudományok Osztályának Közleményei [Ung. Akad. Wiss., Ber. Abt. landwirtsch. Wiss.] **20** (1962) Nr. 2/4. S. 441–445. – Aus: Ung. Agrar-Rdsch. **1962** Nr. 4.

Der auf lange Sicht aufgestellte Forschungsplan ermöglicht neben der rationellen Planung und Koordinierung der Forschungsarbeit den wohlproportionierten Ausbau des Forschungsnetzes. Eeine wohldurchdachte Kaderpolitik sowie die wirksame Ausnützung der Produktivkräfte. Gleichzeitig sichert er die Übereinstimmung von wissenschaftlichen Zielsetzungen und volkswirtschaftlichen Interessen. Der Landes-Forschungsplan wurde unter Anleitung der Ungarischen Akad. der Wiss., des Staatlichen Planungsamtes, der Fachministerien, des Rates für Wissenschaft und höheren Unterricht und unter Mitwirkung vieler Forscher und Spezialisten ausgearbeitet. Landwirtsch. Hauptaufgaben sind: Erhaltung und Erhöhung der Bodenfruchtbarkeit, Probleme der Bewässerung und Bewirtschaftung von bewässerten Flächen, Modernisierung des Pflanzenschutzes, Probleme der Brotgetreideproduktion, die Verbesserung des Gemüsebaus, die Weiterentwicklung des Wein- und Obstbaus, der Futterbau, Entwicklung und Erzeugung von Industriepflanzen, Verbesserung der Fleisch- und Milchproduktion, Erhöhung der Geflügel-, Fleisch- und Eierproduktion, Erforschung der Haustierkrankheiten, Probleme der Mechanisierung der Landwirtsch. und betriebswirtsch. Fragen der sozialist. Landwirtschaft, wirtsch.-politische und betriebsorganisatorische Fragen der sozialist. Reorganisation der Landwirtsch. sowie Prüfungen der Auswirkungen der Heterosis, der Hybridisation und der Aufzuchtbedingungen. Für 10 Aufgaben ist das Landwirtsch.-Ministerium, für 5 die Ungarische Akad. der Wiss. verantwortlich. 100.

Anonym. **Forschung und Beratung. Auszüge aus Dissertationen und Forschungsaufträgen.** Landesausschuß landwirtsch. Forsch., Erziehung Wirtsch.-Berat. Minist. Ernähr., Landwirtsch. Forsten Landes Nordrhein-Westfalen, Forsch. u. Berat., R.A **1962** Nr. 11. S. 1–261.

Der Band enthält kurze Auszüge aus Dissertationen und Forschungsberichten, und zwar 28 Diss. der Univ. Bonn, davon 8 mit Themen des Acker- und Pflanzenbaues, 2 aus Garten- und Obstbau, 1 aus landwirtsch. Botanik, 4 aus Phytopathologie, 1 aus Agrikulturchemie, 4 aus Tierzucht und -ernährung, 1 aus Physiologie der Haustiere, 3 aus Betriebslehre, 12 aus Agrarpolitik und -wirtschaft und 2 aus der Landtechnik. Ferner sind enthalten 2 Arbeiten der Univ. Münster und im 3. Abschnitt Berichte über 1961 abgeschlossene, vom Min. für Ernährung, Landwirtsch. und Forsten des Landes Nordrhein-Westfalen erteilte Forschungsaufträge, davon 14 über Landeskultur, Bodenverbesserung und Wasserwirtschaft, 1 aus Acker- und Pflanzenbau, 3 aus Gartenbau, 2 aus Tierzucht und -ernährung, 5 aus Anatomie, Physiologie und Seuchenlehre der Haustiere, 1 aus Bienenkunde, 3 aus Betriebslehre, 3 aus der Landtechnik und 1 aus dem Bauwesen. W. Stenz. 100.

Anonym. Treizième Congrès International d'Essais de Semences. ler part. **(13. Internationaler Samenkontrollkongreß. 1. Teil.)** C.R. Assoc. int. Essais Semences 27 (1962) Nr. 1. S. 1–305. – 9 Abb., 58 Tab., 172 Lit.

Der 13. Kongreß der Internationalen Vereinigung für Samenkontrolle fand vom 7.–12. Mai 1962 in Lissabon statt. Am Kongreß nahmen 150 Vertreter aus 33 Staaten teil. Die Schrift enthält neben dem Teilnehmerverzeichnis, den Eröffnungsansprachen und 2 Vorträgen über Landwirtschaft und Saatgutkontrolle in Portugal die Berichte der Vorsitzenden der 15 Technischen Ausschüsse über ihre Tätigkeit in den Jahren 1959–62 sowie die Diskussionsbeiträge zu diesen Berichten. Die Ergebnisse der Umfragen, der Vergleichsuntersuchungen und anderer Gemeinschaftsarbeiten werden mitgeteilt. Es werden Änderungen der Untersuchungsvorschriften und einige neue Untersuchungsmethoden vorgeschlagen. Justice teilt mit, daß im Einvernehmen mit den Vorstandsmitgliedern nur folgende Kapitel der Internationalen Vorschriften revidiert werden: Reinheitsuntersuchung, zahlenmäßige Bestimmung der schädlichen Unkrautsamen in einer Gewichtseinheit und Untersuchungsspielräume. C. Tittel. 100.

Anonym. Research Report 1958–1960. Research Station Fredericton, New Brunswick. **(Forschungsbericht 1958–60 der Forschungsstation Fredericton, New Brunswick.)** Res. Rep., Res. Stat. Fredericton, N.B. **1958/60** (hrsg. 1960) S. 1–43. – 6 Abb.

Dem Bericht der kanadischen Stat. ist eine Übersicht über die Aufgliederung nach Fachgebieten (Sektionen) und deren personelle Besetzung vorangestellt. Folgende Sektionen sind vertreten: Tiere und Geflügel, Feldkulturen, Gartenkulturen, Entomologie und Pflanzenpathologie, Kartoffelzüchtung und Bodenkunde. Bevor abschließend eine umfangreiche Liste von eigenen Veröffentlichungen aufgeführt wird, werden die in den Sektionen behandelten Forschungsthemen nach ihren wichtigsten Ergebnissen kurz besprochen. Den breitesten Raum nehmen Forschungen an der Kartoffel ein, und zwar mit den Schwerpunkten Züchtung einschl. Verwendung von Wildarten und Krankheiten (Virosen und *Phytophthora*). Bei den gärtnerischen Kulturen stehen Sortenversuche und Mulchen mit Plastmaterialien im Vordergrund, bei den Futterkulturen sind es vor allem Ansaatmischungen für Weiden. Die Getreidearten wurden auf ihre Druscheignung (bes. Mähdrusch) untersucht. Geprüft wurden auch die Möglichkeiten der chem. Unkrautbekämpfung in Feld- und Gartenkulturen. Das phytopathol. Schwergewicht liegt auf der Erforschung von Blattläusen. In der Sektion Bodenkunde wurden Fragen der Bodenchemie (Nährstoffhaushalt und Bodenfruchtbarkeit), der Bodenphysik (Struktur unter dem Einfluß der angebauten Kulturen) und der Bodensystematik (Typen und Horizonte) behandelt.

W. Fleischmann. 100.

Anonym. Research Report 1955–1960. Research Laboratory St. Jean, Quebec. **(Forschungsbericht 1955–60. Forschungslaboratorium St. Jean, Quebec.)** Res. Rep., Res. Lab. St. Jean, Quebec **1955/60** (hrsg. 1962) S. 1–24. – 1 Abb., 1 Tab. 100.

Anders, Hagen. **Studies i jernalderens gardssamfunn.** (Studien über die Landwirtsch. in der Eisenzeit.) Diss. Phil. Fak. Oslo. 1953. (399 S. m. 7 Abb.) 4°. (Diss. 8334)

Literatur über die Land- und Forstwirtschaft in Finnland und Schweden. Hrsg. Instn.: Universitätsbibliothek, Leipzig. (Titelanzahl: 83. Ber.-Zeit: 1955–1961. Nur Zeitschriftenaufsätze.)

Tanácsadó a mezőgazdasági szakkönyvállomány hasznosítására. (Ratgeber für die Nutzung des landwirtschaftlichen Fachbuchbestandes.) Budapest: Országos Mezőg. Könyvtár és Dokumentációs Köpont. 1960. (69 S.) 8°. (1961 A 946)

II. NATURWISSENSCHAFTLICHE GRUNDLAGEN

A. Systematik der Pflanzen

Acheson, R. M., Jenkins, C. L., Harper, John L. und McNaughton, I. H. Floral pigments in papaver and their significance in the systematics of the genus. **(Blütenpigmente bei Papaver und ihre Bedeutung für die Systematik der Gattung.)** New Phytologist **61** (1962) Nr. 3. S. 256–260. – 2 Abb., 4 Lit.

Die chromatographische Untersuchung der Blütenpigmente verschiedener *Papaver*-Arten führte zum Nachweis von Cyanidin- und Pelargonidin-Derivaten sowie weiteren Gelbfarben, die keine Anthocyane sind. Das Vorkommen dieser Pigmente bei den verschiedenen *Papaver*-Arten unterbaut die von Fedde getroffene Einteilung der Gattung in Sektionen und bestätigt außerdem die enge Verwandtschaft der Sektionen *Pilosa* und *Scapiflora*. Die Pigmente von 3 Artbastarden waren dem Elter mit der geringeren Mannigfaltigkeit des Pigmentspektrums ähnlich. Die Anthocyane von Petalen und Stamina differierten häufig, und die Basis der Petalen enthielt normalerweise Petalen- und Stamina-Pigmente gemischt. K. Schulz. 201.

Przybylsky, J. und Nowacki, E.; [Zakład Genet. Roślin PAN. Próba zastosowania chromatograficznej analizy wolnych aminokwasów w taksonomii rodzaju Lathyrus. **(Versuch zur Anwendung der chromatographischen Analyse der freien Aminosäuren in der Taxonomie der Gattung Lathyrus.)** Genetica polon. **2** (1958, hrsg. 1962) Nr. 2. S. 39–58. – 2 Abb., 3 Tab., 16 Lit. Zus. in Russ., Engl.

Das unterschiedliche Vorkommen einiger nichtidentifizierter Subst. in *Lathyrus tingitanus* und *L. sativus* ermutigte zur Prüfung der Frage, ob die Untersuchung der Aminosäuren taxonom. Wert hat. Untersucht wurden 15 *Lathyrus*-Arten sowie *Lens esculenta*, *Nicia ervilia* und *Cicer arietinum*. Die papierchromatische Analyse von Lathyrus ergab neben den bekannten Aminosäuren noch weitere 8 ninhydrinpositive Subst., die in den Pflanzen der anderen (verwandten) Gattungen nicht vorkamen. Anhand der 8 gen. Subst. können die Arten in mehrere Gruppen eingeteilt werden. Eine der charakteristischen Subst. wurde neuerdings untersucht und teilweise bestimmt („Tingitanin" oder „Lathyrin" nach Bell). Die Untersuchung der ninhydrinpositiven Subst. gibt interessante biochem. Aufschlüsse, ist aber taxonomisch für die *Lathyrus*-Arten nur von geringem Wert. W. Święcicki. 201.

Heyn, Chaia C.; Jerusalem, Hebrew Univ., Dep. of Bot. Studies of bulbous Poa in Palestine. 1. The agamic complex of Poa bulbosa. **(Studien über zwiebeltragende Poa-Arten in Palästina. 1. Mitt. Der agame Komplex von Poa bulbosa.)** Bull. Res. Council Israel, Sect. D **11 D** (1962) Nr. 2. S. 117–126. – 5 Abb., 1 Tab., 18 Lit.

Bisher waren in Palästina vier *Poa*-Arten mit Zwiebelbildung festgestellt worden: *Poa bulbosa, P. hackeli, P. eigii, P. sinaica*. Auf Grund von morphol.

Vergleichen kommt Vf. zu dem Schluß, daß eine Trennung der Arten *P. bulbosa* und *P. hackeli* wegen unterschiedlicher Behaarung der Spelzen nicht gerechtfertigt ist. Eine morphol. und zytol. Untersuchung sowie die Beobachtung des Samenansatzes der zwiebelbildenden *Poa*-Formen in Palästina läßt vermuten, daß die verbleibenden 3 Arten einem alten agamischen Komplex („*Poa bulbosa*-Komplex") zuzuordnen sind, der sich teils geschlechtlich, teils apomiktisch vermehrt. H. Naumann. 201.

Staudt, G.; Köln-Vogelsang, Max-Planck-Inst. für Züchtungsforsch. Taxonomic studies in the genus Fragaria. Typification of Fragaria species known at the time of Linnaeus. **(Taxonomische Untersuchungen innerhalb der Gattung Fragaria. Neueinstufung von Fragaria-Arten, soweit sie zur Zeit Linnés bekannt waren.)** Canad. J. Bot. **40** (1962) Nr. 6. S. 869–886.

Die Revision und Neueinstufung der *Fragaria*-Arten hat sich als erforderlich erwiesen. Zunächst werden die z. Z. Linnés bekannten *Fragaria*-Arten und Subspecies, also *F. vesca* (mit 4 Subspecies, 5 Formen und 3 Kulturformen), *F. viridis, F. moschata, F. virginiana* (mit 4 Subspecies), *F. chiloensis* (mit 4 Subspecies und 2 Formen) und *F. ananassa* (2 nothomorphe Formen) beschrieben. Jede Art und Unterart wird morphol. gekennzeichnet, um die Neueinstufung zu begründen. Das Verbreitungsgebiet jeder Species und Subspecies sowie die entspr. Lit. werden angeführt und über die verwandtschaftlichen Verhältnisse innerhalb der Gattung *Fragaria* wird informiert. Außer lebendem Material wurde Herbarmaterial für die Untersuchungen benutzt. G. Barich. 201.

Aalders, L. E. und Hall, I. V.; Kentville, Nova Scotia, Canada Dep. of Agric., Res. Stat. New evidence on the cytotaxonomy of vaccinium species as revealed by stomatal measurements from herbarium specimens. **(Neuer Beweis über die Zytotaxonomie von Vacciniumarten durch Stomatamessungen an Herbarproben.)** Nature [London] **196** (1962) Nr. 4855. S. 694. — 1 Abb., 3 Lit.

Zwischen zwei niedrigen Heidelbeerstrauchformen, einer di- und einer tetraploiden, beide zu *Vaccinium angustifolium* Ait. geordnet, bestehen erhebliche Unterschiede, die die Trennung in 2 verschiedene Arten rechtfertigen (Unterschiede in Chromosomenzahl, Corollenlänge, Verzweigungsgrad und Pollenkorngröße). Das authentische Muster von *V. angustifolium* bestand nur aus 2 unverzweigten Ästen ohne Blüten, und am Herkunftsort des Musters kommen beide Typen vor, so daß keines der angegebenen Merkmale zum Vergleich benutzt werden konnte. Zum Erfolg führte dann der Vergleich der Länge der Spaltöffnungen. Die Spaltöffnungen waren bei den diploiden Formen wesentlich kürzer, bei dem tetraploiden Typ und dem authentischen Muster von *V. angustifolium* übereinstimmend länger. Daher ist der diploide Typ als eigene Art aufzufassen, und der dafür vorgeschlagene Name *V. boreale* sp. nov. bleibt bestehen, während der Name *V. lamarckii* Camp für die tetraploide Form zu verwerfen ist. W. Stenz. 201.

B. Morphologie der Pflanzen

Sárkány, S., Sárkány, I. und Gracza, P. A maghéj-kialakulással összefüggö szövetfejlödési folyamatok tanulmányozása néhaný kétszikü növény magkezdeményén és fejlödö magján. **(Untersuchung der mit der Samenschalenbildung zusammenhängenden Prozesse der Gewebebildung der Samenanlage und in Entwicklung begriffenen Samen einiger Dikotyledonen.)** Bot. Közlemények [Bot. Mitt.] **49** (1961) Nr. 1/2. S. 32–46. — Aus: Ung. Agrar-Rdsch. **1962** Nr. 3.

Die Samenbildung wurde bei *Papaver somniferum* L., *Datura stramonium* L. und *Matricaria chamomilla* L. untersucht. Die Untersuchungen ergaben, daß von den 3 Pflanzenarten der Mohnsamen als der primitivste Typ anzusehen ist. Die Entwicklung der Samenschalengewebe bei *M. chamomilla* stellt einen Übergang zwischen dem Entwicklungsgang der Samenschale von *P. somniferum* und *D. stramonium* dar und wird dadurch gekennzeichnet, daß das Histogen der Epidermis der Samenschale, das schon in der 1. Hauptperiode determiniert erscheint, heterogenen Ursprungs ist, da an seiner Ausbildung nicht nur die Zellen des Integuments, sondern auch jene des Funiculus teilnehmen. 211.

Zeniščeva, Ludmila und Staňková, Jaroslava; Opava, Výzkumná Stanice. Příspěvek k morfologickým a anatomickým zvláštnostem odrůd jarního ječmene s různou odolností k poléhání. **(Beitrag zu den morphologischen und anatomischen Eigentümlichkeiten der Gerstenpflanzen mit verschiedener Widerstandsfähigkeit gegen das Lagern.)** Rostlinná Výroba **8(35)** (1962) Nr. 5. S. 673–686. — 6 Abb., 5 Tab., 9 Lit. Zus. in Russ., Dtsch.

Zu den Feldversuchen dienten die 7 So-Gerstensorten 'Domen', 'Viner', 'Triumf', 'Fielside', 'Piroline', 'Carlsberg' und 'Spartan'. Die wenig standfesten Sorten waren höher gewachsen, die unteren Internodien des Halmes waren verlängert, und die Vegetationsmasse war stark entwickelt. Bei der Sorte 'Viner 2' war seit Ende der Blühperiode bis zu Beginn der Milchreife die Gesamtbelastung des unteren Halmteiles 2,1 mal größer als bei der standfesten Sorte 'Domen'. Durch Farbreaktion mit Fluoroglycin wurde festgestellt, daß die Lignifikation und das Holzigwerden der Gewebe bereits zu Beginn des Schossens in den Zellwänden des Xylems, des Sklerenchyms und in den Bündelscheiden und dann erst in der Epidermis und in den Zellen des Grundparenchyms beginnt. Bei den standfesten Sorten war die Bildung und Verholzung der anatomischen, die Standfestigkeit des Halmes beeinflussenden Komponenten in allen Wachstumsphasen intensiver als bei den wenig standfesten, und zwar bes. z. Z. des Schossens und Schiebens. Bei den resistenten und halbresistenten Sorten war die Bruchfestigkeit des untersten Internodiums bedeutend größer. Der während des Schiebens festgestellte Unterschied in bezug auf die Dicke des sklerenchymatischen Ringes und die Fläche der Gefäßbündel zwischen den nichtstandfesten und standfesten Sorten verschwand nach dem Erreichen der Milchreife. V. Skládal. 211.

Avers, Charlotte J.; New Brunswick, N. J., State Univ., Douglass Coll., Dep. of Biol. Sci. Fine structure studies of phleum root meristem cells. I. Mitochondria. **(Untersuchungen der Feinstruktur von Phleum-Wurzelmeristemzellen. 1. Mitt. Mitochondrien.)** Amer. J. Bot. **49** (1962) Nr. 9. S. 996–1003. 211.

Hortobágyi, T. und Précsényi, I. Rózsaáltermések rendellenességei. **(Die Unregelmäßigkeiten von Hagebutten.)** Bot. Közlemények [Bot. Mitt.] **49** (1961) Nr. 1/2. S. 27–29. — Aus: Ung. Agrar-Rdsch. **1962** Nr. 4.

Im Jahre 1960 wurden unregelmäßig gewachsene Hagebutten aus verschiedenen Teilen Ungarns untersucht. Die Arten konnten anhand der Scheinfrüchte nicht genau bestimmt werden. Unter den 871 Früchten waren 99,1% Doppel- und 0,9% Tripelverwachsungen. Nach den histolog. Untersuchungen waren Anomalien durch Verwachsungen der Wände der Scheinfrüchte entstanden. Die Doppelverwachsungen wurden in folgende Gruppen eingeteilt. a) Die Scheinfruchtwände sind kaum, b) größtenteils, und c) gänzlich zusammengewachsen. Bei Typ a sind beide Scheinfrüchte in den meisten Fällen gut entwickelt. Beide enthalten Nüßchen. Bei Typ b und c ist eine von den beiden Scheinfrüchten häufig rudimentär und enthält keine Nüßchen. 211.

Manning, Wayne E. Branched pistillate inflorescences in Juglans and Carya. **(Verzweigte weibliche Blütenstände bei Juglans und Carya.)** Amer. J. Bot. **49** (1962) Nr. 9. S. 975–977. 211.

Brachet, Jean and *Mirsky, Alfred E.* **The cell. Specialized sells.** Vol. 4. New York; London: Academic press. 1960. (XV, 511 S.) (1959 A 1931)
Brachet, Jean and *Mirsky, Alfred E.* **The cell. Specialized sells.** Vol. 5. New York; London: Academic press. 1961. (XV, 597 S.) (1959 A 1931)

C. Physiologie der Pflanzen

Modlibowska, Irena; Kent, England, East Malling Res. Stat. Sur les mécanismes du gel et de la reprise d'une vie normale au retour à la température ordinaire. **(Über den Mechanismus des Gefrierens und der Wideraufnahme normalen Lebens nach Rückkehr zur gewöhnlichen Temperatur.)** Bull. Soc. franç. Physiol. végétale 7 (1961) Nr. 4. S. 123–133. – 30 Abb., 4 Tab., 6 Lit.

Die Arbeit enthält 27 sehr instruktive Abb. von gefrorenen Zellen und Geweben sowie von frostgeschädigten Obstbäumen und Früchten. Durch Wasserverlust geschrumpfte Zellen sind neben dem extrazellulären Eis zu sehen, das aus dem der Zelle entzogenen Wasser besteht. In Moosblättern gibt es mit Eis gefüllte Räume zwischen Zellen, die viel größer sind als einzelne Zellen. In einem anderen Bild sieht man nebeneinanderliegende, unterkühlte, normal aussehende Zellen von *Tradescantia*-Staubfadenhaaren und gefrorene mit „Frost-Plasmolyse". Im nächsten Bild, das nach Auftauen gemacht wurde, sehen die unterkühlt gebliebenen Zellen normal aus, die anderen zeigen typisches Aussehen toter Zellen. Mit den Bildern veranschaulicht Vf. Erfahrungen, die sie im Verlauf von 20 Jahren gesammelt hat, und ihre letzten Ergebnisse: Düngung wirkt nicht immer resistenzsteigernd; zunehmende Bodenfeuchtigkeit schwächt auch die Resistenz der Blüten gegen Maifröste; Schäden durch Frühjahrsfröste hängen vorwiegend davon ab, welche Gewebe erfroren sind; der Grad der Schädigung durch Hauptwinter-Kälte hängt vorwiegend von dem Prozentsatz erfrorener Zellen ab; bei Birnen bewirkte Anwendung von Gibberellin teilweises Ausheilen von Frostschäden und Entwicklung parthenokarper Früchte. G. Kretschmer. 221.

Genevès, L.; Paris, Fac. des Sci., Lab. de Biol. Végétale. Réactions de quelques organes résistants au froid, soumis aux basses temperatures, puis au réchauffement. **(Verhalten einiger frostresistenter Organe bei Einwirkung tiefer Temperatur und anschließendem Wiederauftauen.)** Bull. Soc. franç. Physiol. végétale 7 (1961) Nr. 4. S. 134–143. – 7 Abb., 4 Lit.

Vf. stellte fest, daß Knospenschuppen keinen Schutz gegen Kälte und Eisbildung bieten. Die Frostresistenz junger Organe in den Knospen ist Angelegenheit des Protoplasmas. In *Iris*-Knospen entstand extrazelluläres Eis auf Kosten von Zellwasser. Gleichzeitig änderten sich Struktur, Formen und Färbbarkeit der einzelnen Zellbestandteile. Nach Auftauen dauerte es einige Tage, bis diese Veränderungen rückgängig gemacht waren. – Delecluse hat Zwiebelsamen mit 12, 22, 28 oder 30% Wassergehalt 2 Std. in flüssigen N_2 getaucht und danach 40 Tage lang beobachtet. Die Keimrate betrug bei den Kontrollen und den 4 Varianten 80, 54, 20, 10 und 6%. Immer erfolgte die Keimung allmählich im Verlauf von etwa 12 Tagen. Die tiefgekühlten Samen ergaben Pflanzen, von denen 58% ähnliche Mißbildungen zeigten, wie es 4% der Kontrollen auch tun. Am häufigsten ist frühere oder spätere Sistierung des Wachsens der Keimwurzel in Verbindung mit anormaler Bildung von Wurzelhaare-Zonen. Durch Vitalfärbung wurde gezeigt, daß die Frostresistenz der Keimwurzel rel. am geringsten ist, die des Vegetationspunktes und der Koleoptilenbasis am größten. In überlebenden Pflanzen waren auch nach 25 Tagen stark gestörte Kernstrukturen zu finden. Das Chromatin war verklumpt, die Aufgliederung in Chromosomen war angedeutet, aber nicht vollzogen. – Chabrière tauchte in Plastikbeuteln eingeschlossenen Pollen von Narzissen in flüssigen Stickstoff. Ein Teil der Pollenkörner überlebte, und zwar um so mehr, je kürzer die Eintauchzeit war. Zuvor gewässerter Pollen keimte schlechter, vorgetrockneter nicht besser. Der über-

lebende bewahrte seinen Chemotropismus. Fruchtknoten setzten auch nach Abkühlung auf —190 °C die diesen Tropismus beeinflussenden Subst. frei. Ein Teil des tiefgekühlten Pollens war anomal, er keimte viel später, die Zellbestandteile waren entstellt, und bei manchen platzte der Pollenschlauch.
G. Kretschmer. 221.

Ulrich, R.; Paris, Fac. des Sci. Le froid et le métabolisme des plantes. **(Die Kälte und der Stoffwechsel der Pflanzen.)** Bull. Soc. franç. Physiol. végétale 7 (1961) Nr. 4. S. 144-154. — 27 Lit.
Durch Temperaturen nahe 0 °C ohne Eisbildung werden erhebliche Änderungen der Stoffwechselintensität und des Gehaltes an Kohlenhydraten und Proteinen verursacht. „Die Dinge sind einzigartig kompliziert dadurch, daß die Reaktionen im allgemeinen in Ketten aufeinander folgen und daß man am einzelnen Punkt einer Zelle nur das Ergebnis mehrerer Reaktionen, die zugleich ablaufen, beobachtet." Die Reaktionsgeschwindigkeit-Temperatur-Regel gilt grundsätzlich auch für den Stoffwechsel von Organismen, wird jedoch von Enzymen durchbrochen. Während manche Enzyme bei Kälte denaturiert und demzufolge unwirksam werden, bleibt bei andern die Aktivität bei gleicher Kälte erhalten oder steigt sogar. Vernalisation, Nachreifen von Samen bei Kälte, Süßwerden von Kartoffeln lassen sich durch solches verschiedene Verhalten der beteiligten Enzyme erklären. Stoffwechsel besteht nicht nur in chem. Reaktionen, sondern auch im Transport von Stoffen in und durch die verschiedenen Zellorganellen, die durch Membranen unterschiedlicher Permeabilität voneinander getrennt sind. Bei Kälte nimmt die Permeabilität i. allg. zu, die Viskosität von Flüssigkeiten und die Löslichkeit von Gasen gleichfalls. All das hat spezifische Auswirkungen auf den Stoffwechsel.
G. Kretschmer. 221.

Levitt, J.; Univ. of Missouri. Les très basses températures chez les plantes. **(Die sehr tiefen Temperaturen bei den Pflanzen.)** Bull. Soc. franç. Physiol. végétale 7 (1961) Nr. 4. S. 173-176.
Daß Samenkörner Abkühlung bis —190 °C überleben können, war schon am Anfang dieses Jh. bekannt. Inzwischen wurde für immer mehr Pflanzen nachgewiesen, daß sie nach überlebbarem Wasserentzug durch Trocknen oder durch extrazelluläres Gefrieren tiefste Temperaturen überstehen können. Sakai (nicht 1958, wie Levitt angibt, sondern Low Temperat. Sci. [Sapporo], Ser. B. 14 [1956] S. 17.) und Tumanow (vgl. LZ. Abt. II 6 [1961] Nr. 3. S. 681.) gelang es, durch gestuftes Abkühlen Zweige mehrerer Holzgewächse so abzuhärten, daß sie nach längerem Liegen in flüssigem Stickstoff wieder austrieben. Levitt erwartet, daß es gelingen wird, jedes pflanzliche Gewebe resistent gegen jede Kälte zu machen, ev. mit Hilfe bes. Chemikalien.
G. Kretschmer. 221.

Thomson, William W. und Weier, T. E.; Davis, Univ. of California, Dep. of Bot. The fine structure of chloroplasts from mineral-deficient leaves of Phaseolus vulgaris. **(Die Feinstruktur der Chloroplasten aus Blättern von Phaseolus vulgaris bei Mineralstoffmangel.)** Amer. J. Bot. 49 (1962) Nr. 10. S. 1047-1055. 221.

Andreenko, S. S. (Andrejenko, S. S.), Moskau, Lomonossow-Univ., Lehrstuhl für Pflanzenphysiol. Fotosintez i nekotorye drugie fiziologičeskie processy n kukuruzy pri raznych pH sredy. **(Photosynthese und einige andere physiologische Prozesse bei Mais bei verschiedenen pH-Werten.)** Agrobiologija, Moskva 1962 Nr. 5. S. 729-733. — 9 Tab., 11 Lit.
Aus Untersuchungen ging hervor, daß der pH-Wert der Nährlösung den N-Austausch beim Mais wesentlich beeinflußt. Das bezieht sich auch auf die Adsorption von N durch die Wurzeln und bes. auf die Reduktion der Nitratform im Wurzelsystem, was aus dem Verhältnis von NO_3:HN_4 im Pflanzen-

saft hervorgeht. Durch weitere Versuche konnte nachgewiesen werden, daß bei hohem Säuregehalt die Zahl der beweglichen Kohlenhydratformen in den Pflanzen zurückgeht. Bei niedrigen pH-Werten wird das Wachstum der Wurzeln unterdrückt, und sie sind nicht mehr in der Lage, die erforderlichen Säfte den oberirdischen Organen zuzuführen. Die Folge ist das Welken der Pflanzen an heißen Tagen und das Unvermögen, in der Nacht den Turgor wiederherzustellen. Der pH-Wert wirkt sich auch auf viele andere physiol. Prozesse aus, die jedoch noch näher untersucht werden müssen.
E. Kahn. 222.

Imamaliev, A. (Imamalijew, A.); Inst. für Genetik und Pflanzenphysiol. der Akad. der Wiss. der Usbek.SSR. Vlijanie nekotorych defoliantov na intensivnost' fotosinteza i dychanie list'ev chlopčatnika. **(Einfluß einiger Defoliationsmittel auf die Photosynthese- und Atmungsintensität der Baumwollblätter.)** Uzbekskij biologičeskij žurnal, Taškent **6** (1962) Nr. 4. S. 21-24. — 3 Tab., 13 Lit. Orig.: russ., Ausz.: usbek.

Vf. benutzte für seine Versuche verschiedene Chemikalien, die heute in der Landwirtschaft in größerem Maßstabe zur Entblätterung der Baumwollpflanzen angewendet werden. Eine 0,15%ige Lösung von „Butifos“ und 0,5%iges gebundenes Cyanamid bewirkten in den ersten 4 Tagen nach der Behandlung eine unbedeutende Erhöhung der Photosyntheseintensität, ab 5. Tag nahm aber die Photosynthese stetig ab und erreichte am 10. Tag nur noch 18 bzw. 6% der Kontrolle. Für die Untersuchung der Wirkung auf die Atmung benutzte Vf. neben den 2 schon genannten Chemikalien noch 0,25%-iges Mg-Chlorat und 0,5%iges Ca-Chlorat-Chlorid. Alle Stoffe verminderten die Atmungsintensität schon in den ersten Tagen bis zu ca. 50%, sie sank am 5. Tag dann auf 12-20% der Kontrolle. Die physiol. Wirkung der Entblätterungsstoffe erstreckt sich vor allem auf den Gasaustausch der Blätter und besteht im wesentlichen in einer Inaktivierung der Dehydrasen und Oxydasen.
H. Leike. 222.

MacDonald, I. R. und Laties, G. G.; Los Angeles, Univ. of California, Dep. of Plant Biochem. Oxygen electrode measurements of potato slice respiration at 0 °C. **(Messungen der Respiration von Kartoffelscheiben bei 0 °C mittels Sauerstoffelektrode.)** J. exp. Biol. **13** (1962) Nr. 39. S. 435-442. — 4 Abb., 1 Tab., 24 Lit.

Die Verwendung von Pt-Elektroden zur Messung der O_2-Spannung bei physiol. Untersuchungen ist seit 1938 eingeführt. Anlaß zu den vorliegenden Untersuchungen waren Beobachtungen über die Abhängigkeit der Ionenaufnahme von der Respiration. Verwendet wurden Scheibchen von 9 mm ⌀ und 1 mm Dicke, von denen 10 g in einem 1-l-Erlenmeyerkolben in 150 ml 0,1 mol. $CaSO_4$-Lösung gegeben wurden. Die verwendete Elektrode und das Respirometer sind beschrieben. Bei Senkung der Temperatur von 27 auf 0 °C paßte sich die Respirationsrate dem neuen Stand innerhalb von 2-3 min an. Die Scheibchen haben eine große O_2-Affinität. Die Respirationsrate bei 0 °C beträgt etwa 10% der bei 24 °C gemessenen sowohl bei frisch geschnittenen als auch 24 Std. alten Scheibchen, bei denen innerhalb dieser Zeit die Respirationsrate auf das 4fache stieg. W. Stenz. 222.

Siegel, S. M., Renwick, G. und Rosen, L. A.; Tarrytown, N.Y., Union Carbide Res. Inst. Formation of carbon monoxide during seed germination and seedling growth. **(Die Bildung von Kohlenmonoxyd während der Samenkeimung und des Keimpflanzenwachstums.)** Science [Washington] **137** (1962) Nr. 3531. S. 683-684. — 1 Tab., 7 Lit.

Keimpflanzen von Gurken bildeten CO beim Wachstum im Dunkeln in einer Atmosphäre mit weniger als 5% O_2. Die höchste CO-Menge war 600 ppm. Bei vollständigem O_2-Abschluß unterblieb die CO-Bildung. CO wurde auch durch keimende Samen von Roggen, Erbse, Salat, Gurken und Herbstrüben und Pflanzen von *Euphorbia clandestina* gebildet. Mais, Gartenbohne und Tomate waren nicht dazu befähigt. C. Tittel. 222.

Barber, D. A., Ebert, M. und Evans, N. T. S.; London, Hammersmith Hospital, Exp. Radiopathol. Res. Unit, Med. Res. Council. The movement of ^{15}O through barley and rice plants. **(Die Bewegung von ^{15}O durch Gersten- und Reispflanzen.)** J. exp. Biol. **13** (1962) Nr. 39. S. 397-403. – 5 Abb., 1 Tab., 11 Lit.

Das Ausmaß der Bewegung von O_2 durch die Pflanze wurde bisher wenig studiert. In den Versuchen wurden Sämlinge am Sproßteil mit $^{15}O_2$-haltiger Atmosphäre umgeben und durch Analyse der Wurzeln auf den O_2-Transport untersucht. Bei den 4 Reissorten war bereits nach 2 min Aktivität in den Wurzeln nachweisbar. Nach 10-14 min war das Max. an Aktivität bei allen Sorten erreicht. Die Zunahme der Aktivität verlief bei 2 Sorten wesentlich steiler und erreichte höhere Maxima als bei den anderen beiden Sorten. Nach Herausnahme der Pflanzen aus der $^{15}O_2$-Atmosphäre dauerte es etwa 16 min, bis die Aktivität in den Wurzeln wieder fast auf 0 abgeklungen war (Diffusionsweg 15 cm). Bei Gerste waren die Verhältnisse ähnlich. Nur sind bei ihr die Interzellularen in den Wurzeln wesentlich kleiner (bei Untersuchung des Wurzelquerschnittes etwa 1%, bei Reis 5-30%). Der hohe Gasraum bei Reis steht wahrscheinlich zu der Resistenz gegen Schäden durch Wasserüberstauung in Beziehung. Die Kinetik der Gasbewegung entspricht der $^{15}O_2$-Diffusion in kontinuierlichen Gasräumen. W. Stenz. 222.

Chašes, C. M. (Chasches, Z. M.); Odessa, Lyssenko-Unions-Forsch.-Inst. für Zücht. und Genetik. Ob uglevodnom obmene u jarovych zlakovych pri osennem poseve. **(Der Kohlenhydratstoffwechsel des im Herbst ausgesäten Sommergetreides.)** Agrobiologija, Moskva **1962** Nr. 5. S. 696-699. – 3 Tab.

Der starke Rückgang des Gehaltes an löslichen Kohlenhydraten kann als biochem. Merkmal für die Erschütterung der Erbanlage dienen. Zur Überprüfung dieses Grundsatzes wurde der Gehalt an Kohlenhydraten bei So- und Wi-Weizen nach Herbst- und Frühjahrsaussaat bestimmt. In einem der Versuche enthielten So-Weizenpflanzen der Sorte 'Odesskaja 13' (Herbstaussaat 11. Okt.) im Frühjahr vor Beginn der Vegetation nur 2,6% Saccharose, während beim Wi-Weizen 'Odesskaja 16' der Gehalt nach wie vor 15,2% betrug. Man kann annehmen, daß durch die Verarmung der Gewebe an Saccharose auch die physiologisch-biochem. Prozesse, die im Lichtstadium ablaufen, gestört werden. Die Aufzucht von So-Weizen unter ungewöhnlichen Verhältnissen wird somit von einer Störung des Stoffwechsels löslicher Kohlenhydrate begleitet, und die Erschöpfung der Kohlenhydratvorräte verhindert den harmonischen Ablauf der physiol. Prozesse. E. Kahn. 222.

Fejérné, Kossey Olga. Amiláz-aktivitás változása csíranövények gyökereiben. **(Die Veränderung der Amylaseaktivität in den Wurzeln von Keimpflanzen.)** Biol. Közlemények [Biol. Mitt.] **10** (1962) Nr. 1. S. 43-50. – 1 Abb., 29 Lit. Zus. in Russ., Engl. Aus: Ung. Agrar-Rdsch. **1963** Nr. 1.

Die Amylaseaktivität der Wurzelzellen 2, 4, und 8 Tage alter Keimpflanzen von Bohne und Erbse sowie von Mais und Kürbis wurde mit der durch Bernfeld modifizierten Methode von Borel, Hostettler und Deuel untersucht. In sämtlichen Fällen erfolgte die Messung der Amylaseaktivität in der Spitze der Hauptwurzel (3 mm) und in einem aus der Mitte der Wurzelhaarzone ausgeschnittenen Teil (5 mm). In den Zellen der untersuchten Wurzelteile aller 4 Sorten stieg die Amylaseaktivität in den ersten 8 Tagen der Keimung allmählich an. Im Verhältnis α-/β- Amylaseaktivität bestanden bestimmte Unterschiede. In den Wurzelzellen der beiden Leguminosen war die

Aktivität der α-Amylase stets höher, beim Mais dagegen stets die Aktivität der β-Amylase. In den Wurzelzellen von Kürbis konnte überhaupt nur β-Amylaseaktivität nachgewiesen werden, und selbst diese nicht zu allen Zeitpunkten der Untersuchung. Aus den auf die Einheit der Proteinmenge in den untersuchten Wurzelzellen bezogenen Werten der Amylaseaktivität, d. h. aus den sog. spez. Amylaseaktivitätswerten sind ähnliche Schlüsse abzuleiten. 222.

Teltscherová, Lola und Krekule, Jan; Prag, Tschechoslow. Akad. der Wiss., Inst. für Exp. Bot. **Untersuchung der Gärungsprodukte in Vegetationskegeln von Weizenpflanzen von verschiedenem Entwicklungsalter.** Naturwissenschaften **49** (1962) Nr. 21. S. 475. – 1 Tab., 6 Lit.

Vegetationskegel der Wi-Weizensorte ‚Chlumecká 12' wurden in Pufferlösungen von pH 7 15 Std. in N_2 oder Luft gehalten und dann ihr Gehalt an Gärungsprodukten untersucht. Geprüft wurden 3 morphol. unterschiedliche Entwicklungsphasen: a) 2-3 Blattprimordien ausgebildet, b) 6-7 Blattprimordien ausgebildet und c) Beginn der Ausbildung der Ährchenprimordien. Die Ergebnisse zeigen, daß während der Entwicklung zunächst der Kohlenhydratabbau vorwiegend mit einer anaeroben Gärung verbunden ist, indes die Gärung dann entsprechend der Abnahme des rel. Anteils an meristematischem Gewebe zugunsten der Atmung absinkt. W. Franzke. 222.

Jacoby, B. und Sutcliffe, J. F.; Rehovot, Israel, Hebrew Univ., Fac. of Agric.; London, Univ., King's Coll., Dep. of Bot. Effects of chloramphenicol on the uptake and incorporation of amino-acids by carrot root tissue. **(Einfluß von Chloramphenicol auf die Aufnahme und den Einbau von Amino-Säuren durch Möhrenwurzelgewebe.)** J. exp. Biol. **13** (1962) Nr. 39. S. 335-347. 222.

Leopold, A. C. und Lam, S. L.; Lafayette, Ind., Purdue Univ., Dep. of Horticult. The auxin transport gradient. **(Der Auxin-Transportgradient.)** Physiol. Plantarum [Copenhagen] **15** (1962) Nr. 4. S. 631-638. – 5 Abb., 8 Lit.

Für Morphologie und Physiologie ist der Auxintransport eines der wichtigsten Probleme. – Der Auxintransport wurde untersucht an 2½ Wochen alten Sonnenblumensämlingen. Deren Stengel wurden in 5 mm lange Stücke geschnitten, diese aufrecht auf Agarblöckchen gestellt und am oberen Ende mit einem IES-haltigen Blöckchen versehen. Nach 150 min wurde die IES-Konz. im unteren Blöckchen gemessen. Es ergab sich, daß nach der Basis des Stengels zu die Transportgeschwindigkeit (IES-Menge im unteren Blöckchen) geringer wurde. Es besteht offenbar eine Beziehung zum Alter der Zellen und zur Entfernung von der Sproßspitze. Bei Enfernung der Apex sank die Fähigkeit des Stengels zum Auxintransport. Der Einfluß der Sproßspitze konnte durch Wuchsstoffpaste ersetzt werden. Das Auxin der Sproßspitze trägt offenbar zur Aufrechterhaltung des Auxintransportsystems bei. W. Stenz. 222.

Sargent, J. A. und Blackman, G. E.; Oxford, Univ., Dep. of Agric., A.R.C. Unit of Exp. Agronomy. Studies on foliar penetration. I. Factors controlling the entry of 2,4-dichlorophenoxyacetic acid. **(Untersuchungen über die Blattdurchdringung. 1. Mitt. Den Eintritt von 2.4 -Dichlorphenoxyessigsäure kontrollierende Faktoren.)** J. exp. Biol. **13** (1962) Nr. 39. S. 348 bis 368. 222.

Thurman, D. A. und Street, H. E.; Swansea, Univ. Coll., Dep. of Bot. Metabolism of some indole auxins in excised tomato roots. **(Stoffwechsel einiger Indolauxine in abgeschnittenen Tomatenwurzeln.)** J. exp. Biol. **13** (1962) Nr. 39. S. 369-377. – 3 Abb., 16 Lit.

Zu aseptischen Kulturen von Tomatenwurzeln in Penicillinflaschen (1 l Inhalt mit 20 Wurzeln) wurden 50 ml Auxinlösung (IES, Indolylacetonitril, l-Tryptophan, Indolylacetylasparaginsäure, Indolylcarboxylsäure, Indolylglykolsäure) zugegeben und dann die Kulturen 48 Std. inkubiert. Die Weiterkultur erfolgte dann in auxinfreiem Medium. Die Wurzeln wurden anschließend anhand des Äthylacetatauszuges chromatographisch analysiert. – In den Wurzeln wurden nach IES-Zugabe Indolylacetylasparaginsäure (IEAsp) und wahrscheinlich Indolylacetylglutaminsäure gebildet. Freie IES wurde kaum in den Geweben akkumuliert. Beim Umsetzen in auxinfreies Medium erfolgten weitere Stoffumsetzungen. IES und IEAsp wirkten beide ähnlich hemmend auf das Wurzelwachstum. IES und Indolylacetonitril (IAN) werden in den Geweben nicht ineinander umgewandelt. IAN-Zufuhr führte zu dessen Anhäufung und zum Auftreten von Indolylcarboxylsäure (ICS). Nach Umsetzen in auxinfreies Medium sank der Gehalt an IAN ab, aber der an ICS blieb erhalten. Die hemmende Wirkung des IAN beruht nicht auf der Umwandlung in ICA. Auf zugeführtes l-Tryptophan reagieren Weizen- und Tomatenwurzeln unterschiedlich, aber eine Umwandlung in acetatlösliche Auxine erfolgte offenbar nicht. Zufuhr von IEAsp und ICA führte zu Wachstumshemmungen. W. Stenz. 222.

Scott, Tom K. und Briggs, Winslow R. Recovery of native and applied auxin from the light-grown ‚Alaska' pea seedling. **(Wiedergewinnung von nativem und zugeführtem Auxin aus im Licht kultivierten ‚Alaska'-Erbsensämlingen.)** Amer. J. Bot. 49 (1962) Nr. 10. S. 1056-1063. 222.

Luckwill, L. C. und Lloyd-Jones, C. P.; Bristol, Univ., Long Ashton Res. Stat. The absorption, translocation and metabolism of 1-naphthaleneacetic acid applied to apple leaves. **(Aufnahme, Verteilung und Stoffwechsel der 1-Naphthylessigsäure nach Aufbringen auf Apfelblätter.)** J. horticult. Sci. 37 (1962) Nr. 3. S. 190-206. – 6 Abb., 8 Tab., 9 Lit.

An Apfelblättern wurde nach Aufbringen von 1 ml einer 20 bzw. 50 ppm ^{14}C-carboxyl-signierte Naphthylessigsäure (I) enthaltenden Lösung die ^{14}C-Aktivität (II) zu verschiedenen Zeitpunkten (bis 96 Std.) auf der Blattoberfläche und im Blattinneren bestimmt. Annähernd 90% der aufgebrachten **II** war nach 96 Std. von der Oberfläche, ca. 80% aus den Gesamtblättern verschwunden; Decarboxylierung erfolgt dabei nicht. Weitere Untersuchungen zeigten, daß für die Verluste die UV-Einstrahlung mit verantwortlich zu machen ist; es entsteht dabei eine inaktive Subst., die chem. noch nicht identifiziert werden konnte. Die **I**-Aufnahme wird mit steigender rel. Luftfeuchtigkeit (**III**) und mit steigender Temperatur bei konst. **III** erhöht. Der Transport in der Pflanze erfolgt offenbar nicht in Form der freien **I**. Es konnten Sortenunterschiede festgestellt werden. H. Ackermann. 222.

Edgerton, L. J. und Haeseler, C. W.; Ithaca, N.Y., Cornell Univ. Some factors influencing the absorption of naphthaleneacetic acid and naphthaleneacetamide by apple leaves. **(Der Einfluß einiger Faktoren auf die Absorption von Naphthylessigsäure und Naphthylacetamid durch Apfelblätter.)** Proc. Amer. Soc. horticult. Sci. 74 (1959) S. 54-60. – 5 Tab., 9 Lit.

Für die Blatt-Absorption von ^{14}C-gekennzeichneter Naphthylessigsäure (NES) und Naphthylacetamid (NAD) erwiesen sich bei 3 Apfelsorten geringe Lichtintensität und hohe Temperaturen als am günstigsten. Bei 50-55 °F erfolgte die Absorption von NES langsamer, während sie bei 70-80 °F ebenso rasch verlief wie diejenige von NAD. Die Blätter der Sorte ‚Baldwin' hatten in der gleichen Zeiteinheit ein größeres Absorptionsvermögen als die Blätter von ‚Golden Delicious'. Durch Zugabe von Tween 20 konnte die Absorptionsmenge erhöht werden. U. Neumann. 222.

Paribok, T. A. O vlijanie sveta na obrazovanie askorbinovoj kisloty v rastenijach. **(Der Einfluß des Lichtes auf die Bildung der Ascorbinsäure in Pflanzen.)** Sbornik trudov po agronomičeskoj fizike. Agrofizičeskij naučnoissledovatel'skij institut, Moskva **1962** Nr. 9. S. 137-144. — 5 Tab., 28 Lit.
Bei einigen Pflanzenarten ist die Wellenlänge des Lichtes für die Ascorbinsäurebildung ausschlaggebend, viele Pflanzen sind jedoch in der Ascorbinsäurebildung von den einzelnen Wellenbereichen des Lichtes unabhängig. Bei Zwiebeln hängt der Ascorbinsäuregehalt nicht nur von Belichtungszeit und -intensität, sondern auch vom Prozeß der Zwiebelbildung ab. Unter der sommerlichen Sonnenbestrahlung wird ein max. Ascorbinsäuregehalt schon nach 12 Std. erreicht. Langtagsbedingungen fördern die Entwicklung der Zwiebel und führen zur Anreicherung von Ascorbinsäure. Unter Kurztagsverhältnissen wird beides verhindert. Bei Tomaten und Sellerie wird ein max. Gehalt an Ascorbinsäure unter rötlicher Belichtung, bei Erbsen unter Blaulicht erzielt. Bei Zwiebeln, Buchweizen und Pferdebohnen verhielt sich der Ascorbinsäuregehalt unter verschiedenfarbiger Belichtung gleichwertig.
L. Tunger. 222.

Pozsár, B. A foszfolipoid frakciók eltérő biológiai stabilitása és annak kórélettani jelentősége buzalevelekben. **(Die Veränderlichkeit der biologischen Stabilität von Phospholipoidfraktionen im Weizenblatt und deren pathobiologische Bedeutung.)** Búzatermesztési Kísérletek [Weizenbau-Versuche] **1952/59** (hrsg. 1961) S. 164-170. — Aus: Ung. Agrar-Rdsch. **1962** Nr. **4**.
Der Einbau von ^{32}P in die Phospholipoidfraktion erfolgt in den ersten Std. auffallend schnell, am 2. und 3. Tag halten sich die Werte auf etwa der gleichen Höhe, während am 4. Tag schon Zersetzung nachweisbar ist. Der Abbau der markierten Phospholipoidmoleküle beginnt nach 60-66 Std. In den ersten 24 Std. beträgt der Zerfall 3-5%/Tag. Später steigt er auf 5-8% (im Mittel auf 6%) an. Vf. nimmt an, daß sich der Phospholipoidgehalt der Weizenblätter in jeweils 15-18 Tagen erneuert. Bei Infektion durch Rost nimmt er in den befallenen Blättern um ca. 30% ab. Vornehmlich Lecithin wird abgebaut; daher sinkt das Verhältnis Lecithin/Kephalin auf 1,40 ab. Die abgebaute Menge von Phospholipoiden setzt sich aus 80% Lecithin und 20% Kephalin zusammen. Das entstandene Lysolecithin (Monopalmitoillecithin) und das Decanoat, gebildet bei der Oxydation von Fettsäuren, behindern den oxydativen Phosphorylierungsvorgang. Vf. nimmt an, daß sich die durch den pathol. Lipoidstoffwechsel entstandenen Produkte anhäufen und infolge ihrer toxischen Eigenschaften bei der Abspaltung des oxydativen Phosphorylierungsprozesses von der Zellatmung (dem Cytochrom-Cytochromoxydase-System) mitwirken und dadurch die pathol. Zunahme der Atmungsintensität verursachen. 222.

Grzesiuk, S., Rejowski, A. und Sójka, E.; Katedra Fizjol. Roślin. Fizjologiczne właściwości dojrzewającego ziarna zbóż. **(Physiologische Eigenschaften der reifenden Getreidekörner.)** Zeszyty naukowe wyższej Szkoły rolniczej Olsztynie **12** (1962) Nr. 2. S. 139-158. — 10 Abb., 3 Tab., 38 Lit. Zus. in Russ., Engl.
An reifenden Körnern der 4 Hauptgetreidearten wurden morphol. Entwicklung des Keimes, Umwandlung der Kohlenhydrate, N-Stoffwechsel, Atmung, Vitamine und Enzyme sowie Rost- und Dürreresistenz untersucht. — Pflanzen aus reifem Saatgut entwickelten sich unabhängig von der Art der Lagerung des Saatgutes stets etwas schneller (gegenüber Pflanzen am Anfang der Gelbreife geernteten Körnern 4-5 Tage Vorsprung). Außerdem ergab sich bei Verwendung reifen Saatgutes (Mitte Gelbreife bis Vollreife) der höchste Ertrag. Die größte Höhe hatten jedoch Pflanzen aus Körnern, die am Ende der Grünreife geerntet worden waren. Die Jarowisation verläuft bei unreifem Saatgut schneller (wobei die Körner mehr Wasser aufnehmen müssen). Die

Dürreresistenz war am höchsten bei Pflanzen aus gelbreifen Körnern. Hinsichtlich Dürreresistenz war Lagerung in Garben weniger günstig als Drusch gleich nach der Ernte. Voll- und grünreife Körner ergaben Pflanzen mit geringerer Frostresistenz als gelbreife. Die Frostresistenz hängt ebenso wie die Dürreresistenz von der Art der Lagerung ab. Auch hier war Garbenlagerung ungünstiger. W. Święcicki. 230.

Foth, H. D.; East Lansing, Mich., Agric Exp. Stat. Root and top growth of corn. **(Wachstum von Wurzel und Sproß beim Mais.)** Agronomy J. **54** (1962) Nr. 1. S. 49-52. — 2 Abb., 3 Tab., 8 Lit.
Vf. sammelte Wurzelteile des Maises zu 8 verschiedenen Zeitpunkten. Sie wurden gewaschen, photographiert, getrocknet und gewogen. Ebenso wurden Sproßteile behandelt. Bei der Wurzelbildung treten verschiedene Stadien auf. Diese lassen sich abgrenzen und fallen zeitlich mit Stadien der Sproßbildung zusammen. Das Verhältnis der Tr.-Subst. von Wurzel:Sproß verhielt sich in den verschiedenen Monaten etwa wie folgt: Juni 1:2, Juli 1:3,6, Anfang Aug. 1:9,3, Ende Aug. 1:7,7, Mitte Sept. 1:10,7. W. Schmidt. 230.

Courduroux, J. C. Nouvelles observations sur le déterminisme de la tubérisation chez le topinambour. **(Neue Beobachtungen über die Auslösung der Knollenbildung bei Topinambur.)** Bull. Soc. bot. France **109** (1962) Nr. 3/4. S. 59-63. — 3 Tab., 3 Lit. Zus. in Engl.
Die Topinambursorten a) 'Patate-Vilmorin' und b) 'D 19' wurden im Hinblick auf die die Knollenbildung auslösenden Faktoren unter normalen Kulturbedingungen untersucht. Sorte a erwies sich als Langtagspflanze, wobei die Knollenbildung photoperiodisch bedingt war, während b in bezug auf die Auslösung der Knollenbildung einwandfrei dem thermoperiodischen Typ zuzurechnen ist. Wenn die Mutterknollen mehrere Mon. bei niedrigen Temperaturen (5 °C) gelagert wurden, verwischten sich diese sortenbedingten Eigenschaften. Verschiedene Pfropfversuche zeigten ebenfalls, daß die die Knollenbildung auslösenden Faktoren nicht sortenspezifisch sind.
E. M. Ardelt. 230.

Allan, P.; Pietermaritzburg, Univ. of Natal, Fac. of Agric. Growth and respiration of lemon albedo explants. **(Wachstum und Respiration von Zitronenalbedo-Explantaten.)** South African J. agric. Sci. **5** (1962) Nr. 3. S. 495 bis 500. — 3 Abb., 6 Lit. Zus. in Franz., Afrikaans. 230.

Faludi, B., Faludi-Dániel, Á. und Pacséry, M. A 2,4-D-szenzitív burgonyafajta szövettenyészetének növekedése és az indulási méret közötti összefüggés. **(Die Korrelation zwischen dem Wachstum der Gewebekultur einer 2.4-D-sensitiven Kartoffelsorte und den Anfangsdimensionen.)** Biol. Közlemények [Biol. Mitt.] **10** (1962) Nr. 1. S. 17–21. — 4 Abb., 2 Tab., 18 Lit. Zus. in Russ., Engl. Aus: Ung. Agrar-Rdsch. **1963** Nr. 1.
Die Untersuchungen dienten dem Studium des Einflusses der Schichtenstärke auf das Wachstum einer gegen Auxinherbicide sensitiven Sorte. Versuchssorte war 'Gül Baba'. Bei der Kultur kam die allgemein gebräuchliche Grundfläche von 5 × 5 mm zur Anwendung. Die erwünschte Serie verschieden dicker Scheibchen wurde durch ein Mikrotom geschaffen, das in einer mit Hilfe einer Germizidlampe steril gehaltenen Kasette untergebracht war. Die Kultivierung wurde bei 26 °C in der Dunkelheit 14 Tage lang fortgesetzt. Dann wurden die Gewebestückchen einzeln — nach Trocknung auf Filterpapier — mit der Torsionswaage gewogen. Es wurde festgestellt, daß jene Dimension, die ein starkes Wachstum gewährleistet, viel niedriger ist als die in der Technik der Gewebekulturen allgemein gebräuchliche. Die Anwendung der 2,4fachen Dimension ermöglichte nur schwaches, die 6fache Dimension aber ein kaum wahrnehmbares Wachstum, vielmehr kam es zu Abstoßungen, und zwar unter Zurücklassung einer wüchsigen tumorosen Fläche.

Die Untersuchungen bekräftigten die durch Enderle aus anderweitigen Forschungen abgeleitete Folgerung, daß in den pflanzlichen Explantaten eine innere Korrelation zur Geltung kommt. 230.

Jackson, Wm. T.; Hanover, N. H., Dartmouth Coll., Dep. of Biol. Sci. Effect of sugars on rate of elongation of root hairs of Agrostis alba L. **(Einfluß von Zuckern auf die Elongationsrate der Wurzelhaare von Agrostis alba L.)** Physiol. Plantarum [Copenhagen] **15** (1962) Nr. 4. S. 675—682. — 3 Tab., 16 Lit.
Die Rolle der Kohlenhydrate für die Respiration und für die Synthese zahlreicher Subst. ist bekannt. Der Einfluß eines exogenen Angebotes von Kohlenhydraten auf Wachstum und Entwicklung intakter höherer Pflanzen wurde bisher nur wenig studiert. In den Versuchen wurden Lösungen von Galaktose (2%ig), Glucose (2-, 3- und 4%ig) und Saccharose (2-, 3- und 4%ig) verwendet und ihr Einfluß auf Zahl und Wachstum der Wurzelhaare untersucht. Die Wurzelhaare wurden erst 1 Std. vorkultiviert und dann erst der Testlösung für 2 Std. ausgesetzt, wobei die Beobachtungen alle 30 min erfolgten. Bei Galaktose ergab sich in den ersten 30 min eine leichte Förderung, danach starke Hemmung des Wachstums. Glucose und Saccharose wirkten in Konz. von 2 und 3% fördernd, Glucose in 4%iger Lösung hemmend auf das Wachstum. Saccharose in 4%iger Lösung wirkte schwächer fördernd als in den schwächeren Konz. Die stärkste Wuchsförderung gab es bei 3% Glucose (+ 55% zwischen 1. und 30. Min., + 79% zwischen 90. und 120. Min.). Glucose und Saccharose können demnach als Substrate dienen. Darüber hinaus werden Wurzelhaare für Wachstumsstudien als sehr geeignet gefunden.
W. Stenz. 230.

Koblitz, Helmut und Hagen, Irmgard; Teltow, Inst. für Faserstoff-Forsch. der Dtsch. Akad. der Wiss. zu Berlin. **Vergleichende Untersuchungen über das Wachstum isolierter Karottengewebe auf halbsynthetischen Substraten und auf einem neuen vollsynthetischen Medium.** Flora [Jena] **152** (1962) Nr. 3. S. 447—457. 230.

Hummon, Margaret R.; Missoula, Montana State Univ., Dep. of Bot. The effects of tritiated thymidine incorporation on secondary root production by Pisum sativum. **(Der Einfluß der Inkorporation von Tritium-markiertem Thymidin auf die Bildung von Sekundärwurzeln bei Pisum sativum.)** Amer. J. Bot. **49** (1962) Nr. 10. S. 1038—1046. 230.

Masuda, Yoshio; Lund, Dep. of Plant Physiol. Effect of light on a growth inhibitor in wheat roots. **(Der Einfluß von Licht auf einen Wachstumsinhibitor in Weizenwurzeln.)** Physiol. Plantarum [Copenhagen] **15** (1962) Nr. 4. S. 780—790. — 4 Abb., 5 Tab., 37 Lit.
Das Wachstum isolierter Wurzeln wird durch Licht stark gehemmt. Diese Hemmung beruht auf dem Fe-Angebot. Fe hemmt die Zellstreckung, vermindert die max. Zellänge, und es kommt zur Bildung von Chlorophyll. Weitere Zusammenhänge ergaben sich mit Wuchsstoffen (Gibberellin, Auxin) und Hemmstoffen. Aus diesen Gegebenheiten wurden verschiedene Mechanismen der Wachstumshemmung von Wurzeln durch Licht abgeleitet. In den vorliegenden Versuchen ergab die Extraktion von im Licht und in der Dunkelheit gewachsenen Weizenwurzeln mit anschließender Papierchromatographie und Kresse- sowie Weizenwurzeltests eine signifikante Hemmwirkung in der sauren Fraktion, nach dem R_f-Wert offenbar Inhibitor β. Die im Licht gewachsenen Wurzeln enthielten viel mehr Hemmstoff als im Dunkeln gewachsene. Daraus ist zu schließen, daß einer der Mechanismen in der lichtinduzierten Erhöhung des Gehalts an Inhibitor β in der Wurzelspitzen besteht.
W. Stenz. 230.

Kar, B. K. und Sarkar B. K. de; Barrackpore, West Bengal, Jute Agric. Res. Inst. Investigations on the physiology of jute. Part IV. Variations of certain internal growth-components influencing the yield of fibre in Corchorus capsularis and Corchorus olitorius. **(Untersuchungen über die Physiologie der Jute. 4. Mitt. Variationen einiger interner Wachstumskomponenten, die den Faserertrag von Corchorus capsularis und Corchorus olitorius beeinflussen.)** J. Indian bot. Soc. 41 (1962) Nr. 1. S. 68–76. – 3 Abb., 2 Tab., 4 Lit.
Der Faserertrag bei Jute korreliert mit dem Stengelwachstum in Höhe und Basal-Dmr. – 2 Sorten von *C. capsularis*, 'D-154' und 'Jap Red', sowie 2 von *C. olitorius*, 'Chinsura Green' und 'Jro-620', wurden unter gleichen Bedingungen angebaut und dann an Hand von Stengelquerschnitten 12 in. über dem Boden mikroskopisch vergleichend untersucht. – Der geringere Faserertrag der nichtverzweigenden Sorte 'Jap Red' gegenüber 'D-154' trotz größeren Höhen- und Dickenwachstums beruht auf internen Wachstumsunterschieden, bes. hinsichtlich der Anzahl der Phloempyramiden. 'Jro-620' ist ‚Chinsura Green' durch stärkeres Höhen- und Dickenwachstum sowie durch stärkere interne Entwicklung überlegen. Beide Sorten gehören zum verzweigenden Typus. Die Bedeutung der internen Wuchsmerkmale bei der Beurteilung der Leistung von Jutesorten wird unterstrichen. W. Stenz. 230.

Saha, J. R. und Sen Gupta, J. C.; Calcutta, Presidency Coll. Effect of interception of 14 hours darkness of 10 hours photoperiodic treatment by 30 minutes light after different periods of darkness on the flowering and growth in jute. **(Einfluß der Unterbrechung einer 14stündigen Dunkelheitsperiode nach verschiedener Dauer der Dunkelheit durch Belichtung von 30 Minuten bei 10stündiger photoperiodischer Behandlung auf Blühen und Wachstum bei Jute.)** Sci. and Cult. [Calcutta] 28 (1962) Nr. 8. S. 389–390. – 1 Tab., 9 Lit.
Nach Literaturangaben kann bei Kurztagspflanzen das Blühen durch z. T. sehr kurzzeitige Belichtung (1 min) während der Nacht verhindert werden. Dabei ist der Zeitpunkt der Bestrahlung (gerechnet vom Beginn der Dunkelheit ab) wichtig. – Versuche in Gefäßen umfaßten bei 2 Sorten die Varianten a) 14 Std. Dunkelheit, ununterbrochen, b) für 30 min unterbrochen nach 5, c) nach 7, d) nach 9, e) nach 11 Std., f) normale Nachtlänge ($11^1/_2 - 10^1/_2$ Std.). Es wurden Blühbeginn, Höhe und Stengelumfang festgestellt, wobei sich bei beiden Sorten und für alle Merkmale ähnliche Reaktionen ergaben. Die Blüte begann bei *Corchorus capsularis* nach 35,5; 46,3; 49,7; 43,0; 59,0; 118,2 Tagen (Reihenfolge a–f). Die besten Effekte zeigten sich bei Unterbrechung der Dunkelheit nach 11 und 7 Std. Da nach Angaben anderer Autoren der Maximalerfolg, unabhängig von der Gesamtlänge der Dunkelperiode, durch Unterbrechung nach 8 Std. erreicht wurde, kann angenommen werden, daß die Synthese blühinduzierender Subst. erst nach 8std. Dunkelheit erfolgt. Vorbereitende Stadien werden schon durch kurze Zwischenbeleuchtung zurückgebildet. V. Ehrenpfordt. 230.

Sadykov, S. S. und Popova, P. Ja. (Sadykow, S. S. und Popowa, P. Ja.); Inst. für Genetik und Pflanzenphysiol. der Akad. der Wiss. der Usbek.SSR. Vlijanie svetovogo režima na formirovanie chlopkovogo volokna. **(Einfluß der Lichtverhältnisse auf die Bildung der Baumwollfaser.)** Uzbekskij biologičeskij žurnal, Taškent 6 (1962) Nr. 4. S. 5–12. – 2 Abb., 2 Tab., 17 Lit. Orig.: russ., Ausz.: usbek.
Vff. untersuchten den Einfluß 3 verschiedener Belichtungsverhältnisse, und zwar ununterbrochene Belichtung (24-Std.-Tag), 10-Std.-Tag und als Kontrolle die natürlichen Lichtverhältnisse während der Vegetationszeit (Taglängen von 18–8 Std.). Dauerbelichtung führte bei einer spätreifen Sorte zur Ausbildung längerer Fasern, die sich bei frühreifen Sorten schon ca. 10 Tage früher entwickelten. Die Zellulosesynthese war im 24-Std.-Tag am lang-

samsten, am schnellsten unter natürlichen Bedingungen. Das Gewicht der Samenkapseln erhöhte sich im 24-Std.-Tag etwas. Die Zahl der ausgewachsenen Samenhaare war unter natürlichen Lichtverhältnissen allerdings am größten, im 10-Std.-Tag, sowie bei ununterbrochener Belichtung war sie um 2,5—2,8% vermindert. H. Leike. 230.

Cooper, A. J.; Littlehampton, Sussex, Glasshouse Crops Res. Inst. Relations between day-length and annual patterns of plant development. **(Beziehungen zwischen Tageslänge und Jahresablauf der Pflanzenentwicklung.)** Nature [London] **195** (1962) Nr. 4847. S. 1218—1219. — 2 Abb., 1 Lit.

Die Tomate, i. allg. als tagneutrale Pflanze betrachtet, wird als (schwache) Langtagpflanze angesehen, da sie bei ganzjährig wöchentlicher Aussaat umso früher blüht, je länger die Tage sind. Umgekehrt verhält sich *Hibiscus cannabinus*, der aus diesem Grunde zu den Kurztagpflanzen gezählt wird. In beiden Fällen gelten hyperbolische Kurven (Die jahreszeitlich unterschiedliche Strahlung ist anscheinend nicht berücksichtigt worden). Aus der verschiedenen photoperiodischen Reaktion der Pflanzenarten läßt sich ihre jahreszeitliche Blühfolge ableiten. W. Junges. 230.

Manzjuk, V. T. (Mansjuk, W. T.); Charkow, Ukrain. Forsch.-Inst. für Pflanzenbau, Zücht. und Genetik. K voprosu o prochoždenii stadii jarovizacii u ozimoj pšenicy. **(Über den Ablauf des Jarowisationsstadiums bei Winterweizen.)** Agrobiologija, Moskva **1962** Nr. 3. S. 371—376. — 1 Abb., 4 Tab., 1 Lit.

Anfang Sept. ins Freiland gesäte Hart- und Weichweizensorten sowie deren F_2-Bastarde wurden mit dem Einsetzen von Minustemperaturen (27. Nov.) 56 Tage lang bis 15. März einer nächtlichen Zusatzbelichtung (500 W/m²) ausgesetzt. Bei Anstieg der Temperatur über 0 °C wurde die Zusatzbelichtung unterlassen. Die Zusatzbelichtung bewirkte im Vergleich zu den Kontrollpflanzen (ohne Zusatzbelichtung) in Abhängigkeit von der Sorte bzw. Kreuzungskombination eine Beschleunigung des Ährenschiebens um 4—13 Tage. Darüber hinaus wurde bei den zusatzbelichteten Pflanzen eine größere Pflanzen- und Ährenlänge ermittelt. Da entsprechend der Stadientheorie das Durchlaufen des Lichtstadiums bei Minustemperaturen nicht möglich ist, sieht Vf. die Erklärung für diese Entwicklungsbeschleunigung darin, daß die Pflanzen auch nach Beendigung des Jarowisationsstadiums (bis 27. Nov.) fortfahren, spezifische, für das Durchlaufen des Lichtstadiums notwendige Nährstoffe zu speichern. Die Speicherung dieser Nährstoffe wird durch Zusatzbelichtung gefördert, was im Frühjahr zu einer rascheren Entwicklung führt. — Als Ursache für das ungleichmäßige, auseinandergezogene Ährenschieben der Pflanzen nach Durchlaufen des Jarowisationsstadiums im Stadium des keimenden Samens konnte Vf. unterschiedlich starkes, bes. auf unterschiedliche Wasseraufnahme zurückzuführendes Keimen der Samen nachweisen. Eine Partie jarowisierten Wi-Weizensaatgutes wurde hinsichtlich Keimlingslänge in 3 Gruppen (4—7 mm, 2—4 mm und bis 1 mm) getrennt. Bei den aus der am stärksten gekeimten Gruppe erwachsenen Pflanzen verlief das Ährenschieben am schnellsten und gleichmäßigsten, während die am geringsten gekeimte Gruppe Pflanzen brachte, die entweder verzögert oder überhaupt nicht (etwa 40%) Ähren schoben. L. Rösler. 230.

Roy, S. K. und Sarkar, D. K.; Sabour, Bihar, Rice Res. Stat. Studies on the dormancy and viability of paddy seeds of six paddy varieties. **(Untersuchungen über die Keimruhe und Lebensfähigkeit der Samen von sechs Sumpfreissorten.)** J. Indian bot. Soc. **41** (1962) Nr. 2. S. 207—216. — 2 Abb., 3 Tab., 5 Lit.

Saatgut von 6 Sorten verschiedener Reifegruppen (Vegetationsdauer 90 bis 185 Tage) wurde nach der Ernte (Erntedaten je nach Reifegruppe von Ende Sept. bis Mitte Dez.) sonnengetrocknet und dann in Textilbeuteln gelagert.

Jeden 1. und 15. eines Mon. wurden Keimproben unternommen. Die Keimruhe galt als beendet, wenn mindestens 80% Keimung eintrat. Die Lebensfähigkeit galt als erloschen, wenn weniger als 10% der Körner keimten. Die Sorte 'CH 10' (chinesische Herkunft; frühreif) hatte praktisch keine Keimruhe. Die anderen 2 frühen Sorten keimten voll nach 6 Wochen, die späten erst nach $2^1/_2$—4 Monaten. Bei 4 der Sorten war einheitlich nach 1 Jahr die Keimfähigkeit erloschen, bei den beiden frühen Sorten 'Deoghar' und 'Sona' fing sie zu dieser Zeit gerade an, abzunehmen und war erst nach 2 Jahren erloschen. W. Stenz. 230.

Marinos, N. G.; Adelaide, South Australia, Waite Agric. Res. Inst., Dep. of Plant Physiol. The nature of auxin induced dormancy in potatoes. **(Die Natur der durch Auxin induzierten Keimruhe bei Kartoffeln.)** Physiol. Plantarum [Copenhagen] **15** (1962) Nr. 4. S. 663—674. — 4 Abb., 1 Tab., 32 Lit. Die durch Auxin induzierte Keimruhe könnte auf der Anhäufung von Wuchsstoffen in der Schale beruhen. — In den Untersuchungen wurden Knollen der Sorte 'Sebago' (kurze Keimruhe) in Wasser (Kontrolle) oder 30 min in 0,1%ige α-NES-Lösung getaucht, danach getrocknet und in Beuteln im Gewächshaus gelagert. Nach 7 Tagen setzte bei der Kontrolle Knospenschwellung ein, nach 14 Tagen streckten sich die Sprosse, während bei den behandelten Knollen kein Austrieb zu beobachten war. Die Knollen wurden dann chromatographisch auf ihren Wuchs- und Hemmstoffgehalt untersucht. Die Hemmung nach NES-Behandlung beruht wahrscheinlich auf der Anhäufung supraoptimaler Auxinmengen (native IES + zugeführte NES), während die natürliche Basis der Hemmung wahrscheinlich das Vorhandensein von Hemmstoffen ist (hohe Konz. an Hemmstoffen gegenüber dem Wuchsstoffgehalt). W. Stenz. 230.

Laloraya, Manmohan M. und Rai, Vinay K.; Allahabad, India, Univ., Bot. Dep. Promotion of hypocotyl growth with gibberellic acid in epigealy growing seedlings. **(Förderung des Hypokotylwachstums mit Gibberellinsäure bei epigäisch wachsenden Sämlingen.)** Physiol. Plantarum [Copenhagen] **15** (1962) Nr. 4. S. 649—655. — 1 Abb., 3 Tab., 11 Lit. Förderung des Hypokotylwachstums durch Gibberelline wurde schon mehrfach beobachtet. Dabei besteht eine Interaktion zwischen Gibberellin und IES. In der Arbeit wird der Einfluß des Gibberellins auf Sämlinge von zahlreichen Pflanzen untersucht, um zu ermitteln, ob Gibberellin nicht nur bei einigen Pflanzen fördernd wirkt, sondern vielmehr ein wachstumskontrollierender Faktor bei allen epigäisch keimenden Pflanzen ist. In den Versuchen wurden ca. 20 Arten auf ihre Reaktion gegenüber Gibberellinsäure A_3 geprüft, indem angekeimte Samen in GS-Lösungen (0, 1, 10, 50, 100 ppm) weiter herangezogen wurden. Es ergaben sich 3 Gruppen: 3 Arten reagierten gar nicht auf die GS-Zufuhr, die meisten Arten reagierten mit erheblichem Zuwachs, und in der 3. Gruppe sind 3 Arten mit sehr starker Reaktion (196 bis 286% Zuwachs gegenüber der Kontrolle). Die unterschiedliche Reaktion auf das GA_3 beruht möglicherweise auf Verschiedenheiten des endogenen Auxin- und IES-Spiegels oder auf dem Bedürfnis der Pflanzen nach spezifischen Gibberellinen. Bei den Pflanzen der 2. Gruppe läßt die Wachstumsförderung durch GS nach einiger Zeit nach, so daß in der späteren Wachstumsperiode die Kontrollen schneller wachsen. Die Pflanzen können demnach in der späteren Wachstumsperiode genügend Gibberellin selbst produzieren im Gegensatz zur 3. Gruppe, bei der die Wirkung zugeführter GS auf das Wachstum nicht abnimmt. — Außer Salat und Tabak sind nach den Versuchsergebnissen auch *Antirrhinum* und *Salvia* gute Objekte für die Gibberellinforschung. Bei *Brassica campestris* und *Raphanus sativus* (beide Gruppe 2) wirkte GS hemmend auf das Wachstum der Primärwurzeln. Bei *Dahlia* kam es zur Streckung der Keimblattstiele. W. Stenz. 230.

Skinner, Charles G., Hedgcoth, Charles und Wagner, Delbert; Austin, Univ. of Texas Clayton Foundation, Biochem. Inst., Dep. of Chem. Synergistic effect on germination of mixtures of 6-benzylaminopurine and various gibberellins. **(Synergistische Wirkung von Mischungen aus 6-Benzylaminopurin und verschiedenen Gibberellinen auf die Keimung.)** Phyton [Vicente López, Argentina] **17** (1961) Nr. 2. S. 141–145. – 1 Abb., 2 Tab., 13 Lit.
Salatsamen verschiedener Sorten wurden 5 Std. bei 25 °C im Dunkeln mit Lösungen von Gibberellinsäure sowie Gibberellin A_1 und A_2 (30 μg/ml und 100 μg/ml) allein oder in Gegenwart von 6-Benzylaminopurin (3 und 10 μg/ml) vorbehandelt. Nach dem Trocknen zwischen Filterpapier wurden die Samen in Petrischalen mit dest. Wasser 36 Std. im Dunkeln bei 30 °C oder 20 Std. im Licht bei 26 °C zur Keimung gebracht. Die Gibberelline bewirkten eine synergistische Stimulation der Keimungsrate in Gegenwart des Purins, wobei Gibberellinsäure und Gibberellin A_1 stärker wirkten als Gibberellin A_2. Vff. schließen daraus, daß Gibberellin A_2 eine biosynthetische Vorstufe der anderen beiden Gibberelline ist. W. Franzke. 230.

Gamburg, K. Z. (Gamburg, K. S.); Ostsibir. Biol. Inst. der Sibir. Abt. der Akad. der Wiss. der UdSSR. Vlijanie gibberellina i auksina na rost per vogo lista i korneobrazovanie u otrezkov kukuruzy. **(Einfluß von Gibberellin und Auxin auf das Wachstum des 1. Blattes und auf die Wurzelbildung von Maistrieben.)** Doklady Akademii nauk SSSR, Moskva **145(30)** (1962) Nr. 4. S. 941–944. – 3 Abb., 1 Tab., 6 Lit.
Vf. verwendete für seine Versuche 7 Tage alte Maiskeimlinge (3–5 cm langes Primärblatt). Aus den jungen Pflanzen wurden Stücke herausgeschnitten, die sich aus Knoten, 5 mm Mesokotyl und 7 mm Koleoptile zusammensetzten. Bei Behandlung mit Gibberellin-(G)-Lösung (100 mg/l) wurde das Blattwachstum stark gefördert, die Wurzelbildung dagegen war gegenüber den Wasserkontrollen völlig unterdrückt. Auxin (1 mg/l) bewirkte Verstärkung der Wurzelbildung und des Wurzelwachstums. Nach Entfernung der Blätter an den Testpflanzen war die hemmende Wirkung des G auf die Wurzelbildung nicht mehr festzustellen, auch eine Förderung durch Auxin trat jetzt nicht mehr auf. Vf. schließt aus den Versuchen, daß in unbehandelten Pflanzen die Wurzelbildung durch die wachsenden Blätter gehemmt wird. G bewirkt dann die Hemmung der Wurzelbildung indirekt durch Förderung des Blattwachstums, Auxin soll dagegen die Wurzelbildung fördern durch eine leichte Unterdrückung des Blattwachstums. Die Ergebnisse widersprechen völlig den Ansichten einiger Autoren, die behaupten, daß die G-Wirkung allein darin besteht, daß eine G-Behandlung zu einem Ansteigen des Auxingehalts in den Pflanzengeweben führt. H. Leike. 230.

Wolf, F. A. und Bates, W. W.; Durham, N. C., Duke Univ.; Liggett and Myers Tobacco Co. The pathological effects of gibberellic acid on tobacco. **(Die pathologischen Wirkungen von Gibberellinsäure auf Tabak.)** Tobacco [New York] **154** (1962) Nr. 6. S. 19–23. – 3 Abb., 2 Tab., 20 Lit.
Zur Klärung des Einflusses der Gibberellinsäure auf morphol. Merkmale der Pflanzen und die chem. Zusammensetzung der getrockneten Blätter wurden 'Brusa'-Tabakpflanzen (Orienttabak) im Gewächshaus mit 0,1%iger wäßriger Lösung von Gibberellinsäure besprüht. Im Vergleich zur Kontrolle erreichten die behandelten Pflanzen die doppelte Höhe bei etwa gleichem Gesamtpflanzengewicht, die Blätter waren länger und schmaler, das Stengelgewicht war etwa doppelt so hoch, das Wurzelgewicht erreichte dagegen nur etwa $^1/_3$ desjenigen der Kontrollpflanzen. Gibberellinsäure wirkt auf den Sproßteil der Pflanze hypertroph, auf die Wurzeln hypotroph. Sie verursacht eine Verringerung des Gehaltes an α-Amino-N, Gesamtalkaloiden, Zuckern, Stärke, wasserlöslichen Säuren sowie an Petroläther- und Äthanolextraktstoffen. J. Merker. 230.

Courtot, Yvette; Besançon, Fac. des Sci., Lab. de Bot. Action de l'acide gibbérellique sur la structure anatomique de l'Asparagus medeoloides. **(Wirkung von Gibberellinsäure auf die anatomische Struktur von Asparagus medeoloides.)** C. R. hebd. Séances Acad. Sci. **255** (1962) Nr. 17. S. 2167–2169. – 2 Abb., 2 Lit.

Efros, A. M. und Fedoseeva, M. P. (Efros, A. M. und Fedossejewa, M. P.); Leningrad, Landwirtsch. Inst. Dejstvie proizvodnych benzimidazola na rost i razvitie zernovych kul'tur. **(Wirkung von Benzimidazolderivaten auf Wachstum und Entwicklung von Getreidekulturen.)** Doklady Akademii nauk SSSR, Moskva **146 (30)** (1962) Nr. 1. S. 236–237. – 1 Abb., 2 Tab., 1 Lit.
Vff. prüften die stimulierende Wirkung von 7 Benzimidazol (B)-Derivaten auf den Körner- und Strohertrag beim Sommerweizen. Die Körner wurden bei der Behandlung vor der Aussaat in die Lösungen der Subst. gelegt. Dies führte zu besserer Bestockung und in 6 Fällen auch zu erhöhtem Kornertrag. Mit 2-Methyl-5-Amino-B und 2-Methyl-4-acet-amino-B wurde eine Erhöhung der Kornerträge um 24 bzw. 22% erreicht. Dabei nahm der Gehalt an Tr.-Subst. der gesamten Pflanzen um ca. 20% zu. Alle geprüften B-Derivate bewirkten stärkeres Längenwachstum und eine Vermehrung der Grünmasse. Vff. führen die stimulierende Wirkung der B-Derivate darauf zurück, daß viele von ihnen mit Schwermetallen Chelate bilden können. H. Leike. 230.

Yeoman, M. M.; Edinburgh, Univ., Dep. of Bot. The effects of ribonuclease on the growth of pea roots. **(Der Einfluß von Ribonuclease auf das Wachstum von Erbsenwurzeln.)** J. exp. Biol. **13** (1962) Nr. 39. S. 390–396. – 4 Abb., 1 Tab., 10 Lit.
Sterilisierte Erbsensamen (Sorte 'Meteor') wurden steril angekeimt. Wurzeln oder Wurzelsegmente wurden dann in einer Nährlösung aus Salzen + 4% Saccharose kultiviert. Ribonuclease (5mal rekristallisiert) wurde in die Lösung zu 1, 10 oder 100 μg/l gegeben. Es wurde gefunden, daß das Enzym in das Gewebe eindringen und dort die Zellteilung hemmen kann. Der Einfluß hängt davon ab, welcher Teil der Wurzel betroffen ist. Die Spitze (2 mm) zeigt Hemmung durch das Enzym, das nächstfolgende Segment (2–4 mm) deutliche Förderung. Die Wirkungen sind erst nach 12 und mehr Std. zu erkennen. Die Wirkung des Enzyms war je nach Konz. etwas unterschiedlich. Durch Kochen inaktivierte RNase hatte keinerlei Wirkung, ebenso wie das Dialysat von RNase. Hemmung und Förderung des Wachstums durch RNase hängen nach den Ergebnissen vom Entwicklungsstand des Gewebes ab. Über die Ursachen der Wirkung werden Mutmaßungen angestellt. W. Stenz. 230.

Philipson, W. R. und Sheat, D. E. G.; Christchurch, New Zealand, Univ. of Canterbury, Dep. of Bot. Induction of callus on decapitated hypocotyls of Helianthus by Escherichia coli and other bacteria. **(Induktion von Kallus an dekapitierten Hypokotylen von Helianthus durch Escherichia coli und andere Bakterien.)** Nature [London] **197** (1963) Nr. 4863. S. 204–205. – 1 Abb., 3 Lit.
In-vitro-Kultur von Angiospermen-Organen in Gemeinschaft mit mehreren freilebenden Bakterienarten führte zur Kallusbildung. Morphol. und histol. sind die Kallusbildungen den Kohlhernietumoren ähnlich. – In Versuchen wurden Sonnenblumensamen nach Entfernung der Testa mit H_2O_2 (20%ig, 20 min) sterilisiert und dann auf Agarnährmedium nach White angekeimt. Von den Sämlingen wurden die Hypokotyle unterhalb der Kotyledonen durchgeschnitten. Auf die Stümpfe wurden Tröpfchen von 48 Std. alten Bouillonkulturen verschiedener Bakterienarten aufgebracht. Zum Vergleich dienten Impfung mit *Agrobacterium tumefaciens* sowie ungeimpfte Kontrollen. Bei Impfung mit *A. tumefaciens* zeigte sich bereits nach 1 Woche intensive Kallusbildung. Bei den ungeimpften Kontrollen kam es höchstens zu geringer

Bildung von Wundgewebe, meist starb das terminale Gewebe ab. Bei 25% der mit Bakterien geimpften Hypokotyle kam es zu Wucherungen, und zwar bei *E. coli*, *Pseudomonas aeruginosa*, *Sarcina lutea* und *Aerobacter aerogenes*. *E. coli* gab die besten Ergebnisse und wurde für weitere Versuche benutzt. Aus den Wucherungen ergaben sich nach Überimpfung virulentere Stämme (75% Infektion). Die bei den Kontrollen beobachtete leichte Kallusbildung hielt nur so lange an, wie die Oberfläche des Hypokotylendes feucht war. Aber auch bei künstlichem Feuchthalten war die Wundgewebebildung mit der Kallusbildung nach Impfung nicht vergleichbar. Bei intakten Sämlingspflanzen im Gewächshaus war *E. coli*, eingebracht in Wunden, wirkungslos, 100%igen Erfolg gab es dagegen bei *A. tumefaciens*. – Kallusinduktion durch nichtpathogene Bakterien wurde bisher noch nicht beobachtet.

W. Stenz. 230.

Stålfelt, M. G.; Stockholm, Univ., Dep. of Plant Physiol. The effect of temperature on opening of the stomatal cells. **(Der Einfluß der Temperatur auf das Öffnen der Stomatazellen.)** Physiol. Plantarum [Copenhagen] **15** (1962) Nr. 4. S. 772–779. – 2 Abb., 7 Lit.

In den letzten 40 Jahren wurden zu diesem Problem einige Untersuchungen angestellt, teilweise aber bereits zu einer Zeit, da noch nicht bekannt war, daß geringe Änderungen des CO_2-Gehaltes der Luft und bereits geringes Wasserdefizit in den Blättern starken Einfluß auf die Stomataöffnung haben. Die Aussagekraft der älteren Versuche leidet darunter. In den vorliegenden Versuchen wurde die Spaltöffnungsweite bei verschiedenen Temperaturen (5, 10···45 °C) gemessen. Die Blätter wurden 12–14 Std. im Dunkeln bei voller Wassersättigung gehalten. Das Öffnen der Stomata wurde durch Licht oder CO_2-freie Luft eingeleitet. Zwischen Temperatur und Stomatabewegungen ergab sich eine praktisch lineare Beziehung bis max. 35–40 °C sowohl im Licht als auch in Dunkelheit bei CO_2-Mangel. Oberhalb 40 °C fielen die Werte wieder ab, und zwar offenbar nicht als Ergebnis einer hydroaktiven Schließreaktion, sondern der hohen CO_2-Konz. als Folge starken Überwiegens der Atmung über die Photosynthese. Bei 35 °C war der Öffnungswert bei *Vicia faba* um 60–70% höher als bei 20 °C. Die Versuchszeit wurde auf 2–3 Std. begrenzt, d. i. die Zeit der ersten Phase des Öffnens der Stomata. Bei Verlängerung dieser Periode oder bei Wahl der max. erreichbaren Stomataöffnungsweite ist die erwähnt lineare Beziehung nicht definitiv gegeben. Bei einigen anderen untersuchten Pflanzenarten gab es bei 20 und 30 °C keinen Einfluß der Temperatur, offenbar weil infolge des Turgors – die Blätter wurden bei voller Wassersättigung gehalten – der Druck der Epidermiszellen auf die Schießzellen das Öffnen der Stomata behinderte. W. Stenz. 235.

Brun, W. A.; Norwood, Mass., United Fruit Co., Centr. Res. Lab. Rhythmic stomatal opening responses in banana leaves. **(Rhythmische Öffnungsreaktionen der Stomata von Bananenblättern.)** Physiol. Plantarum [Copenhagen] **15** (1962) Nr. 4. S. 623-630. – 6 Abb., 10 Lit.

Öffnen und Schließen der Stomata werden vor allem durch Licht (Intensität, Dauer, Qualität), Temperatur, CO_2-Gehalt der Luft und Wasserstatus des Blattes beeinflußt. Dazu kommen verschiedene endogene Rhythmen. Von einigen Autoren wurde beobachtet, daß die Zeitdauer nach dem Abbruch einer Verdunkelung der Pflanze bis zum Öffnen der Stomata durch die Dauer der vorhergehenden Dunkelperiode beeinflußt wird. Diese Zusammenhänge wurden in Versuchen näher untersucht. Je nach Dauer der vorhergehenden Dunkelperiode und der dabei herrschenden Temperatur dauerte es 3–85 min, bis die Stomata sich nach Beginn der Belichtung öffneten. Je länger die Dunkelperiode (4–12 Std.), um so kürzer war die Reaktionszeit (25 bis $<$ 5 min; Temp. 16–29 °C). Bei weiterer Verlängerung der Dunkelperiode wurden die Reaktionszeiten wieder länger, bes. bei den höheren Temperaturen

(29 °C). Bei 16 und 21 °C nahm die Reaktionszeit schnell zu; bei 29 °C war ein endogener Rhythmus in Form von Minima alle 24 Std. bemerkbar, der durch Einwirkung von Dunkelheit ausgelöst wurde und nicht Ausdruck eines vorher schon vorhandenen endogenen Rhythmus war. Die photoperiodische Behandlung 8 Tage vor Einsetzen der Dunkelheit hatte keinen Einfluß auf die Periode der Fluktuationen des Öffnens der Stomata bei 29 °C; bis zu 12 Std. nach Einsetzen der Dunkelheit nahm die Respirationsrate stark ab, bei weiterer Ausdehnung der Dunkelperiode blieb sie dann konstant. Geringen Einfluß auf die Reaktionszeiten der Stomata hatte auch die Lichtintensität. W. Stienz. 235.

Burton, W. G.; Larkfield, Maidstone, Kent, A. R. C. Ditton Lab. A simple apparatus for measuring oxygen uptake and carbon dioxide output. **(Ein einfaches Gerät zur Messung der Sauerstoffaufnahme und Kohlendioxidausscheidung.)** Europ. Potato J. **5** (1962) Nr. 3. S. 220–227. – 2 Abb., 1 Lit.

Vf. beschreibt ein Gerät zur Messung der Respiration, das nach dem Prinzip der Warburgapparatur arbeitet. Das ausgeschiedene CO_2 wird an festes NaOH gebunden. Der durch O_2-Aufnahme verursachte Druckabfall der Gasatmosphäre wird durch Wasser aus einer Bürette kompensiert. Das zugegebene Wasser wird gewogen und stellt ein Maß für das aufgenommene O_2 dar. Vf. beschreibt die einzelnen Konstruktionsteile des Gerätes und ihre Wirkungsweise. W. Hiller. 239.

D. Chemie der Pflanzen

Martin, J. T. Investigations on plant cuticles. **(Untersuchungen an Pflanzenkutikulae.)** Annu. Rep. agric. horticult. Res. Stat., Long Ashton, Bristol **1958** S. 102-106.

An Blättern von Apfel, Schwarzer Johannisbeere, Banane, Tomate, Blumenkohl und Roter Beete sowie an Früchten von Apfel, Schwarzer Johannisbeere und Tomate wurde der Anteil der Wachs- und Kutin-Komponenten der Kutikula analysiert und der Einfluß bestimmter Faktoren (Nährstoffhaushalt, Entwicklungsalter) auf ihre Ausbildung untersucht. U. Neumann. 240.

Mića, Bohumil. Vliv obsahu některých látek v hlízách brambor na jejich chuť. **(Einfluß des Gehalts an gewissen Stoffen in Kartoffelknollen auf ihren Geschmack.)** Průmysl Potravin **13** (1962) Nr. 6. S. 309-310. – 1 Abb., 2 Tab. Zus. in Russ., Engl., Dtsch.

Kartoffelknollen aus dem tschechoslowakischen Sortiment wurden auf Gehalt an Tr.-Subst.-, Stärke-, Bruttoprotein- und Mineralstoffen untersucht. Die Geschmacksproben erfolgten nach einer Methodik der Forschungsanstalt für Kartoffelbau in Havlíčkův Brod. Kartoffeln mit niedrigerem Tr.-Subst.-Gehalt hatten besseren Geschmack als die Tr.-Subst.-reichen Sorten. Der Tr.-Subst.-Gehalt bewegte sich zwischen 20,35% (Geschmack 30,0 Punkte) und 26,88% (Geschmack 5 Punkte). Knollen mit höherem N-Gehalt sind geschmacklich besser. Der Mineralstoffgehalt der Tr.-Subst. betrug 4,39% (Geschmack 30,0 Punkte) bis 4,77% (Geschmack 22,5 Punkte). Eine sehr starke Beziehung besteht zwischen Geschmack und dem Asche/N-Verhältnis. Mit ansteigendem Verhältnis sinkt der Geschmackswert. Das Optimum liegt bei 2,5. J. Špinka. 240.

Lugt, C., Goodijk, G. und Glastra-Ubbels, D. **Beurteilung der Konsumqualität von Kartoffelsorten.** Niederl. Kartoffel **1962** S. 1-14. – 16 Abb., 9 Lit.

Vff. berichten über ein Verfahren für die Güteprüfung von Kartoffeln, welches im Laufe einiger Jahre in der Europäischen Gesellschaft für Kartoffelforschung erarbeitet wurde und das ein rel. hohes Maß an Objektivität besitzt.

In der vorliegenden Arbeit werden nur die Eigenschaften der gekochten Kartoffel behandelt; die Beobachtungsergebnisse ermittelte man durch Bewertung, Schätzung oder Messung. Die Beurteilung der Kochqualität führte zu 4 Kochtypen, wobei die Eigenschaften Zerkochen, Konsistenz, Mehligkeit, Feuchtigkeit und Struktur Berücksichtigung fanden, ferner Farbe, Geschmack und Verfärbung nach dem Kochen. Ein Beurteilungsschema, in dem die Eigenschaften — jeweils in 4 Stufen eingeteilt (Farbe in 6) — geordnet stehen, ermöglicht die übersichtliche Eintragung der Ergebnisse. Aus der Einteilung der Speisekartoffeln in Kochtypen ist ihre Eignung für die verschiedenen Gerichte zu entnehmen; am vielseitigsten sind Knollen des Typs B (ziemlich fest) zu verwenden. — Alle Begriffe sind ausführlich erläutert.
R. Kämmerer. 240.

McAllister, DeVere R., Hurst, Rex L., Woolley, Donald G., Nielsen, Harold M., Olson, L. Elmer, Greenwood, Delbert A., LeBaron, Homer M. und Bennett, William H. The variability of sugar beet constituents as influenced by year, location, variety, and nitrogen fertilization. **(Die Variabilität der Zuckerrübeninhaltsstoffe in ihrer Beeinflussung durch Jahrgang, Lage, Sorte und Stickstoffdüngung.)** J. Amer. Soc. Sugar Beet Technologists **11** (1961) Nr. 7. S. 547-564.
Die umfangreichen Untersuchungen erstrecken sich auf die Ermittlung der wichtigsten Inhaltsstoffe in Stichproben von je 50 Rüben aus verschiedenen Gebieten der USA (Californien, Utah und Michigan), die in den Jahren 1954 bis 56 gezogen wurden. Obwohl sich der Inhalt der Arbeit im wesentlichen auf die Problemstellung, die Methodik und die Ergebnisse beschränkt, wird eingangs eine kurze Übersicht einschlägiger Versuchsresultate anderer Autoren gebracht. Bei der biometrischen Analyse wurde negative Korrelation zwischen Saccharose und weiteren untersuchten chem. Inhaltsstoffen mit Ausnahme von Galaktinol festgestellt. Negative Korrelation wurde ferner zwischen Saccharose und N-Gabe ermittelt. Der Einfluß der N-Düngung auf die einzelnen Komponenten des Gesamt-N war nicht einheitlich. Saccharose und Mark waren positiv korreliert. Die Veränderungen der Variationskoeffizienten wurden graphisch dargestellt. Anhand dieser Darstellung kann der Umfang der Stichprobe (in Anzahl der Rüben) für die Erzielung eines speziellen Variationskoeffizienten für die einzelnen Merkmale ermittelt werden.
O. Heinisch. 240.

Watkins, Rupert W. und Hassler, F. J.; Raleigh, North Carolina State Coll., Agric. Engng. Dep. Effects of oxygen stress on tobacco discoloration. **(Wirkung der Sauerstoffkonzentration auf das Verfärben des Tabaks.)** Tobacco [New York] **154** (1962) Nr. 20. S. 79-85. — 5 Abb., 2 Tab., 4 Lit.
Frisch geerntete Blätter von gelbreifendem Tabak wurden in einem Milieu mit unterschiedlichen O_2-Konz. einer Temperatur von 135 °F ausgesetzt, um den Bräunungsvorgang mittels eines Farbfilmes und spektroskopischer Analyse desselben in bestimmten Zeitabständen zu beobachten. Es wurde festgestellt, daß die Bräunungsreaktion von der O_2-Konz. abhängig ist; die kritische O_2-Konz. liegt zwischen 0,01 und 0,5%. Um den Einfluß auf die chem. Zusammensetzung zu prüfen, wurden größere Proben vergilbten Tabaks einer Temperatur von 175 °F und einer Konz. von 0,1 Vol% O_2 ausgesetzt: kein signifikanter Einfluß auf den Gehalt an Gesamt-Alkaloiden, Nornikotin, Zucker und N, deutliche Verminderung des Nicotingehaltes. Bis herab zu 2% O_2-Konz. war kein nachteiliger Einfluß auf die Tabakqualität festzustellen.
J. Merker. 240.

Anonym. The nutritional value of the rice bean, Phaseolus calcaratus Roxb. from Northern Rhodesia. **(Der Nährwert der Reisbohne, Phaseolus calcaratus Roxb., in Nordrhodesien.)** Trop. Sci. **4** (1962) Nr. 3. S. 163. — 1 Tab. 240.

Coppenet, M. und Calvez, Janine; Quimper/Finistère, Stat. d'Agronomie. Variations de la composition minérale de dix variétés de graminées fourragères au cours d'une année d'exploitation au rythme pâture. **(Veränderungen der Mineralstoffzusammensetzung von Futtergräsern im Laufe einer einjährigen Untersuchung bei Beweidung.)** Ann. agronom. **13** (1962) Nr. 3. S. 203-219. — 11 Tab., 18 Lit. Zus. in Russ., Engl., Dtsch.

Die Untersuchungen wurden in Feldversuchen an folgenden Futtergräsern durchgeführt: Welsches Weidelgras, Bastard-Weidelgras, Deutsches Weidelgras, Knaulgras, Wiesenschwingel, Rohrschwingel und Lieschgras. Die Tr.-Subst. der einzelnen Schnitte wurde auf ihren Gehalt an N, P, K, Ca, Mg, Na, Cu und Mn untersucht. Die Gehalte an Roheiweiß waren im Dez. am höchsten, z. B. bei Knaulgras im Sept. 117, im Dez. 212 g/kg. Die ersten und letzten Schnitte sind die phosphorsäurereichsten; die Werte schwanken etwa zwischen 2,5 und 5 g P/kg Tr.-Subst. Dieser Gehalt reicht nicht immer für hohe Milchproduktion aus. Ca ist in dieser Hinsicht fast stets ausreichend vorhanden, was für Mg mit 1-2 g/kg nicht zutrifft. Der K-Gehalt ist für die Fütterung in jedem Falle hoch genug, doch bei Gehalt $<$ 20 g K_2O/kg sinken die Erträge. Die stärksten spez. Veränderungen betreffen das Na; Wiesenschwingel und Lieschgras sind Na-arm (0,13-0,5 g/kg), die anderen untersuchten Gräser Na-reich (1-4,5 g/kg). In weiten Grenzen schwankt der Mn-Gehalt (23-456 ppm). Der Bedarf der Milchkühe wird in der Literatur verschieden angegeben. An Cu wird mit 4-11 ppm der Minimalbedarf gerade gedeckt. W. Schulze. 241.

Matheson, N. K. und Wheatley, J. M. Marceba, Queensland, C.S.J.R.O., Div. of Plant Ind., Tobacco Res. Inst. The effect of some extraction solvents on the chemical structure of the starches from tobacco leaf and potato tubers. **(Der Einfluß einiger Extraktionsmittel auf die chemische Struktur der Stärke aus dem Tabakblatt und aus Kartoffelknollen.)** Austral. J. biol. Sci. **15** (1962) Nr. 2. S. 312-323. — 1 Abb., 3 Tab., 31 Lit.

Die Wirksamkeit der Extraktion von Stärke aus Tabakblättern und Kartoffeln mit Perchlorsäure, Natronlauge oder Chloralhydrat wird geprüft. Die Viskosität, der Amylosegehalt, die β-Amylolyse, das Absorptionsspektrum der Jodstärke-Additionsverbindung sowie die Kettenlänge der jeweils erhaltenen Stärke werden bestimmt und mit den Untersuchungsergebnissen an Stärkekörnern verglichen, die auf mechanischem Wege isoliert wurden. Perchlorsäure erwies sich als das wirksamste Extraktionsmittel. Alle Lösungsmittel veränderten die Eigenschaften der Stärke. Die Viskosität wurde geringer, während die β-Amylolyse, der Amylosegehalt und die Absorption des Jodkomplexes wenig geändert waren. Bei der Ermittlung der Kettenlänge durch Perjodatoxydation ergaben sich Schwierigkeiten. W. Franzke. 242.

Chakraverti, I. B., Nag, S. und Macmillan, W. G.; Calcutta, Indian Jute Mills Assoc. Res. Inst. Isolation, purification and fractionation of tamarind kernel polysaccharide. **(Isolierung, Reinigung und Fraktionierung der Polysaccharide aus Tamarindensamen.)** J. sci. ind. Res. [New Delhi], Sect. D **20 D** (1961) Nr. 10. S. 380-384. — 5 Tab., 28 Lit. 242.

Das Gupta, P. C.; Calcutta, Indian Centr. Jute Committee, Techn. Res. Lab. Hemicelluloses of jute fibre. **(Hemicellulosen der Jutefaser.)** J. sci. ind. Res. [New Delhi], Sect. D **21 D** (1962) Nr. 3. S. 79-81. — 2 Abb., 3 Tab., 28 Lit. 242.

Stafijčuk, A. A. und Stefanovskaja, V. G. (Stafitschuk, A. A. und Stefanowskaja, W. G.); Dnepropetrowsk, Unions-Inst. für Maisforsch. Soderžanie aminokislot v zerne. **(Der Gehalt an Aminosäuren im Korn.)** Kukuruza, Moskva **7** (1962) Nr. 9. S. 47-48. — 1 Tab.

Auf der Versuchsstat. Erastowo (zentrale ukrain. Steppe) wurde die Veränderung des Protein- und des Aminosäuregehaltes im Maiskorn in Abhängigkeit vom Standraum der Pflanzen bei frühen (‚Dnepropetrowski 98'), mittelfrühen (‚WIR-42') und späten (‚Dnepropetrowski 90') Sorten bei Bestandesdichten von 16900-64000 Pflanzen/ha untersucht. Die Aminosäuren wurden nach Hydrolyse papierchromatographisch bestimmt. Die erhaltenen Werte sind angeführt. Zu starke Verdichtung der Bestände senkt den Gehalt an Protein und Aminosäuren im Korn. L. Rang. 244.

Corfield, M. C. und Robson, A.; Leeds, Wool Ind. Res. Assoc. Automatic analysis of amino acids by polarographic estimation of their copper complexes. **(Automatische Analysen von Aminosäuren durch polarographische Bestimmung ihrer Kupferkomplexe.)** Biochem. J. 84 (1962) Nr. 1. S. 146-151. – 3 Abb., 4 Tab., 14 Lit.
Die sauren und neutralen Aminosäuren werden an einer 0,9×150 cm-Säule (Kationenaustauscher Zeokarb 225 [×8]) getrennt. Die Elution erfolgt mit Acetat-Chloracetatpuffer (pH 3,18, nach 15 Min. pH 4,25) bei 50 °C. Die basischen Aminosäuren werden an einer 0,9×15 cm-Säule mit demselben Austauscher bei 50 °C getrennt. Die Elution erfolgt mit Acetatpuffer bei pH 5,28. Die Cu-Komplexbildung erfolgt an einer Cu-Phosphat-Säule (10 cm Höhe), die durch Mischung von Cellulosepulver, gepulvertem Cu-Phosphat (14:1) und Phosphat-Borax-Puffer, pH 9,2, hergestellt wird. Eine Durchgangszeit von 20 Min. (Durchflußrate 10 ml/Std.) ist ausreichend, um die Komplexbildung zu bewirken. Die Aminosäurebestimmung erfolgt durch Polarographie der Cu-Komplexe. β- und γ-Aminosäuren sowie NH_3 werden nicht mitbestimmt, da keine Komplexbildung erfolgt. Die Empfindlichkeit der Methode entspricht der der Ninhydrinmethode. Der Fehler beträgt ± 3% für alle Aminosäuren. Die Methode wird durch ein Beispiel (Insulinhydrolysat) belegt. I. Schröder. 244.

Kuhr, I.; Slovenská Lupča, Biotika. Decomposition of gibberellic acid in aqueous solutions. **(Die Zersetzung von Gibberellinsäure in wäßrigen Lösungen.)** Folia Microbiol. [Praha] 7 (1962) Nr. 6. S. 358-363. – 4 Abb., 1 Tab., 16 Lit. Zus. in Russ. 245.

Roussos, Gerassimos G.; Kansas City, Mo., Veterans Adm. Hospital, Radioisotope Serv.; Kansas Univ., School of Med., Dep. of Biochem. Studies on a non-specific acid phosphatase from dwarf-bean seedlings. **(Untersuchungen über eine nichtspezifische saure Phosphatase aus Buschbohnensämlingen.)** Biochim. biophysica Acta [Amsterdam] 64 (1962) Nr. 1. S. 187-189. 245.

Keister, Donald L., Jagendorf, André T. und San Pietro, Anthony. Development of bean-leaf transhydrogenase in etiolated leaves. **(Entwicklung von Bohnenblatt-Transhydrogenase in etiolierten Blättern.)** Biochim. biophysica Acta [Amsterdam] 62 (1962) Nr. 2. S. 332-337. 245.

Briggs, L. H.; Auckland, New Zealand, Univ., Dep. of Chem. Recent investigations on Solanum alkaloids. **(Neuere Untersuchungen über Solanum-Alkaloide.)** Dtsch. Akad. Landwirtsch.-Wiss. Berlin, Tagungsber. **1959** (hrsg. 1961) Nr. 27. S. 37-40. – 6 Lit. Zus. in Russ., Dtsch.
Eine Nachprüfung eigener früherer Untersuchungen führte zu dem Ergebnis, daß das aus Früchten von *S. auriculatum* Ait. isolierte Alkaloid „Solauricin" in Wirklichkeit ein Gemisch von Solasonin und Solamargin darstellt. Bei dem Aglykon „Solauricidin" handelt es sich wahrscheinlich um eine Molekülverbindung von Solasodin mit Solasodin-galaktosid. „Solasodamin" ist mit Solasonin-monohydrat identisch. Aus reifen Früchten von *S. marginatum* L. f. wurde ein neues kristallines Alkaloid isoliert, vermutlich β-Solamargin (Rham-

nosyl-glucosyl-solasodin). Unreife Beeren von *S. vescum* F. Muell. und *S. aviculare* Forst. enthalten hauptsächlich Solasonin sowie geringe Mengen Solamargin. K. Schreiber. 246.

Schreiber, K., Hammer, U., Ithal, E., Ripperger, H., Rudolph, W. und Weissenborn, A.; Mühlhausen/Thür., Forsch.-Stelle für Kartoffelkäfer-Bekämpf. der Biol. Zentralanst. der Dtsch. Akad. der Landwirtsch.-Wiss. zu Berlin. **Über das Alkaloid-Vorkommen verschiedener Solanum-Arten.** Dtsch. Akad. Landwirtsch.-Wiss. Berlin, Tagungsber. **1959** (hrsg. 1961) Nr. 27. S. 47-73. — 3 Tab., 148 Lit. Zus. in Russ., Engl.
Die Ergebnisse umfangreicher Untersuchungen über das Alkaloidvorkommen in 121 *Solanum*-Arten bzw. -Varietäten (etwa 600 Herkünfte) wurden zusammenfassend dargestellt. Aus 75 *Solanum*-Arten bzw. -Varietäten ließen sich Alkaloide erstmalig isolieren, und zwar aus 35 Solasodin, aus 10 Tomatidin, aus 17 Solanidin und aus 2 Arten Solanocapsin. Über die jeweils nachgewiesenen Alkaloidglykoside wird berichtet. Aus *S. polyadenium* Greenm. konnte ein bisher unbekanntes Glykoalkaloid isoliert werden. Es ist aus Tomatidin sowie 1 Mol D-Glucose und 2 Mol D-Xylose aufgebaut. In 22 bisher nicht alkaloid-chem. untersuchten Arten wurden Alkaloide festgestellt, jedoch nicht identifiziert, 4 Arten erwiesen sich als alkaloidfrei. Die angewendeten Untersuchungsmethoden wurden mitgeteilt. K. Schreiber. 246.

Gussewa, A. R.; Moskau, Biochem. Bach-Inst. der Akad. der Wiss. der UdSSR. **Untersuchungen über die Biosynthese der Kartoffel-Alkaloidglykoside.** Dtsch. Akad. Landwirtsch.-Wiss. Berlin, Tagungsber. **1959** (hrsg. 1961) Nr. 27. S. 155-162. — 1 Abb., 4 Tab., 35 Lit. Zus. in Russ., Engl.
Die Kartoffelpflanze ist in der Lage, 1-^{14}C-Acetat zur Synthese von α-Solanin und α-Chaconin zu verwenden. Hierbei wurde α-Chaconin fast doppelt so hoch markiert wie α-Solanin. 48 Std. nach Applikation des Acetats erreichte die Radioaktivität der gebildeten Alkaloidglykoside ein Maximum und fiel dann allmählich wieder ab. Bei normaler Belichtung der Keimpflanzen wurde ^{14}C vorwiegend in das Aglykon (Solanidin) der Glykoalkaloide eingebaut. Bei Anzucht der Pflanzen im Dunkeln ließ sich hingegen eine fast gleichmäßige Verteilung des ^{14}C zwischen Aglykon und Kohlenhydratkomponente beobachten. Weitere Untersuchungen zeigten, daß 2-^{14}C-Mevalonsäure in etwa gleichem Umfange wie 2-^{14}C-Acetat für die Biosynthese der *Solanum*-Alkaloidglykoside verwendet wird. K. Schreiber. 246.

Kuhn, R. und Löw, I.; Heidelberg, Max-Planck-Inst. für Med. Forsch., Inst. für Chem. **Über neue Inhaltsstoffe der Blätter von Solanum chacoense.** Dtsch. Akad. Landwirtsch.-Wiss. Berlin, Tagungsber. **1959** (hrsg. 1961) Nr. 27. S. 7-15. — 5 Abb., 4 Tab., 11 Lit. Zus. in Russ., Engl.
Außer α-Solanin und α-Chaconin wurden 2 neue Alkaloidglykoside isoliert und als Leptin 1 und 2 bezeichnet. Diese Leptine enthalten eine direkt an das Aglykon gebundene Acetylgruppe, die leicht unter Bildung von Leptinin 1 bzw. 2 abspaltbar ist. Die Kohlenhydratkomponente von Leptin 1 bzw. Leptinin 1 besitzt die gleiche Zusammensetzung wie diejenige von α-Chaconin. Dagegen entsprechen Leptin 2 bzw. Leptinin 2 hinsichtlich ihrer Zucker dem α-Solanin. Beide Leptinine besitzen das gleiche Aglykon Leptinidin ($C_{27}H_{43}NO_2$); es handelt sich um ein Hydroxysolanidin. Die Resistenz von *S. chacoense* gegenüber dem Kartoffelkäfer, *Leptinotarsa decemlineata* Say, geht auf den Leptingehalt der Blätter zurück. Leptin 1 z. B. besitzt eine noch stärker fraßabschreckende Wirkung als das Alkaloidglykosid Tomatin. Die acylfreien Leptinine sind wie α-Solanin und α-Chaconin praktisch wirkungslos. K. Schreiber. 246.

Alkemeyer, M. und Sander, H.; Berlin-Dahlem, Univ., Inst. für Pharmakogn. **Untersuchungen über die Inhaltsstoffe von Solanum dulcamara L.**

Dtsch. Akad. Landwirtsch.-Wiss. Berlin, Tagungsber. **1959** (hrsg. 1961) Nr. 27. S. 23-28. — 2 Abb., 1 Tab., 12 Lit. Zus. in Russ., Engl.
Der Gesamtalkaloidglykosidgehalt der Blätter verschiedener Herkünfte von *S. dulcamara* war z. Z. der Blüte und beginnenden Fruchtbildung am höchsten. Unreife Früchte enthielten fast doppelt so viel Alkaloidglykoside wie die Blätter (bez. auf Trockengew.). In den genannten Organen wurden papierchromatographisch 2-3 Glykoalkaloide nachgewiesen. Innerhalb der einzelnen Herkünfte ließen sich Unterschiede in den Zuckerkomponenten beobachten, zwischen den Herkünften auch solche in den Aglyka. Aus der Alkaloidfraktion der Blätter einiger Herkünfte wurde ein Hauptglykosid isoliert und mit Soladulcidin-tetraosid bezeichnet ($C_{50}H_{83}NO_{21}$, Zers.-P. 268-270°, $[\alpha]_D$ -53° in Pyridin). Als Aglykon wurde 5α-Solasodan-3β-ol und als Zucker 2 Mol D-Glucose, 1 Mol D-Galaktose und 1 Mol D-Xylose identifiziert. In anderen Herkünften konnten Alkaloidglykoside mit ungesättigtem Aglykon nachgewiesen werden. K. Schreiber. 246.

Schreiber, K., Hammer, U., Hof, U., Ithal, E. und Rudolph, W.; Mühlhausen/Thür., Forsch.-Stelle für Kartoffelkäfer-Bekämpf. der Biol. Zentralanst. der Dtsch. Akad. der Landwirtsch.-Wiss. zu Berlin. **Über die Alkaloide von Tomaten-Mutanten.** Dtsch. Akad. Landwirtsch.-Wiss. Berlin, Tagungsber. **1959** (hrsg. 1961) Nr. 27. S. 75-85. — 4 Tab., 18 Lit. Zus. in Russ., Engl.
Aus über 200 experimentell erzeugten Mutanten von *Lycopersicon esculentum* [L.] Mill. und *L. pimpinellifolium* [Jusl.] Mill. wurden die jeweils vorkommenden Alkaloidglykoside isoliert und identifiziert. Weitaus die meisten Mutanten unterschieden sich in ihrem qualitativen und quantitativen Alkaloidvorkommen nur geringfügig von den nicht mutierten Kontrollpflanzen. Einige Mutanten, bes. von *L. pimpinellifolium*, zeichneten sich durch hohen abs. und rel. Tomatingehalt aus. In mehreren Mutanten konnten neben Tomatidin- auch Demissidinglykoside nachgewiesen werden. Für 2 Mutanten wurde das xylosefreie β_1-Tomatin als Hauptalkaloid festgestellt.
K. Schreiber. 246.

Seltmann, Heinz, Mann, T. J. und Weybrew, J. A.; Raleigh, N.C., U.S. Dep. of Agric., Res. Div.; North Carolina State Coll., Field Crops Dep. Dry weights and alkaloid contents of reciprocal grafts between Nicotiana tabacum and N. rustica. **(Trockengewichte und Alkaloidgehalte von reziproken Pfropfungen zwischen Nicotiana tabacum und N. rustica.)** Tobacco [New York] **154** (1962) Nr. 11. S. 25-30. — 2 Abb., 5 Tab., 14 Lit.
Es wurden reziproke Spaltpfropfungen von *Nicotiana tabacum*, Sorte ‚Coker 139', (T) und *N. rustica* (R) interspez. (T/R; R/T) und intraspez. (T/T; R/R) im Setzlingsstadium durchgeführt und die Pflänzchen in Nährlösung herangezogen. Die Pflanzen wurden geköpft und entgeizt. Das Tr.-Gew. der T-Sprosse wurde herabgesetzt, wenn sie auf R-Wurzeln gepfropft waren, das der R-Sprosse dagegen erhöht, wenn sie auf T-Wurzeln standen. Das Wurzelgewicht wurde durch die Behandlung nicht beeinflußt. Auf Grund des Alkaloidgehaltes der Blätter können 3 Gruppen eingeteilt werden: a) T, T/T und T/R mit 0,61-0,68%, b) R/T mit 2,87% und c) R mit 5,77% bzw. R/R mit 6,43%. J. Merker. 246.

Gavin, F. P. und Linnell, R. H. Autoxidation of nicotine. II. Products and proposed mechanism. **(Autoxydation von Nikotin. 2. Mitt. Produkte und vorgeschlagener Mechanismus.)** Tobacco [New York] **154** (1962) Nr. 8. S. 32-35. — 3 Abb., 2 Tab., 16 Lit. 246.

Calcandi, V., Ciropol-Calcandi, I. und Lungeanu, I.; Bukarest, Inst. für Staatl. Arzneimittelprüf. und Pharmaz. Forsch. **Phytochemische Unter-**

suchungen über Digitalis lutea L. und Digitalis ferruginea L. Naturwissenschaften **49** (1962) Nr. 20. S. 468-469. – 4 Lit.
In Blattproben von *Digitalis lutea* L. und *D. ferruginea* L. ließen sich mit Hilfe papierchromatographischer Methoden die gleichen Herzglykoside wie in *D. lanata* nachweisen, und zwar Lanatosid A, B, C, D und E sowie Strospesid und Verodoxin. In quantitativer Hinsicht scheint lediglich Lanatosid C in geringeren Mengen als in *D. lanata* anwesend zu sein. K. Schreiber. 246.

Pusz, Anna und Büchner, Stanislaw; Warschau, Med. Akad., Pharmakognost. Anst. **Papierchromatographische Untersuchung der Blüten von Adonis vernalis L.** Arzneimittel-Forsch. **12** (1962) Nr. 9. S. 932-935. – 6 Abb., 23 Lit. Zus. in Engl.
Die untersuchten Blüten wurden vom 8. Apr.-23. Mai gesammelt und getrocknet; sie besaßen eine durchschnittliche Toxizität von 12 Tauben-Einheiten. Man extrahierte das Pflanzenmaterial mit Methanol. Aus dem gereinigten und eingeengten methanol. Auszug wurden die Cardenolide mit Chloroform bzw. Chloroform/Äthanol-Gemischen verschiedener Zusammensetzung ausgeschüttelt. Nach analytischer bzw. präparativer papierchromatographischer Trennung wurden außer Cymarin, Adonitoxin, k-Strophanthin β, Acetyladonitoxin, Strophanthidin und Hydroxystrophanthidin 23 weitere Kedde-positive Subst. nachgewiesen. K. Schreiber. 246.

Kobel, H., Brunner, R. und Brack, A.; Basel, Pharmaz.-Chem. Lab. Sandoz. **Vergleich der Alkaloidbildung von Claviceps purpurea in parasitischer und saprophytischer Kultur.** Experientia [Basel] **18** (1962) Nr. 3. S. 140-141. – 3 Tab., 2 Lit. Zus. in Engl.
3 Einsporstämme von *Claviceps purpurea* wurden einerseits auf diploidem 'Petkuser' Roggen, andererseits als Oberflächenkultur auf Nährlösung herangezogen und Art und Menge der gebildeten Alkaloide vergleichend untersucht. Im einzelnen handelte es sich um einen Ergotamin-reichen und einen Ergocornin/Ergokryptin-reichen Mutterkornstamm sowie um eine durch UV-Bestrahlung erzeugte Mutante eines Ergocornin/Ergokryptin-Stammes. Die Zusammensetzung des jeweiligen Alkaloidgemisches wurde durch quantitative Papierchromatographie ermittelt. Das qualitative Alkaloidspektrum war sowohl in parasitischer Kultur als auch in entsprechender saprophytischer Kultur weitgehend identisch. Bezüglich der quantitativen Anteile der festgestellten 17 Alkaloidkomponenten zeigten sich jedoch erhebliche Unterschiede. K. Schreiber. 246.

Coniglio, John G. und Wolf, Frederick T.; Nashville, Tenn., Vanderbilt Univ., Dep. of Biochem.; School of Med., Dep. of Biol. The separation of chloroplast pigments by countercurrent distribution. **(Die Isolierung von Chloroplastenpigmenten durch Gegenstromverteilung.)** Phyton [Vicente López, Argentina] **17** (1961) Nr. 2. S. 189-192. – 1 Abb., 8 Lit.
Bei 325 Verteilungen zwischen Petroläther und 90%igem Äthanol wurden folgende Pigmente aus Spinatchloroplasten isoliert: a) Carotin, Petrolätherphase, Verteilung in Fraktion 1-25, maximal in der 5. Fraktion, Absorptionsmaximum bei 446 nm; b) Chlorophyll a, Petroläther, Fraktion 125-225, Fraktion 175-180, 660 nm; c) Chlorophyll b, Äthanol, Fraktion 50-100, Fraktion 76, 642 nm und d) zwei Xanthophylle, 446 nm, deren Verteilungsweise nicht exakt bestimmt werden konnte. W. Franzke. 246.

Huet, R. Les flavonoides d'agrumes. **(Die Flavonoide der Citrusfrüchte.)** Fruits d'outre Mer **17** (1962) Nr. 6. S. 251-256. – 1 Abb., 3 Tab., 21 Lit. Zus. in Russ., Engl., Span., Dtsch.
Bei den Flavonoiden handelt es sich um eine Gruppe von Verbindungen, die sich vom Flavon herleiten. Es werden die unlöslichen Glykoside (Hesperidin der Orange, Naringin der Pampelmuse) sowie die löslichen *Citrus*-Flavonoide

besprochen. Die Flavonoide bewirken in der *Citrus*-Frucht den Schutz des vorhandenen Vitamins C gegen Oxydation. Außerdem werden durch sie die Kapillarwände verstärkt, und damit verbunden wird ihre Permeabilität herabgesetzt. Die Flavonoide haben blutstillende Eigenschaften und eine gegen Cholesterol gerichtete Wirkung. E. M. Ardelt. 246.

Tyihák, E., Sárkány-Kiss, I. und Verzár-Petri, G.; Budapest, Inst. für Heilpflanzenforsch.; Eötvös-L.-Univ., Inst. für Angew. Bot. und Histogenetik. **Pflanzenchemische Untersuchung der Apigeninglykoside der echten Kamille (Matricaria chamomilla L.)** Pharmazie **17** (1962) Nr. 5. S. 301-304. – 1 Abb., 3 Tab., 11 Lit.
Zungenblüten der Echten Kamille wurden auf ihren Flavonoidgehalt untersucht. Papierchromatographisch ließen sich 6 Apigeninglykoside nachweisen. Die Bestimmung des Gesamtglykosidgehaltes erfolgte spektrophotometrisch bei 254 nm. 7 Herkünfte verschiedenen Standortes, 4 Zuchtsorten sowie 4 prochamazulenreiche und 2 prochamazulenfreie Zuchtstämme unterschieden sich nur geringfügig im Gesamt-Apigeninglykosidgehalt (5,70-7,20% des Trockengew.) sowie qualitativ und quantitativ im Anteil der einzelnen Glykoside. Es wird empfohlen, den Zungenblütenanteil der Kamille als selbständige Droge einzuführen und bes. als Spasmolyticum zu verwenden.
K. Schreiber. 246.

E. Pflanzenökologie

Mándy, Gy. Adatok a magyar buzák ökológiájához. I. **(Angaben zur Ökologie der ungarischen Weizensorten. 1. Mitt.)** Agrobotanica [Tápiószele, Ungarn] **1960** Nr. 2. S. 31-43. – Aus: Ung. Agrar-Rdsch. **1962** Nr. 3.
Die ökologische Untersuchung der ungarischen Weizensorten ist für die Bestimmung ihres Wertes und Standortes von hoher Bedeutung. In dieser Beziehung standen bisher wenig Angaben zur Verfügung; auch diese beruhen eher auf Erfahrungswerten. Im Herbst des Jahres 1959 wurden in Tápiószele 19 ungarische Weizensorten nach der Mándyschen „mit Zeitstufensaat kombinierten Wachstumsrhythmusmethode" in einem ökolog. Versuch geprüft. Die früheste Aussaat erfolgte am 14. Sept., die späteste am 10. Nov. mit 10 Wiederholungen. Die fünf Zeitstufen der Saat folgten aufeinander mit 2wöchigen Intervallen. Nach den phänolog. Beobachtungen wiesen die einzelnen Sorten bei den früheren Aussaaten eine viel größere Schwankungsweite auf als bei den späten. Die größte Schwankung war beim Aufgang und beim Schossen festzustellen. Am frühesten beginnt die Landsorte 'Zalabéri' zu blühen, am spätesten die Sorte 'U 2'. Die Phänologie wurde bei einzelnen Weizensorten von der Saatzeit beeinflußt, bei anderen nicht. Die ökolog. Untersuchungen zeigten, daß die ungarischen Weizensorten in der Phänophase zwischen Schossen und Ährenschieben niederschlagsempfindlich sind, während nach dem Ährenschieben eher ein erhöhter Wärmeanspruch hervortritt. Untersuchungen der Anpassungsfähigkeit lassen unter den ungarischen Weizensorten 2 klimatisch-ökologische „Kardinalpunkte" erkennen, und zwar die mehr anpassungsfähige Sorte 'Bánkuti 1201' und die empfindlichere 'F 481'. Die ungarischen Sorten gruppieren sich um diese beiden Kardinalpunkte. Dies ist darauf zurückzuführen, daß bei der Züchtung beide Sorten öfter als Grundmaterial oder zumindest als Standardsorten benutzt wurden. Die gute Anpassungsfähigkeit der Weizensorte 'Bánkuti 1201' kommt sogar in der Kreuzung mit 'F 481' zur Geltung, während in Kreuzungen mit ausländischen, nicht geeigneten Weizensorten sich diese Eigenschaft der Sorte 'Bánkuti 1201' nicht auswirkt. 249.

Zaleski, A.; Cambridge, Nat. Inst. of Agric. Bot. Changes in the characters of lucerne varieties when grown for seed under conditions differing from those of their country of origin. **(Änderungen im Charakter von Luzernesorten bei**

Anbau zur Samengewinnung unter von denen des Herkunftsortes abweichenden Bedingungen.) J. Brit. Grassland Soc. **17** (1962) Nr. 1. S. 7-16. — 7 Tab., 6 Lit.
Die Sorten 'Flandria' (N-Frankreich), 'Provence' (S-Frankreich) und 'Grimm' (Canada) wurden für 2 Generationen in Cypern und die englische Sorte 'Eynsford' für eine Generation im Mittelmeergebiet angebaut. Die Sorten reagierten unterschiedlich. Signifikante morphol. Änderungen traten am schnellsten bei 'Grimm' auf. 'Flandria' veränderte sich zögernd, bei 'Provence' gab es im Untersuchungszeitraum keine Veränderungen. Die Veränderungen an den anderen Sorten betrafen vor allem Blattmaße, Habitus (Winkelstellung der Blätter), Stärke des Frühjahrs- und Herbstwachstums. Nach der 2. Generation waren die meisten morphol. Merkmale bei signifikant (p meist 0,1-1%) verändert. Unbeeinflußt blieben Pflanzenhöhe und -gewicht; die Blütezeit veränderte sich nur schwach signifikant. W. Stenz. 249.

Olesiński, L.; Katedra Uprawy Łąk i Pastwisk. Wstępne badania nad sieliskiem komonicy błotnej — Lotus uliginosus Schk. **(Vorversuche über den Fundort des Sumpfschotenklees — Lotus uliginosus Schk.)** Zeszyty naukowe wyższej Szkoły rolniczej Olsztynie **12** (1962) Nr. 2. S. 234-240. — 5 Abb., 3 Lit. Zus. in Russ., Engl.
Die Untersuchungen wurden in der Woiwodschaft Olsztyn durchgeführt und durch Beobachtungen aus anderen Gebieten Polens ergänzt. Sumpfschotenklee ist meistens auf feuchten und nassen Wiesen, vorwiegend auf einst meliorierten und jetzt vernachlässigten Torfwiesen zu finden. Er tritt oft in Schilfansammlungen sowie in anderen Sumpfassoziationen, an Grabenböschungen, in ehemaligen Torfgruben, in Waldkomplexen (Birken-Erlenwälder, Weidengebüschen) auf. Infolgedessen ist die Zahl der gemeinsam mit dem Sumpfschotenklee auftretenden Pflanzengattungen ungewöhnlich groß. Zu seiner Entwicklung braucht er viel Feuchtigkeit; er ist empfindlich gegen Wassermangel. Ökotypen des Sumpfschotenklees zeigen bedeutende Dürreresistenz. Sumpfschotenklee gedeiht sowohl auf org. als auch mineral. Böden. Er besitzt im Gegensatz zu anderen Leguminosen große Toleranz hinsichtlich Reaktion und Kalkzustand des Bodens. Abweiden hemmt seine Entwicklung, er ist dagegen unempfindlich gegen Mähen und gibt einen guten Nachwuchs, der oft zur Blüte kommt. W. Święcicki. 249.

Preston, F. W.; Butler, Pa., Preston Lab. The canonical distribution of commonness and rarity: Part II. **(Die kanonische Verteilung von häufigem und seltenem Vorkommen. 2. Mitt.)** Ecology **43** (1962) Nr. 3. S. 410-432. — 6 Abb., 9 Tab., 47 Lit. 249.

K. Agrarmeteorologie

Böer, Wolfgang; Potsdam, Meteorol. und Hydrol. Dienst der DDR. **Einige Bemerkungen zu den Ergebnissen der meteorologischen Gewitterbeobachtungen und ihrer klimatologischen Auswertung, insbesondere für technische Anwendungen.** Z. Meteorol. **16** (1962) Nr. 1/2. S. 29-33. — 3 Tab., 6 Lit. Zus. in Engl.
Gewitter sind an die Anwesenheit von Cumulonimbus-Wolken gebunden, die ihrerseits aber nicht unbedingt Gewitter auslösen müssen. Die Auslösung kann folgende Ursachen haben: 1. Umlagerung an Kaltfronten, 2. zufällige Vertikalbewegungen als Ursache für „Wärmegewitter", 3. erzwungene Aufwärtsbewegung am Relief. Alle 3 Ursachen sind meist miteinander gekoppelt und beeinflussen sich wechselseitig. Es gibt in Äquatorial-Afrika, im Amazonas-Gebiet und Mittelamerika 180-200 Gewitter im Jahr, in Mitteleuropa 10-30. Innerhalb der DDR lassen sich regionale Unterschiede nur zwischen Küste und Binnenland bzw. Mittelgebirgsrand statistisch sichern und physikal. stützen. Die große Streuung bei der Auswertung von Gewitterbeobach-

tungen beruht auf den subjektiven und individuellen Fehlern. Subregionale und örtliche Unterschiede der Blitzgefährdung sind nicht aus den üblichen Gewitterbeobachtungen zu erklären; hier sind eher nichtmeteorolog. Ursachen (z. B. Deformation der luftelektrischen Faktoren durch Gelände oder Bebauung) verantwortlich. A. Raeuber. 293.

Gloyne, R. W. und Donald, L. G. Farming, horticulture and the weather. **(Ackerbau, Gartenbau und das Wetter.)** Scott. Agric. **42** (1962) Nr. 2. S. 76-81. 293.

Gál, J. und Tompa, K. Az erdösávok hatása a szél sebességére (Elözetes közlemény). **(Der Einfluß der Windschutzstreifen auf die Geschwindigkeit des Windes. Vorl. Mitt.)** Erdészettudományi Közlemények [Forstwiss. Mitt.] **1961** Nr. 2. S. 3-87. – Aus: Ung. Agrar-Rdsch. **1962** Nr. 3.
Zur Erarbeitung von Richtlinien für die Anlage und Pflege der Windschutzstreifen wurden die 8-10 Jahre alten, 2500 km langen Windschutzstreifen Ungarns untersucht. Es wurden in 48 Schutzstreifen der Einfluß der Streifen auf die Geschwindigkeit des Windes gemessen. Es handelte sich um 6 geschlossene, 10 durchbrochene und 4 durchlässige Schutzstreifen. Einige sind schmal, andere mittelbreit oder breit. Die Geschwindigkeit des Windes wurde in verschiedenen Abständen in 1 m über der Bodenoberfläche gemessen. Gemessen wurde von Apr. bis Aug. in der Regel an jedem Ort 24 Std., aber mindestens 18 Std. Die Streifen waren zu dieser Zeit belaubt, die Geschwindigkeit des Windes variierte zwischen 0,8 und 6,9 m/s. Hohe Windgeschwindigkeiten wurden durch den geschlossenen Streifen bis auf 3%, durch den durchbrochenen bis auf 5%, durch den durchlässigen Streifen aber nur bis auf 23% herabgesetzt. Mit der Verminderung der Windgeschwindigkeit nimmt die Wirkung der geschlossenen Streifen stark ab, die der durchbrochenen aber nimmt zu. Da sich innerhalb der einzelnen Typen je nach Breitenklassen in der Schutzwirkung kein klarer Unterschied zeigte, schlagen Vff. die Anlage von schmaleren, 12-15 m breiten, 7-9reihigen, durchbrochenen Streifen vor. 293.

Schöne, V.; Halle-Kröllwitz, Forsch.-Inst. für Agrarmeteorol. **Geländemeteorologische Untersuchungen im Havelländischen Luch.** Angew. Meteorol. **4** (1962) Nr. 6. S. 166-172. – 3 Abb., 6 Tab., 7 Lit. Zus. in Engl.
Im Havelländischen Luch bei Paulinenaue wurden nahe der Klimastation des Institutes 4 meteorol. Stationen errichtet, die vom 16. Aug.-3. Nov. 1958 mehrere meteorol. Faktoren in verschiedenen Höhen registrierten. Es war beobachtet worden, daß die Rinder sich in den Herbstnächten vorzugsweise an den höchsten Stellen der Weide lagerten, die aber meist nur 1 Meter über dem übrigen Gelände liegen. Diese Stellen – es handelt sich um kleine Sandinseln – wurden bes. in die Untersuchungen einbezogen und mit benachbarten tiefergelegenen Stationen verglichen. Wie erwartet, sind die Sandhügel klimatisch bevorzugt. Dies weisen die Temperaturen und bes. deren Häufigkeitsverteilungen aus. A. Raeuber. 293.

Unger, K. **Die Bestimmung der Pflanzenmasse von Einzelpflanzen und Pflanzenbeständen mit Hilfe ionisierender Strahlen zur Ermittlung des Wachstumsverlaufes unter natürlichen Bedingungen.** Dtsch. Akad. Landwirtsch.-Wiss. Berlin, Tagungsber. **1962** Nr. 48. S. 31-33. – nach Zus.
Seit einigen Jahren werden im Inst. für Pflanzenzüchtung Quedlinburg Versuche zum berührungslosen Messen der Pflanzenmasse von Einzelpflanzen und Pflanzenbeständen ausgeführt, um die witterungsbedingte Leistung bestimmter Gemüsearten und deren Sorten und Nachkommenschaften zu erfassen. Dazu konnte die Schwächung ionisierender Strahlen von radioaktiven Strahlungsquellen und Röntgenstrahlern durch die Pflanzen als Maß der Dichte des durchstrahlten Mediums benutzt werden. Der Aussagewert dieser

Wachstumsmessungen wird an zwei Beispielen im Vergleich zu den gemessenen physikal. Umweltfaktoren dargestellt. Es handelt sich dabei um die Abhängigkeit der Wachstumsintensität einer Gemüseerbsensorte von verschiedenen meteorol. Faktoren und um die Abhängigkeit der Dichtezunahme von Salatpflanzen von der Bodenfeuchtigkeit und Evapotranspiration. 296.

Mándy, Gy. Adatok a tavaszi buzák klimatikus ökológiai igényéhez. I. **(Beiträge zu den klimatischen ökologischen Ansprüchen der Sommerweizensorten. 1. Mitt.)** Búzatermesztési Kísérletek [Weizenbau-Versuche] **1952/59** (hrsg. 1961) S. 86-95. – Aus. Ung. Agrar-Rdsch. **1962** Nr. 3.
In Vácrátót wurde die ökolog. Untersuchung von 2 So-Weizensorten ('Marquis' und 'U 130') sowie der Nachwirkung der an 'U 130' vorgenommenen Behandlung (1. wiederholte Aussaat im Herbst, 2. wiederholte Aussaat im Spätherbst und 3. abwechselnd angewandte Herbst- bzw. Spätherbstaussaat) durchgeführt. Die Aussaat erfolgte zu 3 verschiedenen Terminen. Bei den Untersuchungen wurden die phänolog. und ökolog. Methode von Mándy angewendet. Die phänolog. Untersuchungen zeigten Unterschiede in der Dauer der Phänophasen zwischen den beiden Sorten, während zwischen den Behandlungen keine Unterschiede zu verzeichnen waren. Auf Grund der Phänophasendauer sind die geprüften So-Weizensorten in den Perioden Schossen-Ährenschieben, Blühen-Milchreife und Wachsreife-Vollreife am wenigsten witterungsempfindlich. In den anderen Phasen sind sie gegenüber der Witterung mehr oder minder empfindlich. Die Vegetationszeit sowie die max. Pflanzenhöhe nahmen mit der trockeneren und wärmeren Witterung bei den Sorten und Behandlungen erheblich ab. Im großen und ganzen wurde auch beim wöchentlichen Max.-Wert eine ähnliche Abnahme beobachtet mit Ausnahme des 'U 130'-Kontrollbestandes, wo die Änderung im Werte des wöchentlichen Max. entgegengesetzt war. Aus den Angaben ging hervor, daß die Sorte 'Marquis' mehr Wärme und Niederschlag beansprucht als 'U 130'. Die berechnete ökolog. Indexzahl zeigte die geringste Empfindlichkeit gegenüber den Umweltbedingungen bei 'U 130'. Die Behandlungen erhöhten die ökolog. Empfindlichkeit der Sorte 'U 130', was unter günstigen Bedingungen Korn-Mehrerträge zur Folge haben kann. Die Strohlänge wurde durch die Behandlung nicht erhöht, sondern eher verringert. In Anbetracht der extremen klimatischen Bedingungen Ungarns scheint die Erhöhung der ökolog. Empfindlichkeit der Sorte 'U 130' bedenklich. 296.

Balázs, F. Az idöjárás hatása a buza gyökérfejlödésére. **(Der Einfluß der Witterung auf die Wurzelentwicklung des Weizens.)** Búzatermesztési Kísérletek [Weizenbau-Versuche] **1952/59** (hrsg. 1961) S. 513-531. – Aus: Ung. Agrar-Rdsch. **1962** Nr. 3.
Unter den voneinander und vom langjährigen Durchschnitt sehr abweichenden Witterungsbedingungen der Jahre 1953, 1955 und 1956 wurde der Zusammenhang zwischen Wurzelentwicklung und Witterung geprüft. Aus der Untersuchung der Beziehungen zwischen Wurzelgew. und Bodenfeuchtigkeit geht hervor, daß die Jahre 1955 (trockenes Frühjahr) und 1956 (nasses Frühjahr) sich in der Verteilung der Wurzeln unterschieden. 1955 enthielt die Ackerkrume zur Ernte 30,4 g/m² (39,6%) trockene Wurzeln, während 1956 die entspr. Zahlen 48,8 g/m² bzw. 78,7% betrugen. In den unteren Schichten (20-100 cm) befanden sich 1955 57,3 g/m², 1956 dagegen nur 21,16 g/m² trockene Wurzeln. Entspr. der Verteilung der Wurzelmasse ist auch der Wasserentzug in den einzelnen Horizonten verschieden. Die Witterungs-(Niederschlags-) und Bodenfeuchtigkeitsveränderungen kommen auch in der Gesamtwurzelfläche weitgehend zum Ausdruck. Danach widerspiegelt die Wurzelfläche die Veränderungen der Witterung noch genauer als das Wurzelgew. Die Wasserversorgung des Bodens steht in negativer Beziehung zur abs. Wurzelfläche; noch stärker ist jedoch diese Beziehung zwischen der spez.

Wurzelfläche und der Bodenfeuchtigkeit. Als Ausdruck der Wurzelaktivität eignet sich der Tr.-Subst.-Gehalt. Je höher der Tr.-Subst.-Gehalt der Wurzeln, desto kleiner ist die spez. Wurzelfläche, desto weniger aktiv ist daher die Wurzel. 1955 bot günstige Bedingungen zur Untersuchung des Wasser- und Nährstoffverbrauches der Pflanze zwischen Blühen und Reife. Die bei der Ernte 1955 erhaltenen Wurzelgew.- und Flächenangaben stehen im direkten Verhältnis zu den zwischen Blüte und Reife verbrauchten Wasser- und N-Mengen. Daraus geht hervor, daß zwischen Wurzelentwicklung, Witterung, aufgenommenem Wasser und den Nährstoffen eine enge Korrelation besteht. Die unteren Bodenhorizonte dürfen nicht unbeachtet bleiben. Die sich auf die oberen Bodenhorizonte erstreckende Wurzeluntersuchung ist unrichtig, da die aktivsten Zonen desWurzelsystems in den verschiedenen Entwicklungsphasen verschiedene Tiefen einnehmen, wobei auch der Einfluß der Witterung stark beteiligt ist. 296.

Bellmann, K., Raeuber, A., Meinl, G., Aberg, E., Pfeffer, Ch., Winkel, A., Mrazek, O. und Scetneki, A. **Phänometrische Untersuchungen am Mais.** Dtsch. Akad. Landwirtsch.-Wiss. Berlin, Tagungsber. **1962** Nr. 48. S. 131-139. — nach Zus.
Mit Hilfe phänometrischer Untersuchungsmethoden wurde versucht, das spezifische Verhalten genetisch unterschiedlicher Populationen an bestimmten Orten mit bes. klimatischen Gegebenheiten zu erfassen. Als Maßstab diente das unterschiedliche Längenwachstum zweier Eltern ('Schindelmeiser' und 'Wir 25') sowie deren Hybride 'W 802' in Uppsala, Groß-Lüsewitz, Karow, Bernburg, Lednice und Martonvásár. Weichen die sonstigen Umweltbedingungen nicht wesentlich von der Norm ab, üben die Umweltfaktoren Temperatur und Wind auf das Wachstum der Maispflanzen den größten Einfluß aus. Die Wirkung des Ortes überwog die der Sorte wesentlich. Bei 13 °C war die Wirkung des Ortes etwa doppelt so hoch wie bei 20 °C. Die Hybride zeigte in der Temperaturreaktion ein intermediäres Verhalten. Für die Züchtung sind solche Hybriden interessant, die sowohl bei 13 als auch bei 20 °C Tagesmitteltemperatur schneller wachsen als der bessere Elter. Wie die Untersuchungen zeigten, kommt dieser Forderung die Hybride 'W 802' bereits recht nahe. Der Heterosiseffekt in der Wachstumsfähigkeit war an den nördlichen Standorten größer als an den südlichen. 296.

Bavel, C. H. M. van und Harris, D. G.; Raleigh, N.C., U.S. Dep. of Agric., A.R.S., Soil and Water Conserv. Res. Div., Soils Dep. Evapotranspiration rates from bermudagrass and corn at Raleigh, North Carolina. **(Evapotranspirationsraten von Bermuda-Gras und Mais in Raleigh, Nord-Carolina.)** Agronomy J. **54** (1962) Nr. 4. S. 319-322. — 2 Abb., 4 Tab., 3 Lit.
In den Jahren 1956-58 wurde die Evapotranspiration von Bermuda-Gras und Mais sowohl direkt bestimmt als auch theoretisch aus meteorolog. Daten berechnet. Messungen dieser Art in kurzfristigen Abständen wurden bisher im südöstlichen Teil der USA nur spärlich durchgeführt. Es wurden 3 Typen von Lysimetern benutzt: Typ 1 für Bermuda-Gras zylindrisch 56 cm Dmr. und 78 cm Tiefe; Typ 2 ebenfalls für Bermuda-Gras quadratisch 100×100 cm und 91 cm Tiefe und Typ 3 für Mais quadratisch mit geringen Abänderungen ähnlich Typ 2. Die meteorolog. Daten wurden in 2 m Höhe, die Sonnenscheindauer mit Campbell-Stokes und Standardinstrumenten des Wetterdienstes vorgenommen. Die Strahlungsbilanz (Beckman und Whitley) wurde 1,5 m über dem Gras und 4,6 m über dem Mais gemessen. Die Penman-Formel diente der theoretischen Berechnung der Evapotranspiration, wobei die rel. Feuchtigkeit, die Lufttemperatur, Wind und Strahlungsbilanz eingesetzt wurden. Ferner wurden 2 Vereinfachungen der Penman-Formel geprüft. Die eine begnügte sich mit dem 0,8-fachen Wert der Strahlungsbilanz (0,8×H), während die andere, das „Penman-Nomogramm", mit den Werten

der Lufttemperatur und der Sonnenscheindauer in % auskommt. Die Lysimetertypen unterschieden sich kaum in ihren Werten. Lineare Regressionen wurden zwischen den theoretisch geschätzten und den Lysimeter-Evapotranspirationswerten festgestellt. Die Penman-Formel zeitigt die besten Ergebnisse, aber auch der vereinfachte Ausdruck „0,8×H" ermöglicht gute Beschreibung. Bei Bermuda-Gras sind die Korrelationen mit mehr als 99% gesichert. Bei Mais liegen die Korrelationskoeffizienten mit geringen Freiheitsgraden etwas höher (zwischen 0,93 und 0,88). A. Raeuber. 296.

Vŭlčev, P. (Wâltschew, P.) Vlijanie na meteorologičeskite uslovija i nadmorskata visočina vŭrchu izraždaneto na kartofite v planinskite rajoni. (Predvaritelno sŭobštenie.) **(Einfluß der meteorologischen Verhältnisse und des Meeresspiegels auf den Kartoffelabbau in den Gebirgslagen. Vorl. Mitt.)** Izvestija na Centralnija naučnoizsledovatelski institut pro rastenievŭdstvo, Sofija 12 (1961) S. 337-342. — 3 Tab., 9 Lit. Zus. in Russ., Engl.

Versuche mit den Sorten 'Erstling' und 'Bintje' wurden in 1000, 1650 und 2000 m Höhe über NN ausgeführt. Es wurde festgestellt, daß der Abbau hauptsächlich von Temperatur, Niederschlagsmenge und Luftfeuchtigkeit in den Monaten Juli und Aug. abhängt. Bei Temperatur max. unter 13 °C und über 70% Luftfeuchtigkeit sowie über 50-60 mm Niederschlag monatl. ist der Abbau unwesentlich. Bei Temperaturmax. von 15 °C, Luftfeuchtigkeit unter 70% und geringen Niederschlägen nimmt der Abbau dagegen hohe Ausmaße an. Im höchsten Anbauort (2000 m über NN) wurde bei 'Erstling' kein Abbau festgestellt, während er bei 'Bintje' dagegen von 4,5% i. J. 1958 auf 0,7% 1960 zurückgegangen war. Bei 1650 m hing der Abbau in den einzelnen Jahren von den Klimaverhältnissen ab. Während der Abbau bei 'Erstling' im Jahre 1958, das sich durch einen trockenen und warmen Sommer auszeichnete, von 2 auf 18% und bei 'Bintje' von 5 auf 31% anstieg, ging der Anteil der abbaukranken Stauden im folgenden, feuchteren und kühleren Jahr bei 'Erstling' auf 4 und bei 'Bintje' auf 2% zurück. Durch isolierte Lage der Kartoffelbestände in Getreidesaaten und frühe (bis Mitte Juli) Vernichtung des Kartoffelkrautes konnte bei 1000 m in allen Versuchsjahren das gesündeste Kartoffelpflanzgut gewonnen werden.

M. Stoilow. 296.

Bocz, E. A lucernaszéna termésének két évtizedes elemzése Mezöhegyesen. **(Die Analyse des Luzerneheuertrages in Mezöhegyes im Zeitraum von zwanzig Jahren.)** Debreceni mezögazdasági Akad. tudományos Évkönyve [Jb. landwirtsch.-wiss. Akad. Debrecen] **1960** (hrsg. 1961) S. 121-128. — Aus: Ung. Agrar-Rdsch. **1962** Nr. **4.**

Unter allen Feldkulturen konnte bei Luzerne der engste Zusammenhang zwischen Niederschlag und Ertrag nachgewiesen werden. Sowohl für die Heu- als auch für die Samengewinnung fallen die Niederschläge des Spätsommers, des Herbstes und der Wintermonate stark ins Gewicht. Ertragsdepressionen bei Heu sind in den Mon. Juni-Aug. stets durch Niederschlagsmangel, solche beim Samenertrag durch -überschuß bedingt. Außer durch den Niederschlag wird der Ertrag an Samen und Heu durch die Temperaturen des Spätsommers sowie der Herbst- und Wintermonate beeinflußt. Einbußen an Samen werden durch die suboptimalen Wärmesummen der Mon. Mai + Juli sowie Juli + Aug. verursacht. Beim Luzerneheu kann ein solcher eindeutiger Zusammenhang nicht festgestellt werden. Auch zwischen Heu-Ertrag und Sonnenscheindauer ließ sich eine bestimmte Korrelation feststellen. Ertragsrückgänge werden im Mon. Juni durch die größere, im Mon. Okt. durch die geringere Besonnung herbeigeführt. Bei dem Samenertrag verursachte dagegen die unter dem Optimum gebliebene Besonnung in den Mon. Juni + Juli und Juni + Juli + Aug. Depressionen. 296.

Georgi, J. **Pyrheliometer für Feldgebrauch.** Z. Meteorol. **16** (1962) Nr. 1/2. S. 20-23.

Für exakte Strahlungsmessungen im Feldeinsatz (z. B. auf Expeditionen) fehlte bisher noch immer ein einfaches, robustes, selbst nach längerer Lagerung und rauher Behandlung, ja sogar nach leichter Beschädigung wieder in sich kontrollierbares Absolut-Meßgerät (Pyrheliometer). Ein solches Gerät ist aber zur regelmäßigen Kontrolle der Eichfaktoren anderer Strahlungsmeßgeräte (Aktinometer, Pyranometer) nötig. Vf. beschreibt in den Veröff. meteorol. hydrol. Dienstes DDR (1954) Nr. 14 ein dafür geeignetes Gerät. Hier werden einige weitere Vereinfachungen bei der Messung mitgeteilt sowie über Vergleichsmessungen zwischen 2 gleichen Geräten mit nur wenig veränderten Abmessungen berichtet. Es ergab sich eine Abweichung in den Meßwerten von nur 1,8%, so daß das Gerät für meteorol. Strahlungsmessungen empfohlen werden kann. U. Wendling. 299.

Nedjalkov, Nedjalko S. (Nedjalkow, Nedjalko S.) Rezultati ot rabotata na novija meteorologičen ured dŭždogradomer i vŭzmožnosti za izpolzuvaneto mu. **(Prüfungsergebnisse eines neuen meteorologischen Niederschlagsgradmessers und Anwendungsmöglichkeiten.)** Izvestija na Centralnija naučnoizsledovatelski institut po rastenievŭdstvo, Sofija **12** (1961) S. 239-255. – 3 Abb., 4 Tab., 8 Lit. Zus. in Russ., Engl.

Vergleichende Untersuchungen mit dem Wild'schen Niederschlagsmesser und dem von Vf. konstruierten Regengradmesser ergaben bei der Niederschlagsmessung keine Unterschiede. Der Vorteil des Regengradmessers besteht darin, daß mit der Niederschlagsmenge auch die Größe des Hagels gemessen wird. Dies ist bei der Rayonierung der Ortschaften und Gegenden nicht nur in bezug auf Hagelhäufigkeit, sondern auch bezüglich der Hagelstärke von Bedeutung, wodurch die staatliche Versicherung sehr erleichtert wird. Es wird vorgeschlagen, in Gebieten wo Hagelschläge auftreten, den Wild'schen Regenmesser durch den Niederschlagsgradmesser zu ersetzen. M. Stoilow. 299.

Papadakis, Juan. **Climatic tables for the world.** Buenos Aires: Juan Papadikis. 1961. (160 S. m. Tab. u. 7 Kt.) 8°. $ 5,00. Im Vorwort, das gleichzeitig Zusammenfassung ist, betont Vf. die Notwendigkeit von statistischen Angaben über die Evapotranspiration. Zu diesem Zweck wurden Daten von 2400 Stationen der ganzen Welt nach einer einheitlichen Formel verrechnet, zusammengestellt und Anwendungsmöglichkeiten für Bewässerung und Beregnung dargelegt (Kap. A). Die Feuchtigkeitsbedingungen werden in Kap. B abgehandelt. Kap. C beschäftigt sich mit den Temperaturbedingungen und ihrem Einfluß auf das Klima und die Evapotranspiration. Auf Grund der Untersuchungen in Kap. A-C versucht Vf. die klimatische Einteilung der Stationen. Kap. E-G zeigen Möglichkeiten der Anwendung in Landwirtsch., Pflanzengeographie und Bodenkunde. Im Tabellenteil (123 S.) werden die Ausführungen im Textteil belegt. K. Schulz.

III. BODENKUNDE

B. Grundlagen zur Bodenkunde

Liebau, Friedrich; Berlin-Adlershof, Inst. für Anorg. Chem. der Dtsch. Akad. der Wiss. zu Berlin; Würzburg, Max-Planck-Inst. für Silikatforsch. **Die Systematik der Silikate.** Naturwissenschaften **49** (1962) Nr. 21. S. 481 bis 491.

Die Systematik der natürlichen und synthetischen Silicate geht von der Anordnung der SiO_4-Tetraeder im Kristallgitter aus. Diese können voneinander isoliert oder kettenförmig kondensiert sein. Die Ketten wiederum können als solche oder zu Schichten und Gerüststrukturen vereinigt vorliegen. Tetraeder, Kette und Schicht treten auch in Doppelform auf (Hornblende). Ein weiteres, untergeordnetes Einteilungsprinzip ist die verschiedene Länge der Identitätsperiode innerhalb der isolierten bzw. schicht-

oder gerüstartig vereinigten Ketten (2 Tetraederlängen im Augit, 3 im Quarz, 4 im Feldspat). Auch die Art der Verknüpfung der Ketten zu Schichten und Gerüsten, die sich im Si/O-Verhältnis äußert, bietet Unterscheidungsmöglichkeiten. Innerhalb der Gruppe der Silicate mit Schichtstruktur hat außerdem die Symmetrie der Tetraederverbände systematische Bedeutung. Für eine sinnvolle Zuordnung vieler Silicate hat es sich ferner zweckmäßig erwiesen, tetraedrisch koordinierte Kationen, die kristallographische Punktlagen gemeinsam mit dem SiO_4 statistisch besetzen (Al), zu den Silicationen zu rechnen. Eine Sondergruppe bilden die Silicate mit Ringstruktur. – Bestimmend dafür, in welcher Form die Silicate kristallisieren, ist neben Druck und Temperatur vor allem die Art, insbes. der Durchmesser des vorherrschenden Kations. J. Garz. 322.

Compton, Robert R. **Manual of field geology.** New York; London: John Wiley & Sons, Inc. 1962. (378 S. m. Abb. u. Tab.) 8°. $ 51,00. Das vorliegende Handbuch dient dem Zweck, in die Methodik und Verfahrensweise der geologischen Feldarbeit einzuführen. Hauptanliegen des Vf. ist es, durch ausführliche Darstellung aller grundlegenden Gesichtspunkte dem Anfänger, der lediglich über stratigraphische und petrographische Grundkenntnisse verfügen sollte, eine umfassende Anleitung in die Hand zu geben. Darüber hinaus werden vor allem in den letzten 4 Kapiteln in gedrängter Form spezielle Materialien geboten. Über 150 Skizzen verdeutlichen das im Text Gesagte. In den insgesamt 15 Kapiteln werden u.a. folgende Probleme behandelt: Geol. Beobachtung im Gelände; Sammlung von Gesteinsproben und Fossilien; Benutzung von Kompaß, Klinometer und Handnivelliergerät; geol. Geländeaufnahme; Darstellung des geol. Beobachtungsmaterials auf einer Grundkarte und auf Luftphotographien; Diopterlineal und Meßtisch und ihre Verwendung bei der geol. Kartierung; Herstellung einer geol. Karte von Luftphotographien; Vorbereitung von geol. Berichten; Geländearbeit mit Sedimentgesteinen, vulkanischen Gesteinen, Eruptivgesteinen und scheinbaren Eruptiva und mit metamorphen Gesteinen. D. Werner.

Longwell, Chester R. und *Flint, Richard R.* **Introduction to physical geology.** 2nd ed. London; New York: John Wiley & Sons. 1962. (504 S. m. Abb. u. Index) 25 × 20 cm. $ 60,–. Diese 2. Auflage umfaßt neben zahlreichen photographischen Dokumentationen und schematischen Skizzen 22 Kapitel, in denen das Gesamtgebiet der phys. Geologie von der erdgeschichtlichen Basis bis zu den industriellen Anwendungsbereichen zur Darstellung gelangt. 5 Anhangskapitel vermitteln darüber hinaus Hinweise für die Erkennung der wichtigsten Minerale und Gesteine sowie für Kartierungsaufgaben und die dazu gebräuchliche Symbolik. Vff. sind bemüht, den stofflichen Grundriß ihres Spezialfaches auch dem Anfänger möglichst einfach und überzeugend zu demonstrieren; sie bedienen sich zu diesem Zwecke kurzer, prägnanter Begriffserklärungen mitten im Text, und sie können som't auf die umständlich zu handhabende gesonderte Wortsammlung eines Fach-ABC zugunsten einer durch Bild, Text und Drucktechnik gestalteten Gesamtschau verzichten. Außerdem verhelfen die den einzelnen Kapiteln zugeordneten Zusammenfassungen zu einer Vertiefung der bei der Lektüre der Teilgebiete gesammelten Eindrücke. W. Prager.

C. Bodenchemie

Tjurin, I. V., Michnovskij, V. K. und Jarceva, A. K. (Tjurin, I. W., Michnowski, W. K. und Jarzewa, A. K.); Moskau, Bodenkundl. Dokutschajew-Inst. der Akad. der Wiss. der UdSSR. Iz rezul'tatov rabot po izučeniju azotnogo balansa v dernovo-podzolistych počvach pri ich sel'skochozjajstvennom ispol'zovanii. **(Aus den Ergebnissen der Arbeiten zur Untersuchung der Stickstoffbilanz in Rasenpodsolböden bei deren Verwendung in der Landwirtschaft.)** Počvovedenie, Moskva 1962 Nr. 8. S. 1–10. – 9 Lit. Zus. in Engl.

Schwarzbrache und Gräsermonokulturen (2–3 Jahre, Weizen, Hafer, Wickhafer und Wiesenlieschgras) führen zu hohen Verlusten an Boden- und Dünger-N, auch bei Düngung mit NPK oder NPK + Stallmist. Die hohe positive Gesamt-N-Bilanz des Bodens bei Leguminosenanbau (95–271 kg/ha N) ist hauptsächlich auf die Erträge an oberirdischer Masse zurückzuführen, die z. T. als N-reicher Stallmist wieder dem Boden zugeführt wird. Ch. Bachmann. 330.

Benko, Vladimír; Nitra, Vysoká Škola Pol'nohospodárska, Agronom. Fak. Príspevok k štúdiu difúzie fosforu v pôde. **(Beitrag zum Studium der Phos-**

phordiffusion im Boden.) Pol'nohospodárstvo **9** (1962) Nr. 5/6. S. 337–343. – 1 Abb., 4 Tab., 6 Lit. Zus. in Russ., Engl.

Die Methodik dieser Arbeit mit den dazugehörigen Varianten wird beschrieben. Es zeigte sich, daß in den verwendeten Bodentypen die P-Diffusion höchstens 2,0–2,5 cm erreichte und auf leichterem podsoliertem Boden verhältnismäßig stärker war als auf mittelschweren Braunerden. Innerhalb von 7 Wochen diffundierte mehr P auf die Entfernung von 2,0–2,5 cm als im Laufe von 4 Wochen. Der Einfluß der Salze auf die Diffusion war nicht zu beweisen. M. Pštross. 330.

Hinman, W. C., Beaton, J. D. und Read, D. W. L.; Swift Current, Saskatchewan, Canada Dep. of Agric., Res. Branch, Exp. Farm. Some effects of moisture and temperature on transformation of monocalcium phosphate in soil. **(Einige Einflüsse von Feuchtigkeit und Temperatur auf die Umwandlung von Monocalciumphosphat im Boden.)** Canad. J. Soil Sci. **42** (1962) Nr. 2. S. 229–239. – 1 Abb., 4 Tab., 18 Lit.

Nach Ablauf einer 14täg. Lagerung von Monocalciumphosphat-Preßaggregaten in einem feinsandigen Lehmboden (pH 7,7; 1,4% C; 6,6% $CaCO_3$) bei konstanten Temperaturen von 5, 16 bzw. 27 °C und Wassergehalten von 17,2; 13,6; 10,8 bzw. 9,6 Gew.-% waren im Mittel 20,2% des P im Körnchen verblieben. Zwischen den einzelnen Behandlungen zeigten sich signifikante Unterschiede, jedoch zeichnete sich keine einheitliche Tendenz hinsichtlich des Einflusses von Temperatur und Feuchtigkeit auf die Herauslösung von P aus den Granula ab. Rings um die P-Aggregate wurden Ringe von Dicalciumphosphat festgestellt, hauptsächlich in Form von Dihydrat. Mit absinkender Temperatur und abnehmender Feuchtigkeit nahm der Anteil des Dihydrats auf Kosten der wasserfreien Form weiter zu. Die Menge an wasserlöslichem P in den Granula und dem umgebenden Boden war bei Versuchsende in den Varianten mit den niedrigsten Temperaturen und der geringsten Feuchtigkeit am größten. Die Tatsache, daß bei Versuchsabschluß in einem Bohrkern von 15 mm Dmr. und 8 mm Tiefe 89,5–99,2% des eingebrachten P wiedergefunden wurden, deutet eine geringe seitliche Ausbreitung der P-Lösung an. K. Koepke. 330.

Fordham, A. W.; Adelaide, Commonwealth Scientific and Ind. Res. Organization, Div. of Soils. Forms of phosphate in calcium chloride extracts of soil. **(Phosphatformen in Calciumchlorid-Extrakten von Böden.)** Nature [London] **195** (1962) Nr. 4841. S. 627–628. – 1 Abb., 3 Lit.

Ein Vergleich der Phosphatadsorptionen (Konzentrationsänderungen nach dem Schütteln) aus Orthophosphat-Vergleichslösungen bekannter Konz. (0,01 mol. $CaCl_3$ + verschiedene KH_2PO_4-Mengen) und aus einem Bodenextrakt (0,01 mol. $CaCl_2$-Suspension) an einem Anionenaustauscher (Dowex-2-X_{10}) führte – über die Parallelität der bei Auftragung der Konzentrationsänderungen gegenüber der Gleichgewichtskonzentration des Orthophosphates der vorangehenden Schüttellösung erscheinenden Geraden (Testlösung gegenüber Bodenextrakt, wobei letzterer zu höheren Phosphatkonz. verschoben war) – zu der Annahme des Vorliegens von polymeren Formen im Bodenextrakt, die aus dem Orthophosphat aufgebaut werden. H. E. Freytag. 330.

Peterburgsky, A. V. und Yanishevsky, F. V.; Moscow, Timiriazev Agric. Acad., Chair of Agronomie and Biol. Chem. Transformation of forms of potassium in soil during long-term potassium fertilization. **(Umwandlung der Kaliumformen im Boden bei Kalium-Dauerdüngungsversuchen.)** Plant and Soil [The Hague] **15** (1961) Nr. 3. S. 199–210.

In einem lehmigen sauren Rasenpodsolboden – Alter des Dauerversuches 43 Jahre – wandern bei ständiger Brache bis zu 20% des K, das als Mineraldünger gegeben wird, in den Unterboden. Die K-Verluste sind in nicht mit

P gedüngten Parzellen (NK) mit 42% bes. groß. Hierbei ist physiol. saures Ammoniumnitrat von Bedeutung, das einen allmählichen Zerfall des Sorptionskomplexes bewirkt. Ohne P-Düngung wird im Oberboden K bis zu 14% der angewandten Menge fixiert, bei Superphosphatdüngung (PK, NPK) gehen bis zu 35% des K in nichtaustauschbare Form über. Wi-Roggen auf NPK- und NK-Parzellen nimmt K – bei mittleren Gaben – vollständig auf. Für Kartoffeln trifft dies ebenfalls zu, darüber hinaus werden auch die K-Reserven des Bodens beansprucht. K wird nur in Böden der K-Parzelle fixiert. W. Schulze. 330.

Takai, Yasuo und Asami, Teruo; Tokyo, Univ., Fac. of Agric. Formation of methyl mercaptan in paddy soils. I. **(Bildung von Methylmercaptan in Sumpfreisböden. 1. Mitt.)** Soil Sci. Plant Nutrit. [Tokyo] 8 (1962) Nr. 3. S. 40–44. – 1 Abb., 3 Tab., 17 Lit. Orig.: engl.
Zur Bestimmung von Methylmercaptan, das bei mikrobiellen Umsetzungsvorgängen in Sumpfreisböden entsteht und einen Hemmstoff für die Entwicklung der Reispflanzen darstellt, wurde die folgende Methode entwickelt: Aus 100-g-Proben des Bodens wird Methylmercaptan unter Erwärmung im N-Strom ausgetrieben, in 4%iger $Hg(CN)_2$-Lösung absorbiert und darin nach Zusatz von Dimethyl-p-phenylendiamin und 0,02 mol. $FeCl_2$-Lösung bei 517 nm colorimetrisch bestimmt. – Das störende H_2S wird an wasserfreies $CaCl_2$ und $(CH_3COO)_2$ Pb . 3 H_2O gebunden. – Mit Hilfe dieser Methode wurde Methylmercaptan im Furchengrund verschiedener Reisböden Japans bestimmt. Methylmercaptan bildete sich bes. in den heißen Sommermonaten bei abnehmenden Eh-Werten und steigender H_2S-Bildung, und zwar nicht nur in org. Böden, sondern auch in Mineralböden.
V. Koepke. 330.

Wear, John I. und Patterson, R. M.; Auburn, Ala., Auburn Univ., Dep. of Agronomy and Soils, Agric. Exp. Stat. Effect of soil pH and texture on the availability of water-soluble boron in the soil. **(Einfluß von Boden-pH und Textur auf die Verfügbarkeit von wasserlöslichem Bor im Boden.)** Proc. Soil Sci. Soc. America **26** (1962) Nr. 4 S. 344–346. – 4 Abb., 2 Tab.
Bei Verwendung von 3 verschieden texturierten Böden ergab sich mit Luzerne (im Gefäßversuch) auf grobtexturierten eine höhere und auf feintexturierten Böden eine geringere B-Aufnahme (pro Einheit wasserlöslichen B). Mit Abnahme der Acidität (pH 5 → pH 7) ging bei allen Böden auch die B-Aufnahme zurück. – Die Beziehungen zwischen H_2O-lösl. B im Boden und dem B-Gehalt der Pflanzen lassen sich in lineare Gleichungen fassen und gestatten – bei ähnlicher Textur und eng liegenden pH-Werten – eine Einschätzung der B-Verfügbarkeit auf den Southeastern-Böden über die Bestimmung des H_2O-löslich. Boden-B-Gehaltes. H. E. Freytag. 330.

Yuan, T. L. and Fiskell, J. G. A.; Gainesville, Florida Agric. Exp. Stat. Aluminum studies: II. The extraction of Aluminum from some Florida soils. **(Aluminium-Untersuchungen. 2. Mitt. Die Extraktion des Aluminiums aus einigen Böden Floridas.)** Proc. Soil Sci. Soc. America **23** (1959) Nr. 3. S. 202–205. – 1. Mitt. vgl. LZ. Abt. II 4 (1959) Nr. 11. S. 2281. 330.

Pinck, L. A., Soulides, D. A. und Allison, F. E. Antibiotics in soils: IV. Polypeptides and macrolides. **(Antibiotica in Böden. 4. Mitt. Polypeptide und Macrolide.)** Soil Sci. **94** (1962) Nr. 2. S. 129–131. – 3 Tab., 5 Lit. 3. Mitt. vgl. LZ. Abt. II 7 (1962) Nr. 6. S. 1531.
Der Terminus „Macrolide“ entstand, weil in dieser Antibioticagruppe ein großer Lactonring vorhanden ist. Polymyxin B, Viomycin, Carbomycin und Erythromycin (basische Antibiotica) wurden durch Montmorillonit bzw. Illit in Mengen von 174–263 mg/g bzw. 18–50 mg/g adsorbiert. Dagegen sorbierten Vermiculit und Kaolinit nur in kleinsten Mengen Carbomycin

und Erythromycin, ebenso Kaolinit nur wenig Polymyxin B. Röntgenuntersuchungen der Antibiotica-Montmorillonit-Komplexe zeigten eine mittlere Ausdehnung des Kristallgitters von 5,7 Å. Polymyxin und Viomycin wurden von den Tonen weit fester gebunden als die anderen Antibiotica.

K. E. Lindner. 330.

Elgabaly, M. M. und Khadr, M. Clay mineral studies of some Egyptian desert and Nile alluvial soils. **(Tonmineraluntersuchungen einiger ägyptischer Wüstenböden und alluvialer Nilböden.)** J. Soil. Sci. **13** (1962) Nr. 2. S. 333–342.

332.

Dixon, J. B. und Jackson, M. L.; Madison, Univ. of Wisconsin, Dep. of Soils. Properties of intergradient chlorite-expansible layer silicates of soils. **(Eigenschaften von „zwischenständigen chloridexpansiblen" Boden-Schichtsilicaten.)** Proc. Soil Sci. Soc. America **26** (1962) Nr. 4. S. 358–362. — 3 Abb., 3 Tab., 25 Lit.

Unter „zwischenständigen chlorid-expansiblen 2:1-Schichtsilicaten" oder „zwischenständigem Chlorit-Vermiculit" werden von Vff. die Schichtsilicate verstanden, die bez. ihrer Eigenschaften zwischen eigentlichem Chlorit und eigentlichem Vermiculit einzuordnen sind und oft als „14-Å-Mineral", „chlorit-ähnliches Mineral" u. a. bezeichnet werden. Dieser „Chlorit-Vermiculit" kommt typisch z. B. im sauren Podsol vor. Mit Hilfe der NaOH-Methode (Dehydroxylierung) läßt sich bei derartigen Tonen (erhitzt) viel Zwischenschichtmaterial (Al-Hydroxyd) beseitigen, was sich — wie an 3 verschiedenen Bodentonen festgestellt wurde —, trotz der rel. geringen freigesetzten Zwischenschicht-Al-Menge (1–2% Al_2O_3), sehr stark in einer Veränderung des Zwischenschichtabstandes (Zusammenbruch) bemerkbar machte.

H. E. Freytag. 332.

Weed, S. B. und Nelson, L. A. Occurrence of chlorite-like intergrade clay minerals in Coastal Plain, Piedmont and mountain soils of North Carolina. **(Vorkommen von chloritähnlichen Tonmineral-Übergangsbildungen in den Böden der Küstenebene, des Piedmonts und des Gebirges von Nordcarolina.)** Proc. Soil Sci. Soc. America **26** (1962) Nr. 4. S. 393–398. — 5 Abb., 5 Tab., 15 Lit.

Die Untersuchungen, die sich vor allem auf Röntgen- und DTA-Analysen sowie auf die Ergebnisse chem. Untersuchungen beziehen, lassen darauf schließen, daß die chloritähnlichen Tonmineral-Übergangsbildungen in vielen Böden der erwähnten topographischen Zonen den überwiegenden Anteil der Tonfraktion ausmachen. Beim Vergleich mit dem Kaolinitvorkommen weisen die chloritähnlichen Tonmineral-Übergangsbildungen ganz allgemein eine max. Konzentration in den oberen Horizonten auf. Wesentlich variabler gestaltet sich dagegen — wahrscheinlich in Abhängigkeit mit der Profiltiefe — das Ausmaß der Vergesellschaftung mit den Zwischenlagern anderer Tonminerale, deren experimentelle Entfernung stets mit einer Erhöhung der Umtauschkapazität verknüpft ist. Die gefundenen Gitterstrukturen deuten darauf hin, daß sich die chloritähnlichen Tonmineral-Übergangsbildungen von den Glimmern ableiten. W. Prager. 332.

Frink, C. R. und Peech, Michael; Ithaca, N. Y., Cornell Univ.; Wilson Dam, Ala., Tennessee Valley Authority, Soil and Fertilizer Res. Branch. The solubility of gibbsite in aqueous solutions and soil extracts. **(Die Löslichkeit von Gibbsit in wäßrigen Lösungen und Bodenextrakten.)** Proc. Soil Sci. Soc. America **26** (1962) Nr. 4. S. 346–347. — 2 Tab., 9 Lit.

Für das Löslichkeitsprodukt pK_{sp} von reinem, synthetischem Gibbsit in unter- und übersättigten $AlCl_3$-Lösungen (nach 1–3 Mon.) und in 0,01 mol. $CaCl_2$-Bodenextrakten, das über $pK_{sp} = pAl + 3pOH$ bzw. (mit pKW = 14,00) über $pH - {}^1/_3\,pAl = 14 - {}^1/_3\,pK_{sp}$ bestimmt wurde, ergab sich bei 25 °C der Wert 33,5, der gut mit dem aus thermodynamischen Daten ermittelten übereinstimmt. Infolge der in einer Ton- oder Bodensuspension rel. großen Menge adsorbierter Al-Ionen war bis zur Erreichung des Löslichkeitsproduktes (Gleichgewichtseinstellung in der überstehenden Lösung) hier eine viel größere Zeitspanne erforderlich als in einer auf gleichem pH-Wert befindlichen wäßrigen Lösung. H. E. Freytag. 332.

Yoshinaga, Naganori und Aomine, Shigenori; Fukuoka, Kyushu Univ., Fac. of Agric. Imogolite in some Ando soils. **(Imogolit in einigen Ando-Böden.)** Soil Sci. Plant Nutrit. [Tokyo] 8 (1962) Nr. 3. S. 22–29. – 10 Abb., 2 Tab., 7 Lit. Orig.: engl.

In 3 Böden wurde ein unbekanntes Mineralkolloid gefunden, das neben Allophan vorkam und bis über 20% der Tonfraktion ausmachte. Das von den Vff. als Imogolit bezeichnete Mineral wies in einigen wäßrigen Salzlösungen eine hohe Quellbarkeit auf und hatte gallertartiges Aussehen. Im Elektronenmikroskop wurde eine fadenartige Struktur sichtbar. Die Beugungsbilder der durchdringenden Röntgenstrahlen offenbarten eine gewisse Kristallstruktur, die auch durch die Ereignisse der Differentialthermo- und Dehydratationsanalysen bewiesen werden konnte. Andererseits glichen die Infrarotabsorptionskurven, die chem. Zusammensetzung und die Kationenaustauschkapazität sehr den entspr. Merkmalen des Allophans. Vff. nehmen an, daß Imogolit ein metastabiles Zwischenprodukt zwischen amorphem Material (Allophan) und kristallinen Tonmineralen darstellt.

V. Koepke. 332.

Decau, J., Fioramonti, S. und Malterre, H.; Toulouse, Haute-Garonne, Stat. d' Agronomie. Teneurs des sols de la Haute-Garonne en matières organiques. **(Gehalt der Böden von Haute-Garonne an organischer Substanz.)** Ann. Inst. nat. Rech. agronom., Sér. A **13** (1962) Nr. 4. S. 347–362. – 2 Abb., 11 Tab., 20 Lit. Zus. in Russ., Engl., Dtsch. 333.

Schnitzer, M. und Desjardins, J. G.; Ottawa, Ontario, Canada Dep. of Agric., Soil Res. Inst., Res. Branch. Molecular and equivalent weights of the organic matter of a podzol. **(Molekular- und Äquivalentgewichte der organischen Substanz eines Podsols.)** Proc. Soil Sci. Soc. America **26** (1962) Nr. 4. S. 362-365. – 2 Abb., 3 Tab., 18 Lit.

Von den beiden aus den A_0- und B_h-Horizonten eines Armadale-Profils (Podsol auf sandigem Lehm) mit 0,5 n NaOH extrahierten org. Subst. wurden mit Hilfe der Gefrierpunktserniedrigung (in „Sulfolane") die durchschnittlichen Molekulargewichte zu 1684 bzw. 669 (für die org. Subst. aus dem B_h-Horizont) bestimmt. In Zusammenhang mit der Elementar- und Gruppenanalyse ergab sich für die org. Subst. aus dem A_0-Horizont die Molekularformel $C_{75}\,H_{33}\,O_{17}\,N_3\,(COOH)_3\,(OH)_{12}\,(CO)_2$ und für die org. Subst. aus dem B_h-Horizont die Formel $C_{21}\,H_{12}(COOH)_6\,(OH)_5\,(CO)_2$. Aus dem rel. hohen Anteil von funktionellen Gruppen bei B_h wird auf hinsichtlich der metall-org. Wechselwirkungen sich ergebende interessante Möglichkeiten geschlossen (etwa gleichgroße Zahl von Karboxyl- und Hydroxylgruppen im Molekül). Für die von den gleichen Präparaten auf dem Wege über diskontinuierliche potentiometrische Titrationen bestimmten Äquivalentgewichte ergaben sich die Werte 165 (für A_0-) und 76 (für A_h-Substanz), wobei das Molekular-/Äquivalent-Gewichtsverhältnis 10 bzw. 9 und in beiden Fällen gleich der Summe von Carboxyl- + phenolischen Hydroxylgruppen im Molekül war. H. E. Freytag. 333.

Barber, T. E. und Matthews, B. C.; Guelph, Ontario Agric. Coll. Release of non-exchangeable soil potassium by resin equilibration and its significance for crop growth. **(Freisetzung von nichtaustauschbarem Bodenkalium durch Gleichgewichtseinstellung mit Harzen und dessen Bedeutung für das Pflanzen-**

wachstum.) Canad. J. Soil Sci. **42** (1962) Nr. 2. S. 266-272. – 1 Abb., 4 Tab., 13 Lit.

Zum Studium der Bedeutung der verschiedenen K-Bindungsformen für die Pflanzenernährung wurden 5 g Boden mit 5 g Kationenaustauscher (ZeoKarb in H-Form) vermischt. Nach 2 Tagen wurde aus diesem Gemisch und aus gleichbehandelten Bodenproben ohne Austauscher mit neutralem NH_4-acetat K extrahiert. Die im Ergebnis des Austauscherzusatzes mehr extrahierte K-Menge bezeichnete man als mäßig verfügbares K. Bei Prüfung der einfachen linearen Korrelation zwischen den Werten für austauschbares und für austauschbares + mäßig verfügbares K einerseits und den Erträgen von Mais, Weizen, Hafer und Kartoffeln in Düngungsversuchen andererseits ([log 100 – Y] nach Mitscherlich) wurden nur niedrige Koeffizienten ermittelt. Eine bessere Übereinstimmung erbrachte die Prüfung der multiplen linearen Korrelation, und die günstigsten Werte wurden mit Hilfe der multiplen quadratischen Regression ermittelt. K. Koepke. 335.

Dutta, N. P. und Srivastava, S. C.; New Delhi, Indian Agric. Res. Inst. Some factors involved in the availability of adsorbed phosphate. **(Einige Faktoren, die die Verfügbarkeit von adsorbiertem Phosphat beeinflussen.)** Indian J. agric. Sci. **32** (1962) Nr. 2. S. 102-107. – 2 Abb., 2 Tab., 5 Lit.

Das native adsorbierte Phosphat verschiedener Böden wurde mit Hilfe der Langmuirschen Adsorptionsisotherme berechnet und mit dem %-Ertrag verglichen, wobei die gefundenen Korrelationskoeffizienten stark streuten. Andererseits bestand zwischen dem adsorbierten Phosphat und dem in 0,5 mol. $NaHCO_3$ löslichem P eine signifikante Korrelation. Bei Berücksichtigung des Adsorptionsmaximums der Böden und der Bindungsenergie des Phosphats korrelierten adsorbiertes Phosphat einerseits sowie P-Aufnahme und Ertrag der Pflanzen andererseits signifikant. P. Stoß. 335.

Kanwar, J. S. und Singh, S. Shah; Ludhiana, Government Agric. Coll. A note on the sorption and desorption of boron in soils. **(Eine Bemerkung über die Sorption und Desorption von Bor in Böden.)** Sci. and Cult. [Calcutta] **28** (1962) Nr. 9. S. 431-432. 335.

Darab, K. und Schönfeld, T. A Cs+-ion adszorpciójának vizsgálata agyagásványon. **(Untersuchung der Adsorption des Cs^+-Ions durch Tonminerale.)** Agrokémia és Talajtan [Agrochem. u. Bodenkunde] **10** (1961) Nr. 4. S. 539-546. – Aus: Ung. Agrar-Rdsch. **1962** Nr. 3.

Die Adsorption von $^{137}Cs^+$ ist – im Gegensatz zu der des ^{90}Sr – keine einfache Austauschadsorption; die Eigenschaften des Tonminerals, namentlich die Struktur des Kristallgitters, spielen dabei eine wichtige Rolle. Mit Ca-gesättigten Tonmineralen (Montmorillonit, Illit und Kaolinit) wurde die Adsorption des Cs-Ions untersucht. – Es zeigte sich, daß die Adsorption des Cs-Ions ohne Träger bei allen Tonmineralen erheblich war. Bes. stark wurde das Cs-Ion durch Ca-Illit adsorbiert. Der Verteilungskoeffizient für dieses Tonmineral und die Lösung belief sich bei trägerlosem Cs-Ion auf etwa 5000, es war also um einige Größenordnungen höher als der auf Grund des Massenwirkungsgesetzes berechnete Wert. – Die Anwesenheit von K in geringer Konz. hatte keinen wesentlichen Einfluß auf die Festlegung des Cs-Ions. Erreichte jedoch die Konz. des K-Ions 10% des gelösten Ca, dann verringerte sich der ermittelte Verteilungskoeffizient des $^{137}Cs^+$-Ions beträchtlich, die Adsorption des Cs-Ions wird also durch höhere Konz. des K-Ions vermindert. – Ziemlich stark wurde die Adsorption des $^{137}Cs^+$-Ions auch durch die als Träger zugesetzten inaktiven Cs-Ionen beeinträchtigt. Betrug z. B. die Konz. des Cs-Ions 10^{-4} Mol/l mit 0,25 Mol/l Ca, dann sank der Verteilungskoeffizient des $^{137}Cs^+$-Ions für Lösung und Tonmineral auf 1/100 jenes Wertes, der für $^{137}Cs^+$ ohne Träger ermittelt wurde. Nach Erhöhung der Konz. von inaktiven Cs-Ionen um eine Größenordnung entsprach der Verteilungskoeffizient dem theoretischen, auf Grund des Massenwirkungsgesetzes errechneten Wert. — Die Ergebnisse weisen darauf hin, daß die Adsorption des Cs-Ions wahrscheinlich auf irreversible Weise, durch Sättigung der sog. aktiven Stellen erfolgt. Neben der Sättigung der aktiven Stellen bzw. danach findet dann die klassische Austauschadsorption statt. 335.

Nakayama, F. S. und Scott, A. D.; Ames, Iowa State Univ. Gas sorption by soils and clay minerals. 1. Solubility of oxygen in moist materials. **(Gassorption durch Böden und Tonminerale. 1. Mitt. Löslichkeit von Sauerstoff in feuchten Materialien.)** Soil Sci. **94** (1962) Nr. 2. S. 106-110. — 3 Abb., 13 Lit. In Fortsetzung der Untersuchungen von Runkles u. a. wurden an Böden und Tonmineralen mit verschiedenem Feuchtigkeitsgehalt die Löslichkeit von O_2 und der Aussalzeffekt untersucht. Dabei wurden an allen Proben ähnliche Verhältnisse vorgefunden. Unterhalb eines bestimmten Feuchtigkeitsgehaltes (i. allg. 5-10%) stiegen die O_2-Absorptionswerte stark an. Bei darüber liegenden Feuchtigkeitsgehalten entsprach die gefundene adsorbierte O_2-Menge der aus der Löslichkeit von O_2 in einer äquivalenten Menge H_2O berechneten. Ein „Aussalzeffekt" wurde nicht gefunden, jedoch stand bei Proben, die Minerale mit ausdehnbarem Kristallgitter enthielten, nicht das gesamte zugegebene H_2O für die O_2-Adsorption zur Verfügung.
P. Stoß. 335.

Mader, Donald Lewis. **Effect of humus of different origin in moderating the toxicity of biocides.** Emmaus, Pennsylvania: The Soil and Health Foundation. 1960. (63 S. m. Tab.) 8°. Im Rahmen einer Dissertationsschrift behandelt Vf. die Frage, inwieweit toxische Wirkungen chem. Schädlingsbekämpfungsmittel in forstlichen Pflanzgärten durch Zuführung von Humussubstanzen vermindert werden können. Er führt dabei an, daß sich die Schadwirkungen solcher Biocide auf eine Verringerung der Nährstoffverfügbarkeit im Boden, eine Herabsetzung der Aktivität verschiedener Bodenmikroorganismen und eine Verminderung der Resistenz der Sämlinge erstrecken. Mit Hilfe von Laboratoriums- und Vegetationsversuchen stellt Vf. fest, daß die Schadwirkungen bes. durch biol. aktive Humusformen mit hoher Sorptionskapazität, hohem Nährstoffgehalt und großem Anteil an leichter umsetzbarem Material beseitigt werden können. Die experimentellen Befunde werden im einzelnen dargestellt und durch Abb. ergänzt.
H. Kretschmer.

D. Bodenphysik

Dabin, B.; Bondy, Seine, Office de la Rech. Sci. et Techn. Outre-Mer. Relations entre les propriétés physiques et la fertilité dans les sols tropicaux. **(Beziehungen zwischen den physikalischen Eigenschaften und der Fruchtbarkeit bei tropischen Böden.)** Ann. agronom. **13** (1962) Nr. 2. S. 111-140. — 12 Abb., 8 Tab., 12 Lit. Zus. in Russ., Engl., Dtsch.
Aus Instabilitätsindex I_s und Permeabilität K ergibt sich die Strukturstabilität durch die Beziehung $S_t = 20\ (2{,}5 + \log K - 0{,}837 \log I_s)$. Auch die Porosität des Bodens wird bestimmt. Struktur-, Feuchtigkeits- und Austrocknungsindizes werden definiert, die man für afrik. Böden vor allem an Hand der Erträge testet. Bei alluvialen Böden im Nigertal, die hauptsächlich mit Reis bestellt werden, gibt der Strukturindex die beste Korrelation. Dies gilt auch für die gut dränierten Böden der unteren Elfenbeinküste, die Bananenkulturen tragen. Für die dortigen Kakaokulturen — ohne Düngung — stellt das Wasser den ertragsbegrenzenden Faktor dar. Für Bananenpflanzen auf schlecht dränierten Böden geben der Austrocknungsindex und die Strukturstabilität die beste Korrelation. Das gleiche gilt für die schwarzen Baumwollböden von Togo, die sehr nährstoffreich sind. Der Feuchtigkeitsindex, mit dessen Hilfe die Widerstandsfähigkeit der Pflanzen gegen Trockenheit ermittelt werden kann, wird an einigen Beispielen erläutert. W. Schulze. 340.

Hannemann, W.; Speyer, Pfälz. Landwirtsch. Untersuchungs- und Forsch.-Anst. **Die Abhängigkeit des Bodenwiderstandes von Einzelfaktoren des Boden-**

verbandes bei Lößböden der Pfalz. Z. Acker- u. Pflanzenbau **115** (1962) Nr. 2. S. 101-114. – 1 Abb., 5 Tab., 42 Lit. Zus. in Engl.

Vf. versucht mit Hilfe eines Modellversuches, die den Bodenwiderstand bewirkenden Einzelfaktoren des Bodenverbandes zu erfassen. Material verschiedener Horizonte eines Lößbodens wurde mit anorg. Verbindungen des Al, Fe, Mg, Si, K und Na behandelt und seine dadurch entstandene Festigkeit ermittelt. Die bei der Druckfestigkeitsprüfung anfallenden Bruchstücke wurden auf ihre Aggregatstabilität gegenüber Wasser untersucht. Das Durchlaufwasser wurde auf seine Gehalte an herausgelösten Elementen, speziell des zugesetzten Stoffes, geprüft und mit der Aggregatstabilität und der Verschlämmung des Bodens verglichen. Die beachtlich voneinander abweichenden Untersuchungsergebnisse belegen die Bedeutung anorg. Faktoren für den Bodenwiderstand. Von bes. Wert ist die Gestaltung der Reaktionsverhältnisse im Boden, da sie über die Bestimmung der Anteile an gelösten Kationen die Grundlage für die Verkittung bzw. Verklebung der Tonteilchen schaffen. Durch sinnvolle Zusammenstellung der Düngemittel unter Beachtung der kolloidchem. Reaktion im Bodenverband kann der Bodenwiderstand günstig beeinflußt werden. D. Werner. 340.

Gras, R.; Versailles, Seine-et-Oise, Centre Nat. de Rech. Agronomiques, Lab. d'Etude des Techn. Cult. Quelques observations sur les relations entre les propriétés physiques du sol et la croissance du pêcher dans la Vallée du Rhône, entre Vienne et Valence. **(Einige Beobachtungen über die Beziehungen zwischen physikalischen Bodeneigenschaften und dem Wachstum des Pfirsichbaumes im Rhônetal zwischen Vienne und Valence.)** Ann. agronom. **13** (1962) Nr. 2. S. 141-174. – 12 Abb., 5 Tab., 24 Lit. Zus. in Russ., Engl., Dtsch.

An Pfirsichbäumen wurde der Einfluß der phys. Bodeneigenschaften auf Bewurzelung und Wuchskraft untersucht. – Der Kiesgehalt der geprüften Böden hat keinen ungünstigen Einfluß auf das Wachstum. Optimale Textur weisen Sandböden mit $> 10\%$ Ton auf. Die strukturellen Eigenschaften des Bodens können das Wachstum von Pfirsichbäumen etwa dadurch verändern, daß bestimmte Horizonte den Pflanzen nicht zugänglich sind oder die normalen Funktionen der Wurzeln beeinträchtigen, was zu geringem Wachstum und niedrigen Erträgen führt. Bez. der Rolle des Wassers muß der Komplex Boden–Klima–Baum zusammen untersucht werden; hier handelt es sich im einzelnen um den Einfluß der Wasserreserven des Bodens (Wurzeltiefe, Anteil Tonerde/Kies), die klimatischen Charakteristiken und den Wasserbedarf der Kulturen. Schließlich wird die Wirkung der Vorbereitung des Bodens für die Pflanze behandelt: Rigolen ist bei Lehmböden vorteilhaft, bei lockeren Sandböden ist Einbringen von org. Düngemitteln wirksamer. W. Schulze. 340.

Phillips, R. E. und Kirkham, Don; Fayetteville, Univ. of Arkansas; Ames, Iowa State Univ. Mechanical impedance and corn seedling root growth. **(Mechanischer Scheinwiderstand und Wurzelentwicklung von Getreidesämlingen.)** Proc. Soil Sci. Soc. America **26** (1962) Nr. 4. S. 319-322. – 6 Abb., 1 Tab., 16 Lit.

Der schädliche Einfluß von Bodenverdichtungen auf Wachstum und Entwicklung landwirtsch. Kulturpflanzen stand im Mittelpunkt von Laboruntersuchungen, die die Vff. mit Hilfe von Getreidesämlingen auf einem mit verschiedenen Verdichtungszonen ausgestatten Colo-Ton sowie auf einem entspr. behandelten Sand (in Glaszylindern) und auf einem (ebenfalls in Glaszylindern abgefüllten) aggregierten Colo-Ton durchführten. Die Wurzelentwicklung wurde dann etwa eine Woche lang gemessen. Die dabei ermittelten Werte für das Wurzellängenwachstum wiesen z. B. beim verfestigten Colo-Ton mit zunehmender scheinbarer Dichte eine lineare Abnahme auf.

Diese Tendenz ließ sich auch bei den Messungen des Durchdringungswiderstandes mit Hilfe einer Nadelsonde erkennen. In dem untersuchten Sand war die Ausbreitung der Wurzeln durch eine lineare Beziehung zur Eindringtiefe der Nadelsonde gekennzeichnet. W. Prager. 340.

Kita, Taizo. Dispersion and flocculation of soils. **(Dispersion und Ausfällungen von Böden.)** J. Sci. Soil Manure, Japan [Nippon Dojohiryogaku Zasshi] **33** (1962) Nr. 8. S. 397-404. – Orig.: jap. 340.

Leenheer, L. de. **Mechanisierung und Bodenstruktur.** Bodenkultur [Wien] Ausg. A **13** (1962) Nr. 2. S. 89-97. – 8 Tab.
In 60 Betrieben der belg. Hügel- und Lößlandschaft Haspengau wurden je 2-3 typische Äcker auf Kalkversorgung, Pflugsohlenverdichtung und Krümelstabilität visuell untersucht. Die Ergebnisse sind in Form von Häufigkeitsgruppierungen bestimmten betriebswirtsch. Faktoren gegenübergestellt worden. Obwohl die pH-Werte meist über 7,0 (H_2O) liegen und in 55% der Untersuchungen sichtbare Kalkpartikel gefunden werden, wird die regelmäßige Anwendung von Scheideschlamm zur Erhaltung einer „Carbonatreserve" empfohlen. Der gegenwärtige Viehbesatz reicht nicht aus, um die volle Deckung der org. Bilanz über den Stallmist zu erreichen. Da auch die Kosten für die Stallmistwirtschaft sehr hoch liegen, wird – bes. in den vollmechanisierten Betrieben – sehr stark oder ausschl. mit Gründüngung (Futterwicke, Gelbklee) gearbeitet. Hinsichtlich der Pflugsohlenverdichtung wurde beobachtet, daß vor allem Betriebe mit häufig wiederkehrendem Zuckerrübenanbau (3jährig) sowie mit nur teilweiser Mechanisierung sehr stark mit derartigen Erscheinungen zu kämpfen haben. Es kommt hinzu, daß die Böden an Hängen und in Mulden stärker verdichtet sind und eine geringere Krümelstabilität aufweisen als die Böden auf ebenem Ackerland. Abschließend werden zum Vergleich analoge Beobachtungsergebnisse aus einer anderen Landschaft Belgiens angeführt. D. Ebert. 344.

Kuntze, H.; Infeld/Nordenham, Niedersachsen, Grünlandlehranst. und Marschversuchsstat. **Bodenstruktur und Beetwölbung. Ein Beitrag zu den ackerbaulichen Schwierigkeiten in der Marsch.** Z. Acker- u. Pflanzenbau **115** (1962) Nr. 3. S. 259-272. – 3 Abb., 4 Tab.
2 typische Böden des Seebrackmarschgebietes der Elbe-Oste-Niederung mit Beetwölbung wurden im Hinblick auf Oberflächengestaltung, Textur, Struktur und bodenchem. Kennwerte untersucht. Der Hauptunterschied zwischen den beiden Beeten bestand in der Art der Bodenbearbeitung, die durch die Verschiedenheit der Betriebsformen bedingt war (1. Schlepperbetrieb – zunehmender Maschineneinsatz, 2. Pferdebetrieb – Bearbeitung nur mit Gespannkräften). Bei gewölbten Beeten treten auf Marschböden Ertragsminderungen und Nutzungsschwierigkeiten in zunehmendem Maße auf, die auch nicht durch den Vorteil einer unterstützenden Oberflächenentwässerung ausgeglichen werden können. Diese Schäden stehen im Zusammenhang mit dem maritim-humiden Klima, dem hohen Grundwasserstand und den bes. Bodeneigenschaften, die die Einsatzmöglichkeiten moderner Maschinen zur Bodenbearbeitung und -pflege erschweren. Es wurde festgestellt, daß nur 38,6% (Schlepperbetrieb) und 57,0% (Pferdebetrieb) der Beetflächen günstige Strukturverhältnisse aufweisen. Erosionsschäden sind an der horizontalen Verlagerung von Humus und Gesamt P_2O_5, lactatlöslichem K und austauschbarem Mn sowie teilweise in der Verteilung der Texturkomponenten Feinsand bzw. Schluff (nur andeutungsweise) zu erkennen. Die vertikale Erosion ist bei diesem instabilen Boden wesentlich stärker zu beachten und vor allem in der Texturkomponente $< 2\ \mu m$ zu ermitteln. Ein wesentlicher Bestandteil bei der Melioration der Marschböden ist die Beseitigung bzw. Milderung der Beetwölbung bei gleichzeitigem Fortfall der durch Dränung zu ersetzenden Beetgräben. H. Masche. 344.

Greenwood, D. J. und Berry, G.; Wellesbourne, Nat. Vegetable Res. Stat. Aerobic respiration in soil crumbs. **(Aerobe Respiration in Bodenkrümeln.)** Nature [London] **195** (1962) Nr. 4837. S. 161-163. – 1 Abb., 1 Tab., 6 Lit.

Ziel der Arbeit war es, die in einer früheren Veröffentlichung (vgl. LZ. Abt. II 7 (1962) Nr. 11. S. 2917.) aufgestellte Formel für die aerobe Respirationsrate runder Bodenkrümel auf Krümel mit unregelmäßiger Form zu erweitern und einen aufgetretenen Fehler zu korrigieren. So lag der Grund für die fehlende Übereinstimmung der theoretischen und praktischen Respirationsrate darin, daß die Oberfläche der Krümel durch den Kontakt der Krümel untereinander verringert wurde. H. Unger. 344.

Greenland, D. J., Lindstrom, G. R. und Quirk, J. P.; Adelaide, Univ., South Australia, Waite Agric. Res. Inst., Dep. of Agric. Organic materials which stabilize natural soil aggregates. **(Organische Substanzen, welche die natürlichen Bodenaggregate stabilisieren.)** Proc. Soil Sci. Soc. America **26** (1962) Nr. 4. S. 366-371. – 3 Abb., 2 Tab., 37 Lit.

An verschiedenartigen Böden wurde die Wirkung einer Perjodat- mit nachfolgender Na-borat-Behandlung (Oxydation der Glykolgruppen der Zuckereinheiten der Polysaccharide und Polyuronide durch $NaJO_4$ und dadurch Erleichterung des Zerfallens in nichtpolymere Fragmente bei der nachfolgenden $Na_2B_4O_7$-Behandlung in der alkalischen Lösung [pH 9,6]) auf die Bodenaggregate geprüft, indem die Ausgangsstabilitäten mit den Stabilitäten nach $NaJO_4$-$Na_2B_4O_7$-Einwirkung zum Vergleich kamen. Es zeigte sich, daß die Stabilität der natürlichen Bodenaggregate um so größer war, je länger der Boden unter Weideland lag und daß sie bei Inkulturnahme zurückging. Während unter ackerbaulich bearbeiteten Flächen die Stabilität hauptsächlich durch den Gehalt an Polysacchariden bestimmt wurde, dürfte sie unter älteren Weideflächen oder auch in Böden mit freiem $CaCO_3$ durch andere noch unbekannte Substanzen bedingt sein, da letztere viel weniger empfindlich gegenüber der Perjodat-Behandlung reagierten.
H. E. Freytag. 344.

Rutkowski, M.; Warszawa, Wyższa Szkoła Rolnicza w Poznaniu. Badania nad zdolnością strukturotwórczą jednorocznych roślin motylkowych i zbożowych. Cz. II. Wpływ roślin przedplonowych oraz żyta na fizyczne właściwości gleby. **(Untersuchungen über den Einfluß einjähriger Leguminosen und Getreidearten auf die Bodenstruktur. 2. Mitt. Der Einfluß der Vorfrüchte und des Roggens [Nachfrucht] auf die physikalischen Eigenschaften des Bodens.)** Roczniki Nauk rolniczych, Ser. A **86** (1963) Nr. 4. S. 593-614. – 19 Tab., Zus. in Russ., Engl. 1. Mitt. vgl. LZ. Abt. II 8 (1962) Nr. 6. S. 1545.

Vf. untersuchte den Einfluß der Vorfrüchte (Sommergetreide, Hülsenfrüchte und Brache) und des Winterroggens (1. Nachfrucht) auf die phys. Eigenschaften des Bodens. Die Vorfrüchte beeinflußten den Gehalt an wasserstabilen Krümeln kaum unterschiedlich. Erst mit dem Roggenanbau (1. Nachfrucht) erhöhte sich der Gehalt an wasserstabilen Aggregaten, Hülsenfrüchte als Vorfrucht vorausgesetzt. Sommergetreidearten verfestigten den Boden mehr als Hülsenfrüchte. Dieselben Unterschiede wurden auch unter Roggen (1. Nachfrucht) vorgefunden. Unter Hülsenfrüchten und unter nachfolgendem Roggen stieg die Bodenporosität um 73% (Getreidearten = 100).
S. Kowalski. 344.

Wilkinson, G. E. und Klute, A.; Fargo, North Dakota State Univ.; Univ. of Illinois. The temperature effect on the equilibrium energy status of water held by porous media. **(Der Temperatureinfluß auf den Energiegleichgewichtszustand von Wasser, das von porösen Stoffen gehalten wird.)** Proc. Soil Sci. Soc. America **26** (1962) Nr. 4. S. 326-329. – 4 Abb., 1 Tab., 8 Lit.

Das Wasser im Boden steht ebenso wie das in anderen porösen Substanzen unter dem Einfluß von Feldkräften (Gravitation, Druckgefälle, osmotische und adsorptive Kräfte), die entweder auf der Grundlage der Potentialtheorie oder mit Hilfe der Thermodynamik charakterisiert werden können. Vff. diskutieren zunächst die Brauchbarkeit beider Annäherungsmöglichkeiten an Hand von mathematischen Formulierungen, um anschließend den Einfluß der Temperatur auf den Gleichgewichtszustand des Bodenwassers zu ermitteln. Für diese Studien wählten sie 2 verschiedene Sandfraktionen und eine Schlufffraktion aus, die in getrennten Arbeitsgängen — unter Berücksichtigung von Wassergehalt, scheinbarer Dichte und Saugspannung — in einer Druckkammer bei 4 und 44 °C untersucht wurden. Die auf diesem Wege erhaltenen Meßwerte ergeben bei graphischer Darstellung Desorptionskurven, aus denen z. B. zu ersehen ist, daß nur die Sandfraktionen 104-149 μm über wasserhaltende Kräfte verfügen, die allein aus der Oberflächenspannung resultieren. W. Prager. 346.

Gerth, A.; Wien, Hochschule für Bodenkult. Inst. für Geol. und Bodenkunde. **Untersuchungen über die Regenkapazität und die pflanzenaufnehmbare Wassermenge in einem Löß-Rohboden und in einer Schwarzerde.** Z. Acker- u. Pflanzenbau **115** (1962) Nr. 3. S. 231-246. — 2 Abb., 8 Tab.
Beide untersuchten Bodentypen haben ein A-C-Profil. Der Löß-Rohboden entwickelt sich zur Schwarzerde. Die Korngrößenzusammensetzung ist inhomogen. Im A_2-Horizont der Schwarzerde zeigt der Rohtonanteil eine beginnende Degradierung an. Das Boden-Wasser-Luft-Verhältnis entspricht der Korngrößenzusammensetzung. Die wesentlich stärkere Verdichtung des A_2-Horizontes der Schwarzerde gegenüber dem AC-Horizont des Löß-Rohbodens könnte durch öftere Kalkung und Lockerung zwecks besserer Durchlüftung und stärkerer Durchwurzelung verbessert werden. Die Feldkapazität (Wasserhaltevermögen) nahm in der vegetationslosen Zeit im Löß-Rohbodenprofil um 5,6%, im Schwarzerdeprofil um 5,9% zu. Die hygroskopische Wassermenge spiegelte sich im Humusgehalt und im Rohtonanteil der Horizonte wider. Der permanente Welkepunkt wurde in der Trockenperiode in keinem Horizont der Profile unterschritten. Die pflanzenverfügbare Wassermenge war trotz der erheblichen Unterschiede des toten Wasseranteils relativ hoch. — Bei normalem Witterungsverlauf erübrigt sich eine Beregnung des Getreides und der Hackfrüchte, im Feldfutter- und Zwischenfruchtbau könnten durch Beregnung die Erträge um 100% gesteigert werden.
H. Masche. 346.

Hosner, John F. und Leaf, Albert L.; New York, Coll. of Forestry. The effect of soil saturation upon the dry weight, ash content, and nutrient absorption of various bottomland tree seedlings. **(Der Einfluß der Bodensättigung auf Trockengewicht, Aschegehalt und Nährstoffaufnahme von verschiedenen Auenboden-Baumkeimlingen.)** Proc. Soil Sci. Soc. America **26** (1962) Nr. 4. S. 401-403. — 2 Tab., 20 Lit.
Häufig zeichnen sich die Böden von Auenlandschaften durch eine langfristige Wassersättigung aus, so daß die darauf stehenden Bäume während eines beträchtlichen Teiles ihrer Wachstumsperiode unter dem Einfluß stauender Nässe und gehemmter O_2-Zufuhr stehen. Zur Überprüfung dieser Zusammenhänge untersuchten die Vff. Sämlinge von 14 Auenwaldbaumarten, die 60 Tage lang unter wassergesättigten Bodenverhältnissen heranwuchsen, nach ihrem Verhalten bez. der o.g. Kriterien und verglichen die Befunde mit denjenigen von Kontrollsämlingen, die sich unter den Bedingungen der nicht vollen Wassersättigung entwickeln konnten. Auf Grund der dabei festgestellten rel. Toleranzen gegenüber den wassergesättigten Entwicklungsbedingungen gruppierten Vff. die untersuchten Sämlinge in tolerante, intermediäre und intolerante ein. W. Prager. 346.

Gardner, W. R.; Riverside, Calif., U. S. Salinity Lab. Note on the separation and solution of diffusion type equations. **(Beitrag zur Trennung und Auflösung von Diffusions-Mustergleichungen.)** Proc. Soil Sci. Soc. America **26** (1962) Nr. 4. S. 404. — 2 Lit.
Die Auflösung einer Partialdifferentialgleichung, wie sie z. B. der Diffusion und der Wärmeströmung zugrunde liegt, wird häufig mit einer Trennung der Varaiblen versucht. Dabei geht man von der Vorstellung aus, daß die Lösung der Gleichung in der Form eines Produktes aus der Funktion der Lage und der Funktion der Zeit erfolgt. Die Gleichung für die Strömungsbewegung des Wassers in wasserungesättigten Böden kann nun in der gleichen mathematischen Form wie die Diffusionsgleichung oder die Wärmeströmungsgleichung zur Anwendung gelangen. Vf. demonstriert dieses Vorgehen an Hand der dafür gebräuchlichen mathematischen Formulierungen, die bis zur Ableitung der Gesamtabflußrate erläutert werden. Diese Annäherung bleibt allerdings nicht auf die eindimensionale Fließbewegung beschränkt, sondern gilt auch für radiale und andere Strömungsbewegungen. W. Prager. 346.

E. Bodenbiologie

Nepomiluev, V. F. und Šišov, L. L. (Nepomilujew, W. F. und Schischow, L. L.) Mikroflora dernovo-gleevych počv i ee izmenenie pri sel'skochozjajstvennom ispol'zovanii počv. **(Die Mikroflora der Rasen-Gleiböden und ihre Veränderung bei landwirtschaftlicher Bodennutzung.)** Izvestija Timirjazevskoj sel'skochozjajstvennoj akademii, Moskva **1962** Nr. 1. S. 87-104. — 1 Abb., 9 Tab., 10 Lit. Zus. in Engl.
Die untersuchten, in der oberen Wolga-Niederung gelegenen Böden zeichnen sich durch hohe potentielle Fruchtbarkeit, hohen Basensättigungsgrad und neutrale Bodenreaktion aus. Es wurde beobachtet, daß die Gleihorizonte der jungfräulichen Böden nur wenig biol. aktiv sind. Bei Kultivierung dieser Böden vermehrten sich die meisten Mikroorganismen stark, und zwar sowohl in den oberen Horizonten als auch im Gleihorizont. Bes. stieg die Zahl der Cellulosezersetzer an, was die weitere Torfakkumulation ausschloß. In rekultivierten Böden nahm die cellulolytische Aktivität so sehr zu, daß sich der Gehalt an org. Subst. verringerte. Nach Kultivierung der jüngfräulichen Böden erhöhte sich deren beträchtlicher *Azotobacter*-Gehalt noch mehr. Auch die Intensität der N-Bindung durch *A.* wurde durch diese Maßnahme gefördert. H. Winkler. 350.

Skou, J. P.; Copenhagen, Roy. Veterin. and Agric. Coll., Dep. of Gen. Microbiol.; Riso, Roskilde, Denmark, Danish. Atomic Energy Commiss., Agric. Res. Dep. Studies on the microflorcr of soil under chronic irradiation. **(Untersuchungen über die Mikroflora des Bodens bei Dauerbestrahlung.)** J. gen. Microbiol. **28** (1962) Nr. 3. S. 521-530. — 5 Abb., 2 Tab., 15 Lit.
Die Zahl der Mikroorganismen eines Bodens, der, 4 cm von einer Co-Quelle entfernt, aufgestellt worden war und 24 Std. bestrahlt wurde, ging in dieser Zeit deutlich zurück. Sollte Strahlenwirkung bei größerer Entfernung des Bodens erzielt werden, so müßte die Einwirkungsdauer erhöht werden. So verringerten sich Keimzahl und O_2-Aufnahme eines Bodens, wenn bei einem Abstand von 3 m der Boden 396 Tage bestrahlt wurde. Dabei konnte festgestellt werden, daß die Strahlendosis bis in eine Bodentiefe von 10 cm ebenso stark wirkte wie an der Bodenoberfläche. Sporenbildende und nichtsporenbildende Bakterien wurden in gleicher Weise beeinflußt.
K. E. Lindner. 350.

Peterson, George H.; Purdue Univ., Agric. Exp. Stat. Respiration of soil sterilized by ionizing radiations. **(Atmung eines durch ionisierende Strahlen sterilisierten Bodens.)** Soil Sci. **94** (1962) Nr. 2. S. 71-74. — 1 Abb., 2 Tab., 14 Lit.

Durch Sterilisation des Bodens mit Elektronen- oder Röntgenstrahlen wird die Bodenatmung nicht verhindert, da die Atmungsenzyme in den toten Mikrobenzellen erhalten bleiben. $HgCl_2$ setzt die Atmungstätigkeit eines sterilen Bodens herab. Die Bebrütung eines mit Glucose versetzten Bodens erhöht die nach Strahlensterilisation einsetzende Respiration. Die Atmung toter Mikrobenzellen erklärt z.T. die geringe Korrelation zwischen Keimzahlen und Bodenatmung. K. E. Lindner. 350.

Hirte, Wolfgang. **Vergleichende mikrobiologische Untersuchungen an rieselmüden und gesunden Böden der Berliner Rieselfelder. 3. Mitt. Die Wirkung der veränderten Mikroflora auf die höhere Pflanze.** Zbl. Bakteriol., Parasitenkunde, Infektionskrankh. Hyg., II. Abt. **115** (1962) Nr. 6. S. 606 bis 615. — 2 Abb., 2 Tab., 16 Lit. 2. Mitt. vgl. LZ. Abt. II. **7** (1962) Nr. 6. S. 1538.

Mittels des Dunkelkeimtestes nach Sekera konnte an Gartenkresse und Radies nachgewiesen werden, daß der rieselmüde Boden die Keimpflanzen weniger schädigt als der nichtrieselmüde. Vf. leitet daraus eine für die Pflanze ungünstigere Zusammensetzung der Mikroflora des nichtrieselmüden Bodens ab und sieht darin eine Bestätigung der Ergebnisse der 1. und 2. Mitt., wo niedrigere Keimzahlen und geringere biochem. Umsetzungen für diesen Boden beschrieben wurden. Einige saprophytische Arten traten im Dunkelkeimtest als Parasiten auf. In der engeren Rhizosphäre der Gartenkresse wurden einzelne Mikroben einseitig gefördert und die Pilz- und Bakterienzahlen stark erhöht. Horst Unger. 350.

Kaunat, H.; Rostock, Univ., Inst. für Landwirtsch. Biol., Mikrobiol. Abt. **Wuchsstoffbedürftige Bakterien aus der engen Rhizosphäre von Kulturpflanzen. III. Charakterisierung und Klassifikation der Bakterien von Spinacia oleracea L. und Apium graveolens L.** Zbl. Bakteriol., Parasitenkunde, Infektionskrankh. Hyg., II. Abt. **115** (1962) Nr. 5. S. 494-511. — 12 Abb., 2 Tab., 12 Lit. Zus. in Engl. 2. Mitt. vgl. LZ. Abt. II **7** (1962) Nr. 12. S. 3216.

Aus dem an Wurzeln von Spinat und Sellerie haftenden Boden wurden 12 streng wuchsstoffbedürftige Bakterienarten isoliert, die auf Caseinpepton-Glucose-Agar die bereits beschriebenen (1. und 2. Mitt.) kleinen Kolonien bilden. Das Artenspektrum der Rhizosphäre von Spinat und Sellerie unterschied sich grundsätzlich voneinander. Die Klassifizierung der wuchsstoffheterotrophen Arten gelang insofern, als sich mit Sicherheit 5 zur Gattung *Pseudomonas* und 3 zur Gattung *Micrococcus* gehörig erwiesen. Während Lauberdeextrakt als günstiges Medium für die Dauerkultivierung dieser Arten bezeichnet wird, empfiehlt Vf. diese Bakterien durch Kultivierung in differenzierten Nährmedien zu trennen. Horst Unger. 350.

Pántos, Gy. A buza és a kukorica gyökérfelületi zónájában uralkodó egyes baktériumfajok vitaminszintetizáló képessége. **(Die Fähigkeit zur Synthese von Vitaminen bei einigen in der Wurzelzone von Weizen und Mais vorherrschenden Bakterienarten.)** Agrokémia és Talajtan [Agrochem. u. Bodenkunde] **10** (1961) Nr. 4. S. 511-522. — Aus Ung. Agrar-Rdsch. **1962** Nr. 3.

Vf. untersuchte die Fähigkeit zur Synthese von Vitaminen (Gruppe B, nämlich Riboflavin [B_2] und Pyridoxin [B_6], Nicotinsäure sowie Biotin) bei einigen aus der Wurzelzone von Weizen und Mais isolierten Bakterien (*Pseudomonas pictorum, Ps. chrysea, Ps. radiobacter, Ps. fluorescens, Bact. candicans*). Zur Bestimmung der erwähnten Vitamine bediente man sich des international anerkannten mikrobiol. Verfahrens unter Verwendung von Testbakterien und -pilzen. — Die Vitamine wurden von den einzelnen Bakterienstämmen nicht im gleichen Ausmaß synthetisiert. Ein Vergleich ergab, daß die Fähigkeit zur Vitaminsynthese bei *Ps. pictorum* nur in geringem

Maße vorhanden ist, allein die Produktion von Nicotinsäure war bedeutend. Auch von *Ps. chrysea* wurde vor allen Dingen Nicotinsäure erzeugt. Ganz anders verhielt sich *Bact. candicans*. Es übertraf alle anderen Stämme in der Synthese von Pyridoxin, produzierte jedoch die übrigen Vitamine in nur unbedeutenden Mengen. *Ps. radiobacter* übetraf die anderen Stämme in der Synthese von Riboflavin und stand in der Biotinsynthese an 2. Stelle. *Ps. fluorescens* jedoch synthetisierte die größten Nicotinsäure- und Biotinmengen. Dieser Stamm produzierte auch Riboflavin und Pyridoxin in bedeutendem Maße. 350.

Katznelson, H., Peterson, E. A. und Rouatt, J. W.; Ottawa, Canada Dep. of Agric., Mikrobiol. Res. Inst., Res. Branch. Phosphate-dissolving microorganism on seed and in the root zone of plants. **(Phosphatzersetzende Mikroorganismen auf Samen und in der Wurzelzone von Pflanzen.)** Canad. J. Bot. **40** (1962) Nr. 9. S. 1181-1186. — 1 Abb., 5 Tab., 21 Lit.

Von den geprüften auf Samen vorkommenden Bakterien lösten 40-70% Phosphat. Bei 4 der 5 untersuchten Kulturpflanzen war dieser %-Satz für die Wurzel bzw. Rhizosphäre wesentlich niedriger als für die entspr. Samen. Ein Beweis für den selektiven Einfluß der Pflanzenwurzel auf diese Organismen konnte nicht erbracht werden. Von Früchten bzw. Samen der Gras- und Kleepflanzen ließen sich phosphatlösende Pilze in größerer Menge als von den Getreidefrüchten isolieren, am häufigsten *Penicillium, Aspergillus, Rhizopus*. Auf Wurzeln und in wurzelfreiem Boden waren es *Candida, Oidiodendron* und *Pseudogymnoascus*. K. E. Lindner. 350.

Otto, G.; Dresden-Pillnitz, Inst. für Gartenbau der Dtsch. Akad. der Landwirtsch.-Wiss. zu Berlin. **Das Auftreten und die Entwicklung der endotrophen Mykorrhiza an ein- bis dreijährigen Apfelsämlingen auf verschiedenen Standorten. 2. Teil. Beziehungen zwischen der endotrophen Mykorrhiza und den Faktoren Pflanze und Standort.** Zbl. Bakteriol., Parasitenkunde, Infektionskrankh. Hyg., II. Abt. **115** (1962) Nr. 5. S. 525-544. — 3 Abb., 8 Tab., 54 Lit. 1. Teil vgl. LZ. Abt. II **8** (1963) Nr. 4. S. 629.

Weder die Häufigkeit noch die Intensität der endotrophen Mycorrhiza ließen eindeutige Beziehungen zur Wuchsleistung der Apfelsämlinge erkennen. Bei der Prüfung der Beziehungen zwischen pH-Wert, K_2O-, P_2O_5-Gehalt des Bodens und Verpilzungshäufigkeit und -intensität wurde eine signifikante Korrelation zum P_2O_5-Gehalt gefunden. Endotrophe Mycorrhiza und Auftreten der Wurzelhaare korrelierten nicht miteinander.
Horst Unger. 350.

Bonnier, Ch. Relation entre l'efficacité et la spécificité des souches de Rhizobium. **(Beziehung zwischen „Wirksamkeit" und Spezifität von Rhizobium-Stämmen.)** Ann. Inst. Pasteur **103** (1962) Nr. 3. S. 403-409. — 4 Lit. Zus. in Engl.

In verschiedenen Fällen besteht eine deutliche Beziehung zwischen „Wirksamkeit" und Spezifität von *Rhizobium*-Stämmen. *Rh.*-Stämme, die spezifisch, aber unwirksam bei *Medicago* sind, besiedeln leichter Leguminosen, für die sie ursprünglich nicht spezifisch waren, wie z. B. *Trifolium*.
K. E. Lindner. 352.

Kecskés, M. und Manninger, E. Különböző antibiotikumok hatása a rizobiumok fejlődésére. **(Die Wirkung verschiedener Antibiotika auf das Wachstum der Rhizobien.)** Acta mikrobiol. Acad. Sci. hung. **8** (1961) Nr. 3. S. 253-256. — Aus: Ung. Agrar-Rdsch. **1962** Nr. 4.

Vff. führten Untersuchungen mit den aus der Wurzelzone von Luzerne und Klee isolierten *Rhizobium*-Stämmen durch. Die angewandten Antibiotica wurden, mit Ausnahme des Primycins, von Bodenorganismen produziert. Neomycin und Chlortetracyclin waren die wirksamsten Antibiotica; sie hemmten das Wachstum der meisten *Rh.*-Stämme bereits in Mengen von

5 μg/ml Nährlösung. Demgegenüber wirkte Grubilinnatrium überhaupt nicht auf die geprüften Stämme, auch nicht bei einer Konz. von 50 μg/ml Nährlösung. Die Resistenz der verschiedenen Rhizobien gegenüber antibiotischen Substanzen kann von Bedeutung sein, wenn bestimmte Leguminosenschädlinge mit Hilfe von Antibiotica bekämpft werden sollen. 352.

Davis, R. J.; Beltsville, Md., U. S. Dep. of Agric., A. R. S., Soil and Water Conserv. Res. Div. Resistance of rhizobia to antimicrobial agents. **(Resistenz von Rhizobien gegenüber antimikrobiellen Agenzien.)** J. Bacteriol. 84 (1962) Nr. 1. S. 187-188. – 1 Abb.
Alle geprüften *Rhizobium*-Stämme waren resistent gegenüber jeweils 300 μg Sulfamethoxypyridazin, Sulfadiazin, Sulfisomidin, Sulfathiazol, Sulfamethylthiadiazol und Triple-S (Sulfadiazin + Sulfamethazin + Sulfamerazin), 100 IE Penicillin, 100 Einheiten Nystatin und 25 μg Isoniazid. Empfindlichkeit gegenüber Neomycin wurde bei allen Stämmen beobachtet. 23 weitere Sulfonamide und Antibiotica wirkten auf die einzelnen Stämme unterschiedlich ein. K. E. Lindner. 352.

Vincent, J. M. und Jancey, Claire H.; Sydney, Univ., School of Agric., Microbiol. Lab. A calcium-sensitive strain of Rhizobium trifolii. **(Ein calciumempfindlicher Rhizobium-trifolii-Stamm.)** Nature [London] **195** (1962) Nr. 4836. S. 99-100. – 1 Abb., 3 Lit.
Bei Wachstumsuntersuchungen mit definierten Medien konnte beobachtet werden, daß Ca *Rh. trifolii* und *Rh. meliloti* günstig beeinflußt. Nunmehr wurde jedoch eine Ca-empfindliche Variante des *Rh.-trifolii*-Stammes gefunden. Sie besitzt, verglichen mit dem Elternstamm, eine andere Kolonieform, ist jedoch diesem Stamm ähnlich. Während der Elternstamm auf Ca günstig reagiert, wird die Variante durch Ca im Wachstum gehemmt. Die Ca-Empfindlichkeit ist pH-abhängig (pH 6 > pH 6,5 > pH 7) und wird durch Zugabe von Glutamat und bei kombiniertem Wachstum mit dem Elterntyp unwirksam. K. E. Lindner. 352.

Socolofsky, M. D. und Wyss, Orville; Austin, Univ. of Texas, Dep. of Microbiol. Resistance of the Azotobacter cyst. **(Resistenz der Azotobacter-Cyste.)** J. Bacteriol. **84** (1962) Nr. 1. S. 119-124. – 8 Abb., 10 Lit.
Die *Azotobacter*-Cyste ist gegenüber schädlichen Agenzien resistenter als die vegetative *A.*-Zelle. Zur 90%igen Inaktivierung benötigen Cysten die doppelte bis 3fache Dosis an UV-Strahlen als vegetative Zellen. Diese UV-Resistenz ist von der Bildung der Exine und Intine abhängig. Cysten sind ebenfalls sehr widerstandsfähig gegenüber γ-Strahlen, Ultraschall und Austrocknung, nicht aber gegenüber Hitze. Die Cyste ist nicht mit der bakteriellen Endospore vergleichbar. K. E. Lindner. 352.

Becking, J. H.; Wageningen, Agric. Univ., Lab. of Microbiol. Nitrate reductase in cell-free extracts of Azotobacter. **(Nitratreduktase in zellfreien Azotobacter-Extrakten.)** Plant and Soil [The Hague] **16** (1962) Nr. 2. S. 202 bis 213. – 4 Abb., 32 Lit.
In den zellfreien Extrakten von *Azotobacter* wird Nitratreduktase-Aktivität festgestellt, ebenso eine starke DPNH-Oxydase-Aktivität und nach Zugabe von aqua dest. schwache TPNH-Oxydation. Diese kann aber mit Hilfe der Ultrazentrifuge entfernt werden. Wahrscheinlich ist die Nitratreduktase nur z. T. löslich, ihr Hauptteil ist an Partikelchen gebunden, die rot gefärbt sind und das Vorhandensein von Cytochromen anzeigen. Zellsuspensionen von *A. vinelandii*, *A. agile* und *A. chroococcum* besitzen ähnliche Cytochromspektren. Nach den ermittelten Wellenlängen handelt es sich um c- und a-Typen. Das Cytochromspektrum der *A.-vinelandii*-Zellen änderte sich bei Wachstum auf molekularem N und Nitrat-N nicht.
K. E. Lindner. 352.

Becking, J. H.; Wageningen, Agric. Univ., Lab. of Microbiol. Species differences in molybdenum and vanadium requirements and combined nitrogen utilization by Azotobacteriaceae. **(Artverschiedene Molybdän- und Vanadium-Ansprüche und Verwertung gebundenen Stickstoffs durch Azobacteriaceae.)** Plant and Soil [The Hague] **16** (1962) Nr. 2. S. 171–201. – 6 Abb., 9 Tab., 61 Lit.
Ein Stamm von 20 untersuchten *A.-vinelandii* –, 3 von 10 *A.-chroococcum* – und 19 von 20 *A.-agilis*-Stämmen waren nicht imstande, zur N-Bindung V an Stelle von Mo zu verwerten. Die *A.*-Arten zeigten unterschiedliche Mo-Ansprüche, dabei wird dieser Mikronährstoff nicht nur zur N-Bindung, sondern auch zur Nitratassimilation benötigt. Zwischen N-Bindung und Nitratassimilation waren keine Beziehungen festzustellen. *A.-agile-* und die meisten *Beijerinckia*-Stämme konnten Nitrat-N nicht verwerten. Bei niedrigem pH waren die Mo-Ansprüche von *Beijerinckia* höher als im neutralen Bereich. Versuche zur Klärung der phylogenetischen Zusammenhänge innerhalb der *Azotobacteriaceae* werden beschrieben. K. E. Lindner. 352.

Johnstone, D. B.; Burlington, V., Univ., Dep. of Agric. Biochem. Growth of Azotobacter in deuterium oxide. **(Wachstum von Azotobacter in Deuteriumoxyd.)** J. Bacteriol. **83** (1962) Nr. 4. S. 867–870. – 3 Abb., 10 Lit.
Azotobacter agilis und *A. vinelandii* konnten in einem D_2O-Medium (mit deuterierten C-Quellen) zum Wachstum und zur Bindung atmosphärischen N veranlaßt werden. Während der Adaption an dieses Substrat wurden bedeutende morphologische Veränderungen wahrgenommen. Die Untersuchungen zeigten, daß das Wachstum nach einer lag-Phase nicht durch angehäuften Wasserstoff gefördert wird. K. E. Lindner. 352.

Řeháček, Zdeněk; Praha, Mikrobiol. Ústav ČSAV, Odd. Antibiotik. Otázky taxonomie aktinomycet. **(Taxonomiefragen der Aktinomyzeten.)** Rostlinná Výroba **8(35)** (1962) Nr. 5. S. 741–746. – 15 Lit. Zus. in Russ., Dtsch.
Der übersichtliche Bericht behandelt die heute von den Aktinomyceten bekannten Eigenschaften, die taxonomische Bedeutung haben. Zahlreiche isolierte Kulturen, die über 600 verschiedene Antibiotica produzieren, lassen sich nämlich schwer bestimmen. Es wird empfohlen, eine internationale Actinomyceten-Sammlung zu gründen, mit deren Kulturen *A.*-Stämme identifiziert werden könnten. Z. Šesták. 352.

Fiedler, H. J. und Fiedler, E.; Tharandt, Fak. für Forstwirtsch., Inst. für Bodenkunde und Standortslehre. **Untersuchungen zur Wirkung der Erdalkali-Ionen auf mikroskopische Bodenpilze.** Arch. Forstwes. **11** (1962) Nr. 9. S. 983–1012. – 2 Abb., 9 Tab., 11 Lit. Zus. in Russ., Engl.
Untersuchungen über den Einfluß verschiedener Mg-, Ca- und H-Ionenkonz. auf Mycelproduktion, Sporenbildung und Stoffwechsel der aus Kiefern- und Fichtenrohhumus isolierten Pilze ergaben, daß mit Mg-, aber ohne Ca-Ionen im Nährmedium das Wachstum der meisten geprüften Pilze befriedigte. Mit Ca-, ohne Mg-Ionen wuchsen jedoch die Pilze nicht. Mg stimulierte auch die Sporenbildung. Zugabe von Ca zu einem Mg-Medium förderte das Wachstum einiger *Absidia-*, *Aspergillus-* und *Penicillium*-Stämme. Bei *Acrostalagmus* und *Alternaria* wirkte die Erhöhung des pH-Wertes bei gleichbleibendem Ca- und Mg-Gehalt positiv auf das Wachstum, bei anderen zeigte sich entweder keine Reaktion, oder das Wachstum verringerte sich. Verschiebung des pH beeinflußte auch Sporenbildung und Stoffwechsel.
K. E. Lindner. 352.

Taha, Ezz Eldin M. und Elrefai, Abd El Monem H.; Cairo, U. A. R., Nat. Res. Centre, Microbiol. and Enzyme Res. Unit.
Physiological and biochemical studies on nitrogen fixing blue-green algae. II. The role of calcium, strontium, cobalt and molybdenum in the nitrogen

fixation of Nostoc commune. **(Physiologische und biochemische Untersuchunnge an stickstoffbindenden blaugrünen Algen. 2. Mitt. Die Bedeutung von Calcium, Strontium, Kobalt und Molybdän bei der Stickstoffbindung von Nostoc commune.)** Arch. Mikrobiol. **43** (1962) Nr. 1. S. 67–75. – 7 Abb., 1 Tab., 13 Lit. 1. Mitt. vgl. LZ. Abt. II 8 (1963) Nr. 1. S. 555. Ca, Co (4×10^{-5} mg/l Nährlösung) und Mo (4×10^{-3} mg/l Nährlösung) sind zur Erzielung optimalen Wachstums und intensivster N-Bindung notwendig. Ca kann durch Sr nicht ersetzt werden. Sr hemmt sowohl das Wachstum als auch die N-Bindung. K. E. Lindner. 352.

Naglitsch, Friedrich; Müncheberg/Mark, Inst. für Acker- und Pflanzenbau. **Untersuchungen über die Collembolenfauna unter Luzernebeständen auf verschiedenen Böden.** Wiss. Z. Karl-Marx-Univ. Leipzig, math.-naturwiss. R. **11** (1962) Nr. 3. S. 581–626. – 26 Abb., 38 Tab., 132 Lit.
Bei Untersuchungen zur Erfassung der Collembolenfauna wurden 4 neue Collembolenarten, des weiteren 8 bisher in Deutschland nicht bekannte Arten gefunden. Infolge des größeren mit Luft gefüllten Bodenvolumens waren leichtere Böden dichter mit Collembolen besetzt als schwere Böden, die jedoch eine größere Artenzahl aufwiesen. Im Frühjahr und Herbst enthielten Böden unter Luzernebeständen weniger Collembolen als im Sommer. Auch das Artenspektrum eines Standortes war jahreszeitlich bedingten Schwankungen unterworfen. Die Zusammensetzung der Collembolenfauna wurde deutlicher von den phys. und chem. Milieufaktoren als vom Pflanzenbestand beeinflußt. Verbreitung, Ökologie und Morphologie der gefundenen Arten und Aberrationen werden beschrieben. K. E. Lindner. 352.

Lueken, H., Hutcheon, W. L. und Paul, E. A.; Saskatoon, Saskatchewan, Univ., Dep. of Soil Sci. The influence of nitrogen on the decomposition of crop residues in the soil. **(Der Einfluß von Stickstoff auf die Zersetzung von Pflanzenrückständen im Boden.)** Canad. J. Soil Sci. **42** (1962) Nr. 2. S. 276 bis 288. – 8 Abb., 1 Tab., 17 Lit.
Bei Bebrütung von Krumenproben eines schluffigen Tonbodens (6% org. C) und eines tonig-lehmigen solodierten Solonetzbodens (1,64% org. C) mit Zusätzen entspr. 4, 20 bzw. 40 t/acre Weizenstroh, Luzerneheu und Glucose wurde der Abbau der org. Subst., gemessen mittels CO_2-Atmung, unter dem Einfluß von N-Zusatz im ersten Stadium beschleunigt, später verlief er jedoch langsamer als in den Varianten ohne N. Bei Versuchsabschluß (nach 114 bzw. 150 Tagen) war im N-gedüngten Boden mehr C erhalten geblieben als im nichtgedüngten. Der Abbau von Cellulose verlief dagegen in beiden Böden während der gesamten Versuchsperiode (120 Tage) mit N-Zusatz intensiver als ohne N. Sphagnumtorf wurde nur sehr langsam abgebaut. Die in hohen Gaben verabreichten org. Düngerstoffe senkten den mittels Sulfacetolyse nach Springer ermittelten Zersetzungsgrad der organ. Subst. des Bodens. Die Krümelstruktur wurde bes. in dem C-ärmeren Boden durch die org. Zusätze wesentlich verbessert, wobei die verschiedenen Stoffe unterschiedlich wirkten. K. Koepke. 356.

Chandra, Purna; Swift Current, Saskatchewan, Canada Dep. of Agric., Res. Branch, Exp. Farm. Note on the effect of shifting temperatures on nitrification in a loam soil. **(Bemerkung über den Einfluß von wechselnden Temperaturen auf die Nitrifikation in einem Lehmboden.)** Canad. J. Soil Sci. 42 (1962) Nr. 2. S. 314–315. – 1 Abb., 6 Lit.
Nach 24täg. Bebrütung von Proben eines Lehmbodens (pH 7,4; 1,95% C) mit 25 ppm $(NH_4)_2SO_4$-N waren bei konstanter Versuchstemperatur von 27 °C 100% des zugesetzten N nitrifiziert, bei 16 °C 59% und bei 5 °C 29%. Bei 6 anderen Varianten wurde die Temperatur während der Bebrütung geändert. Dabei zeigte sich, daß bei anfänglich hohen und später absin-

kenden Temperaturen eine deutlich weitgehendere Nitrifikation erfolgt war als bei anfänglich niedrigeren und später ansteigenden Temperaturen.
K. Koepke. 356.

Rouquerol, Thérèse; Montpellier, Hérault, École Nat. Supérieure Agronomique, Centre de Rech. Agronomique du Midi, Chaire de Bot. et de Pathol. Végétale, Lab. de Rech. Sur le phénomène de fixation de l'azote dans les rizières de Camargue. **(Über das Wesen der Stickstoffbindung in den Reisfeldern von Camargue.)** Ann. agronom. **13** (1962) Nr. 4. S. 325–346. – 6 Abb., 13 Tab., 50 Lit. Zus. in Russ., Engl., Dtsch. 356.

Bond, G. und Hewitt, E. J.; Univ. of Glasgow, Dep. of Bot.; Univ. of Bristol, Res. Stat. Cobalt and the fixation of nitrogen by root nodules of Alnus and Casuarina. **(Cobalt und die Stickstoffbindung durch Wurzelknöllchen von Alnus und Casuarina.)** Nature [London] **195** (1962) Nr. 4836. S. 94–95. – 1 Tab., 11 Lit.
Sand- und Wasserkulturversuche mit *Alnus glutinosa* und *Casuarina cuninghamiana* zeigten am Ende einer kurzen Wachstumsperiode (begonnen Mai bzw. Juli) noch keine merklichen Unterschiede zwischen den Varianten mit und ohne Co. Im nächsten Frühjahr beendeten die Pflanzen in Sandkultur + Co ihre Winterruhe 2 Wochen früher. Bis Mitte Juni unterschieden sich dann die Pflanzen deutlich in Blattfarbe und Vitalität, bes. die in Wasserkultur gewachsenen. An den ohne Co gewachsenen Pflanzen traten Mitte Mai deutliche N-Mangelsymptome auf. Nach der Ernte im Juni war ein positiver Einfluß des Co auf Pflanzenhöhe, Trockengewicht, N-Gehalt und gebundenes N zu erkennen. Eine Co-Gabe beseitigte bei einer Mangelpflanze innerhalb von 2 Monaten die N-Mangel-Symptome. K. E. Lindner. 356.

Goswami, K. P. und Sen, Abhiswar; New Delhi, Indian Agric. Res. Inst. Solubilization of calcium phosphate by three strains of a phosphorbacterium. **(Lösung von Calciumphosphat durch drei Stämme eines Phosphorbacteriums.)** Indian J. agric. Sci. **32** (1962) Nr. 2. S. 96–101. – 3 Tab., 9 Lit.
In Gegenwart gleicher N-Mengen (als Pepton) löste der Stamm aus Fosfo 24 (Präparat aus der ČSSR) mehr Phosphat als der aus dem sowjet. Phosphobakterin. Bei Verwendung von Nitrat-N war das Verhältnis genau umgekehrt. Harnstoff als N-Quelle hatte gleiche Phosphatabbauleistung der beiden Stämme zur Folge. Pepton und Natriumnitrat waren für die Lösung von Phosphaten bessere N-Quellen als Harnstoff oder Ammoniumsulfat. Im alkalischen Milieu nahm die Menge an löslichen Phosphaten durch die Tätigkeit der Organismen deutlich zu. K. E. Lindner. 358.

F. Bodensystematik und Bodengenese

Papadakis, Juán; Buenos Aires, Ist. de Suelos y Agrotecni. Some considerations on soil classification: the 7th approximation. **(Einige Bemerkungen zur Bodenklassifikation. Die 7. Verbesserung.)** Soil Sci. **94** (1962) Nr. 2. S. 115–119. – 15 Lit.
Das vom U.S. Soil Survey Staff (1960) in der 7. verbesserten Auflage herausgegebene Bodenklassifikationsschema erwies sich nach den vom Vf. bei der Kartierung der argentinischen Böden gesammelten Erfahrungen zwar als eine sehr brauchbare Gliederung, trotzdem sind bei einem in seiner Grundkonzeption so umfassend gestalteten Werk Verbesserungen unumgänglich. Diese Notwendigkeit ergibt sich z. B. bei Waldböden, die weder Podsole noch Laterite darstellen und über einen Textur-B-Horizont verfügen. Außerdem vermißt Vf. in der 7. Approximation bei den Angaben über die Tonmineralogie, über die Zusammensetzung der org. Substanz und die Verteilung der Fe-oxyde im mikroskopischen Gefüge aller Bodenbildungen die Bezugnahme auf die von Kubiena (1952) in diesem Zusammenhang geleisteten Vorarbeiten. W. Prager. 360.

Verma, G. P. und Chauhan, D. V. S.; Gwalior, Madhya Pradesh, Coll. of Agric. Genesis of soil classification. **(Entwicklung der Bodenklassifikation.)** Allahabad Farmer **35** (1961) Nr. 3. S. 116–130. – 16 Lit. 360.

Guennelon, R.; Montfavet, Vaucluse, Centre de Rech. Agronomique du Sud-Est, Stat. d'Agronomie. Les argiles du bassin de Mormoiron (Vaucluse) et les phénomène pédologiques anciens. **(Die Tonböden des Mormoironbeckens [Vaucluse] und die früheren pedologischen Erscheinungen.)** Ann. agronom. **13** (1962) Nr. 4. S. 363–372. – 4 Abb., 2 Tab., 9 Lit. Zus. in Russ., Engl., Dtsch. 362.

McCracken, R. J., Shanks, R. E. und Clebsch, E. E. C. Soil morphology and genesis at higher elevations of the Great Smoky Mountains. **(Morphologie und Entwicklung von Böden auf den höher gelegenen Erhebungen der Great Smoky Mountains.)** Proc. Soil Sci. Soc. America **26** (1962)Nr. 4. S. 384–388. – 1 Abb., 6 Tab., 18 Lit.
An der Grenze von Nordcarolina und Tennessee erheben sich in Höhenlagen zwischen 1300 und 2000 m die Gipfel der Smokies, die aus feldspathaltigen Sandsteinen und Konglomeraten aufgebaut sind. Auf diesen Muttergesteinen entwickelten sich bei einem durchschnittlichen Jahresniederschlag von mehr als 2000 mm und einer durchschnittlichen Jahrestemperatur von 8,4 °C Böden, die die Vff. in 2 Gruppen unterteilen. Die erste Gruppe umfaßt Bodenbildungen stauwasserfreier Standorte unter Fichtenbeständen; der Profilaufbau dieser Böden weist keinen A_2-Horizont auf. Auf Grund der chem. Eigenschaften handelt es sich um Sols bruns acides. Zur 2. Gruppe gehören Böden, die sich an weniger durchlässigen Standorten unter Fichte, Heide, Blaubeeren oder Rhododendron entwickelten. Diese Böden verfügen über einen A_2-Horizont. Die chem. Analysenbefunde deuten in diesem Falle darauf hin, daß hier Podsole vorliegen. W. Prager. 362.

Johnson, W. M., Cady, J. G. und James, M. S. Characteristics of some brown Grumusols of Arizona. **(Merkmale einiger brauner Grumusole aus Arizona.)** Proc. Soil Sci. Soc. America **26** (1962) Nr. 4. S. 389–393. – 3 Abb., 3 Tab., 6 Lit.
In den Ebenen und Hügellandschaften des nordwestlichen, mittleren und östlichen Arizona kommen auf verwitterten ultrabasischen Ergußgesteinen unter Grasvegetation und im Bereich einer Jahresniederschlagsmenge, die von < 250 bis > 500 mm reicht, ausgedehnte Flächen mit durchlässigen braunen Grumusolen vor, deren Tongehalt mit zunehmender Niederschlagshöhe ansteigt. Neben der im gesamten Profil dominierenden Braunfärbung zeichnen sich die von den Vff. beschriebenen Grumusole u. a. durch einen mäßigen Gehalt an org. Subst., einen sehr hohen Basensättigungsgrad sowie einen hohen Anteil des Montmorillonits in der Tonsubstanz aus. Außerdem weist das gesamte Solum dieser Böden einen hohen Gehalt an verwitterbaren Mineralen auf, die, stets intensiv und gleichmäßig mit der Bodensubstanz vermischt, in allen Horizonten auftreten. W. Prager. 364.

G. Bodenuntersuchung

George jun., John E. und Jensen, M. C. A powered soil sampling machine. **(Eine motorgetriebene Maschine zur Bodenprobeentnahme.)** Washington agric. Exp. Stat., Stat. Circ. S. 1–15. **1961** Nr. 395. – 11 Abb.
Mit der selbstfahrenden Maschine können bei 2 AK Bedienung die Veihmeyerschen Probenzylinder 2mal so schnell und viel müheloser als von Hand bis zu 9 ft. (274,5 cm) in den Boden vorgetrieben werden, und zwar mittels eines 55 lb. (24,95 kg) schweren Fallhammers, der von einem 3-PS-Verbrennungsmotor über eine Art Ankerwinde angehoben und dann wieder fallen gelassen wird. Das 2rädrige Grundgestell wird über Keilriemen bzw.

-ketten angetrieben und von 1 AK – ähnlich wie ein Einscharpflug – an Haltegriffen gesteuert. Über diesem Grundgestell ist ein dreibockähnliches Gestänge errichtet, das im wesentlichen die „Ankerwinde" und die Führungsschiene für den Hammer hält. W. Fleischmann. 370.

McLaren, A. D., Luse, R. A. und Skujins, J. J.; Berkeley, Univ. of California, Coll. of Agric. Sterilization of soil by irradiation and some further observations on soil enzyme activity. **(Sterilisation des Bodens durch Bestrahlung und einige ergänzende Beobachtungen über die enzymatische Aktivität des Bodens.)** Proc. Soil Sci. Soc. America **26** (1962) Nr. 4. S. 371–377. – 9 Abb., 3 Tab., 27 Lit.

Die prozentualen Überlebenskurven (Plattenzählungen) von Bodenmikroorganismen wurden in Abhängigkeit von der verabreichten Dosis (rep) der angewendeten Elektronen- (5 und 9 MeV), harten Röntgen- und γ-Strahlung aufgenommen. Für einen gegebenen Boden überlagerten sich die Effektivitäten der verschiedenartigen Strahlenquellen im gleichen Verlauf. Bei Dosen von 2 Mrep gingen die Bakterienzahlen auf 0 zurück, jedoch wird zwecks sicherer Totalsterilisation die Anwendung von 4 Mrep empfohlen. Die enzymatische Aktivität des Bodens blieb erhalten (geprüft für Phosphatase und Urease), und toxische Produkte fielen nicht an (keine signifikanten Unterschiede im Wachstum der als Testpflanze verwendeten Tomate). Die Strahlensterilisation eröffnet also der Pflanzenphysiologie die Möglichkeit, die Aufnahme anorg. Nährstoffe durch sterile Pflanzen aus einem Medium zu untersuchen, das alle anderen Eigenschaften eines natürlichen Bodens unverändert beibehält. H. E. Freytag. 370.

Datta, N. P., Khera, M. S. und Saini, T. R.; New Delhi, Indian Agric. Res. Inst., Div. of Soil Sci. and Agric. Chem. A rapid colorimetric procedure for the determination of organic carbon in soils. **(Ein colorimetrisches Schnellverfahren für die Bestimmung von organischem Kohlenstoff in Böden.)** J. Indian Soc. Soil Sci. **10** (1962) Nr. 1. S. 67–74. – 2 Abb., 5 Tab., 11 Lit.

Je nach dem C-Gehalt wägt man 0,25–1,0 g Boden in einen 100-ml-Erlenmeyerkolben ein, setzt 10 ml n $K_2Cr_2O_7$-Lösung und danach 20 ml konz. H_2SO_4 mit 1,25% Ag_2SO_4 (zur Behebung von Störungen durch Cl^-) zu, schüttelt um und läßt etwa ½ Std. abkühlen. Zur Klärung der Lösung wird 5 Min. zentrifugiert oder über Nacht stehen gelassen. Die Intensität der grünen Farbe der Chrom(III)-Ionen wird bei 660 nm gemessen. Zur Herstellung einer Standardreihe wägt man 0,001–0,025 g wasserfreie Saccharose ab und behandelt diese in gleicher Weise wie den Boden. Die Gegenwart von Carbonaten stört nicht bei der Analyse. Beleganalysen erbrachten eine gute Übereinstimmung mit den Ergebnissen des Verfahrens der trocknen Verbrennung. V. Koepke. 372.

Markert, S.; Leipzig, Inst. für Landwirtsch. Versuchs- und Untersuchungswes. der Dtsch. Akad. der Wiss. zu Berlin. **Ein Vorschlag zur Methodik der Bestimmung des organischen Kohlenstoffes im Boden.** Albrecht-Thaer-Arch. **6** (1962) Nr. 8. S. 523-526. – 1 Tab., 6 Lit. Zus. in Russ., Engl.

Die von Simakow (vgl. Počvovedenie, Moskva 8 [1957] S. 72). und Arinuschkina (vgl. Führer durch die chem. Analyse der Böden: Izdatelstvo Moskovskogo Universiteta [1961] S. 133.) angegebene Methode wird zur Bestimmung des Humusgehalts von 1-5-g-Proben empfohlen. Sie beruht auf Aufschluß des Bodens mit H_2SO_4-$K_2Cr_2O_7$ und Rücktitration des nicht verbrauchten CrO_3 mit Mohrschem Salz unter Verwendung von Phenylanthranilsäure als Indikator. Im Vergleich zur Titration mit Diphenylaminsulfonsäure als Indikator ergeben sich dabei Einsparungen an Chemikalien und Arbeitszeit. P. Stoß. 372.

Tamhane, R. V. und Subbiah, B. V.; New Delhi, Indian Agric. Res. Inst. Correlation of soil tests with pot and field trials in the evaluation of soil fertility. **(Korrelation von Bodenuntersuchungen mit Gefäß- und Feldversuchen in der Bewertung der Bodenfruchtbarkeit.)** Soil Sci. Plant Nutrit. [Tokyo] 8 (1962) Nr. 3. S. 5-14. – 5 Abb., 3 Tab., 25 Lit. Orig.: engl.
Die Ergebnisse der bisher in Indien durchgeführten chem. Bodenuntersuchungen zur Bestimmung des Gehaltes an pflanzenaufnehmbaren Nährstoffen zeigten beim Vergleich mit den Resultaten von Gefäß- und Feldversuchen, daß sich für die P-Bestimmung in Böden mit pH-Werten über 6,5 die Methode von Olsen (0,5 mol. $NaHCO_3$, pH 8,5) als geeignetste erwies, während die Methoden nach Truog (0,002 n H_2SO_4, mit $(NH_4)_2SO_4$ auf pH 3 abgepuffert) und nach Bray (n HCl + 0,03 n NH_4F) bei sauren Böden zutreffendere Werte lieferten. Zur K-Bestimmung konnte keine der 4 geprüften Methoden für alle Bodenarten empfohlen werden. Bei der N-Bestimmung brachte die Destillation aus alkalischer Permanganatlösung zufriedenstellende Ergebnisse. Nur die P-Gehaltswerte waren in Krume und Unterboden voneinander abhängig. K und N müssen im Unterboden gesondert ermittelt werden.
V. Koepke. 372.

Ramaswamy, M. S.; Talawakele, Ceylon, Tea Res. Inst. The approximate assessment of the available fraction of organic nitrogen in soils by a new method of alternating wet and dry conditions. **(Die annähernde Abschätzung der verfügbaren Fraktion des organischen Stickstoffs in Böden nach einer neuen Methode des Abwechselns von feuchten und trockenen Bedingungen.)** Indian J. agric. Sci. **32** (1962) Nr. 2. S. 91-95. – 6 Tab., 3 Lit.
Zur Bestimmung des verfügbaren N im Boden wird anstelle der Bebrütung bei konstanter Temperatur ein Verfahren mit abwechselnder Befeuchtung und Austrocknung empfohlen. Dazu wurden Bodenproben bei Raumtemperatur (20-25 °C) in flachen Tonschalen ausgebreitet und nach Austrocknung (2-10 Tage) jeweils bis zur Sättigung befeuchtet. Die Mineralisation von Boden-N war bei diesem Verfahren intensiver als bei der konventionellen Bebrütung, wobei allerdings das gebildete NH_3 nur sehr langsam zu NO_2 und NO_3 umgewandelt wurde. V. Koepke. 372.

Bingham, Frank T.; Univ. of California, Citrus Res. Centre. Chemical soil tests for available phosphorus. **(Chemische Bodentests auf verfügbaren Phosphor.)** Soil Sci. **94** (1962) Nr. 2. S. 87-95. – 2 Tab., 20 Lit.
Ein Überblick über die gegenwärtig in den USA angewendeten Methoden zur Bestimmung des verfügbaren P im Boden wird gegeben. Als Extraktionsmittel werden hauptsächlich Acetatlösungen (vorwiegend von pH 4,8), 0,05 n HCl/0,025 n H_2SO_4, 0,03 n NH_4F/0,025 n HCl, 0,03 n NH_4F/0,1 n HCl und $NaHCO_3$-Lösungen verwendet. P-Gehalte im Boden $<$ 10 ppm werden i. allg. als ungenügend angesehen. Obgleich der P-Bedarf von Kulturen im Feldversuch ermittelt werden muß, kann durch chem. Untersuchung der Böden eine vorläufige Abschätzung erfolgen. In vielen Fällen ist jedoch die Pflanzenanalyse besser geeignet. Bes. Bedeutung besitzt die Bodenanalyse bei Neulandböden und bei der Abschätzung des Residualeffekts von P-Düngemitteln. P. Stoß. 372.

Breland, H. L. und Sierra, F. A.; Gainesville, Univ. of Florida, Agric. Exp. Stat. A comparison of the amounts of phosphorus removed from different soils by various extractants. **(Ein Vergleich der mit verschiedenartigen Extraktionsmitteln aus unterschiedlichen Böden extrahierten Phosphormengen.)** Proc. Soil Sci. Soc. America **26** (1962) Nr. 4. S. 348-350. – 5 Tab., 21 Lit.
Bei einer Überprüfung der rel. Effektivitäten von 8 verschiedenartigen Extraktionsmitteln (0,025 n HCl + 0,03 n NH_4F, 0,05 n HCl + 0,025 n H_2SO_4, 0,5 mol $NaHCO_3$, Na-acetat, NH_4-acetat, H_2O, 0,002 n H_2SO_4, $H_2O + CO_2$)

zur Extraktion von P aus den 7 hauptsächlichsten Bodentypen Floridas zeigte sich bei den HCl + NH_4F- und HCl + H_2SO_4-Lösungen die größere P-Ausbeute. Böden mit höherem P-Gehalt erforderten eine längere Extraktionszeit, die jedoch i. allg. bei 10-15 Min. lag. Eine Vergrößerung der Hubweite der Schüttelmaschine von 1 ½ auf 3 in. hatte keinen signifikant nachweisbaren Effekt auf die Menge extrahierten Phosphats.
H. E. Freytag. 372.

Harris, C. I. und Warren, G. F.; Lafayette, Ind., Purdue Univ., Agric. Exp. Stat. Determination of phosphorus fixation capacity in organic soil. **(Bestimmung der Phosphor-Fixationskapazität im organischen Boden.)** Proc. Soil Sci. Soc. America **26** (1962) Nr. 4. S. 381-383. – 3 Abb., 1 Tab., 14 Lit.
15 org. Böden wurden mit jeweils 7-P-Konz. behandelt [$Ca(H_2PO_4)_2$-Lösungen] und mit Tomate bebaut (Gefäßversuche). Nach der Ernte wurde der H_2O-lösliche P-Anteil (30 min. Schütteln) der Böden ermittelt. – Zwischen dem Tomatenertrag und dem H_2O-löslichen, aus dem Boden extrahierten P der 7 Konzentrationsvarianten besteht eine enge Korrelation. Hieraus ergibt sich die Möglichkeit, aus dem Rückgang der P-Konz. verabreichter Testlösungen die P-Fixationskapazität der Böden zu bestimmen bzw. die Menge des für die Pflanzen nichtverfügbaren P zu errechnen (je geringer die Steigung der Regressionsgeraden, um so größer ist die Fixationskapazität). Für Böden, die vorher bereits eine P-Düngung verabreicht bekamen, kann die H_2O-extrahierbare P-Menge als gleichwertiger Indikator zur Bestimmung der P-Festlegung verwendet werden. H. E. Freytag. 372.

Radet, S. Contribution à l'étude du comportement des engrais phosphates dans les sols de craie. **(Beitrag zur Untersuchung des Verhaltens von Phosphordüngemitteln in Kreideböden.)** Bull. Assoc. franç. Étude Sol **1962** Nr. 5. S. 287-305.
25 g Feinerde wurden 8 Std. geschüttelt. Als Extraktionsmittel dienten 250 ml einer Lösung von 35 g Natriumcitrat/l Wasser. (Dieses Reagens hat einen pH-Wert von 8,2, der etwa dem der Kreideböden entspricht. Es löst Di- und Tricalciumphosphat, greift jedoch die Al-Phosphate und die Apatite nicht an.) Die Werte der mit Natriumcitrat ermittelten P_2O_5-Löslichkeit korrelierten signifikant mit den Feldversuchsergebnissen zu Getreide. Hieraus abgeleitete Düngungsempfehlungen für Kreideböden berücksichtigen das unterschiedliche Verhalten der Phosphatdünger. P. Schäfer. 372.

Adams, Fred und Evans, C. E.; Auburn, Ala., Auburn Univ., Agric. Exp. Stat., Dep. of Agronomy and Soils. A rapid method for measuring lime requirement of red-yellow podzolic soils. **(Eine Schnellmethode zur Ermittlung der Kalkbedürftigkeit von Red-Yellow-Podzolic-Böden.)** Proc. Soil Sci. Soc. America **26** (1962) Nr. 4. S. 355-357. – 3 Abb., 2 Tab., 10 Lit.
Von 348 Bodenproben aus den Profilen der Red-Yellow-Böden in Alabama wurden die Austausch-Aciditäten (Ammoniumacetat-Methode) bestimmt und die Ergebnisse mit denen verglichen, die sich mit einer bes. gewählten Pufferlösung ermitteln ließen (20 g p-Nitrophenol + 15 g H_3BO_3 + 74 g KCl + 10,5 g KOH + $H_2O \rightarrow$ 2 l; Hauptpufferwirkung vom p-Nitrophenol ausgehend, bei höheren pH-Werten Anstieg der Pufferkapazität der Lösung durch Wirkung des Borats). Da sich zwischen beiden Methoden mit r = 0,94 (empirische Beziehung $Y = X - 0{,}33$) eine fast vollkommene Übereinstimmung ergab, war auch über die pH-Verschiebung der Pufferlösung eine Bestimmung der Austauschkapazität möglich. Für die dann aus allen Proben mit Hilfe der Methode der kleinsten Quadrate errechnete Beziehung zwischen den bei pH 4,1 und 6,5 liegenden betreffenden Boden-pH-Werten (Y) und den prozentualen „Basenmangel"-Werten (X = Austauschacidität/Basengehalt + Austauschacidität) ergab sich die empirische Gleichung $Y = 7{,}79 - 5{,}55\,X + 2{,}27\,X^2$, über die die zur Einstellung des jeweils erwünschten

Boden-pH-Wertes erforderliche $CaCO_3$-Menge durch eine Messung des Boden-pH in H_2O und andererseits einer Messung des pH-Wertes der Probe in der Pufferlösung errechnet werden konnte. Ein abschließend durchgeführter Vergleich zwischen den zur Aufkalkung der Böden auf pH 6,5 erforderlichen $CaCO_3$-Mengen, die einmal über die Titrationskurven, andererseits mit Hilfe der Pufferlösungs-Boden-pH-Methode ermittelt worden waren, zeigte eine befriedigende Übereinstimmung. H. E. Freytag. 372.

Dutt, Gordon R.; Davis, Univ. of California, Dep. of Irrigation. Prediction of the concentration of solutes in soil solutions for soil systems containing gypsum and exchangeable Ca and Mg. **(Vorhersage der Lösungskonzentrationen in Bodenlösungen für Gips und austauschbares Ca und Mg enthaltende Bodensysteme.)** Proc. Soil Sci. Soc. America **26** (1962)Nr. 4. S. 341-343. – 1 Tab., 10 Lit.

Um die bei Zugabe von H_2O oder Ca^{2+}- und/oder Mg^{2+}-Salzlösungen zum Boden sich einstellenden Gleichgewichtskonz. zwischen Lösungsionen und am Austauschkomplex adsorbierten Ionen errechnen zu können, wird – ausgehend von der Austauschgleichung zwischen Ca^{2+} und Mg^{2+} und unter Heranziehung der Debye-Hückel-Theorie – eine quantitative Beziehung gesucht. Nach Herstellung von Gemischen aus $CaSO_4$, Boden (mit verschiedenen Ca^{2+}/Mg^{2+}-Verhältnissen) und H_2O oder 0,05 mol. $MgCl_2$-Lösungen wurden die sich tatsächlich einstellenden Gleichgewichtskonz. zwischen adsorbierten und Lösungsionen bestimmt und mit den theoretisch aus der abgeleiteten Gleichung ermittelten Werten verglichen, wobei sich eine gute Übereinstimmung ergab. H. E. Freytag. 372.

Yaalon, Dan H., Schuylenborgh, J. van und Slager, S.; Jerusalem, Israel, Hebrew Univ.; Wageningen, Netherlands, Agric. Univ. The determination of cation-exchange characteristics of saline and calcareous soils. **(Die Bestimmung der Kationenaustauschcharakteristiken von Salz- und Kalkböden.)** Netherl. J. agric. Sci. **10** (1962) Nr. 3. S. 217-222. – 2 Tab., 17 Lit.

Zur Bestimmung der Kationenaustauschcharakteristiken (Kationenaustauschkapazität, austauschbare Kationen) werden 5-10 g Boden, die ~ 2 mval austauschbare Kationen enthalten, ½ Std. mit 30 ml Li-Lösung (0,8 n LiCl-Lösung wird mit dem gleichen Vol. 0,2 n Li-acetat abgepuffert und mit verd. LiOH auf pH 8,2 für Kalkböden oder pH 7 für Salzböden eingestellt) geschüttelt und 20 Min. bei ~ 2000 U/min zentrifugiert. Die überstehende Lösung wird abgegossen und das Verfahren insgesamt 4mal wiederholt. Nach Auffüllen der vereinigten Li-Lösungen mit der Extraktionslösung bis zur Marke wird ein geeignetes Aliquot, entspr. den vorhandenen Na- und K-Mengen, auf das 5-20fache verdünnt. Na und K werden flammenphotometrisch, Ca und Mg am unverdünnten Extrakt komplexometrisch mit EDTA bestimmt. Mögliche Störungen von Phosphat können durch Ammonmolybdat oder Zirkonylchlorid unterdrückt werden. Zur Li-gesättigten Bodenprobe werden nun 30 ml 0,2 n Ca-acetat vom pH 8,2 oder pH 7 zugegeben. Nach Schütteln und Zentrifugieren, wie oben beschrieben, werden die erhaltenen Lösungen auf 150 ml verdünnt. Ein 10-ml-Aliquot wird auf 100 ml verdünnt. Li (p) wird flammenphotometrisch und Chlorid an einer gesonderten Probe komplexometrisch mit Hg $(NO_3)_2$-Diphenylcarbazon bestimmt. Durch Multiplikation mit dem Li/Cl-Verhältnis der Extraktionslösung wird die den Cl^-- und Acetationen aequivalente Li-Menge (q) erhalten. Die Differenz p-q stellt die adsorbierte Li-Menge dar und ergibt die Kationenaustauschkapazität. P. Stoß. 372.

Carson, J. A., Mathieu, A. L. und Scheelar, M. D.; Edmonton, Alberta, Univ., Canada Dep. of Agric., Res. Branch; Res. Council of Alberta, Soil Survey Sect. Note on the use of flooding solutions in the determination of

metallic exchangeable cations, utilizing a Beckman DU flame spectrophotometer. **(Bemerkung über die Verwendung von Zumischlösungen bei der Bestimmung von austauschbaren Metallkationen unter Verwendung eines Beckman-DU-Flammenspektrophotometers.)** Canad. J. Soil Sci. **42** (1962) Nr. 2. S. 317-318. — 1 Tab., 3 Lit.
Bei der Prüfung des Einflusses verschiedener Zumischlösungen („flooding solutions") oder Strahlungspuffer auf die Beseitigung der Störungen bei der Bestimmung der austauschbaren Kationen in Bodenextrakten mit n NH_4-acetat wurde in synthetischen Lösungen ein signifikanter Einfluß der Zumischlösungen mit Na und Mg, nicht aber der mit Ca und K festgestellt. — Alle 4 geprüften Kationen können bei Verwendung von Zumischlösungen zufriedenstellend bestimmt werden. In Gegenwart rel. geringer Konz. an störenden Kationen kann die Bestimmung der austauschbaren Kationen mit dem Beckman-DU-Flammenspektrophotometer sowohl nach dem Verdoppelungsverfahren als auch direkt erfolgen. K. Koepke. 372.

Schnitzer, M., Wright, J. R. und Hoffman, I.; Ottawa, Ontario, Canada Dep. of Agric., Res. Branch. High temperature thermogravimetry of chlorides and sulphates. A study of the application to soils. **(Hochtemperatur-Thermogravimetrie von Chloriden und Sulfaten. Eine Untersuchung der Anwendbarkeit auf Böden.)** Analyt. chim. Acta [Amsterdam] **26** (1962) Nr. 4. S. 371-377. — 7 Abb., 3 Tab., 9 Lit. Zus. in Franz., Dtsch.
Die Untersuchung des thermogravimetrischen Verhaltens reiner Chloride ergab, daß NaCl bei 975-1220 °C und KCl bei 900-1175 °C quantitativ verdampfen. Dagegen werden $CaCl_2$ unter Cl-Verlust in 2 Stufen bei 1300 °C und $MgCl_2$ unter H_2O- und Cl-Verlust bei 500-600 °C in die Oxyde umgewandelt. Na_2SO_4 und K_2SO_4 bleiben selbst bei 1335 °C ohne Gewichtsverlust. Zugabe von Quarz, Hämatit und Tonerde führt bei 1150-1335 °C zur vollständigen Zersetzung zu Oxyd und SO_3 bzw. SO_2 und O_2. Das gleiche ist bei $MgSO_4$ bereits ohne Zugabe obiger „Katalysatoren" der Fall. Thermogravimetrische Bestimmung von NaCl im Boden macht zunächst Erhitzen auf 750 °C notwendig, bis CO_2, org. Substanz und „Gitterwasser" entfernt sind. Die NaCl-Verdampfung erfolgt im Temperaturbereich zwischen 800/850 und 1250/1325 °C. Da bei Anwesenheit von Sulfaten auch SO_3 freigesetzt werden kann, ist bei der thermogravimetrischen Bestimmung von Chloriden in Gegenwart von Sulfaten mit Störungen zu rechnen. Bei thermogravimetrischen Sulfatbestimmungen im Boden entsprechen die oberhalb 1200 °C gefundenen Gewichtsverluste den chem. bestimmten SO_4-Werten und sind daher besser als die Chloridbestimmungen zur praktischen Verwendung geeignet. $MgCl_2$ läßt sich thermogravimetrisch nicht bestimmen, da die Zersetzungstemperatur mit der von org. Subst., Carbonaten und „Gitterwasser" übereinstimmt. Die Thermogravimetrie von Chloriden und Sulfaten ist bes. bei Böden mit gleichem pedol. und mineral. Verhalten anwendbar.
P. Stoß. 372.

Baroccio, Aldo und Saponaro, Anna. Gli stati del rame in diversi terreni e gli effetti sulle plante coltivate. I. Determinazione seriale del rame attivo nel suolo. **(Kupfergehalt verschiedener Böden und Wirkung des Kupfers auf Kulturpflanzen. 1. Mitt. Serienbestimmung des aktiven Kupfers im Boden.)** Ann. Sperimentaz. agrar. [N. S.] **14** (1960) Nr. 3. S. 385–400. — 4 Tab., 20 Lit. Zus. in Engl.
Einem kurzen Überblick über die neueren Arbeiten, die sich mit dem Cu-Gehalt von Böden und der Auswirkung von Cu-Mangel bzw. -Überschuß beschäftigen, folgt der Vergleich dreier Methoden, die zur Ermittlung der Cu-Versorgung von 35 verschiedenen ital. Böden verwendet wurden a) *Aspergillusniger*-Methode nach Dole, b) Extraktion mit 10%iger Essigsäure nach Vermaat und von der Bie, c) Extraktion mit NH_4-EDTA nach Viro. Die

Bestimmung mit a erfolgte an Hand der Konidienfärbung (Parallelversuch mit gestaffelten $CuSO_4$-Beigaben diente als Farbvergleichsobjekt), mit b und c colorimetrisch unter Zugabe von Rubeanwasserstoffsäure, die, in abs. Alkohol gelöst, in Gegenwart von Cu-Ionen und 10%iger Essigsäure eine olivgrüne Färbung entwickelt. Mit c wurden günstige Ergebnisse bez. Schnelligkeit und Reproduzierbarkeit erzielt. I. Förster. 372.

Edge, R. A. und Ahrens, L. H.; Cape Town, South Africa, Univ., Dep. of Geochem. The determination of Sc, Y, Nd, Ce and La in silicate rocks by a combined cation exchange-spectrochemical method. **(Die Bestimmung von Sc, Y, Nd, Ce und La in Silicatgesteinen durch eine kombinierte Kationenaustausch-spektrochemische Methode.)** Analyt. chim. Acta [Amsterdam] **26** (1962) Nr. 4. S. 355–362. — 2 Abb., 5 Tab., 19 Lit. Zus. in Franz., Dtsch.
1 g gepulvertes Gestein wird mit 15 ml HF und 1 ml $HClO_4$ langsam abgeraucht. Es werden 10 ml HF, 1 ml $HClO_4$ und 10 ml 2 n HCl zugegeben. Nach 2 min Erwärmen wird in eine 50 ml Polyäthylenflasche abdekantiert. Der Rückstand wird mit 10 ml HF und 1 ml $HClO_4$ zur Trockne eingedampft und in 6 ml 2 n HCl aufgenommen. Ein etwaiger Rückstand wird mit 1 ml $HClO_4$ abgeraucht und löst sich dann vollständig in 2–3 ml 2 n HCl. Die 2n HCl-Lösung wird auf eine Dowex-50-8X-Säule (38 cm Länge, 1,7 mm Dmr.) aufgegeben (0,25 ml/min). Nach Waschen mit 3 n HCl wird zunächst mit 330 ml 3 n HCl (15 ml/h), dann mit 700 ml 6 n HCl (20 ml/h) eluiert, deren erste 60 ml verworfen werden. Die Hauptfraktion des 6 n HCl-Eluats wird auf 40–50 ml eingeengt und mit 5 mg 5%iger ZrO_2-Graphit-Mischung zur Trockne eingedampft. Im erhaltenen Rückstand werden Sc (4246,83), Y (4398,02), Ce (4296,68), Nd (4303,57 bzw. 4451,55) und La (4333,73) spektrographisch bestimmt. P. Stoß. 372.

Unger, H., Bergmann, W. und Kunze, A.; Jena, Inst. für Landwirtsch. Versuchs- und Untersuchungswes. **Vereinfachung der serienmäßigen Boden-pH-Messung mit Hilfe einer Durchlaufglaselektrode, eines Reagenzglasschüttelständers und einer Abfüllapparatur.** Landwirtsch. Forsch. **15** (1962) Nr. 2. S. 117–124. — 5 Abb., 1 Tab., 5 Lit. Zus. in Engl., Franz.
Für Routinebestimmungen des Boden-pH-Wertes wurde ein Reagenzglasschüttelständer entwickelt, der gleichzeitiges Schütteln von 30 Bodenproben ermöglicht. Durch Einbau von 20 Ständern in eine umgebaute Rundschüttelmaschine können gleichzeitig 600 Einzelproben geschüttelt und für die pH-Messung vorbereitet werden. Die Bodenproben (ca. 8 g) werden volumetrisch abgemessen und in einer Füllapparatur (geeignet zum gleichzeitigen Abfüllen von 30–20 ml) mit 20 ml n/10 KCl versetzt. Die pH-Messungen werden mit einer Rohrdurchfluß-Glaselektrode durchgeführt, die gleichzeitig Meßgefäß ist sowie konstantes Potential und genügende mechanische Festigkeit trotz Verwendung von niederohmigem Glas besitzt. Mit Hilfe der beschriebenen Methode können 2 Laborkräfte bei Einhaltung der geforderten Genauigkeit täglich 600–1000 Boden-pH-Messungen durchführen. P. Stoß. 372.

Harward, M. E. und Theisen, A. A.; Corvallis, Oreg., Agric. Exp. Stat. Problems in clay mineral identification by X-ray diffraction. **(Probleme bei der Tonmineral-Identifizierung durch Röntgenstreuung.)** Proc. Soil Sci. Soc. America **26** (1962) Nr. 4. S. 335–341. — 8 Abb., 12 Lit.
Von Vff. bei Röntgenuntersuchungen der Tone von Oregon-Böden festgestellte Abweichungen gaben Anlaß, in einer Reihe von Einzeluntersuchungen diesen Störursachen nachzugehen: In einer gegebenen Probe wurde die Identifizierung durch den Probenträger der angewendeten Methode zur Fe-Beseitigung, vom Dispersionsreagens und von der Kationensättigung des Tones beeinflußt. Da die Effekte überdies bei Verwendung verschiedenartiger

Böden und außerdem mit der Korngrößenfraktion variierten, dürften gegenwärtig von dieser Identifizierungsmethode nur Näherungswerte empirischen Charakters zu erwarten sein. H. E. Freytag. 374.

Wit, K. E.; Wageningen, Netherlands, Inst. for Land and Watermanagement Res. An apparatus for coring undisturbed samples in deep boreholes. **(Ein Gerät zum Ausstanzen ungestörter Proben aus tiefen Bohrlöchern.)** Soil Sci. **94** (1962) Nr. 2. S. 65–70. — 4 Abb., 4 Lit.
Güte und Genauigkeit bodenphys. Untersuchungen sind größtenteils abhängig von der bei der Probenentnahme geübten Sorgfalt des Bodenkundlers. Dies trifft vor allem für die Entnahme von Bodenproben aus Horizonten, die unter dem Grundwasserspiegel liegen, zu. Nach einem kritischen Rückblick auf den derzeitigen Entwicklungsstand der Probenentnahmetechnik beschreibt Vf. eine Neukonstruktion, die sich bei der Entnahme von wassergesättigten Grobsanden und Tonen bewährt hat. Neben den konstruktiven Einzelheiten werden auch Hinweise für die Technik der Probenentnahme sowie für die weitere Behandlung der auf diese Weise in natürlicher Lagerung erbohrten Bodenausschnitte gegeben, die eine exaktere Grundlage bei der Lösung geol. und hydrol. Probleme bietet. W. Prager. 374.

Yamanaka, Kinjiro und Matsuo, Kenichi. Studies on soil hardness. Part 1. On the soil hardness tester. **(Untersuchungen über Bodenverdichtung. 1. Mitt. Über ein Gerät zur Bestimmung von Bodenverdichtungen.)** J. Sci. Soil Manure, Japan [Nippon Dojohiryogaku Zasshi] **33** (1962) Nr. 7. S. 343 bis 347. — Orig.: jap. 374.

Emel'janov, V. A. (Jemeljanow, W. A.); Kostjakow-Unions-Forsch.-Inst. für Hydrotechn. und Meliorat. Usoveršentsvovanie gammaskopičeskogo metoda izmerenija plotnosti gruntov. **(Vervollkommnung der Gammaskopie für die Messung der Bodendichte.)** Trudy Vsesojuznogo naučno-issledovatel'skogo instituta gidrotechniki i melioracii, Moskva **38** (1962) S. 28–38. — 7 Abb., 4 Tab., 4 Lit.
Zur Bestimmung der Dichte des Bodenuntergrundes mit Hilfe von γ-Strahlen verwendet Vf. als Meßinstrument ein Szintillationsradiometer, mit dem nur die γ-Quanten mit der größten Energie, die den Boden auf direktem Wege durchdringen, gemessen werden. Ein gewisser Teil des ausgesendeten bekannten γ-Quantums verliert an Energie, da es abgelenkt und so der Registrierung durch das Meßinstrument entzogen wird. Da die Ablenkung der ausgesendeten γ-Strahlen in einer mathematischen Beziehung zur Dichte des Bodens steht, kann unter Berücksichtigung des Wassergehaltes aus der Differenz zwischen der gemessenen, energiereichen, nichtabgelenkten Strahlung und dem abgegebenen Strahlungsquantum auf die Dichte des Bodens geschlossen werden. Die Messungen werden horizontal vorgenommen, wobei 2 vertikale Bohrungen im Boden angebracht werden, von denen die eine die Strahlenquelle und die andere das Meßinstrument aufnimmt. Die Messungen sind wenig zeitaufwendig, die Werte genügend genau und stimmen mit den Werten der Stechzylinderproben gut überein. H. Winkler. 374.

Nesterov, V. E. (Nesterow, W. Je.); Moskau, Unions-Forsch.-Inst. für Düng. und Bodenkunde. Perspektivy primenenija beta-izlučenij v počvenno-meliorativnych issledovanijach. **(Perspektiven für den Einsatz von Betastrahlen in meliorativen Bodenuntersuchungen.)** Trudy Vsesojuznogo naučno-issledovatel'skogo instituta gidrotechniki i melioracii, Moskva **38** (1962) S. 144 bis 151. — 1 Tab., 24 Lit.
Vf. geht von der vielseitigen industriellen Verwendung von β-Strahlen zur Beurteilung verschiedener chem. und phys. Eigenschaften von Materialien aus und legt kurz die Grundlagen der Anwendung von β-Strahlen für Messungen dar. Bes. aussichtsreich ist es, Sedimentationsprozesse mit Hilfe dieser

Methode zu verfolgen. So könnten das bei der Arbeit nach Pipettmethoden anfallende arbeitsaufwendige Eindampfen und Wägen zur Bestimmung der Bodentextur durch eine Dichtemessung mit β-Strahlen ersetzt werden. Der zu erwartende Fehler dürfte dabei $\pm$ 2–5% nicht überschreiten. Weiter wird es für möglich gehalten, daß Niederschläge von chem. Stoffen mengenmäßig nicht erst nach Filtration, sondern durch o. a. Methode schon eher erfaßt werden können. H. Winkler. 374.

Clark, J. S. und Green, A. J.; Vancouver, Brit. Columbia, Canada Dep. of Agric. Note on a pipetting assembly for the mechanical analysis of soils. **(Hinweis auf eine Pipettapparatur-Anordnung für die mechanische Analyse von Böden.)** Canad. J. Soil Sci. **42** (1962) Nr. 2. S. 316. — 1 Abb.
Bei Routineuntersuchungen zur Bestimmung der Korngrößenzusammensetzung von Bodenaufschlämmungen mit Hilfe der Pipettanalyse stellt die Entnahme der Suspension aus den Sedimentationszylindern i. allg. eine mühsame Aufgabe dar, die darüber hinaus sehr oft in unbefriedigender Weise erledigt wird. Die im Handel erhältlichen Pipettzahnstangen sind nicht nur teuer in der Anschaffung, sondern lassen sich auch schwer bedienen, so daß an ihre Stelle ein von den Vff. erprobtes, chromplattiertes Laufschienengestänge treten sollte. Diese Einrichtung ermöglicht sowohl waagerechte als auch senkrechte Bewegungen der Pipette, so daß mehrere nebeneinanderstehende Sedimentationszylinder bequem pipettiert werden können.
W. Prager. 374.

Cohen, O. P. und Strickling, E. Evaluation of air-to-water permeability ratiofor measuring differences in soil structural stability under ten cropping systems. **(Beurteilung des Luft/Wasser-Durchlässigkeitsverhältnisses beim Messen von Unterschieden in der Bodenstrukturstabilität unter zehn Nutzungssystemen.)** Proc. Soil Sci. Soc. America **26** (1962) Nr. 4. S. 323–326. — 1 Abb., 2 Tab., 10 Lit.
Vff. entnahmen Krumenproben von Schlufflehmparzellen, die teils mit Dauerkulturen, teils mit einjährigen Pflanzenarten bestellt worden waren. Dann erfolgte die Bestimmung der Wasserstabilität von Aggregaten (Dmr. 2–4,76 mm) nach der Naßsiebungsmethode von Bryant, Bendixen und Slater (1948), während die Strukturstabilität von Aggregaten (Dmr. von $<$ 2 mm und $<$ 1 mm) nach der Methode Reeve (1953), die sich auf die Verhältniszahlen der Luftdurchlässigkeitswerte einerseits und der Wasserdurchlässigkeitswerte andererseits gründet, ermittelt wurde. Dieses experimentelle Vorgehen ermöglichte, wenn das von Duncan (1955) veröffentlichte Reihentestschema zugrunde gelegt wurde, die Ausscheidung von 6 verschieden zu beurteilenden Nutzungssystemen, deren Stellung im Schema mit den von Wilson (1948) aufgezeigten Zusammenhängen zwischen Kultivierungsmaßnahmen, Futterpflanzenanbau und Aggregatstabilität des Bodens übereinstimmt.
W. Prager. 374.

Bavel, C. H. M.; Tempe Ariz., U. S. Water Conserv. Lab. Accuracy and source strength in soil moisture neutron probes. **(Genauigkeit und Quellenstärke bei Bodenfeuchteuntersuchungen mit Neutronen.)** Proc. Soil Sci. Soc. America **26** (1962) Nr. 4. S. 405 — 1 Lit.
Die Neutronenmethode zum Messen der Bodenfeuchte ist auch bei der Annahme, daß die Messungen in einem völlig homogenen Material stattfinden, das in chem. Hinsicht die gleiche Zusammensetzung wie bei der Eichung des Instrumentes beibehält, mit dem Einfluß dreier Fehlerquellen behaftet. Zunächst ist die zufällige Änderung des Zahlenverhältnisses langsamer Neutronenbewegungen zu nennen. Weiterhin spielt die Abweichung des experimentell bestimmten Eichungsverhältnisses eine bedeutende Rolle. Außerdem kann gegebenenfalls der Mangel an einer geeigneten Zähleinrichtung als Fehlerquelle mehr oder weniger ausgeprägt hervortreten. Vf. diskutiert

unter der Annahme einer fast linearen Abmessung die zwischen Quellenstärke und Zählfehler ermittelten Zusammenhänge und weist darauf hin, daß zur Erlangung eines abs. Zählfehlers Neutronenquellen mit einer Stärke von 1–2 mc erforderlich sind. W. Prager. 374.

Marais, P. G. und Smit, W. B. de V.; Stellenbosch, South Africa, Western Province, Fruit Res. Inst. Effect of bulk density and of hydrogen in forms other than free water on the calibration curve of the neutron moisture meter. **(Einfluß des Volumengewichtes und des Wasserstoffs [in anderer Form als im freien Wasser] auf die Meßkurve des Neutronen-Bodenfeuchtemessers.)** South African J. agric. Sci. **5** (1962) Nr. 2. S. 225–238. — 5 Abb., 3 Tab., 22 Lit.

Zwischen den Rechengrößen, die sich aus Bodenfeuchtemessungen nach der Neutronenmethode ergeben, und dem Feuchtegehalt des Bodens besteht im Prinzip eine lineare Beziehung. Aber die Neigung der Regressionslinien, die man bei der Untersuchung verschiedenartiger Böden oder Gruppen von Böden erhält, weicht auffallend voneinander ab. Daraus ergibt sich, daß eine einheitliche Meßkurve nicht für alle Böden zugrunde gelegt werden kann. Vff. weisen exakt nach, daß außer dem Vol.-Gew. des Bodens und dem H-Anteil des Wassers auch H aus verschiedenen Materialien des Bodens auf den Neutronenzähler wirkt. Auf die Problematik der Bodenfeuchtemessung mit Hilfe der Neutronenmethode wird an Hand der gefundenen Tatsachen hingewiesen. T. v. Wilamowitz-Moellendorff. 374.

Preobraženskaja, M. V. (Preobrashenskaja, M. W.); Kostjakow-Unions-Forsch.-Inst. für Agrotechn. und Meliorat. Primenenie gammaskopičeskogo methoda opredelenija vlažnosti počvy v meliorativnych issledovanijach. **(Verwendung der Gammaskopie zur Bestimmung der Bodenfeuchtigkeit bei meliorativen Untersuchungen.)** Trudy Vsesojuznogo naučno-issledovatel'-skogo instituta gidrotechniki i melioracii, Moskva **38** (1962) S. 56–67. — 2 Abb., 4 Tab., 5 Lit.

Bei Untersuchungen der Bodenfeuchte in bewässerten, nach der Textur einheitlichen, mit Baumwolle bestandenen Böden wurde festgestellt, daß die gammaskopische Methode zur Bestimmung der Dynamik der Bodenfeuchte in einzelnen Bodenschichten gut geeignet ist. Bes. in tieferen Bodenschichten, wo sich Bodenbearbeitungsmaßnahmen und die Streuung der atmosphärischen γ-Strahlen nicht auswirkten, wurden genaue Ergebnisse erzielt. Insgesamt wurden, verglichen mit der gebräuchlichen Methode, der Ermittlung des Gewichtsverlustes einer Bodenprobe durch Erhitzen, Korrelationskoeffizienten von 0,90–1,0 erreicht. Unterschiedliche Salzkonz. störten selbst in Salzböden die Meßergebnisse nicht wesentlich. H. Winkler. 374.

Wilde, S. A. und Spyridakis, D. M.; Univ. of Wisconsin. Determination of soil moisture by the immersion method. **(Bestimmung der Bodenfeuchte mit der Tauchmethode.)** Soil Sci. **94** (1962) Nr. 2. S. 132–133. — 1 Abb., 1 Lit.

Zur Vermeidung der vor allem bei Untersuchungen unter Feldbedingungen mit der gravimetrischen Bodenfeuchtebestimmung verbundenen Schwierigkeiten empfehlen Vff. den Gebrauch der von Maiboroda (1957) beschriebenen Immersionsmethode. Diese Schnellmethode basiert auf der Überlegung, daß das abs. Trockengewicht einer feuchten Bodenprobe durch die Wägung des Bodens in Wasser bestimmt werden kann. Der wichtigste Teil der dazu erforderlichen technischen Ausrüstung ist eine gewöhnliche Analysenwaage, die ergänzt wird durch einige mit Siebhülsen verschließbare 125-ml-Erlenmeyerkolben, eine Wasserflasche und einige Kupferdrähte. Vff. demonstrieren den Analysengang und die Verrechnung der bestimmten Werte an Hand von mathematischen Formulierungen für den in Gew.-% angegebenen Feuchtegehalt des abs. trockenen Bodens bei gleichzeitiger Berücksichtigung des spez. Gewichtes. W. Prager. 374.

Bouwer, Herman; Tempe, Ariz., U. S. Water Conserv. Lab. Field determination of hydraulic conductivity above a water table with the double-tube method. **(Feldmäßige Bestimmung der hydraulischen Leitfähigkeit über einem Grundwasserspiegel mit Hilfe der Doppelrohrmethode.)** Proc. Soil Sci. Soc. America **26** (1962) Nr. 4. S. 330–335. — 5 Abb., 2 Tab., 1 Lit.
Unter Bezugnahme auf eine vom Vf. (1961) veröffentlichte Arbeit über die theoretischen Grundlagen der Doppelrohrmethode ist dieser Bericht den praktischen Anwendungsmöglichkeiten dieses neuen Verfahrens vorbehalten. Nach einleitenden Hinweisen auf die Ergebnisse von Modellversuchen mit Sand wird die Wirkungsweise der Doppelrohrmethode beim Studium der hydraulischen Leitfähigkeit eines grobporösen Adelanto-Lehms demonstriert. Die damit unter feldmäßigen Bedingungen ermittelten K-Werte stimmen i. allg. gut mit den bei Laboranalysen erhaltenen Daten überein. Vf. beurteilt daher die Doppelrohrmethode als ein brauchbares Verfahren zur Bestimmung der hydraulischen Leitfähigkeit von Böden in situ, sofern deren Wassersättigung erst kurze Zeit vor den Messungen erfolgt.
W. Prager. 374.

Váša, J.; Praha-Podbaba, Výzkumný Ústav Vodohospodářský. Stanovení výparu z půdy vláhovou bilancí půdního profilu. **(Bestimmung der Verdunstung auf Grund der hydrologischen Bilanz des Bodenprofils.)** Vodní hospodářstvi **1962** Nr. 1. S. 10–14. — 9 Abb., 2 Tab., 18 Lit. Zus. in Russ., Engl., Dtsch.
Zur Bestimmung der Wasserverdunstung des Bodens diente die erweiterte hydrologische Bilanz des Bodenprofils. Diese Methode eignet sich bes. zur Erforschung des Feuchtigkeitsbedarfes der Feldfrüchte und zur Bestimmung der nützlichen Menge an Bewässerungswasser. Im Entwicklungsstadium befindet sich ein Apparat, mit dem man Bodenproben bei möglichst geringer Störung des Bodenprofils entnehmen und die Bodenfeuchtigkeit in Vol.-% bestimmen kann. Der Verlauf der Feuchtigkeitskurve einzelner Bodenschichten wird mit tensiometrischen und Widerstandsmessern verfolgt, die mit mehreren Elektrodenarten ausgestattet, entwickelt werden. Diese Apparate wurden im Jahre 1959 in Tišice bei Neratovice orientierungsweise und im Jahre 1961 methodisch geprüft. P. Bartoš. 374.

Glover, J. und Forsgate, J. A.; Muguga, Kenya, East African Agric. and Forestry Res. Organisation. Measurement of evapo-transpiration from large tanks of soil. **(Messung der Evapotranspiration mit großen Bodenbehältern.)** Nature [London] **195** (1962) Nr. 4848. S. 1330. 374.

Gregory, P. H. und Lacey, Maureen E.; Harpenden, Rothamsted Exp. Stat. Isolation of thermophilic Actinomycetes. **(Isolierung thermophiler Actinomyceten.)** Nature [London] **195** (1962) Nr. 4836. S. 95. — 1 Abb., 2 Lit.
Heu wird in einem Windkanal aufgewirbelt und die Luft in einen Sammler mit Petrischalen geführt. Die Sporen setzen sich auf den halbfesten Nährböden ab (Zusatz von Actidion zur Unterdrückung von Schimmelpilzen). Nach dem Exponieren der Platten werden diese bei 40 und 60 °C bebrütet. Während der letzten 2 Jahre wurden Tausende von Kolonien mit dieser Methode isoliert. K. E. Lindner. 376.

Böttcher, Kurt; Berlin, Humboldt-Univ., Inst. für Bodenkunde und Pflanzenernähr. **Über die sporenbildenden Bakterien der Böden.** Zbl. Bakteriol., Parasitenkunde, Infektionskrankh. Hyg., II. Abt. **115** (1962) Nr. 6. S. 601 bis 605. — 1 Abb., 2 Tab., 19 Lit.
Dieser Diskussionsbeitrag bezieht sich auf die Arbeit von Beck (Zbl. Bakteriol. Parasitenkunde, Infektionskrankh., Hyg., II. Abt. **113** [1960] S. 305.) über die „Erfahrungen mit dem Sporentest bei der mikrobiol. Untersuchung von Böden“. In der UdSSR bes. von Mischustin erzielte Ergebnisse zur Cha-

rakterisierung der Mikroflora verschiedener Bodentypen werden bekannt gegeben. Die morphologischen Unterschiede der Sporenbildnerkolonien sind für die diagnostische Arbeit vorteilhaft. Horst Unger. 376.

Kleinert, H.; Halle/S. **Die Bestimmung der Invertase-Aktivität des Bodens und deren Abnahme unter konstanten Lagerungsbedingungen.** Albrecht-Thaer-Arch. **6** (1962) Nr. 7. S. 477-484. — 1 Abb., 5 Tab., 20 Lit. Zus. in Russ., Engl.
Unter Verwendung der Hofmannschen Methode zur Bestimmung der Invertase-Aktivität (IA) und eines vom Vf. entwickelten Tauchgestells wurde festgestellt, daß 1. bei allen IA-Bestimmungen der Rohrzucker stets in hohem Überschuß anzuwenden ist, 2. bei unterschiedlichen Entnahmemengen mittels einer Umwertungstabelle Vergleichbarkeit der Werte erzielt wird und 3. auch reinster Rohrzucker gegen Fehlingsche Lösung schwach aktiv ist. Eine Untersuchung des Lagerungseinflusses von Bodenproben auf die IA erbrachte nur dann vergleichbare Befunde, wenn die IA kurz nach dem Trocknen ermittelt wurde. Horst Unger. 376.

Averna, Vincenzo, Petronici, Clara und Bazan, Eugenio. La nutrizione minerale degli agrumi. Nota III. Sui microelementi zinco e cobalto nei terreni della zona agrumicola di Bagheria (Palermo). **(Die mineralische Ernährung von Citrus-Früchten. 3. Mitt. Über die Mikroelemente Zink und Cobalt in der Citrus-Anbauzone von Bagheria [Palermo].)** Ann. Sperimentaz. agrar. **14** (1960) Nr. 4. S. 459-468. — 2 .Mitt. vgl. LZ. Abt. II **6** (1961) Nr. 1. S. 55. 378.

H. Bodenfruchtbarkeit

Anonym. **Fragen der Bodenfruchtbarkeit.** Dtsch. Landwirtsch. **13** (1962) Sonderh. S. 1-85.
Das vorliegende Sonderheft enthält Referate und Diskussionsbeiträge zu Fragen der Bodenfruchtbarkeit. Folgende Hauptreferate wurden auf der erweiterten Plenartagung der Deutschen Akademie der Landwirtschaftswissenschaften zu Berlin am 21. und 22. 9. 1962 gehalten: 1. E. Rübensam: „Maßnahmen zur Steigerung der Bodenfruchtbarkeit als Voraussetzung zur systematischen Erhöhung der Leistungen in der Feld- und Viehwirtschaft"; 2. G. Könnecke: „Die Grundprinzipien des Fruchtwechsels bleiben Voraussetzung für die Erhaltung und Mehrung der Bodenfruchtbarkeit"; 3. K. Rauhe: „Die Steigerung der Fruchtbarkeit des Bodens durch zeit- und qualitätsgerechte Bearbeitungsmaßnahmen"; 4. W. Selke: „Der rationelle Einsatz der zur Verfügung stehenden org. und mineral. Düngemittel"; 5. R. Teipel: „Meliorationsmaßnahmen zur Hebung der Bodenfruchtbarkeit". — Auf der Tagung wurde ein im gleichen Heft veröffentlichter Beschluß über Empfehlungen zur Hebung der Bodenfruchtbarkeit gefaßt, der sich in 4 Abschnitte gliedert (Empfehlungen an die Praxis, Aufgaben der Agrarwissenschaft, Empfehlungen an die staatlichen Organe, Empfehlungen zur Saatguterzeugung). 380.

IV. BODENBEARBEITUNG

C. Spezielle Fragen der Bodenbearbeitung

Dimitrova, N. A. (Dimitrowa, N. A.) Vlijanie različnych vidov obrabotki počvy na razvitie v nej mikrobiologičeskoj dejatel'nosti. **(Der Einfluß der verschiedenen Bodenbearbeitungsverfahren auf die mikrobiologische Tätigkeit.)** Dokl. Mosk. s.-ch. akad. im. K. A. Timirjazeva **1961** Nr. 60. S. 53-59. — Aus: Referativnyj žurnal. Biologija, Moskva **1962** Nr. 3. B 323. S. 36.
Man hat festgestellt, daß das Pflügen mit Streichbrett, besonders in trockenen Jahren, die rationellste Bearbeitung ist. Dabei befindet sich die org. Substanz

der 0-10 cm-Schicht in feuchterem Zustande, was zu einer bedeutenden Verstärkung der mikrobiolog. Tätigkeit und zu einer Speicherung von Nährstoffen beiträgt. übersetzt v. G. Boetticher. 430.

Karamšuk, Z. P. (Karamschuk, S. P.) Vlijanie sposobov obravotki počvy na mikrobiologičeskie processy. **(Der Einfluß der Bodenbearbeitung auf mikrobiologische Prozesse.)** Sb. naučn. rabot. Sibirsk, n.-i. in-t s. ch. **1961** Nr. 6. S. 16-20. – Aus: Referativnyj žurnal. Biologija, Moskva **1962** Nr. 3. B 321. S. 36.
Das tiefe streichbrettlose Pflügen verstärkt bei ausreichender Feuchtigkeit die Biogenität in der Bodenschicht von 0-40 cm. Eine Vertiefung der Ackerkrume führt bei der 45 bis 50 cm tiefen streichbrettlosen Bodenbearbeitung zu einem raschen Wasserverlust und zu einer Verringerung der Zahl von Mikroorganismen in der gesamten 0 bis 40 cm-Bodenschicht im Vergleich zu einer flacheren Bodenlockerung bis zu 30 oder 35 cm. Es wird darauf hingewiesen, daß die Wirksamkeit der tiefen streichbrettlosen Bearbeitung der Brache ganz von den Feuchtigkeitsbedingungen abhängig ist.
übersetzt v. G. Boetticher. 430.

Cairns, R. R.; Vegreville, Alberta, Canada Dep. of Agric. Some effects of deep working on solonetz soil. **(Einige Auswirkungen der Tiefenbearbeitung bei einem Solonetz.)** Canad. J. Soil Sci. **42** (1962) Nr. 2. S. 273-275. – 2 Tab., 6 Lit.
Die theoretischen Meliorationsmöglichkeiten eines Solonetz basieren in erster Linie auf dem Umtausch der am Sorptionskomplex angelagerten Na^{+}-Ionen gegen Ca^{++}-Ionen aus der Bodenlösung. Die Bearbeitung der sich daraus ergebenden praktischen Aufgaben demonstriert Vf. am Beispiel eines kanadischen Solonetz, dessen Solum aus einem etwa 13 cm mächtigen A-Horizont und einem etwa 15 cm mächtigen B-Horizont besteht. Die erste Meliorationsmaßnahme war eine 10 cm tiefe Pflugfurche, an die sich ein 60 cm tiefes Rigolen anschloß. Ein Jahr später erfolgte dann die erste Bestellung auf der Grundlage eines speziellen Fruchtfolgeplanes. Auf diese Weise konnte zwar eine Produktivitätssteigerung erzielt werden, doch verfestigte sich der rigolte B-Horizont bald in seinen ursprünglichen Grenzen zu einer schwer bearbeitbaren Störzone. In chem. Hinsicht hatte sich im A-Horizont ebenso wie im B-Horizont der Gehalt an extrahierbarem Ca erhöht und an extrahierbarem Na verringert. W. Prager. 430.

Makarov, V. T. und Miloslavskaja, G. M. (Makarow, W. T. und Miloslawskaja, G. M.) Dinamičnost' organičeskogo veščestva v dernovopodzolistoj počve v period posledejstvija različnoj pachoty. **(Dynamik organischer Stoffe im Rasen-Podsolboden nach verschiedenen Bodenbearbeitungsverfahren.)** Naučn. dokl. vysš. školy. Biol. n. **1961** Nr. 1. S. 207-212. – Aus: Referativnyj žurnal. Biologija, Moskva **1962** Nr. 3. D 150. S. 24.
Die Untersuchung des Rasen-Podsolbodens hinsichtlich seines Gehaltes an org. Resten und der Dynamik des Humus bei verschiedenen Bearbeitungsmethoden (mit und ohne Wenden der Ackerkrume) hat gezeigt, daß die Speicherung org. Stoffe im Boden, der ohne Wenden der Ackerkrume bebearbeitet wurde, unter zahlreichen landwirtsch. Kulturpflanzen höher war als in der Variante mit gewöhnlicher Bearbeitung. Unter gleichen Bedingungen sammelten die mehrjährigen Futterpflanzen (Klee und Wiesenlieschgras) bedeutend mehr org. Reste an als die einjährigen Gräser und Leguminosen. Der Verbrauch an org. Resten im Boden während der Vegetationsperiode verlief unter einjährigen Kulturen schnell und fast bis zur vollen Mineralisierung, unter den mehrjährigen blieb dagegen ein bedeutender Vorrat an org. Masse im Boden erhalten. übersetzt. v. G. Boetticher. 430.

Matatov, P. J. (Matatow, P. Ja.) Lučšie priemy obrabotki počvy posle kukuruzy. **(Die besten Bodenbearbeitungsverfahren nach Mais.)** Sb. naučn. rabot. N.-i. in-t s. ch. Centr.-černozemn. polosy **2** (1961) Nr. **4.** S. **85-93.** – Aus: Referativnyj žurnal. Biologija, Moskva **1962** Nr. **3.** D **243.** S. **37.**
Die Ernterückstände des Maises, der mit hoher Stoppel gemäht wurde, erschweren die Ernte der nachfolgenden Halmfrucht. Beim 20 bis 22 cm tiefen Umpflügen des Bodens bleiben ~ 15,6% der Ernterückstände des Maises uneingebracht auf der Bodenoberfläche liegen, beim Schälen sind es sogar 60% und beim Tellern mit nachfolgendem Umpflügen 4,3%. Die untergebrachten Rückstände zersetzen sich in feuchten Jahren intensiver. In 1958/59 durchgeführten Versuchen wurde ein hoher Gersteertrag (29,05 dt/ha) nach dem 20 bis 22 cm tiefen Umbruch des Maisschlages erzielt. In feuchten Jahren wurden hohe Gersteerträge nach flacher Bodenbearbeitung erhalten. Ein vorhergehendes Tellern, das zu einer Zerkleinerung der Ernterückstände führt, steigerte den Ertrag der nach Mais angebauten Gerste um 2 dt/ha. übersetzt v. G. Boetticher. 430.

Bolobolova, V. M. (Bolobolowa, W. M.) Urožaj jarovoj pšenicy pri različnych sposobach obrabotki počvy. **(Sommerweizenertrag bei verschiedener Bodenbearbeitung.)** Dokl. Mosk. s.-ch. akad. im. K. A. Timirjazeva **1961** Nr. **63.** S. **27-32.** – Aus: Referativnyj žurnal. Biologija, Moskva **1962** Nr. **3.** G **216.** S. **28.**
Die Versuche wurden in den Jahren 1954 bis 56 auf der Versuchsstation für Ackerbau der Landwirtsch. Timirjasew-Akademie durchgeführt. Der Sommerweizen 'Moskowka' wurde nach 2jährigen Futterpflanzen (Klee + Wiesenlieschgras) ausgesät. Die wirksamste Methode der Bodenbearbeitung nach mehrjährigen Futterpflanzen zu Sommerweizen unter den Bedingungen der zentralen Gebiete der Nichtschwarzerdezone ist ein 20 bis 22 cm tiefer Umbruch mit dem Vorschälerpflug und gleichzeitige 15 cm tiefe Lockerung mit Hilfe eines Untergrundlockerers. Eine solche Bearbeitung verbesserte den Wasser-, Luft- und Nährstoffhaushalt des Bodens sowie seine Struktur in der 40 cm-Schicht und verringerte die Verunkrautung der Saaten. Der Ertrag und die Qualität des Kornes waren beim Umbruch mit gleicher Untergrundlockerung besser. übersetzt v. G. Boetticher. 430.

Ravasz, T. Az öszi mélyszántás és a talaj téli vizháztartásviszonyainak talajfizikai összefüggései. **(Bodenphysische Beziehungen zwischen der Tieffurche und dem Wasserhaushalt des Bodens im Winter.)** Agrártudományi Egyetem Mezögazdaságtudományi Karának Közleményei, Gödöllö [Ber. landwirtsch.-wiss. Fak. Univ. Agarwiss., Gödöllö] **1961** S. 187-200. – Aus: Ung: Agrar-Rdsch. **1962** Nr. **4.**
Aus Untersuchungen des Wasserhaushaltes im Winter in sandigem, im Herbst tiefgepflügtem Waldboden wurden nachstehende Folgerungen gezogen: 1. Die winterliche Niederschlagskapazität von Feldern mit gelockerter Oberfläche wird auf entscheidende Weise durch die niedrige Temperatur beeinflußt. 2. Durch die Viskosität und oberflächliche Spannungszunahme des Wassers sowie durch die Absorptionswirkung der kleineren Bodenfröste wird die Übersättigung der Krume stabilisiert. Die Wasserkapazität der den Temperaturschwankungen stark ausgesetzten Ackerkrume kann somit in frostfreiem Zustand in Abhängigkeit vom freien Porenraum ein Mehrfaches des sommerlichen Wertes betragen. Die Trennung der Wertbegriffe der sommerlichen und winterlichen Wasserkapazität ist daher durchaus gerechtfertigt. 3. Die gefrorene Bodenschicht läßt den winterlichen Niederschlag (Schmelzwasser) nur dann ein, wenn sie entsprechend porös ist. Dieser Zustand wird durch die richtig gezogene Winterfurche herbeigeführt. 4. Die mit einer Eiskruste abgeschlossene Oberfläche wird um so rascher durchlässig, je heterogener der Wasserhaushalt der oberflächlichen Horizonte ist; dies kann durch in

O-W-Richtung ausgeführtes Kammpflügen gefördert werden. 5. Das Kammpflügen erhöht die Rauheit der Oberfläche, wodurch der Boden in den Stand gesetzt wird, das Schmelzwasser selbst bei rapider Schmelze an Ort und Stelle zu behalten; die besonderen Wärmehaushalt-Bedingungen ermöglichen selbst bei tieferen Untergrundfrösten eine raschere Aufnahme des Schmelzwassers, als es bei glatter Oberfläche der Fall ist. 6. Die Stauung des winterlichen Niederschlages kann in Jahren mit durchschnittlichen Niederschlagsmengen selbst auf lockeren Sandböden nicht das Auslaugen der Wurzelzone unter 1,5 bis 2 m herbeiführen. Somit ist die Verhinderung des oberflächlichen Abfließens des winterlichen Niederschlages bei diesen Böden ebenso ein grundlegendes anbautechnisches Erfordernis wie die Stauung des während der Vegetationszeit gefallenen Niederschlages. 435.

Balázs, F. Az örségi gyepek javitása altalajlazitással. **(Die Melioration der Rasen im Gebiet Örség durch Untergrundlockerung.)** Növénytermelés [Pflanzenbau] **11** (1962) Nr. 1. S. 3-16. – Aus: Ung. Agrar-Rdsch. **1962** Nr 4.
Für die Deterioration der Rasen ist neben der gestörten Nährstoffbilanz hauptsächlich die abnehmende biolog. Tätigkeit des Bodens verantwortlich. Da der Boden der Rasenflächen unter normalen Umständen niemals gelockert wird, spielen sich hier die Prozesse Lüftung, Vergrößerung des Porenvolumens und Mineralisation der organ. Stoffe, die im Acker unter der Einwirkung der sich ständig wiederholenden Bodenbearbeitung vor sich gehen, in geringerem Maße und nur langsam ab. Da die Bodenbearbeitung ausbleibt, ist die Lüftung ungenügend; dies wirkt unmittelbar auf das Wurzelwerk des Rasens und kommt in dessen verminderter Entwicklung und langsamer Zersetzung zum Ausdruck. Das langsame Absterben des Bodenlebens setzt sich allmählich von unten nach oben fort, was letzten Endes weitgehend auf die CO_2-Vergiftung der Wurzeln zurückgeführt werden kann. In den Rasenböden kann die Lüftung des Untergrundes am gründlichsten durch tiefe Untergrundlokkerung herbeigeführt werden. Schon im ersten Jahre konnte eine 9%ige Ertragssteigerung verzeichnet werden, während im zweiten Jahr der Mehrertrag 42%, im dritten Jahr 41,2% betrug. Die unter dem Einfluß der Untergrundlockerung entstehenden günstigeren Lebensbedingungen führen auch im botanischen Aufbau des Rasens eine günstige Wirkung herbei. 445.

Khan, A. R. und Mathur, B. P. Studies on tillage. XIII. Effect of variation in the depth of cultivation with different methods of phosphate application on the yield of pigeon-pea (Cajanus cajan). **(Untersuchungen über Bodenbearbeitung. 13. Mitt. Einfluß der Änderung der Bearbeitungstiefe bei verschiedenen Methoden der Phosphatanwendung auf den Ertrag der Taubenbohne [Cajanus cajan].)** Indian J. agric. Sci. **32** (1962) Nr. 1. S. 35–38. – 3 Tab., 15 Lit.
Ca. 24 cm tiefes Pflügen brachte im Vergleich zur landesüblichen flachen Bodenbearbeitung in einem 3jährigen Feldversuch auf bewässertem sandigem Lehmboden keine signifikant höheren Körnererträge bei *Cajanus cajan*. Einpflügen von 80 lb/acre P_2O_5 als Superphosphat war in 2 von 3 Versuchsjahren der breitwürfigen Krumendüngung unterlegen. V. Koepke. 435.

V. BODENMELIORATION UND BODENSCHUTZ

B. Bodenmelioration

Husmann, W. und Malz, F. **Die technischen und praktischen Möglichkeiten der kontinuierlichen Überwachung des Abwassers und der Gewässer.** Wasser u. Boden **14** (1962) Nr. 9. S. 303–307. – 9 Abb., 3 Lit.
Die Frage, was bei der Überwachung kontinuierlich gemessen werden müßte, läßt sich unter folgendem Gesichtspunkt etwa so beantworten: „Welchen Einfluß kann das zu kontrollierende Abwasser in der Kanalisation, der Klär-

anlage und dem Gewässer ausüben, und zwar in physikal., chem. und biol. Hinsicht?" Im wesentlichen wird es sich dabei immer um zerstörende und störende Wirkungen handeln, die durch die Anwesenheit best. Abwasserinhaltsstoffe verursacht werden. Für eine kontinuierliche Überwachung ist wichtig die Kenntnis von Temp., Trübung, absetzbaren Stoffen, pH-Wert, Leitfähigkeit (Salzgehalt), Radioaktivität, O_2-Gehalt, Oxydierbarkeit, Ammoniumionen, Sulfationen, Sulfidionen, Chloridionen, Cyanidionen, Eisenionen, Kupferionen, Phenolen, Ölen, spez. toxischen Stoffen, Schlammenge, Schlammfeststoffgehalt und Gaszusammensetzungen. In den meisten Fällen greift man zur Messung physikal. Größen, wobei die zu messenden Faktoren direkt oder indirekt bestimmt werden. Die Meßgeräte sollen einfach und robust im Aufbau sein, sie müssen sich leicht reinigen lassen und den klimatischen und korrosiven Einflüssen widerstehen; genauso einfach soll das Meßprinzip sein. Die Aufgaben der kontinuierlichen Messung können sowohl in einer lokalen als auch in einer regionalen Überwachung bestehen. Zweck der lokalen Überwachung ist, z. B. die Reinigungswirkung von Kläranlagen oder die Zusammensetzung von einzelnen Abwässern zu kontrollieren. Diese Messungen bilden die Grundlage für eine regionale Überwachung, die ein in sich geschlossenes Vorflutsystem umfaßt. W. Fleischmann. 520.

Steinhäußer, Hans; Klagenfurt. **Wasserhaushalt und Verdunstungen im Gurkgebiet.** Österr. Wasserwirtsch. **14** (1962) Nr. 10/11. S. 221–225. – 1 Abb. 520.

Jilg, Otto; Klagenfurt. **Die Siedlungswasserwirtschaft in Kärnten.** Österr. Wasserwirtsch. **14** (1962) Nr. 10/11. S. 203–212. – 5 Abb. 520.

Kasch, W. **Methodik einer komplexen landwirtschaftlichen Standortkartierung.** Dtsch. Landwirtsch. **13** (1962) Nr. 11. S. 535–538.
Die optimale Nutzung und umfassende meliorative Verbesserung der landwirtsch. Flächen bedingen eine genaue Erfassung und Darstellung der natürlichen Ertragsfaktoren in ihren wechselseitigen Einwirkungen auf den Standort. Vf. erläutert die vorgeschlagene Methodik und die Gliederungsprinzipien, wobei er an Beispielen die Aussagekraft und Anwendungsmöglichkeit einer komplexen Standortkartierung darlegt. Die Rahmengliederung erfolgt nach dem Wasserhaushalt, in Anlehnung an die forstliche Standorterkundung, in folgender Einteilung: 1. grundwasserferne und staunässefreie oder schwach beeinflußte Standorte; 2. staunasse (wechselfeuchte) Standorte; 3. Standorte auf mineralischen Grundwasserböden; 4. Standorte auf organ. Grundwasserböden; 5. Auen und auenartige Standorte; 6. künstlich (anthropogen) geschaffene Standorte. Die einen Standort kennzeichnenden Faktoren sind: Boden, Wasserhaushalt, Geländegestalt, Klimabesonderheiten und Pflanzengesellschaften. Die natürliche Gliederung in Standortformen muß unter Berücksichtigung der Belange der Praxis z. B. mit der Nutzbarkeit und Leistung in Beziehung gesetzt werden. Gleiche Standortformen müßten dann an sich gleiche oder ähnliche Nutzbarkeit und Ertragserwartung ergeben, und zwar nicht nur in den Hauptnutzungsarten, sondern auch in den typischen Feldfrüchten. W. Fleischmann. 525.

Keetman, Eberhard und Wollmann, Horst; Bendorf/Rh., Säurebau und Keramikwerke. **Messen und Regeln in Neutralisations- und Entgiftungsanlagen.** Wasserwirtschaft **52** (1962) Nr. 10. S. 281–286. – 8 Abb.
Vff. behandeln zunächst ausführlich die Theorie des pH-Wertes und seine Bestimmungsmethodik. Zur automatischen Überwachung von Neutralisationsanlagen ist nur die potentiometrische pH-Messung entweder mit der Glaselektrode oder der Antimonelektrode geeignet. Die Regelung erfolgt auf photoelektrischem Wege oder durch einen Fallbügelregler über Motorregelventile oder Magnetventile. Ferner wird auf die Misch- und Registrier-

verfahren eingegangen. Auch die Bestimmung der Cyanidkonzentration und des Chromsäuregehalts können unter Verwendung geeigneter Meßfühler — allerdings mit beträchtlichem Kostenaufwand — automatisch erfolgen. Zur elektrischen Temperaturmessung werden Widerstandsthermometer benutzt, zur Leitfähigkeitsmessung Spezialelektroden aus V4A-Stahl oder ringförmige platin-platinierte Elektroden verwendet. Alle Meß- u. Regelvorgänge werden an Hand von Beispielen ausführlich geschildert. D. Nehring. 525.

Free, George R. Erosion characteristics of rainfall. **(Auswirkungen der Regenmenge auf Erosionserscheinungen.)** Agric. Engng. 41 (1960) Nr. 7. S. 447–449. 455. 525.

Kahler, F.; Klagenfurt. **Einige Forschungsaufgaben im Gebiet der Geologie des Grundwassers dargestellt an Kärntner Beispielen.** Österr. Wasserwirtsch. 14 (1962) Nr. 10/11. S. 213–215. 525.

Hansely, H.; Klagenfurt. **Wasserwirtschaft und Landesplanung.** Österr. Wasserwirtsch. 14 (1962) Nr. 10/11. S. 226–229. — 4 Abb. 525.

Gessner, Fritz; Kiel, Univ., Inst. für Meereskunde, Bot. Abt. **Der Elektrolytgehalt des Amazonas.** Arch. Hydrobiol. 58 (1962) Nr. 4. S. 490–499. — 3 Abb., 3 Tab., 5 Lit.
Der Elektrolytgehalt aller Flüsse des Amazonasgebietes ist sehr gering, was in enger Beziehung zur Armut der Böden an Mineralstoffen steht. Vf. gibt eine tabellarische und graphische Übersicht über die Leitfähigkeit des Amazonas und einiger Nebenflüsse anläßlich einer Bereisung im Sept. 1960. Für den Zusammenfluß des Solimoes und des Rio Negro läßt sich die Wasserführung beider in ihrem Verhältnis zueinander bestimmen. Durch die fehlende Trockenzeit in seinem Einzugsgebiet ist die Wasserführung des Rio Negro im Sommer und Herbst wesentlich höher als im Apr. Weiter flußabwärts führt nur der Rio Madeira zu einer Erhöhung der Leitfähigkeit des Amazonas, während alle übrigen Nebenflüsse infolge ihrer zu geringen Wasserführung ohne Einfluß auf den Amazonas sind.
W. v. Tümpling. 525.

Pechy, St. **Ein Versuch mit Kunststoff-Dränrohren.** Wasser u. Boden 14 (1962) Nr. 9. S. 318–319. — 5 Abb.
Auf einer Teilfläche von 1,5 ha einer insges. 45 ha großen Fläche wurde eine Dränung mit Rillen-Rippen-Rohren aus Hart-PVC (Fränkische SBF-Dränrohre) ausgeführt. Die Rohre haben wellenförmig profilierte Wandungen, in deren Rippen zwei Schlitzreihen eingeschnitten sind. Die Schlitzlänge beträgt 1000 mm/lfdm, die Schlitzbreite 0,4 bis 0,6 mm. Der Boden ist sandiger Lehm. Der Abstand der Sauger beträgt 12 m. Zur Untersuchung des Filtervermögens der Rohre wurden jeweils 3 Sauger mit und 3 Sauger ohne Filtermaterial verlegt. Nach der Ernte soll durch Aufgraben ermittelt werden, ob sich Bodenteilchen in den Rohren abgelagert haben.
D. Voigt. 530.

Gallwitz, K. **Die Dräntechnik heute.** Z. Kulturtechn. 3 (1962) Nr. 5. S. 271–290. — 16 Abb., 3 Tab., 23 Lit.
Seit 1958 untersucht das Landmaschineninstitut der Univ. Göttingen maschinentechnische Probleme der Dränarbeiten. Dem Einziehen von Tonröhren in Maulwurfgänge (u. a. „Poppelsdorfer Dränverfahren") kommt keine Bedeutung zu, dafür umso größere der Plastrohrverlegung mit Maulwurfpflügen (Vorteile: kein Flurschaden, Einsatz während der Vegetationszeit, keine Verfüllarbeit, höhere Arbeitsgeschwindigkeit und wenig Verschleißteile am Gerät; Nachteile: schwierige Kontrolle der Rohrlage, erschwertes Auffinden von Bruchstellen, Bruchgefahr bei kalter Witterung, Frage der Standfestigkeit der Plastrohre). Die Verfahren von Janert und Juusela

(Narsmo-Pflug-Finnland) werden besprochen. Bei der maschinellen Tonrohrdränung sollte der durch die Grabwerkzeuge feinzerkrümelte Boden gleich hinter der Maschine mit Förderband wieder eingefüllt werden. Voraussetzung dafür ist eine automatische Kontrolle der Rohrlage (evtl. Aufzeichnung auf Lagediagrammen). Die Dränmaschinen von Allen-England, Eberhardt-Ulm, Homberg-Kupferzell, Hoes-Oldenburg, Schelten u. Petersen-Leer, v. d. Ende u. Barth-Holland und aus der UdSSR werden mit ihren technischen Daten aufgezählt. Die teuren Spezialmaschinen müssen jährlich möglichst lange u. auf großen Flächen eingesetzt werden (Sommerdränung). Die Maschinenleistungen sollten in lfm pro Akh angegeben werden. Die Dränbagger müssen sowohl Sauger- als auch Sammlergräben in allen Böden bei jedem Wetter mit Abweichungen von maximal ± 1 cm/10 m herstellen und wieder verfüllen können. Neue Dränmaschinen sollten sorgfältig geprüft werden; ihre Tagesleistungen hängen wesentlich von der Organisation der Baustelle und von der entspr. Projektierung ab. Die Arbeitsgeschwindigkeit kann nur bei automatischer Tiefenregelung weiter erhöht werden. Die Tiefensteuerung durch Abtasten eines in der Gefällelinie gespannten Leitdrahtes (Eberhardt-Ulm) wird z. T. noch wenig angewendet. Am Landmaschineninstitut Göttingen wurden Versuche mit einem optisch-elektrischen Gerät der Fa. Dr. Fahrentholz-Kiel durchgeführt. Abschließend wird auf die Plastrohrdränung eingegangen und über Prüfergebnisse an in Westdeutschland hergestellten Anger-, Wavin-, Rehau- und (gewellten) FFKuD-Rohren berichtet. R. Teipel. 530.

Gils, Hermann; Egestorf/Deister. **Die wechselnde Abflußhemmung in verkrauteten Gewässern.** Dtsch. gewässerkundl. Mitt. **6** (1962) Nr. 5. S. 102–110. – 10 Abb., 6 Tab., 7 Lit.
Es wurde ein Verfahren ausgearbeitet, das die Bestimmung des Abflusses aus Pegelaufzeichnungen ermöglicht, indem auf Grund der Abflußmessungen jedem Tag ein Krautfaktor zugeordnet wird, der zusammen mit dem Wasserstand den gesuchten Tagesabfluß liefert. Als Bezugsbasis dient die Linie des krautfreien Abflusses. Das Verfahren erhebt Anspruch auf Gültigkeit für den nicht ausufernden Bereich. Mittels des neuen Verfahrens kann man die Abflüsse verkrauteter Gewässer statistisch auswerten. Bei Rechtsstreitfällen besteht die Möglichkeit, Auskunft über die Ursache von hohen Sommerwasserständen zu geben. M.-L. Albrecht. 530.

North, J. J. Irrigation. **(Bewässerung.)** Wld. Crops **14** (1962) Nr. 9. S. 302–305. 307. – 5 Abb.
Die Kosten der Beregnung umfassen die Kosten für Installation und Betrieb. Zu den festen Kosten gehören vor allem die für Pumpstation, Rohrleitungen und Regner. Die für die Pumpstation sind von der Fördermenge, der Förderhöhe und der Antriebsart abhängig. Die Rohrleitungen können unterirdisch oder oberirdisch verlegt sein. Die unterirdischen Rohrleitungen bestehen meistens aus Asbestzementrohren; in zunehmendem Maße werden auch Plastrohre verwendet. Die transportablen Leitungen bestehen meist aus Aluminiumrohren. Der Rohrdurchmesser ist von der Durchflußmenge abhängig. Die Durchflußgeschwindigkeit soll 5 f.p.s. nicht überschreiten. Die Wahl der Regnertypen ist u. a. von der Boden- und der Kulturart abhängig. Die Anlagen sollen möglichst viele Stunden täglich arbeiten, um die festen Kosten zu senken. Die veränderlichen Kosten umfassen im wesentlichen die Pump-, Lohn- und Reparaturkosten. Für die Beregnung von 1 acre mit 1 in. werden etwa 2 bis 2½ AKh benötigt. Die Lohnkosten betragen etwa 20 bis 25% der Gesamtkosten der Beregnung. Um umfangreiche Transporte zu vermeiden, sollen die Beregnungsschläge möglichst dicht beisammen liegen. Die Regenhöhe je Gabe soll möglichst groß sein, um die Zahl der Gaben und damit den Arbeitsaufwand gering zu halten. Bei Schlepperpumpen betragen die Pump-

kosten für 1 acre in. über 15 s. Beregnung sollte nur in Farmen zum Einsatz kommen, die wirtschaftlich gut stehen. Die für verschiedene Kulturen spezifischen Beregnungsgaben und -zeiten werden abschließend behandelt.
D. Voigt. 535.

Szilágyi, Gy. und Vágás, I. Földmedrü öntözőcsatornák szivárgási veszteségének megállapitása. **(Die Ermittlung von Sickerverlusten aus dem unverkleideten Bewässerungskanalbett.)** Vizügyi Közlemények [Wasserbaul. Mitt.] **1962** Nr. 1. S. 23–44. – Aus: Ung. Agrar-Rdsch. **1962** Nr. 4.
Die Untersuchungen wurden nach mehr praktischen als theoretischen Gesichtspunkten ausgeführt. Ihr Zweck war nicht die Ausarbeitung allgemeingültiger Gesetzmäßigkeiten, sondern die Ermittlung von empirischen Beziehungen zwischen den in verschiedenen Teilen Ungarns gemessenen Werten und jenen Faktoren, die die untersuchten Vorgänge in ausschlaggebender Weise beeinflussen. – Das grundlegende Verfahren war die Messung der Sickerverluste aus Becken mit stehendem Wasser. Solche wurden geschaffen durch Verschließen der Kanäle an je zwei Stellen, danach wurde die Geschwindigkeit des Wasserspiegelabsinkens im eingeschlossenen Abschnitt gemessen. Bestimmt wurde die Sickergeschwindigkeit außerdem durch einfache, in den Boden gesenkte Meßrohre, die nach zeitweiligem Ablesen des Wasserstandes stets wieder aufgefüllt wurden. Die auf zweierlei Art erhaltenen Meßzahlen ließen sich mit Hilfe des auf dem Vergleichsweg ermittelten Koeffizienten ineinander umrechnen. – Aus den Ergebnissen ging hervor, daß das Maß der Versickerung einen engen Zusammenhang mit der Zusammensetzung des Bodens aufweist. 535.

Gunzelmann, F. **Die Modernisierung der Bewässerungsanlagen in der elsässischen Hardt durch Umstellung auf Beregnung.** Wasser u. Boden **14** (1962) Nr. 10. S. 349–354. – 3 Abb., 4 Lit.
Die neue Wasserzuleitung erfolgt durch eine 1200 m lange unterirdisch verlegte Rohrleitung aus Stahlbeton, Durchmesser 3,25 m, und einen anschließenden 1770 m langen Freispiegelkanal aus bewehrtem Beton (Sohlenbreite 2,40 m). Zur Abdichtung gegen Wasserverluste wurden verschiedene Bauweisen erprobt. Die Anlage wurde mit modernen selbsttätigen Armaturen (Stauschilder, Regelüberläufe und Entlastungsheber) ausgerüstet. Aus dem Kanal- und Grabennetz wird das Wasser für die Beregnung durch Pumpwerke entnommen und in das unterirdische Rohrnetz gedrückt. Als Regner werden Regner von *Perrot* oder *Siamec* verwendet. Das gesamte Beregnungsgebiet soll von 3000 ha auf 10000 ha vergrößert werden. Die Anlagekosten betragen (ohne Zuleitungskanäle) rd. 3650 DM/ha. Die jährlichen Gesamtkosten (rd. 86 bis 95 DM/ha) setzen sich aus den festen Kosten in Höhe von rd. 65 DM/ha und den beweglichen Kosten von rd. 28 DM/ha zusammen. Die reinen Betriebskosten (Löhne usw.) sind darin nicht enthalten. Es wird mit einem Mehrertrag von rd. 162 DM/ha gerechnet. Abschließend werden auf Versuchsflächen gewonnene Erkenntnisse mitgeteilt. D. Voigt. 535.

Husemann, C. und Wesche, J. **Der Reinigungseffekt bei verschiedenen Verfahren der Abwasserlandbehandlung nach Untersuchungen auf Berliner Sandböden.** Z. Kulturtechn. **3** (1962) Nr. 5. S. 291–307. – 5 Abb., 4 Tab., 12 Lit.
Von 1960/61 auf dem Rieselfeld Carolinenhöhe begonnenen Untersuchungen über die Reinigungswirkung der Landbehandlungsverfahren: Flächenüberstauung (intermittierende und kontinuierliche Bodenfilter mit über 7000 mm/Jahr), Staurieselung (mit mehr als 2000 mm/Jahr), Hangrieselung (mit weniger als 2000 mm/Jahr), Unterflurbewässerung (mit etwa 600 mm/Jahr, Einleitung in scheitelporöse Rohre nach Stauch) und Verregnung (mit 360 mm/Jahr) werden erste Ergebnisse mitgeteilt. Unter der Staurieselung und der Unterflurbewässerung wurden Trichterlysimeter zum Auffangen des Sickerwassers

angebracht; bei den übrigen gedränten Parzellen wurde das Dränwasser untersucht. Der Boden der Versuchsstandorte ist humoser bis schwach lehmiger Sand mit einer Speicherkapazität von 276 bis 349 mm/1,50 m. Das zugeführte, vollmechanisch geklärte Abwasser und das Sickerwasser wurden auf Schwebestoffe, BSB_5, $KMnO_4$-Verbrauch, N, P, K, Na, Ca, Cl und S untersucht. Daraus wurde die Reinigungswirkung der verschiedenen Verfahren abgeleitet. Die Abwasserverregnung gewährleistet den weitaus besten Reinigungserfolg, der jedoch im Vorfluter durch die Abflüsse aus den notwendigen, meist überbelasteten Entlastungsflächen wieder zunichte gemacht werden kann. Diese hochbelasteten Bodenfilter müssen laufend kontrolliert und bei negativen Untersuchungsbefunden entewder erweitert oder durch andere Wege der Entlastung (letztlich durch den Einsatz einer biologischen Kläranlage) ersetzt werden. R. Teipel. 535.

McCarty, Perry L. und Brodersen, C. F. Theory of extended aeration activated sludge. **(Theorie der ausgedehnten Belüftung von Belebtschlamm.)** J. Water Pollut. Control Federat. **34** (1962) Nr. 11. S. 1095–1103. — 4 Abb., 11 Lit. 535.

Keefer, C. E. Temperature and efficiency of the activated sludge process. **(Temperatur und Wirksamkeit bei der Schlammaktivierung.)** J. Water Pollut. Control Federat. **34** (1962) Nr. 11. S. 1186–1196. — 7 Abb., 8 Tab., 18 Lit. 535.

Tarzwell, Clarence M. Development of water quality criteria for aquatic life. **(Entwicklung eines Kriteriums für die Wasserqualität im Hinblick auf das Leben im Wasser.)** J. Water Pollut. Control Federat. **34** (1962) Nr. 11. S. 1178–1185. — 2 Lit. 535.

Simon, W. und Zajonz, A. **Versuche zur landwirtschaftlichen Kultivierung von sandigem Ödland.** Albrecht-Thaer-Arch. **6** (1962) Nr. 9. S. 623–640. — nach Zus.

1. Auf einem grundwasserfernen, trockenen, brachgelegenen Sandboden bei Müncheberg wurden von 1952–61 Fruchtfolge-, Düngungs- und Bodenbearbeitungsmaßnahmen auf ihre direkte Ertragswirkung und auf ihre Nachwirkung untersucht. 2. Durch Fruchtfolge- und Düngungsmaßnahmen allein ließ sich innerhalb von 5 Jahren keine rentable landwirtsch. Nutzung dieses ehemaligen Ödlandes erreichen. Die jeweilige Jahreswitterung hatte wesentlich größeren Einfluß auf die Ertragshöhe als die Vorfrucht- und Düngungsmaßnahmen. 3. Nur bei feuchter Jahreswitterung traten bei den Nachfrüchten bedeutsame Ertragsdifferenzen zugunsten von bodenverbessernder Vorfrucht (N- und wurzelreich) und erhöhter Mineraldüngung ein. 4. Die größte Initialwirkung und anhaltende Wirkung auf die Nachfrüchte hatte etwa 45 cm tief eingepflügter Stallmist. Der Mehrertrag gegenüber „normaler" Bearbeitungstiefe von 20 cm betrug 1957–60 = 3,9 GE/ha/a = 17,3%. 5. 45 cm tiefes Pflügen ohne Stalldung hatte gegenüber „normal" (außer im Trockenjahr 1959) eine Ertragsminderung von 3,0 GE/ha/a = 12,4% zur Folge, jedoch führte hier vorausgehende „doppelte" Mineraldüngung zu einem stärkeren Ertragsanstieg als nach Tieffurche mit 400 dt/ha Stalldung (rel. erhöhtes Nährstoffangebot!). 6. Eine Ertragsbeeinflussung durch 360 dt/ha feinerdereiche Abraumerde aus dem Rüdersdorfer Kalktagebau (etwa 45 cm tief mit eingepflügt) konnte bisher nicht nachgewiesen werden. 7. Durch Bodensondenmessungen konnte hier die durch das meliorative Pflügen erwirkte Unterbodenauflockerung besser nachgewiesen werden als durch die PV-Bestimmung mittels Stechzylinders. 8. Das nach 3jährigem Schafschwingelanbau (anschließend Leguminosen-Stoppelfrucht) durchgeführte meliorative Pflügen hatte noch 2 Jahre später einen höheren Kohlenstoffgehalt des Bodens zur Folge. Nach 5 Jahren traten fruchtfolgebedingte Differenzen nicht mehr auf.

Bedeutsam ist der höhere C-Gehalt des Unterbodens nach tiefer Pflugfurche. 9. Tief gepflügter Boden vermochte künstlich aufgetragenes Wasser schneller aufzunehmen als flach gepflügter. 545.

C. Bodenabtrag und Bodenschutz

Singh, J. S. und Wali, M. K. The problem of soil erosion in some parts of Kashmir Himalayas. **(Das Problem der Bodenerosion in einigen Gebieten des Himalaya in Kaschmir.)** Proc. nat. Acad. Sci., India, Sect. B **32** (1962) Nr. 2. S. 118–124. – 6 Abb., 10 Lit.

Nach grundsätzlichen Ausführungen über Wesen, Formen und Ursachen der Bodenerosion im allg. gehen Vff. auf die spez. Probleme im Himalayagebiet von Kaschmir ein. Als Ursachen der dortigen Erosionserscheinungen haben sie bei ihren Untersuchungen vor allem zu starken Weidebesatz, starke Schneefälle, unerwünschte Zusammensetzung der Forstbestände und planlose Abholzung der hängigen Flächen gefunden. Letzterer Faktor wird als bes. ernst angesehen, zumal er in 1. Linie vom Menschen selbst abhängt. Da die Bevölkerung dort sogar das Laub für Feuerungszwecke sammelt, entzieht sie somit dem ohnehin kargen Boden die einzige Nährstoffquelle (Kreislauf: Boden – Pflanze – Boden), wodurch er wiederum erosionsanfälliger wird. Die wirksamste Gegenmaßnahme dürfte eine fachgerechte Aufklärung und Anleitung der teilweise noch nomadisch lebenden Hirtenstämme sein, denn häufig sind es noch religiöse Kultvorstellungen, die der einen oder anderen Schutzmaßnahme entgegenstehen. Abschließend veröffentlichen Vff. eine Liste der für die Wiederaufforstung in den verschiedenen Höhenlagen mit unterschiedlicher geologischer Schichtung geeigneten Species, bes. Koniferen.
W. Fleischmann. 575.

Smolik, Dušan. Zjišťování množství splavenin v zemědělských kulturách beskydských enkláv. **(Zweijährige Versuche zur Feststellung der Abspülmengen in landwirtschaftlichen Kulturen der beskidischen Enklaven.)** Přírodovědný Časopis Selzský **23** (1962) Nr. 3. S. 341–354. – 7 Abb., 5 Tab., 13 Lit. Zus. in Dtsch. 575.

Tesař, Vladimír; Zbraslav-Strnady, Výzkumný Ústav Lesního Hospodářství a Myslivosti; Opočno, Výzkumna Stanice. Škody působené lesnímu hospodářství kouřovými exhalacemi na Trutnovsku. **(Die durch Rauchexhalationen im Gebiet von Trutnov verursachten Forstwirtschaftsschäden.)** Lesnictví **8(35)** (1962) Nr. 11. S. 927–940. – 4 Abb., 3 Tab., 7 Lit. Zus. in Russ., Franz., Dtsch. 580.

Possegger, S.; Klagenfurt. **Flußbau schützt Siedlung und Industrie.** Österr. Wasserwirtsch. **14** (1962) Nr. 10/11. S. 180–191. – 19 Abb. 580.

Stanek, Hans; Villach. **Siedlungsschutz durch Wildbachverbauungen.** Österr. Wasserwirtsch. **14** (1962) Nr. 10/11. S. 192–196. – 11 Abb. 580.

Steubing, Lore. **Untersuchungen zum Wasserhaushalt windgeschützter und windexponierter Pflanzen am natürlichen Standort.** Biol. Zbl. **81** (1962) Nr. 5. S. 585–596. – 3 Abb., 4 Tab., 22 Lit.

Unter eingehender Berücksichtigung der Klimafaktoren wurden am natürlichen Standort von *Sambucus nigra* (I) und *Hippophae rhamnoides* (II) Messungen der Transpiration und des Sättigungsdefizits sowie einige Bestimmungen des osmotischen Wertes im Luv und Lee der Sträucher vorgenommen. Bei Windstille war die Wasserabgabe der Blätter, die auf der windexponierten Buschseite ausgebildet worden waren, infolge ihres xeromorphen Baues höher als diejenige von Blättern der windabgewandten Seite. Schwache Luftbewegung und gute Insolation verlagerten bei I die höhere Transpiration von der

Luv- zur Leeseite, wo infolge der Windabschwächung beim Durchtritt durch Geäst und Laub des Strauches höhere Temp. und eine geringere Luftfeuchtigkeit herrschten. Dieser Strahlungseinfluß übertraf den des Windes bis zu einer Strömungsgeschwindigkeit der Luft von ~3,5 m/s (Luv). Bei Verstärkung der Ventilation fand eine Drosselung der Wasserabgabe infolge Spaltenschlusses statt. Bei II wurde der Strahlungseinfluß schon bei 3 m/s Strömungsgeschwindigkeit der Luft durch den Bewindungseffekt überdeckt, indem die Transpiration der luvseitigen Blätter über derjenigen der im wärmeren und weniger feuchten Ökoklima befindlichen Leeblätter lag. Das Sättigungsdefizit stieg bei I durch Bewindung weniger an als bei II. Die osmotischen Werte von Blättern aus der Luvseite eines Strauches waren höher als die der Leeseite. W. Fleischmann. 585.

Liebmann, Hans. **Handbuch der Frischwasser- und Abwasser-Biologie.** Band I. Biologie des Trinkwassers, Badewassers, Fischwassers, Vorfluters und Abwassers. 2. Aufl. Jena: VEB Gustav Fischer Verlag. 1962. (XV, 588 S. m. 458 Abb. u. 21 Taf.) 15,5 × 23,5 cm. DM 78,–. Das 2-bändige Handbuch will durch möglichst vollständige Behandlung der wasserwirtschaftl.-biolog. Probleme bes. dem Praktiker dienen. Während der inzwischen auch erschienene Band II u.a. die natürliche Selbstreinigung, die Biolog. des Vorfluters, des Trinkwassers, Badewassers, Fischwassers und Abwassers sowie dessen Toxikologie behandelt, ist der vorliegende – in überarbeiteter und ergänzter Auflage erschienene – Band I in der Hauptsache der Methodik der Wasseruntersuchung gewidmet. Seine wesentlichsten Hauptkapitel sind folgende: A. Methodik der Wasseruntersuchung. B. Die Leitorganismen bei der Untersuchung organischer, fäulnisfähiger Verunreinigungen des Wassers. C. Die Leitorganismen bei der Untersuchung anorganischer oder nicht fäulnisfähiger organischer Verunreinigungen des Wassers. D. Die unbelebten Schweb- und Sinkstoffe des Wassers. E. Methodik und Auswertung der biolog. Wassergütekartierung. – In über 25jähriger systematischer Arbeit hat Vf. das Material gesammelt und war bemüht, auch alle in der Weltliteratur weit verstreuten Veröffentlichungen zusammenzutragen. Das mehrere 100 Titel umfassende Lit. Verz. bestätigt das. Es reicht bis zum Jahre 1961. E. v. Wangenheim.

Kneese, Allen V. **Water pollution.** Economic aspects and research needs. Baltimore, Maryland: The Johns Hopkins Press. (IX, 107 S.) 23 × 15,5 cm. $ 1,75. Das Heft behandelt in 2 Teilen einmal die ökonomischen Grundlagen und zum anderen die Forschungsprobleme der Wasserverunreinigung. Innerhalb dieses Rahmens ist das Material in 8 Kap. gegliedert, die im wesentlichen folgende Fragen beantworten: Art der Wasserverunreinigung, ihre Auswirkungen und ihre Behandlung – ökonomische und sozialpolitische Erfordernisse und Maßnahmen – Rolle der Überwachungsorgane – Bestimmung, Berechnung, Auswertung, Klassifikation, Analyse – Forschungsaufgaben und -ergebnisse sowie Schlußfolgerungen für zukünftige Maßnahmen, um die z.Zt. notwendigen vielen Billionen, die für die Verhütung bzw. Beseitigung von Gewässerverunreinigungen aufgewendet werden müssen, nach Möglichkeit zu verringern. E. v. Wangenheim.

Jarret, Henry Ed. **Comparisons in resource management.** Baltimore, Maryland: The Johns Hopkins Press. 1961. (271 S. m. Abb.) 8°. $ 5,50. Das Buch behandelt 6 Probleme der Landeskultur, untersucht eingehend ihre Lösung in jeweils einem anderen Lande und vergleicht die in den USA auftretenden Symptome zwecks Auswertung der bereits vorliegenden Erfahrungen. Die Probleme sind: „Anlage und Verwaltung von Nationalparks in England und Wales", „Forstwirtschaft in Schweden", „Naturschutz in Großbritannien", „Flußwasserverschmutzung in Deutschland", „Landschaftsgestaltung in Kanada" sowie „Boden- und Wasserschutz in Frankreich". Entsprechende Veröffentlichungen des Jahres 1961 wurden zu Grunde gelegt. Jedes Problem ist durch mehrere Beiträge versch. Autoren bearbeitet, von denen immer einer die Nutzanwendung zieht. Das Studium dürfte bes. für den Praktiker von Interesse sein. E. v. Wangenheim.

VI. PFLANZENERNÄHRUNG UND DÜNGUNG

B. Pflanzenernährung

Belikov, I. F. (Belikow, I. F.); Wladiwostok, Fernöstl. Zweigstelle der Sibir. Abt. der Akad. der Wiss. der UdSSR. Nekotorye zakonomernosti raspredelenija produktov fotosinteza u rastenij v period ich vegetacii. **(Einige Gesetzmäßigkeiten der Verteilung der Photosyntheseprodukte in den Pflanzen während der Vegetationsperiode.)** Izvestija Sibirskogo otdelenija Akademii nauk SSSR, Novosibirsk **1962** Nr. 5. S. 93–106. – 5 Abb., 9 Tab., 23 Lit.

Die Verteilung der Assimilationsprodukte (I) in den Pflanzen wurde bei verschiedenen Arten mit Hilfe von $^{14}CO_2$ nach Selenski untersucht. In der Entwicklung begriffene Blätter von Gurke, Kürbis, Fingerhut und Topinambur erhalten I vorwiegend aus den oberen Blättern, während I aus den unteren Blättern vorwiegend an die Wurzeln abgegeben werden. Zwischen Blättern (beobachtet bei Gurke, Kürbis, Topinambur, Fingerhut, Kohl, Buchweizen, Tabak und Sojabohne) und anderen Pflanzenorganen erfolgt so gut wie kein Austausch von I, da diese am Entstehungsort verbraucht werden. Mit der Bildung der Früchte (beobachtet bei Kürbis und Gurke) gelangen I gleichzeitig zu den Früchten, den Spitzen der Triebe und jungen wachsenden Blättern. Bei Tabak hören mit dem Erscheinen der Knospen die jungen Blätter auf, sich mit I zu versorgen, wobei ihr Wachstum gehemmt wird und der I-Strom in die Knospen gelangt. Das Wachstum der vegetativen Organe wird dadurch nicht beeinträchtigt. Entfernung der Früchte verstärkt die I-Zuführung zu den vegetativen Organen, deren Wachstum dadurch merklich gefördert wird. P. Stoß. 625.

Mechanik, F. Ja.; Gorki, Gebiet Mogiljow, Beloruss. Landwirtsch.-Akad. Okislitel'no-vosstanovitel'nye svojstva rastenij pri prochoždenii stadij jarovizacii i svetovoj. **(Redoxeigenschaften der Pflanzen während der Jarowisations- und Lichtstadien.)** Žurnal obščej biologii, Moskva **23** (1962) Nr. 4. S. 265–275. — 4 Abb., 3 Tab., 21 Lit.
Wachstumskegel von jarowisiertem Wi-Weizen besitzen eine höhere Oxydationsfähigkeit als Wachstumskegel von nichtjarowisiertem. Bei hoher Intensität der Sonneneinstrahlung steigt das Redoxpotential der grünen Blätter. Diese Gesetzmäßigkeit ist bes. stark bei den jarowisierten Winterpflanzen ausgeprägt. Der entwicklungshemmende Faktor bei Kurztagspflanzen (Hirse) unter Langtagsbedingungen ist der hohe Grad der Reduktionsprozesse. Unter Kurztagsbedingungen wird bei Langtagspflanzen (Weizen) die Entwicklung durch die hohe Aktivität der Oxydationsprozesse gehemmt. H. Göring. 625.

Petinov, N. S. und Razmaev, I. I. (Petinow, N. S. und Rasmajew, I. I.); Moskau, Pflanzenphysiol. Timirjasew-Inst. der Akad. der Wiss. der UdSSR. Posledejstvie vysokich temperatur na fosfornyj obmen v rastenijach. **(Die Nachwirkung hoher Temperaturen auf den Phosphorstoffwechsel in Pflanzen.)** Izvestija Akademii nauk SSSR. Serija biologičeskaja, Moskva **27** (1962) Nr. 1. S. 106–111. — 2 Abb., 7 Tab., 18 Lit. Zus. in Engl.
An Hand von Modellversuchen in Mitscherlichgefäßen wurde der Einfluß der Temperatur auf die P-Aufnahme der Pflanzen bei hoher rel. Luftfeuchte untersucht. Testpflanzen waren Weizen und Mais, die 8 Std. lang einer rel. Luftfeuchte, 36–38 °C bzw. 38–42 °C entsprechend, ausgesetzt wurden. Anfänglich nahmen die behandelten Pflanzen mehr P auf und transportierten mehr P in die oberirdischen Organe. Bei längerer Exposition wurde P in anorg. Form aus den Blättern in die Wurzeln geleitet bzw. durch die Wurzeln an den Boden abgegeben. Unmittelbar nach dem Abbruch der Erwärmung setzte in den Weizenpflanzen eine allgemeine Aktivierung der P-Aufnahmeprozesse und der Transport- sowie Synthesevorgänge ein. Diese Periode währte etwa 72 Std., danach war die Aktivierung rückläufig. In den Maispflanzen setzte die allgemeine Aktivierung durch die Erwärmung nach deren Abbruch aus. Vf. folgert aus den Befunden, daß der Gehalt an kolloidal gebundenem Wasser durch die Aktivität des Eiweißes bedingt wird und diese durch dessen Gehalt an P. Aus diesem Grunde wurde eine ähnliche günstige Wirkung auch in bezug auf den N-Stoffwechsel beobachtet, mit der Besonderheit, daß sie erst innerhalb von 3 Tagen nach Erwärmung eintrat. H. Winkler. 625.

Mokady, R.; Rehovot, Israel, Nat. and Univ. Inst. of Agric. Soil aggregation and lime content as factors in lime-induced chlorosis. **(Bodenkrümelung und Kalkgehalt als Faktoren bei der durch Kalk induzierten Chlorose.)**

Soil and Plant [The Hague] **15** (1961) Nr. 4. S. 367–376. — 1 Abb., 6 Tab., 14 Lit.

Tr.-Subst.-Ertrag und Chlorophyllgehalt der Blätter von *Paspalum dilatatum*, einem chloroseempfindlichen Gras, nahmen beim Anbau in Gefäßversuchen auf Mischungen eines Rendzina-Bodens und eines kalkarmen Alluvialbodens bei zunehmendem Anteil des erstgenannten Bodens ab. Ertragsminderung wie auch Chlorophyllabnahme waren in grobkörnigen Varianten (durch Zusatz von synthetischen Bodenverbesserungsmitteln variiert) stärker als in feinkörnigen. Die O_2-Aufnahme der Graswurzeln war nur im kalkreichen, grobkörnigen Boden reduziert. Eine signifikante Korrelation wurde zwischen dem Chlorophyllgehalt der Blätter und der O_2-Aufnahme ermittelt, nicht jedoch zwischen O_2-Aufnahme und Ertrag. V. Koepke. 625.

Mokady, R.; Rehovot, Israel, Nat. and Univ. Inst. of Agric. The effect of partial pressure of oxygen in field soils on lime-induced chlorosis. **(Der Einfluß des Partialdruckes von Sauerstoff in Freilandböden auf die durch Kalk induzierte Chlorose.)** Plant and Soil [The Hague] **15** (1961) Nr. 4. S. 377–386. — 3 Abb., 3 Tab., 11 Lit.

Untersuchungen der Zusammenhänge zwischen der Chlorose von *Paspalum dilatatum* auf einer beregneten Weide und dem O_2-Gehalt der Bodenluft zeigten, daß niedriger Chlorophyllgehalt und hoher O_2-Partialdruck zusammenfielen. Diese Beziehung bestand jedoch anscheinend nur bei hohem Wassergehalt des Bodens. V. Koepke. 625.

Schönbeck, F.; Köln, Madaus, Bot. Abt. **Weitere Untersuchungen über die Veränderung der chemischen Zusammensetzung von Pflanzen durch Aufnahme phenol- und cumarinartiger Verbindungen aus Nährlösungen und Boden.** Z. Pflanzenernähr., Düng., Bodenkunde **98(143)** (1962) Nr. 2. S. 126–136. — 3 Tab., 53 Lit.

Sowohl über die Wurzeln (aus Nährlösungen) als auch über den Sproß (besprüht mit wäßrigen Lösungen) nahmen junge Weizen- und Bohnenpflanzen cumarinartige Verbindungen auf, wie nach Aufarbeitung des vor der Analyse gründlich abgesprühten Wurzel- und Sproßmaterials (Homogenisator-Extraktion in heißem Methanol, Einengung, Papierchromatographie) nachgewiesen werden konnte. Wurden cumarin- oder phenolartige Verbindungen (Phenol, Hydrochinon, Phloroglucin, Aesculetin, Umbelliferon ...) — ähnlich einer Beregnung oder Überschwemmung mit org. Verbindungen enthaltenden Abwässern — auf bewachsenen Boden gegeben, so war ebenfalls eine Resorption über die Pflanzenwurzeln feststellbar. Auch aus zum Boden zugemischtem Pflanzenmaterial (Kastanienrinde mit Aesculin, Bärentrauben- oder Birnenblätter mit Arbutin, Apfelwurzelrinde mit Phlorin) nahmen die Testpflanzen diese Verbindungen auf, wenn die Böden sorptionsschwach und biol. weniger aktiv waren. — Zur Aufnahme org. Stoffe durch höhere Pflanzen wird abschließend eine umfangreiche Literaturübersicht gebracht.
H. E. Freytag. 630.

Ivanov, V. P. (Iwanow, W. P.); Moskau, Pflanzenphysiol. Timirjasew-Inst. der Akad. der Wiss. der UdSSR. Vzaimovlijanie kukuruzy i kormovych bobov čerez kornevye sistemy pri ich sovmestnom poseve. **(Gegenseitige Beeinflussung von Mais und Futterleguminosen durch die Wurzelsysteme bei ihrer gemeinsamen Aussaat.)** Fiziologija rastenij, Moskva **9** (1962) Nr. 2. S. 179–188. — 3 Abb., 4 Tab., 36 Lit. Zus. in Engl.

In Vegetationsversuchen mit Mais und Futterbohnen wird o.g. Frage mit Hilfe von $^{14}CO_2$ untersucht. Wie die Impulsmessungen und die Radioautographien zeigen, findet eine wechselseitige Aufnahme der Wurzelausscheidungen statt, wobei der radioaktive C bis zu den Blättern wandert. Die Wurzelausscheidungen von Mais werden von den Knöllchen der Futterbohnen wesentlich intensiver aufgenommen als von den Wurzeln. Nach Vf. stimulieren die

Wurzelausscheidungen von Mais das Wachstum und die Entwicklung der Knöllchen. Auf die praktische Bedeutung dieses Effektes wird hingewiesen. Die Versuchsmethodik, bes. das Arbeiten mit $^{14}CO_2$, wird ausführlich beschrieben. G. Graul. 630.

Butler, G. W., Barclay, P. C. und Glenday, A. C.; Palmerston North, New Zealand, D.S.I.R., Grasslands Div.; Appl. Mathematics Lab., Plant Chem. Div. Genetic and environmental differences in the mineral composition of ryegrass herbage. **(Genetische und umweltbedingte Unterschiede in der Mineralzusammensetzung des Weidelgrases.)** Plant and Soil [The Hague] **16** (1962) Nr. 2. S. 214–228. — Abb., Lit.

Gras von 7 Weidelgrasklonen wurde auf 12 Mineralkomponenten (Nitrat, Gesamtphosphat, säurelösliches Phosphat, Sulfat, Na, K, Fe, Ti, Al, Mn, Cu und Zn) untersucht. Dabei wurden für alle Klone signifikante Differenzen in der Mineralzusammensetzung, mit Ausnahme des K, erhalten; Nitrat, Sulfat und Na zeigten die größten Differenzen. Die Klone besaßen signifikante Erblichkeit für alle Unterschiede im Mineralgehalt, jedoch ebenfalls wieder das K ausgenommen. Ferner wurden die Zusammenhänge zwischen den Differenzen in der Mineralzusammensetzung, der Kationenaustauschkapazität der Wurzel und den Wachstumsunterschieden geprüft. Desgleichen errechnete man genetische und umweltbedingte Korrelationen zwischen den gefundenen Unterschieden in der Mineralzusammensetzung. Bemerkenswert waren die genetischen Korrelationen zwischen Austauschkapazität der Wurzel und 5 Mineralkomponenten (Fe, Al, Ti, Nitrat und säurelösliches Phosphat). Zwischen Wachstum und Mineralunterschieden bestand keine genetische Korrelation. G. Loßner. 630.

Dilz, K. und Mulder, E. G.; Wageningen, Netherlands, Agric. Univ., Lab. of Microbiol. Effect of associated growth on yield and nitrogen content of legume and grass plants. **(Einfluß des gemeinsamen Wachstums auf Ertrag und Stickstoffgehalt von Leguminosen und Graspflanzen.)** Plant and Soil [The Hague] **16** (1962) Nr. 2. S. 229-237. — Tab., Lit.

Vff. untersuchten, in welchem Ausmaß Luzerne sowie Rot- und Weißklee den Ertrag und den N-Gehalt des Deutschen Weidelgrases beeinflussen können, wenn sich ihre Wurzelsysteme berühren. Um gleiche Belichtungsverhältnisse zu haben, wurden Weidelgras und Leguminosen in jeweilig 2 benachbarten Reihen in Mitscherlichgefäßen gezogen. In den Kontrollgefäßen erfolgte die Trennung der Wurzelsysteme durch Glasplatten. — Während des Sommers gaben die Leguminosen wenig N ab. Luzerne lieferte hier die größte Menge. Im Herbst, nach dem Schneiden der Leguminosen, waren die abgegebenen N-Mengen bei Luzerne und Rotklee gleich groß wie beim 1. Schnitt. Weißklee lieferte jedoch einen wesentlich höheren Betrag. Bedeutend größere Mengen des Leguminosen-N waren den Graspflanzen nach dem Abtöten der Leguminosen verfügbar. G. Loßner. 630.

Mouat, M. C. H.; Palmerston North, New Zealand, D.S.I.R., Grasslands Div. Genetic variation in root cation-exchange capacity of ryegrass. **(Genetische Änderung der Kationenaustauschkapazität der Weidelgraswurzel.)** Plant and Soil [The Hague] **16** (1962) Nr. 2. S. 263-265. — Tab., Lit.

Allgemein wurde angenommen, die Wirkung der Kationenaustauschkapazität der Wurzel auf die Nährstoffaufnahme sei charakteristisch für die jeweilige Art. Nachdem jedoch schon Ausnahmen bekannt geworden waren, untersuchte Vf. — als ein Beispiel für eine kreuzungsfertile Art — die Veränderung der Kationenaustauschkapazität der Wurzel an 7 Weidelgrasklonen. Nach 5wöchiger Anzucht der Pflanzen erfolgten Ernte und Untersuchung der Wurzeln (Elektrodialyse, Bestimmung der Austauschkapazität durch Rücktitration einer Suspension der Wurzeln in n KCl nach der Methode von Drake).

Hierbei traten hochsignifikante Differenzen der Kationenaustauschkapazitäten der Wurzeln der einzelnen Genotype auf, während die Abweichungen innerhalb der individuellen Klone gering waren. G. Loßner. 630.

Tueva, O. F., Čičačeva, G. M., Kazuto, O. N. und Danilova, N. S. (Tujewa, O. F., Tschichatschewa, G. M., Kasuto, O. N. und Danilowa, N. S.); Moskau, Pflanzenphysiol. Timirjasew-Inst. der Akad. der Wiss. der UdSSR. Ispol'zovanie fosfora, pogloščaemogo rasteniem čerez korni ili čerez list'ja. **(Die Nutzung des Phosphors, der von der Pflanze durch die Wurzel oder das Blatt aufgenommen wurde.)** Izvestija Akademii nauk SSSR. Serija biologičeskaja, Moskva **27** (1962) Nr. 1. S. 29-41. — 7 Abb., 4 Tab., 15 Lit. Zus. in Engl.
In Modellversuchen mit Kürbispflanzen wurde die Wirkung der Blattapplikation von P mit der P-Applikation über die Wurzeln verglichen. Die Versuchsergebnisse zeigten, daß die alleinige Versorgung mit P über die Blätter keine normale Synthese der P-org. Verbindungen in der gesamten Pflanze hervorrufen kann. Bes. in der Anfangsperiode der Entwicklung, die in bezug auf die P-Ernährung eine kritische Periode darstellt, ist die P-Versorgung der Pflanzen über die Blätter ungeeignet. Die Ursache für diese Erscheinung wird in der Passivität dieser Organe bei der Weiterleitung des P an die Wurzeln gesehen. Eine normale Synthese der P-org. Verbindungen geht nur vonstatten, wenn genügend P über die Wurzeln verabfolgt wird. Eine positive Wirkung der P-Applikation über das Blatt kann nur dann verzeichnet werden, wenn die Versorgung über die Wurzel unzureichend ist. H. Winkler. 630.

Bjalyj, A. M. (Bjaly, A. M.); Unions-Forsch.-Inst. für Forst- und Bodenmeliorat. Raschod počvennoj vlagi i vlagooborot v sevooborote. **(Verbrauch der Bodenfeuchtigkeit und Feuchtigkeitsverlauf in der Fruchtfolge.)** Počvovedenie, Moskva **1962** Nr. **4.** S. 7-15. — 6 Tab., 21 Lit. Zus. in Engl.
Vf. berichtet über 14jährige Untersuchungen (1940-53) der Bodenfeuchtigkeit und des Wasserverbrauches von Kulturpflanzen, die in einer 10gliedrigen Fruchtfolge auf gewöhnlichem Tschernosem im SO der UdSSR angebaut wurden. Der Wasserverbrauch von Sonnenblumen je Tr.-Subst.-Einheit der oberirdischen Masse war am niedrigsten, am höchsten der des mehrjährigen Kleegrases. Wi-Weizen und Kleegras transpirierten dagegen je Tr.-Subst.-Einheit der Gesamtmasse (Sproß + Wurzel) die geringsten Wassermengen, die höchsten Sonnenblumen. Einjährige Kulturpflanzen beeinflußten den Feuchtigkeitsgehalt des Bodens bis zu 150 cm Tiefe, mehrjähriges Kleegras bis 300 cm Tiefe. Ch. Bachmann. 640.

Prokof'ev, A. A. und Kac, K. M. (Prokofjew, A. A. und Kaz, K. M.); Krasnodar, Unions-Forsch.-Inst. für Ölpflanzen und Äther. Ölkult. O transpiracii plodov masličnich rastenij. **(Die Transpiration der Früchte von Ölkulturen.)** Doklady Akademii nauk SSSR, Moskva **139(29)** (1961) Nr. 3. S. 744-747. — 4 Abb., 1 Tab., 4 Lit.
Die Früchte aller untersuchten Ölpflanzen transpirieren je Oberflächeneinheit stärker als das betr. Blattwerk bei vergleichsweise schwacher Transpiration der Knospen und starkem Ansteigen der Transpiration in den Blütenständen. Reifende Sonnenblumenkörbchen verdunsten $> 70\%$ des Wassers mit den Früchten und $< 30\%$ mit der übrigen Masse der Körbchen. Intensiv transpirierende Früchte enthalten starkwasserhaltige Samen. In dem Maß, wie Früchte und Samen reifen, verringern sich Transpirationsgrad und Wassergehalt. Sehr ölhaltige Sonnenblumensorten transpirieren in der Zeit der Samenausbildung und -reife weniger als nicht so ölhaltige Sorten. Mit dem Altern der Früchte sinkt ihre Transpirationsintensität. K. Lill. 640.

Avundžjan, É. S. (Awundshjan, E. S.); Bot. Inst. der Akad. der Wiss. der Armen.SSR. Vlijanie vodnogo režima na soderžanie alkaloidov v kornjach i list'jach tabaka po fazam razvitija. **(Einfluß des Wasserhaushalts auf den Alkaloidgehalt in Wurzeln und Blättern des Tabaks in den einzelnen Entwicklungsphasen.)** Izvestija Akademii nauk Armjanskoj SSR. Biologičeskie nauki, Erevan **15** (1962) Nr. 6. S. 65-75. — 4 Abb., 6 Tab., 28 Lit. Orig.: russ., Ausz.: armen.

Es wird nachgewiesen, daß der Einfluß des Wasserhaushaltes der Tabakpflanzen auf den Alkaloidgehalt in den Wurzeln und Blättern im wesentlichen vom Alter und der Entwicklung der Pflanzen abhängt. Bei Jungpflanzen bewirkte Wassermangel in den Geweben eine Verringerung des Alkaloidgehaltes, bei blühenden Pflanzen dagegen eine Erhöhung desselben. Die Erhöhung des Alkaloidgehaltes in den Wurzeln und Blättern war begleitet von einer entspr. Verringerung des Gehaltes an solchen Aminosäuren, die als Präkursoren der Alkaloide in Frage kommen (Glutaminsäure, Arginin, Lysin, Prolin, Serin), und von einer Erhöhung im Gehalt an den übrigen Aminosäuren. Durch das Entfernen der Blüten und Achselsprosse verstärkte sich die Alkaloidsynthese. Durch Wassermangel wurde bes. bei tief geköpften und gegeizten Pflanzen der Gehalt an Anabasin und Nornikotin erhöht. J. Merker. 640.

Stocking, C. Ralph und Ongun, Alpaslan; Davis, Univ. of California, Dep. of Bot. The intracellular distribution of some metallic elements in leaves. **(Die intracellulare Verteilung einiger metallischer Elemente in Blättern.)** Amer. J. Bot. **49** (1962) Nr. 3. S. 284-289. — 5 Abb., 5 Tab., 15 Lit.

Die Chloroplasten aus Blättern von *Nicotiana rustica* L. und *Phaseolus vulgaris* L. wurden einmal nach der wasserfreien Methode (vgl. Plant Physiol. **34** [1959] Nr. 1. S. 56.) und zum anderen mit 0,5 mol. kalter Rohrzuckerlösung isoliert und auf ihren Gehalt an K, Na, Ca, Mg und N untersucht. Es wurde gefunden, daß eine große Menge der o.g. Elemente während der Isolierung mit der Rohrzuckerlösung aus den Plastiden verloren geht. Die nach der wasserfreien Methode isolierten Chloroplasten enthielten (in % des in den Blättern vorhandenen Gehaltes an den nachfolgenden Elementen) bei Tabakblättern 51 Na, 55 K, 72 Mg, 63 Ca und 75 N, bei Bohnenblättern 39 K, 48 Mg, 58 Ca und 76 N, während bei Isolierung mit Rohrzuckerlösung der Anteil an Na, K, Mg, Ca und N bei Tabakblättern (Bohnenblättern) 0,7; 0,5 (3,3); 5,0 (21); 3,3 (11) und (40) betrug. Elektronenmikrophotographien ergaben, daß bei der wasserfreien Isolierung der Chloroplasten nur eine teilweise Zerstörung der inneren Struktur und Plastidenmembran auftritt.
P. Stoß. 645.

Grodzinśkyj, A. M., Lapčyk, V. F. und Paršykov, V. F. (Grodsinsky, A. M., Laptschyk, W. F. und Parschykow, W. N.); Inst. für Bot. der Akad. der Wiss. der Ukrain.SSR. Do pytannja pro vplyv fotosyntezu na azotove zyvlennja roslyn. **(Der Einfluß der Photosynthese auf die N-Ernährung der Pflanzen.)** Ukraïnśkyj botaničnyj žurnal, Kyïv **18** (1961) Nr. 3. S. 13-22. — 4 Abb., 17 Lit. Orig.: ukrain., Ausz.: russ., engl.

Weizen, Bohnen und Mais wurden unterschiedlichen Bedingungen (Dunkelheit, Licht, in der CO_2-freien oder mit CO_2 auf 0,6% angereicherten Atmosphäre) ausgesetzt. — Nitrataufnahme der Pflanze und CO_2-Versorgung verhielten sich antagonistisch. Weiterhin war die Nitrataufnahme dem Gehalt an org. Säuren dem der Pflanzen umgekehrt proportional, während Ammoniakaufnahme und der Gehalt an Säuren positiv korrelierten. Es wird damit bestätigt, daß die N-Ernährung der Pflanze im hohen Maße von der Dynamik org. Säuren abhängt. W. Peitz. 645.

Anisimov, A. A. (Anissimow, A. A.); Gorki, Staatl. Lobatschewski-Inst. Peredviženie assimiljatov u psenicy v fazu kološenija v svjazi s uslovijami azotno-fosfornogo pitanija. **(Wanderung der Assimilate bei Weizen in der Phase des Ährenschiebens im Zusammenhang mit der N- und P-Ernährung.)** Doklady Akademii nauk SSSR, Moskva **139(29)** (1961) S. 742-743.

In den Jahren 1958-60 wurde Weizen 'Lutescens 62' in Knopscher Nährlösung aufgezogen: a) in Vollösung, b) in Lösungen, denen z. T. P entzogen wurde, c) in Lösungen, denen z. T. N entzogen wurde. Im Stadium des Ährenschiebens erhielten die mittleren Blätter 30-40 Min. $^{14}CO_2$ (10-15 mc/l). — ^{14}C fand sich in den Halmen hauptsächlich ober- und unterhalb der Blätter. Der ^{14}C-Anteil in den Wurzeln war manchmal ebenso groß wie in der Ähre. Die N-hungrigen Pflanzen schoben zuerst die Ähren (12-16 Tage vor den Kontrollpflanzen), dann die P-hungrigen (3-6 Tage vor den Kontrollpflanzen), die Radioaktivität der Ähre (in Prozent der allgemeinen Radioaktivität der Pflanzen) und dementspr. der Strom der Assimilate zu den Ähren der Pflanzen, die nur an einem Tag $^{14}CO_2$ erhielten, waren am größten in der Variante mit verringerter N-Gabe und am geringsten in der Variante mit voller Nährstoffgabe. Eine durchaus gegensätzliche Gesetzmäßigkeit wurde beobachtet, wenn die Weizenblätter $^{14}CO_2$ an verschiedenen Tagen, aber in einer Entwicklungsphase erhielten (2-3 Tage nach dem Erscheinen der Ähre). Am intensivsten war dann der Strom der Assimilate zu den Ähren der voll ernährten Pflanzen, am langsamsten zu denen der N-hungrigen. K. Lill. 645.

Welte, E. und Werner, W.; Hannover, Landwirtsch. Forsch.-Anst. Büntehof. **Ionenaustauscherversuche über die Beeinflussung der Kationenaufnahme der Pflanzen durch die Stickstoff-Form.** Agrochimica [Pisa] **6** (1962) Nr. 4. S. 337-348. — 7 Abb., 1 Tab., 20 Lit.

Sandkulturversuche dienten den Vff. zum Studium der spez. Auswirkungen der N-Form auf die Kationenaufnahme von Hafer, Raps und Mais unter bes. Berücksichtigung des Mg-Gehaltes. Hierbei erfolgte die N-Düngung über synthetische Ionenaustauscherharze, so daß sich die Möglichkeit bot, N in wechselnden Verhältnissen als Kation (NH_4^+) und als Anion (NO_3^-) zu verabreichen, ohne allerdings gleichzeitig die Konz. an Begleitionen sowie die Reaktionsverhältnisse des Experimentierbodens zu verändern. Der Einfluß der N-Form auf die Kationenaufnahme kommt unter diesen Voraussetzungen am deutlichsten im Mineralstoffgehalt der oberirdischen Pflanzenteile zum Ausdruck. Mit zunehmendem NH_4^+-Angebot im Boden verminderte sich in den Blättern und Stengeln der Versuchspflanzen nicht nur der Gehalt an K, Ca und Mg, sondern auch die Substanzbildung und die Kationenaufnahme. W. Prager. 645.

Ramakrishna, Kurup, C. K. und Sastry, A. S.; Rajahmundry, Andhra Pradesh, Centre Tobacco Res. Inst. Influence of soil and irrigation water on the chemical composition and quality of cigar tobacco. **(Einfluß des Bodens und des Beregnungswassers auf die chemische Zusammensetzung und die Qualität von Zigarrentabak.)** J. Indian Soc. Soil Sci. **10** (1962) Nr. 2. S. 99-108. — 7 Tab., 22 Lit.

Die chem. Zusammensetzung sowie der Brand der Tabakblätter aus 10 verschiedenen Orten waren sehr unterschiedlich, die Gesamtsumme an Kationen in mval jedoch ziemlich konstant. Das verwendete Rieselwasser wirkte trotz des hohen Salzgehaltes nicht negativ. Der Cl-Gehalt im Blatt stieg mit zunehmendem Gehalt des Wassers an diesem Anion, zunehmender SO_4-Gehalt drückte ihn. Zwischen dem Gehalt an N, P und K im Blatt und im Boden bestand keine Korrelation, vermutlich infolge der guten Versorgung der Böden mit diesen Nährstoffen. V. Koepke. 645.

Chouteau, J. Incidence de l'équilibre soufre-potassium dans le milieu nutritif sur le comportement de la plante de tabac Paraguay. **(Einfluß des Schwefel-Kalium-Gleichgewichtes im Nährmedium auf das Verhalten der Tabakpflanze, Sorte Paraguay.)** Ann. Inst. exp. Tabac Bergerac **3** (1961) Nr. 4. S. 635-647. — 7 Abb., 6 Tab., 5 Lit. Zus. in Engl.

In Wasserkulturversuchen wird nachgewiesen, daß das S-Bedürfnis der Tabakpflanze gering ist und bereits Konz. von 0,5-1 mval S/l Nährlösung ausreichen.

Höhere Gaben üben einen negativen Einfluß aus (Ertragsminderung, dunklere Blätter von schlechterer Qualität). Dagegen beeinflußt K sehr günstig die Qualität. Blattnekrosen als Symptome für Kalimangel treten auf, wenn K^+/SO_4^{2-}-Verhältnis im Blatt etwa 1 oder weniger beträgt. Es ist daher von großen Sulfatgaben abzuraten, wenn diese nicht durch gleichwertige Kaligaben kompensiert werden. J. Merker. 645.

Terent'ev, V. M., Stasenko, N. N. und Petrovič, Ž. I. (Terentjew, W. M., Stassenko, N. N. und Petrowitsch, Sh. I.) O dlitel'nosti usvoenija $C^{14}O_2$ i ispol'zovanii assimiljatov nadzemnymi organami jačmenja v ontogeneze. **(Die Dauer der $^{14}CO_2$-Aufnahme und die Verarbeitung der Assimilate durch die oberirdischen Organe von Gerste in der Ontogenese.)** Bjulleteń Instituta biologii. Akademija nauk Belorusskoj SSR, Minsk **1960** (hrsg. 1961) Nr. 6. S. 135-141. — 4 Tab., 10 Lit.

Um die Verteilung der Assimilate auf die einzelnen Organe sowie Beginn und Dauer ihrer Verlagerung aus den Blättern und Stengeln in die Fruchtstände im Verlaufe der Ontogenese zu klären, wurden Gerstenpflanzen in verschiedenen Entwicklungsstadien (beginnendes Schossen, Milch- bis Wachsreife, Wachsreife) $^{14}CO_2$ ausgesetzt. Die Messung der Radioaktivität erfolgte nach 48 Std. sowie bei Vollreife. Während des Schoßstadiums aufgenommener ^{14}C fand sich hauptsächlich in den Stengeln (66,2%) und weniger in den Blättern (33,8%) wieder. Im Stadium der Milch- bis Wachsreife aufgenommener ^{14}C wurde zu 59,5% unmittelbar in die Ähren abgelagert, während sich der Rest zu 23,1% auf die Blätter und zu 17,4% auf die Stengel verteilte. Bei Vollreife hatte sich die Radioaktivität in den Blättern auf 1,2 und in den Stengeln auf 13,4% verringert, während sie sich in den Ähren auf 85,4% erhöhte. Als sehr aktiv erwies sich die Assimilationstätigkeit der Ähre im Stadium der Wachsreife. 81,4% der Radioaktivität wurden in der Ähre gemessen. In diesem Stadium fand jedoch auch noch eine Neubildung von Assimilaten in den Blättern und Stengeln statt. Für das Blatt wurde eine Radioaktivität von 15,4% und für die Stengel eine solche von 3,2% gemessen, die sich bis zur Vollreife auf 5,3 bzw. 1,6% verringerte. Der Hauptteil der in diesem Stadium gebildeten Assimilate dient der Ernährung der Samen und Seitentriebe sowie für die Atmung. L. Rösler. 652.

Terent'ev, V. M., Careva, R. I. und Lojko, A. N. (Terentjew, W. M., Zarewa, R. I. und Loiko, A. N.) Vlijanie bokovych pobegov na pitanie glavnogo steblja u chlebnych zlakov. **(Einfluß der Seitentriebe auf die Ernährung des Haupthalmes bei Getreide.)** Bjulleteń Instituta biologii. Akademija nauk Belorusskoj SSR, Minsk **1960** (hrsg. 1961) Nr. 6. S. 151-157. — 3 Tab., 14 Lit.

Um das Ausmaß des gegenseitigen Stoffaustausches zwischen Haupthalm und den Seitentrieben bei verschiedenen Getreidearten (Gerste, Weizen, Hafer und Mais) zu ermitteln, wurden der Haupthalm bzw. die Seitentriebe getrennt der Einwirkung von $^{14}CO_2$ für 2 Std. ausgesetzt. Die Bestimmung der spez. Radioaktivität erfolgte nach 3 Tagen. Bei allen untersuchten Getreidearten wurden radioaktive Assimilate sowohl aus dem Haupthalm in die Seitentriebe als auch in reziproker Richtung verlagert. Die Verlagerung der Assimilate aus dem Haupthalm in die Seitentriebe war jedoch intensiver als in reziproker Richtung. Diese Gesetzmäßigkeit wurde sowohl auf Torf- als auch auf Mineralboden beobachtet. Die Radioaktivität in den Seitentrieben (bei Exposition des Haupthalmes) betrug bei Weizen 2%, Hafer 1% und Mais 3,8% der Gesamtradioaktivität der Pflanze, während für den Haupthalm (bei Exposition der Seitentriebe) entspr. Radioaktivitäten von 0, 1, 0,7 und 0,99% ermittelt wurden. — Auf Grund dieser Ergebnisse gilt es, Sorten zu züchten, die keine Neigung zur verspäteten Seitentriebbildung besitzen.

Durch entspr. Aussaatstärke und Saattiefe sowie ausgeglichene N-Ernährung der Pflanzen in der 2. Vegetationshälfte ist einer späten Seitentriebbildung vorzubeugen. L. Rösler. 652.

Wright, Neal und Trautman, Robert J. Influence of management on nitrate accumulation in blue panicgrass. **(Einfluß der Bewirtschaftung auf die Nitratanhäufung bei Panicum antidotale.)** Agronomy J. **54** (1962) Nr. 4. S. 363-364. — 1 Tab.

Unter Beregnungsbedingungen (4 Varianten) wurden 400, im unberegneten Feldversuch 800 lb. N/acre zugeführt. Variiert wurden ferner Schnittzeit, Schnitthöhe und Schnitthäufigkeit. Bei frühem, mittlerem bzw. spätem Schnitt wurden im Durchschnitt von 5 Schnitten Nitratwerte von 1,36, 1,39 bzw. 1,12% erreicht (KNO_3). Die Einzelwerte lagen bei Frühschnitt im Apr. mit 2,14, bei mittlerem Schnitt im Juli mit 2,07 und bei spätem Schnitt im Mai mit 1,87% am höchsten. Die anderen geprüften Varianten blieben ohne Einfluß auf den Nitratgehalt. H. Pätzold. 654.

Birnbaum, Dieter; Greifswald, Ernst-Moritz-Arndt-Univ., Inst. für Agrobiol. **Untersuchungen über den Stickstoffhaushalt von Kartoffelblättern und seine Beziehungen zum Phytophthora-Befall.** Biol. Zbl. **81** (1962) Nr. 3. S. 355-370. — 7 Abb., 3 Tab., 25 Lit.

Von mehreren Kartoffelsorten wurden im Laufe der Vegetationszeit Blätter auf lösl. N, Eiweiß-N und papierchromatographisch auf die Aminosäurezusammensetzung untersucht und die Ergebnisse zum *Phytophthora*-Befall in Beziehung gesetzt. Veränderungen im Aminosäurehaushalt in den Blättern als Folge der Behandlung mit Pflanzenschutzmitteln wurden bereits von anderen Autoren beobachtet. — Der Gesamt-N-Gehalt veränderte sich während der Vegetationsperiode nicht charakteristisch. Auch die Aminosäurezusammensetzung änderte sich kaum. Mit dem physiol. Alter der Blätter nahm die Anfälligkeit gegen *Phythophthora* zu, der Eiweiß-N-Gehalt sank parallel dazu ab. Zwischen beiden Prozessen besteht aber offenbar kein Zusammenhang, da bei später Pflanzung (Juni/Juli) die Anfälligkeit nicht mit einer Abnahme des Eiweiß-N-Gehaltes parallel läuft. W. Stenz. 654.

Coic, Yves, Lesaint, Christiane und LeRoux, Françoise; Versailles, I.N. R.A., Stat. Centr. de Physiol. Végétale. Variation de la teneur et de la répartition des anions et cations des feuilles, jeunes et vieilles, de tomate, sous l'influence du changement de nature, ammoniacale ou nitrique, de l'alimentation azotée. **(Veränderung des Gehaltes und der Verteilung von Anionen und Kationen in jungen und alten Tomatenblättern unter dem Einfluß der Veränderung der Art der Stickstoffernährung: Ammonium oder Nitrat.)** C.R. hebd. Séances Acad. Sci. **254** (1962) Nr. 24. S. 4193-4195. — 2 Tab.

Bei NH_4^+-Angebot ist der Säuregehalt der Tomatenblätter niedrig, bei NO_3^--Angebot dient die Anhäufung org. Säuren der Kompensation des Anionenmetabolismus (NO_3^-). Beim Wechsel der N-Ernährung von NO_3^- zu NH_4^+ und umgekehrt findet eine schnelle entspr. Umlagerung in den Blättern — bes. in den jungen — nach den Charakteristiken der neuen Ernährung statt. Geht man von NO_3^-- zu NH_4^+- Ernährung über, werden die Gehalte aller Kationen bedeutend abgesenkt, wobei sogar an eine Abscheidung zu denken ist. Der Gehalt an org. Säuren nimmt dabei ebenfalls ab, wobei die Äpfelsäure am empfindlichsten reagiert. Nach Übergang von NH_4^+- zu NO_3^--Ernährung nehmen die Gehalte der mineral. Kationen und bes. der org. Säuren beträchtlich zu. Dies betrifft vor allem die jungen Blätter, die zum Zeitpunkt der Probenahme fast die Gehalte der alten Blätter an Kationen erreichen, was sonst nicht vorkommt. W. Schulze. 654.

Machold, O.; Gatersleben, Inst. für Kulturpflanzenforsch. der Dtsch. Akad. der Wiss. zu Berlin. **Die Pflanzenaufnehmbarkeit des „labilen“ Phosphats.**

Z. Pflanzenernähr., Düng., Bodenkunde **98(143)** (1962) Nr. 2. S. 99-113. — — 8 Abb., 5 Tab., 21 Lit.

Als „labiles Phosphat" wird die Summe aus isotopisch austauschbarem und isotopisch verdünnbarem Phosphat bezeichnet (quantitativ erfaßbar mit Hilfe der Isotopenverdünnungsanalyse). Wie an 19 Böden verschiedener geologischer Herkunft festgestellt wurde, erhöht das Trocknen der Proben den Gehalt „labilen Phosphats", was auf ein Austauschbarwerden der an der Oberfläche der hierbei erzeugten Schrumpfrisse sitzenden Phosphationen — bei gleichzeitiger Vergrößerung der inneren Oberfläche — zurückgeführt wird. Die Beziehung zwischen „labilem Phosphat" und der Pflanzenaufnehmbarkeit des P (nach der Neubauer-Methode) war abhängig von der Reaktionszeit t (zwischen den markierten Ionen der Bodenlösung und denen der festen Phase), wie aus den mit Verringerung von t ansteigenden Korrelationskoeffizienten hervorging ($t = 500$ Std., $r = +0{,}47$; $t = 250$ Std., $r = +0{,}76$; $t = 125$ Std., $r = +0{,}78$; $t = 50$ Std., $r = +0{,}92$). Hieraus folgt, daß eine Bestimmung des „labilen Phosphats" zwecks Beurteilung des pflanzenaufnehmbaren Bodenvorrates z.Z. des erreichten Isotopengleichgewichtes wenig Sinn hat, weil die langsam austauschenden Ionen kaum pflanzenverfügbar sind. Da vielmehr die schnell austauschenden P-Formen diesbez. entscheidend sind, wird empfohlen, die Reaktion zwischen den markierten Ionen der Bodenlösung und denen der festen Phase zu einem bestimmten Zeitpunkt zu unterbrechen.

H. E. Freytag. 656.

Fawcett, R. G. und Quirk, J. P.; Adelaide, Univ., Waite Agric. Res. Inst. The effect of soil-water stress on the absorption of soil phosphorus by wheat plants. **(Die Wirkung des Bodenwasserdruckes auf die Absorption des Bodenphosphors durch Weizenpflanzen.)** Austral. J. agric. Res. **13** (1962) Nr. 2. S. 193-205. — Abb., Lit.

An jungen Weizenpflanzen (*Triticum aestivum* L. var. Warigo) wurde in Gefäßversuchen die Wirkung des Bodenwasserdruckes und des P-Niveaus auf die Wirksamkeit der P-Absorption (μg P pro mg schranktrockene Wurzel pro Tag) und auf das Wachstum untersucht. Bei dem Boden handelte es sich um einen lateritischen Podsolboden mit einem P-Gehalt von 0,002%. Als Phosphatdünger wurde Monocalciumphosphat benutzt. Die Absorption wurde durch ansteigenden Bodenwasserdruck nicht beeinflußt, vorausgesetzt, daß die Pflanzen nicht durch Welken geschwächt waren. Denn in Versuchen, bei denen die Pflanzen einer Welkeperiode unterworfen wurden, war die P-Absorption zurückgegangen. Als wichtigstes Ergebnis kann angesehen werden, daß die Verfügbarkeit des Boden-P in erster Linie von feinen Bodenporen abhing, deren Phosphatgehalt beim Herstellen der Bodenlösung nach bisher üblichen Verfahren nicht mit erfaßt wurde, so daß die bei niedrigem Druck (5 at und weniger) extrahierten Lösungen die Phosphatumgebung der Pflanzenwurzel nicht ausreichend interpretieren. Die P-Absorption nahm mit ansteigendem Boden-P-Potential für alle Stufen des Wasserdruckes zu. Versuche mit ^{32}P hatten keine Wirkung auf Pflanzenertrag, Transpiration und Gesamt-P-Gehalt der Weizenpflanzen.

G. Loßner. 656.

Schreiber, R.; Gießen, Justus-Liebig-Univ., Agrikulturchem. Inst. **Phosphor, eine Lebensfrage für Tier und Mensch.** Phosphorsäure **22** (1962) Nr. 1/2. S. 61-73. — 2 Abb.

Vf. stellt in übersichtlicher Form den Kreislauf des P, die Bedeutung für die menschliche und tierische Ernährung sowie den Stoffwechsel im Organismus dar. Er gelangt zu der Auffassung, daß dem tierischen Organismus P am zweckmäßigsten über die Pflanze zugeführt wird. 656.

Ranjan, Shri und Malaviya, Balkrishna; Allahabad, Univ., Dep. of Bot. Effect of phosphorus deficiency on free and protein-bound amino-acids of the linseed plant as altered by nitrogen levels. **(Einfluß des Phosphormangels**

auf die freien und proteingebundenen Aminosäuren der Leinpflanze bei gleichzeitiger Änderung des Stickstoffspiegels.) Indian J. Plant Physiol. **4** (1961) Nr. 2. S. 122-131. — 4 Tab., 20 Lit.
Bei *Linum usitastisimum* L. wurden die Wechselwirkungen zwischen P- und N-Mangel auf den Proteinstoffwechsel untersucht. Die Pflanzen wurden in 2 Serien in Sandkultur gezogen. P-Mangel wurde mit 2 N-Varianten kombiniert, bei denen eine Serie $^1/_9$ des Gesamt-N der Kontrolle in Ammoniumform (P und NO_3), die andere $^8/_9$ des Gesamt-N in Nitratform (P und NH_4) verabreicht bekamen. Die Kontrollpflanzen wurden in Nährlösung nach Arnon und Hoagland gezogen. Bei den Mangelserien wurden Ammonium durch äquimolare Mengen entspr. Na-Salze und P und Nitrat durch Chloride ersetzt. Bei der Auswertung der Ergebnisse zweier Ernten zeigte sich, daß die Wirkung der vorgenommenen Behandlungen nicht so deutlich wie bei ausschl. P-Mangel war, was bes. bei der 2. Ernte deutlich wurde. Es trat zwar eine Anhäufung freier Aminosäuren in den Blättern und Stengeln der beiden Serien auf, der Rückgang des Proteinspiegels war aber nicht so auffallend wie bei den P-Mangelversuchen. Die Ergebnisse lassen jedoch den Schluß zu, daß Ammoniumionen bei geringen P-Konz. die Proteinsynthese hemmen. G. Loßner. 656.

Berzak, I. A. (Bersak, I. A.); Gluchow, Gebiet Sumy, Unions-Forsch. Inst. für Faserpflanzenanbau. Postuplenie fosfora v konoplju čerez list'ja. **(Die Phosphoraufnahme von Hanf durch das Blatt.)** Fiziologija rastenij, Moskva **9** (1962) Nr. 4. S. 486-488. — 1 Abb., 1 Tab., 8 Lit.
Bei Vegetationsversuchen in Boden- und Wasserkultur und zusätzlicher Blattdüngung mit ^{32}P zu Hanf zeigte sich, daß die P-Aufnahme durch die Blätter um so geringer ist, je besser die Pflanze mit P durch die Wurzeln versorgt ist. Bei P-Ausschluß aus der Nährlösung von der Saat bis zur Phase „3 Blattpaare" oder bis zur Blütenknospenbildung konnte die Blattdüngung in diesen Entwicklungsphasen die P-Versorgung der Pflanzen nicht gewährleisten; sie unterdrückte den Wuchs und die Entwicklung der Pflanze. Eine Erhöhung der ^{32}P-Aktivität von 2 auf 10 mc wirkte positiv auf die Aufnahme durch die Blätter, wobei durch Beschattung die Aufnahme erhöht wurde.
J. Birke. 656.

Lang, I.; Budapest, Ung. Akad. der Wiss., Forsch.-Inst. für Bodenkunde und Agrochem. **Über den Antagonismus von Kali und Kalzium in einigen Pflanzen auf kalkhaltigen Sandböden in Ungarn.** Agrochimica [Pisa] **6** (1962) Nr. 4. S. 358-365. — 4 Tab.
Die geringe natürliche Fruchtbarkeit dieser Böden ist vor allem auf den rel. hohen Kalkgehalt im Unterboden zurückzuführen, wodurch sich namentlich Störungen in der K-Aufnahme durch die Pflanzenwurzeln einstellen. Vf. untersuchte deshalb die Aufnahme mineral. Nährstoffe durch Mais, Kartoffeln, Wi-Roggen, Sandbohnen, Sudangras und Wi-Weizen unter gleichzeitiger Anwendung der schichtenweisen Bodenmelioration nach Egerszegi. Diese Maßnahme allein bewirkte eine Steigerung der Produktion an Pflanzentrokkenmasse um 34-100%. Auf die damit erzielten Änderungen der Bodeneigenschaften reagierten im Hinblick auf den Nährstoffgehalt die Blätter am deutlichsten. Mais, Kartoffeln und Sandbohnen wiesen außerdem durch die Höhe des Kationengehaltes ihrer Blätter ein weites K/Ca-Verhältnis auf, woraus auf eine verstärkte K-Aufnahme der Pflanzen zu schließen ist. Diese Tendenz konnte auch mit Hilfe von Montmorillonitzusätzen erreicht werden.
W. Prager. 660.

Williams, D. E.; Berkeley, Calif., Coll. of Agric., Dep. of Soils and Plant Nutrit. The absorption of potassium as influenced by its concentration in the nutrient medium. **(Die Absorption von Kalium unter dem Einfluß von dessen Konzentration im Nährmedium.)** Plant and Soil [The Hague] **15** (1961) Nr. 4. S. 387-399. — 7 Abb., 1 Tab., 11 Lit.

Bei der Kultivierung von Gerstenpflanzen in Nährlösungen, in denen ständig K-Konz. von 0,01; 0,1; 1,0 bzw. 50,0 ppm aufrechterhalten wurden, zeigte sich nach 11 Wochen kein eindeutiger Einfluß der K-Konz. auf die Entwicklung der Pflanzen und das Wurzelsystem. Die Ertragszahlen einzelner Pflanzen und ganzer Kulturgefäße wiesen unabhängig von der Behandlung große Streuungen auf, vermutlich bedingt durch unterschiedliche Bestockung der Einzelpflanzen. Die Änderung des pH der Lösung von 5,5 auf 7,0 und der Temperatur von 15 auf 25 °C blieb ohne Einfluß. V. Koepke. 660.

Chouteau, Jacques; Bergerac, Inst. Exp. de Tabac. Résultats de recherches entreprises à l'institut expérimental de Bergerac sur la fumure des tabacs français. La nutrition potassique du tabac. **(Forschungsergebnisse über die Düngung von französischen Tabaken, durchgeführt vom Forschungsinstitut in Bergerac. Die Kaliumernährung des Tabaks.)** Fertilité **1962** Nr. 16. S. 15 bis 22. — 5 Abb., 6 Tab.

Über die Bedeutung von K für das Säure-Basen-Gleichgewicht der Pflanze wird berichtet. Vom 45.-100. Tag der Vegetation sinkt der K-Gehalt in den Blättern von 122 auf 80 mval/100 g Tr.-Subst., dagegen steigt der Ca-Gehalt von 178 auf 234 mval/100 g Tr.-Subst., so daß mit zunehmendem Wachstum die Kationensumme zunimmt. Durch die K-Düngung (2 bzw. 4 g K/Gefäß) kann der Blattertrag gegenüber der Kontrolle um 6-10% erhöht und die Qualität verbessert werden. Damit verbunden ist eine Zunahme im K-Gehalt der Blätter bei gleichzeitiger Senkung des Gehaltes an Ca, Mg und Na sowie an org. Säuren. Durch eine Disharmonie im Kationen-Anionen-Gleichgewicht können K-Mangelsymptome auftreten (z. B. Verhältnis $K/SO_4 = < 1$). Zunehmender Gehalt an Ca + Mg verursacht zunehmende Alkalität der Asche. J. Merker. 660.

Hasler, A.; Liebefeld-Bern, Eidg. Agrikulturchem. Versuchsanst. **Zur Kenntnis des Natriumgehaltes von Rauhfutter und einigen Futterpflanzen.** Mitt. schweiz. Landwirtsch. **10** (1962) Nr. 8. S. 119-124. — 1 Abb., 3 Tab.

Untersuchungen von 246 Heuproben (mittlerer Na-Gehalt: 0,046%) und von 45 Grasproben (mittlerer Na-Gehalt: 0,062%) zeigten, daß das Rauhfutter nicht den von Frens geforderten Na-Gehalt eines guten Rauhfutters von 0,16% aufweist. — Untersuchungen der Bodenkrume ergaben, daß der Gehalt an austauschbarem und für die Pflanze gut aufnehmbarem Na gering ist (0,1-2,1%). Nach Ergebnissen von Gefäßversuchen lassen sich die untersuchten Gräser bez. ihres Aneignungsvermögens für Na wie folgt einordnen: Deutsches Weidelgras $\gg$ Knaulgras $>$ Welsches Weidelgras $>$ Wolliges Honiggras $>$ Wiesenschwingel $\gtrapprox$ Wiesenfuchsschwanz $\gtrapprox$ Goldhafer $\approx$ Fioringras $\approx$ Wiesenrispengras $\approx$ Glatthafer $\approx$ Rotschwingel $\approx$ Wiesenlieschgras. Weißklee und Luzerne enthielten mehr Na als Rotklee. Proben, die von Kunstwiesen kurz vor dem ersten Schnitt entnommen wurden, zeigten ein ähnliches Bild. Den höchsten Na-Gehalt hatte der Löwenzahn. Enges K/Na-Verhältnis wirkte sich für die Na-Aufnahme günstig aus. — Aus den Versuchen ist ersichtlich, daß unter den gegebenen Betriebsverhältnissen ein günstiges K/Na-Verhältnis durch Düngung allein nicht erreicht werden kann. Ergänzungen des Futters durch NaCl oder andere Na-haltige Mineralsalze sind deshalb unerläßlich. H. Masche. 660.

Kedrov-Zichman, O. K., Semenova, F. I. und Koževnikova, A. N. (Kedrow-Sichman, O. K., Semjonowa, F. I. und Koshewnikowa, A. N.) Rezul'taty primenenija Ca^{45} pri izučenii voprosov izvestkovanija počvy i vlijanija izlučenija ėtogo radioizotopa na sel'skochozjajstvennye rastenija. **(Ergebnisse der Anwendung von ^{45}Ca für die Kalkung der Böden und der Einfluß der Strahlung dieses Radioisotops auf landwirtschaftliche Kulturen.)** Trudy Vsesojuznogo naučno-issledovatel'skogo instituta udobrenij i agropočvovedenija, Moskva **1962** Nr. 38. S. 28-73. — 45 Tab., 23 Lit.

Durch die Kalkung der sauren Rasenpodsolböden wird der Gehalt an verfügbarem Ca und Mg vergrößert. Der Eintritt von Ca und Mg in die Pflanze wird stark durch den Antagonismus zwischen Ca-Mg, Ca-Na, Ca-K und Mg-Na beeinflußt, wobei der Gehalt an Ca und Mg in verschiedenen Pflanzen und deren Organen in weiten Grenzen schwankt. Im allg. ist der Gehalt an Ca in den Blättern größer und in den Samen geringer als in den übrigen Pflanzenteilen. Hinsichtlich der β-Strahlung von ^{45}Ca wurde bei Rotklee, Gerste, Senf, Lein und Futterrübe bei bestimmten Strahlungsdosen eine positive Wirkung erzielt, wobei diese in starkem Maße von den biol. Besonderheiten der Pflanzen abhängt. Die positive Wirkung der β-Strahlung von ^{45}Ca erstreckt sich vorwiegend auf die reproduktiven, weniger auf die vegetativen Organe. Sie hängt von Strahlendosis sowie dem Gehalt an beweglichem Ca und Mg und damit von der Kalkung des Bodens ab. Außer den Erträgen wird auch der Ablauf der physiol. Prozesse beeinflußt. Es wurden Zunahme der Intensität der Atmung der Blätter bei Senfund Futterrübe und Erhöhung des Zuckergehalts bei Futterrüben festgestellt. Der Eintritt von ^{45}Ca in die Pflanze hängt neben den biol. Besonderheiten der Pflanze auch von der Konz. des Isotops und dem Gehalt an beweglichem Ca und Mg im Boden ab, wobei die Kalkung des Bodens einen negativen Einfluß auf die ^{45}Ca-Aufnahme ausübt. P. Stoß. 660.

MacKay, D. C., Langille, W. M. und Chipman, E. W.; Kentville, Canada Dep. of Agric., Res. Stat.; Truro, Nova Scotia, Dep. of Agric. Boron deficiency and toxicity in crops grown on sphagnum peat soil. **(Bormangel und -toxizität in Pflanzen auf Sphagnumtorf-Boden.)** Canad. J. Soil Sci. **42** (1962) Nr. 2. S. 302-310. – 2 Abb., 4 Tab., 21 Lit.
In Gefäßversuchen mit einem nichtkultivierten, gekalkten Torf reagierten alle 8 geprüften Versuchspflanzen einschl. der wenig B-bedürftigen Feldbohnen und Kartoffeln positiv auf B-Gaben, wenn zur Grunddüngung chem. reine Nährstoffe verwendet wurden. Die im handelsüblichen Kalk, der zur Einstellung der Bodenreaktion auf pH 6 gegeben wurde (8 t/acre), enthaltenen B-Mengen befriedigten den B-Bedarf weitgehend. Die Grenzzahlen für den zur Erzielung max. Erträge erforderlichen B-Gehalt im Boden lagen zwischen 1,5 ppm, (für Bohnen) und 2,8 ppm (für Salat). Die entspr. B-Gehalte im Pflanzengewebe schwankten von 12 ppm (Bohnenschoten, Kartoffelknollen) bis 32 ppm (Spinat). Toxische Erscheinungen traten bei Erreichung der folgenden Grenzkonz. an wasserlösl. B im Boden auf: Hafer 4,8 ppm, Bohnen 6,7 ppm, Kartoffeln 8,0 ppm, Tomaten 7,2 ppm, Kopfkohl $>$ 11 ppm. Dabei erreichte der B-Gehalt im Pflanzengewebe Werte von 105 ppm (Hafer) bis über 200 ppm (Kopfkohl). K. Koepke. 665.

Vose, P. B. und Randall, P. J.; Plas Gogerddan, near Aberystwyth, Welsh Plant Breeding Stat. Resistance to aluminium and manganese toxicities in plants related to variety and cation-exchange capacity. **(Resistenz der Pflanzen gegen Aluminium- und Mangantoxizitäten in Beziehung zur Sorte und zur Kationenaustauschkapazität.)** Nature [London] **196** (1962) Nr. 4849. S. 85-86.
20 Sorten von *Lolium perenne* und *L. multiflorum* wurden im Gefäßversuch (Wachsgefäße mit Quarzsand) auf Resistenz gegen Al- und Mn-Toxizität untersucht. Die verabfolgte Nährlösung enthielt 50 ppm Al als $Al_2(SO_4)_3$ bzw. 25, 50 und 150 ppm Mn als $MnSO_4$. Zwischen und innerhalb der *Lolium*-Sorten bestanden erhebliche Unterschiede in der Resistenz gegen Al- und Mn-Toxizität. Untersuchungen mit selektierten, gegen Al- und Mn-Toxizität resistenten Arten zeigten, daß toxischer Al-Gehalt in der Nährlösung zur Herabsetzung der Kationenaustauschkapazität führt. Vff. folgern in Anlehnung an die Donnan-Theorie, daß die niedrige Kationenaustauschkapazität der toxizitätsresistenten Arten zur Verbesserung der Aufnahme von einwertigen Kationen auf Kosten der Al- und Mn-Ionen führen kann. O. Knabe. 665.

Hackett, C.; Sunninghill, Imperial Coll. of Sci. and Technol., Field Stat. Stimulative effects of aluminium on plant growth. **(Stimulierende Wirkungen des Aluminiums auf das Pflanzenwachstum.)** Nature [London] **195** (1962) Nr. 4840. S. 471-472. — 6 Tab., 2 Lit.
In Nährlösungsversuchen wurde der Einfluß steigender Al-Konz. auf das Wachstum von Drahtschmiele, Wiesenfuchsschwanz, Wiesenschwingel und Deutschem Weidelgras untersucht. Die Behandlung der Samen mit 0, 5 und 25 ppm Al hatte keinen Einfluß auf die Keimung, jedoch war eine signifikante stimulierende Wirkung auf das Wurzelwachstum dieser Pflanzen festzustellen. Gaben von 0, 2 und 10 ppm Al zu 4-10 Tage alten Pflanzen förderten ebenfalls das Wurzelwachstum. Das Wachstum von 10-12 Wochen alten Pflanzen wurde durch Al-Zufuhr nur unbeträchtlich beeinflußt.
O. Knabe. 665.

Yoshida, Shoichi, Ohnishi, Yoshiko und Kitagishi, Kakuzo; Tokyo, Nat. Inst. of Agric. Sci. Histochemistry of silicon in rice plant. III. The presence of cuticle-silica double layer in the epidermal tissue. **(Histochemie des Siliciums in der Reispflanze. 3. Mitt. Die Anwesenheit einer Kutikula-Silicium-Doppelschicht im Epidermisgewebe.)** Soil Sci. Plant Nutrit. [Tokyo] 8 (1962) Nr. 2. S. 1-5. — 2. Mitt. vgl. LZ. Abt. II 8 (1963) Nr. 2. S. 380.
Blattspreiten der Reispflanze und Reisfrüchte wurden elektronenoptisch untersucht. Nach diesen Beobachtungen besteht die (von außen nach innen) Epidermis aus a) Kutikula, b) Si-Schicht und c) der äußeren Zellmembran, die ebenfalls mit Si angereichert ist. Diese einheitliche Struktur bezeichnen Vff. als Kutikula-Si-Doppelschicht. (Meßwerte für das Blatt: a = 0,1 nm, b = 2,5 nm, c = 5 nm). Die Bedeutung dieser Struktur für Krankheitsresistenz und Wasserhaushalt wird hervorgehoben. W. Kleeberg. 665.

Yoshida, Shoichi, Ohnishi, Yoshiko und Kitagishi, Kakuzo; Tokyo, Japan, Nat. Inst. of Agric. Sci. Chemical forms, mobility and deposition of silicon in rice plant. **(Chemische Formen, Beweglichkeit und Ablagerung von Silicium in Reispflanzen.)** Soil Sci. Plant Nutrit. [Tokyo] 8 (1962) Nr. 3. S. 15 bis 21. — Orig.: engl.
In Nährlösungen mit steigender SiO_2-Konz. (50,150 und 300 ppm) wurden Reispflanzen kultiviert und die chem. Formen, Beweglichkeit und Ablagerung des aufgenommenen SiO_2 untersucht. Über 90% des Gesamt-SiO_2 lag in unlösl. Form vor. Der Gehalt an Silicationen betrug 0,5-8,0, der Anteil an kolloidalem SiO_2 0-0,3% des Gesamt-SiO_2. Die Beweglichkeit des SiO_2 in den Pflanzen war sehr gering; es wurde bes. stark in den Sklerenchym-, Epidermis- und Parenchymzellen abgelagert. Die Polymerisation der Kieselsäure in der Reispflanze wird eingehend diskutiert und als enzymunabhängige Reaktion angesehen. O. Knabe. 665.

Ananjan, V. L. (Ananjan, W. L.); Akad. der Wiss. der Armen.SSR., Lab. für Agrochem. O vlijanii radioaktivnosti počvennogo vozducha na rastenija. **(Der Einfluß der Radioaktivität der Bodenluft auf die Pflanzen.)** Doklady Akademii nauk Armjanskoj SSR, Erevan **34** (1962) Nr. 3. S. 113-116. — 1 Abb., 5 Tab., 3 Lit. Orig.: russ., Ausz.: armen.
Bei radioaktivem Zerfall von U, Th und Actino-U entstehen die radioaktiven Gase (Emanationen) Rn, Tn und An. Der Anteil dieser Gase an der Bodenluft wird vom Gehalt der genannten Elemente im Ausgangsgestein bzw. Boden bestimmt. Im Modellversuch mit Salat, Bohnen, Weizen und Hirse wurde der Einfluß von Rn auf den Pflanzenertrag untersucht. Als Rn-Quelle diente eine Ra-Lösung, die n 10^{-8} bzw. n 10^{-9} g Ra enthielt (etwa 1-2 mal mehr als der mittlere Ra-Gehalt des Bodens ausmacht). Mit Ausnahme eines Falles wurde der Ertrag aller Versuchspflanzen erhöht. Die Ertragshöhe hing von der Ra-Konz. ab. Auf die Möglichkeit der Ausnutzung der Emanationen zur Stimulierung des Pflanzenwachstums wird hingewiesen. H. Winkler. 665.

Greene, R. E., Bullock, J. S. und Maier, R. H.; Tuscon, Univ. of Arizona, Dep. of Agric. Chem. and Soils. Plastic beads as a supporting medium in nutriculture systems. **(Plastikperlen als Stützmedium in Nährstoffkultursystemen.)** Agronomy J. **54** (1962) Nr. 4. S. 363. – 2 Abb., 1 Lit.

Untersuchungen ergaben, daß bisher bei Nährstoffsystemen als Stützmaterial verwendeter Quarzsand selbst nach mehrtägigem Waschen mit konz. HCl kontinuierlich Fe abgibt. Als Stützmaterial werden daher Polyäthylenperlen (5 mm Dmr.) empfohlen. Zur Durchführung der Versuche werden Plastikgefäße, an deren unteren offenen Ende Plastiknetze (12 mesh) angeklebt (Leim wird durch Auflösen von Kunststoff mit $CHCl_3$ hergestellt) sind, verwendet. Nach Einfüllen der Perlen 1 in. hoch werden die Gefäße in eine PVC-Platte eingesetzt, die neben den Löchern für die Gefäße auch noch Öffnungen für Belüftung und Zugabe und Entnahme von Lösungen enthält. Das Ganze wird auf einen Plastikeimer gesetzt, der mit der entspr. Nährlösung oder H_2O bis zum Boden der Plastikgefäße aufgefüllt wird. P. Stoß. 667.

Steiner, Abram A.; Naaldwijk, Netherlands, Horticult. Exp. Stat. A universal method for preparing nutrient solutions of a certain desired composition. **(Eine universelle Methode zur Herstellung von Nährlösungen einer bestimmten Zusammensetzung.)** Plant and Soil [The Hague] **15** (1961) Nr. 2. S. 134–154. – 6 Abb., 2 Tab., 5 Lit.

Die Herstellung von Nährlösungen, die den an sie gestellten Anforderungen, wie Verhältnis der Nährstoffionen, Gesamtionen-Konz. und pH-Wert (Genauigkeit 0,1 pH), gerecht werden, wurde untersucht. Die Untersuchungen wurden mit den Ionen K^+, Ca^{2+}, Mg^{2+}, NO_3^-, $H_2PO_4^-$, SO_4^{2} vorgenommen, jedoch ist es auch möglich, als 4. Kation Na^+ einzubeziehen, wobei dann die $\sum (Na^+ + K^+)$ wie K^+ behandelt werden muß. Zur Berechnung der gewünschten Zusammensetzung einer Nährlösung wird von der in einer Kurve dargestellten Abhängigkeit des pH-Wertes vom Verhältnis der OH^-- und $H_2PO_4^-$-Ionen (ohne Berücksichtigung der Umwandlung in PO_4^{3-} und HPO_4^{2-}) ausgegangen. Das K/Ca-Verhältnis beeinflußt den Verlauf dieser Kurve. Durch Interpolation der für verschiedene K/Ca-Verhältnisse dargestellten Kurven ist es möglich, aus dem Diagramm die benötigten Nährstoffmengen abzulesen und in die erforderlichen Werte (mval, mg-Ionen) umzurechnen.
P. Stoß. 667.

Hatcher, John T., Blair, G. y. und Bower, C. A.; Riverside, U. S. Salinity Lab., A. R. S. Adjusting soil solutions to specified boron concentrations. **(Auf spezifische Borkonzentrationen eingestellte Bodenlösungen.)** Soil Sci. **94** (1962) Nr. 1. S. 55–57. – 2 Abb., 2 Tab., 8 Lit.

Eine Methode zur Einstellung bestimmter B-Konz. in Bodenlösungen und die Konstanthaltung dieser Konz. in Versuchen während der Wachstumsperiode werden beschrieben. Die zur Einstellung erforderliche B-Menge ergibt sich aus der Beziehung zwischen der dem Boden zugefügten B-Menge und der B-Konz. im Bodenextrakt. In einem Vegetationsversuch mit Pfeffer konnte die B-Konz. in der Bodenlösung während der Versuchsdauer konstant gehalten werden. Die B-Festlegung ist bei gleichbleibender Bodenfeuchtigkeit gering. O. Knabe. 667.

Goss, James A.; Manhattan, Kansas State Univ., Dep. of Bot. and Plant Pathol. A method for wet-ashing small plant samples. **(Eine Methode zur Naßveraschung kleiner Pflanzenproben.)** Plant and Soil [The Hague] **16** (1962) Nr. 2. S. 266–268. – Abb., Lit.

Eine billige, aber leistungsfähige und schnelle Methode für den nassen Aufschluß von Pflanzenmaterial wird beschrieben. 25 mg der getrockneten und gemahlenen Pflanzensubstanz werden mit 2 ml einer Mischung aus 1 Teil konz. Schwefelsäure, 1 Teil 70–72%iger Perchlorsäure und 8 Teilen konz.

Salpetersäure in ein 8,5 ml fassendes Reagenzglas gebracht. Das Reagenzglas (bis 12 Stück) steht in einem Becherglas, das seinerseits 20 ml eines Siliconöls als Heizbadflüssigkeit enthält und sich auf einer Heizplatte befindet. Auf der Heizplatte steht ein 130 mm hohes Pyrexrohr, das einen Dmr. von 125 mm besitzt und am oberen Ende mit einem passenden Glastrichter bedeckt ist. Am Trichterrohr befindet sich ein Kunststoffschlauch, der zu einer Wasserstrahlpumpe aus rostfreiem Stahl führt. Diese Anordnung beseitigt den störenden Einfluß der Säuredämpfe, die im Wasser gelöst und so abgeführt werden. Der so durchgeführte Aufschluß ist nach ca. 2 Std. beendet. G. Loßner. 667.

Hassbroek, F. J., Noggle, J. C. und Fleming, A. L.; Beltsville, Md., U. S. Soils Lab., S. W. C. R. D., A. R. S. High-resolution autoradiography without loss of water-soluble ions. **(Hoch-auflösende Autoradiographie ohne Verlust wasserlöslicher Ionen.)** Nature [London] **195** (1962) Nr. 4841. S. 615 bis 616. — 1 Abb., 10 Lit.

Vff. beschreiben eine Präpariertechnik, mit der ein engerer Kontakt zwischen Film und Gewebestück ermöglicht wird, und zeigen an Hand der Verteilung von ^{35}S (in wasserlösl. Form) im Gewebe von Gerstenwurzeln die damit erreichte hohe optische Auflösbarkeit. Die Präpariertechnik läßt sich auf alle in Toluol unlösl. radioaktive Materialien übertragen. H. E. Freytag. 667.

Fortini, Silvio und Tarantola, Matilde. Metodo per la determinazione del potere complessante di estratti vegetali acquosi nei confronti di rame e ferro. **(Methode der Bestimmung der Fähigkeit wäßriger Pflanzenextrakte zur Komplexbildung mit Kupfer und Eisen.)** Ann. Sperimentaz. agrar., Suppl. [N. S.] **14** (1960) Nr. 3. S. CXXIX–CXLV. — 4 Abb., 5 Tab., 12 Lit. Zus. in Engl.

Blätter werden im Mörser mit Quarzsand und wenig H_2O zerrieben. Anschließend wird H_2O zugegeben, bis eine Konz. von etwa 5% des Frischgewebes erreicht ist, 5 Min. gekocht (Enzymzerstörung!), heiß filtriert (Schleicher-Schüll-Faltenfilter, Nr. 589), und abgekühlt. In ein geeignetes Gefäß gibt man 1. 10 ml mol./5 K-Phthalat (bei Fe-Bestimmung) bzw. mol./15 K-Phosphat (bei Cu-Bestimmung) als Puffer, 2. 10 ml Filtrat, 3. 5 ml Fe-Lösung (0,2233 g Fe^{3+}/l als Chlorür, frisch angesetzt) bzw. 1 ml Cu-Lösung (0,2545 g Cu^{2+}/l als Sulfat), 4. aqua dest. bis zur 30-ml-Marke, 5. 10 ml einer 0,04%igen Ascorbinsäurelösung, 6. nach 30 Min. (Fe) bzw. 10 Min. (Cu) eine 10%ige Metaphosphorsäurelösung, um die Reaktion zu stoppen. Die restliche Ascorbinsäure wird mit einer Lösung aus n/500 J und n/50 KJ bei 18–20 °C titriert. Reduzierende Substanzen im Pflanzenextrakt sind zu erfassen, indem ein Blindwert mit aqua dest. statt mit Ascorbinsäure angesetzt wird. Es konnte nachgewiesen werden, daß die katalytische Aktivität von Cu und Fe in Gegenwart von Pflanzenextrakten reduziert wird. I. Förster. 667.

Page, A. L. und Bingham, F. T.; Riverside, Univ. of California, Citrus Res. Center, Agric. Exp. Stat. Determination of Al(III) in plant materials and soil extracts. **(Bestimmung von Al^{3+} in Pflanzensubstanzen und Bodenextrakten.)** Proc. Soil Sci. Soc. America **26** (1962) Nr. 4. S. 351–355. — 6 Abb., 2 Tab., 9 Lit.

Unter Verwendung von „Aluminon-Puffer“ als Al-Indikator in Verbindung mit der Ionenaustauschtechnik (zwecks Beseitigung von Störionen) lassen sich genaue colorimetrische Al^{3+}-Bestimmungen in Pflanzensubstanzen und Bodenextrakten bis zu 60 μg/ml durchführen. Bei strenger Einhaltung von pH 4,2 sind weder eine Erhitzung noch die Verwendung von Schutzkolloiden zur Stabilisierung nötig. Untersuchungen über den Einfluß der „Aluminon“-Konz. auf die Farbintensität des sich bildenden Al^{3+}-Aluminon-Komplexes, dessen Aufbau noch unklar ist, zeigten optimale Meßverhältnisse (höchste Steilheit zwischen nachzuweisender Al-Menge und optischer Durchlässigkeit

[λ = 530 nm]) bei 2,1 × 10^{-4} mol. Konz. (Molekulargewicht des Farbkomplexes zu 473,43 angenommen). Die Prüfung der Methode durch Vergleich der aus pflanzlichem Material (u.a. mit Citrus- und Tomatenblättern) oder aus verschiedenen Bodenproben (KCl- und NH_4-Acetat-Extrakte) gewonnenen Werte (bzw. unter Zusatz aus einer Standardlösung verabreichter Al^{3+}-Mengen) mit den nach einem Verfahren von Yuan und Fiskell (vgl. LZ. Abt. II 4 [1959] Nr. 11. S. 2281.) nachgewiesenen Mengen erbrachte eine befriedigende Übereinstimmung bei einer fast 100%igen Nachweisbarkeit.

H. E. Freytag. 667.

Chin, Wei-Tsung und Kroontje, Wybe; Blacksburg, Va., Polytechn. Inst., Agric. Exp. Stat., Agronomy Dep. Conductivity method for estimation of urease activity. **(Leitfähigkeitsmethode zur Bestimmung der Urease-Aktivität.)** J. agric. Food Chem. **10** (1962) Nr. 4. S. 347–348. – 1 Abb., 3 Tab., 6 Lit.

Die Urease-Aktivität in Pflanzen oder Handelsprodukten kann durch Messung der Veränderung der spez. Leitfähigkeit der Harnstofflösung bei konst. Temperatur bestimmt werden. 10 ml der Probenlösung werden mit 10 ml aqua dest. gemischt und die Leitfähigkeit L_0 bestimmt. 10 ml einer 1000-ppm-Harnstofflösung werden mit 10 ml Probenlösung gemischt und die auftretenden Leitfähigkeiten L_t bis 10 Min. nach Zugabe der Harnstofflösung ermittelt. Durch L_t–L_0 wird L_{ac}, die spez. Leitfähigkeit von Ammoniumcarbonat, und daraus über die Berechnung der Reaktionsgeschwindigkeit die Urease-Aktivität errechnet. Bei zu geringer Urease-Aktivität muß eine Konzentrierung vorgenommen werden. Die Methode ist infolge ihrer Schnelligkeit und Einfachheit gut für Routinemessungen geeignet. P. Stoß. 667.

Bussler, Wolfgang. **Vergleichende Untersuchungen an Kali-Mangelpflanzen.** Weinheim/Bergstr.: Verlag Chemie GmbH. 1962. (92 S. m. 54 Abb.) 8°. DM 9,–. Vf. legt in diesem Buch seine Erfahrungen über die mikroskopisch und makroskopisch feststellbaren Veränderungen an Zellen und Geweben verschiedener Pflanzen (Cosmeen, Kapuzinerkresse, Sonnenblume, insgesamt 37 Pflanzenarten aus 18 Familien) bei K-Mangel nieder. Die Untersuchungen erstrecken sich sowohl auf verschiedene Altersstufen und K-Mangelstadien als auch auf Frisch- und Dauerpräparate von Pflanzen. Die wichtigsten Ergebnisse werden in 10 Punkten kurz zusammengefaßt. Daraus ergibt sich, daß K-Mangel bei allen Pflanzen zu gleichartigen Symptomen führt und an allen Organen anzutreffen ist. Als Hauptstadien des sich entwickelnden K-Mangels werden angegeben: Schrumpfung an einer Zelle – Schrumpfung an vielen Zellen – Schrumpfung und Zusammenfall vieler Zellen – Gewebeeinfall – Punktnekrosen – Flächennekrosen bis Totalnekrose. Diese gleichartige Ausprägung der K-Mangelsymptome ist die unabdingbare Voraussetzung für den weiteren Ausbau der visuellen Diagnose. Der Vorteil einer solchen Diagnose liegt darin, daß der sie benutzende Gutachter K-Mangel sicher feststellen und sofort Gegenmaßnahmen einleiten kann. Vf. betont, daß der Erfolg einer Düngung unter Umständen von wenigen Stunden abhängen kann, weil Schädigungen bei K-Mangel viel schneller irreversibel werden als bei N-Mangel. – Am Schluß des Buches befinden sich 54 Abb., die die K-Mangelschäden erkennen lassen. H. Kretschmer.

Chapman, Homer D. und *Pratt, Parker F.* **Methods of analysis for soils, plants and waters.** University of California, Division of Agricultural Sciences. 1961. (309 S. m. 15 Abb. u. Tab. 28,5 × 22 cm. $ 2,50. Das vorliegende Buch ist sehr straff gegliedert und zeichnet sich bes. durch seinen leicht verständlichen Text aus. Es ist nicht nur für den Chemiker in der Forschung, sondern auch für den Lehrer und Studenten als Leitfaden gedacht. In den ersten 3 Kapiteln werden die allg. Analysengrundsätze bei der Boden-, Pflanzen- und Wasseruntersuchung, wie Probenahme, Vorbereitung des Materials zur Analyse, und die gängigsten Methoden behandelt. In weiteren 19 Kapiteln werden speziell die einzelnen Elemente, die von Bedeutung für die Kennzeichnung des o.g. Materials sind, besprochen (je ein Kapitel über Al, As, B, Ca, Cl, Co, Cu, F, Fe, Li, Mg, Mn, Mo, N, P, K, Na, S, Zn). In weiteren 3 Kapiteln wird auf die flammenphotometrische Bestimmung von Ca, Mg, Na und K sowie auf die spektrographische und röntgenographische Analysentechnik eingegangen. Den Abschluß des Buches bilden ein Kapitel über Schnellmethoden zur Kennzeichnung des Nährstoffzustandes des Bodens sowie ein Anhang mit wichtigen phys. und phys.-chem. Konstanten. Die wichtigsten Analysenapparaturen sind durch anschauliche Abb. wiedergegeben. Am Schluß eines jeden Kapitels befindet sich ein Literaturverzeichnis. H. Kretschmer.

Kemmler, G., Hashimoto, T., Fujimura, K., Araki, M., Imaizumi, K., Kawai, S., Kobayashi, A., Tsutsumi, T., Kitani, K. und *Kabob, S.* **Japanese Potassium Symposium.** Bern: International Potash Institute. 1959. (168 S. m. 24 Abb. u. Tab.) 14,5 cm × 21 cm. Das Buch enthält 9 Arbeiten, die auf dem 3. japan. K-Symposium am 24.11.1959 in Tokio vorgetragen wurden. Hervorzuheben sind bes. 1. „Biol. Funktion des K bei der Kohlenhydratsynthese in grünen Blättern" (K. Fujimura), 2. „Untersuchungen über primäre und sekundäre Minerale und über den K-Haushalt des Bodens" (M. Araki), 3. „Untersuchungen über K-Mangel bei Reis" (K. Imeizumi,) 4. „Wirkungen des K auf die Teepflanze" (S. Kawei) und 5. „Über die Beziehungen zwischen K und Forstpflanzen" (T. Tsutsumi). Der letzte Beitrag enthält sehr anschauliche farbige Abb. über Erscheinungen des K-Mangels. H. Kretschmer.

Pinta, Maurice. **Recherche et dosage des éléments traces.** Spectrophotométrie d'absorption spectrographie d'émission polarographie. Paris: Dunod. 1962. (VIII, 726 S. m. Abb. u. Tab.) 25 × 16,5 cm. Das Buch vermittelt einen umfassenden Überblick über den heutigen Stand der Spurenelementforschung. Zunächst wird ausführlich auf die Vorbehandlung und den Aufschluß der Untersuchungsproben eingegangen, anschließend folgen Darlegungen über die Isolierung der einzelnen Spurenelemente aus der Aufschlußlösung (mit Hilfe org. Komplexbildner, Ionenaustauscher, usw.). Bei der Messung der Spurenelementmengen nehmen neben der Absorptionsspektrophotometrie die Emissionsspektroskopie und die Polarographie einen breiten Raum ein. Straffe Gliederung des Stoffes und gut ausgewählte graph. Darst. und Abb. erhöhen den Wert des Buches. H. Kretschmer.

Comptes rendus de recherches. Nr. 25. Bruxelles: Institut pour l'Encouragement de la Recherche Scientifique dans l'Industrie et l'Agriculture. I. R. S. I. A. 1960. (232 S. m. Abb. u. Tab.) 8°. Das Buch enthält chem. und phys.-chem. Methoden zur Bestimmung des Nährstoffzustandes des Bodens und zur Pflanzenanalyse. Im einzelnen werden bei der Analyse des Bodens nicht nur die pflanzenverfügbaren Nährstoffe (verschiedene Extraktionsmethoden) behandelt, sondern auch Methoden zur allg. Kennzeichnung des Probenmaterials beschrieben. Die verschiedenen Extraktionsmethoden zur Bestimmung der pflanzenverfügbaren Nährstoffe (K, Na, Ca, Mg und P) werden auch an Hand eines zweckmäßigen Probenmaterials (aus Düngungsversuchen) miteinander verglichen. In weiteren Abschnitten sind spektrographische Methoden zur Untersuchung der Pflanzensubstanz und Erfahrungen bez. der Anwendung von Isotopen in der Pflanzenernährung zusammengestellt. H. Kretschmer.

C. Düngemittel, ihre Gewinnung und Anwendung

Cooke, G. W. Soils and fertilizers. **(Böden und Düngemittel.)** J. Roy. agric. Soc. England **122** (1961) S. 150–174. — 68 Lit.
Übersichtsarbeit, die sich u.a. aus folgenden Haupkapiteln aufbaut: a) Spurenelemente, b) Wirkungen von Düngemitteln auf die Erträge, c) Tiefkultur- und Tiefdüngung, d) Verwendung von Stallmist, e) optimale Düngemittelgaben, f) Fortschritte in der Anwendung der Düngemittel, g) Versuche mit flüssigen Düngemitteln, h) konz. Düngemittel, i) Wirksamkeit der N-Düngemittel. 671.

Metivier, S. und Pulby, J. F. Le soufre en agriculture. **(Der Schwefel in der Landwirtschaft.)** Bull. Assoc. franç. Étude Sol **1961** Nr. 9. S. 343–366.
Übersichtsarbeit, die aus folgenden Abschnitten besteht: a) S in der Natur, b) S-Industrie und ihr landwirtsch. Markt, c) S in der Pflanzenphysiologie. 671.

Wilkinson, S. R. und Ohlrogge, A. J.; Lafayette, Ind., Purdue Univ., Agric. Exp. Stat. Principles of nutrient uptake from fertilizer bands: V. Mechanisms responsible for intensive root development in fertilized zones. **(Prinzipien der Nährstoffaufnahme aus Düngemittelbändern. 5. Mitt. Wirkungsmechanismus für intensive Wurzelentwicklung in gedüngten Zonen.)** Agronomy J. **54** (1962) Nr. 4. S. 288–291. — 3 Abb., 13 Lit.
In Nährlösungsversuchen wurde der Mechanismus der Wechselwirkung, der zwischen N und P und dem Wurzelwachstum der Sojabohne besteht, weiter untersucht. Allgemein waren die mit N gedüngten Wurzeln wachstumsaktiver als bei alleiniger P-Düngung oder bei Abwesenheit von N + P. Bei hohen P- und niedrigen N-Gaben konnte eine Abnahme im Gehalt an Wuchsstoffhormonen festgestellt werden. Der durch N-Düngung induzierte Gehalt an Wuchsstoffhormonen wurde anscheinend durch die Bildung einer zweiten Substanz beeinflußt, die einen etwas höheren R_f-Wert als Tryptophan in 80%igem Isopropylalkohol bzw. einen wesentlich höheren R_f-Wert als Tryptophan in 70%igem Äthanol hat. Die unbekannte Substanz wurde mit dem *Ehrlich*-Reagens nachgewiesen (Gelbfärbung!). P. Schäfer. 671.

Kanwar, J. S. und Prihar, S. S.; Ludhiana, Punjab, Government Agric. Coll. Effect of continuous application of farmyard manure and inorganic fertilizers on crop yields and properties of soil. I. Chemical properties. **(Ein-**

fluß kontinuierlicher Anwendung von Stallmist und anorganischen Düngemitteln auf die Pflanzenerträge und die Eigenschaften des Bodens. 1. Mitt. Chemische Eigenschaften.) J. Indian Soc. Soil Sci. **10** (1962) Nr. 2. S. 109–120. — 4 Abb., 6 Tab., 15 Lit.

Die Ertragssteigerung durch jährliche Gaben von 4 t/acre Stallmist lag in 4 Dauerversuchen unter der, die man mit 40 lb./acre N als $(NH_4)_2SO_4$ bzw. $NH_4H_2PO_4$ erzielte. Die pH-Werte und die Kationenumtauschkapazität der Böden wurden durch die Düngung nur wenig oder gar nicht verändert. Der Gehalt an C und N war bei mineral. N-Düngung etwas und bei Stallmistdüngung wesentlich höher als ohne Düngung. Der Gehalt an Gesamt-P und an verfügbarem P wurde durch Stallmist- und durch $NH_4H_2PO_4$-Düngung erhöht, der an K nur durch Stallmist. Der Nährstoffgehalt des angebauten Weizens (Korn) wurde durch die Düngung nur unwesentlich beeinflußt, lediglich der N-Gehalt war bei der Variante mit $NH_4H_2PO_4$ etwas geringer, der P- und K-Gehalt etwas höher als bei den übrigen Versuchsvarianten.

V. Koepke. 671a.

Romanenkova, M. M. (Romanenkowa, M. M.) Ėffektivnost' sovmestnogo primenenija izvesti i navoza na dernovo-podzolistych počvach. **(Wirksamkeit gemeinsamer Anwendung von Kalk und Stalldung auf Rasenpodolböden.)** Trudy Vsesojuznogo naučno-issledovatel'skogo instituta udobrenij i agropočvovedenija, Moskva **1962** Nr. 38. S. 127–139. — 8 Tab., 16 Lit.

Durch alleinige Düngung mit Kalk oder Stalldung wurden die Eigenschaften der Rasenpodsolböden verbessert. Bodenacidität und Gehalt an beweglichem Al wurden gesenkt, Nitratakkumulation und Gehalt an beweglichem P_2O_5 vergrößert. Bei gemeinsamer Anwendung der Dünger war ein noch günstigerer Einfluß zu beobachten. Bei Verringerung der erforderlichen Kalkmenge um die Hälfte und gemeinsamer Düngung mit 10 t/ha Stalldung wurden die gleichen Ergebnisse wie mit 20 t/ha Stalldung ohne Kalk erzielt. Eine Vergrößerung der N-Verluste aus Stalldung durch Kalkzugabe wurde nicht beobachtet. Durch vorhergehende Kompostierung des Stalldungs mit $CaCO_3$ oder $Ca(OH)_2$ wurde keine bessere Wirksamkeit als bei gemeinsamer Zugabe erreicht.

P. Stoß. 671a.

Sokolova, M. F. (Sokolowa, M. F.) Izmenenie počvennoj kislotnosti podvlijaniem izvestkovanija v sočetanii s primeneniem organičeskich i mineral'nych udobrenij. **(Veränderung der Bodenacidität unter dem Einfluß der Kalkung in Kombination mit organischen und mineralischen Düngemitteln.)** Trudy Vsesojuznogo naučno-issledovatel'skogo instituta udobrenij i agropočvovedenija, Moskva **1962** Nr. 38. S. 150–161. — 2 Abb., 6 Tab., 26 Lit.

Durch Kalkung saurer Rasenpodsolböden bis zur schwach sauren Reaktion wird die Bodenfruchtbarkeit dieser Böden bedeutend verbessert. Gleichzeitig damit sinken hydrolytische und Austauschacidität sowie der Gehalt an beweglichem Al. Der pH-Wert der KCl-Auszüge nimmt zu. Bei Verringerung der erforderlichen Kalkmenge auf die Hälfte ist die positive Wirkung der Kalkung zwar noch vorhanden, jedoch schwächer als bei Zugabe der gesamten Menge. Die positive Wirkung der Kalkung erstreckt sich nicht nur auf die obere (0–10 cm) Schicht, sondern ist auch in der 20–40-cm-Schicht noch spürbar. Bei regelmäßiger Zugabe von Stalldung verbessern sich ebenfalls, wenn auch in geringerem Maße, die Bodeneigenschaften, während bei Zugabe von Mineraldünger das Gegenteil eintritt. Die gleiche Tendenz ist auch bei Kombination mit Kalk zu beobachten, weshalb die erforderliche Kalkmenge bei Zugabe von viel org. und wenig mineral. Düngemitteln kleiner ist, als wenn große Mengen mineral. Düngemittel und wenig Stalldung verwendet werden.

P. Stoß. 671a.

Vojnova, Ž. und Kolev, D. (Wojnowa, Sh. und Kolew, D.) Po vŭprosa za pravilnoto torene na tjutjuna. **(Zur Frage der richtigen Tabakdüngung.)**

Izvestija na Centralnija naučnoizsledovatelski institut po počvoznanie i agrotechnika „Nikola Puškarov“, Sofija 2 (1962) S. 57–66. — 3 Abb., 4 Tab., 11 Lit. Zus. in Russ., Engl.

In 3jährigen Feldüngungsversuchen wurde festgestellt, daß das von Lyssenko empfohlene org.-mineral. Düngergemisch bei Tabakpflanzen zu Beginn der Entwicklung N-Mangel auslöst. Zugabe von 4,5 kg Ammonsalpeter steigerte den Tabakertrag stark und vermehrte die Zahl der nützlichen Mikroorganismen. M. Miltschew. 671a.

Collins, W. B. und Bishop, R. F.; Fredericton, New Brunswick, Res. Stat.; Kentville, Nova Scotia, Canada Dep. of Agric., Res. Stat. The effect of various organic amendments on certain chemical properties of soil, on plant nutrient levels in strawberry foliage and on fruit yields. **(Die Wirkung verschiedener organischer Bodenverbesserer auf bestimmte chemische Eigenschaften des Bodens, auf den Pflanzennährstoffgehalt der Erdbeerblätter und auf den Fruchtertrag.)** Canad. J. Plant Sci. **42** (1962) Nr. 3. S. 437–444. — Tab., Lit.

Die Erdbeerpflanzen großer Plantagen in New Brunswick zeigten deutliche Verkümmerungen und ein starkes Zurückgehen ihrer Ertragsleistung. Es wurde vermutet, daß diese Schädigungen in Zusammenhang mit dem Gehalt des Bodens an org. Subst. zu bringen seien. Diese Annahme wurde durch Feldversuche erhärtet. Die Verwendung von Dung verminderte die Acidität, erhöhte den Gesamt-N-Gehalt, den Gehalt an org. Subst. und beeinflußte günstig den P-Gehalt des Bodens. Wurden jedoch Torf oder Sägespäne verabreicht, war ein Ansteigen der Bodenacidität, des Gehaltes an Gesamt-N und an org. Subst. zu verzeichnen. Andere Mittel, z. B. Heu oder Heukompost, wirkten weniger markant. Obgleich aus dem P-Gehalt der Erdbeerblattproben von gedüngten Parzellen immer auf den verbesserten Phosphatspiegel geschlossen werden konnte, gab keine Behandlung gesicherte Differenzen bei den N-, K- oder Ca-Gehalten der Blätter zu erkennen. Alle Versuchsreihen erbrachten zwar ein hochsignifikantes Ansteigen der Erträge, jedoch war die Ertragssteigerung bei Verwendung von Heu oder von Heukompost signifikant höher als bei Dunggabe. G. Loßner. 671a.

Christov, J. (Christow, J.) Vlijanieto na mineralnite torove vŭrchu fizičeskite, chimičeskite i technologičeskite kačestva na pšenicata. **(Einfluß der Mineraldünger auf die physikalischen, chemischen und technologischen Eigenschaften des Weizens.)** Izvestija na Centralnija naučnoizsledovatelski institut po rastenievŭdstvo, Sofija **12** (1961) S. 275–295. — 1 Abb., 9 Tab., 14 Lit. Zus. in Russ., Dtsch.

N-, P-und K-Düngemittel wurden in verschiedenen Kombinationen und Nährstoffmengen zu Weizen angewendet. Volldüngung erzielte die höchsten Erträge (durchschnittlich 140% im Vergleich zu „ungedüngt“). N-Düngung verbesserte das Tausendkorn- und das Vol.-Gew. sowie die Glasigkeit des Kornes, die von 47 (Kontrolle) auf 64–74% erhöht wurde. Während die N-Düngung den Kornproteingehalt von 1,5 auf 3,7% und den Gutingehalt von 1,5 auf 3,2% steigerte, senkte die P-Düngung diese Gehalte um 1 bzw. 0,5%. Die P-Düngung verbesserte dagegen die Amilaseaktivität sowie die Backfähigkeit, wobei das Brotvolumen um 12–32 cm^3 zunahm. Bei Volldüngung erhöhte sich das Brotvolumen um 15–24 cm^3. Mineraldüngung verminderte den Aschegehalt der Körner und des Mehles bis zu einem gewissen Grade, was auf das größere Korn zurückzuführen ist. M. Stoilow. 671b.

Zajceva, R. V. (Saizewa, R. W.) Vlijanie uslovij pitanijal'na vychod i kačestvo volokna. **(Einfluß der Ernährungsbedingungen des Leins auf den Ertrag und die Qualität der Faser.)** Sbornik trudov aspirantov i molodych naučnych sotrudnikov. Vsesojuznyj institut rastenievodstva, Leningrad **1961** Nr. 2. S. 219–224. — 4 Tab., 8 Lit.

In einem 2jährigen Feldversuch wurde der Einfluß der mineral. Ernährung auf den Ertrag und die Qualität von 2 Leinsorten geprüft, wobei sich ergab, daß N-Überschuß Blütenstand und Stengeldurchmesser vergrößerte. Struktur und Bau des Stengels wurden verändert. Ertrag und Qualität der Fasern sanken. PK-Düngung beschleunigte die Reife, steigerte den Ertrag und verbesserte die Faserqualität. Zur Erzeugung qualitativ hochwertiger Fasern muß eine harmonische Düngung verabfolgt werden. H. Winkler. 671b.

Chouteau, J., Mounat, A., Hitier, H. und Renier, A. Observations sur un essai d'engrais en rotation. **(Beobachtungen über einen Düngungsversuch in der Fruchtfolge.)** Ann. Inst. exp. Tabac Bergerac **3** (1961) Nr. 4. S. 729 bis 755. — 2 Abb., 10 Tab. Zus. in Engl.

Innerhalb eines 9jährigen Fruchtfolgesystems (6 Jahre abwechselnd Weizen — Tabak und anschließend 3 Jahre Luzerne) wurden 8 verschiedene Düngungsvariationen von $N_1P_1K_1$ bis $N_2P_2K_2$ geprüft. Die „Bodenfruchtbarkeit" wurde durch N_1 vermindert, durch N_2 und K_1 auf dem gleichen Stand gehalten, durch K_2 erhöht, wogegen die P-Gaben keinen Einfluß ausübten. Nitratdünger erhöhten den Ertrag an Tabakblättern. Hoher K-Gehalt im Boden verbesserte die Blattqualität, P-Gaben blieben ohne Einfluß. Auf schweren Böden sank die Blattqualität. Auf den N_2-Flächen wurde eine stärkere Nachwirkung auf den Weizen beobachtet, was auf mehr Ernterückstände zurückgeführt wird. J. Merker. 671b.

Baroccio, Aldo, Pisano, Giuseppina und Morani, Valentino. Esperienze di concimazione fosfatica e solfatica al medicaio. **(Düngungsversuche mit Phosphat- und Sulfatdüngemitteln zu Luzerne.)** Ann. Sperimentaz. agrar. [N.S.] **14** (1960) Nr. 3. S. 437–453. — 5 Tab., 27 Lit. Zus. in Engl.

Auf 2 lehmigen Böden (pH 6, PO_4ass. nach Marimpietri 14 bzw. 3,5 ppm, Gesamt-Sulfat als $CaSO_4$ 25 bzw. 145 ppm) wurden Düngungsversuche durchgeführt, mit denen die Wirkung verschiedener Kombinationen von Superphosphat (0–16 dt/ha, eingearbeitet und als Kopfdünger) und Gips (4 dt/ha oberflächlich ausgebracht) geprüft werden sollte. Ein weiterer Versuch wurde auf einem Tonboden angelegt (pH 7,3, PO_4 ca. 50–70 ppm, Gesamt–Sulfat 81,6 ppm), wobei zu einer Superphosphat-Staffelung 16 dt/ha Gips eingearbeitet wurden. Bei Verabreichung beider Düngemittel als Kopfdünger zeigte sich keine positive Gipswirkung, beim 1. Schnitt wurde mitunter der Ertrag gesenkt. Große Gipsmengen, vor der Saat verabreicht, wirkten auf Böden mit schlechter Struktur positiv. Gipsdüngung reduziert anscheinend den P-Gehalt des Heues und erhöht den K-Gehalt. I. Förster. 671b.

Dionne, J. L., Gervais, Paul und Richardson, W. S.; Lennoxville, Québec, Min. de l'Agric. du Canada. Action du phosphore et du potassium sur le rendement et la composition chimique du trefle ladino cultive sur deux types de sol. **(Wirkung des Phosphors und des Kaliums auf den Ertrag und die chemische Zusammensetzung des Weißklees, der auf zwei verschiedenen Böden angebaut wurde.)** Canad. J. Plant Sci. **42** (1962) Nr. 3. S. 501–509. — Tab., Lit.

Um das P- und K-Bedürfnis des Weißklees (*Trifolium repens* L.) zu untersuchen, wurden Düngungsversuche auf 2 verschiedenen Podsolböden durchgeführt. Durch Ertragsermittlung wurde deutlich, daß auf dem Schlufflehm (I) Coaticooks die P_2O_5-Gabe von 60 lb./acre nicht erhöht werden konnte, daß es jedoch vorteilhaft ist, 180 lb. auf dem Lehmboden (II) anzuwenden. Auf dem Bodentyp **II** wurden die höchsten Erträge erreicht, wenn eine 1. Kaligabe von 120 lb./acre K_2O während der Aussaat und eine 2. von 180 lb./acre nach dem 3. Schnitt verabreicht wurden. Auf dem Boden **I** betrug die optimale K_2O-Gabe 120 lb./acre. Während die P-Düngung ohne Einfluß auf den Protein- und Calciumgehalt blieb, wurde der K-Gehalt reduziert, der P-Gehalt des

Klees jedoch beträchtlich erhöht. Die K-Düngung verursachte einen markanten Zuwachs im K-Gehalt des Weißklees, verringerte jedoch den Protein-, P- und Ca-Gehalt. G. Loßner. 671b.

Walker, L. C. und Youngberg, C. T.; Athens, Univ. of Georgia, School of Forestry; Corvallis, Oregon State Univ. Response of slash pine to nitrogen and phosphorus fertilization. **(Reaktion der Slash-Kiefer auf die Stickstoff- und Phosphordüngung.)** Proc. Soil Sci. Soc. America **26** (1962) Nr. 4. S. 399–401. — 1 Abb., 3 Tab., 9 Lit.
Auf einer 9jährigen Kiefernpflanzung (*Pinus elliottii*) des unteren Küstengebietes von Georgia wurden die Düngungsvarianten N (200 lb./acre), P (44 lb./acre) und N + P angelegt. In den folgenden 3 Jahren wurde das Wachstum an Hand der Vergrößerung der Stammdurchmesser bzw. der Basalflächen verfolgt. Das Kiefernwachstum reagierte (insbes. im 1. Folgejahr) gut auf die N-, nicht jedoch auf die P-Gabe. Der ebenfalls bestimmte N-Gehalt der Nadeln lag auch im 1. Jahr nach der Düngung am höchsten, gegen Ende des 3. Jahres jedoch konnten sowohl hinsichtlich des N-Gehaltes als auch des P-, K- und Ca-Gehaltes keine Unterschiede mehr nachgewiesen werden.
H. E. Freytag. 671b.

Kalinovskij, A. V. (Kalinowski, A. W.) Vlijanie mnogoletnich trav na dinamiku podvižnych form azota v počve. **(Einfluß mehrjähriger Gräser auf die Dynamik beweglicher Stickstofformen im Boden.)** Trudy Belorusskoj sel'skochozjajstvennoj akademii, Gorki **34** (1961) S. 22–27. — 6 Tab.
Der N-Gehalt nach mehrjährigen Gräsern erhöht sich entspr. dem Humusgehalt. Reine Leguminosenansaaten (Klee) reichern den Boden stärker mit N (570–810 kg/ha) an als Mischsaaten. Die Beweglichkeit des Boden-N nimmt bei mehrjähriger Graskultur ab. Nach der Ernte der Gräser und Vorbereitung des Bodens für Wi-Weizen steigt der Gehalt des Bodens an NO_3^- und NH_4^+ schnell an. Nach reinen Kleeansaaten und Kleegras einjähriger Nutzung ist der NO_3- und NH_4-Gehalt des Bodens bedeutend größer als nach Schwarzbrache. Nach Kleegras 2jähriger Nutzung und Wickhafer ist der Gehalt an mineral. Boden-N gering, jedoch reicht er zur Versorgung des Wi-Weizens während der Herbstvegetation aus. Der positive Einfluß mehrjähriger Gräser auf den N-Haushalt wirkt sich auch auf die nachfolgenden Kulturarten aus. Die Versuchsergebnisse stimmen nicht mit der Feststellung Wiljams überein, daß bei frühsommerlichem Umbruch der Grasnarbe ein Überfluß an beweglichem N im Boden auftritt. Der Umbruch im Sept. führt zu einer intensiveren Produktion von aufnehmbarem N, der den nachfolgenden Kulturen (So-Weizen) zur Verfügung steht. W. Görtler. 672.

Salonen, Martti; Tikkurila, Finland, Dep. of Agric. Chem. Olkien maahankyntökokeen tuloksia. **(Versuch über die Wirkung des Einpflügens von Stroh.)** Maatalous ja Koetoiminta [Agric. and Res.] **16** (1962) S. 31–37. — 1 Abb., 3 Tab. Zus. in Engl.
In einem 1953 angelegten Versuch wirkte sich die Einbringung von Stroh mit zusätzlichem Kalkstickstoff wie auch ohne N-Düngung günstig auf die Erträge in einer Rotation mit 5maligem Anbau von Sommergetreide bei einmaliger Einschaltung von 2jährigem Kleegras aus. Hohe Strohmengen (30 t pro ha in 7 Jahren) waren bei zusätzlichen N-Gaben vorteilhafter als geringere (15 t/ha), ohne N-Zusatz verminderten sie dagegen mit fortschreitender Versuchsdauer zunehmend die Erträge. V. Koepke. 672.

Ilkov, D. (Ilkow, D.); Knseha, Bulgarien, Zentralinst. für Landwirtsch. Vreme i način na vnasjane na oborskija tor pri carevicata. **(Einbringungszeit und Einbringungsart des Stalldungs zu Mais.)** Izvestija na Centralnija naučnoizsledovatelski institut po počvoznanie i agrotechnika „Nikola Puškarov", Sofija 2 (1962) S. 17–37. — 4 Abb., 9 Tab., 15 Lit. Zus. in Russ., Dtsch.

Der höchste Maisertrag (11,2% Mehrertrag) wurde auf Tschernosemen erzielt, wenn der Stalldung im Sommer, dazu Ammonsalpeter und Superphosphat im Frühjahr vor der Aussaat eingebracht wurden. Die geringsten Erträge zeigten sich nach Stalldunggabe im Frühjahr. Auch der im Herbst mit Schälpflug eingepflügte Stalldung bewirkte gute Erträge. Der mit oder ohne Vorschäler eingepflügte Stalldung unterschied sich in seiner Wirkung nicht. Den höchsten Wirkungsgrad auf die Nachfrucht (Weizen) hatte auch der Stalldung, der im Sommer oder Herbst in den Boden eingebracht wurde.

M. Stoilow. 673.

Breunig, W. **Die Jauche — ein guter, aber noch zu wenig beachteter Grünlanddünger.** Dtsch. Landwirtsch. **13** (1962) Nr. 11. S. 534–535. — 6 Lit.
Die in der Jauche enthaltenen pflanzlichen Nährstoffe (bes. der N) vermögen die Grünlanderträge wesentlich zu erhöhen. Diese Kulturart ist auch während des gesamten Jahres in der Lage, die anfallende Jauche abzunehmen und nutzbringend zu verwerten. Der Wirkungswert des Jauche-N liegt nach Klapp mit 38,1 kg Heu je kg N weit über dem der Handelsdüngemittel (26 kg Heu je kg N). Die jeweilige Jauchegabe sollte 15000–20000 l/ha nicht übersteigen, d.h. etwa 20–40 kg N, 60–80 kg K_2O und 2 kg P_2O_5/ha werden damit verabfolgt. W. Fleischmann. 673.

Bunt, A. C.; Bayfordbury, Hertford, John Innes Horticult. Inst. Some physical properties of pot plant composts and their effect on plant growth. III. Compaction. **(Einige physikalische Eigenschaften von Topfpflanzenkomposten und ihre Wirkung auf das Pflanzenwachstum. 3. Mitt. Verdichtung.)** Plant and Soil [The Hague] **15** (1961) Nr. 3. S. 228–242. — 6 Abb., 3 Tab., 10 Lit. 2. Mitt. vgl. LZ. Abt. II 8 (1963) Nr. 5. S. 1251.
Der Einfluß der Bodendichte auf die Pflanzenentwicklung wurde in Töpfen mit locker eingefüllten (rel. Dichte = 1) bzw. durch Pressung beim Einfüllen verdichteten Böden (rel. Dichten 1,20, 1,43 und 1,64) untersucht. Bei Boden in guter Struktur mit Torfzusatz wirkte sich mäßige Verdichtung positiv auf das Wachstum von Tomatenpflanzen aus, bei strukturarmem Boden war jede Verdichtung nachteilig. Für die Lockerhaltung des Bodens war beigemischter Torf wirksamer als Kies. Als Folge der Bodenpressung wurden schlechtere Durchwurzelung, Rückgang der Fr.-Subst.-Erträge, Verkürzung der Internodien der Tomatenpflanzen und Hinauszögern der Blüte beobachtet. Diese Hemmungen waren anscheinend nicht durch O_2-Mangel verursacht, da Zusatz von CaO_2 und H_2O_2 das Pflanzenwachstum nur im lockeren Boden günstig beeinflußte. Sie traten unabhängig von der Art der verwendeten N-Quelle ($Ca(NO_3)_2$ oder Huf- und Hornmehl) auf. Vf. nimmt an, daß erhöhter mechanischer Widerstand, den die Wurzeln im verdichteten Boden überwinden müssen, und Verminderung des Anteils an zugänglichem Wasser die Hauptursachen der Wachstumshemmung bildeten. V. Koepke. 676.

Lamar, J. E. Uses of limestone and dolomite. **(Anwendungsmöglichkeiten von Kalkstein und Dolomit.)** State Illinois, Div. Illinois State geol. Survey, Circ. **1961** Nr. 321. S. 1–41.
Im vorliegenden Bericht werden die Anwendungsmöglichkeiten von Kalkstein und Dolomit beschrieben. Dadurch soll die max. Nutzung der Kalkstein- und Dolomitvorkommen erreicht werden. Chem. und/oder phys. Beschreibungen für mehr als 70 Anwendungsmöglichkeiten werden gegeben. — Für die Düngung sind folgende Beschreibungen von Interesse: 1. Kalkstein in der Landwirtschaft, 2. Füllmittel bei der Herstellung von künstlichen Düngemitteln, 3. Kalk. Eine Bibliographie beschließt die Arbeit. H. Masche. 678.

Ebert, K.; Potsdam, Inst. für Landwirtsch. Versuchs- und Untersuchungswes. der Dtsch. Akad. der Landwirtsch.-Wiss. zu Berlin. **Kalkung im Frühjahr.** Dtsch. Landwirtsch. **13** (1962) Nr. 3. S. 153–154. — 1 Tab., 7 Lit.

In entspr. Versuchen wurden bei Kartoffeln und Hafer durch Kalkung die Erträge um 55 bzw. 47% gesteigert. Der Termin der Kalkung richtet sich nach der Kulturpflanze. Die Kalkung kann aber im Prinzip zu jeder Zeit, im Herbst, Winter oder Frühjahr, erfolgen. Die zu verabreichende Menge sollte auf Grund von Bodenanalysen ermittelt werden. Es sollte nicht zu viel auf einmal, sondern lieber weniger, aber öfter gekalkt werden. Brannt- und Löschkalk wirken schneller und sind für schwere Böden besser geeignet, kohlensaurer Kalk mit langsamer Wirkung mehr für leichte Böden mit geringer Pufferkraft. Auch Mischkalk kann gegeben werden. Wenn nicht genügend Kalk vorhanden ist, sollte die verfügbare Menge lieber in kleinen Gaben auf möglichst viele Schläge verteilt werden, als daß nur wenige Schläge reichlich gekalkt werden.
W. Stenz. 678.

Šederov, S. G. (Schederow, S. G.) Izvestkovanie počv v sevooborote s kartofelem i l'nom. **(Kalkung des Bodens in Fruchtfolgen mit Kartoffeln und Lein.)** Trudy Vsesojuznogo naučno-issledovatel'skogo instituta udobrenij i agropočvovedenija, Moskva **1962** Nr. 38. S. 104—117. — 16 Tab., 22 Lit.
Der Einfluß der Kalkung des Bodens in Fruchtfolgen mit Kartoffeln und Lein wird diskutiert. Bei zu großen Kalkgaben treten häufig Ertragsminderungen auf. Durch Reduzierung des durch den pH-Wert des KCl-Auszuges ermittelten Ca-Bedarfs um 50% bei leichten und 25% bei mittleren und schweren Böden wird erreicht, daß die mögliche schädigende Wirkung des Kalkes auf diese Kulturen ausbleibt. Bei Verwendung Mg- (z. B. Dolomit) und B-haltiger Dünger kann bei mittleren und schweren Böden die gesamte, bei leichten Böden bis zu 75% der ermittelten Kalkmenge geben werden. Dies gilt auch für die Kulturen, die spätestens in 3–4 Jahren nach der Kalkung angebaut werden. Durch diese Maßnahmen ist es möglich, auch bei mehrjährigen Gräsern und anderen Kulturen hohe Erträge zu erzielen. P. Stoß. 678.

Kedrov-Zichman, O. K. (Kedrow-Sichman, O. K.) Ėffektivnost' raznych doz izvesti v sevooborotach s mnogoletnimi travami. **(Wirksamkeit unterschiedlicher Kalkgaben in Fruchtfolgen mit mehrjährigen Gräsern.)** Trudy Vsesojuznogo naučno-issledovatel'skogo instituta udobrenij i agropočvovedenija, Moskva **1962** Nr. 38. S. 92–104. — 10 Tab., 10 Lit.
Durch Kalkung von mittleren und schweren sauren Rasenpodsolböden mit der erforderlichen Menge Kalk wurde die Bodenacidität bis zur schwach sauren Reaktion erniedrigt, wobei die positive Wirkung des Kalkes bis zum 3. Fruchtfolgeglied anhielt. Daher sollte Kalkung zum 2. Glied nicht oder nur mit einer Kalkmenge entspr. 1/5–1/4 der hydrolytischen Acidität erfolgen. Reduzierung der Kalkgaben auf die Hälfte oder 1/4 der erforderlichen Menge führte zu geringeren Ertragssteigerungen und verringerter Nachhaltigkeit der positiven Wirkung im Vergleich zur vollen Kalkmenge. Deshalb sollte die Kalkung in solchen Fällen in den folgenden Jahren entspr. wiederholt werden. Die positive Wirkung der Kalkung erstreckte sich bes. auf die mehrjährigen Gräser, wobei Einbringung unter die Grasnarbe empfohlen wird. Es wurden Verbesserungen der Bodeneigenschaften nicht nur der oberen, sondern auch der darunter liegenden Bodenschicht festgestellt. Bei Fruchtfolgen mit mehrjährigen Gräsern lagen die Erträge, erhalten durch Kalkung in Kombination mit Zugabe von Mineraldünger, etwas niedriger als bei Zugabe von Kalk, Stalldung und Mineraldünger. P. Stoß. 678.

Jasmin, J. J. und Heeney, H. B.; Ste. Clothilde de Chateauguay, Quebec, Canada Dep. of Agric., Res. Branch, Org. Soils Substrat. The effect of lime on the status of nitrogen, phosphorus, potassium, calcium and magnesium in a few vegetables grown on acid peat soils. **(Die Wirkung des Kalkes auf den Stickstoff-, Phosphor-, Kalium-, Calcium- und Magnesiumgehalt einiger auf sauren Torfböden gewachsener Gemüse.)** Canad. J. Plant Sci. 42 (1962) Nr. 3. S. 445–451. — Tab., Lit.

Auf neu kultivierten, sauren Moorböden wurden 2jährige Großparzellenversuche mit unterschiedlichen Kalkgaben durchgeführt. Der Kalk bestand aus feingemahlenem Kalkstein mit 49,5% CaO und 2,2% MgO und wurde in Mengen von 3, 6 und 9 t/acre verabreicht. Anschließend wurde in 2 Raten gedüngt, wobei sich ein B- und Cu-Zusatz erforderlich machte, da bei einem Testversuch Mikroelementmangelerscheinungen auftraten. Steigerung der Kalkgabe erhöhte den pH-Wert und den Gehalt an verfügbarem P, erniedrigte jedoch den Betrag an austauschbarem K des Bodens. Der Gesamt-N-, der P- und der K-Gehalt der analysierten Pflanzengewebe wurde durch erhöhte Kalkzufuhr erniedrigt, während der Ca-Gehalt anstieg. Der Mg-Gehalt wurde nicht beeinflußt. Möhren- und Zwiebelkulturen brachten unter den vorliegenden Versuchsbedingungen bei Kalkgaben von 9 t/acre die höchsten Erträge.
G. Loßner. 678.

Ansorge, H.; Halle-Lauchstädt, Inst. für Landwirtsch. Versuchs- und Untersuchungswes. der Dtsch. Akad. der Landwirtsch.-Wiss. zu Berlin. **Untersuchungen über den Einfluß der Herstellungsbedingungen auf die Umsetzung von langsam wirkenden Stickstoffdüngemitteln (Ureaformen).** Z. landwirtsch. Versuchs- u. Untersuchungswes. 8 (1962) Nr. 4. S. 297-306. — 3 Abb., 3 Tab., 22 Lit.
Die N-Lieferung von 23 Kondensationsprodukten aus Harnstoff und Formaldehyd, die bei unterschiedlichen mol. Verhältnissen von Formaldehyd : Harnstoff (1 : 1,25-1 : 3,0), bei verschiedenen pH-Werten, Reaktionstemperaturen und mit Zusatz unterschiedlicher Wassermengen gewonnen wurden, sowie von 4 Produkten aus Harnstoff und Acetaldehyd wurde 3 Jahre lang in Gefäßversuchen überprüft. — Hinsichtlich der Umsetzung wurden sehr unterschiedliche Reaktionsprodukte erhalten. Mit steigendem Harnstoffanteil bei der Herstellung enthielten die Kondensationsprodukte zunehmende Mengen an nicht umgesetztem Harnstoff und waren demzufolge leichter abbaufähig. Mit abnehmender H^+-Konz. nahm die Umsetzbarkeit der Ureaformen ebenfalls etwas zu. Die Herstellungstemperatur und die verwendeten Wassermengen blieben fast ohne Einfluß. Bei gleichbleibenden N-Gaben von 1 g/Gefäß wurden von dem am schwersten löslichen Produkt nur 0,13 g für die Pflanzen (Haupt- und Nachwirkung) verfügbar, während aus anderen annähernd oder ebenso hohe Mengen aufgenommen wurden wie aus NH_4NO_3 (0,67 g). Die Kondensationsprodukte aus Harnstoff und Acetaldehyd waren alle leicht umsetzbar. In Bebrütungsversuchen verlief die NH_3- und NO_3-Bildung in Übereinstimmung mit den Ergebnissen der pflanzenphysiol. Untersuchungen am schnellsten in den Ureaformen mit weitem Formaldehyd-Harnstoff-Verhältnis.
V. Koepke. 680.

Boekholt, K., Kürten, P. W. und Seibel, W.; Bad Schwartau, Saatzucht Dr.h.c. Carsten; Hanninghof, Landwirtsch. Forsch.; Detmold, Bundesforsch.-Anst. für Getreideverarb. **Der Einfluß einer zusätzlichen Stickstoffspätdüngung auf Ertrag und Qualität von Winterweizen.** Z. Acker- u. Pflanzenbau **115** (1962) Nr. 3. S. 273-296. — 14 Tab., 38 Lit. Zus. in Engl.
In zahlreichen mehrjährigen Feldversuchen wurde der Einfluß von zusätzlichen, späten N-Gaben auf Ertrag und Qualität von Wi-Weizen untersucht. — Durch zusätzliche N-Gaben von 30 kg/ha vor dem Ährenschieben wurde im Mittel von 96 Versuchen eine Steigerung des Einzelährenertrages um 4% erzielt. — Bei der Überprüfung des günstigsten Zeitpunktes hatten die zusätzlichen N-Gaben von 20 kg/ha z. Z. des Schossens im Mittel aus 12 Versuchen 7% und z. Z. des Ährenschiebens 5% höhere Kornerträge zur Folge (Grunddüngung 60 kg/ha N). Bei der Grunddüngermenge von 80 kg/ha N betrugen diese Mehrerträge 2 bzw. 1%. — Beim Vergleich von 3 N-Düngemitteln zeigten Ammonsulfat-, Kalkammon- und Kalksalpeter im Mittel von 63 Versuchen etwa eine gleich gute Wirkung. In den Versuchen mit mitt-

leren und geringeren Erträgen hatte die zusätzliche N-Düngung eine etwas bessere Wirkung. Ammonsulfatsalpeter war den beiden anderen N-Düngemitteln in diesen Versuchen und auf Standorten mit höheren pH-Werten etwas überlegen. — Der Protein- und Feuchtklebergehalt wurde durch die zusätzliche N-Spätdüngung stark erhöht. Bei Sorten mit guter Kleberqualität hatte dies eine Verbesserung der Backfähigkeit zur Folge.

H. Ansorge. 680.

Wagner, G. H. Nitrogen fertilization of soybeans. **(Düngung von Sojabohnen mit Stickstoff.)** Univ. Missouri, Coll. Agric., agric. Exp. Stat., Res. Bull. **1962** Nr. 797. S. 1-23. — 25 Tab., 9 Lit.

N-Düngung steigerte Erträge und Korngewicht einer nichtknöllchenbildenden Sojabohnensorte (**I**) signifikant, blieb aber ohne Wirkung bei einer anderen knöllchenbildenden Sorte (**II**). Bei N-Düngung war der Ertrag von **I** nicht höher als der von **II**. N- und Fettgehalt der Samen wurden ebenfalls nur bei **I** durch die Düngung beeinflußt, und zwar stieg der N-Gehalt mit der Höhe der Gabe, während der Fettgehalt zurückging. Korngewicht, N- und Fettgehalt wurden bei beiden untersuchten Sorten durch die Jahreswitterung beeinflußt. K. Koepke. 680.

Chouteau, Jacques; Bergerac, Inst. Exp. de Tabac. Résultats de recherches entreprises à l'institut expérimental de Bergerac sur la fumure des tabacs français. I. La nutrition azotée du tabac. **(Forschungsergebnisse über die Düngung von französischen Tabaken, durchgeführt vom Forschungsinstitut in Bergerac. 1. Mitt. Die Stickstoffernährung des Tabaks.)** Fertilité **1962** Nr. 15. S. 11-19. — 7 Abb., 3 Tab., 5 Lit.

Mehrjährige Gefäß- und Feldversuche zeigten, daß die NH_3-Ernährung des Tabaks ein Säure-Basen-Verhältnis schafft wie in jungen Blättern (Verminderung der Kationen, bes. Ca, Anreicherung von Mineralanionen, bes. Phosphate), bei NO_3-Ernährung treten dagegen mehr org. Säuren auf, woraus folgt, daß die Nitratreduktion eine Voraussetzung für eine stärkere Anreicherung von org. Säuren ist. Unterschiedliche N-Gaben machten sich bereits nach 66 Tagen Vegetationsdauer in den Blättern bemerkbar. Bis zu 140 kg/ha N erhöhte sich die N-Aufnahme der Pflanze. Bei einer Gabe von $>$90 kg/ha N wurde die Qualität nicht mehr verbessert, aber der Nicotingehalt stieg an. Für schwerere Böden wird Kalksalpeter, für leichtere Böden Harnstoff empfohlen; Ureaform zeigt eine geringere Wirkung. J. Merker. 680.

Burton, Glenn W. und Jackson, James E.; Tifton, Ga., U.S. Dep. of Agric., A.R.S., Crops Res. Div.; Univ. of Georgia., Coll. of Agric., Exp. Stat.; Coastal Plain Exp. Stat. Effect of rate and frequency of applying six nitrogen sources on Coastal bermudagrass. **(Wirkung der Höhe und der Häufigkeit der Anwendung von sechs Stickstoffquellen zu Fingerhundszahngras.)** Agronomy J. **54** (1962) Nr. 1. S. 40-43. — 5 Tab., 7 Lit.

Bei einmaligen Gaben von 112, 224 bzw. 448 kg/ha N im März als NH_4NO_3 zu Fingerhundszahngras (*Cynodon dactylon*) wurden auf lehmigem Sandboden im 5jährigen Mittel Heuerträge von 12,0, 16,4 bzw. 23,2 t/ha erzielt. Im Vergleich dazu lagen die durchschnittlichen rel. Heuerträge bei der Verabreichung gleicher N-Gaben als $(NH_4)_2SO_4$, NH_4NO_3-Lösung, wasserfreies NH_3, Harnstoff-NH_4NO_3-Lösung bzw. Harnstoff bei 96,2, 98,3, 94,0, 92,3 bzw. 81,6. Die rel. N-Ausnutzung (NH_4NO_3 = 100) betrug 98,6, 95,2, 96,4, 86,1 bzw. 74,0. Sie wurde mit zunehmender N-Gabe geringer, ausgenommen war das wasserfreie NH_3. Die Aufteilung der N-Gesamtmengen in 2 Gaben (½ im März, ½ nach dem 2. Schnitt) führte nur in Jahren mit starken Niederschlägen zu Mehrerträgen. Bei Anwendung von wasserfreiem NH_3 trat als Folge der weiten Reihenabstände bei Einbringung (40 cm) im Frühjahr ein Zurückbleiben des Wachstums ein. Verabreichung in 2 Gaben führte zu Mindererträgen. K. Koepke. 680.

Jackson, James E. und Burton, Glenn W.; Tifton, Ga., U.S. Dep. of Agric., A.R.S., Crops Res. Div.; Univ. of Georgia, Coll. of Agric., Exp. Stat.; Coastal Plain Exp. Stat. Influence of sod treatment and nitrogen placement on the utilization of urea nitrogen by Coastal bermudagrass. **(Einfluß der Grasnarbenbehandlung und der Stickstoffplazierung auf die Verwertung von Harnstoff-Stickstoff durch Fingerhundszahngras.)** Agronomy J. **54** (1962) Nr. 1. S. 47-49. — 4 Tab., 4 Lit.
In Modellversuchen waren bei oberflächlicher Anwendung von Harnstoff auf Rasenstücken (lehmiger Sand) mit Fingerhundszahngras (*Cynodon dactylon*) in Abhängigkeit vom Feuchtigkeitszustand hohe N-Verluste durch NH_3-Verflüchtigung festzustellen. Als deren Ursache wird die Umsetzung des Harnstoffs durch Urease in $(NH_4)_2CO_3$ angesehen. Abbrennen der Grasnarbe im zeitigen Frühjahr vor dem Streuen des Harnstoffs, wodurch die Urease anscheinend zerstört oder verändert wurde, hatte eine wesentlich bessere Wirkung des Harnstoffs zur Folge. Wurde der Harnstoff 15 cm tief in den Boden eingebracht, wirkte er ebenso gut wie tief eingebrachtes NH_4NO_3.
K. Koepke. 680.

Soubies, L. und Gadet, R. Les urées méthylées en arboriculture fruitière et en horticulture. **(Methylierte Harnstoffe in Obst- und Gartenbau.)** Advances horticult. Sci. **2** (1962) S. 106-113. — 1 Abb., 3 Tab. Zus. in Engl.
Vff. führten Versuche mit dem methylierten Harnstoff Azorgan (Office National Industrial de l'Azote) durch. Azorgan ist ein Mischprodukt, in dem kondensierter Polymethylenharnstoff mitenthalten ist, und enthält 39% N. Die Monomeren des Produktes sind in Wasser normaler Temperatur löslich. Ein Teil der Polymeren ist in Wasser bis 100 °C löslich. Der Dünger wird in sauren Böden schneller mineralisiert als bei höheren pH-Werten. Der eingebrachte N ist gegen Auswaschung praktisch unempfindlich und geht stufenweise in die Nitratform über. Die N-Düngung wird vereinfacht, und die Böden erhalten ein besseres N-Leistungsvermögen. In einem 5 Jahre dauernden Versuch zu Bananen erwies sich Azorgan gegenüber den handelsüblichen Düngemitteln leistungsfähiger und trotz seines hohen Preises auch rentabler.
W. Hiller. 680.

Bagge, H. und Rasmussen, Erling. Forsøg med udbringningstid for kalksalpeter til tulipanes 1954-1960. **(Versuch mit Kalksalpetergaben an Tulpen zu verschiedenen Zeitpunkten 1954-60.)** Tidsskr. Planteavl **66** (1962) Nr. 3. S. 479-488. — 2 Tab.
14 an verschiedenen schwed. Versuchsstat. durchgeführte Versuche haben gezeigt, daß z. B. Kalksalpetergaben in Höhe von 600 kg/ha zu offensichtlichen Ertragszunahmen im Vergleich zu „ungedüngt" führten. Noch besser wirkten mehrere Wiederholungen (4× besser als 2×), und zwar im Sinne größerer Zwiebeln. Auch der N-Gehalt in der Tr.-Subst. war höher, was darauf schließen läßt, daß den Pflanzen immer dann reichlich N zur Verfügung gestanden hat, wenn sie seiner am meisten bedurften. Die Aufteilung dieser 600 kg in Raten zu 150 kg/ha war bei Verabfolgung am 1. Okt., 1. Nov., 1. Jan. und 1. Apr. bes. vorteilhaft. W. Fleischmann. 680.

Keränen, Tuomas; Tikkurila, Finland, Dep. of Agric. Chem. Lannoitteiden käyttötavan ja -ajan vaikutus astiakokeiden perusteella. **(Wirkung der Grunddüngung in Gefäßversuchen in Abhängigkeit von der Düngungsmethode und -zeit.)** Maatalous ja Koetoiminta [Agric. and Res.] **16** (1962) S. 13-21. — 4 Abb. Zus. in Engl.
In Gefäßversuchen mit Fe-reichem, sandigem Boden (pH 4,5) und schwerem Tonboden (pH 5,3) blieb das Verfahren der P-Düngung (im Herbst oder im Frühjahr jeweils mit dem Gesamtboden oder nur der obersten Bodenschicht vermischt) ohne Einfluß auf die Erträge von Hafer und Winterraps. In saurem schlickigem Ton (pH 4,3) waren die Hafererträge bei oberflächlicher Einmi-

schung von $Ca(H_2PO_4)_2$ geringfügig höher als bei tiefer Vermischung. Die P-Aufnahme der Pflanzen war sowohl im sandigen Boden wie auch im sauren schlickigen Ton um so geringer, je tiefer und je früher $Ca(H_2PO_4)_2$ in den Boden gemischt wurde. Bei Thomasphosphatanwendung wurden die höchsten P-Gehalte bei oberflächlicher Einmischung im Herbst und flacher Einmischung im Frühjahr festgestellt. V. Koepke. 682.

Stoa, T. E., Swallers, C. M. und Young, R. A. Comparative crop response from some carriers of phosphorus. **(Vergleich des Einflusses einiger Phosphorträger auf die Ernte.)** North Dakota Farm Res., bimonthly Bull. 22 (1962) Nr. 6. S. 11-15.
Der Versuchsplan enthielt zwei 4-Jahresfruchtfolgen, wie sie 2 landwirtsch. Betriebsformen entsprechen. Die 1. Fruchtfolge, gemäß dem Viehhaltungs- oder Dungsystem, umfaßte Mais Weizen, Süßklee und Hafer. Die 2. Fruchtfolge, dem sogenannten Ernterückstandssystem entsprechend, bestand aus Kartoffeln, Weizen, Süßklee und Gerste. Mit Dung oder Ernterückständen kombiniert, erhöhten alle 3 P-Träger (Superphosphat, gedämpftes Knochenmehl, Rohphosphat) die Erträge. Die Kombination mit Dung hatte jedoch eine größere Wirkung als die mit Ernterückständen. Die Zunahme der Maiserträge nach Anwendung von Superphosphat betrug im Durchschnitt 8%. Die folgende Weizenernte war um 13% größer. Wurde Superphosphat mit Dung verabreicht, so stieg der Maisertrag um 18%, und die folgende Weizenernte brachte um 25% höhere Erträge gegenüber der nichtbehandelten Parzelle. Gedämpftes Knochenmehl oder Rohphosphat mit Dung hatten bei Mais annähernd die gleiche Wirkung wie Superphosphat. In den Ernterückstandsserien wirkte Rohphosphat auf alle Ernten schwächer als die anderen P-Träger. Gedämpftes Knochenmehl verhielt sich ungefähr wie Superphosphat, war wirkungsgleich bei Mais und Gerste, etwas besser bei Kartoffeln und etwas schwächer bei Weizen. G. Loßner. 682.

Terman, G. L., Ment, J. D. de., Clements, L. B. und Lutz jun., J. A.; Wilson Dam, Ala., Tennessee Valley Authority; Blacksburg, Virginia Polytechn. Inst. Crop response to ammoniated superphosphates and dicalcium phosphate, as affected by granule size, water solubility, and time of reaction with soil. **(Reaktion der Pflanze auf ammonifizierte Superphosphate und Dicalciumphosphate in Abhängigkeit von Granulatgröße, Wasserlöslichkeit und Reaktionsdauer mit dem Boden.)** J. agric. Food Chem. 8 (1960) Nr. 1. S. 13-18. 682.

Datta, N. P., Shinde, J. E., Kamath, M. B. und Datta, S. K. de; New Delhi, Indian Agric. Res. Inst. Effect of soil amendment (EDTA) on uptake of soil and fertilizer phosphorus by wheat, rice and berseem. **(Wirkung eines Zusatzes [EDTA] zum Boden auf die Aufnahme von Boden- und Düngerphosphor durch Weizen, Reis und Alexandrinerklee.)** J. Indian Soc. Soil Sci. 10 (1962) Nr. 2. S. 121-128. – 7 Tab., 25 Lit.
EDTA (Na-Salz)-Gaben, entspr. 0, 100, 200 bzw. 500 lb./acre, zu 13 Böden mit unterschiedlichem P-Gehalt – zugleich mit P-Gaben von 80 lb./acre P_2O_5 bzw. ohne P-Düngung – führten in Gefäßversuchen mit Weizen, Reis und Alexandrinerklee nur in wenigen Fällen zu signifikanten Ertragssteigerungen. Die P-Aufnahme aus Böden und dem Düngemittel blieb ebenfalls unbeeinflußt. An den Pflanzen wurden schädigende Wirkungen des EDTA beobachtet. In Bebrütungsversuchen wurden die pH-Werte der Böden und die Gehalte an aufnehmbarem P durch EDTA-Zusätze nicht oder nur gering verändert. V. Koepke. 682.

Chouteau, J. Étude, en vases de végétation, de la fumure phosphatée du tabac Paraguay. I. Effet de doses croissantes de superphosphate sur le développement de la plante et la qualité de la feuille. Essai de diagnostic folliaire. **(Untersuchungen über die Phosphatdüngung von Paraguay-Tabak in Vegetationsgefäßen. 1. Mitt. Einfluß von zunehmenden Superphosphatgaben auf die Entwicklung der Pflanze und die Qualität der Blätter. Versuch einer Blattdiagnose.)** Ann. Inst. exp. Tabac Bergerac **3** (1961) Nr. 4. S. 609 bis 620. — 5 Abb., 4 Tab., 1 Lit. Zus. in Engl.

Aus den durchgeführten Gefäßversuchen geht hervor, daß auf mit Sand halbverdünnten Böden, deren Gehalt an pflanzenverfügbarer Phosphorsäure zwischen 21 und 36,1 mg P_2O_5/100 g Boden lag, Superphosphatgaben eine beachtliche Beschleunigung des Jugendwachstums von Paraguay-Tabak bewirken. Der Einfluß auf das Blattgewicht war am größten auf den P-ärmsten Böden und bei den untersten Blättern. Da die Blätter der mit Superphosphat gedüngten Pflanzen einen höheren Tr.-Subst.-Verlust aufwiesen, betrug der Mehrertrag an getrockneten Blättern auf den P-armen Böden nur noch 5-10%. Auf P-reicheren Böden zeigte Superphosphat keine oder eine negative Wirkung. Die Blattdiagnose gibt keinen oder einen falschen Aufschluß bez. des Phosphorsäurebedürfnisses der Tabakpflanzen, da P im Blatt nur in geringen Mengen angereichert wird und der P-Gehalt sehr labil sein kann. J. Merker. 682.

Viart, P. und Chouteau, J. Étude, en vases de végétation, de la fumure phosphatée du tabac Paraguay. II. Influence des apports de superphosphate sur certaines caractéristiques biochimiques de feuilles médianes. Variations au cours de la dessiccation à l'air naturel. **(Untersuchungen über die Phosphatdüngung von Paraguay-Tabak in Gefäßversuchen. 2. Mitt. Einfluß von Superphosphatgaben auf bestimmte biochemische Eigenschaften der mittleren Blätter. Veränderungen während der natürlichen Lufttrocknung.)** Ann. Inst. exp. Tabac Bergerac **3** (1961) Nr. 4. S. 621-634. — 3 Abb., 6 Tab., 3 Lit. Zus. in Engl. 1. Mitt. vgl. vorst. Ref.

Superphosphatgaben erhöhten auf P-armen Böden den Ertrag an grünen Tabakblättern, jedoch auch den Trockenmasseverlust während der Trocknung. Ebenso wurde der Gehalt an Zucker und Stärke erhöht, wogegen der Cellulosegehalt sank. Der Gehalt an Gesamt-N wurde durch P-Gaben vermindert, der des Nicotins erhöht. Auf Grund dieser Besonderheit vermuten Vff., daß P-Gaben den Reifeprozeß fördern. Diese Reife scheint sich jedoch biochemisch von der natürlichen Reife der Pflanzen zu unterscheiden. J. Merker. 682.

Chouteau, Jacques; Bergerac, Inst. Exp. de Tabac. Résultats de recherches entreprises à l'institut expérimental de Bergerac sur la fumure des tabacs français. La nutrition phosphatée du tabac. **(Forschungsergebnisse über die Düngung von französischen Tabaken, durchgeführt vom Forschungsinstitut in Bergerac. Die Phosphaternährung des Tabaks.)** Fertilité **1962** Nr. 16. S. 10-14. — 3 Abb., 2 Tab.

An Hand von Vegetationsversuchen in Mitscherlichgefäßen wird unter Ververwendung von ^{32}P nachgewiesen, daß die P-Aufnahme bes. im Jugendstadium erfolgt und mit zunehmendem Alter der Blätter der P_2O_5-Gehalt abnimmt. Auf P-armen Böden ($<$ 11 mg zitratlösliche P_2O_5/100 g Boden) wird durch P-Düngung (8,3 bzw. 16,6 g Superphosphat je Gefäß) der Ertrag um 5-10% gesteigert, auf P-reichen Böden um 5-20% vermindert. Infolge des größeren Zucker- und geringeren N-Gehaltes der Blätter haben diese nach P-Düngung einen größeren Tr.-Subst.-Verlust während der Trocknung, jedoch wird die Qualität der Blätter besser. Das P_2O_5-Bedürfnis der Tabakpflanzen kann durch eine Gabe von 35 t/ha Stallmist gedeckt werden.
J. Merker. 682.

Grignac, P.; Montpellier, École Nat. Supérieure Agronomique (I.N.R.A.). La fumure potassique du blé dur. **(Die Kalidüngung zu Hartweizen.)** Fertilité **1962** Nr. 16. S. 3-9. — 3 Abb., 2 Tab.

Während der schwankende K-Gehalt der vegetativen Pflanzenteile eine exakte Bestimmung der erforderl. K-Düngung erschwert, ist der K-Gehalt des reifen Hartweizenkornes – im Gegensatz zum N-Gehalt – ziemlich konstant. Da die K-Düngung zu einer Erhöhung des N-Gehaltes führte, kann gleichzeitig auf eine bessere Ausnutzung der N-Düngung geschlossen werden. Von 3 untersuchten Ertragskomponenten (Anzahl der Ähren, Kornzahl je Ähre und 1000-Korngewicht) beeinflußte die K-Düngung hauptsächlich die Fruchtbarkeit der Ähre. Bei gleicher Blütenanzahl wurden „mit K" mehr Körner ausgebildet als „ohne K". Höhere K-Gaben wirkten sich außerdem bei ausreichender Wasser- und N-Versorgung ertragssteigernd aus. An K-Düngungsempfehlungen werden mitgeteilt: 60-80 kg/ha K_2O (gut versorgte Böden); 80-100 kg/ha K_2O (mäßig versorgte Böden) und 150-200 kg/ha K_2O (schlecht versorgte Böden). Eine Unterteilung der K-Gaben wird abgelehnt. P. Schäfer. 684.

Tincknell, R. C., Ritas, J. P. Lopez und Ayala, H.; Venezuela, Fondation Shell pour l'Agric. Déficience en potassium des cultures de tabac dans l'état Portuguesa. **(Kalimangel an Tabakkulturen im Staate Portuguesa.)** Fertilité **1962** Nr. 16. S. 23-31. – 3 Abb., 6 Tab.

Im Staate Portuguesa in Venezuela hat der Tabak in der Regel eine sehr schlechte Qualität; er ist dunkelgrün und zeigt K-Mangelsymptome, die Blätter reifen und trocknen schlecht. Diese Abnormitäten werden bes. auf undurchlässigen, bindigen, nitratreichen und kaliarmen Böden mit einem geringen C/N-Verhältnis beobachtet. Die Verschlämmung des Bodens und die ionische Interferenz des NH_4^+ vermindern die K-Assimilation . Aus diesem Grunde müssen die Böden vorher untersucht werden, damit entspr. Empfehlungen für die Düngung gegeben werden können. Im allg. konnte durch 300 kg/ha K_2SO_4 die Tabakqualität wesentlich verbessert werden. Bei zufriedenstellender K-Aufnahme vermindert sich die N-Konz. in den Blättern.
J. Merker. 684.

Robinson, R. R., Rhykerd, C. L. und Gross, C. F. Potassium uptake by orchardgrass as affected by time, frequency and rate of potassium fertilization. **(Kaliaufnahme von Knaulgras unter dem Einfluß von Zeit, Häufigkeit und Höhe der Kaligabe.)** Agronomy J. **54** (1962) Nr. 4. S. 351-353. – 3 Tab., 5 Lit.

In 6jährigen Feldversuchen auf K-armem Boden wurden jährlich 50 lb./acre K_2O (zu verschiedenen Jahreszeiten) oder 100 lb. alle 2 oder 150 lb. alle 3 Jahre zu Knaulgras verabfolgt. Die Vorratsdüngung (jedes 3. Jahr) bewirkte den geringsten, eine Teilung der jährlichen Gabe in 3 Teilgaben den höchsten Ertrag. Da durch jährliche Frühjahrsgaben jedoch nahezu gleiche Erträge wie mit 3 Teilgaben erzielt wurden, wird die jährliche Zufuhr in einer Gabe befürwortet. Von dem verabfolgten K_2O wurden 90,6% durch die Pflanzen verwertet, hinzu kamen noch 9,0% bodenbürtiges K_2O. K wirkte deutlich positiv auf Ertrag und Lebensdauer des Knaulgrases (ohne K_2O: 3530, mit 100 lb. K_2O: bis zu 4670 lb./acre Tr.-Subst. im 6jähr. Mittel).
H. Pätzold. 684.

Burton, Glenn W. und Jackson, James E.; Tifton, Ga., U.S. Dep. of Agric., A.R.S., Crops Res. Div.; Univ. of Georgia, Coll. of Agric., Exp. Stat.; Coastal Plain Exp. Stat. Single vs. split potassium applications for Coastal bermudagrass. **(Einmalige bzw. geteilte Kaliumgaben zu Fingerhundszahngras.)** Agronomy J. **54** (1962) Nr. 1. S. 13-14. – 3 Tab., 2 Lit.

In einem mehrjährigen, faktoriellen Versuch auf lehmigem Sand mit variierten N-, P- und K-Gaben zu Fingerhundszahngras (*Cynodon dactylon*) wurden durch K-Düngung (112 bzw. 224 kg/ha K_2O) in den Varianten mit hohen N-Gaben (900 kg/ha N) bereits im 2. Versuchsjahr Mehrerträge erzielt, bei geringer

N-Düngung (112 kg/ha N) erst nach mehr als 6 Jahren. Die Verabreichung der K-Menge in 2 Gaben im März und Juli erbrachte im Vergleich zur Düngung in einer Gabe bei niedrigen N-Gaben nur geringe Mehrerträge, bei hohen N-Gaben dagegen recht beachtliche. Der Gehalt des Bodens an verfügbarem K_2O war zum Versuchsende bei unterteilter K-Düngung größer als bei jährlich einmaliger Zuführung. Durch die Verteilung der K-Düngung wurde der Luxusaufnahme der Pflanzen entgegengewirkt. K. Koepke. 684.

Western fertilizer handbook. 3rd ed. Sacramento, Calif.: Soil Improvement Commitee California Fertilizer Association. 1961. (200 S. m. Abb.) Das kleine Handbuch ist auf die Verhältnisse der Weststaaten der USA, insbes. auf Californien zugeschnitten. Sowohl betriebswirtsch. Fragen der Agrarproduktion (sehr kurz) als auch bodenkundliche und pflanzenphysiol. Grundlagen der Düngung werden besprochen. Hervorzuheben sind dabei die Tests zur Erkennung des Ernährungszustandes der Pflanze (bunte Abb. von Nährstoffmangelsymptomen). Den Hauptteil nimmt die Besprechung der Handelsdüngemittel sowie deren Anwendung ein. Dabei kommen auch Fragen der Agrartechnik, bes. hinsichtlich der Anwendung von Düngemittellösungen, zur Sprache. H. Kretschmer.

D. Düngemitteluntersuchung

Fisher, H. J. Report on inspection and analysis of commercial fertilizers 1960. **(Bericht über Kontrolle und Analysen von Handelsdüngemitteln 1960.)** Connecticut agric. Exp. Stat., Bull. **1961** Nr. 637. S. 1-80.

Der Bericht gliedert sich in folgende Hauptabschnitte: a) Überwachung der Handelsdüngemittel und damit in Zusammenhang stehende Gesetze, b) Registrierungen, c) Klassifikation der Düngemittel und ihre Zusammensetzung, d) Garantieleistung, e) Analysenergebnisse. 690.

Aljamovskij, N. I. und Vorob'eva, V. A. (Aljamowski, N. I. und Worobjowa, W. A.) Opredelenie Ca i Mg v izvestkovych udobrenijach trilonometričeskim metodom. **(Bestimmung von Ca und Mg in Kalkdüngern mittels Trilonometrie.)** Trudy Vsesojuznogo naučno-issledovatel'skogo instituta udobrenij i agropočvovedenija, Moskva **1962** Nr. 38. S. 246-259. — 3 Tab., 28 Lit.

Volumenometrische Methoden zur Bestimmung von Ca, Mg und Ca + Mg in Kalkdüngemitteln mit niedrigem und hohem Gehalt an SiO_2 und R_2O_3 g mittels Trilon B (EDTA) werden beschrieben. Danach können Ca und Mg entweder mit den entspr. Indikatoren direkt oder aus der Differenz zwischen Ca + Mg und der durch direkte Titration bestimmten Menge eines der Kationen ermittelt werden. Die angegebenen Methoden zeichnen sich bei großer Einfachheit der Durchführung durch hinreichende Genauigkeit aus. Ein Vergleich mit der gravimetrischen Ca-Bestimmung als Oxalat und der gravimetrischen Mg-Bestimmung als Pyrophosphat ergab, daß bei Kalkprodukten mit niedrigem SiO_2- und R_2O_3-Gehalt die durchschnittliche Abweichung der CaO-Werte 0,59%, die der MgO-Werte 0,63% betrug. Für Kalkprodukte mit hohem Gehalt an SiO_2 und R_2O_3 wurden entspr. 0,65% und 0,32% gefunden. P. Stoß. 690.

Swaine, D. J. **The trace-element content of fertilizers.** Harpenden: Commonwealth Agricultural Bureaux. (XIII, 306 S.) 18,5 × 25 cm = Technical Communication No. 52. Das Buch stellt eine tabellenartige Zusammenstellung von Spurenelementgehalten der Düngemittel dar. Dabei werden sowohl der Begriff „Spurenelement" — es werden 59 Elemente abgehandelt — als auch der Begriff „Düngemittel" — alle Stoffe, die in irgendeiner Weise der Pflanze als Nährstoffquelle dienen können — sehr weit gefaßt. Die Zusammenstellung enthält neben dem Düngemittel und dessen Gehalt auch kurze Hinweise über Art und Herkunft der Probe sowie über die Analysentechnik. Außerdem sind Autor und Publikationsjahr vermerkt. Die Lit. ist bis 1957 berücksichtigt. Es ist aber auch eine Anzahl jüngerer Arbeiten verwertet worden. Wichtigen Mikronährstoffen, wie z. B. B, Mn und Mo, werden vor den tabellarischen Angaben kurze Texteinführungen vorangestellt. Am Schluß des Buches befindet sich ein umfangreiches Literaturverzeichnis. H. Kretschmer.

VII. PFLANZENBAU AUF DEM ACKER

B. Fruchtwechsel und Fruchtfolgen

Arnott, R. A. und Clement, C. R. Sowing winter wheat on leys destroyed with a herbicide. **(Winterweizenaussaat auf mit einem Herbicid zerstörtem Ley.)** Nature [London] **195** (1962) Nr. 4848. S. 1277-1278. — 1 Tab.

Im Herbst 1960 wurde auf einem 4jähr. Kleegrasbestand (Weidelgras-Weißklee) ein Versuch angelegt, bei dem folgende Varianten verglichen wurden: 1. Pflügen und Saatbettbereitung in herkömmlicher Weise, 2. Anwendung von 10 lb./acre Amitrol (Ammoniumthiocyanat als Aktivator) und 3. Abmähen des Kleegrases unmittelbar an der Bodenoberfläche mit einem Schlegelfutterernter. Die Wi-Weizensorte 'Capelle' wurde zu 5 verschiedenen Terminen in 5 Reihen im Abstand von 7 in. von Hand ausgesät. Die erste Aussaat erfolgte am 29. Sept., dem Tag der Herbicidanwendung, wobei auf möglichst geringe Störung auf den Parzellen 2 und 3 geachtet wurde. Alle Versuche wurden ohne Düngung durchgeführt. Das Herbicid bewirkte eine zwar langsame, aber vollkommene Abtötung der Narbe. Eine toxische Nachwirkung im Sinne einer Dezimierung der aufgegangenen Weizenpflanzen war nur bei den ersten beiden Aussaatterminen festzustellen. Die Variante 3 reduzierte die Konkurrenzwirkung der alten Narbe bis zum folgenden Frühjahr, danach regenerierte diese sich und beeinflußte dann den Weizen nachteilig. Während die Kornerträge bei den Varianten 1 und 2 fast gleich und befriedigend hoch waren, fielen sie bei 3 deutlich ab. Damit ist gezeigt, daß Weizenanbau nach „chem. Umbruch" der Kleegrasvorfrucht durchaus möglich und auch erfolgreich sein kann. W. Fleischmann. 716.

Lacroix, L., Rixhon, L. und Crohain, A.; Gembloux, Stat. de Phytotechn. de l'État. Les systèmes d'exploitation culturale en relation avec la production & l'emploi des matières organiques. **(Die Anbausysteme in ihrer Beziehung zur Produktion und zur Düngung mit organischem Material.)** Rev. Agric. [Bruxelles] **15** (1962) Nr. 8/9. S. 965-972. — 3 Tab.

Auf frischem, feuchtem Schlickboden wurden 1957 6 Düngungsversuche angelegt (Parzellen mit 6 Wiederholungen). Angebaut wurden in den einzelnen aufeinanderfolgenden Jahren: a) Ackerbohnen, b) Wi-Weizen, c) Zuckerrüben, d) Hafer, e) Ackerbohnen. Die Düngung bestand in folgenden 6 Varianten: 1. Anbau mit völligem Abtransport der geernteten Früchte ohne irgendeinen Zusatz von org. Material; 2. dasselbe mit Zusatz von „Krilium"; 3. dasselbe mit regelmäßiger Zufuhr von Rückständen der Zuckerindustrie; 4. Anbau mit wirtschaftseigenem Dünger und evtl. einer Gründüngung; 5. Anbau ohne Dünger, jedoch mit Einbringen des Strohs in den Boden; 6. Anbau ohne Dünger mit Einbringen aller Ernterückstände + Gründüngung. Im allg. wichen die Erträge bei den einzelnen Arten der Düngung nicht viel voneinander ab. Nach Meinung der Vff. kann das an der durch die verschiedenartigen Anwendungen bedingten unterschiedlichen Entwicklung der Pflanzen liegen, die im Endeffekt auf den Ertrag nivellierend wirkte. Interessant ist der bei den verschiedenen Behandlungen auftretende Anteil von Lagergetreide bei Hafer im 4. Jahr. Behandlung 1: 71%; 2: 40%; 3: 36%; 4: 70%; 5: 74%; 6: 96%. E. M. Ardelt. 718.

Rutkowski, M.; Warszawa, Wyższa Szkoła Rolnicza w Poznaniu. Badania nad zdolnością strukturotwórczą jednorocznych roślin motylkowych i zbożowych. Cz. I. Wpływ różnych przedplonów i ich terminów sprzętu na plon roślin następczych. **(Untersuchungen über den Einfluß einjähriger Leguminosen und Getreidearten auf die Bodenstruktur. 1. Mitt. Einfluß verschiedener Vorfrüchte und ihrer Erntetermine auf die Erträge der Nachfrüchte.)** Roczniki Nauk rolniczych, Ser. A **86** (1962) Nr. 3. S. 413-434. — 3 Abb., 13 Tab. Zus. in Russ., Engl.

In den Versuchen 1956-58 wurde die Wirkung verschiedener Vorfrüchte (So-Getreide, Hülsenfrüchte, Brache) auf die Erträge der Nachfrüchte geprüft. Die Ernte der Vorfrüchte erfolgt a) bei Blühbeginn der Hülsenfrüchte, b) am Ende des Blühens der Hülsenfrüchte und c) z. Z. der Vollreife aller angebauten Kulturen. Die verspätete Ernte der Getreidearten verminderte ihren Vorfruchtwert. Bei verspäteter Hülsenfruchternte blieben dagegen die Erträge der Nachfrucht auf gleicher Höhe oder waren sogar höher. Die höchste Wurzelmenge bei Roggen als Nachfrucht wurde beim Anbau nach Lupinen festgestellt. Nach den anderen Vorfrüchten wurden keine größeren Unterschiede gefunden. S. Kowalski. 718.

Gajda, J.; Warszawa. Uprawa rzepaku jarego z trawami na glebach murszowo-torfowych. **(Der Anbau von Sommerraps mit Gräsern auf Torfmoorböden.)** Nowe Rolnictwo **11** (1962) Nr. 5. S. 9-10. — 2 Tab.

Bei Bewirtschaftung von Moor nach Abtorfung, Buschentfernung oder Umbruch schlechter Wiesen (Rasenschmiele) ist es günstig, für 1-3 Jahre nur einjährige Pflanzen anzubauen. In Versuchen 1958-61 wurde nach Einebnen der Torfgruben So-Raps (2, 3...10 kg/ha) im Gemisch mit Gräsern angebaut. Zum Vergleich diente eine Grasmischung ohne So-Raps. Der Anbau von So-Raps im Gemisch war günstig. Der Wert des geernteten Rapssamens kompensiert die Einbuße an Heu im Ansaatjahr der Gräser sowie den Ertragsabfall des Gemenges im nächsten Jahr (bei Anbau der Gräser mit So-Raps). Die Zugabe von mehrjährigen Leguminosen zur Grasmischung ist nicht ratsam. Die Aussaatmenge des So-Rapses auf diesen org. Böden soll 6 kg/ha nicht überschreiten. S. Kowalski. 718.

C. Saat- und Pflanzgut

Miceli, Guiseppe. La produzione di sementi in Sicilia. **(Saatguterzeugung auf Sizilien.)** Sementi Elette [Milano] 8 (1962) Nr. 4. S. 20-28. — 10 Abb., 24 Lit. Zus. in Engl., Dtsch.

Vf. berichtet von den günstigen Witterungsbedingungen für die Saatguterzeugung zahlreicher landwirtsch. Kulturen. Die während der Vegetation fallenden Niederschläge in Höhe von 500-750 mm sind so günstig verteilt, daß dadurch gute Reife- und Erntebedingungen gegeben sind. Neben der Vermehrung von Tomaten (Sorten 'Marmanda' und 'Tuckqueen'), Baumwolle (günstige Boden- und Klimaverhältnisse), Futterhülsenfrüchten (schnelle Entwicklung der Pflanzen und geringer Schädlingsbefall) konnten hohe Erträge und ausgezeichnete Qualitäten von Pferdebohnen, Wicken, Alexandrinerklee und Luzerne erzielt werden. Bei Luzerne lagen die Erträge auf Grund der günstigen Herbsttemperaturen bei 5-10 dt/ha. G. Müller/Leipig. 722.

Moore, R. P.; Raleigh, N. C., Agric. Exp. Stat. Tetrazolium as a universally acceptable quality test of viable seed. **(Tetrazolium als ein allgemein geeigneter Qualitätstest für lebensfähige Samen.)** C.R. Assoc. int. Essais Semences **27** (1962) Nr. 3. S. 795-805. — 1 Tab., 10 Lit. Zus. in Franz., Dtsch.

Nicht alle keimfähigen Samen besitzen den gleichen Wert. Für die zutreffende Beurteilung der Natur und des Umfanges der physiol. Schwächung des Saatgutes gibt es noch keinen allg. anzuwendenden Test. Es wird der Standpunkt vertreten, daß die Aufmerksamkeit auf die im Samen latent vorhandenen Verhältnisse gerichtet werden muß. Bei der Wahl eines derartigen Testes verdient die Tetrazolium-Methode den Vorzug, da sie eine direkte Ermittlung des wirklichen Samencharakters ermöglicht. Nach der mit der Tetrazolium-Methode festgestellten Beschaffenheit stuft Vf. die Samen in verschiedene Klassen einer Gleitskala ein. Mit Hilfe der Prozentsätze dieser Klassen können Voraussagen für Lagerung und geeignete Anbaubedingungen gemacht werden. C. Tittel. 725.

Tempe, J.de; Wageningen, Netherlands, Government Seed Testing Stat. Hot-water treatment as a means for determining seed weakness. **(Heißwasserbehandlung als Mittel zur Bestimmung der Schwächung des Saatgutes.)** C. R. Assoc. int. Essais Semences 27 (1962) Nr. 3. S. 773-778. — 1 Tab. Zus. in Franz., Dtsch.
Es wurde die Möglichkeit geprüft, ob die Erniedrigung der Keimfähigkeit, die durch Heißwasserbehandlung verursacht wird, als Maß für die Lebenskraft gebraucht werden kann. Mit verschiedenen Samenarten (Salat, Spinat, Zuckerrüben, Kohl und Getreide) wurden mehrere Versuche durchgeführt. Der Rückgang der Keimfähigkeit der behandelten Proben im Keimversuch wurde mit dem in Erdversuchen festgestellten Schwächegrad des unbehandelten Saatgutes verglichen. Die Korrelationskoeffizienten waren sehr niedrig. Die Heißwasserbehandlung bietet demzufolge keine Möglichkeit zur Bestimmung des Schwächegrades. C. Tittel. 725.

Tempe, J. de; Wageningen, Netherlands, Government Seed Testing Stat. Comparison of methods for seed health testing. **(Vergleich der Methoden zur Prüfung des Gesundheitszustandes von Saatgut.)** C.R. Assoc. int. Essais Semences 27 (1962) Nr. 3. S. 819-828. — 4 Tab., 1 Lit. Zus. in Franz., Dtsch.
Verschiedene Methoden zur Erfassung von *Botrytis cinerea* an Leinsamen und *Stemphylium radicinum* an Karottensamen wurden erprobt. Bei Leinsamen wurden die Agarmethode, die Filtrierpapiermethode im Dunkeln und im Licht verglichen; sie besaßen etwa die gleiche Genauigkeit. Für die Untersuchung der Karottensamen wurde neben diesen 3 Methoden auch die Sporenzahlmethode angewendet; die Filtrierpapiermethode im Licht war hier am besten geeignet. Für den internationalen Gebrauch schlägt Vf. Methoden vor, die genaue, vergleichbare Ergebnisse liefern und keinen großen Aufwand in der Durchführung erfordern. Für die Feststellung der beiden genannten samenübertragbaren Pilzinfektionen wird deshalb die Filtrierpapiermethode im Licht empfohlen. C. Tittel. 725.

Bethmann, Walter und Langer, Siegfried; Halle-Lauchstädt, Inst. für Landwirtsch. Versuchs- und Untersuchungswes.; Kleinwanzleben, DSG-Handelsbetr. für Zuckerrübensamen. **Keimprüfung von Saatgut auf Aktivkohle-Filterpapier — Prüfung von Beta-Rübensamen. Vorl. Mitt.** C. R. Assoc. int. Essais Semences 27 (1962) Nr. 3. S. 672-674. — 1 Tab., 1 Lit.
Es wird eine vorläufige Mitteilung über die Keimprüfung von *Beta*-Samen auf mit Aktivkohle präpariertem Filterpapier gemacht . Die Methode von Eifrig über die Keimprüfung von Rübensamen in Faltenfilterpapier wurde durch Verwendung von Aktivkohle-Filterpapier verbessert. Die erzielten Keimergebnisse lagen höher als die ohne Aktivkohle in Sand und Faltenfiltern erreichten. Auf dem schwarzen Papier kann auch der Pilzbefall besser erkannt werden. C. Tittel. 725.

Neeb, O.; Göttingen, Inst. für Zuckerrrübenforsch. **Ein Beitrag zur Methodik der Genomstufenanalyse bei polyploidem Beta-Saatgut.** C.R. Assoc. int. Essais Semences 27 (1962) Nr. 2. S. 603-608. — 8 Lit.
Von zahlreichen Methoden zur Genomstufen-Identifizierung hält Vf. das Zählen der Chromosomen in den Zellen junger Primärblätter für das z. Z. beste Verfahren. Hierbei werden nur Individuen erfaßt, die zum Aufgang und zu normaler Weiterentwicklung befähigt sind. Saatgut-Probenahme und Pflanzenanzucht werden beschrieben. Für die Anzucht in lichtarmen Monaten wird Zusatzbeleuchtung (Beleuchtungsstärke 13000 lx) im intermittierenden Wechsel von 16std. Lichtphasen und 8std. Dunkelheit empfohlen. Es wird auf das von Walther entwickelte Verfahren verwiesen, bei dem meristematisches Gewebe nach Oxychinolin-Vorbehandlung in HCl-Alkohol fixiert und mazeriert sowie mit Orcein gefärbt wird. Mazeriertes Gewebe ist

im eingefrorenen Zustand unbegrenzt haltbar. Vf. empfiehlt für das Aufsuchen zählbarer Stadien 16fache und für das Zählen 25fache Objektivvergrößerung, Okular 16fach. Die Tagesleistung je Arbeitsgemeinschaft (3 Personen) beträgt 400-800 Präparate bei etwa 5% Fehlbestimmungen.

H. Schneider. 725.

Bulat, H.; Stuttgart-Hohenheim, Landwirtsch. Hochschule. **Keimversuche, Triebkraftversuche und Tetrazoliumprüfungen mit Samen von Gossypium spp.** C.R. Assoc. int. Essais Semences 27 (1962) Nr. 3. S. 779-794. — 1 Abb., 6 Tab., 11 Lit. Zus. und Vorwort in Engl., Franz.

17 Saatgutproben mit unterschiedlicher Vorbehandlung und Beschaffenheit wurden mit der Keimrollen-, Ziegelgrus- und Tetrazoliummethode untersucht. Die Schwächung des Saatgutes durch ungünstige Einflüsse konnte im Tetrazoliumversuch erfaßt werden. Sie äußert sich in spezifischen Nekrosen an Kotyledonen und Radicula. Im Keim- bzw. Triebkraftversuch ist die Reaktion der durch Nekrosen geschwächten Samen auf die optimalen und auf die erschwerten Bedingungen zu erkennen. Kleine Nekrosen vermindern die Längenentwicklung der Keimlinge; Nekrosen an den Kotyledonen beeinträchtigen dazu noch die Triebkraft. Es wird vorgeschlagen, die im Keimversuch hart bleibenden Samen mit Hilfe der Tetrazoliummethode zu untersuchen.

C. Tittel. 725.

Eifrig, H.; Münster, Westfalen-Lippe, Landwirtschaftskammer, Samenprüfstelle. **Zur Methodik der Keimprüfung einiger Gemüsesämereien.** C. R. Assoc. int. Essais Semences 27 (1962) Nr. 3. S. 649-656. — Zus. in Engl., Franz.

Mehrjährige Beobachtungen bei der Keimprüfung von Gemüsesämereien dienten dazu, von den vorgeschriebenen Methoden die am besten geeigneten herauszufinden. Es konnte festgestellt werden, daß sich die Tomatensamen anfänglich wie obligatorische Dunkelkeimer oder Lichtkeimer verhalten können. Im späteren Verlaufe der Keimung werden die Samen nicht von Licht oder Dunkelheit beeinflußt. Bei Zwiebel und Porree waren die Keimversuche in Filterpapier nach 3täg. Vorkühlung denen in Sand bei 20 °C etwa gleichwertig. Die Anwendung einer 0,2%igen KNO_3-Lösung war bei Petersilie vorteilhaft, wenn beim normalen Keimversuch frische, nicht gekeimte Körner vorkamen. Bei Feldsalat wurden durch Einkeimung bei 8 °C in Filterpapier bessere Ergebnisse als bei 20 °C in Sand erzielt. C. Tittel. 725.

Broniewski, Stanislaw; Krakow, Anst. für Biol. und Aufbewahr. der Samen, Inst. für Pflanzenzücht. und Akklimatisation, Versuchsstat. **Unterschiede im Verlaufe des Keimprozesses der Samen auf Grund eines Beispieles mit Samen des Cyklamen (Cyclamen persicum Mill.)** C. R. Assoc. int. Essais Semences 27 (1962) Nr. 3. S. 627-648. — 6 Abb., 16 Lit. Zus. in Engl., Franz.

Die Keimung von *Cyclamen*-Samen aus 3 Erntejahren wurde durch Einkeimen in Abständen von einigen Wochen bis Mon. untersucht. Dabei interessierten insbesondere Ruhezustand, Keimschnelligkeit und Wirkung stimulierender Subst. im Verlaufe des Jahres. Eine Frühjahrskeimruhe und ein weniger deutliches Ruhestadium im Sommer konnten festgestellt werden; beide können durch 100 ppm Gibberellinsäure (GS) gebrochen werden. KNO_3 hatte geringeren Einfluß. Bei sofort keimenden Samen verlief der weitere Keimungsprozeß langsam; später keimende durchliefen die nächsten Phasen schneller und gleichmäßiger. Somit wird die Keimschnelligkeit als Werteigenschaft in Frage gestellt, da sie nicht von der höheren Lebenskraft, sondern vom geringeren Widerstand der Samenschale abhängt. Der Einfluß der GS erstreckte sich auf 3-4 Monate. Nach dieser Zeit verzögerten sich die Entwicklung und der Blühbeginn. Die Kontrollpflanzen, bes. aus spät keimenden Samen, waren in der Entwicklung überlegen. C. Tittel. 725.

Thomson, J. R. A new seed germinator. **(Ein neuer Keimapparat für Saatgut.)** C. R. Assoc. int. Essais Semences **27** (1962) Nr. 3. S. 675-678. — 2 Abb.
Ein neuer Keimapparat als Ersatz für den Jacobsen-Apparat wird beschrieben. Die Samen keimen auf Filterpapier, das auf einer Holzfaserplatte liegt. Diese Platte wird von eingebauten elektrischen Heizelementen erwärmt. Das Filterpapier wird durch Dochte feuchtgehalten, die in Wasserrrinnen an den Rändern der Platte eintauchen. Zur Platzersparnis lassen sich 2 oder mehrere Apparate aufeinanderstellen. Nach den bisherigen Ergebnissen ist der Keimapparat für *Lolium perenne*, *L. multiflorum* und *Festuca elatior*, nicht aber für *Dactylis glomerata* geeignet. C. Tittel. 725.

Overaa, Perry; Vollebekk, Norway, State Seed Testing Stat. A new germination apparatus designed for alternating temperature and light exposure. **(Ein neuer Keimapparat mit Wechseltemperatur und Belichtung.)** C. R. Assoc. int. Essais Semences **27** (1962) Nr. 3. S. 742-747. — 5 Abb., 1 Lit.
Auf der Grundlage verschiedener Keimapparate, die in Wageningen und in Schweden in Gebrauch sind, wurde ein neuer Keimapparat entwickelt. Äußerlich ähnelt er einem gewöhnlichen Jacobsen-Apparat. Er zeichnet sich durch gute Konstanthaltung der Temperatur aus, da das warme bzw. kalte Wasser ständig zirkuliert. Zur Belichtung dienen Leuchtstoffröhren. Die technischen Einzelheiten werden beschrieben. C. Tittel. 725.

Clayton, L. C. W. und MacKay, D. B.; Cambridge, Seed Testing Stat. An automatic germination chamber. **(Eine automatische Keimkammer.)** C.R. Assoc. int. Essais Semences 27 (1962) Nr. 3. S. 623-626. — 5 Abb.
Eine Keimkammer für die Prüfung des Saatgutes von *Beta-* und *Brassica-*Arten wird beschrieben. Die Kammer ist 3 m lang, 2 m breit und 5 m hoch. Die technische Ausrüstung ist rel. einfach. Die Geräte zur automatischen Kontrolle von Feuchtigkeit und Temperatur sind die im Laboratorium und im Haushalt üblichen. Trotzdem wird eine hohe Präzision erreicht.
C. Tittel. 725.

Rejowski, A.; Olsztyn, Katedra Fizjol. Roślin W.S.R. Fizjologia i biochemia dojrzewającego ziarna pszenicy. Cz. IV. Jaryzacja ziarna pszenicy ozimej i jarej zależnie od jego dojrzałości. **(Die Physiologie und Biochemie des reifenden Weizensamens. 4. Mitt. Jarowisation der Winter- und Sommerweizenkörner je nach Reife.)** Rozcniki Nauk rolniczych, Ser. A **86** (1962) Nr. 1. S. 57-73. — 3 Abb., 14 Tab., 25 Lit. Zus. in Russ., Engl. 2. Mitt. vgl. LZ. Abt. II 8 (1963) Nr. 2. S. 305.
Der Verlauf der Jarowisation vorgekeimter Wi-Weizenkörner bei 1-3 °C hängt von der Reife und der Art der Lagerung der Körner ab. Vollreife, gleich nach der Ernte gedroschene Körner können bei niedrigen Temperaturen jarowisiert werden. In Ähren gelagerte Körner müssen für einen günstigen Jarowisationsverlauf in der Gelbreife geerntet sein. Bei unreifem Saatgut ist für bessere Jarowisation größere Wassersättigung nötig, und höhere Temperaturen (11-13 °C) sind günstiger. Die Jarowisation unreifen Saatgutes hatte einen schwachen positiven Einfluß auf Wachstum, Entwicklung und Ertrag.
W. Święcicki. 726.

Bhardwaj, S. N.; Coimbatore, PIRRCOM, I.C.A.R., Regional Res. Centre. Influence of pretreating the seeds with synthetic phytohormones on yield and growth of wheat. **(Einfluß der Vorbehandlung von Samen mit synthetischen Phytohormonen auf Ertrag und Wachstum von Weizen.)** J. Indian bot. Soc. **41** (1962) Nr. 3. S. 326-335. — 4 Tab., 11 Lit.
Das Weizensaatgut (Sorte 'C 591') wurde in Petrischalen ohne Filtrierpapier für 24 Std. in die Testlösungen oder aqua dest. gegeben, wobei es aber nicht vollständig von der Lösung bedeckt war. Danach erfolgte die Aussaat in

Boden-Kompostmischung 1:1. Geprüft wurde der Einfluß von NES und 2.4-D (10 ppm). Außerdem wurde als Kontrolle trockenes Saatgut ausgelegt. Die Aussaat erfolgte gestaffelt am 5. Nov., 16. Nov. und 14. Dez. — IES förderte die Kornleistung (+ 38 und +123% bei der 1. und 2. Saatzeit, bei der 3. Saatzeit keine Wirkung). 2.4-D senkte den Kornertrag bei der 1. Saatzeit um 22% und erhöhte ihn bei der 2. und 3. um 19%. Quellung in Wasser allein wirkte nachteilig bei der 1. Saatzeit und war wirkungslos bei den anderen Saatzeiten. Die TKM war bei der 2. und 3. Saatzeit signifikant höher nach Wuchsstoffbehandlung. — Angeführt ist ferner noch die Wirkung der Wuchsstoffe auf Bestockung, Kornertrag/Halm, Kornqualität (geringerer Kohlenhydratgehalt nach NES- und 2.4-D-Behandlung; erhöhter Proteingehalt bei NES-, geringerer bei 2.4-D-Behandlung; Höchstwerte bei Protein nach Aussaat trockenen Saatgutes). W. Stenz. 726.

Drozdov, N. (Drosdow, N.); Leningrad, Landwirtsch. Inst. Jantarnaja kislota stimuliruet rost rastenij. **(Bernsteinsäure fördert das Wachstum der Pflanzen.)** Kolchoznoe proizvodstvo, Moskva **22** (1962) Nr. 8. S. 39. — 1 Abb.
Zur Behandlung von 100 kg Saatgut (Mais oder anderes Getreide) wurden 0,8 g Bernsteinsäure in 100 g heißem Wasser gelöst und anschließend mit 15-20 l Wasser verdünnt. Nach der Behandlung zeigten die Pflanzen schnelleres Wachstum, die Wurzeln entwickelten sich stärker, und die Erträge stiegen um 10-30% gegenüber dem nichtbehandelten Saatgut an. Dank der beschleunigten Entwicklung war auch der Fritfliegenbefall wesentlich geringer. Bei behandeltem Saatgut erzielte man einen Grünmaisertrag von 446 dt/ha (Kontrolle 352 dt/ha), bei Faserlein 53,7 dt/ha (44,2 dt/ha) und bei So-Weizen 33,6 dt/ha (27,3 dt/ha). Bei Kartoffeln betrug der Mehrertrag 27 dt/ha, und der Gehalt an Stärke stieg von 12 auf 14,2%; hierbei erwies sich die Konz. von 0,006% als am günstigsten. E. Kahn. 726.

Kåhre, Lennart, Kolk, Helmut und Wiberg, Hans; Stockholm, Statens Centr. Frökontrollanst. Note on dormancy-breaking in seeds (cereals and timothy). **(Anmerkung über die Brechung der Keimruhe bei Saatgut [Getreide und Wiesenlieschgras].)** C. R. Assoc. int. Essais Semences **27** (1962) Nr. 3. S. 679-683. — 3 Tab. Zus. in Franz., Dtsch.
Durch Zugabe von Gibberellinsäure zum Keimbett konnte die Keimruhe des Getreides z. T. aufgehoben werden. Die Keimfähigkeit der behandelten Körner hatte bereits 5 Tage nach Beginn des Versuches etwa die gleiche Höhe wie die Kontrolle nach 10 Tagen. Bei Lieschgras wurde keine Förderung der Keimung beobachtet. Daraus wird abgeleitet, daß sich die Anwendung von verschiedenen Stoffen und Methoden nicht verallgemeinern läßt, da verschiedene Arten und Typen nicht gleichartig reagieren. C. Tittel. 726.

Sommer, Ernst; Braunschweig, FAL., Inst. für Pflanzenbau und Saatguterzeug. **Verlustarme Lagerung und zweckdienliches Vorkeimen von Kartoffeln.** Kartoffelbau **13** (1962) Nr. 10. S. 222-223. — 1 Abb., 5 Lit.
Gesunde und trockene Kartoffeln bleiben bei 10-15 °C und hoher rel. Luftfeuchtigkeit von 80-90% einige Tage (losschaliges Gut 1-2 Wochen) unbelüftet liegen. Erdfeuchte oder nasse Kartoffeln sollen sofort mit dem Lüfter trockengeblasen werden. Wenn die Knollen schalenfest und deren Wundstellen verkorkt sind, kann die allmähliche Temperatursenkung bis auf 3-5 °C beginnen (am besten während der Nachtstd. mit Hilfe von Thermostaten zu erreichen). Durch intensive Lüftung kann Fäulnis an der Verbreitung gehindert werden. Für die verlustarme Lagerung (monatl. ½%) sind bei einer Stapelhöhe von 3-4 m 200-300 Std. Frischluft und 100 Std. Umluft in einer Lagerperiode erforderlich. — Beim Vorkeimen sollen in einheitlichen Kisten (gleichmäßiger Lichteinfall) nicht mehr als 2 Lagen Kartoffeln je Kiste angesetzt werden. Ein Austrieb der Keimwurzeln ist zu vermeiden.

Es ist darauf zu achten, daß Licht und Temperatur aufeinander abgestimmt werden (bei geringer Lichtintensität und starker Sonneneinstrahlung werden die Keime zu lang). R. Kämmerer. 726.

Osińska, J. O wynikach badań nad preparatami stymulującymi kiełkowanie kłębów. **(Ergebnisse der Untersuchungen über stimulierende Präparate bei der Keimung von Knollen.)** Nowe Rolnictwo **11** (1962) Nr. 5. S. 18-20. – 2 Tab.

Geprüft wurde die Möglichkeit, Pflanzkartoffeln bereits im Herbst auf den Gesundheitszustand zu untersuchen. Dazu ist Brechung der Keimruhe nötig. Pflanzgut der frühen Sorten 'Pierwiosnik' und 'Delta' wurde a) 30 min in 1%ige Ammoniumrhodanmildlösung getaucht, b) mit 1%iger Rinditelösung und c) mit Rindite (0,9 ml/kg Knollen) Mitte Juli behandelt. Rindite wirkte am besten (größter Anteil gekeimter Knollen, geringster an verfaulten Knollen). Als Abnormitäten kamen einstengelige Pflanzen mit tannenbaumartigem Aussehen vor. Nach a behandelte Pflanzen waren normal. 1957 und 1958 waren die Bestände nach Rinditebehandlung unausgeglichen. Nach Restmann kann die Behandlung mit Gibberellin zu besseren Ergebnissen führen. Im ganzen ist offenbar der Gesundheitstest auf dem Felde in Zentralpolen möglich. Er kann frühestens 6-8 Wochen nach der Behandlung erfolgen. Günstig ist Behandlung und Ankeimung im Gewächshaus bei 28-30 °C. Wichtig ist die Bekämpfung von *Phytophtora infestans*, da sonst die Beobachtungen erschwert sind. W. Święcicki. 726.

Nakamura, S.; Osaka, Japan. Germination of legume seeds. **(Die Keimung der Leguminosensamen.)** C. R. Assoc. int. Essais Semences **27** (1962) Nr. 3. S. 694-709. – 12 Abb., 6 Tab., 4 Lit. Zus. in Franz., Dtsch.

Die Hartschaligkeit bei Leguminosensamen, ihre Reversibilität und die Möglichkeiten zu ihrer Beseitigung wurden untersucht. Die Samen von Weißklee und Honigklee besaßen stark ausgeprägte Hartschaligkeit, ebenso die Samen von Schwedenklee, Hornklee und Rotklee, bei denen sie aber nicht so lange erhalten blieb. Die Trocknung der Samen des Chinesischen Tragants (*Astragalus sinicus*) führte zu starker Hartschaligkeit, die aber nur 2-3 Mon. anhielt. Bei Inkarnatklee und Luzerne war die Hartschaligkeit nur in geringem Maße vorhanden; sie nahm aber bei Luzerne in trockener Umgebung rasch zu. Eine Embryoruhe wurde bei Inkarnatklee, Bodenfrüchtigem Klee und Schneckenklee beobachtet. Keimhemmung durch die Samenschale (aber nicht durch Hartschaligkeit bedingt) wurde bei Chinesischem Tragant, Weißklee, Rotklee und Schwedenklee festgestellt. Die Hartschaligkeit nahm bei hoher und wechselnder Temperatur und feuchter Atmosphäre schneller ab als bei niedriger und konstanter Temperatur und in trockener Atmosphäre.
C. Tittel. 726.

Lovato, Attilio und Amaducci, Maria Teresa; Bologna, Univ., Ist. di Agronomia Gen. e Coltivazioni Erbacee. La colorazione con eosina delle sementi di leguminose foraggere provenienti dall'estero. **(Färbung der importierten Luzerne- und Kleesamen mit Eosin.)** Sementi Elette [Milano] 8 (1962) Nr. 4. S. 10-18. – 4 Tab. Zus. in Engl., Dtsch.

In Versuchen wurde der Einfluß des in 2- und 4%igem wäßr- und alkohol. Lösungen enthaltenen „Eosina A pura 935" auf die Färbung von Luzerne- und Kleesamen im Hinblick auf die Keimfähigkeit geprüft. 1 cm³ der Lösung für 100 g Luzerne-, Rotklee-, Weiß-, Inkarnat- und Alexandrinerkleesamen ließ man 5 min einwirken, um den vorgeschriebenen Anteil von 5% zu färben. Die Untersuchungen wurden mit 8 Wiederholungen vorgenommen und die Samen auf Filtrierpapier in Petrischalen bei 20 °C angesetzt. Im Vergleich zu den unbehandelten Kontrollen wurde nach allen Behandlungsverfahren trotz einer bis zu 30 Tagen ausgedehnten Einwirkungszeit die Keimfähigkeit nicht beeinträchtigt. Für die Färbung von Weißkleesamen erscheint die Eosinfärbung unangebracht, da sich ein großer Anteil natürlich rot gefärbter Samen im Saatgut befindet. G. Müller/Leipzig. 726.

Nakamura, S.; Osaka, Japan. Germination of grass seeds. **(Die Keimung von Grassamen.)** C.R. Assoc. int. Essais Semences **27** (1962) Nr. 3. S. 710-729. — 19 Abb., 8 Tab., 6 Lit. Zus. in Franz., Dtsch.
Keimversuche mit zahlreichen Grasarten dienten dem Zweck, die Tiefe der Keimruhe und die zur Brechung der Keimruhe notwendige Behandlung zu ermitteln. Zu den Grasarten mit ziemlich kurzer Keimruhe gehören *Bromus marginatus*, *Festuca pratensis* und *Bromus catharticus*. Tiefe Keimruhe besitzen *Dactylis glomerata*, *Poa pratensis*, *Phalaris arundinacea*, *Agrostis alba*, *Agropyron semicostatum*, *Paspalum notatum* und *Zoysia japonica*. *Phleum pratense*, *Arrhenatherum elatius*, *Festuca rubra*, *Lolium multiflorum*, *L. perenne* und *Holcus lanatus* weisen eine mittlere Dauer der Keimruhe auf. Bei allen Arten förderten hohe Lagerungstemperaturen die Keimfähigkeit. Je nach der Artzugehörigkeit kann die Keimruhe durch bestimmte Keimbedingungen überwunden werden, z. B. durch hohe oder wechselnde Temperaturen, Vorkühlung, Licht oder Dunkelheit, Vorbehandlung mit KNO_3 oder konz. H_2SO_4.
C. Tittel. 726.

Anderson, Alice, M.; Beltsville, Md., U.S. Dep. of Agric., Agric. Marketing Serv. Effect of gibberellic acid, kinetin-like substance, ceresan, and phenacridane chloride on the germination of Panicum ramosum seeds. **(Die Wirkung von Gibberellinsäure, kinetinartigen Substanzen, Ceresan und Phenacridanchlorid auf die Keimung der Samen von Panicum ramosum.)** C.R. Assoc. int. Essais Semences **27** (1962) Nr. 3. S. 730-741. — 5 Tab., 22 Lit.
Zu Keimverzug neigende Körner von *Panicum ramosum* wurden durch Zugabe von Gibberellinsäure (692 mg/l) zum Keimbett in ihrer Keimung gefördert. Die Keimergebnisse lagen höher als bei Verwendung von 2 g KNO_3/l. Saatgutbehandlung mit Fungiciden förderte nicht die Keimung, schränkte aber die Infektion ein. Durch Kombination von 2 g KNO_3 und 1 g Thioharnstoff/l konnte eine etwa gleichhohe Keimfähigkeit wie mit GS erreicht werden. Diese Kombination war am besten geeignet, da sie sowohl stimulierend als auch fungicid wirkte. C. Tittel. 726.

Biłowicka, E. Badania nad suszeniem drogich drobnych nasion promieniami podczerwonymi. **(Untersuchungen über das Trocknen von teurem, kleinkörnigem Saatgut mittels ultraroter Strahlen.)** Zeszyty problemowe postępów Nauk rolniczych **26** (1961) S. 251-266. — 17 Abb., 9 Lit.
Vf. untersuchte an kleinkörnigen Samen Erscheinungen des Wärme- und Feuchtigkeitsaustausches, die als Grundlage für die Herstellung einer IR-Trocknungsanlage dienen sollten. Es wurden deshalb die Temperaturgradienten in einer 20 mm dicken Samenschicht und der Einfluß des Trocknungsprozesses auf Keimfähigkeit und Keimschnelligkeit untersucht. Der Temperaturgradient hängt von Bestrahlungsintensität, Anfangsfeuchtigkeit und Schichtdicke ab. Am stärksten erwärmt werden die Samen in den obersten 7 mm des Stapels. Die Feuchtigkeit nimmt in den obersten 5 mm am schnellsten ab. Die kontinuierliche Bestrahlung wirkt sich positiv auf die Erhaltung der Lebensfähigkeit der Samen aus. Die Möglichkeit, Trocknungszeit, -koeff. und Korrektionswert zu berechnen, wird angedeutet. W. Święcicki. 726.

Bózner, Mikuláš; Piešťany, Výskumnej Ústav Rastlinnej Výroby; Hurbanovo-Sesíles, Výzkumná Stanice. Štúdium možností využitia papierovej chormatografie k rozlišovaniu rôznych odrôd koreninovej papriky. **(Möglichkeiten der Verwendung der Papierchromatographie zum Unterscheiden verschiedener Gewürzpaprikasorten.)** Rostlinná Výroba **8(35)** (1962) Nr. 5. S. 713-718. — 2 Tab., 4 Lit. Zus. in Russ., Dtsch.

Samen der Paprikasorten 'Hodonínská převislá', 'Hodonínská ostrá', 'T 2/ Sesíleš', 'Nitrianská krajová', 'Nitrianská tenkostenná a t-s-18' wurden gemahlen und entfettet. Die fettfreie Subst. wurde mit Äthanol extrahiert oder mit 5 n KOH hydrolysiert. Die in den Extrakten enthaltenen Zucker und Aminosäuren wurden papierchromatographisch getrennt (Papier Whatman Nr. 1 oder 4, ein- oder 2dimensional auf- oder absteigend, mit bekannten Laufmitteln, Zuckernachweis mit Anilinoxalat und -phthalat, Nachweis der Aminosäuren mit Ninhydrin). Die Zusammensetzung der Aminosäuren und namentlich der Zucker wies keine markanten und verläßlichen Unterschiede auf, die das Erkennen der süßen und der scharfen Sorten ermöglichen. Das festgestellte Vorhandensein von Ribose und Rhamnose könnte nach eingehendem Studium evtl. als Indikator dienen. Z. Šesták. 728.

D. Saat und Pflege

Caesar, K.; Rosenhof, Inst. für Pflanzengenetik. **Über die Aussaat verschiedener Saatgutformen von Zuckerrüben mit verschiedenen Sägeräten.** Zucker **15** (1962) Nr. 23. S. 610-617. — 6 Tab., 24 Lit. Zus. in Engl., Franz.
Vf. säte in zweijährigen Versuchen polykarpes (I) und segmentiertes, kalibriertes (II) Saatgut der Zuckerrübensorte 'KW-Norta' sowie der amerikan. monokarpen Sorte 'SLC 3' (III) mit Einzelkornsägeräten in 3 verschiedenen Knäuelabständen und mit der Drillmaschine bei 3 verschiedenen, unter dem Normalen liegenden Aussaatmengen aus. Folgende Ergebnisse wurden erzielt: **II** besaß geringeres Aufgangsvermögen als **I**. **I** führte wegen fehlender Kalibrierung zu schlechten Zellenbelegungen und lückigem Aufgang. Unter ungünstigen Aufgangsbedingungen schneiden Einzelkornsägeräte gegenüber Drillmaschinen schlechter ab, da einzeln liegende Knäuel (-segmente) größere Auflaufschwierigkeiten haben. **II** wies dabei besseren Aufgang als **III** auf, da **III** zu weniger Doppelbelegungen im Gerät führte und außerdem eine geringere Keimlingsreserve aufwies. Arbeitswirtsch. wünschenswerte Pflanzenverteilungen in der Reihe wurden mit **II** und **III** erzielt. Dünnere Saat mit **III** in der Drillmaschine brachte zwar eine gewisse Auflockerung, führte aber zu einem Anstieg der Fehlstellen. Die wirkliche Präzisionssaat ist nach Ansicht des Vf. erst mit monokarpem, pilliertem Saatgut möglich. W. Schinkel. 732.

F. Konservierung und Lagerung des Erntegutes

Cieńska, K.; Wrocław, Zakład Biol. i Przechowalnictwa Nasion IHAR. Charakterystyka kolb kukurydzy jako obiektu suszenia. **(Charakteristik der Maiskolben als Trocknungsgegenstand.)** Zeszyty problemowe postępów Nauk rolniczych **26** (1961) S. 227-231. — 4 Abb.
Die Trocknung ganzer Maiskolben, auch im Hinblick auf die Erhaltung guter Saatqualitäten, ist infolge des komplizierten Aufbaues der Kolben mit einigen Problemen verbunden. Hierüber wurden Untersuchungen angestellt, wobei bes. Aufmerksamkeit dem Zusammenhang zwischen Wassergehalt der Körner und dem der Spindel gewidmet wurde. Während des Trocknungsvorganges wurden mehrmals Proben entnommen und getrennt nach Spindel und Korn auf den Wassergehalt untersucht. Kolben mit gleichem Gesamtwassergehalt können sich im Wassergehalt der Spindeln unterscheiden. Zunächst trocknen die Körner schneller als die Spindel. Die Spindel ist der wasserreichste Teil des Kolbens, nach der Trocknung sind es die Keimlinge der Körner. Mit fortschreitender Trocknung vermindern sich die Differenzen. Die Kolben dürfen nur 11% Gesamtwassergehalt aufweisen, wenn der Wasserübertritt aus der Spindel in die Körner vermieden werden soll. So weitgehende Trocknung ganzer Kolben ist jedoch unwirtschaftlich, weshalb eine Methode vorgeschlagen wird, bei der die Kolben bei 15% Wassergehalt der Körner gerebbelt und die Körner dann erst getrocknet werden. W. Święcicki. 756.

Sosnowski, A.; Warszawa, Inst. Mechanizacji i Elektryfikacji Rolnictwa. Wstępne studia i badania laboratoryjne nad sztucznym suszeniem ziól. **(Vorversuche und Laboruntersuchungen über das künstliche Trocknen von Kräutern.)** Zeszyty problemowe postępów Nauk rolniczych **26** (1961) S. 279-297. — 11 Abb., 5 Tab.

Vf. untersuchte den Trocknungsprozeß an Salbei- und Pfefferminzkraut sowie den Einfluß der Trocknungsbedingungen (Luftdurchsatz, Temperatur) auf den Gehalt an ätherischen Ölen u. a. Inhaltsstoffen. Die Beziehungen der einzelnen Größen zueinander werden dargestellt. Der Luftdurchsatz (bei konst. Luftfeuchte) hat entscheidenden Einfluß auf die Schnelligkeit und Gleichmäßigkeit des Trocknens. Luftdurchsatz und -temperatur haben keinen Einfluß auf den Gehalt an ätherischen Ölen u. a. Stoffen im getrockneten Material. Der Trocknungsprozeß von Pfefferminze verläuft ähnlich wie der von Salbei und zeigt dieselben Zusammenhänge. W. Święcicki. 756.

Shearer, D. A. und Cordukes, W. E.; Ottawa, Canada Dep. of Agric., Plant Res. Inst., Res. Branch. Note on the use of sorbic acid in the ensilage of forage crops. **(Bemerkung über die Verwendung von Sorbinsäure beim Silieren von Futterpflanzen.)** Canad. J. Plant Sci. **42** (1962) Nr. 3. S. 532-533. — 1 Tab., 3 Lit.

Sorbinsäure wird bei der Futtermittelherstellung zur Konservierung und zur Vermeidung der Ausbreitung von Pilzen verwendet. Der Zusatz von Sorbinsäure zu Silage wurde im Versuch geprüft. 16 Silos (Inhalt je 0,5 t) wurden mit einem Gemenge aus 75% Luzerne, 5% Bastardklee, 10% Lieschgras und 10% Knaulgras gefüllt. Der Gehalt an Tr.-Subst. variierte zwischen 22 und 30%. Der Zusatz von Sorbinsäure erfolgte a) durch Besprühen der Oberfläche mit 0,2-, 0,1- und 0,5%iger Sorbinsäurelösung und b) durch Behandlung des gesamten Silogutes mit 0,2- und 0,05% Sorbinsäurelösung. Durch die Sorbinsäure wurden in keinem Falle die Silierverluste an Trockenmasse (5,9-12,3%) verringert. Die Sorbinsäure hatte keinen Einfluß auf den pH-Wert sowie auf den Gehalt an Protein, Fett, Cellulose, Asche, Säuren und Basen. Fütterungsversuche zeigten, daß Färsen alle Arten von Silage nahmen, jedoch das nicht mit Sorbinsäure silierte Futter etwas bevorzugten. Die Unwirksamkeit der Sorbinsäure liegt offenbar an den verwendeten niedrigen Dosen. Höhere Konz. wären jedoch zu kostspielig. E. M. Ardelt. 758.

Kadula, Jan; Pohořelice, Výzkumný Ústav Krmivářský. Silážovaní lučních a pastevnich porostů. **(Silieren von Wiesen- und Weidefutter.)** Za vysokou Údrodu **10** (1962) Nr. 20. S. 600-602. — 1 Abb., 3 Tab. 758.

Šmal'ko, V. (Schmalko, W.); Landwirtsch. Unions-Inst. für Fernstudium. Kak borot'sja s otpotevaniem i uvjadaniem kartofelja i ovoščej. **(Wie sind Feuchtigkeit und Trockenheit bei der Kartoffel- und Gemüselagerung zu bekämpfen.)** Kartofel' i ovošči, Moskva **7** (1962) Nr. 8. S. 32-33. — 2 Tab.

Die für bestimmte Lagerungstemperaturen einzuhaltenden Luftfeuchtigkeitsgrenzen sind nach dafür entwickelten Formeln zu berechnen, wobei sich die erforderliche Luftfeuchtigkeit aus der Temperatur des Lagerraumes und der Temperatur der lagernden Produkte ergibt:

$$\text{rel. Luftfeuchte} = 95 \cdot \frac{\text{Temp. der Produkte}}{\text{Temp. des Lagerraumes}} \%.$$

So ist für Kartoffeln bei 3-5 °C eine rel. Luftfeuchtigkeit von 80-93%, für Rettich bei 1-2 °C 80-90%, für Mohrrüben bei 1-0°C 85-95%, für Rote Beete bei 1-0 °C 75-85% und für Kopfkohl bei −1 bis +1 °C 90-95% zur Gewährleistung der optimalen Vorratshaltung einzuhalten. L. Tunger. 759

G. Versuchswesen

Nelderk, J. A. New kinds of systematic designs for spacing experiments. **(Neue Arten von systematischen Plänen für Verteilungsexperimente.)** Biometrics **18** (1962) Nr. 3. S. 283-307. – 5 Abb., 9 Lit.

Systematische Pläne stehen im Gegensatz zu den von R. A. Fisher eingeführten randomisierten Plänen. Sie werden aus Punkten gebildet, von denen jeder den Standort einer Pflanze angibt. Damit man die Pflanzen leicht an die richtigen Stellen setzen kann, werden die Punkte als Schnittpunkte von 2 Kurvenscharen angegeben. Dabei sind vor allem parallele oder sich in einem Punkte schneidende Geraden und konzentrische Kreise von praktischem Interesse. Vf. beschreibt zunächst 4 Pläne, die mit Hilfe von Polarkoordinaten konstruiert worden sind und anschließend noch zwei andere Pläne, die von geringer Bedeutung sind. Die praktische Nutzung der angegebenen Pläne bringt keine Schwierigkeiten mit sich. Für die Ertragsanalyse gibt der Vf. 2 Richtlinien an: 1. Für die Ertragsrelationen muß eine passende Funktion gefunden werden, und die darin vorkommenden unbekannten Parameter müssen für jeden Block geschätzt werden. 2. Die gefundenen Parameterwerte müssen so behandelt werden, als ob sie eine zufällige Stichprobe bilden. Die zu den Plänen gehörigen mathematischen Ableitungen und Formeln werden in einem Anhang angegeben. G. Reißig. 761.

Srivastava, N. M. P. und Yawalkar, K. S; New Delhi, Indian. Agric. Res. Inst., Div. of Agronomy. Preliminary studies in sampling technique on wheat. **(Vorbereitende Untersuchungen zur Probenahmetechnik bei Weizen.)** Allahabad Farmer **35** (1961) Nr. 1. S. 39-40.

Die Bestimmung der optimalen Anzahl von zu entnehmenden Proben bei Feldversuchen mit Weizen wird erörtert. Zu diesem Zweck wurde ein Versuch angelegt, der der Ermittlung von Wachstum und Ertrag von Weizen dienen sollte. Bei Untersuchungen der Länge genügten 10 Pflanzen pro Flächeneinheit (1/50 acre) verglichen mit 80 Pflanzen pro Flächeneinheit. Bei Bestokkungsbeobachtungen wurden die Ergebnisse von 20 Pflanzen mit denen von 80 Pflanzen verglichen und gaben nahezu die gleichen Resultate. Bei der Schätzung des Kornertrages gaben 5% der geernteten Fläche die sichersten Ergebnisse. Vf. weisen ausdrücklich darauf hin, daß es sich nur um vorbereitende Untersuchungen handelte. E. M. Ardelt. 761.

Ulrich, Albert. Variability of sugar beet plants grown in pots without competition for light, water and nutrients. **(Die Variabilität von Zuckerrübenpflanzen in Gefäßkultur mit Ausschaltung des Einflusses von Licht, Wasser und Nährstoffen.)** J. Amer. Soc. Sugar Beet Technologists **11** (1961) Nr. 7. S. 595-604.

Vf. weist auf den großen Einfluß der Außenfaktoren auf die Variabilität der Zuckerrübe hin. Seine Gefäßversuche mit Einzelrüben zielen darauf hin, die Einflüsse der in der Überschrift angeführten Faktoren nach Möglichkeit auszuschalten. Auch Krankheiten und Schädlinge wurden auf ein Minimum reduziert. Die Variationskoeffizienten bei den Gefäßversuchen betrugen bei Wurzelgewicht 12,3%, Zuckergehalt 8,4%, Zucker in der Rübe 14,4% und bei den Blattstielen: Nitrat-N 35,4%, P 26,0% und K 17,3%. Die entspr. Werte bei den Feldversuchen waren meist wesentlich höher, und zwar lagen sie bei 59,7-64,7%; 7,5-21,6%; 58,2-71,0%; 82,5-95,7%; 17,6-65,9% und 21,1-28,9%. Trotz der verhältnismäßig hohen Variationskoeffizienten betrug die zur Ermittlung einer Mittelwertedifferenz von 10% bei 5% Signifikanzniveau erforderliche Pflanzenanzahl bei Gefäßversuchen nur 13 beim Wurzelgewicht, 7 beim Zuckergehalt und 17 beim Zucker in der Rübe. Die entspr. Rübenanzahl für den Nährstoffgehalt der Blattstiele war erheblich größer. O. Heinisch. 761.

Sváb, János. Fejlödéselemzés kumulativ terméselemzéssel. **(Entwicklungsanalyse mit kumulativer Ertragsanalyse.)** Nemesíttet Növényfajtákkal vég-

zett Országos Fajtakísérletek Eredményei [Ergebn. Zücht. Pflanzensorten d. Staatl. Sortenprüfanst.] **1960** (hrsg. 1962) S. 71-87. – 6 Abb., 3 Tab., 24 Lit. Zus. in Russ., Engl., Dtsch. Aus: Ung. Agrar-Rdsch. **1963** Nr. 1.
Die theoretischen Grundlagen einer neuen Methode der Ertragsanalyse sowie deren graphische und mathematische Lösung werden dargestellt. Das Wesen der Methode besteht darin, daß die Ertragselemente – abweichend von dem üblichen multiplikativen Schema – in auf die gleiche Flächeneinheit projizierten Ertragselementen ausgedrückt werden. So wird z. B. für Halmfrüchte anstatt des üblichen Schemas

$$\frac{\text{Ährenzahl}}{\text{m}^2} \cdot \frac{\text{Kornzahl}}{\text{Ähre}} \cdot \frac{\text{Tausendkornmasse}}{1000} \cdot \frac{\text{Korngewicht}}{\text{m}^2}$$

das folgende Schema angewendet:

$$\frac{\text{Ährenzahl}}{\text{m}^2} \rightarrow \frac{\text{Kornzahl}}{\text{m}^2} \rightarrow \frac{\text{Korngewicht}}{\text{m}^2}.$$

Mit dem üblichen Multiplikationsschema läßt sich die Korrelation zwischen den Ertragselementen und dem Ertrag nicht untersuchen, da die Korrelation ihrer Logarithmen gerade infolge des multiplikativen Schemas eine künstliche ist. Das neue Schema enthält keine solche künstliche Korrelation. Beim multiplikativen Schema drückt jedes Ertragselement je eine Entwicklungsphase separat aus, obwohl diese einander in der Folge der Entwicklung beeinflussen. Im neuen Schema bringt dagegen jedes Ertragselement die kumulative Wirkung sämtlicher vorangegangener Entwicklungsphasen zum Ausdruck. Diese Wirkungen können mit der sukzessiven Regressionsanalyse getrennt werden. Die allg. Formel sowie die praktische Anwendung der Methode werden erörtert. Die Methode ermöglicht den graphischen Vergleich des Entwicklungsganges verschieden behandelter Pflanzenbestände oder verschiedener Sorten, um festzustellen, in welcher Entwicklungsphase die Sorten sich voneinander unterscheiden bzw. in welchen Entwicklungsphasen des Pflanzenbestandes sich die Behandlungen positiv oder negativ auf die Entwicklung auswirken und letzten Endes den Ertrag beeinflussen. Die Methode wird anhand mehrerer Beispiele erläutert. 768.

Ferguson, J. H. A. Nomogram voor het onderscheidingsvermogen van de F-toets gemodificeerd naar Keuls. **(Nomogramm für die Trennschärfe des F-Tests, modifiziert nach Keuls.)** Inst. Veredeling Tuinbouwgewassen Wageningen, Meded. **1962** Nr. 187. S. 177-180. – 1 Abb., 1 Tab., 1 Lit.
Vf. knüpft an eine Arbeit von Keuls an (vgl. Statistica Neerlandica **14** [1960] S. 127.) und erweitert die dort aufgestellten Nomogramme. Sein Ziel ist, die Teststärke β so weit wie möglich unabhängig von der Anzahl n der Behandlungen zu machen. Seinen Nomogrammen legt er den Ausdruck $\frac{W}{\sigma}$ zugrunde. Dabei ist W die Spannweite der erwarteten Behandlungsdurchschnitte und σ die Standardabweichung pro Parzelle. Die Nomogramme sind für $\alpha = 0{,}05$ und 0,10 angegeben und berücksichtigen 6 β-Werte von 0,50-0,95. An 3 Fragestellungen wird die Verwendung der Nomogramme erklärt, also z.B. gezeigt, wie man die Anzahl der erforderlichen Wiederholungen abliest. G. Reißig. 769.

H. Pflanzen der gemäßigten Zone

Antoniani, Claudio; Bologna, Ist. di Agronomia Gen. e Coltivazioni Erbacee. Attitudine alla primaverilità di quaranta varietà di frumento tenero autunnale. **(Die Prüfung von 40 Winterweizensorten auf ihre Eignung als Sommerweizen.)** Sementi Elette [Milano] 8 (1962) Nr. 1. S. 22-31. – 2 Tab. Zus. in Engl., Dtsch.
Im Jahre 1961 wurden in Cortinella, Gebiet Bologna, in einem Versuch 40 Wi-Weizensorten auf ihre Eignung zur Frühjahrsaussaat geprüft. Bei Aussaat Ende Febr. schoßten 10 Sorten nicht und bildeten demzufolge keine Ähren.

Damit erwiesen sich die Sorten 'T 32', 'T 46', 'T 49', 'S. Pastore', 'S. 15', 'Leonardo', 'Torrenuova', 'Giuliari', 'Trento' und 'Virgilio' als ausgesprochene Wi-Weizen. Von den übrigen 30 Sorten wurden neben Korn- und Strohertrag der Zeitpunkt der Blüte, Reife und Ernte, ferner der Feuchtigkeitsgehalt z. Z. der Ernte, die Widerstandsfähigkeit gegen Rostbefall, die Anzahl der Ähren/m², die Länge der Pflanze (cm), die Kornzahl je Ähre sowie die TKM und das hl-Gew. erfaßt. Den höchsten Kornertrag brachten die Sorten ,T 29', 'Mentana', 'Funo', 'Freccia', 'R 37' und 'Rondine' (29,5–32 dt/ha). Der Strohertrag dieser Spitzensorten betrug 62–75 dt/ha. G. Müller/Leipzig. 773.

Vlach, Miloslav; Kroměříž, Výzkumný Ústav Obilnářský. Některé poznatky s měkkými pšenicemi v ČSSR. **(Einige Erfahrungen mit Weichweizensorten in der ČSSR.)** Socialist. Zemědělství **12** (1962) Nr. 9. S. 785–792. — 4 Abb., 6 Tab.
In Anbauversuchen wurden schwedische, franz., belgische, niederländische, englische, ČSSR- und DDR-Sorten auf Winterfestigkeit, Ertragsleistung und Standfestigkeit geprüft. Die DDR-Sorten 'Hadmerslebener VIII' ('Fanal'), 'Peko' ('Remo') erzielten 1959–61 Rekorderträge, in ungünstigen Jahren lagen die ČSSR-Sorten 'Diana I' und 'Kašticka osinatka' höher. Die schwedischen Sorten überwintern gut, ihre Vegetationsperiode ist aber für die ČSSR zu lang; 'Svalöfs Odin' brachte den höchsten, 'Weibulls Banco' einen guten Ertrag. Die niederländischen, belgischen und franz. Sorten überwintern in der ČSSR schlechter, sind jedoch für die Züchtung wertvoll. V. Skládál. 773.

Bociański, Z. und Tucholska, H.; Warszawa, Katedra Ogólnej Uprawy Roli i Roślin W. S. R.–Poznań. Osypywanie się polskich odmian pszenic w zależności od właściwości odmianowych i pory ich sprzęty. **(Der Kornausfall bei den polnischen Weizensorten in Abhängigkeit von den Sorteneigenschaften und der Erntezeit.)** Hodowla Roślin Aklimatyzacja Nasiennictwo **6** (1962) Nr. 2. S. 173–201. — 13 Tab., 3 Lit. Zus. in Russ., Engl.
Im Jahre 1960 wurden in der Zentralen Sortenprüfstation Słupia Wielka Untersuchungen über den Kornausfall bei 42 polnischen Wi- und So-Weizensorten durchgeführt. Der Grad des Kornausfalls der Sorten wurde a) durch Ausdrusch, b) nach Priebs, c) mit der Feldmethode bestimmt. Ferner wurde die Kraft gemessen, die nötig ist zum Abreißen der Spelze von der Ährenspindel. Schließlich wurden Ähre und Korn morphol. untersucht. Die Neigung zum Kornausfall erhöhte sich bei allen Sorten mit Verspätung der Erntezeit. Die Ausfallverluste waren am kleinsten bei der Ernte in der Vollreife. Auf Grund der Ergebnisse nach den 3 verschiedenen Methoden wurde festgestellt, daß zu den Sorten mit schwachem Kornausfall, deren Spelzen sehr fest sitzen, die Wi-Weizensorten 'Grono', 'Lwowianka', 'Małgorzatka Udycka' und die So-Weizensorten 'Gorzowska Sztywna', 'Nadgoplanka' und 'Rokicka' gehören. Losen Spelzensitz und starken Kornausfall zeigen die Wi-Weizensorten 'Czerwona Gorzowska', 'Ostka Mikulicka', 'Podolanka', 'Przodownica' und die So-Weizensorte 'Opolska'. Morphol. Kennzeichen der Ähre und des Korns, die in Beziehung zum Kornausfall stehen, gibt es mehrere. Nach allen 3 Methoden wurde festgestellt, daß Sorten mit schwachem Kornausfall kurze Ähren mit kurzen Ährenspindelgliedern und festem Spelzensitz haben.
J. Gastoł. 773.

Avdonin, N. S. und Kuzina, E. V. (Awdonin, N. S. und Kusina, Je. W.); Moskau, Univ. Lehrstuhl für Agrochem. Vlijanie svojstv počv, udobrenij i uslovij zimovki na stojkost' i urožaj ozimoj pšenicy. **(Einfluß der Bodeneigenschaften, der Düngung und der Überwinterungsbedingungen auf Standfestigkeit und Ertrag von Wi-Weizen.)** Vestnik Moskovskogo universiteta. Serija VI. Biologija, počvovedenie **17** (1962) Nr. 3. S. 60–69. — 7 Tab.
In mehrj. Versuchen wurde der Einfluß verschiedener äußerer Faktoren auf die Winterfestigkeit und den Ertrag von Wi-Weizen untersucht. Die Versuche wurden auf zwei Rasenpodsolen angelegt, die sich im Kulturzustand stark

voneinander unterschieden. Neben Witterungs- und inneren Faktoren bestimmten Düngung, Bodenreaktion u. a. Bodeneigenschaften die Winterfestigkeit. Das Absterben der Pflanzen trat verstärkt bei saurer Bodenreaktion, hohem Gehalt an beweglichem Al und Mn und ungenügender P-Versorgung während des Winters und in den nachfolgenden Perioden auf. Kalkung und P-Düngung in Verbindung mit Maßnahmen zur Verbesserung des Kulturzustandes senkten die Rate der abgestorbenen Pflanzen. Überfeuchtung des Bodens während der Herbst-Winter-Periode wirkte schädlich. Die Pflanzen gingen nicht nur während des Winters, sondern auch in der Frühjahrs-Sommer-Periode zugrunde. Je mehr Pflanzen während des Winters abstarben, um so mehr starben während der nachfolgenden Perioden. Bei ungünstigen Überwinterungsbedingungen erhöhten K-Dünger und Kalkung die Winterfestigkeit, N-Dünger senkten diese. Ungünstige Überwinterung zeigte negative Einflüsse auf die Anlage der generativen Organe, auf Fruchtbildung und Reifeprozeß.
H. Winkler. 773.

Foral, Antonín; Kroměříž, Výzkumný Ústav Obilnářský. Současný stav a úroveň pěstování sladovnických ječmenů v ČSSR. **(Der gegenwärtige Stand und das Niveau des Braugerstenbaues in der ČSSR. 1. Mitt.)** Kvasný Průmysl 8 (1962) Nr. 4. S. 73–76. — 1 Tab.
Die Gerste nimmt in der ČSSR als wichtige Feldfrucht mit beinahe 700000 ha nach dem Weizen die 2. Stelle ein. Seit 1937 stieg die Gerstensaatfläche an. Die Erträge erreichten im Jahre 1960 24,7 dt/ha. Seit 1960 bleibt das Sortiment auf die ertragreichsten Sorten ('Valtický', 'Slovenský Dunajský trh', 'Branišovický C', 'Slovenský 802', 'Čelechovický hanácký', 'Semčický hospodář') beschränkt. Neu anerkannt wurden die Sorten 'Ekonom' und 'Výnosný' Die beiden zuerst genannten Sorten bringen die höchsten Erträge und sind am stärksten verbreitet, die Sorte 'Branišovický C' ist für die Rüben- und Maisanbauzone mit nährstoffreichen Böden bestimmt; für schwerere Böden der Kartoffelanbauzone eignet sich 'Ekonom', für schwächere Böden der Kartoffelanbau- und der Gebirgszone die anspruchslose 'Výnosný'. Die Sorte 'Slovenský 802' ist die einzige zugelassene Sorte vom Kneifel-Typus, die Sorte 'Čelechovický hanácký' mit ihrem kürzeren und vollen Korn nähert sich diesem Typus. 'Semčický hospodář' ist für Futterzwecke bestimmt. Im Jahre 1961 erzielte die Sorte 'Ekonom' im Rahmen des gesamtstaatlichen Braugerstenwettbewerbs auf einer Fläche von 11,75 ha einen Spitzenertrag von 56,69 dt/ha. P. Bartoš. 777.

Trkan, Miroslav; Brno, Pracoviště, Výzkumný Ústav Pivovarský a Sladařský. Předběžná zpráva o složení sladovnických ječmenů ze sklizně 1962 v porovnání s ječmeny sklizně 1960–1961. **(Vorläufige Mitteilung über die Zusammensetzung der Braugersten der Ernte 1962 im Vergleich mit den Gersten der Ernte 1960–61.)** Kvasný Průmysl 9 (1962) Nr. 10. S. 219–222. — 9 Tab. 777.

MacGillivray, John H., Sims, William L. und Kasmire, Robert F. Sweet corn production in California. **(Zuckermaiserzeugung in Kalifornien.)** Univ. Calif., Calif. agric. Exp. Stat., Circ. **1962** Nr. 515. S. 1–23. — 9 Abb., 3 Tab.
Zuckermais (*Zea saccharata*) als eine Hauptgemüseart der warmen Jahreszeit nimmt in Kalifornien eine Anbaufläche von fast 22000 acres ein und liefert eine Jahresernte von ca. 95000 t. Das Hauptproblem für die Anbauer liegt zwar bei der Qualität (für eine „gängige" Verkaufsfrucht sehr wichtig), jedoch weniger innerhalb der verschiedenen Anbauphasen, als vielmehr bei dem Zeitraum zwischen Ernte und der Anlieferung beim Verbraucher. Dabei kommt es also auf eine richtige Kühlung bei Transport und Zwischenlagerung an. Ungeachtet dieses zwangsläufigen Schwerpunktes behandelt Vf. aber auch alle wichtigen landwirtsch. Fragen (Anbau- und Ertragsverhältnisse, Sorten, Düngung, Bewässerung, Unkraut- und Schädlingsbekämpfung, Beschneiden,

Ernte, Sortierung usw.), wobei seine Ausführungen merksatzähnlichen Charakter haben und als Ratschläge für die Praxis gedacht sind.
W. Fleischmann. 782.

Verma, G. und Bhatnagar, P. S.; Kalianpur, Kanpor, Government Res. Farm. Fertilizer-spacing-variety studies on Zea mays L. in Uttar Pradesh. **(Düngungs-Standweiten-Sortenversuche mit Zea mays L. in Uttar Pradesh.)** Indian J. agric. Sci. **32** (1962) Nr. 1. S. 1–8. – 1 Tab., 10 Lit.
In den Jahren 1949–51 wurden in Kalianpur N-Düngungs- und Standweitenversuche mit 2 einheimischen und 1 US-Hybridmaissorte angelegt. Die N-Düngung betrug 40, 80 und 120 lb./acre, die Standweiten 2 × 1, 2 × 2, 3 × 1 und 3 × 2 ft. Die höchsten Erträge wurden mit 120 lb./acre N erzielt, wobei 80 lb. als Kopfdüngung verabfolgt wurden und 40 lb. bereits im Stallmist, der vor der Aussaat eingepflügt wurde, enthalten waren. Als günstigste Standweiten erwiesen sich Reihenabstände von 2 ft. und 1 ft. in der Reihe, da bei diesen Abständen die höchste Pflanzenzahl/acre und die besten Erträge erzielt wurden. Ertragreichste Sorte war die indische Sorte 'T 41' (mittelspät), worauf die US-Hybride '13' folgte. K. Schulz. 782.

Phillips, R. E. und Kirkham, Don. Soil compaction in the field and corn growth. **(Bodenverdichtungen und das Wachstum von Mais.)** Agronomy J. **54** (1962) Nr. 1. S. 29–34. – 3 Abb., 4 Tab., 25 Lit.
Vf. führten von 1956–58 Feldversuche in Ames, Iowa, durch. Der alluviale Boden bestand aus 27% Sand, 31% Schluff und 42% Lehm. Ein Teil der Flächen wurde mit Traktoren mäßig oder stark verdichtet. Auch die Düngung erfolgt unterschiedlich. Auf den NPK-gedüngten Parzellen ergaben sich auf nicht, mäßig und stark verdichtetem Boden Relativerträge an Korn von 100, 89 bzw. 85 im Jahre 1957 und 100, 74 bzw. 59 im Jahre 1958. Auf den ungedüngten Parzellen betrugen die Zahlen 86, 67 bzw. 65 und 53, 34 bzw. 25. Durch Düngung konnte demnach die ungünstige Wirkung der Verdichtung nur zum Teil eingeschränkt werden. 16 Mon. nach der letzten künstlichen Verdichtung traten keine Ertragsdepressionen mehr auf. W. Schmidt. 782.

Burrows, W. C. und Larson, W. E.; Iowa, State Univ. Effect of amount of mulch on soil temperature and early growth of corn. **(Die Wirkung der Mulchmenge auf Bodentemperatur und frühes Wachstum des Maises.)** Agronomy J. **54** (1962) Nr. 1. S. 19–23. – 6 Abb., 2 Tab., 5 Lit.
Mulchen ist in vielen Teilen der USA verbreitet. Es soll den Nährstoff- und Wasserhaushalt des Bodens günstig beeinflussen. Trotzdem wurden teilweise Rückgänge im Wachstum des Maises beobachtet. In Versuchen wurden 0,1, 2, 4 oder 8 t./acre gehäckseltes Maisstroh als Mulch aufgebracht. Die Bodentemperatur in 10 cm Tiefe sank dadurch um 0,7 °F. Die Temperaturunterschiede der verschiedenen Parzellen waren tagsüber ausgeprägter als nachts. Mit steigender Mulchmenge wurden beim Mais Ertrag, Pflanzenhöhe und Tr.-Subst.- Produktion geringer. Vff. weisen darauf hin, daß in den wärmeren Südstaaten das Absinken der Bodentemperaturen weniger ungünstig wirken könnte. W. Schmidt. 782.

Cartter, Jackson L. und Hartwig, Edgar E.; Urbana, Ill.; Stoneville, Miss., U.S. Regional Soybean Lab. The management of soybeans. **(Der Anbau von Sojabohnen.)** Advances Agronomy **14** (1962) S. 359–412. – 2 Abb., 1 Tab., 175 Lit.
Die Arbeit stellt eine Monographie dar, die auf die Verhältnisse der Hauptanbaugebiete der USA abgestimmt ist. Die USA erzeugen auf 26 Mill. acres 57% der Weltproduktion. Vorwiegend strebt man z.Z. Körnernutzung an; Grünfutternutzung oder Gründüngungsanbau sind sehr zurückgegangen. I. e. werden Produktion, Einfluß der Klimafaktoren und der Pflanzzeit, Pflanzmethoden, Fruchtfolgestellung, Unkrautbekämpfung, Saatgutqualität, Nähr-

stoff- und Wasserbedarf, wachstumsregulierende Substanzen, Ernte und Aufbewahrung besprochen. Für hohe Erträge müssen Wasser und Nährstoffe während der ganzen Vegetationszeit ausreichend vorhanden sein. Die N-Versorgung der Pflanze kann durch Entwicklung spezieller Knöllchenbakterienstämme für jede einzelne Sorte verbessert werden. Daneben wäre die Untersuchung der N-Produktion im Boden und der Einfluß von Bodenstruktur und Humusgehalt auf Wurzel- und Knöllchenausbildung wichtig. Weitere Studien müssen über das optimale Nährstoffverhältnis, z. B. von P und K, durchgeführt werden. Bessere Saatmethoden (Druckrollen) könnten zu gleichmäßigeren Beständen bei geringerer Saatmenge führen und spezifische Unkrautbekämpfungsmittel die Produktionskosten senken. In stärkerem Maße sind aber dabei die Auswirkungen von Resten chem. Mittel im Boden auf die Nachfrüchte zu beachten. Schließlich könnte noch der Ernteverlust durch bessere Mähdrescher gesenkt werden. V. Ehrenpfordt. 805.

Bakos, Zsuzsanna. Napraforgó (Helianthus annuus L.), **(Sonnenblume [Helianthus annuus L.].)** Nemesített Növényfajtákkal végzett Országos Fajtakísérletek Eredményei [Ergebn. Zücht. Pflanzensorten d. Staatl. Sortenprüfanst.] **1960** (hrsg. 1962) S. 249–271. — 12 Abb., 7 Tab., 2 Lit. Zus. in Russ., Engl., Dtsch. Aus: Ung. Agrar-Rdsch. **1963** Nr. 1.
In 49 Kleinparzellen-Exaktversuchen sowie in Großbetriebsversuchen wurden 4 ungarische, 8 sowjet. und 2 Sonnenblumensorten der DDR verglichen, wobei Ertragsfähigkeit, Ölgehalt und Resistenz gegen *Orobanche cumana* geprüft wurden. Außerdem wird über eine in Ungarn neu entdeckte Abnormität des Blühens, die mit Zwergwuchs, Deformation der Blütenkörbe und Einrollen der Blätter einhergeht, berichtet. Diese Krankheit wird vermutlich von einem Virus verursacht, obwohl an den Blütenkörben auch die Symptome von *Sclerotinia libertiana* Fuck. erschienen. Unter den ungarischen Sorten erwies sich 'Iregi csikos' (gestreift) in Pflanzenhöhe, Kornertrag und Ölgehalt als die beste. Von den sowjet. Sorten zeichnen sich 'WNIIMK 6540' und 'WNIIMK 1646' durch bes. hohen Ölgehalt aus (44–45% gegenüber 34–37% der ungarischen Sorten). Kornertrag und Pflanzenhöhe dieser Sorten waren gleichfalls zufriedenstellend. Auch die sowjet. Sorten 'WNIIMK 15659' und 'Armawirski 9343' sind hochwertig. Die deutschen Sorten 'Bernbuger' und 'Ostsonne' bewährten sich nicht. Die Sorten 'Kisvárdai' und 'Mezöhegyese' zeigten die größte Anfälligkeit, die sowjet. Sorten die größte Resistenz gegen *Orobanche*. Gegenüber der erwähnten blühbiol. Krankheit waren die Sorten ungefähr gleich resistent. 820.

Hruška, Ladislav; Havlíčkův Brod, Výzkumný Ústav Bramborářský ČSAZV. Vyřešené výzkumné úkoly na úseku pěstování brambor. **(Gelöste Forschungsaufgaben auf dem Gebiet des Kartoffelbaus.)** Vestník českoslov. Akad. zemědělských Věd **9** (1962) Nr. 3. S. 125–135. — 2 Tab.
Im Jahre 1961 verhandelte die Forschungsanstalt für Kartoffelbau in Havlíčkův Brod die Schlußberichte über nachstehende Forschungsaufgaben, die in der vorliegenden Arbeit kurz erwähnt werden: Studium der Photosynthese als Rentabilitätsgrundlage der Kartoffeln; Studium der Resistenz der Kartoffel gegen Trockenheit; Kartoffelzüchtung auf Resistenz gegen *Spongospora*; Kartoffelzüchtung auf Resistenz gegen Krebs; Züchtung von bes. stärkereichen Kartoffeln; Studium der Kartoffelqualität; Kartoffelanbau einschl. Mechanisierung in verschiedenen Produktionsgebieten; Komplex der agrotechnischen Maßnahmen zur Steigerung der Kartoffelerträge; Studium der Beeinflussung der Kartoffelerträge durch Pflanzgutbehandlung und Saattermine; Feststellung der optimalen Einlagerungsbedingungen; Einfluß der künstlichen Belüftung und Kühlung der Mieten auf die Haltbarkeit; Biochemie der eingelagerten Knollen; Feststellung geeigneter Maßnahmen zur Steigerung des Kartoffelpflanzwertes; Methoden zur Diagnostik der Kartoffelviren;

Erforschung des M-Virus der Kartoffel; Bestimmung der gegenseitigen räumlichen Entfernung von Saatkartoffelbeständen; Kartoffelvirosen und ihre Beziehungen zu klimatischen Bedingungen und zu Blattläusen; Erforschung der Arbeitsökonomik und -produktivität im Kartoffelbau.

P. Bartoš. 832.

Grigorjan, A. K. Urožaj i kačestvo klubnej kartofelja pri raznych uslovijach vyraščivanija. **(Ertrag und Qualität der Kartoffelknollen bei verschiedenen Anbaubedingungen.)** Izvestija Timirjazevskoj sel'skochozjajstvennoj akademii, Moskva **1962** Nr. 1. S. 32–46. – 4 Abb., 10 Tab., 47 Lit. Zus. in Engl.

In mehrjährigen Feldversuchen wurde der Einfluß unterschiedlicher Anbaubedingungen auf den Pflanzgutwert und einige Eigenschaften von verschiedenen Kartoffelsorten geprüft. Verglichen wurde eine mit je ha mit 40 kg N, 60 kg P, 40 kg K und 30 t Stalldung versorgte Parzelle mit einer Parzelle, die mit 80 kg N, 120 kg P, 100 kg K und 50 t Stalldung (**I**) versehen wurde. Das gewonnene Pflanzgut wurde in Nachbau-Untersuchungen weiter geprüft. Es zeigte sich, daß unter günstigen Anbaubedingungen nicht immer hochwertiges Pflanzgut erhalten wurde. Die unter **I** angebauten Kartoffeln wiesen einen erhöhten Eiweißgehalt auf. Ihr Gehalt an wasserlöslichem Eiweiß und freien Aminosäuren war ebenfalls höher als der von unter normalen Bedingungen angebauten Kartoffeln. Pflanzen aus von unter günstigen Anbaubedingungen gewonnenen Knollen entwickelten sich schwach und waren gegen viele Erkrankungen, bes. Viruserkrankungen, sehr anfällig. Das Absterben des Krautes trat lange vor dem Ende der Vegetationszeit ein. Vf. kommt zum Schluß, daß die Kartoffelpflanzguterzeugung nur bei mäßiger Düngerversorgung vorgenommen werden sollte. H. Winkler. 832.

Human, J. J.; Pretoria, Univ., Landboufak. Die uitwerking van bemestingspeile op opbrengste en soortlike gewig van aartappels. **(Der Einfluß der Düngermenge auf Ertrag und spezifisches Gewicht bei Kartoffeln.)** South African J. agric. Sci. **4** (1961) Nr. 4. S. 479–489. – 2 Abb., 4 Tab., 8 Lit. Zus. in Engl., Franz.

Die alljährlich in Südafrika geerntete Kartoffelmenge wird zu einem großen Teil während des Winters mit Bewässerung in Transvaal produziert. Um exakte Angaben über den Einfluß der Düngung zu erhalten, wurden 1953 und 1954 Düngungsversuche an 5 verschiedenen Orten in Transvaal angelegt. Es wurden $(NH_4)_2SO_4$, Superphosphat und KCl angewandt. Steigende N-Gaben steigerten zwar den Knollenertrag, senkten jedoch das spez. Gewicht der Kartoffeln. Superphosphatgaben steigerten sowohl die Erträge als auch das spez. Gewicht. 1250 lb./morgen Superphosphat ergaben die höchsten Erträge. Eine Steigerung der KCl-Gaben hatte keine Wirkung auf die Erntemenge, jedoch sank das spez. Gewicht der Knollen ab.

E. M. Ardelt. 832.

Didenko, M. und Kraśko, T. (Didenko, M. und Krasko, T.) O srokach uborki kartofelja na semena. **(Erntetermine für Pflanzkartoffeln.)** Kartofel' i ovošči, Moskva **7** (1962) Nr. 6. S. 23–24. – 2 Tab.

Die Qualität der Pflanzkartoffeln ist sowohl vom Pflanz- als auch vom Erntetermin abhängig. Bes. gesunde Knollen und hohen Ertrag versprechende Pflanzkartoffeln erhält man durch frühe Ernte, möglichst schon z.Z. der Blüte. Ein Vorzug dieses frühen Ernteverfahrens ist auch darin zu sehen, daß ungünstige Witterungseinflüsse auf die Knollenbildung vorzeitig ausgeschlossen werden können. Versuche zeigten, daß Saatkartoffeln von 20–30 g Gewicht nach dem Auslegen und bei früher Ernte keine Erniedrigung des Ertrages an Pflanzkartoffeln zur Folge hatten, jedoch setzt frühe Ernte zur Gewinnung von Qualitätspflanzkartoffeln gleichzeitig die Verwendung von Eliten oder Supereliten voraus. In weiteren Untersuchungen wurde die Wirkung früher

Ernte zwischen Frühjahrs- und Sommerpflanzung verglichen. Zeitige Ernte der Sommerpflanzung bringt bei mittelfrühen Sorten bessere Qualität und weniger Degenerationserscheinungen mit sich als bei frühen Sorten. Für frühreife Sorten ist daher zwecks zeitiger Ernte die Frühjahrspflanzung zu empfehlen. L. Tunger. 832.

Zana, J. A cukorrépafajták tulajdonságainak vizsgálata 1961-ben. **(Die Prüfung der Eigenschaften der Zuckerrübensorten im Jahre 1961.)** – Cukoripar [Zuckerindustrie] 15 (1962) Nr. 3. S. 88–93. – Aus: Ung. Agrar-Rdsch. 1962 Nr. 4.

In 10 Versuchen wurden die Eigenschaften und Leistungen polyploider Rübenhybriden sowie tetraploider und diploider Sorten mit denen ausländischer diploider Sorten verglichen. Geprüft wurden die polyploiden Hybriden und tetraploiden Sorten 'Beta Poly 1', 'Beta Poly 2', 'Beta Poly 3', 'Beta Poly 4', 'Beta C-242/53/27 4 x', ferner die E-Sorte 'R-1537', die N-Sorten 'Beta 242/53', 'Beta E-III', 'Beta K-91', 'Dobrovice N' und die Z-Sorten 'Buszczynski CLR', 'Buszczynski MLR'. Erfaßt wurden Zucker-, Asche- (konduktometr.) und schädlicher N-Gehalt, Schnittwiderstand, Zuckerausbeute, Rübenertrag, Ertrag an Zucker, Rübenköpfen mit Blatt sowie Resistenz gegen *Cercospora*. Im trockenen Jahr 1961 zeigten die Hybridsorten höheren Zuckerertrag und -gehalt als die diploiden Sorten. Die E-, N- und Z-Typen verhielten sich in bekannter Weise. Die *Cercospora*-Resistenz war am höchsten bei den ungarischen Sorten sowie bei 'Buszczynski CLR'. 834.

David, H.; Regensburg. **Der technische Wert der Zuckerrübe.** Zucker 15 (1962) Nr. 21. S. 556–560.; Nr. 22. S. 572–577.; Nr. 23. S. 604–610. – 13 Abb., 11 Tab.

Ausgehend von der Tatsache, daß der Zuckergehalt kein genügendes Kriterium für die Beurteilung des technischen Wertes der Zuckerrüben darstellt, wurden in zahlreichen Untersuchungen von Brei, Preßsaft und Saft der 2. Saturation weitere Ergebnisse zum Gesamtproblem des technischen Wertes der Zuckerrüben gesammelt. Die Versuche wurden 1959 und 1960 unter extrem entgegengesetzten klimatischen Bedingungen durchgeführt und beinhalteten die Prüfung des Einflusses folgender Faktoren: 3 Rübensorten, 4 unterschiedliche N-Düngermengen, 5 Versuchsorte, 2 Erntezeiten. Das Hauptinteresse war auf die Kriterien Zuckergehalt, Tr.-Subst., Alkalien, Ca und Mg, N-Formen, Leitfähigkeit und Asche gerichtet. Der in beiden Versuchsjahren etwa gleich hoch liegende Zuckergehalt kann wegen unterschiedlicher Zuckerausbeute nicht als alleiniges Qualitätsmerkmal gelten. Dagegen erwies sich die Breileitfähigkeit als sehr gutes Maß für den zu erwartenden Melassezucker ($r = +0{,}989$). Die Verfolgung des Amino-N zeigte, daß N-Substanzen an dem während der Saturation gebildeten Niederschlag adsorbiert wurden, es konnte jedoch noch keine exakte N-Bilanz aufgestellt werden. W. Wöhlert. 834.

Čača, Zdeněk; Brno, Vysoká Škola Zemědělská, Ústav Fytopatol. Význam zdravotního stavu cukrové řepy při zavlažování. **(Bedeutung des Gesundheitszustandes der Zuckerrübe bei der Bewässerung.)** Pol'nohospodárstvo 9 (1962) Nr. 7. S. 519–526. – 2 Tab., 23 Lit. Zus. in Russ., Engl.

Bei Beregnungsversuchen im Jahre 1960 wurde der Gesundheitszustand von 10 Rübensorten, vor allem der Befall mit *Cercospora beticola* Sacc., geprüft. Die Schlußbewertung des *Cercospora*-Befalls erfolgte im Herbst vor der Ernte. Dabei wurden bedeutende Unterschiede in bezug auf den Befallsgrad festgestellt. Schwach befallen waren die Sorte 'Dobrovice CeR' und Neuzüchtungen aus Bučany und Čik. Es gab eine Abhängigkeit zwischen dem Grad des *Cercospora*-Befalls und dem Blattertrag. Eine Abhängigkeit zwischen dem Blattbefall und dem Wurzelertrag zeigte sich nicht. Die Steigerung des Befallsgrades als Folge der Bewässerung im Vergleich mit der nichtbewässerten Kontrolle war bei den einzelnen Sorten verschieden hoch, in manchen Fällen sehr gering. P. Bartoš. 834.

Palmer, J. und Wilton, B.; Cambridge, Univ., School of Agric. Transplanting sugar beet seedlings grown in soil blocks. **(Auspflanzen von Zuckerrüben, die in Erdballen herangezogen wurden.)** J. agric. Engng. Res. 7 (1962) Nr. 2. S. 141–149. — 3 Tab., 6 Lit.

Studium und Kritik der gegenwärtig angewandten Technik der Standraumzumessung veranlaßten Vff. zu einer vergleichenden Untersuchung der Auspflanzung von Zuckerrüben. Das Hauptaugenmerk der Versuche galt den Möglichkeiten einer vollkommenen Mechanisierung der Arbeitsprozesse und den erzielbaren Erträgen. Mehrere Vorversuche dienten der Bestimmung des für die Erdballen zu verwendenden Materials, der Größe und Form der Erdballen sowie der Saatzeit und des Entwicklungsstadiums der Pflanzen beim Aussetzen. Aus zahlreichen Mischungen war ein Gemenge aus sterilisiertem Boden, Sand und Torfmull im Volumenverhältnis 7:2:3 am günstigsten. Zylindrische Erdballen (2 in. ⌀, Höhe $2^3/_8$ in.) bewährten sich am besten. Die Aussaatzeit entsprach dem Herstellungstermin der Ballen, da die pneumatische Ballenpresse eine Vorrichtung zur Einsaat polierten, kalibrierten Saatgutes aufwies. Frühe Aussaat, Düngerbeigabe zur Ballenerde und Auspflanzung im 2- bis 4-Blatt-Stadium führten zu Ertragssteigerungen. Ein Nachteil ausgepflanzter gegenüber gedrillten Rüben ist der bei der Ernte um 25% höhere Erdbesatz, obgleich mit der Auspflanzmethode gleiche Rübenerträge zu erzielen sind wie auf herkömmliche Weise. K. Fritzsch. 834.

Schulze, E. und Krämer, F.; Bonn, Rhein. Friedrich-Wilhelms-Univ., Inst. für Pflanzenbau. **Beziehungen zwischen Lößlehm-Mächtigkeit, Nematodenbefall, Saatzeit und Bestandesdichte beim Anbau der Zuckerrübe.** Zucker **15** (1962) Nr. 22. S. 577–583. — 16 Tab., 12 Lit. Zus. in Engl., Franz.

In der Kölner Bucht wurden Rüben- und Krauterträge von 54 Zuckerrübenschlägen ermittelt und Beziehungen zu Lößlehmmächtigkeit (LM), Aussaatzeit (AZ) sowie Bestandesdichte (BD) untersucht. Der Rübenertrag sank auf Schlägen mit LM über 200 cm gegenüber geringerer LM. Bei Stichprobenuntersuchung waren diese Böden stärker nestweise mit Nematoden befallen, bedingt durch langjährigen Rübenanbau in dichter Folge, und wiesen geringere BD auf als Böden mit LM unter 180 cm. Die BD übte bei Spätsaat größeren Einfluß auf den Ertrag aus (Forderung: über 70000 Pflanzen/ha) als bei Frühsaat, bei der 65000 Pflanzen/ha ausreichend waren. I. allg. war die BD bei Spätsaaten geringer als bei Frühsaaten und nahm mit zunehmender LM ab. Der Zuckerertrag wuchs mit LM, obwohl der Zuckergehalt abnahm. Bei Einbeziehung der AZ ergab sich, daß durch Frühsaat und BD über 70000 Pflanzen/ha die besten Erfolge zu erzielen sind. Der Krautertrag stieg bis zu LM von 180 cm stark an. Spätsaaten brachten höhere Erträge als Frühsaaten. Letztere wiesen einen hohen Anteil an Schoßrüben auf. Beziehungen zwischen Krautertrag und BD bestanden nicht. L. Bachmann. 834.

Schmidt, Luboš, Vorlíčková, Božena, Černil, V., Fencl, J. und Kec, Vladimír. Vliv poškození chrástu na výnos a cukernatost řepy v roce 1960. **(Einfluß der Blattbeschädigung auf Ertrag und Zuckergehalt der Zuckerrübe im Jahre 1960.)** Listy Cukrovanrické 78 (1962) Nr. 2. S. 25–31. — Zus. in Russ., Engl., Dtsch.

In Versuchen 1960 wurde der Einfluß der künstlichen Blattbeschädigung auf den Wurzel-, Blatt-, Digestionszucker- und Raffinadeertrag sowie auf den Zuckergehalt untersucht. Die Rübenblattbeschädigung geschah durch Abbrechen der Blätter im Juni, Juli, Aug. und Sept., und zwar zu 25, 50, 75 und 100%. Der Blattertrag sank um so mehr, je später die Beschädigung erfolgt war, während der Ertragsrückgang an Wurzeln nach dem Abbrechen der Blätter im Juli und Aug. am höchsten war. Der Rückgang des Zuckergehaltes war rel. gering. Der Zuckergehalt sank um so mehr, je später das Rübenblatt beschädigt wurde. Raffinade- und Digestionszuckerertrag wiesen nach der Blattbeschädigung im Aug. die höchsten Verluste auf. Die Ergebnisse wurden mit den Befunden früherer Versuche (1926–28; 1956–58) sowie ausländischer Versuche verglichen. P. Bartoš. 834.

Ansorge, H. **Untersuchungen über die Wirkung von Stallmist und Mineraldüngung zu Zuckerrüben nach unterschiedlicher Vorfrucht.** Z. landwirtsch. Versuchs- u. Untersuchungswes. 8 (1962) Nr. 3. S. 225–233. — 6 Tab., 4 Lit. In 14 Feldversuchen wurde die Wirkung von Stallmist- und Mineraldüngung auf die Zuckerrübenerträge nach den Vorfrüchten Getreide und in Stallmist stehende Kartoffeln überprüft. Im Mittel aller Versuche und Düngungsstufen wurden nach Kartoffeln um 5% höhere Rüben- und um 10% höhere Blatterträge als nach Getreide erzielt. Kombinierte Stallmist- und Mineraldüngergaben hatten genau wie eine erhöhte Mineraldüngung im Mittel beider Vorfrüchte 3% höhere Rübenerträge im Vergleich zur einfachen Mineraldüngung zur Folge, ohne jede Düngung fielen sie aber um 15% ab. Hinsichtlich der Wechselbeziehungen zwischen Vorfruchtwert und Düngung ergab sich für die Düngung die deutlichere Wirkung. W. Fleischmann. 834.

Nejkova, El. und Pakov, Iv. (Nejkowa, El. und Pakow, Iw.) Torene na krŭmnoto cveklo pri polivni uslovija. **(Düngung der Runkelrüben unter Bewässerungsverhältnissen.)** Izvestija na Centralnija naučnoizsledovatelski institut po počvoznanie i agrotechnika „Nikola Puškarov", Sofija **2** (1962) S. 5–15. — 12 Tab., 5 Lit. Zus. in Russ., Dtsch.
In 1954–57 auf ausgelaugtem zimtfarbenem Waldboden mit jeweils 60 kg/ha Reinnährstoff ausgeführten Düngerversuchen wurde die Wirkung einseitiger und kombinierter Düngung mit N, P und K geprüft. Außerdem wurde die Wirkung einer geringen Stalldunggabe von 3 t/ha und 400 kg/ha Kalk, nach den Empfehlungen von Lyssenko, geprüft. Einseitige N-Düngung steigerte die Rübenerträge wesentlich (im Mittel um 20770 kg/ha), während einseitige K- und P-Düngung keinen signifikanten Nutzen brachten. Bei kombinierter N-P-Düngung nahm die Wirkung beider Nährstoffe zu. Zusatz von K zur N-P-Düngung war für die Ertragsbildung ohne Bedeutung, führte aber zu einer Qualitätsverbesserung. Einseitige P-Düngung ließ den Gehalt an Tr.-Subst. im Mittel um 2% ansteigen. Empfohlen wird abschließend die N-P-K-Volldüngung. Die kombinierte org.-mineral. Düngung war der einseitigen mineral. oder der einseitigen org. Düngung überlegen. M. Stoilow. 834.

Roo, de; Lemberge, Stat. de Rech. de l'Etat pour l'Amélioration des Plantes de Grande Cult. Expériences ayant trait aux navets tetraploides (Brassica rapa L.). **(Erfahrungen mit tetraploiden Wasserrüben [Brassica rapa L.].)** Rev. Agric. [Bruxelles] **15** (1962) Nr. 6/7. S. 897–899. — 1 Tab.
Durch Behandlung mit Colchicin entstanden tetraploide Individuen der Wasserrübensorten 'Meetjeslander' und 'Waaslander'. In Anbauversuchen wurden die tetraploiden mit diploiden Pflanzen derselben Sorten verglichen. Die geerntete Grünmasse war bei den diploiden Formen größer, während der Gehalt an Trockenmasse (Blätter und Rüben zusammen) bei den tetraploiden Rüben etwas höher war. Die Steigerung war jedoch nicht erheblich und enttäuschte die ursprünglich gehegten Erwartungen. E. M. Ardelt. 836.

Lachowski, J.; Warszawa, Bydgoszcs, Zakład Buraka i Innych Roślin Korzeniowych I. H. A. R. w Bydgoszczy. Wyniki doświadczeń z mineralnym nawożeniem dwu odmian cykorii. **(Ergebnisse von Versuchen über die Mineraldüngung zweier Zichoriensorten.)** Roczniki Nauk rolniczych, Ser. A **86** (1962) Nr. 1. S. 145–162. — 17 Tab., 10 Lit.

In den Jahren 1958–60 wurden 23 Feldversuche mit den 2 Zichoriensorten 'Polanowicka' und 'Półdługa Kujawska' durchgeführt. Auf mit Stallmist (200-300 dt/ha) gedüngtem Boden wurden die höchsten Wurzel- und Blatterträge bei Mineraldüngung mit 60 kg/ha, N, 80 kg K_2O und 32 kg P_2O_5 erzielt. Auf leichteren Böden oder mit Stallmist nicht gedüngten Böden wurden die höchsten Wurzelerträge bei mit 120 kg N, 160 kg K_2O und 64 kg P_2O_5 erzielt und die höchsten Blatterträge bei Düngung mit 90 kg N, 120 kg K_2O und 48 kg P_2O_5. Die höchsten Düngergaben (120 kg N, 160 kg K_2O und 64 kg P_2O_5) hatten negativen Einfluß auf den Aufgang und den Wert der Pflanzen beider Sorten. Der Anteil von Schossern und Hohlräumen in den Wurzeln erhöhte sich bei Erhöhung der Mineraldüngung bes. bei 'Polanowicka'. Der Trockenmassegehalt im Saft und der Inulingehalt in den Wurzeln verminderten sich bei Erhöhung der Mineraldüngung. Die Mineraldüngung verminderte den Befall der Blätter mit Bakterienkrankheiten und vergrößerte die Assimilationsfläche der Blätter. Z. Zimniak. 838.

Čanev, Kr. (Tschanew, Kr.) Vlijanie na njakoi mineralni torove vŭrchu dobiva, randemana i kačestvoto na lenenoto vlakno. **(Einfluß einiger Mineraldünger auf den Ertrag, die Ausbeute und Güte der Leinfaser.)** Izvestija na Centralnija naučnoizsledovatelski institut po rastenievŭdstvo, Sofija **12** (1961) S. 257–274. – 4 Abb., 6 Tab., 13 Lit. Zus. in Russ., Dtsch.
Der Versuch wurde auf zimtfarbenem, lehmig-sandigem Wiesenboden ausgeführt. Zur Anwendung kamen folgende Düngerkombinationen: NP, NK, NPK und Pk (N 50 kg, P_2O_5 60 kg und K_2O 30 kg/ha). Unter dem Düngereinfluß nahmen die Stengelhöhe um 4–15 cm und die Stengeldicke (Stengelstärke) um 0,04–0,25 mm zu. Höhen- und Dickenzuwachs waren bei N-haltigen Düngerkombinationen am größten. Im Vergleich zu den Stengeln der ungedüngten Kontrolle bewirkte NP-Düngung eine raschere Röste der Stengel. Die N-Düngung steigerte den Rösteverlust. Bei Volldüngung war der Ertrag an Stengeln, Samen und Fasern am höchsten. Die K-Düngung erhöhte den Stengelertrag nur wenig, verbesserte jedoch die Stengel- und Faserqualität. Es wird der Vorschlag gemacht, daß beim Ankauf nicht nur der Ertrag, sondern auch Ausbeute und Qualität der Langfasern mit berücksichtigt werden.
M. Stoilow. 846.

Pfeifer, S.; Berlin, Humboldt-Univ., Pharmaz. Inst. **Mohn — Arzneipflanze seit mehr als zweitausend Jahren.** Pharmazie **17** (1962) Nr. 8. S. 467 bis 479.; Nr. 9. S. 536–554. – 2 Abb., 235 Lit.
Papaver somniferum L. ist wegen seines Alkaloidreichtums seit dem Altertum als Arzneipflanze bekannt. Der Morphingehalt kann durch günstige Kulturbedingungen gesteigert werden. Er ist abhängig vom Klima, wobei Temperatur und Niederschläge entscheidend sind. Hohe Niederschläge während der Kapselreife hemmen die Alkaloidbildung. Mineral. Düngung bewirkt Qualitäts- und Quantitätssteigerungen. Am besten für den Mohnanbau geeignet sind Ca- und humusreiche, mittelschwere, gut bearbeitete Böden. Bei der Mohnzüchtung wurden Heterosiserscheinungen beobachtet, die sich sowohl auf die Erträge als auch auf die Steigerung des Alkaloidgehaltes bezogen.
E. M. Ardelt. 852.

Schröder, H.; Leipzig, Karl-Marx-Univ., Inst. für Sonderkult.; Bernburg, Hochschule für Landwirtsch., Inst. für Gartenbau. **Vergleichende Untersuchungen über den Einfluß des Erntetermins auf Ertrag und Qualität bei den Pfefferminzsorten ‚Herrnhuter Auslese' und ‚Multimentha'.** Pharmazie **17** (1962) Nr. 9. S. 555–564. – 3 Abb., 17 Tab., 11 Lit.
In den Jahren 1959–61 wurden die Erträge der Pfefferminzsorten 'Herrnhuter Auslese' (a) und 'Multimentha' (b) im Hinblick auf den Erntetermin untersucht. Die Bestände wurden 2 mal pro Jahr geschnitten. Zwischen beiden Sorten estanden große Unterschiede im Ertrag und im Gehalt an ätherischem

Öl. Sorte b war im Hinblick auf Kraut-, Blatt- und Ölertrag sowie im Gehalt an ätherischem Öl überlegen, a dagegen hatte höheren Blattanteil und höheren Mentholgehalt. Die Erträge lagen am höchsten, wenn der 1. Schnitt im Blühstadium erfolgte. Die Qualität des Erntegutes aus dem 1. und 2. Schnitt war vom Termin des 1. Schnittes unabhängig. Unterschiede, die beim Produkt des 1. und 2. Schnittes vorhanden waren, glichen sich insgesamt aus. Für a wird als günstigster Termin für den 1. Schnitt das Stadium des Blühbeginns, für b das Stadium der Knospenbildung empfohlen. E. M. Ardelt. 852.

Starý, F. und Kybal, J.; Prag, Forsch.-Inst. für Natur-Arzneimittel. **Über einige Erfahrungen beim Anbau von Solanum aviculare Forst.** Dtsch. Akad. Landwirtsch.-Wiss. Berlin, Tagungsber. **1959** (hrsg. 1961) Nr. 27. S. 193 bis 199. — 3 Lit. Zus. in Russ., Engl.

Nach neueren Untersuchungen handelt es sich bei der verwendeten Versuchspflanze nicht um *S. aviculare* Forst. ($2n = 46$), sondern um *S. laciniatum* Ait. ($2n = 92$); (vgl. Starý, F., und Storchová-Burianová, J.; Preslia **34** [1962] S. 245.). Sie zeichnet sich durch rel. hohen Gehalt an Solasodin aus, einem wichtigen Rohstoff für die industrielle Produktion von Steroidhormonen. Unter den Bedingungen der ČSSR können *S.-laciniatum*-Kulturen nicht durch Freilandaussaat angelegt werden, sondern man muß im Frühbeet angezogene Topfpflanzen verwenden, die am vorteilhaftesten im Abstand 60 × 60 cm auszupflanzen sind. Die oberirdischen Pflanzenteile werden 2- bis 3mal während der Vegetation durch maschinelles Mähen in einer Höhe von 25–30 cm über dem Boden geerntet und bei 60–80 °C getrocknet. Es wurden Durchschnittserträge von etwa 2 t Trockendroge/ha mit einem durchschnittlichen Solasodingehalt von ca. 1% erzielt. Bei der Saatgutgewinnung wurden von 10 a (größerer Pflanzenabstand) bis zu 3 kg Samen mit einer Keimfähigkeit von 95% geerntet (TKM 1,0–1,5 g). Diese Menge reicht für den Anbau auf mehr als 100 ha. K. Schreiber. 852.

Ruokola, Anna-Liisa; Helsinki, Yliopiston Kasvipatol. Laitos. Lisätietoja torajyvän viljelykokeista viikin koetilalla. **(Weitere Ergebnisse von Feldversuchen mit Mutterkorn auf der Versuchsfarm Viik.)** Maataloustieteellinen Aikakauskirja /J. sci. agric. Soc. Finland **34** (1962) Nr. 3. S. 121–131. — 3 Abb., 4 Tab., 17 Lit. Zus. in Engl.

In Versuchen 1959–61 wurden die Einflüsse verschiedener Faktoren auf den Ertrag an Mutterkorn untersucht en N-Düngung erhöhte den Ertrag an Sklerotien erheblich, wobei die Größe der Sklerotien nur schwach zunahm (Kalksalpeter, 100, 200, 400, 600 kg/ha). Auch durch B- und Cu-Düngung nahmen die Erträge zu, am stärksten bei Kombination beider. Starke Ertragserhöhung ließ sich erreichen durch Erhöhung der Konidienkonz. des Okulats (25000/ml) auf das 10- oder 100fache. Der Ertrag stieg entspr. um 18 bzw. 45%. Die Sekundärinfektionen wirkten ebenfalls ertragssteigernd. Die Sklerotienausbeute war bei nicht künstlich infizierten Pflanzen, die nur 10–50 cm entfernt von den inokulierten standen, praktisch genau so hoch wie bei den inokulierten Pflanzen. Ausländische, alkaloidreiche Stämme verbreiteten sich bis zu 850 m vom ursprünglichen Infektionsort. W. Stenz. 852.

Spennemann, Fr.; Speyer. **Der Anteil der Tabaksorten an der Tabakanbaufläche in der Bundesrepublik in den Jahren 1954–1960.** Dtsch. Tabakbau **42** (1962) Nr. 14. S. 105–106. — 2 Tab.

Im Jahre 1960 wurden in der DBR 54% Zigarrengut, 28% Burley und 18% Virgin angebaut. Haupttabakanbaugebiete mit etwa 80% der Gesamttabakanbaufläche sind Nordbaden, Südbaden und die Pfalz. Es wurden bisher 6 Zigarrengutsorten, 1 Burley-Sorte und 4 Virgin-Sorten zugelassen. Den größten Flächenanteil nimmt mit etwa 40% der 'Badische Geudertheimer' ein, dann folgen der 'Badische Burley E' mit 28%, die Virginsorte 'SCR' mit 18% und 'Havanna II c' mit etwa 10% der Gesamtanbaufläche. Die übrigen Sorten spielten eine untergeordnete Bedeutung, auch die Sorte 'Virgin Gold A', die von 23,5 (1954) auf 0,2% (1960) zurückging. J. Merker. 855.

Dennis, Henry A. Four new flue-cured varieties to be offered. **(Vier neue Heißluftsorten.)** Tobacco [New York] **151** (1960) Nr. 26. S. 29.
Langhoff. 855.

Street, Harold K. General Cigar develops new resistant shade type. **(Die General Cigar Company entwickelt neuen resistenten Shade-Typ Tabak.)** Tobacco [New York] **151** (1960) Nr. 26. S. 14.
Die neue Sorte '7 BX 5' ist hochgradig resistent gegen Mosaik und Wetterflecke und resistent gegen Wurzelfäule und Nematoden. Es ist die 1. Deckblatt-Sorte von Connecticut-Tabaken mit Mosaikresistenz. Sie ist sehr ertragreich und qualitativ ebenso gut wie der „alte Standard" 'Connecticut 49' und nahm 1960 45% der Anbaufläche ein. '7 BX 5' verhielt sich seit 1960 als schlimmstem Mosaik-Jahr bis jetzt so gut wie ein nichtresistenter Stamm in einem Jahr ohne Mosaik. '7 BX 5' wird von Mosaik nur zu 1% infiziert. Der Boden muß weiterhin gegen Schwarze Wurzelfäule und Nematoden gedämpft werden, und auch die Fruchtfolge muß beibehalten werden. Die Fleckenresistenz von '7 BX 5' ist ebenso gut wie bei gegen Mosaik nicht resistenten Stämmen. '7 BX 5' wurde im Verlaufe von 8 Jahren gezüchtet und nicht aus einer Zigarren-Deckblatt-Sorte entwickelt. 'Connecticut 49' u.a. Zigarren-Deckblatt-Tabake wurden jedoch bei der Züchtung mit verwendet.
Langhoff. 855.

Orbeck, K.; Forchheim, Bundesanst. für Tabakforsch. **Die Technik der Ganzpflanzenernte in verschiedenen Ländern.** Dtsch. Tabakbau **42** (1962) Nr. 12. S. 89–91. – 2 Abb., 9 Lit.
Da für die Ernte und Trocknung des Tabaks 2500 AKh/ha Anbaufläche in einer Zeit benötigt werden, wo auch in der übrigen Landwirtschaft dringend Arbeitskräfte benötigt werden, ist man ständig bemüht, diesen hohen Arbeitsaufwand zu reduzieren. Es wird untersucht, ob die bes. in Nord- und Südamerika für Burley- und Zigarreneinlagetabake übliche Ganzpflanzenernte auch unter deutschen Verhältnissen angewendet werden kann, um den Arbeitsaufwand während der Erntezeit zu senken. Neben allg. Ausführungen über die Technik der Ganzpflanzenernte wird über ein Abschneidegerät, eine amerikanische Ganzpflanzenerntemaschine und die Verwendung des Jalousiehanges für die Ganzpflanzentrocknung berichtet. J. Merker. 855.

Birecki, M. und Fabijański, J.; Warszawa, Katedra Ogólnej Uprawy Roli i Roślin S. G. G. W. Ocena niektórych sposobów wysiewu mieszanki lucerny z trawami. **(Die Beurteilung einiger Aussaatmethoden des Luzernegrasgemisches.)** Roczniki Nauk rolniczych, Ser. A **86** (1962) Nr. 4. S. 573–592. – 18 Tab., 10 Lit. Zus. in Russ., Engl.
In den Jahren 1956–59 wurden vergleichende Versuche mit Blanksaat eines Gemenges aus Bastardluzerne 20 kg/ha, Glatthafer 8 kg/ha und Knaulgras 3 kg/ha und Untersaat unter verschiedene Deckfrüchte, wie Wi- und So-Gerste, Wi- und So-Raps, Hafer, So-Weizen und Wi-Roggen, durchgeführt. Die höchsten Grünmasseerträge wurden bei Blanksaat erzielt. Auch Aussaat unter Sommerdeckfrüchte war günstig, vor allem unter Gerste. Die Winterdeckfrüchte führten zu schlechteren „Ergebnissen". Die höchsten Erträge an GE und Tr.-Subst. wurden bei der Einsaat in Getreide und Wi-Raps erzielt. Die höchsten Eiweißerträge ergab die Blanksaat und Einsaat in Wi-Raps. Unter den Verhältnissen Mittelpolens ist demnach die Einsaat des Gemenges in So-Getreide oder Wi-Raps am günstigsten. Z. Zimniak. 860.

Caputa, J. Evolution dans le domaine de la composition des mélanges de plantes fourragères. **(Entwicklung im Bereich der Ansaatmischungen von Futterpflanzen.)** Agric. romande **1** (1962) Nr. 13. S. 93–96. – 4 Tab., 8 Lit.
Die 4 Ansaatmischungen a) *Trifolium repens*+*Dactylis glomerata*, b) *T. repens* +*Festuca pratensis*, c) *T. pratense* +*D. glomerata*+*F. pratensis* und d) *T. pratense*+*Lotus corniculatus*+ 4 Obergräser wurden 2 Jahre an 2 Standorten (Höhenlage 430 und 1200 m) geprüft. Die Mischungen a und b erhielten in 3 Jahren (einschl. Ansaatjahr) insges. 14 dt/ha Ammoniumnitrat. Auf dem tiefer gelegenen Standort brachten (Summe beider Jahre) a 200,1; b 242,2; c 272,8 und d 265,2 dt/ha, auf dem Hochlande entspr. 148,6; 133,4; 145,0 und 141,5 dt/ha Tr.-Subst. Bei den Mischungen a und b überwog der Grasanteil, bei b und c der Anteil des Rotklees, der stets > 50% einnahm. – Im Rohproteingehalt blieben die N-gedüngten Serien a und b im 1. Hauptnutzungsjahr unter den Werten von c und d, im 2. Nutzungsjahr waren a und b überlegen.
H. Pätzold. 860.

Gluchov, S. A. (Gluchow, S. A.) Pozdneletnie posevy mnogoletnich trav. **(Spätsommeraussaat mehrjähriger Gräser.)** Tr. Tatarsk. resp. gos. s.-ch. opytn.st. **1961** Nr. 1. S. 224–230. – Aus: Referativnyj žurnal. Biologija, Moskva **1962** Nr. 3. G 296. S. 37.
In 3jährigen Versuchen wurden die Vorzüge der Spätsommeraussaat mehrjähriger Futterpflanzen gegenüber Frühjahrsaussaat ermittelt. Ein Gemenge von Luzerne-, Klee- und Wiesenlieschgras, das Ende Juli und Anfang Aug. unter Wi-Roggen als Deckfrucht ausgesät wurde, lieferte 20–32,8 dt/ha Heu, während die Deckfrucht 17,8–22,8 dt/ha Korn brachte. Das gleiche Gemenge, im Frühjahr unter So-Weizen gesät, gab im Mittel 11 dt/ha Heu, außerdem wurden 16,8–22,8 dt/ha Weizen geerntet. Der Mehrertrag an Tr.-Subst. der Futterpflanzen bei Spätsommeraussaat betrug in 3 Jahren 28,5–31,1 dt/ha. Die hohen Erträge der im Spätsommer gesäten Futterpflanzen werden infolge der besseren Wasserversorgung des Bodens und der geringeren Einwirkung der Dürreperioden des Frühjahrs und Sommers erzielt.
übersetzt v. G. Boetticher. 860.

Slijcken, A. van; Lemberge, Stat. Rech. de l'État pour l'Amélioration des Plantes. De l'influence d'une fumure desequilibrée et de longue durée sur la composition botanique des herbages. **(Über den Einfluß einer langdauernden, unausgeglichenen Düngung auf die botanische Zusammensetzung des Bestandes.)** Rev. Agric. [Bruxelles] **15** (1962) Nr. 2. S. 313–318. – 3 Tab.
Eine 1948 angesäte Grünlandfläche (Weißklee, Deutsches Weidelgras, Welsches Weidelgras, Wiesenschwingel, Wiesenrispe) wurde 1948–60 mit 7 verschiedenen Kombinationen der Nährstoffe N P K Ca und Mg gedüngt. Der Weißklee war 1960 auf der ungedüngten Parzelle mit 9, auf P K Ca mit 63% vertreten, während er auf den mit N gedüngten Parzellen verschwand (jährlich wurden 120–200 kg/ha N verabfolgt). Der Unkraut-Anteil war auf der ungedüngten Parzelle mit 26,4% im Jahre 1960 am höchsten, ging bei K-Düngung auf 10% zurück und erreichte bei N-Düngung nur 5–8%. – Bei den Gramineen überwog 1960 einhellig *Lolium perenne*, das bei Volldüngung 98% (Gewichtsanteil) und bei N P Ca 50% erreichte. Nur bei K-Mangel war *Poa pratensis* ebenfalls mit 50% am Ertrag beteiligt. Alle anderen Gräser wurden fast völlig eliminiert.
H. Pätzold. 860.

Slijcken, A. van und Andries, A.; Lemberge. Centre Nat. Comment favoriser le développement du trèfle blanc (Trifolium repens L.) dans un herbage pauvre en trèfle. **(Wege zur Förderung des Weißklees in einem kleearmen Bestand.)** Rev. Agric. [Bruxelles] **15** (1962) Nr. 2. S. 319–322. – 2 Tab.
Auf 7jährigen, kleearmen Beständen wurden variierte Düngungs-, Nutzungs- und Nachsaatvarianten zur Förderung des Weißklees geprüft. Dabei wurden die Versuchsparzellen beweidet und Ertragsfeststellungen durchgeführt (Zeit-

raum 2 Jahre). – Den höchsten Kleeanteil brachte im 2. Nutzungsjahr die Variante ohne N mit 47% Weißklee, sie erreichte jedoch nur 59% des Ertrages der Volldüngungsvariante. Der mit Abstand höchste Gesamtertrag (179%) bei hohem Weißkleeanteil (40%) wurde durch die Variante „Kleenachsaat im Frühjahr" erzielt. H. Pätzold. 860.

Dent, J. W. und Hawkins, R. P.; Cambridge, Nat. Inst. of Agric. Bot. The effect of fertilizers on the yield of red clover seed. **(Die Wirkung von Düngemitteln auf die Erträge an Rotkleesamen.)** J. agric. Sci. **59** (1962) Nr. 1. S. 13–23. – 9 Tab., 18 Lit.

In 3jähr. Versuchen wurden Kleebestände nach dem Schema P (6 cwt./acre Superphosphat), K (3 cwt./acre K_2SO_4), PK, PKN (3 cwt./acre Kalksalpeter, 15,5% N), PK2N, PK3N sowie in weiteren Varianten mit B, Mg, Ca, Mo, Glucose (20 lb./acre in 100 gal. Wasser auf die Blüten gespritzt) gedüngt. Zu verschiedenen Terminen erfolgten Blattanalysen auf K_2O, P_2O_5, B, Mg und N, um den anfänglichen und späteren Nährstoffgehalt unter dem Einfluß der Düngung zu ermitteln. Bei Versuchen in Cambridge gab es keine Reaktionen im Samenertrag, und bei Wiederholung der Versuche auf nährstoffarmem Boden ergab sich eine Reaktion nur auf die P-Düngung. Auch bei den Blattanalysen zeigte sich keine Beziehung zum Samenertrag, so daß offenbar der Samenertrag bei Klee durch Düngung in Ostengland nicht wesentlich gesteigert werden kann. W. Stenz. 863.

Bonciarelli, F.; Perugia, Ist. di Agronomia Gen. e Coltivazioni Erbacee. La produzione del seme die erba medica. **(Die Gewinnung von Luzernesaatgut durch Verpflanzung.)** Sementi Elette [Milano] 8 (1962) Nr. 1. S. 12–21. – 4 Abb., 6 Tab. Zus. in Engl., Dtsch.

Vf. berichtet über Möglichkeiten zur Erhöhung der Luzernesamenerzeugung. In 3jähr. Versuchen wurde der Einfluß verschiedener Reihenentfernungen (35,3, 50 und 75 cm), des Vereinzelns, des Verpflanzens, der Verpflanzungszeit und der Saatzeit geprüft. Unter Berücksichtigung, daß 250 keimfähige Samen/m^2 zur Aussaat gelangten, wurden bei 35,3 cm Reihenabstand 19, bei 50 cm 14 und bei 75 cm 9 kg/ha Saatgut benötigt. Erfaßt wurden die Anzahl der Stengel/m^2, Blätter und Blüten je Pflanze, Samen je Hülse sowie die TKM. Ertragsmäßig schnitt die Reihenentfernung 35,3 cm mit 508 kg/ha am besten ab. Das Vereinzeln und Verpflanzen auf 20 und 40 cm bewirkte, daß nach 3 Jahren die auf 20 cm vereinzelte Variante mit 477 kg/ha den höchsten Ertrag gab. Das Verpflanzen auf 20 × 35,3 cm (140000 Pflanzen/ha) führte zu hohen Samenerträgen im 2. und 3. Anbaujahr. Im Durchschnitt wurden 478 kg/ha Samen gewonnen. Ein Vergleich der Samengewinnung vom 1. und 2. Schnitt fiel zugunsten des 2. Schnittes aus. Insgesamt schwankten die Samenerträge erheblich, da größere Ausfälle durch *Contarinia medicaginis Kief.* und ungenügende Bestäubung durch Insekten verursacht wurden. G. Müller/Leipzig. 863.

Snaydon, R. W. und Bradshaw, A. D.; Bangor, Univ. Coll. of North Wales, Dep. of Agric. Bot. Differences between natural populations of Trifolium repens L. in response to mineral nutrients. I. Phosphate. **(Unterschiede zwischen natürlichen Populationen von Trifolium repens L. in der Reaktion auf mineralische Nährstoffe. 1. Mitt. Phosphat.)** J. exp. Biol. **13** (1962) Nr. 39. S. 422–434. – 5 Abb., 3 Tab., 33 Lit.

7 Populationen wurden von Böden mit verschieden hohem P-Vorrat (0,73–31,5 mg P_2O_5/100 g Boden) gesammelt. 4 Populationen stammten von gut kalkversorgten Böden (pH 7,9–8,7) 3 von sauren Böden (pH 5,2–5,4). Je 25–30 Pflanzen wurden in Gefäßen mit Komposterde einige Mon. vorkultiviert und dann in Sandkultur mit Nährlösung herangezogen, wobei die P-Menge in der Nährlösung von 2–64 ppm variiert wurde. – Zur P-Versorgung des Herkunftsbodens bestanden korrelative Reaktionen. Populationen von gut P-versorgten

Böden reagierten auf geringe P-Gaben stärker mit Wachstumsminderung als solche von P-armen Böden. Danach ist die Reaktion auf Phosphat ein Aspekt der physiol. Anpassung natürlicher Populationen an die Bodenbedingungen. Unterschiede bestanden auch in der Reaktion auf hohe P-Gaben. Die mögliche adaptive Bedeutung wird in Beziehung zur Phosphatpufferung in natürlichen Böden diskutiert. Die gegen P-Mangel toleranten Pflanzen enthielten mehr P im Sproß und zeigten stärkere P-Aufnahme pro Wurzelgewichtseinheit als die P-anspruchsvollen. Die Differenzen zwischen den Populationen in der Reaktion auf Phosphat beruhen daher offenbar eher auf unterschiedlicher P-Aufnahmefähigkeit als auf unterschiedlichem Erfordernis des Stoffwechsels.
W. Stenz. 863.

Lehle, H.; Hohenheim, Inst. für Pflanzenbau und Pflanzenzücht. **Über morphologische und physiologische Eigenschaften des Alexandrinerklees.** Z. Acker- u. Pflanzenbau **115** (1962) Nr. 1. S. 57–80. — 1 Abb., 12 Tab., 14 Lit.

Den Untersuch. liegen 3jähr. Feld- und Gefäßversuche zugrunde, in denen Saatzeit (3x im Frühjahr, 3x im Herbst) und Lichtdauer (im Gefäßversuch) variiert wurden. *Trifolium alexandrinum* reagiert als Langtagpflanze im Kurztag (10 Std.) mit verlängerter vegetativer Phase (vermehrte Nodienzahl, größeres Blatt). Als Voraussetzung für zügiges Wachstum sind 12 °C nötig. Zur Erreichung eines starken Futteranfalles im Freiland ist die Aussaat im Apr. (mit mehreren Schnitten bis zur generativen Phase im Aug.) oder im Aug. anzustreben. Für den Anbau in Deutschland ungeeignet zeigten sich die ägyptische Herkunft 'Fachl' und der dem Alexandrinerklee ähnliche, aber weniger brauchbare *T. squarrosum.* — Die Züchtung eines kälteresistenten, winterannuellen Alexandrinerklees wird für möglich und nützlich erachtet.
H. Pätzold. 863.

Roder, Willy. **Zur Wachstumsphysiologie, Ertrags- und Inhaltsstoffausbildung der Silomaispflanze in Abhängigkeit vom Sortencharakter. 1. Mitt. Physiologie der Keimung und des Aufgangs des Maiskornes.** Wiss. Z. Hochschule LPG Meissen **5** (1962) Nr. 3. S. 317–342. — 8 Tab., 69 Lit. Zus. in Russ., Engl.

Vf. prüfte 20 Maissorten unterschiedlicher Reifegruppen. Die Keimfähigkeit variierte bei ausländischen Sorten von 73–98% und bei deutschen von 53–94%. Bei letzteren sind Keimschäden häufig eine Folge der künstlichen Trocknung. Bei Temperaturen von 8 °C zeigten deutsche Sorten rel. schnelle Keimung. Mit zunehmender Temperatur verschoben sich die Keimgeschwindigkeitswerte zugunsten der importierten Sorten. Sorten mit hoher TKM keimten langsamer. Der tatsächliche Aufgang unter Feldbedingungen wurde weitgehend bestimmt durch Keimfähigkeit, Saattiefe und Witterungsbedingungen.
W. Schmidt. 864.

Rebischung, J.; Versailles, Stat. Centr. de Génétique. Études sur la croissance et le développement du dactyle (Dactylis glomerata L.). **(Untersuchungen über Wachstum und Entwicklung von Knaulgras, Dactylis glomerata L.)** Ann. Amélioration Plantes **12** (1962) Nr. 3. S. 175–196. — 14 Abb., 8 Tab., 52 Lit. Zus. in Engl., Dtsch.

Die 3 Knaulgrassorten 'Germinal', 'Floreal' und 'Prairial' wurden in den Jahren 1956, 57 und 58 zu 3 Terminen (2 im Aug., 1 im Sept.) ausgesät (1958 zu 4 Aussaatzeiten) und auf ihre Blattentwicklung im Ansaat- und Folgejahr beobachtet. Dabei gab es Unterschiede nach Sorte und Jahr, wobei die Jahreswitterung einen größeren Einfluß auf Zahl und Entwicklungszustand der Blätter ausübte als die Sorte. Untersucht wurde der Erscheinungsrhythmus der Blätter, des Haupttriebes und der ersten 3 Bestockungstriebe, wobei sich die Sorten 'Floreal' und 'Prairial' stark ähnelten, 'Germinal' jedoch Abweichungen zeigte. Die Temperaturschwelle von 5 °C wird als wichtiges Kriterium im Erscheinungsrhythmus der Blätter angesehen. H. Pätzold. 864.

Steikhardt, Hg.; Jena. **Bericht über die Versuche mit Zweitfrüchten. Zentrale Auswertung der Gemeinschaftsversuche 4/1961.** Z. landwirtsch. Versuchs- u. Untersuchungswes. 8 (1962) Nr. 5. S. 408–419. — 17 Tab. Zus. in Russ., Engl. nach Zus.
In zahlreichen Versuchen der 5 LVU-Institute der DAL wurden während der Jahre 1955–60 mehrere Pflanzenarten in Zweitfruchtstellung ertragsmäßig miteinander verglichen. Dabei hatten auf die Leistungen der Witterungsablauf, die Lage und der Bestellungstermin deutlichen Einfluß. — In wärmeren und trockeneren Jahren, auf den leichteren Böden Brandenburgs, in den Gebieten der Schwarzerde, in der Leipziger Bucht und im Thüringer Becken sowie bei frühzeitiger Aussaat stellte der Mais eine sehr leistungsfähige Zweitfrucht dar. Die arbeitsaufwendigeren Rüben, Kartoffeln und der Futterkohl sowie die Sonnenblume und Hülsenfruchtgemenge erreichten nicht dessen Tr.-Subst.-Erträge. In niederschlagsreicheren und kühleren Vegetationszeiten, in den nördlichen und südlichen höheren Anbaugebieten und bei späterer Bestellung waren Futterrüben (einschl. Blatt), Kartoffeln und Sonnenblumen in der Regel besser als Mais oder brachten ähnliche Leistungen. — Die höchsten Rohproteinerträge wurden bis auf wenige Ausnahmen meist mit Rüben (einschl. Blatt) und Futterkohl erzielt. Die Hülsenfruchtgemenge waren allgemein zu leistungsschwach, um trotz ihres hohen Gehaltes gute Eiweißerträge bringen zu können. 869.

Stajkov, V. und *Ilieva, S.* (Stajkow, W. und Iliewa, S.) **Eteričnomasleni i medicinski kulturi.** (Ätherisches Öl enthaltende Heilpflanzen als Sonderkulturen.) Sofija: Zemizdat. 1961. (276 S. m. 38 Abb., 39 Tab. u. 63 Lit.) Im vorliegenden Buch werden 23 Heilpflanzen und ätherisches Öl enthaltende Pflanzen beschrieben. In den einzelnen Kapiteln wird Auskunft gegeben über Verbreitung, biol. Besonderheiten, chem. Zusammensetzung, Sorten, Ansprüche an Klima, Boden und Nährstoffe, Agrotechnik, Erntebergung, Verarbeitung und Aufbereitung des Erntegutes sowie über die Krankheiten und Schädlinge der einzelnen Kulturen. M. Stoilow.

Sortenratgeber Futterhackfrüchte und Zuckerrüben. Hrsg.: Arbeitsgemeinschaft für Landwirtschaftliches Sortenwesen. Frankfurt am Main: DLG-Verlag. 1962. (32 S. m. Abb.) 14,5 cm × 21 cm. DM 3,80. Die in Westdeutschland zugelassenen Sorten von Futterrüben, Kohlrüben, Futtermöhren, Herbstrüben, Futterkohl, Topinambur und Zuckerrüben werden beschrieben. Die Beschreibung besteht aus einem Tabellenteil und einem Textteil; bei den Futterrüben ist der Beschreibung noch eine Zeichnung vorangestellt. Im Tabellenteil werden die Eigenschaften aller Sorten der betreffenden Kulturpflanzengruppe angegeben und dadurch ein Gesamtüberblick über die Eigenschaften der Sorten gegeben. Im Textteil werden bes. Eigenschaften der Sorten genannt, um dem Anbauer ein möglichst umfassendes Bild über die Leistungen und Eignung der Sorten zu vermitteln. Die Ausführungen werden mit einem Züchterverzeichnis und Verzeichnis der Erhaltungszüchter von freien Sorten sowie der Vertriebsfirmen abgeschlossen. K. Schulz.

I. PFLANZEN DER SUBTROPEN UND TROPEN

Garg, D. K.; Sehore, R. A. K. Agric. Inst. Mixed cropping — an easy way for increasing agricultural production. **(Gemengeanbau — ein einfacher Weg zur Steigerung der landwirtschaftlichen Erzeugung.)** Allahabad Farmer **35** (1962) Nr. 2. S. 67–73.
In der Landwirtschaft Indiens nimmt der Anbau von Gemengen z.T. die Stelle von Fruchtfolgen ein. Die Vor- und Nachteile der Gemengekultur werden erörtert. Die Vorteile sind bei optimaler Auswahl und Zusammenstellung der Gemenge nach Ansicht des Vf. folgende: Größte Ausnutzung der Anbaufläche, höhere Erträge, Verteilung des Risikos, bessere Ausnutzung des aufgewendeten Düngers und Wassers, Unterdrückung von Unkräutern, vermindertes Auftreten von schädlichen Insekten und Pflanzenkrankheiten, Herabminderung der Bodenerosion, Schutz gegen starke heiße und kalte Winde, bessere Arbeitsverteilung, Erhaltung der Bodenfruchtbarkeit, Erhöhung des Nährwertes bei Futtergemengen (Getreide und Leguminosen). An Nachteilen werden folgende erwähnt: Schwierigkeit der Gewinnung reinen Saatgutes, Unmöglichkeit des Einsatzes von Maschinen bei der Ernte von Pflanzen, die verschiedenen Reifetermin haben, Schwierigkeit beim „Dry-farming"-System, bei dem sofort nach der Ernte einer Frucht gepflügt werden muß. E. M. Ardelt. 870.

Bolhuis, G. G.; Wageningen, Univ., Lab. of Trop. Agric. The protein content of tropical food crops. **(Der Proteingehalt von tropischen Nahrungspflanzen.)** Wld. Crops **14** (1962) Nr. 9. S. 297–301. – 7 Abb., 2 Tab.

Anhand von Angaben aus der Literatur wird gezeigt, daß es möglich ist, den Proteingehalt der in den Tropen angebauten Getreidearten durch mineral. und org. N-Düngung zu steigern, während dies bei Wurzelgewächsen kaum gelingt. Für Hülsenfrüchte wird Impfung mit wirksamen *Rhizobium*-Stämmen empfohlen. K. Koepke. 870.

Adair, C., Miller, M. D. und Beachell, H. M.; Beltsville, Md., U. S. Dep. of Agric.; Davis, Univ. of California. Rice improvement and culture in the United States. **(Verbesserung und Anbau von Reis in den Vereinigten Staaten.)** Advances Agronomy **14** (1962) S. 61–108. – 1 Abb., 7 Tab., 155 Lit.

Vff. bringen einen Überblick des Reisbaus in den USA mit den Kapiteln Bedeutung, Geschichte, Anbau in den USA (Boden und Klima, Fruchtfolge, Bearbeitung, Bewässerung, Saat, Düngung, Ernte), Krankheiten, Schädlinge, Unkräuter, Botanik und Reiszüchtung (Geschichte, augenblickliche Ziele und Methoden, Ergebnisse). Einige Punkte werden herausgegriffen: In den USA wird etwa seit 1680 Reis gebaut, z.Z. etwa 1595000 acres mit einer Gesamternte von 2,4 Mill. t. (Weizen 32 Mill. t.). Die Weltproduktion an Reis beträgt demgegenüber 198 Mill. t. Der Anbau wird meist in kurzen Fruchtfolgen (Baumwolle-Reis, Hafer-Reis-Kartoffeln, Reis-Soja-Hafer mit *Lespedeza*-Untersaat) oder mit Einschaltung von Brache oder Sommerbrache, aber nur noch selten in Monokultur durchgeführt. In den Spelzen des Korns sind verschiedene keimhemmende Subst. enthalten, die erst bei Verdünnung (Überstauung des Feldes) das Austreiben des Korns ermöglichen, dann aber begünstigen. Das Saatgut wird daher z.T. mit Na-Hypochlorit behandelt. Die Unkrautbekämpfung erfolgt in erster Linie durch Kultur- und Fruchtfolgemaßnahmen. Bewährt haben sich aber auch MCPA-Mittel, die sowohl gegen Gräser als auch dikotyle Unkräuter wirken. Die Züchtungsarbeit aller Stationen ist streng koordiniert (Rice Technical Working Group) und beschäftigt sich mit der Schaffung kurz-, mittel- und langkörniger Sorten mit schneller, kräftiger Keimung, niedrigen Ansprüchen an die Temperatur während der ersten Entwicklungszeit, Resistenz gegen Salzgehalt im Rieselwasser, Krankheitsresistenz, guter Düngerverwertung, Standfestigkeit, gleichmäßiger Reife und hohen, sicheren Erträgen bei guter Mahl- und Kochqualität. V. Ehrenpfordt. 872.

Fauconnier, R. Aperçu sur quelques problèmes posés à la production de cannes à sucre dans la vallée du fleuve Sénégal et méthode expérimentale proposée. **(Überblick über einige Probleme der Zuckerrohrproduktion im Senegal-Tal und Vorschlag einer Versuchsmethode.)** Agronom. trop. **17** (1962) Nr. 7/8. S. 472–491. – 3 Abb., 3 Tab. Zus. in Engl., Span.

Vf. untersucht die Möglichkeiten des Zuckerrohranbaues im Tal des Flusses Senegal. Der vermutliche Zyklus wird darin bestehen, daß in der Zeit von Juni–Okt. (Pflanzen im Alter von 16–18 Mon.) oder im Jan./Febr. (12 Mon. alte Pflanzen) gepflanzt wird. Die Reifezeit würde dann von Nov.–Jan. dauern, die Kampagne erstreckte sich über die Zeit von Jan.–Apr. oder Dez.–Mai. Die sich ergebenden Probleme sind in der Hauptsache die Kontrolle der Bewässerung, die durch das Klima (Hitze, der heiße trockene Wind Harmattan, mangelhafte Luftfeuchtigkeit) und den Boden (Textur, Salzgehalt) bedingten Beschränkungen des Anbaus, Schwierigkeiten der Sortenanpassung, Auftreten von Krankheiten und Insekten und ihre Bekämpfung. Es wird eine Versuchsmethode vorgeschlagen, um das nötige Pflanzmaterial zu gewinnen, wobei der Beobachtung eventueller Krankheiten große Aufmerksamkeit geschenkt werden muß. Ein Programm für die nächsten 3 Jahre wird vorgelegt. E. M. Ardelt. 875.

Saha, J. R. und Sen Gupta, J. C.; Calcutta, Presidency Coll. Effect of sowing time and photo periods in ground nut. Type AH-25 (spreading). **(Einfluß von Saatzeit und Tageslänge bei der Erdnuß. Typ AH-25 [Buschform].)** Sci and Cult. [Calcutta] 28 (1962) Nr. 8. S. 390–392. – 3 Tab., 2 Lit.
Die Erdnuß ist eine der wichtigsten Ölfrüchte Indiens. Im Interesse des Exports sind alle Faktoren wichtig, die die Erträge steigern oder sichern. – In Gefäßversuchen wurde der Einfluß der Saatzeit (Aussaat jeden Monat) und Tageslänge (10, 12, 14 Std. Belichtung) auf Blühbeginn, Pflanzenhöhe und Ästchenzahl untersucht. Bei Aussaat vom Apr.–Aug. blieb der Blühbeginn konstant (26. Tag), dann verschob er sich bis zum Dez. bis auf den 58. Tag, und danach lag er wieder zeitiger. Auch Höhe und Astausbildung zeigen bei Saatterminen vom Apr.–Sept. die besten Werte. Die unterschiedliche Belichtungsdauer blieb bei Frühjahrsaussaat ohne Einfluß, im Nov. zeigte sich dagegen bei der kürzesten Tagesdauer (10 Std.) ein zeitigerer Blühbeginn. Generell verschob sich der Blühtermin vom 28. Tag bei Mai- bis zum 70. Tag bei Nov.-Aussaat, und gleichzeitig ließ die Höhe von 13 auf 6 cm nach.
V. Ehrenpfordt. 880.

Morettini, Alessandro. L'Olivo nel quadro delle colture arboree in Israele. **(Der Ölbaum unter den Gehölzkulturen in Israel.)** Italia agric. **99** (1962) Nr. 1. S. 23–42. – 20 Abb., 3 Tab., 19 Lit.
Vf. berichtet von Maßnahmen zur Steigerung der Produktivität im israelischen Olivenanbau in der subtropischen Zone. Die Anbaufläche betrug im Jahre 1958 12700 ha, davon 800 ha bewässernngsfähig; Gesamt-Ölerzeugung 30000 dt. Bes. Aufmerksamkeit galt u. a. der Wahl ertrag- und ölreicher Sorten, wie 'Souri', 'Nabadi', 'Melissi', 'Bari' und 'Frantoio'. Außerdem wurden die praktischen Anbaumaßnahmen verbessert. So wird den Jungpflanzungen im ersten Jahr reichlich org. Masse (300 dt/ha) und Wasser (bis zu 800 mm) zugeführt. Während der Bewässerungzeit erfolgt von April bis Sept. ständige Oberflächenbearbeitung des Bodens und Düngung mit Nitrat-N. Die laufende Versorgung des Bodens mit Humus erfolgt in der folgenden Zeit in Abständen von 5–6 Jahren durch das Mulchen von Graseinsaaten. Außerdem wird eine regelmäßige Schädlingsbekämpfung vorgenommen. Im Hinblick auf eine verbesserte mechanisierte Bearbeitung des Bodens wurde die Pflanzenentfernung auf 5 × 5 oder 6 × 4 m festgelegt.
G. Müller/Leipzig. 880.

Hartmann, H. R. und Panetsos, C.; Davis, Univ. de Californie. Effect de la déficience de l'humidité du sol pendant la floraison et la fructification de l'olivier. **(Wirkung mangelnder Bodenfeuchte während Blüte und Fruchtbildung beim Ölbaum.)** Inform. oléicoles int. [Madrid] [N. S.] **1962** Nr. 19. S. 45–55. – 5 Abb., 1 Tab., 11 Lit.
Ungenügender Fruchtansatz kann durch Wassermangel oder hohen Anteil an ♂ Blüten verursacht werden. Im ersten Fall wäre Bewässerung z. Z. der Blütenbildung die Bedingung für höhere Erträge. Um den genauen Zeitpunkt des Wasserbedarfs festzustellen, wurde im Gewächshaus ein Gefäßversuch zu 4jähr. Ölbäumen mit 5 Wasserstufen – optimale Versorgung bzw. frühere oder spätere, kürzere oder längere Trockenperiode (Welkepunkt) – durchgeführt. Dabei wurde wiederholt die Entwicklung des Blütenstandes mikroskopisch untersucht. – Schon kurzzeitiger Wassermangel verursachte erhöhten Blattfall. Frühzeitige Trockenheit war für die Blütenstandsausbildung bes. schädlich, späterer Mangel führte zu Fruchtabfall oder Verringerung der Blütenzahl pro Traube. Kurze Trockenperioden wirkten fast ebenso schädlich wie lange Dürrezeiten. Um Ausfälle zu vermeiden, muß daher während der gesamten Zeit der Blütenanlage und -ausbildung (Winterende bis Frühjahrsende) für ausreichende Bodenfeuchtigkeit gesorgt werden.
V. Ehrenpfordt. 880.

Samigh, R. M. und Spiegel, P. L'influence de l'irrigation sur la croissance de l'olivier pour la production d'huile. **(Einfluß der Beregnung auf das Wachstum der Öl-Olive.)** Inform. oléicoles int. [Madrid] [N. S.] **1962** Nr. 19. S. 35 bis 44. — 2 Abb., 3 Tab., 14 Lit.

Obwohl der Ölbaum als weitgehend xeromorph angesehen werden muß, reagiert er stark auf Wassergaben. In der Praxis bewässert man aber höchstens Grünoliven, da bei Ölolіven ein Rückgang des Ölgehalts und, bei den allgemein geringen Erträgen, zu große Kosten befürchtet werden. — Vff. beschreiben 5 z. T. 2jährige Bewässerungsversuche mit 4–5 Wasserstufen in Israel. Zeitige Bewässerung begünstigt das Sproßwachstum, beeinflußt aber die Ausbildung der Frucht kaum. Späte Gaben erhöhen die Fruchtgröße, verbessern das Verhältnis Fruchtfleisch/Kern und verzögern die Reife. Der Ölgehalt wird nicht beeinflußt, der Ölertrag jedoch vermehrt. Da der Ölbaum meist einen 2jährigen Tragcyclus einhält, ist mehrmalige Bewässerung bes. im Erntejahr günstig, weil damit sowohl das Triebwachstum und damit die Aussichten für einen gewissen Ertrag im nächsten Jahr verbessert als auch die diesjährige Ernte erhöht werden kann. Die erzielten Ertragssteigerungen waren sehr unterschiedlich und betrugen im Durchschnitt 140% im Vergleich zur nicht bewässerten Parzelle (Ertrag pro Baum 47,4 bzw. 19,8 kg).

V. Ehrenpfordt. 880.

Brown, Dillon S., Campbell, R. C. und Schreader, Wallace R., Davis, Univ. de Californie. La température et le rendement en olives. **(Temperatur und Ertrag bei Oliven.)** Inform. oléicoles int. [Madrid] [N. S.] **1962** Nr. 19. S. 57–60. — 3 Abb., 1 Tab.

Die Ausbildung des Blütenstandes wird ausgelöst durch niedrige Temperaturen im Winter. Ein Vergleich der Erträge und Temperaturen von 10 Jahren im Bezirk Tehama ergab gute Korrelationen bei Verwendung der Periode vom 9. Febr.–8. März. Sowohl für den Einfluß der Tagesdurchschnittstemperatur als auch für den der Maxima und der Zahl der Std. mit Temperaturen über 50 °F konnten lineare Regressionen errechnet werden. Die besten Erträge wurden 1951 und 52 bei kühler Witterung im Jan. (ca. 42 °F) und Temperaturen um 50 °F vom 9. Febr.–8. März erzielt. Die Jahre 1953 und 59 brachten bei Januartemperaturen von 50 °F und Werten von 58 °F im Febr. Mißernten.

V. Ehrenpfordt. 880.

Jaiswal, P. C.; Allahabad, Agric. Inst., Dep. of Agronomy. Napier or elephant grass (Pennisetum purpureum). **(Napier -oder Elefantengras, Pennisetum purpureum.)** Allahabad Farmer **35** (1961) Nr. 5. S. 195–207. — 1 Tab., 35 Lit.

Vf. gibt eine Monographie dieses wüchsigsten aller tropischen Gräser. Es wird seit 1910 als Futterpflanze angebaut (Rhodesien), in Indien seit 1912–15. Behandelt werden ökolog. Ansprüche, Vermehrung, Anbau in der Fruchtfolge, Saatbettvorbereitung, Düngung, Erntezeiten (erste Mahd 3 Mon. nach der Ansaat und dann alle 1½–2 Mon.), Beweidungsmöglichkeiten (Dauerbeweidung ist schädlich), Erträge, Ausdauer und Wert als Futterpflanze. In Bangalore wurden Erträge von 85–87 t./acre Grünmasse erzielt, die unter Bewässerung und bei starker N-Düngung noch zu steigern sind. Bei Schnittfolgen von etwa 8 Wochen schwankt der Rohproteingehalt bei Land-Herkünften um 5–7% der Tr.-Subst., durch Züchtungserfolge konnte er bei der Hybride 'E. B. 4' jedoch auf 11% erhöht werden. *Pennisetum purpureum* eignet sich ferner zur Silierung.

H. Pätzold. 885.

Reusch, J. D. H.; Cedara, Natal, Coll. of Agric. The relationship between reproductive factors and seed set in Paspalum dilatatum. **(Beziehungen zwischen Fortpflanzungsfaktoren und Pflanzenanzahl bei Paspalum dilatatum.)** South African J. agric. Sci. 4 (1961) Nr. 4. S. 513–530. — 5 Tab., 31 Lit. Zus. in Afrikaans, Franz.

Paspalum dilatatum ist ein unter afrikanischen Verhältnissen wertvolles Weidegras. Leider befriedigt der Samenansatz nicht. Samen von 13 Pflanzen wurden untersucht. *P. dilatatum* ist pentaploid ($2n = 50$ Chromosomen). Die Metaphase I in den Pollenmutterzellen ist durch 20 Bivalente und 10 Univalente gekennzeichnet, die Anaphase I durch 10 Univalente. Durchschnittlich sind nur 33% der Pollenkörner fruchtbar. Zytol. und genetische Untersuchungen wiesen auf Fortpflanzung durch Apomixis hin. Der mangelhafte Samenansatz und die schlechte Qualität des Samens beruhen auf mehreren Faktoren, wie starkem Rost- oder Mutterkornbefall (im Mittel 30% der Samen) ungenügender Pollination, sterilen Eizellen, Anwesenheit mehrerer Embryosäcke in einer Eizelle. E. M. Ardelt. 885.

Venkataramani, K. S.; Devarshola, Nilgiris, UPASI Test Exp. Stat. Influence of source of propagation material on rooting of tea cuttings. **(Einfluß der Quelle des Vermehrungsmaterials auf die Bewurzelung von Teestecklingen.)** J. Indian bot. Soc. **41** (1962) Nr. 2. S. 300–304. – 1 Tab., 18 Lit.
Das Vermehrungsmaterial (Grünholz-Blatt- oder -Internodienstecklinge) wurde von 3 guten Klonen gewonnen, und zwar a) ruhende Zweige von 30 Jahre alten Sträuchern, b) frischer Austrieb nach dem Schnitt ebenfalls von alten Büschen und c) Schosse von 2jähr. Klonpflanzen, gewonnen vom Austrieb nach Rückschnitt des Haupttriebes. Die Bewurzelung erfolgte in sandigem Lehmboden (pH 5,4) in Töpfen unter Teilbeschattung. – Bei allen Klonen setzte die Bewurzelung bei Variante c am schnellsten, bei a am langsamsten ein. Nach 8 Wochen waren bei c bereits über 50% der Stecklinge bewurzelt, bei a nach 16 Wochen je nach Klon erst 25–59%. Variante b hielt sich in der Mitte zwischen a und c. Bewurzelung zu 100% war bei c nach 12–16 Wochen erreicht. Es ist danach zweckmäßig, Stecklinge der „Jugendphase" zu verwenden. W. Stenz. 890.

Champion, J., Lossois, P. und Monnet, J. Le matériel végétal utilisable en plantations bananières. Influence sur la végétation et les rendements. **(Das in Bananenpflanzungen verwendbare Pflanzgut. Einfluß auf Wachstum und Erträge.)** Fruits d'outre Mer **17** (1962) Nr. 6. S. 280–283. – 1 Abb., 2 Tab., 2 Lit. Zus. in Russ., Engl., Span., Dtsch.
Die Bedeutung der Qualität des Bananenpflanzgutes für die Erträge ist seit langem bekannt. Bisher fehlten jedoch exakte Versuchsergebnisse. 1957 wurde eine Versuchsreihe in der Station von Foulaya (Mittel-Guinea) angelegt. 7 Parzellen wurden mit verschiedenem Pflanzgut bepflanzt, Düngung und Bewässerung entsprachen den in Mittel-Guinea üblichen Mengen. Im ersten Produktionszyklus variierten Erträge und Frühreife stark. Gute Erträge und frühe Reifetermine wiesen Wurzelknollen mit gut entwickeltem Schößling auf, desgl. Rhizome mit einem 1,80 m langen Scheinstamm und einer Seitenknospe z. Z. des Pflanzens. Im 2. Produktionszyklus waren die Erträge aller 7 Parzellen ausgeglichener. Die im 1. Zyklus beobachtete Frühreife ließ teilweise nach. E. M. Ardelt. 897.

Puri, G. S. und Arora, R. K.; Poona, Bot. Survey of India. Some dye and tannin yielding plants from Western India. **(Einige Farbstoff und Gerbsäure liefernde Pflanzen aus dem Westen Indiens.)** Allahabad Farmer **35** (1961) Nr. 1. S. 17–30. – 12 Abb., 1 Tab., 3 Lit.
Die in den westlichen Provinzen Indiens vorkommenden Pflanzen, die Farbstoffe und Gerbsäure liefern, werden ausführlich besprochen. Neben den synthetischen sind natürliche Farbstoffe noch immer von großer Bedeutung. Es werden 16 Pflanzen erwähnt, die rote, orange und gelbe Farben liefern, während die Blätter von *Wrightia tinctoria* Br. blauen Farbstoff enthalten. Außerdem werden 11 Pflanzen, die Gerbsäure liefern, beschrieben. *Terminalia chebula, T. bellerica, Acacia* ssp., *Cassia auriculata, Rhizophora* und *Ceriops* sind die wichtigsten, was den Gehalt an Gerbsäure betrifft. E. M. Ardelt. 898.

VIII. GRÜNLAND

A. Allgemeine Literatur, Berichte, Statistiken u. a.

Bürger, K., Beuster, K.-H., Herforth, G. und Terkamp, E. **Unsere Gräser im Futter- und Samenbau.** Landwirtsch. Schriftenr. Boden u. Pflanze **1961** Nr. 9. S. 1–180.

Behandelt werden die 15 wichtigsten, in der Landwirtsch. Mitteleuropas genutzten Gräser, ihre Züchtung (gebräuchlichste Methoden, Polycross), ihr Anbau auf dem Acker (als Haupt- und Zwischenfrucht), die Saatgutgewinnung und die Aussaat für das Grünland. Einen breiten Raum nehmen anbautechnische und Düngungsfragen ein. Die Stickstoffdüngung zum Samenbau wird gesondert für jedes Gras abgehandelt, langjährige Versuchsergebnisse werden angeführt (N-Wirkung auf Halmzahl/m^2, Kornzahl/Halm, TKG, Korngewicht/Halm und Kornertrag in dt/ha). Beschlossen wird die Abhandlung mit einer kurzen Charakterisierung jeder Grasart (Kennzeichen, Verwendung, Aussaat, Nutzung, Düngung, Samenbau). H. Pätzold. 901.

B. Wiesen

Klapp, E.; Bonn, Univ., Inst. für Pflanzenbau. **Ertragsfähigkeit und Düngungsreaktion von Wiesenpflanzen-Gesellschaften.** Z. Acker- u. Pflanzenbau **115** (1962) Nr. 1. S. 81–98. — 5 Tab., 45 Lit. Zus. in Engl.

Auf der Basis zahlreicher eigener und fremder pflanzensoziologischer Standortuntersuchungen, die mit quantitativen Angaben gekoppelt waren, wird der Versuch unternommen, eine Rangfolge in der Ertragsfähigkeit der Gesellschaftseinheiten aufzustellen. Bedingt durch Jahreswitterung, Standorteinflüsse biotischer Art und Bewirtschaftung sind innerhalb einer Assoziation große Ertragsschwankungen zu verzeichnen. Aus den (angeführten) Extremwerten werden abgerundete Werte in dt Heu/ha für jede wichtige Assoziation ermittelt, wobei weiterhin zwischen ungedüngt und gedüngt unterschieden wird (Ertragsverbesserung durch NPK um 16,5–38,1 dt/ha) . In den meisten Assoziationen und Subassoziationen sind Erträge über 100 dt Heu/ha möglich. Die Mittelwerte der Subass. von *Arrhenatheretum* liegen zwischen 48,8 und 71,5 dt Heu/ha. H. Pätzold. 930.

Buhtz, E. **Über den Einfluß von Standort, Düngung und Witterung auf die Qualität von Wiesenheu im Harz und Thüringer Wald.** Z. Landeskult. **3** (1962) Nr. 2. S. 170–195.

Die Gegenüberstellung von Ertrag und Qualität ergab bei den vorliegenden Standorten eine Qualitätsverbesserung mit sinkender Ertragsfähigkeit, hauptsächlich bedingt durch den geringeren Obergrasanteil in höheren Lagen. Die N-Düngung unter montanen Verhältnissen ergibt keine Qualitätseinbuße gegenüber einer ungedüngten Narbe, was mit 6 Faktoren erklärt wird. Eine witterungsbedingte Heuertragssteigerung hatte auf die Qualität des Erntegutes mit Ausnahme des P_2O_5-Gehaltes eine leichte negative Wirkung.
G. Weiland. 930.

Holliday, R. und Wilman, D.; Leeds, Univ., Dep. of Agric. The effect of white clover, fertilizer nitrogen and simulated animal residues on yield of grassland herbage. **(Der Einfluß von Weißklee, Düngerstickstoff und nachgeahmten tierischen Rückständen auf den Grünlandfutterertrag.)** J. Brit. Grassland Soc. **17** (1962) Nr. 3. S. 206–213. — 7 Tab., 17 Lit.

Deutsches Weidelgras wurde Ende April in Reinsaat oder im Gemisch mit Weißklee ausgesät und einheitlich mit P und K gedüngt. Die Reinbestände wurden durch Jäten kleefrei gehalten. Einige der Parzellen der Reinbestände erhielten keinen N, andere 52 lb./acre als Kalksalpeter (15,5% N), in den späteren Jahren 104, 260, 260 bzw. 208 lb. N oder eine nach den Umständen des Düngerrücklaufes ermittelte Menge an Rinderkot, getrocknet und gemahlen, sowie eine bestimmte Menge Kalksalpeter als Ersatz für den Urin. Alle 3 Varianten wurden miteinander kombiniert. Im 1. Jahr wurden 2, später 4–6 Schnitte gewonnen. – Die Ertragsreaktion auf die N-Düngung war entspr. der bei anderen Versuchen. N-Mineraldüngung senkte den Kleeanteil stark, die org. Düngung hob ihn zunächst, und er sank erst in späteren Jahren etwas ab. Die höchsten Erträge an Tr-Subst. und N ergaben sich bei Kombination aller Faktoren, Klee (K) + N-Düngung (N) + org. Düngung (D), danach folgten ND, KD, KN, N, K (bei N-Ertrag K, N), D und Kontrolle. Die org. Düngung allein bei Grasreinbestand wirkte nur sehr schwach. Die Reaktionen variierten in den Jahren etwas. – Für die Praxis werden Schlüsse gezogen. W. Stenz. 940.

Moser, G. und Klotz, L. **Phosphorsäure-Wirkung auf Dauergrünland.** Bayer. landwirtsch. Jb. 39 (1962) Nr. 3. S. 337–346. – 4 Tab., 19 Lit.
Dauergrünland im Kreise Landsberg a/Lech auf feinsandigem Lehm, Nährstoffgehalt zu Versuchsbeginn 3,1 mg P_2O_5 und 10 mg K_2O, Anfangswert p_H = 6,3, mit reinem Hungerpflanzenbestand wird seit 9 bzw. 11 Jahren mit weicherdigem Rohphosphat (Hyperphos) oder Vergleichsphosphat gedüngt (Gabe 60 bzw. 90 kg/ha P_2O_5). Im Vergleich zu reiner NK-Düngung wurde schon im 1. Jahr Ertragszuwachs festgestellt. Im Mittel der 11 Jahre beträgt der durchschnittliche Mehrertrag 28,8% bei 60 und 30,2% bei 90 kg/ha P_2O_5 Hyperphos, 31,0% und 30,3% bei 60 bzw. 90 kg/ha P_2O_5 Vergleichsphosphat. Die geringfügige Ertragssteigerung bzw. der Minderertrag bei Düngung mit 90 kg gegenüber 60 kg kann nur auf den begrenzenden Faktor N (40 kg/ha) zurückgeführt werden. Bodenuntersuchungen nach 10 Versuchsjahren ergaben für die NK + 90 P Hyperphos-Reihe 18,6 mg P_2O_5, bei 60 kg/ha P nur 7 mg und für die NK-Reihe 1 mg P_2O_5. Eine nach 5 Versuchsjahren durchgeführte Stallmistdüngung blieb bei den NPK-Parzellen ohne Wirkung, bei der P-Mangelparzelle wurde danach der Höchstertrag erzielt. Über die Wertverbesserung des Pflanzenbestandes geben die Futterwertzahlen nach Klapp für die NK-Reihe die Wertzahl 4,06 für die Reihe NK + 60 P als Hyperphos 6,2 an. Der P_2O_5-Gehalt des Futters liegt in der NK-Reihe bei 0,35%, in den P-gedüngten Reihen bei 0,66–0,68% im 1. Schnitt und bei 0,38 bzw. 0,62–0,74% im 2. Schnitt. Angrenzende Mähweideversuche erbrachten umgerechnet in Stärkewerten bei NK-Düngung 2974 StE bei NKP-Düngung 3573 StE. K. Lenz. 940.

Sherrell, C. G., Sheard, R. W., und Matthews, B. C.; Guelph, Ontario Agric. Coll., Dep. of Soil Sci. Note on a cone-type dispenser for applying fertilizer on small grain-plots. **(Hinweis auf einen kegelförmigen Verteiler für die Düngemittelausbringung auf Feinsaatparzellen.)** Canad. J. Soil Sci. 42 (1962) Nr. 2. S. 311–313. – 3 Abb.
Da die herkömmlichen, nach dem Prinzip des Riemenantriebes gebauten Parzellendüngerstreuer nicht mehr den Anforderungen einer exakten Düngerverteilung entsprachen, konstruierten Vff. in Anlehnung an ein erprobtes Serienmodell eine eigene Maschine, mit der auch kleinste Düngemittelmengen korrekt genug ausgebracht werden können. Diese Neukonstruktion besteht u. a. aus einer, zur Aufnahme des Rillenzieher-Verbindungsrohres einseitig ausgestanzten Kunststoffgrundplatte, die in der Mitte zur Aufnahme einer Stahlwelle durchbohrt ist. Darüber rotiert eine Lochscheibe, deren nichtperforierter Innenkreis von einem ebenfalls aus Kunststoff gefertigten Kegel abgeschirmt wird. Dann folgt nach oben hin ein trichterartig erweiterter Metallzylinder zur Aufnahme des auszubringenden Düngemittels. Alle Betriebsteile, die unter diesem Trichter angebracht sind, liegen im Bereich eines abnehmbaren Schutzgehäuses. In der Praxis hat sich die Koppelung von neun Aggregaten dieses Musters auf einem Düngerstreuer als vorteilhaft erwiesen. W. Prager. 940.

Person jun., N. K. und Sorenson jun., J. W. Drying hay with infrared radiation. **(Trocknung von Heu mit Infrarotstrahlung.)** J. agric. Engng. Res. **43** (1962) Nr. 4. S. 204–207. 226–227. – 11 Abb., 2 Tab., 4 Lit.
Es werden Untersuchungen beschrieben, bei denen Luzerne-Heu mit einem Feuchtigkeitsgehalt von ca. 63% einer Infrarotbestrahlung ausgesetzt wurde. Dabei wurden Strahlungsquellen mit unterschiedlicher Wellenlänge verwendet und die Bestrahlungsdauer von 0 bis 240 Sek. variiert. Es zeigt sich, daß der Feuchtigkeitsabfall um so größer ist, je höher die Strahlungsintensität und je länger die Bestrahlungsdauer ist. Für einen bestimmten Zeitzuwachs ist der Feuchtigkeitsverlust bei jeder Strahlungsquelle für die höchste Intensität am größten. Die Trocknungsergebnisse bei gleicher Strahlungsintensität hängen weiterhin ab von der Wellenlänge der Strahlung. Die Strahlungsquelle, deren Höchstenergie bei einer Wellenlänge von 3 mm lag, erzielte bei gleicher Intensität gegenüber anderen Strahlungsquellen einen größeren Feuchtigkeitsabfall. R. Reumschüssel. 945.

C. Weiden

Quinlivan, B. J. Hard seeds in lupins. **(Hartschalige Samen bei Lupinen.)** J. Agric. Western Australia [4] **3** (1962) Nr. 9. S. 683–690. – 8 Abb.
Aufbauend auf früheren Versuchen in Westaustralien über die Bedeutung hartschaliger Samen der Blauen Lupine für deren Überlebensvermögen als Weidepflanze werden in vorliegender Arbeit die Gründe erörtert, die zur Durchführung der Versuche führten, des weiteren die bisher erhaltenen Ergebnisse für Schlußfolgerungen ausgewertet. Während die Blaue Lupine als spezielle Weidepflanze auch einige nachteilige Eigenschaften hat, ist aber gerade bes. günstig ihre Fähigkeit, sich in der Narbe zu behaupten. Hervorzuheben ist das gute Anpassungsvermögen an die Klimaverhältnisse in Westaustralien. Vf. betont allerdings, daß diese Eigenschaft auch unerwünscht sein kann, wenn die Pflanze nämlich als Aufwuchs in den Folgekulturen (Umbruch) störend wirkt; sie ist nur schwer auszurotten. W. Fleischmann. 955.

Caputa, J.; Changins-sur-Nyon, Stat. Federale d'Essais Agric. Exploitation moderne des alpages. **(Moderne Nutzung von Alpweiden.)** Agric. romande **1** (1962) Nr. 13. S. 93–96. – 6 Abb.
Als Beispiel für eine künftige Nutzung von Alpweiden wird die Entwicklung zweier Almen in 1750–1950 bzw. 2000–2400 m Höhenlage beschrieben. Eine Trennung von Jungvieh und Milchvieh erwies sich als zweckmäßig (Jungvieh auf den höher gelegenen Standort). Für die Milchgewinnung wurde ein Melkhaus (mit Jauchebehältern) errichtet. Das Melken von 75 Kühen erforderte 1962 eine Zeitspanne von 1 Std. 5 Min. Durch Einführung der Umtriebsweide und Verwendung der anfallenden Jauche zur Düngung wurde die Besatzstärke gegenüber dem Vorjahre um 44% erhöht und pro Tier und Tag 10 l ermolken. Die Zahl der für Jung- und Milchvieh nötigen AK während der Weidezeit verringerte sich von 8 auf 4 (bei günstigen Arbeitsbedingungen).
H. Pätzold. 970.

Volger, Erich. **Gräserbestimmmung nach Photos.** Hamburg; Berlin: Verlag Paul Parey. 1962. (107 S. m. 96 Abb. u. 1 Tab.) 19,5 × 12,5 cm. DM 12,–. Nach einer Einführung folgt ein Abschnitt mit Erläuterungen der wichtigsten Merkmale der Gräser anhand einer morphol. Beschreibung. Anschließend werden etwa 170 Grasarten beschrieben nach Wuchshöhe und -form, Blütezeit, Knospenlage, Futterwert. Ferner finden sich Angaben über das Vorkommen (Assoziation), eingehende Beschreibung der Merkmale und Charakterisierung des Standortes. Außerdem sind Verwechslungsmöglichkeiten mit ähnlichen Gräsern angegeben. In guten Abb. werden Blütenstand, Blattgrund, Blattquerschnitt, Ährchen, je nach Notwendigkeit für das betr. Gras, dargestellt. Die Abb. lassen die zur Bestimmung entscheidenden Merkmale, wie Blattröhrchen, Blatthäutchen, Riefung, Begrannung, Behaarung, usw., ausgezeichnet erkennen. Zum Schluß findet sich eine Tab., in der die Erkennungsmerkmale für die einzelnen Arten zusammengestellt sind. Ein Verzeichnis der deutschen und der lateinischen Gräsernamen beschließt das Werk. W. Stenz.

IX. GARTENBAU

A. Allgemeine Literatur, Berichte, Statistiken u. a.

Anonym. **Die 9. wissenschaftliche Arbeitstagung des „Bundes der Diplomgärtner“.** Dtsch. Gartenbauwirtsch. 10 (1962) Nr. 5. S. 110.

Eine kurze Inhaltsangabe der auf der 9. wiss. Arbeitstagung des Bundes der Diplomgärtner gehaltenen Vorträge wurde gegeben. U. a. wurden folgende Themen behandelt: Welternährungsprobleme, die Aufforstung in Spanien, der Kampf gegen die Wüste in Ägypten, städtebauliche Probleme, wiss. Grundlagen der Bodenstabilisierung, der Gartenbau in Hamburg, der Gartenbau in einigen Ländern des nahen Ostens, der Obstbau in Slowenien, die Kühllagerung der Gehölze, chem. Unkrautbekämpfung im Altländer Obstbau und das Problem der Chrysanthemen-Virosen. K. Krüger. 1001.

B. Allgemeiner Gartenbau

Horn, H.-H. **Zerlegbare Vermehrungsbeete mit automatisch geregelter Heizung und Bewässerung.** Dtsch. Gärtnerpost 14 (1962) Nr. 20. S. 3. — 7 Abb.

Ein zerlegbares Vermehrungsbeet mit automatischer Regelung der Heizung und Bewässerung wurde entwickelt. Das Vermehrungsbeet besteht aus Segmenten von je 1 m Länge, die in beliebiger Anzahl zusammengesetzt werden können. Boden- und Seitenwände werden aus Preßplatten gefertigt und lose in Winkelstahlrahmen eingelegt. Zur besseren Isolation wird auf den Boden eine 25 mm dicke Schicht Glaswolle ausgelegt. Die elektrische Heizung erfolgt mit Stahldraht, der im Abstand von 8–10 cm in Längsrichtung des Vermehrungsbeetes gespannt wird. Die Heizung wird über ein Schaltrelais und Kontaktthermometer automatisch gesteuert. Ein Transformator vermindert die normale Netzspannung von 220 V auf 40 V und weniger. Dem Versuchsvermehrungsbeet lag eine Leistungsaufnahme von 80 W/m² Grundfläche zugrunde. Die im Vermehrungsbeet eingebaute Sprühanlage ist aus PVC-Rohren und Strahldüsen mit einer Düsenöffnung von 1 mm gefertigt. Der Sprühvorgang wird über ein Schaltgerät durch einen Meßfühler ausgelöst. Der Meßfühler enthält 2 voneinander isolierte Kontakte, zwischen denen ein Blatt Filterpapier liegt. In Abhängigkeit von der Feuchtigkeit des Fließpapiers wird über das Relais die Anlage ein- oder ausgeschaltet. Der Wasserstrom wird am zweckmäßigsten durch ein Magnetventil reguliert.
G. Vogel. 1024.

Rebour, H. L'irrigation par aspersion. Enseignements à tirer du 4 congrès des irrigations et du drainage, Madrid 1960. **(Die Bewässerung durch Besprengung. Folgerungen aus dem 4. Kongreß über Bewässerung und Drainage 1960 in Madrid.)** Arboricult. fruitière [N. S.] 9 (1962) Nr. 96. S. 3–4. 7. — 5 Abb., 2 Tab.

Die Bewässerung durch Besprengung wurde mit anderen Methoden verglichen. Die Kosten für Errichtung, Amortisation und Betrieb einer solchen Anlage wurden ermittelt. In windreichen Gegenden soll ein Sprengen unter dem Laub der Bäume mittels auf Rohren angebrachten Düsen zweckmäßig sein. Italien rät zur Verwendung mit Löchern versehener Rohre, wie sie in Israel erfolgreich benutzt werden. Interessante Versuche mit der Verwendung von Plastik werden in Frankreich und Algerien durchgeführt und scheinen erfolgversprechend zu sein. Der Wasserhaushalt des Bodens muß kontrolliert werden. Die Verdunstungsverluste könnten in den heißesten Monaten auf 15–20% beschränkt werden. In der Nacht und den Stunden schwacher Sonneneinstrahlung soll gesprengt werden. Diese Methode ist i. allg. für Flächen geeignet, auf denen andere Bewässerungsmethoden versagten. Es ist kaum möglich, das Sprengen mit den üblichen Bewässerungsarten zu vergleichen, um daraus bereits allg. gültige Schlüsse zu ziehen. Die Ergebnisse in den einzelnen Ländern beruhen auf unterschiedlichen ökon., sozialen und techn. Grundlagen. Die Untersuchungen sollen fortgesetzt werden. L. Dreibrodt. 1052.

Buchholz, W. **Lampen und Leuchten für die Zusatzbelichtung.** Dtsch. Akad. Landwirtsch.-Wiss. Berlin, Tagungsber. **1962** Nr. 46. S. 7–16. — nach Zus.
Für die Zusatzbelichtung der Gemüsejungpflanzen wird die Niederspannungsleuchtstofflampe mit Innenreflektor empfohlen und die Entwicklung von Leuchtstofflampen mit hoher Leistung zur großflächigen Zusatzbelichtung von Vf. für erforderlich gehalten. Über günstige Ergebnisse wird bei Einsatz der mit Leuchtstoffbelag versehenen Quecksilberdampf-Hochdrucklampe berichtet. 1070.

Teek, John A. D. Spring frost evasion. **(Spätfrostverhütung.)** Deciduous Fruit Grower **12** (1962) Nr. 8. S. 208–212. — 4 Abb.
In einer Birnenanlage an einem Hang wurde quer zur abfließenden Kaltluft Frostschutzberegnung vorgenommen. 3 Beregnungsstreifen, etwa $^1/_6$ der Gesamtanlage, wurden durch die Beregnung erfaßt. Die Druckleitung führte in Anlagemitte den Hang aufwärts, von ihr gingen die Flügelleitungen beiderseitig am Hangfuß, in Hangmitte und am Oberhang ab. Die Regner waren auf den Flügelleitungen installiert, darüber hinaus waren aber auch noch $^3/_4$-in.-Plastikleitungen angeschlossen, die mit $^3/_{32}$-in.-Düsen bestückt waren. Es wurde bei geringer Frosteinwirkung eine Erwärmung der Kaltluft um 2 °F erzielt, die ausreichte, um Frostschäden bei 'Bon Chretin' und 'Packham's Triumpf' (in Vollblüte) auch bei den unberegneten Zwischenstreifen zu verhüten. Die Niederschlagshöhe betrug 0,086 in./h; die Anlage arbeitete von 21.00 Uhr bis in die Morgenstunden. Die Gesamtanlage ist gleichzeitig zur Sommerzusatzbewässerung verwendbar, wobei sich aber die Verwendung von $^3/_{16}$-in.-Düsen empfiehlt. W. Blasse. 1080.

C. Gemüsebau

Borna, Z. Wpływ międzyplonowych nawozów zielonych na plon warzyw. **(Der Einfluß der Gründüngung auf den Gemüseertrag.)** Biul. Warzywniczy **1960/61** Nr. 5. S. 121–126. — Zus. in Russ., Engl.
Von 1952–57 wurde auf lehmigem Sandboden die Wirkung der Gründüngung (I) als Nach-, Zwischen- oder Vorfrucht auf den Gemüseertrag untersucht. Die I als Zwischenfrucht verminderte den Wassergehalt des Bodens und verringerte den Ertrag des sofort nach dem Umpflügen der I angebauten Gemüses. Dabei stand die Ertragsminderung im direkten Verhältnis zur Trockenmasse der I. Die Austrocknung des Bodens war am geringsten, wenn die I als Nachfrucht im Spätherbst untergepflügt wurde; sie war am größten bei Juniumbruch der I als Vorfrucht. Eine mittlere Austrocknung erfolgte bei Maiumbruch der Winterung als I. Die Ertragshöhe wurde entscheidend beeinflußt von der Niederschlagsmenge und ihrer Verteilung in der Zeit zwischen Einpflügen der I und der Ernte des Gemüses. Die Bodentrockenheit schadete dem Saatgemüse mehr als dem Pflanzgemüse. Im letzteren Falle kann nachgepflanzt werden. Ertragserhöhungen im 2. Jahr glichen die Mindererträge des Vorjahres aus, die durch unmittelbaren Anbau nach Umbruch der I als Vor- und Zwischenfrucht entstanden. Bei der I als Nachfrucht waren Leguminosen günstiger als andere Pflanzen. Bei Winterzwischen- und Vorfrüchten war dieser Unterschied geringer. Höchste Grün- und Trockenmasseerträge brachten Lupinen als Nachfrucht, Winterwicken mit Roggen als Zwischenfrucht und *Phacelia* als Vorfrucht. Als günstigste Form der I bei Gemüse erwies sich die Nachfrucht. Der Anbau von I als Winterzwischen- oder Vorfrucht soll nur bei Zusatzbewässerung erfolgen. J. Pragłowski. 1118.

Hahn, P. und Mildner, Erika. **Neue Gemüse- und Arzneipflanzensorten, die 1962 in die Sortenliste der DDR aufgenommen wurden.** Dtsch. Gartenbau 9 (1962) Nr. 8. S. 211–214.

1962 wurden nach mehrjährigen Prüfungen, die unter unterschiedlichen Anbaubedingungen erfolgten, 11 neue Gemüse- und 2 Arzneipflanzensorten zugelassen: Blumenkohl 'Elektra', Reifegruppe 'Sechswochen' mit besserer Blumenqualität, bes. für frühen Freiland- und Unterglasanbau; Stabtomate 'Apollo', mittelfrüh, sehr ertragreich und gute Qualität, geeignet für Freiland und unter Glas; Sommerporree 'Kamusch', sehr langer Schaft, hoher Ertrag, nicht winterfest. Folgende Kulturarten wurden neu in die Sortenliste aufgenommen: Zuckermais mit den Sorten 'Zuckerfee' und 'Chrestensens Süße Ernte', von Bleichsellerie die Sorten 'Türkis' und 'Goldkind', Chinakohl die Sorte 'Cantoner', Spargel mit den Sorten 'Ruhm von Braunschweig' und als spez. Grünspargelsorte 'Goldschatz'. Neue Sorten bei den Arzneipflanzen sind: Löwenzahn 'Delikateß' mit sehr hohen Blatt- und Wurzelerträgen; Kamille 'Bodegold', die größere Blüten, höhere Erträge und einen deutlich höheren Chamazulengehalt aufweist. F. Fabig. 1120.

Kępkowa, A. und Majlert, W. Wpływ promieni jonizujących na przechowanie cebuli. **(Der Einfluß von ionisierenden Strahlen auf die Zwiebellagerung.)** Biul. Warzywniczy **1960/61** Nr. 5. S. 229–250. — 3 Abb., 5 Tab., 9 Lit. Zus. in Russ., Engl.

1958/59 wurden Zwiebeln der Sorte 'Wolska' mit ionisierenden Röntgenstrahlen behandelt. Benutzt wurde der Röntgenapparat Nobil M–2, 215 kV, 10 mA. Die getrockneten Zwiebeln lagerten bei 0–5 °C (Kühlraum) oder bei 15–20 °C (Keller). Die Bestrahlung in Dosen von 2000–10000 r im Jan. verminderte den Auswuchs der Schosser von 24,7 auf 13,6%, hemmte aber nicht vollständig ihren Wuchs. Das Gew. der Schosser verringerte sich von 120,4 g pro 100 Stck. auf 24,8 g/100 Stck. Im Boden trieb ein Teil der Zwiebeln aus. Ihr Wuchs war schwach, sie starben nach 2–3 Monaten völlig ab. Bei allen behandelten Zwiebeln war eine Bräunung der Sproßknospe in ungleicher Intensität zu beobachten. Keinen Einfluß hatte die Bestrahlung auf den Prozentsatz kranker Zwiebeln, auf die Härte der Zwiebeln, die Dichte der Schuppen und die chem. Zusammensetzung. Die Wirkung der Bestrahlung hing von der Lagertemperatur und vom Zeitpunkt ab. Kellergelagerte Zwiebeln wurden stark gehemmt, ihre Sproßachsen verbräunten. Eine Bestrahlung im Jan. war zu spät, um eine völlige Hemmung zu verursachen. Die Bestrahlung im Apr. hatte keine hemmende Wirkung, sondern begünstigte sogar in gewissem Grade den Wuchs der Schosser. J. Pragłowski. 1123.

Mildner, Erika. **Sortenfragen bei der Gemüselagerung.** Dtsch. Gartenbau 9 (1962) Nr. 10. S. 262–263. — 2 Abb., 5 Tab.

Zur Feststellung der für die Lagerung am besten geeigneten Sorten wurden mehrjährige Lagerversuche an verschiedenen Orten durchgeführt. Auf Grund dieser Versuche können folgende Sorten für eine Lagerung empfohlen werden: Kohlrabi: 'Speck Blauer' und 'Böhmischer Strunk Weißer'; Speisemöhren: 'Rote Riesen' und 'Marktgärtner', bedingt die Sorte 'Rotherz'; Rote Rüben: 'Rote Kugel', 'Ägyptische Plattrunde' und 'Plattrunde Rote Feinlaubige'; Sellerie: 'Dresdner Markt', 'Frigga' und 'Wiener Markt'; Zwiebeln: 'Bronzekugel', 'Stuttgarter Riesen' und 'Zittauer Gelbe'. P. Hahn. 1123.

Borkowski, J. Wyniki doświadczeń nad zastosowaniem gibberelliny na pomidory, groch i kalarepę. **(Ergebnisse über die Anwendung von Gibberellin zur Erzeugung von Tomate, Erbse und Kohlrabi.)** Biul. Warzywniczy **1960/61** Nr. 5. S. 45–56. — 5 Tab., 20 Lit. Zus. in Russ., Engl.

Vf. berichtet über Versuche mit Gibberellin bei Gemüsepflanzen. Verwendet wurde das Präparat „Gibrel" der Fa. Merck (10% G–A3) in einer Konz. von

10 und 100 ppm. Bei Behandlung der Tomate in der Keimblattphase wurde folgendes beobachtet: Erhöhung der Nodienzahl bis zum ersten Blütenstand um durchschnittl. 0,7 und 1,2 je nach Konz.; Abfallen der Blütenknospen am ersten Blütenstand; unvollständige Entwicklung der Blüten, Verringerung ihres Durchmessers, Deformation der Staubfäden und Stempel (mit Ausnahme von 2 Sorten), späte Fruchtknotenbildung; erhöhter Anteil kleiner Früchte und erhöhte Neigung zum Platzen bei einigen Sorten. Nur bei der Buschtomatensorte 'Karzelek Pulawski' war gegenüber der Kontrolle die Zahl der Fruchtknoten am 7. Juli um 127% erhöht, der Frühertrag verdoppelt. Gibrel beeinflußte Größe und Frühzeitigkeit des Ertrages nicht. β-Naphthyloxyessigsäure erhöhte dagegen den Frühertrag um 50%. – Durch Gibberellin wurden Erbsensorten mit sehr niedrigem Wuchs ('De Grace', 'Tabu') im Blühen beschleunigt. Der Schotenertrag blieb unverändert. Der höhere Wuchs behandelter Pflanzen war auf eine Verlängerung der Nodien zurückzuführen. Wesentliche Unterschiede in der Frisch- und Trockenmasse wurden nicht festgestellt. Kohlrabi, die 1,5 Monate nach dem Aufgang behandelt wurden, blühten früher. Der Samenertrag wurde nicht beeinflußt. J. Prагłowski. 1130.

Moschkow, B. S. **Die Bedeutung des künstlichen Lichtes für den Pflanzenbau unter Glas.** Dtsch. Akad. Landwirtsch.-Wiss. Berlin, Tagungsber. **1962** Nr. 46. S. 29–38. – nach Zus.

Über günstige Ergebnisse beim Einsatz der mit Leuchtstoffbelag versehenen Quecksilberdampf-Hochdrucklampe wird berichtet. Vf. empfiehlt das sichtbare Spektrum mit Infrarotstrahlung im Verhältnis 1:1 zu kombinieren. Bei Einsatz der Zusatzbelichtung 2 Monate nach Aussaat von 36 Tomatenpflanzen je m^2 wurde ein Ertrag von 20 kg erzielt. Dabei wurde ein Strombedarf von 200 kWh/kg Tomaten benötigt. Gurken der Sorte 'Klinskij' waren bei Zusatzbelichtung nach 8–10 Tagen pflanzfertig und brachten nach weiteren 25 Tagen die ersten Früchte mit einem Gew. von 80–100 g. Bei Zusatzbelichtung von Blumenkohl setzte der Ertrag 40–50 Tage nach der Aussaat ein. 1130.

Reinhold, J. **Ergebnisse achtjähriger Belichtungsversuche mit Gemüsejungpflanzen.** Dtsch. Akad. Landwirtsch.-Wiss. Berlin, Tagungsber. **1962** Nr. 46. S. 59–99. – nach Zus.

Die Belichtungsdauer soll in jeder Nacht mindestens 6 Std., jedoch nicht mehr als 10 Std. betragen. Für einen rationellen Einsatz der Belichtungsaggregate empfiehlt Vf. eine 8std. Belichtungsdauer mit einem 2maligen Einsatz des Aggregates in jeder Nacht und einem zusätzlichen 3. Einsatz während der Tageslichteinstrahlung. Die Wechselbeziehungen zwischen Düngung und Zusatzbelichtung erläutert Vf. an zahlreichen Versuchsergebnissen. Unter den Bedingungen der Zusatzbelichtung werden durch NH_4-Düngung bei Tomatenjungpflanzen gleichwertige und z. T. bessere Ergebnisse erzielt als bei Verwendung von NO_3. Ohne Zusatzbelichtung ist in den Wintermonaten jedoch Salpeterdüngung zu bevorzugen. Bei Zusatzbelichtung von Tomate und Gurke sollten ausschl. Cl-freie bzw. -arme Düngemittel verwendet werden. Infolge des hohen Wasserbedarfs der Pflanzen wird die Zusatzbelichtung mit einer automatischen Staubewässerung kombiniert. Neuerdings hat sich das Einfüttern der Töpfe in ständig feucht zu haltenden Torfmull gut bewährt. Vf. berichtet über die Erzielung positiver Ergebnisse, wenn überwinterte Tomatenpflanzen nur während der letzten 4 Wochen der Anzuchtperiode zusätzlich belichtet werden. 1130.

Borna, Z. Wpływ różnej uprawy przedsiewnej na plon ogórków i cebuli. **(Der Einfluß verschiedener Arten der Bodenlockerung auf den Ertrag von Gurken und Zwiebeln.)** Biul. Warzywniczy **1960/61** Nr. 5. S. 177–180. – 2 Tab. Zus. in Russ., Engl.

1955–57 wurde auf lehmigem Sand mit sandig-lehmigem Untergrund die Wirkung verschiedener Arten der Bodenlockerung im Frühjahr auf den Gurken- und Zwiebelertrag geprüft. Einheitlich wurde eine 20 cm tiefe Herbstfurche und ein Abschleppen des Ackers im Frühjahr durchgeführt. Die Bodenlockerung erfolgte 1. mit der Egge, 2. mit Kultivator und Egge, 3. mit Kultivator, Schleppe und Egge. Die Zwiebelflächen wurden in der 2. Apr.-Hälfte, die der Gurken Mitte Mai bearbeitet. Auf dem Gurkenacker wurde vor der Aussaat 2mal eine Unkrautbekämpfung mit leichter Egge durchgeführt. Vor der Zwiebelaussaat wurde gewalzt und leicht geeggt. Der 3jährige Ertrag beider Gemüsearten war bei Bearbeitung mit Kultivator und Egge dem der anderen Arten der Bodenlockerung statistisch gesichert überlegen. Wenn nur die Egge zur Frühjahrsbearbeitung verwendet wurde, waren die Erträge am niedrigsten. J. Pragłowski. 1130.

Buczek, E. Uprawa selerów i kalafiorów późnych na zielonych nawozach w świetle 3-letnich doświadczeń. **(Dreijährige Versuche mit Gründüngung beim Anbau von Sellerie und Spätblumenkohl.)** Biul. Warzywniczy **1960/61** Nr. 5. S. 127-143. — 5 Tab., 16 Lit. Zus. in Russ., Engl.
Auf lehmigen, humusarmen Braunerdeböden wurden mit Sellerie und Blumenkohl 3jährige Düngungsversuche durchgeführt. Eine Gründüngung kann gegenüber Stalldunggaben den Ertrag von Sellerie verringern, wenn die Niederschlagsmengen für den Sellerie zu gering oder zu ungünstig verteilt sind. Ohne zusätzliche Bewässerung kann der Sellerieanbau nach Winterzwischenfrüchten als Gründüngung oder mit Frühjahrsgaben von Stalldung versagen. Bei ausreichenden und gut verteilten Niederschlägen bringt Sellerie nach Stallmistgaben im Frühjahr oder Herbst, nach Sommer- und Winterzwischenfrüchten oder nur mit einer Mineraldüngung gleiche Knollenerträge. Spätblumenkohl spricht auf alle Arten der org. Düngung sowie auf alleinige Mineraldüngung an. Für Blumenkohl werden Raps und Senf als Gründüngungspflanzen wegen der Kohlhernie-Gefahr nicht empfohlen. Eine Gründüngung mit Winterwicken hat sich bewährt. Winterzwischenfrüchte wirken sich mitunter in Folge ihres hohen Wasserverbrauches und wegen der N-Festlegung (bes. bei Gemengen mit hohem Roggenanteil) ungünstig aus. Bei starker biol. N-Sorption soll Gemüse mit Salpeter-N zusätzlich gedüngt werden.
J. Pragłowski. 1130.

Borna, Z. Wpływ wysokich dawek osadu kanalizacyjnego na plon i wartość przetwórcza kapusty i pomidorów. **(Der Einfluß hoher Dosen von Fäkalschlamm auf Ertrag und Verarbeitungswert von Kohl und Tomaten.)** Biul. Warzywniczy **1960/61** Nr. 5. S. 207-209. — Zus. in Russ., Engl.
Von 1952-55 wurden Versuche mit Fäkalschlamm (**I**) bei Spätkohl und Tomaten durchgeführt. Die Aufwandmengen betrugen 600, 900, 1200 und 1500 dt/ha. Vergleichsweise wurden Parzellen mit 600 dt/ha Stalldung versehen oder blieben ungedüngt. Als Kopfdünger wurden zusätzlich 150 kg/ha Reinnährstoff (N:P:K = 2:2:3) verabreicht. Höchste Kohlerträge wurden mit Stalldung und 600 dt/ha **I** erzielt, niedrigste Erträge brachte die ungedüngte Fläche. Die Tomatenerträge fielen in nachfolgender Reihe ab: 600 dt/ha **I**; Stalldung, 900, 1200 und 1500 dt/ha **I**; Kontrolle. Mikrobiol. Anlaysen zeigten eine starke Verseuchung mit einer dem **I** abstammenden Mikroflora. In Frisch- und Sauerkohl stellte man eine solche Verseuchung nicht fest. Der mit **I** gedüngte Kohl roch stark nach Fäkalien und ist im Frischzustand nicht genußfähig. Beim Sauerkraut trat der üble Geruch nicht hervor. Der Säuregeruch dämpfte ihn. Verschiedene Mengen von **I** verursachten keine Geruchs- und Geschmacksunterschiede des Sauerkohles und beeinflußten die Gehalte an Trockenmasse und Zucker nicht. Sauerkohl von Flächen, die mit 900, 1200 und 1500 dt/ha **I** gedüngt waren, hatte beim Kochen eine ausgesprochen weiche Konsistenz und zeigte eine leichte Verfärbung zu einem orange-gelben

Ton. Eine organoleptische Beurteilung der Tomatenfrüchte und eine technologische Prüfung des Fruchbreies ergab keine Veränderung durch Fäkaliendüngung. J. Pragłowski. 1130.

Hellwigowa, A. und Kociańska, E. Cebula i marchew w uprawie płaskiej i redlinowej. **(Die Zwiebel und Möhre in Flach- und Dammkultur.)** Biul. Warzywniczy **1960/61** Nr. 5. S. 181-193. – 10 Tab., 14 Lit. Zus. in Russ., Engl.

Bei Zwiebeln und Möhren wurde der Anbau auf Dämmen gegenüber der normalen Flachkultur gerüft. Benutzt wurden die Zwiebelsorten 'Wolska' und 'Zytawska', die beiden Möhrensorten 'Nantejska' und 'Perfekcja'. Die Aussaaten erfolgten Mitte Apr. bis Anfang Mai. Die Witterungsverhältnisse 1958 begünstigten zunächst Aufgang und Wachstum der Pflanzen. Die ungleich verteilten reichlichen Niederschläge (bes. im Juli) führten zu Überschwemmungen der Felder. Die Möhren begannen zu welken, die Pflanzen der ersten Aussaat wurden im Wuchs gehemmt. Die Zwiebeln waren anfänglich widerstandsfähig gegenüber zu hoher Feuchtigkeit. Später wurden sie stark von Mehltau befallen. Die Bestellungsart hatte keinen wesentlichen Einfluß auf die Zwiebelgröße. Kleine Zwiebeln waren reicher an Zucker und Trockenmasse. Bei mäßiger Feuchtigkeit ist die Dammkultur bei Möhren wegen des hohen Arbeitsaufwandes nicht empfehlenswert. Nur bei stärkerer Bodenfeuchtigkeit und empfindlichen Zwiebel- und Möhrensorten ist der Anbau auf Dämmen vorteilhaft. Die Zwiebel 'Zytawska' und die Möhre 'Perfekcja' können auch unter feuchteren Bedingungen auf ebenen Flächen angebaut werden. J. Pragłowski. 1130.

Fukala, E.; Olomouc, Tschechoslow. Akad. der Landwirtsch.-Wiss., Forsch.-Inst. für Gemüsebau. **Die Verwendung von Plastwerkstoffen im Gemüsebau.** Int. Z. Landwirtsch. **1962** Nr. 1. S. 82-86. – 5 Abb., 7 Tab.

Verfahren zur Anwendung von Polyäthylenfolie im Gemüsebau werden beschrieben. Die kurzzeitige Überdeckung der Gemüsekulturen mit Folienzelten erwies sich als vorteilhaft. Für das Tragegerüst wird 6-8 mm starker Stahldraht verwendet und dieser mit beiden Enden im Abstand von 70-80 cm in den Boden gesteckt. Es ergeben sich Bögen, über die Polyäthylenfolie von 0,05 mm Dicke gespannt wird. Folienzeltbreiten von 1,60 m und 3,0 m sowie Folienzeltlängen von 15-20 m wurden erprobt. Die Innenverkleidung von Gewächshäusern und Frühbeeten mit Polyäthylenfolie zeigte sich der Bedekkung der Glasflächen mit Dachlatten oder Schilfmatten überlegen, da die Arbeitsproduktivität wesentlich höher liegt. Für Frühbeetfenster wurde anstelle von Glas Polyäthylenfolie verwendet. Das Gewicht der Frühbeetfenster wurde von 19,5 auf 6,25 kg gesenkt. Durch die Bodenbedeckung mit Polyäthylenfolie von 0,04-0,06 mm Dicke wurden beachtliche Ertragssteigerungen erzielt. Es wurde mit transparenter und schwarzer Polyäthylenfolie gearbeitet, die jährlich erneuert werden muß. Die Folie wird in der gesamten Breite (1,20-1,60 m) über die Beete gelegt und an den Seiten mit Erde beschwert. Alle Arbeiten wurden von Hand ausgeführt. Günstig beurteilt wird die Verwendung von Polyäthylenschläuchen mit einer Nennweite von 75 mm, die zwischen die Gemüsereihen ausgelegt werden. In die Schläuche wird niedrig temperiertes Wasser (25-40 °C) geleitet. Mit diesem Verfahren soll künftig echte Industrieabwärme in Form von niedrig temperiertem Wasser sowie Wasser aus warmen Quellen verwertet werden. Das Klima in bodennaher Luftschicht wird hierdurch verbessert, so daß Ertragsverfrühungen bis zu 2 Wochen möglich werden. Zum Arbeitsaufwand und zu den Kosten wurde nicht Stellung genommen. G. Vogel. 1130.

Kaven, E.; Wieselburg/Erlauf, Niederösterreich, Bundesversuchs- und Prüf.-Anst. für Landwirtsch. Maschinen und Geräte. **Versuche und Erfahrungen**

mit Jiffy-Töpfen im Blumen- und Gemüsebau. Dtsch. Gartenbauwirtsch. **10** (1962) Nr. 5. S. 100-101. — 5 Abb., 3 Tab.

Zur Überprüfung der Eignung von Jiffytöpfen zur Gemüse- und Zierpflanzenanzucht wurden Vegetationsversuche und arbeitswirtsch. Erhebungen durchgeführt. Im Gemüsebau wurde die Jungpflanzenanzucht bei Tomate, Paprika, Buschbohne (unter Glas), Salat und Gurke mit Jiffytöpfen durchgeführt. Die Vegetationserfolge waren gut. Bes. günstig, auch in ökon. Hinsicht, zeigte sich die Verwendung von Torfsubstraten als Topferde. Im Zierpflanzenbau wurden die Jiffytöpfe bei der Anzucht von Edelnelke, Chrysantheme, Cyclamen und Dahlie mit gutem Erfolg erprobt. Es werden abschließend die arbeitstechn. und ökon. Vorteile der Jungpflanzenanzucht in Jiffytöpfen im Vergleich zu den bisher üblichen Verfahren aufgezeigt. K. Krüger. 1130.

Skąpski, H. Badania nad wpływem warunków wzrostu rozsady na wczesność i jakość róż kalafiorów. **(Prüfungen des Einflusses der Wachstumsbedingungen von Jungpflanzen auf Frühreife und Qualität von Blumenkohl.)** Biul. Warzywniczy **1960/61** Nr. 5. S. 57-73. — 2 Abb., 3 Tab., 6 Lit. Zus. in Russ., Engl.

1958/59 wurden in den USA und 1960 in Polen Versuche mit ungetopftem Frühblumenkohl durchgeführt. Die Qualität ungetopfter Pflanzen beeinflußt wesentlich die Qualität des Ertrages. Die Umpflanzung stört den Wuchs (Schockwirkung). Befinden sich die Jungpflanzen z. Z. der Pflanzung am Anfang ihrer generativen Entwicklung, so kann diese Schockwirkung einen heftigen Aufwuchs der Blume bei gleichzeitig gehemmtem Blattwuchs verursachen. Die Assimilation ist behindert, es bilden sich vorzeitige, knotige Blumen. Physiol. Entwicklung der Jungpflanzen und Stärke des Schockes beeinflussen die Blumenqualität. Tageslänge und Lichtintensität üben keinen wesentlichen Einfluß aus. Die Entwicklung von anormalen Blumen wird durch die N-Versorgung, die Feuchtigkeitsverhältnisse und Pflanzabstände beeinflußt. Überständige Jungpflanzen sollen nicht verwendet werden. Empfehlungen für die Jungpflanzenanzucht werden gegeben. Bei ungetopftem Blumenkohl erfolgt die Ernte 2 Wochen später.
J. Pragłowski. 1132.

Stannek, G. und Walter, E.; Gundorf, Inst. für Landwirtsch. Betriebs- und Arbeitsökon. der Dtsch. Akad. der Landwirtsch.-Wiss. zu Berlin. **Neue Verfahren bei der Grünkohlernte in sozialistischen Landwirtschaftsbetrieben.** Dtsch. Gartenbau **9** (1962) Nr. 12. S. 321-323. — 4 Abb. nach Zus.

Bisher wurde Grünkohl von Hand geerntet. Da das Schneiden der Strünke eine sehr anstrengende Arbeit ist, wurde der Mählader E 062 mit kleinen Veränderungen der Haspel, der Bandstufe und des Höhenförderbandes mit Erfolg für eine mechanisierte Grünkohlernte eingesetzt. Die Aberntung erfolgte bei halbhohen und niedrigen Sorten mit rel. geringen Verlusten. Arbeitszeitaufwand und Kosten wurden wesentlich gesenkt. 1136.

Borna, Z. Wpływ zraszania na wczesność zbioru i wysokość plonu kapusty wczesnej. **(Der Einfluß der Beregnung auf eine frühe Ernte und einen hohen Ertrag an Frühkohl.)** Biul. Warzywniczy **1960/61** Nr. 5. S. 171-175. — 1 Tab., 6 Lit. Zus. in Russ., Engl.

Auf lehmigem Sandboden in Poznań-Marcelin wurden Beregnungsversuche mit einer Lanninger-Anlage bei Kohl durchgeführt. Die natürlichen Regenmengen im Untersuchungsjahr waren sehr niedrig und betrugen im Apr. 59 mm, im Mai 21,5, im Juni 41,5 und im Juli 104 mm. Am 31. März erfolgte die Pflanzung der Sorte 'Ditmarska'. Folgende Varianten wurden verglichen: ohne Bewässerung; 80 mm in einer Gabe; 100 mm in 2 Gaben; 120 mm in 3 Gaben; 150 mm in 3 Gaben und 180 mm in 6 Gaben. 80 mm am 69. Tage nach der Pflanzung erhöhten den Früh- und Gesamtertrag nicht. Wiederholte Gaben von insgesamt 100-180 mm zwischen dem 48. und 83. Tage verbesserten den Gesamt- und Frühertrag (Frühertrag einschl. Juniernte.) Die Ertragsverhältnisse wurden durch die Anzahl der Gaben und durch die gestaffelten Wassermengen kaum beeinflußt. Im Durchschnitt aller Beregnungsvarianten stieg gegenüber unbehandelt der Frühertrag auf 547%, der Gesamtertrag auf 129%. Der Versuch erfordert eine Wiederholung. J. Pragłowski. 1142.

Jensen, Johannes. Stammeforsøg med holdbar vinter-rødkål 1957-60. **(Sortenversuche 1957-60 mit Rotkohl im Hinblick auf lange Lagerung.)** Tidsskr. Planteavl **66** (1962) Nr. 3. S. 398-410. — 8 Tab.
Die Versuche wurden in den schwed. Versuchsstat. Blangstedgaard, Hornum, Rønhave und Spangsþjerg mit 10 Stämmen durchgeführt. Bei der Ende Nov. erfolgten Ernte wurden 418 hkg/ha (345-487) fehlerfreie Köpfe geschnitten. Die Köpfe wurden dann in Kühllagern, in Lagern mit Luftregulierung oder in Mieten aufbewahrt. Die Entnahme aus den verschiedenen Lagern wurde an 2 Terminen (1. Febr. und 15. März) durchgeführt, wobei sich durchschnittl. beim frühen Termin 69,3% gute Köpfe ergaben, im anderen Fall waren es 64,5% (49,7-72,9). Der durchschnittl. Totalverlust betrug zu diesem Zeitpunkt 3%. Davon waren Abfälle (Außenblätter) 25% und Verdunstung und Atmung 7%. 5 der geprüften Stämme erfüllten die Güteanforderungen. W. Fleischmann. 1142.

Lendeckel, R. und Schulz, K. **Untersuchungen über die Vereinfachung der Reinheitsanalyse bei Möhren- und Petersiliensaatgutproben.** Z. landwirtsch. Versuchs- u. Untersuchungswes. 8 (1962) Nr. 1/2. S. 127-132. — nach Zus.
Zur Vereinfachung der Reinheitsanalyse bei Möhren- und Petersiliensaatgut wurde jeweils der prozentuale Gewichtsanteil verkümmerter Teilfrüchte von den Doppelfrüchten bestimmt und für die Aufstellung eines Umrechnungsfaktors in Erwägung gezogen. Die Verwendung dieses Umrechnungsfaktors führte zu einer beachtlichen Zeit- und Aufwandseinsparung. 1145.

Jensen, Johannes. Sorts- of stammeforsøg med knoldselleri, 1958-61. **(Sortenversuche 1958-61 mit Knollensellerie.)** Tidsskr. Planteavl **66** (1962) Nr. 3. S. 411-422. — 6 Tab.
Der Durchschnittsertrag an brauchbaren Knollen betrug bei den in Schweden durchgeführten Versuchen mit insgesamt 15 Stämmen 238 hkg/ha (195-261), das Durchschnittsgewicht der Knollen betrug 950 g. Zur besseren Beurteilung des Verbrauchs- und Marktwertes wurde eine Einstufung in Güteklassen vorgenommen, wobei die höchste Einstufung nur in 7 Fällen erfolgen konnte. Spitzensorte war 'Balder'. W. Fleischmann. 1158.

Anonym. **Erfahrungen über Schoßneigung, Schwarzkochen und Putzabfall bei unseren Selleriesorten.** Rhein. Mschr. Gemüse-, Obst- u. Gartenbau **50** (1962) Nr. 10. S. 288-289. — 4 Tab.
Zur Überprüfung der Sortenunterschiede in bezug auf Schoßneigung, Schwarzkochen und Putzabfall wurden 117 in den Jahren 1952-61 in der Bundesrepublik durchgeführte Sellerieversuche ausgewertet. Bei allen 3 Eigenschaften wurden genetisch bedingte, aber durch die Kulturbedingungen modifizierbare Sortenunterschiede festgestellt. So wurden in einigen Jahren kaum, und in anderen sehr viel Schosser festgestellt. Auch die Neigung zum Schwarzkochen und der Putzabfall waren in den Versuchsjahren sehr unterschiedlich. Bei den genannten Eigenschaften zeigte sich jedoch deutlich die gleiche Sortenrelation, so daß sichere Sortenunterschiede in den 3 wichtigen Eigenschaften nachgewiesen werden konnten. In der Schoßresistenz zeichnen sich 'Gebrüder Dippes Invictus' und 'Oderdörfer' aus. Eine hohe Schoßneigung besitzen 'Magdeburger Markt' und die ähnliche Sorte 'Roka'. 'Wiener Markt', 'Hilds Neckarland' und 'Imperator' nehmen eine Mittelstellung ein. Beim Kochen ohne Säurezusatz blieb als einzige Sorte 'Gebr. Dippes Invictus' weiß. 'Hilds

Neckarland' und 'Wiener Markt' verfärbten sich sehr schnell und stark, die übrigen Sorten nahmen eine Mittelstellung ein. Der Sortenunterschied im Putzabfall betrug im Mittel von 4 Jahren 15%. Der geringste Abfall wurde bei den rundknolligen, feinwurzeligen Sorten 'Gebr. Dippes Invictus' und 'Hilds Neckarland' ermittelt. Den höchsten Abfall bringen 'Roka' und 'Oderdörfer'. Die Sorte 'Gebr. Dippes Invictus' nimmt damit in bezug auf die 3 untersuchten Eigenschaften eine Spitzenstellung ein. P. Hahn. 1158.

Piecha-Woźniakowa, S. Porównanie wartości mieszanek torfowo-piaskowych z ziemią kompostową przy produkcji rozsady pomidorów i ogórków. **(Ein Vergleich der Mischung von Torf, Sand und Komposterde bei der Anzucht von Tomaten- und Gurkenjungpflanzen.)** Biul. Warzywniczy **1960/61** Nr. 5. S. 195-205. — 2 Abb., 4 Tab., 7 Lit. Zus. in Russ., Engl.
Mit Substraten zur Anzucht von Gurken- und Tomatenjungpflanzen wurden einjährige Versuche durchgeführt. Es wurden verglichen: Kompost, Sand, Niederungsmoortorf (I) und Hochmoortorf (II) allein sowie Mischung von Sand mit I und II im Verhältnis 3:1, 2:2, 1:3. Zuvor hob man den pH-Wert des II von 3,6 auf 6,4, d. h. auf den Wert von I. Die Tomatenpflanzen in gedämpftem I und gedämpftem und ungedämpftem II mit Sand waren ebenso gut oder sogar besser als die in Kompost angezogenen. Bei Gurke konnte die Komposterde erfolgreich durch eine Mischung von I oder II mit Sand im Verhältnis 2:2 oder durch eine Mischung von II mit Sand im Verhältnis 3:1 ersetzt werden. Das Dämpfen beeinflußte den Wuchs der Pflanzen günstig. Man kann annehmen, daß sich I und II zur Zubereitung von Mischungen eignen, wenn Mineraldünger und Spurenelemente zugesetzt werden. J. Pragłowski. 1159.

Šestopal, P. (Schestopal, P.) Ogurcy v zaščitnych kulisach. **(Gurkenanbau zwischen Schutzkulissen.)** Kartofel' i ovošči, Moskva **7** (1962) Nr. 8. S. 46-47. — 1 Abb.
Windschutzstreifen verbessern das Mikroklima und erhöhen die Lufttemperatur über dem Boden, was für den Gurkenanbau bes. wichtig ist. Bereits im Herbst wurden 12 m breite Streifen an den Rändern mit Winterroggen besät. Im Mai des darauffolgenden Jahres wurden an den unteren Teilen der Parzellen 4 Reihen Mais entlang des Winterroggens gesät. Gleichzeitig erfolgte das Auspflanzen der Gurken zwischen den Schutzstreifen in 6 Reihen mit 1,25 m Reihenabstand. Der doppelte Schutzstreifen wurde deshalb gewählt, weil Winterroggen im Frühjahr schnell nachwächst, zu Beginn der Gurkenpflanzung daher günstige Entwicklungsbedingungen bietet. Nach der Ernte des Roggens kann Ende Juli der Mais den Windschutz übernehmen. Bei doppelten Schutzstreifen betrug die Gurkenernte 215 dt/ha, ohne Windschutz nur 141,5 dt/ha. Gleichzeitig konnte eine Verfrühung der Ernte um 12 Tage erzielt werden. L. Tunger. 1162.

Woyke, H. Porównanie paru przemysłowych odmian ogórków zagranicznych z odmianami krajowymi. **(Ein Vergleich ausländischer und einheimischer Gurkensorten in bezug auf ihre Eignung zur industriellen Verwertung.)** Biul. Warzywniczy **1960/61** Nr. 5. S. 217-228. — 3 Tab. Zus. in Russ., Engl.
1958/59 wurden Gurkensorten aus Polen, Skandinavien und den USA hinsichtlich ihrer Eignung zum Einsäuern, Frosten und als Konservenfrucht geprüft. Zur Konservierung eignet sich die amer. Sorte 'Ohio MR-17' gut. Sie brachte den höchsten Gesamtertrag. Die gutgeformten, dunkelgefärbten Früchte behalten ihre Färbung auch als Konserve. Von den polnischen Sorten erwies sich 'TXS-14' als sehr wertvoll. Ihre Früchte sind schön geformt und gefärbt. Zum Einsäuern und Frosten sind beide Sorten sowie die Sorte 'KZP' gut geeignet. Letztere ist fruchtbarer und besser geformt als entspr. skandinavische Sorten, zur Konservierung aber ungeeignet. Alle genannten Sorten werden als krankheitsfest bezeichnet. J. Pragłowski. 1162.

Nieć, H. Nowe odmiany ogórków szklarniowych. **(Neue Gewächshausgurkensorten.)** Biul. Warzywniczy **1960/61** Nr. 5. S. 265-266. – 1 Tab. Zus. in Russ., Engl.
In mehrjährigen Züchtungsversuchen zu Gewächshausgurken erhielt man die beiden neuen Sorten 'Awa' und 'Poznańska'. Beide Sorten zeichnen sich durch gute Erträge aus. Die Früchte sind parthenokarp, ohne Hals, viel kürzer als andere Gewächshaussorten und gut gefärbt. Die Sorte 'Awa' besitzt außerdem eine sehr feine Schale. Beide Sorten wurden zur Eintragung in das Staatliche Register der Originalsorten von Gemüsepflanzen angemeldet.
J. Pragłowski. 1162.

Popov, Mich. D. (Popow, Mich. D.) Vlijanie na giberelina i na drugi stimulanti i stimulacionni kombinacii vúrchu rasteža i razvitieto na fasula. **(Einfluß des Gibberellins, anderer Wuchsstoffe und Wuchsstoffkombinationen auf Wachstum und Entwicklung der Bohne.)** Izvestija na Instituta po biologija „Metodij Popov". Bŭlgarska akademija na naukite, Sofija **12** (1962) S. 153-178. – 15 Abb., 8 Tab., 19 Lit. Zus. in Russ., Dtsch.
Bohnensamen der Sorte 'Tscherwen starosagorski' wurden mit Gibberellin sowie mit Gibberellin in Kombination mit Penicillin, Heteroauxin, Tannin und Thiamin behandelt. Nach der Benetzung der Samen wurden Gefäß- und Feldversuche durchgeführt. Die aktivierende Wirkung des Gibberellins auf die Bohnen äußerte sich in beschleunigter Keimung, rascherem Aufgang und in der für das Gibberellin kennzeichnenden Veränderung von Stengeln und Blättern. In bezug auf Samenertrag war das Gibberellin von keiner positiven Wirkung. Die höchste Ertragssteigerung (14%) brachte die Variante Gibberellin + Tannin, gefolgt von Penicillin (13%). Eine unwesentliche Ertragssteigerung bewirkte das Thiamin, während das Heteroauxin zu einem Ertragsrückgang führte. Eine Kombination von Gibberellin mit anderen Wuchsstoffen kann zum physiol. Gleichgewicht der Pflanze beitragen und zur Steigerung der Grünmasse und Erträge führen. M. Stoilow. 1170.

Gacznyska, J. und Woyke, H. Wpływ terminu siewu na wysokość i jakość plonu fasoli szparagowej. **(Der Einfluß des Aussaattermins auf Höhe und Qualität des Buschbohnenertrages.)** Biul. Warzywniczy **1960/61** Nr. 5. S. 211–215. – Zus. in Russ., Engl.
4 Buschbohnensorten wurden zu 6 Terminen (alle 2 Wochen ab 10. Mai) ausgesät. Der Einfluß des Saattermins auf die Ertragshöhe der Bohnen hängt von den Witterungsbedingungen des Anbaujahres ab. Die 3 ersten Aussaaten ergaben in den günstigen Jahren einen ähnlichen Ertrag, der Ertrag der 4. Aussaat war um 30% niedriger. Die Ernte aus den Julisaaten ist um 40 bis 90% niedriger als die der Maisaat. Auf den Anteil der verkaufsfähigen und kranken Hülsen wirkte sich der Saattermin gleichartig aus. Die Saatzeit hatte keinen Einfluß auf den Anteil deformierter Hülsen, auf den Gehalt an Zellulose, Tr.-Subst., Zucker, N-Verbindungen und Ascorbinsäure in den Bohnen. Dagegen beeinflußten in den letzten 5 Tagen vor der Ernte die Niederschläge und Sonnenscheindauer die Tr.-Subst.- und Zuckergehalte der Hülsen. Durch wiederholte Aussaaten von Mitte Mai bis zum Ende der ersten Junidekade wird die Ernteperiode auf 5 Wochen verlängert, ohne den Ertrag zu vermindern. Durch nachfolgende Aussaaten bis zum Ende der 2. Junidekade kann die Ernte weitere 3 Wochen andauern, dabei ist der Ertrag um ca. 30% erniedrigt. Die Ernte dauert nicht ununterbrochen an, Abstände bis zu 13 Tagen wurden beobachtet. Mit fortschreitender Jahreszeit bei der Bestellung verkürzt sich zunächst die Länge der Wachstums- u. Entwicklungsperioden, später nimmt sie etwas zu. J. Pragłowski. 1170.

Kępkowa, A. und Rutkowska, Z. Wpływ sztucznego zapylania i hormonizacji na plony pomidorów szklarniowych. **(Der Einfluß der künstlichen Bestäubung und Hormonbehandlung auf den Ertrag von Gewächshaustomaten.)**

Biul. Warzywniczy **1960/61** Nr. 5. S. 267–276. — 6 Tab., 9 Lit. Zus. in Russ., Engl.

1958–60 wurden Versuche mit künstlicher Bestäubung und Hormonanwendung bei frühen Tomaten unter Glas durchgeführt. Der Gesamt- und Frühertrag wird durch die künstliche Bestäubung verbessert. Die Bestäubung der Blütenstände mit Hilfe eines elektrischen Vibrators ergab bessere Resultate als eine Schüttelung der ganzen Pflanze mit der Hand. Der wesentlichste Unterschied zeigte sich im Frühertrag. Die Ertragserhöhung betrug bei Bestäubung durch Schütteln mit der Hand 46,6%, bei Anwendung des Vibrators 93,1%. Unter günstigen Bedingungen ergab die künstliche Bestäubung mit dem Vibrator dieselben Resultate wie die Hormonanwendung. Der Gesamtertrag wurde durchschnittl. um 20,0 und 21,0%, der Frühertrag um 58,3 und 59,5% erhöht. Die künstliche Bestäubung mit dem elektrischen Vibrator, kombiniert mit der Hormonanwendung, verbesserte den Gesamtertrag max. um 26,3%, den Frühertrag um 83,4%. J. Pragłowski. 1176.

Kępkowa, A. und Legut, L. Wartość w produkcji szklarniowej różnych odmian pomidorów heterozyjnych i standartowych-hormonizowanych i niehormonizowanych. **(Der Wert verschiedener Heterosissorten der Tomate im Anbau unter Glas mit und ohne Hormonstandardbehandlung.)** Biul. Warzywniczy **1960/61** Nr. 5. S. 251-263. — 6 Tab., 6 Lit. Zus. in Russ., Engl.

1959/60 wurden 13 Tomatensorten mit und ohne Hormonbehandlung im frühen Anbau unter Glas geprüft. Einbezogen waren u. a. die Sorten: 'Nr. 10 × Bison' (I), 'Komet × Sarja' (II), 'Sarja × Komet' (III), 'Weibulls Immun' (IV), 'Weibulls Scania' (V), 'Stupicke Sklenikore' (VI), 'Primavera' (VII), 'Pink Ohio' (VIII) und 'Hellfrucht' (IX). Den höchsten Frühertrag brachte **I** mit 4,45 kg/m², es folgte **VII** mit 3,49 kg/m². Alle anderen Sorten zeigten niedrigere Frühertäge. Beste Gesamterträge wurden mit **III, V, I, IV** erzielt. Höchste Erträge an verkaufsfähigen Früchten wurden mit **IV** (6,18 kg/m²), **I** (5,78) und **IV** (5,39) erreicht. Einen hohen Prozentsatz schlecht geformter Früchte zeigten **III** (34,82%), **II** (33,35%) und **V** (32,64%), einen niedrigen **VI** (5,93%) und **VII** (8,46%). Die Anteile an kleinen Früchten (< 35 g) betrugen bei **VIII** 2,35%, bei **III** 4,14% (groß- bis mittelgroßfrüchtig); bei **VII** 27,98% und bei **IX** 26,14% (kleinfrüchtig). Höchsten Gewinn brachte **I** infolge ihrer Frühzeitigkeit. Es folgten **III** und **IV** auf Grund ihrer Fruchtbarkeit. Geringsten Gewinn brachte **VIII**. Durch die Anwendung von Hormonen wurde der Frühertrag aller Sorten durchschnittl. um 64,2% erhöht. Die größte Steigerung erfuhr **VIII**, sie betrug 307,4%. Der Gesamtertrag wurde nicht erhöht. Bei der Mehrzahl der Sorten wurde aber der Anteil schlecht geformter Früchte erhöht, der Anteil kleiner Früchte vermindert.
J. Pragłowski. 1176.

Daskaloff, Chr. und Ognjanowa, A. **Das Verhalten verschiedener Tomatenarten und -sorten gegenüber ununterbrochener Belichtung.** Dtsch. Akad. Landwirtsch.-Wiss. Berlin, Tagungsber. **1962** Nr. 46. S. 17-24. — nach Zus.

Vf. berichtet, daß die Tomatenarten und -sorten unterschiedliche chlorotische Blattschädigungen bei Dauerbelichtung aufweisen. Es wurden 4 Gruppen unterschieden, wobei die erste Gruppe keine Schädigungen aufweist und der Grad der Schädigung bis zur 4. Gruppe zunimmt. Zur ersten Gruppe gehören u. a. *Solanum racemigerum* sowie die Sorten 'Nr. 10', 'Plowdiwska konserva' und 'Sofijska konserva'. Das günstige Verhalten bei Dauerbelichtung scheint für *Solanum race migerum* spez. und auf Kreuzungen übertragbar zu sein.
1176.

Henrard, G. L'irradiation hivernale des jeunes plants de tomates. **(Zusatzbelichtung von Tomatenjungpflanzen im Winter.)** Bull. horticole [N.S.] **17** (80) (1962) Nr. 5. S. 132-136. — 1 Abb., 2 Tab., 4 Lit.

In den lichtschwachen Monaten Nov. bis Jan. ist für frühe Tomatenaussaaten eine Zusatzbelichtung notwendig. Die zweckmäßigsten Lichtquellen und die günstigste Belichtungsdauer wurden geprüft. Mit allen bekannten Lampen- und Röhrentypen konnte die Rentabilität der Tomatenkultur erhöht werden. Die besten Ergebnisse wurden mit Leuchtstoffröhren und Hg-Hochdrucklampen erzielt. Letztere werden bes. wegen ihrer einfachen Montage und ihres geringen Schattenwurfs empfohlen. Die Tomaten wurden 6, 8, 12, 16 und 24 Std. zusätzlich belichtet. Nach 13-48 Tagen wurden wöchentlich Zwischenernten vorgenommen, Frisch- und Trockengew. bestimmt. Der tägl. Lichtverbrauch für alle Varianten betrug 2,352 W. Die Pflanzen waren nach einer tägl. Belichtungszeit von 12 Std. kräftiger als die der anderen Varianten. Die Tomaten waren stämmig und hatten dunkelgrünes Laub. Ihnen gleichwertig waren nur die 16 Std. belichteten. Aus ökon. Gründen wären 12 Std. vorzuziehen. Nach tägl. 24 Std. Zusatzlicht waren die Pflanzen schwach und fleckig. Nach 6 und 8 Std. waren sie bleich und zeigten ein geschwächtes Kurztagswachstum. In einer späteren Veröffentlichung soll berichtet werden, ob es zweckmäßig ist, bei klaremWetter mit der Zusatzbelichtung sofort aufzuhören.
L. Dreibrodt. 1176.

Voderberg, K. **Zur Frage der Chlorophyllschäden bei Tomatenpflanzen bei der Zusatzbelichtung.** Dtsch. Akad. Landwirtsch.-Wiss. Berlin, Tagungsber. **1962** Nr. 46. S. 133. – nach Zus.
Zahlreiche Versuche wurden zur Frage der Dauerbelichtung von Tomatenpflanzen durchgeführt. Ausgehend von der Tatsache, daß sich Zusatzbelichtung infolge der Tag- und Nachtphase der Pflanzen hemmend auf die Blütenbildung auswirken kann, besteht nach Vf. die Vermutung, daß durch Dauerbelichtung eine Störung der Stoffwechselvorgänge eintreten kann, so daß Chlorophylldefekte an Tomatenpflanzen zustande kommen. 1176.

Nuernbergk, E. L. **Thermoperiodismus und Kunstbeleuchtung.** Dtsch. Akad. Landwirtsch.-Wiss. Berlin, Tagungsber. **1962** Nr. 46. S. 39-58. – nach Zus.
Die Frage des Thermoperiodismus in Verbindung mit der Zusatzbelichtung wird vom Vf. einer näheren Betrachtung unterzogen. Die optimalen Wachstumstemperaturen sind u.a. von der Belichtungsintensität und dem Alter der Pflanzen abhängig. Sie verringern sich bei abnehmender Lichtintensität. In einem Versuch zu Tomate wurde bei 8 std. künstlicher Belichtung mit 16000 lx das höchste Pflanzengew. bei 10 °C Nacht- und 17 °C Tagtemperatur ermittelt. Für sommerliche Lichteinstrahlungsbedingungen liegen die entspr. Temperaturen für junge Pflanzen etwa um 10 °C höher. Zur Erzielung eines optimalen frühen Fruchtansatzes soll die Nachttemperatur nicht unter 13 °C sinken. Daß der Thermoperiodismus nicht nur für die Tomate bedeutungsvoll ist, wird vom Vf. an Hand weiterer zahlreicher Kulturpflanzen bewiesen.
1176.

Fritz, P. D. **Zum Licht: Temperatur-Verhältnis bei der Tomate.** Dtsch. Akad. Landwirtsch.-Wiss. Berlin, Tagungsber. **1962** Nr. 46. S. 25-26. – nach Zus.
Vf. bestätigte auf Grund pflanzenbaulicher Untersuchungen die große Bedeutung des Licht/Temperatur-Verhältnisses bei der Tomate. Jungpflanzenanzuchten mit Zusatzbelichtung erbrachten bei Nachttemperaturen zwischen 8 und 12 °C einen weit höheren Fruchtansatz und -ertrag als bei Nachttemperaturen zwischen 16 und 18 °C. Dabei lagen die Tagestemperaturen jeweils um 1-2 °C höher als die Nachttemperaturen. 1176.

Lamm, Ph. D. R. **Erfahrungen über Zusatzbelichtung von Tomatenjungpflanzen in Alnarp, Schweden.** Dtsch. Akad. Landwirtsch.-Wiss. Berlin, Tagungsber. **1962** Nr. 46. S. 27-28. – nach Zus.

Bei einer 3wöchigen Dauerbelichtung von Tomatenjungpflanzen der Sorte 'Potentate' erzielte Vf. gegenüber einer 9std. nächtlichen Zusatzbelichtung eine Ertragserhöhung von 6 bzw. 15% während der ersten 4 Erntewochen und eine solche von 12 bzw. 6% hinsichtlich des Gesamtertrages. Die Gesamtbelichtungsdauer der Jungpflanzen ist von der Jahreszeit abhängig. Bei Nov.-Aussaat der Gurke verkürzt sich die Anzuchtperiode von 9 auf 6 Wochen, bei der Tomate von 12 auf 8-9 Wochen. Bei der Gurke und Tomate werden Ertragsverfrühungen von 3 Wochen erzielt. 1176.

Skierkowski, J. **Untersuchungen über die Zusatzbelichtung von Tomatenjungpflanzen in Skierniewice von 1955 bis 1960.** Dtsch. Akad. Landwirtsch.-Wiss. Berlin, Tagungsber. **1962** Nr. 46. S. 101-112. – nach Zus.

Auf Grund eines Jungpflanzenanzuchtversuches mit horizontaler und vertikaler Aufstellung des Leuchtstofflampen-Aggregates empfiehlt Vf. die horizontale Aggregataufhängung, u. a. auch wegen arbeitstechn. Vorteile. Hinsichtlich des Belichtungsbeginns bzw. -endes ist bes. bei der Tomate der Anschluß an das Tageslicht erforderlich. Vf. erzielte zwar bei Zusatzbelichtung von 21-5 Uhr gleichwertige Ergebnisse wie bei 0-8 Uhr bzw. 16-24 Uhr, doch waren bei 6 std. Belichtungsdauer die Pflanzen mit Tageslichtanschluß bedeutend im Vorteil. 1176.

Verkerk, K. **Zusatzbelichtung von Tomatenjungpflanzen in Holland.** Dtsch. Akad. Landwirtsch.-Wiss. Berlin, Tagungsber. **1962** Nr. 46. S. 123-132. – nach Zus.

Neben der bewährten Anzuchtmethode durch Zusatzbelichtung in Gewächshäusern berichtet Vf. über günstige Ergebnisse bei einer 7wöchigen Anzucht von Tomatenpflanzen in Scheunen, wobei sich Leuchtstofflampen mit einer Leistung von 240 W/m^2 bewährten. Die Anzucht erfolgte in mehreren Stellagen übereinander. Die tägl. Belichtungsdauer belief sich auf 16 Std., die Temperatur während der Belichtung betrug 18 °C und in der Dunkelperiode 12 °C. Vf. empfiehlt, während der Anzuchtperiode die Belichtungsdauer sowie die Lichtintensität 2mal zu verringern, um sich am Ende der Anzuchtperiode den natürlichen Lichtbedingungen weitgehend zu nähern. 1176.

Tepe, Walter. **Einfluß des Wassers und der Nährstoffe im Boden auf den Wuchs der Pflanzen.** Gartenwelt **62** (1962) Nr. 17. S. 354-356.

Unter praxisnahen Bedingungen pikierte man Tomaten in die mit lehmigem Sand gefüllten 400 ml-Gefäße. Wassergehalte der Erde und Gaben eines 14-12-14 Düngers wurden verändert. Nach 18täg. Kultur nahm bei 0,7 g Dünger/l Erde das vegetative Wachstum stärker zu, wenn die Wassergehalte des Substrates von 10 auf 20 Vol.% erhöht wurden. Ebenso stieg der Wurzelanteil am Gesamtgewicht der Pflanzen. Nach Überschreitung der WK (25%) verminderte sich die Wuchsleistung wieder, die auf Tr.-Subst. bezogene Transpiration nahm rapid zu. Von 0,7 auf 2,1 g/l ansteigende Düngergaben bei niedrigem Wassergehalt (10%) verminderten den Pflanzenzuwachs, den Wurzelanteil und die Transpiration. Hohe Nährstoffgehalte steigerten den Ertrag erst, wenn die Wassergehalte der Erde erhöht wurden. Unter Einbeziehung des Faktors Kulturzeit und des Nährstoffaufschließungsvermögens wurden die Ergebnisse diskutiert und Arbeitshinweise gegeben. H. Erfurth. 1176.

Mercik, T. und Skąpski, H. Wpływ odmiany, wieku rozsady, terminu wysadzenia w pole i nawozów startowych na wysokość plonu kilku odmian pomidorów samokończących. **(Der Einfluß von Sorte, Alter und Auspflanztermin der Jungpflanzen sowie der Startdüngung auf die Höhe des Ertrages einiger Buschtomatensorten.)** Biul. Warzywniczy **1960/61** Nr. 5. S. 87-97. – 2 Abb., 6 Tab., 11 Lit. Zus. in Russ., Engl.

Untersuchungen wurden mit den Buschtomatensorten 'Quebec 309', 'Quebec 314', 'Mory 33', 'Fireball', 'Earlybird' durchgeführt. Der höchste Frühertrag wurde mit 'Quebec 314' erreicht. Die Frühertäge waren bei Verwendung der ältesten, 8 Wochen alten Jungpflanzen am höchsten. Nur bei 'Fireball' wurden die besten Früherträge mit 4 Wochen alten Jungpflanzen erzielt. Zu alte oder zu verhärtete Jungpflanzen können den Ertrag verringern. Eine Verspätung der Pflanzung um 2 Wochen verminderte und verzögerte den Ertrag aller Sorten. 'Quebec 309' war am ertragreichsten, es folgten 'Mory 33' und 'Quebec 314'. Den höchsten Gesamtertrag brachten 4 Wochen alte Jungpflanzen. Lösungen von Startdüngern beeinflußten den Gesamtertrag nicht, verbesserten aber den Frühertrag etwas. Unter ungünstigen Anbaubedingungen hatte 'Fireball' den höchsten Prozentsatz kranker Früchte, 'Mory 33' den niedrigsten. J. Pragłowski. 1176.

Pearn, A. T.; Fairfield, Exp. Horticult. Stat. The spacing of tomatoes in heated glasshouses. **(Standweiten bei Tomaten in geheizten Gewächshäusern.)** Exp. Horticult. **1962** Nr. 7. S. 52-59. — 8 Tab., 4 Lit.
In mehreren Versuchsjahren wurden bei verschiedenen Tomatensorten unterschiedliche Standweiten auf ihre Ertragswirkung in einem mittelfrühen Anbau (Jan.-Aussaat) überprüft. Die Pflanzenabstände betrugen 10, 12, 14, 15, 18 und 22 in. Bei den engeren Standweiten waren die Pflanzen in den ersten 3-4 Monaten länger und dünner, was sich bei den starkblättrigen Sorten 'Ailsa Craig' und 'Radio' stärker bemerkbar machte. Bei der Sorte 'Potentate' stieg der Gesamtertrag mit Verringerung der Pflanzabstände an, zwischen 10 und 14 in. war aber keine signifikante Ertragsdifferenz zu finden (außer in einem Versuchsjahr). Die Wirkung auf den Frühertrag war nicht so deutlich. Die Auswirkung der engeren Standweite war zwar in der Tendenz auch bei den Sorten 'Radio', 'Ailsa Craig' und 'Ware Cross' vorhanden, jedoch nicht so ausgeprägt. 'ES 5' brachte beim weitesten Pflanzabstand die höchsten Früherträge. In den Gesamterträgen traten keine Unterschiede auf. Kostenberechnungen für die verschiedenen Standweiten (Mehraufwand an Arbeit und Pflanzmaterial) und ihre Gegenüberstellung zu den erzielten Mehrerlösen ergab einen optimalen Pflanzenbesatz von 16000 Pflanzen/acre für 'Potentate', 15000 für 'Ailsa Craig' und 'Radio' und 14000 für 'Ware Cross'. B. Spender. 1176.

Smith, F. G. Raising plants for the unheated tomato crop. **(Anzucht von Tomatenpflanzen für die Kultur in ungeheizten Gewächshäusern.)** Exp. Horticult. **1962** Nr. 7. S. 67-71. — 3 Tab., 3 Lit.
Für eine Sommerkultur wurden Tomatenpflanzen vergleichsweise in großen Erdtöpfen, in 3½-in.-Tontöpfen (John-Jnnes-Methode) und nach der East-Riding-Methode angezogen. Bei erstgenannter werden die Pflanzen sofort nach dem Auflaufen in Töpfe pikiert, bei letztgenannter, die ausführlich beschrieben ist, muß 2mal pikiert werden (Anzucht in Kisten). Im Früh- und Gesamtertrag unterschied sich die Anzucht in großen Erdtöpfen und in Tontöpfen nicht, sie waren aber beide der East-Riding-Methode bei weitem überlegen. Bei der Anzucht in Erdtöpfen lag in einem Falle der Frühertrag bei 22 t/acre. Vergleichsweise dazu betrugen die Erträge bei der Anzucht im Tontopf 18,7, bei der East-Riding-Methode 15,9 t/acre. Ähnlich waren die Differenzen in anderen Vergleichen. B. Spender. 1176.

Smith, F. G. Planting dates for tomatoes in unheated structures. **(Pflanztermine für Tomaten in ungeheizten Gewächshäusern.)** Exp. Horticult. **1962** Nr. 7. S. 72-75. — 3 Tab.
Für eine Sommerkultur der Tomate wurde in wöchentlichen Abständen in der Zeit zwischen 21. März und 25. Apr. (1955) bzw. 3. und 30. März (1956) ausgesät und die Pflanzen in entspr. Intervallen ausgepflanzt. Die Ertragsvergleiche ergaben, daß sowohl Früh- als auch Gesamterträge mit Verspätung des Aussaat- und Pflanzdatums in etwa gleichem Ausmaß je Datumsdifferenz abfielen. Vf. kommt zu dem Schluß, daß für eine Sommerkultur der frühestmögliche Pflanztermin (z. B. nach Aberntung einer frühen Salatkultur als Vorfrucht) zu wählen ist. B. Spender. 1176.

Smith, F. G. und Turner, Enid A. The spacing of tomatoes in unheated Dutch light structures. **(Standweiten bei Tomaten in kalten Holländer-Fenster-Blöcken.)** Exp. Horticult. **1962** Nr. 7. S. 60-66. — 6 Tab., 1 Lit.

Im Sommeranbau, im wesentlichen Maipflanzung, wurden verschiedene Standweiten bei den Sorten 'Antimold', 'ES 1' und 'Moneymaker' auf ihre Ertragswirkung überprüft. Die Pflanzabstände in der Reihe betrugen 20,5; 15,5; 10,25 in. bei 4 Reihen je Schiff. Der mittlere Pflanzabstand (15,5 in. in der Reihe = 13.552 Pflanzen/acre) war ertragsmäßig (Früh- und Gesamtertrag) am günstigsten. Die Erträge stiegen mit engeren Pflanzabständen z.T. noch weiter an. Eine Gegenüberstellung der durch die engeren Pflanzabstände benötigten Mehraufwendungen (AKh, Pflanzgutkosten) zu den höheren Erträgen und den damit erreichten Erlösen ergab als günstigste Variante den Pflanzabstand von 15,5 in. Die Tendenzen waren an allen Versuchsstandorten gleichartig. Als geeignetste Sorte erwies sich in allen Fällen 'ES 1'. Die Qualität wurde mit fallendem Pflanzabstand geringer. Dabei reagierten die Sorten 'ES 1' und 'Moneymaker' signifikant, 'Antimold' nicht. B. Spender. 1176.

Kelbert, D. G. A. New trend in tomato culture in the Gulf Coast area. **(Neue Richtung in der Tomatenkultur im Gebiete der Golfküste.)** Proc. Florida State horticult. Soc. **74** (1961, hrsg. 1962) S. 151-156.

Zur billigeren Erzeugung von Qualitätstomaten unter den Bedingungen Floridas wird eine neue Anbautechnik, das Whisenant-System empfohlen. Im Anlageschema wechseln Einzel- oder Doppelreihen von Stabtomaten auf Dämmen mit Berieselungs- und Drainagegräben. Für die Herstellung der Beete und Gräben werden spez. Anbaugeräte benutzt. Die gedrillten oder gepflanzten Tomaten werden stark gedüngt, um den geringen Pflanzenbesatz pro Fläche durch hohe, geschlossene „Fruchtwände" auszugleichen. Nebentriebe werden weitestgehend belassen und nur lose aufgebunden. Die Sorte 'Homestead 24' eignet sich wegen ihres Wuchscharakters für diese Kulturmethode. Als Folge der verbesserten Wasserversorgung und des günstigeren Bestandsklimas sind weniger Früchte fleckig, gefault oder geplatzt. Die Ernte beginnt später, hält aber länger an. H. Erfurth. 1176.

Allen, P. G., Bedding, A. J. und Owers, A. C.; Lea Valley, Exp. Horticult. Stat.; Fairfield, Exp. Horticult. Stat.; Terington, Exp. Husbandry Farm. Tomato variety trials. **(Sortenversuche mit Tomaten.)** Exp. Horticult. **1962** Nr. 7. S. 76-86. — 10 Tab., 1 Lit.

In mehrjährigen Ertragsversuchen an verschiedenen Orten wurde die Eignung der Sorten 'Potentate', 'Ware Cross', 'Hertford Cross' bzw. der Sorte 'Ware Cross' mit Lokalsorten der Kanalinseln für den Anbau unter Glas (Aussaat Ende Dez.) verglichen. Die Sorte 'Ware Cross' erwies sich unter fast allen Bedingungen den Sorten 'Potentate' und 'Hertford Cross' in Zeitigkeit und z.T. auch in Ertragshöhe, Qualität und Gesamtgelderlös überlegen. Die Lokalsorten brachten im Vergleich zu 'Ware Cross' wechselnde Ergebnisse in verschiedenen Eigenschaften, zeigten aber insgesamt keine Überlegenheit, auch nicht gegenüber 'Potentate'. B. Spender. 1176.

Stambera, J. **Der Stand der Zusatzbelichtung von Kopfsalatpflanzen in der ČSSR.** Dtsch. Akad. Landwirtsch.-Wiss. Berlin, Tagungsber. **1962** Nr. 46. S. 113-122. — nach Zus.

Über positive pflanzenbauliche Ergebnisse bei Kopfsalat mit Zusatzbelichtung von 16-24 bzw. 0-8 Uhr unter Verwendung von Leuchtstofflampen wird berichtet. Bei der zwischen 700 und 1700 lx variierten Belichtungsintensität wurde das beste Wachstum bei der hohen Intensität erzielt. Gegenüber unbelichteten Pflanzen wurde die Ertragshöhe bei den einzelnen Sorten mit Zusatzbelichtung auf 167-180% gesteigert, die Ernte um 7-10 Tage verfrüht. 1182.

Verona, Pier Luigi und Pardini, Guido; Pisa, Univ., Ist. di Agronomia Gen. e Coltivazioni Erbacee. Rilievi sugli effetti che la disinfezione termica determina sulla capacita riproduttiva dei semi di spinacio. **(Untersuchungen zur Erhöhung des Heißwassserbeizeffektes bei unterschiedlicher Einwirkungsdauer sowie die Beeinflussung der Keimfähigkeit bei Spinatsamen.)** Agric. ital. [N.S.] **17(62)** (1962) Nr. 7. S. 218-227. – 4 Abb., 4 Tab., 2 Lit.
Vf. untersucht Möglichkeiten zur Erhöhung des Heißwasserbeizeffektes an 3 Spinatsorten unter Berücksichtigung der Keimfähigkeit. Die Temperaturen wurden zwischen 50, 55 und 60 °C variiert. Bei 60 °C zeigten alle Sorten keine Keimbereitschaft mehr. Unter der Einwirkung einer Temperatur von 55 °C zeigten die Sorten 'Amsterdam' und 'Matador' nach einer Einwirkungsdauer von 30 Min. eine stark verminderte Keimfähigkeit, während bei der Sorte 'Viroflay' noch 52% keimten. Damit deutet sich eine gewisse Resistenz dieser Sorte an. Bei 50 °C und einer Einwirkungszeit von 30 Min. lag bei allen 3 Sorten eine ausreichende Keimfähigkeit vor; bei 'Viroflay' war sie mit 80% am höchsten. Eine Veränderung des pH-Wertes und der Eintauchzeiten von 15, 20 und 25 Min. bewirkten bei 'Viroflay' keine nennenswerte Beeinflussung der Keimkraft im Vergleich zur Kontrolle. Als Ursache für die rel. Resistenz der Sorte 'Viroflay' läßt sich die von den 3 Sorten in einer Std. unterschiedlich aufgesaugte Wassermenge anführen. Während 'Viroflay' nur 43 g Wasser aufgenommen hatte, waren es bei den beiden anderen Sorten 53 bzw. 57 g. Dafür muß die verschiedene Durchlässigkeit der Samenschale in Betracht gezogen werden. G. Müller/Leipzig. 1192.

Jensen, Johannes. Sorts- og stammeforsøg med efterårs- og vinterporre, 1957-60. **(Sortenversuche mit Porree für die herbstliche und nachwinterliche Ernte 1957-60.)** Tidsskr. Planteavl **66** (1962) Nr. 3. S. 386-397. – 6 Tab.
In die an den schwed. Versuchsstat. Blangstedgaard, Hornum, Spangsbjerg und Virum durchgeführten Sortenversuche wurden 17 Zuchtstämme einbezogen. Um die für die herbstliche oder winterliche Erzeugung geeigneten Stämme ermitteln zu können, wurden 3 verschiedene Erntetermine festgelegt, und zwar am 15. Sept., 1. Dez. und am Ende des Winters. Der Anbauwert wurde durch eine Einteilung in Güteklassen (1-10) ausgedrückt, wobei bes. Wert auf die Anzahl der Einstufungen in die erste Klasse gelegt wurde, die sich durch Gleichmäßigkeit, Entwicklung der Stengelbasis und im Handelswert ausdrückt. Der höchste Gütevermerk konnte lediglich an einige wenige Stämme vergeben werden. W. Fleischmann. 1194.

Cooke, D. und Flegg, P. B. The relation between yield of the cultivated mushroom and stage of maturity at picking. **(Die Beziehung zwischen Ertrag der Kulturchampignons und dem Reifestadium bei der Ernte.)** J. horticult. Sci. **37** (1962) Nr. 3. S. 167-174.
In 5 Versuchsreihen erfolgte die Champignonernte bei unterschiedlicher Entwicklung der Sporenträger. Insgesamt wurden 5 Erntestadien definiert. Während der 6- bzw. 10wöchentlichen Ernteperiode erhöhte sich in allen Fällen der Flächenertrag mit steigendem Durchschnittsgewicht pro Pilz. Gleichzeitig verringerte sich die Zahl der Pilze pro Fläche. Die Beziehungen zwischen Ertrag und durchschnittl. Einzelpilzgewicht als Indikator des Erntestadiums konnten math. erfaßt werden. Je nach Entwicklung des geernteten Pilzes veränderten sich Ertragsrhythmus und Gewichtsverluste beim Putzen. H. Erfurth. 1198.

Huhnke, W. und Sengbusch, R. v. **Das Aktivmycelspickverfahren als Grundlage für das Aktivmycelanbauverfahren.** Dtsch. Gartenbauwirtsch. 8 (1960) Nr. 11. S. 216-219. 1198.

Kolev, N., Michov, A., Žečeva, Ž. und *Bŭčrvaov, S.* (Kolew, N., Michow, A., Shetschewa, Sh. und Bätschwarow, S.) **Zelenčukovi semeproizvodstvo.** (Gemüsesamenbau.) Sofija: Zemizdat. 1961. (375 S m. 76 Abb., Lit. u. Beil.) Im allg. Teil des Handbuches werden Bedeutung und

Besonderheiten des Gemüsesamenbaues, Geschichte und Organisation der Gemüsesaatguterzeugung in Bulgarien, allg. Ansprüche und Agrotechnik der zur Vermehrung bestimmten Gemüsekulturen, Ursachen für den Abbau einzelner Sorten, Kontrolle über Sorten- und Saatguteigenschaften, Ernte, Reinigung, Sortierung und Aufbewahrung des Saatgutes behandelt. Im spez. Teil wird die Saatguterzeugung bei den einzelnen Gemüsearten verschiedener Familien, der Wurzel-, Blatt-, Stiel- und mehrjährigen Gemüse dargelegt. Das Buch ist für Fachleute des Gemüsesamenbaues, für Vorsitzende und Brigadiere der LPG u.a. bestimmt. M. Stoilow.

D. Obstbau

Anonym.; Proefstationsdag Wilhelminadorp. **(Prüfstation Wilhelminadorp.)** Fruitteelt **52** (1962) Nr. 38. S. 1118-1119. 1125. – 1 Abb., 2 Tab.
Das obstbauliche Arbeitsprogramm der Prüfstation Wilhelminadorp wird dargelegt. Die Versuche ergaben, daß durch die Art der Bodenpflege der Grad der Durchwurzelung und das Auftreten von Würmern beeinflußt werden. N-Termindüngungsversuche ergaben eine deutliche Abhängigkeit des N-Gehaltes im Boden vom jeweiligen Verabfolgungszeitpunkt (nur graphische Darst.). Durch Graseinsaat wird der *Gloeosporium*-Befall bei 'Delicious', der Stippigkeitsanteil bei 'Cox' gegenüber offenem Boden und Grasstreifeneinsaat vermindert. Der marktwirtschaftliche Wert folgender Sorten wird eingeschätzt: 'Close', 'Stark Earliest', 'Tydeman's Early', 'Benoni', 'Early McIntosh', 'Mantet', 'Assumpta', 'Alton', 'James Grieve'. Von bes. Interesse sind gegenwärtig bei Birnen die großfrüchtigen Mutanten der Sorten 'Trevoux', 'Clapps Liebling' und 'Gute Luise'. Bei Pflaumen werden die Sorten 'Opaal', 'Precoce d'Ostrea' und 'Vroege Tolse' ohne endgültige Bewertung diskutiert.
W. Blasse. 1201.

Machala, F. **Über die Produktion von Baumschulerzeugnissen in der CSSR.** Intensivobstbau **2** (1962) Nr. 8. S. 119-121.
Eine Übersicht über die Organisation der Baumschulproduktion, die Produktion von Obstunterlagen und Obstgehölzen sowie über die Verteilung der verkaufsfähigen Obstgehölze wird gegeben. J. Schmadlak. 1201.

Faris, Edwin und Reed, A. Doyle. When to replace cling peach trees. **(Wann ist der Cling-Pfirsichbaumbestand zu erneuern.)** Univ. Calif., Calif. agric. Exp. Stat., Circ. **1962** Nr. 512. S. 1-29. – 10 Abb., 11 Tab.
Anhand des Alters, der bisher erzielten Ertragsleistungen und des Sortenverhaltens läßt sich ermitteln, wann die Erneuerung eines Pfirsichbestandes zu erfolgen hat, um auf gleichem Einnahmenniveau zu bleiben. Das Alter und die Ertragsleistung bestimmen entscheidend den Termin der Ersatzpflanzung. Zur Ermittlung der entspr. Daten werden folgende Hinweise gegeben: 1. Aufstellung einer Ertragsleistungstabelle des gegenwärtig vorhandenen Bestandes. 2. Kalkulation der in den weiteren Jahren zu erwartenden Erträge. 3. Vorwegbestimmung des Ertragsverlaufes der Ersatzpflanzung. Anhand von Graphiken und Tab. wird es unter Berücksichtigung der Anlagekosten und Amortisationen möglich, den geeignetsten Termin zu ermitteln. Die Berechnungen und Kalkulationen sind auf amer. Verhältnisse abgestimmt.
W. Blasse. 1215.

Groh, W. und Reich, E.; Berlin, Zentralstelle für Sortenwes. **Von der Obstsortenbeschreibung zum Obstsortenbestimmungsschlüssel.** Arch. Gartenbau **10** (1962) Nr. 6/7. S. 497-508. – 8 Abb., 7 Tab. Zus. in Russ., Engl.
Die von Krümmel erarbeitete Methodik für die systematische Beschreibung von Kern- und Steinobstsorten als Grundlage für eine sichere Sortenbestimmung wird erläutert. Sie ermöglicht die Zusammenstellung von Ähnlichkeitsgruppen und innerhalb dieser die Herausstellung sortentypischer Erkennungsmerkmale. Am Beispiel einer Ähnlichkeitsgruppe wird die Bedeutung der systematischen Sortenbeschreibung für die Unterscheidung der Sorten bzw. die Feststellung der Sortenechtheit demonstriert. B. Borck. 1218.

Stevenson, C. D. und Blake, J. R.; Queensland Dep. of Agric. and Stock. Effect of polyethylene case liners on the cool storage behaviour of Granny Smith and Delicious apples. **(Der Einfluß von Polyäthylen-Beuteln auf das Verhalten von 'Granny Smith' und 'Delicious' im Kühllager.)** Queensland J. agric. Sci. **18** (1961) Nr. 2. S. 261-265. — 2 Tab., 7 Lit.
Im Apr. bzw. Mai geerntete Äpfel der Sorten 'Granny Smith' und 'Delicious' wurden bei 34 °F im Kühllager aufbewahrt und Ende Sept. ('Delicious') bzw. Ende Nov. ('Granny Smith') ausgelagert. Ein Teil der Ernte wurde in Polyäthylen-Beuteln gelagert, die ein Fassungsvermögen von ½ bu. hatten. In den meisten erfaßten Fruchtmerkmalen ergaben sich zwischen der normalen und der Folienaufbewahrung im Kühllager keine gesicherten Differenzen. Bei 'Granny Smith' bewirkten die Folienbeutel eine Zunahme von Schalenflecken, eine ähnliche Tendenz lag auch bei 'Delicious' vor. In der Fruchtfestigkeit ergaben sich keine gesicherten Unterschiede. Am auffälligsten war das bessere Aussehen der Früchte aus den Folienbeuteln. Vff. kommen in Übereinstimmung mit anderen Versuchsanstellern zu der Feststellung, daß die geringen Vorteile der Folienlagerung eine Einführung dieser Lagerungsmethodik zumindestens bei 'Granny Smith' und 'Delicious' in Queensland (Australien) nicht rechtfertigt. W. Blasse. 1223.

Roberts, E. A. und Scott, K. J. Estimation of storage life of fruits. **(Zum Lagerungsverhalten von Früchten.)** Nature [London] **195** (1962) Nr. 4843. S. 824-825. — 2 Abb., 4 Lit.
Im Gegensatz zu den üblichen Kurven des Lagerungsverhaltens konnten Vff. bei kühlgelagerten Äpfeln der Sorte 'Granny Smith' eine lineare Beziehung zwischen prozentualen Lagerungsverlusten durch Schalenbräune und Lagerdauer ermitteln, wenn bei der graphischen Darst. die Einheiten der Lagerdauer (Wochen) auf logarithmische Größen transformiert wurden.
W. Schuricht. 1223.

Matzner, F. **Über mikrobielle Hemmstoffe im Beerenobst.** Erwerbsobstbau **4** (1962) Nr. 9. S. 161-162. — 2 Abb., 1 Tab.
Der hohe gesundheitliche Wert des Beerenobstes liegt zweifellos zu einem großen Teil auf dem hohen Gehalt an Vitalstoffen. Vf. führt eine Reihe von Beispielen an, aus denen hervorgeht, daß Beerenobst einen abtötenden oder entwicklungshemmenden Einfluß auf Bakterien hat. So besitzt Heidelbeersaft eine abtötende Wirkung auf Colibakterien, Säfte aus Brombeeren, Roten und Schwarzen Johannisbeeren hemmen Mikroorganismen, die die Zahnfäule fördern, u. a. Auf Grund dieser Feststellungen wurden Untersuchungen zum Nachweis derartiger Hemmstoffwirkungen eingeleitet. Bei Fruchtsaft-Untersuchungen wurden der Gesamtsäuregehalt, der pH-Wert und die Redoxverhältnisse festgestellt. Ermittelt wurde der Verdünnungsgrad vom Fruchtsaft zum Agarnährboden, der notwendig ist, um eine totale Hemmwirkung auf Testorganismen nach 24 std. Kulturdauer zu erzielen. W. Groh. 1225.

Kramer, S.; Jena, Friedrich-Schiller-Univ., Inst. für Acker- und Pflanzenbau. **Grundlagen zur Frühdiagnose obstbaulicher Leistungseigenschaften. 1. Mitt. Vergleichende Darstellung des Wachstums und der Verzweigung einjähriger Okulate bei verschiedenen Obstarten.** Arch. Gartenbau **10** (1962) Nr. 6/7. S. 481-496.
Das Wachstum einjähriger Okulate verschiedener Obstarten und Sorten-Unterlagen-Kombinationen in der Baumschule wird einer eingehenden Analyse unterworfen. Anhand ihrer morphol. Ausbildung, bes. der Bildung vorzeitiger Triebe, werden Beziehungen zwischen den Okulaten und den Leistungseigenschaften der Sorten-Unterlagen-Kombinationen am Standort abgeleitet. Die Ergebnisse sollen vor allem unter dem Gesichtspunkt der Möglichkeit einer Frühdiagnose, die schon im Baumschulalter durchführbar ist, gewertet werden. J. Schmadlak. 1230.

Angelov, T. (Angelow, T.) Ustanovjavane na podchodjašti srokove za okulirane na podložkite v pitomnika v Plovdivski rajon. **(Feststellung der günstigsten Okulationszeit für Unterlagen in der Obstbaumschule im Plowdiwer Gebiet.)** Naučni trudove. Visš selskostopanski institut „Vasil Kolarov". Agronomičeski fakultet, Plovdiv **11** (1962) Nr. 1. S. 159-175. — 6 Abb., 2 Tab., 22 Lit. Zus. in Russ., Dtsch.

1953-58 wurden Versuche mit verschiedenen Unterlagenarten und Edelreisern einiger Kultursorten durchgeführt. Vom 8. Juli bis 18. Sept. wurde in Abständen von je 10 Tagen okuliert. Die Abnahme der Kambialbildung setzt am frühesten bei der Hauszwetsche ein, es folgen Birne, *Prunus mahaleb*, Apfel und Pfirsich als Unterlage. Die Kambialbildung dauert am längsten bei der Quittenunterlage. Die günstigsten Okulationszeiten waren: für Birne von der 2. Julihälfte bis Ende Aug.; für Quitte von Mitte Aug. bis Anfang Sept.; für Pfirsich, Zwetsche und Apfel von Juli bis Anfang Aug. und für Aprikose in der ersten Aug.-Hälfte. Ein vorzeitiges Austreiben der Knospen wurde bei der Birne und in geringerem Maße beim Apfel beobachtet. Die neuen Triebe überwinterten gut. M. Stoilow. 1230.

Redlich, G. C.; Gargenville. Bemesting en bladonderzoek. **(Düngung mit Blattuntersuchung.)** Fruitteelt **52** (1962) Nr. 9. S. 300-301. —2 Abb., 2 Tab.

Die bisherige Verfahrensweise und Problematik der Blattuntersuchung wird dargelegt. Die Wechselbeziehungen, die zwischen den einzelnen Elementen bestehen, treten bei der Blattanalyse wie folgt in Erscheinung: K-Mangel beeinflußt den Ca-Gehalt nicht, dagegen ist der Mg- und P-Gehalt erhöht, der N-Gehalt im Blatt erniedrigt. Mg-Mangel führt zu einer Erhöhung des K-, Ca- und P-Gehaltes und zu einer Verminderung des N-Wertes. P-Mangel erhöht die K-Werte, vermindert hingegen den Ca-, Mg- und N-Gehalt. N-Mangel vermindert den K-, Ca- und Mg-Gehalt, hingegen wird der P-Gehalt erhöht. W. Blasse. 1230.

Drenth, A. van; Wageningen, Inst. voor Tuinbouwtechn. Verlichting bij het sorteren van fruit. **(Beleuchtung beim Obstsortieren.)** Fruitteelt **52** (1962) Nr. 2. S. 1001. — 1 Abb.

Zum Sortieren von Obst benötigt man am Arbeitstisch 800-1000 lx. Das entspricht etwa 1/50 der Lichtstärke eines bewölkten Sommertages. Bei Gegenüberstellung verschiedener Lichtquellen erwies sich die „Fluorescentielampe kleur 57" („TL buis") als geeignetste. Sie wurde spez. für das Sortieren von farbigen Materialien entwickelt. Die Eignung der weiterhin geprüften Beleuchtungsaggregate für die Obstsortierung fällt dann in folgender Reihenfolge ab: „Fluorescentielampen kleur 34 und 55", „Fluorescentielampe kleur 33", Glühlampe HPL (Hochdrucklampe), normale Glühlampe. Beim Test waren die Lichtquellen 1 m über dem Arbeitsplatz installiert. W. Blasse. 1230.

Fronko, Miloš; Klčov, Šl'achtitel'ská Stanica. Účinky májového mrazu na kvety ovocných stromov. **(Wirkung des Frühjahrsfrostes auf die Blüten der Obstbäume.)** Ovocinár a Vinohradník **10** (1962) Nr. 9. S. 198-200. — 3 Abb., 3 Tab.

Ende Apr. und Anfang Mai 1962 kam es zu einem kritischen Temperatursturz. Man verfolgt die sortenbedingte Resistenz gegen niedrige Temperaturen bei 33 Apfel- und 8 Birnensorten. Von 3 Apfelbäumen jeder Sorte wurden je 20 Blüten entnommen. Die Blüten wurden angeschnitten und der Frostschaden an der Braunfärbung beurteilt. Die höchste Frostresistenz zeigten zur Blütezeit die Sorten 'Jonathan', ferner 'Nonetit' und 'Wealthy'. Stark resistent waren die Sorten: 'Bernské růžové', 'Landsberger Renette', 'Studničné', 'James Grieve', 'Parker', 'Gdanský hranáč', 'Cox', 'Krasokvět žklutý', 'Londýnský jadernáč', 'Sklené žluté', 'Baumanns Renette'. Empfindlich waren die Sorten 'Lhoták', 'Croncelské', 'Pasecké vinné', 'Charlamowski' und am empfindlichsten war 'Roter Boskoop'. Bei den Birnen war die Sorte 'Kifer' am widerstandsfähigsten, die Sorte 'Krivica' am empfindlichsten. Hier war die Zahl der kontrollierten Bäume und Blüten geringer. Die Apfelsorten auf EM-Unterlagen waren frostempfindlicher. P. Bartoš. 1231.

Krijgsman, H. K. und Lookeren Campagne, P. van. Nog geen stapelkisten in de Nederlandse fruitteelt. **(Noch keine Großkisten im niederländischen Obstbau.)** Fruitteelt **52** (1962) Nr. 33. S. 1014-1017. – 7 Abb., 3 Tab.
Nachdem 3jährige Versuchsergebnisse beim Vergleich der Großkiste mit der traditionellen Obststiege vorliegen, wird die Großkiste für den niederländischen Anbau nicht empfohlen. Zeitstudien des Ladens, Transportierens und Verteilens von Leergut in der Anlage führten zu Ausgeglichenheiten im AKh-Aufwand. Zum gleichen Resultat kam man beim Beladen, Abtransport und Entladen der Transportfahrzeuge. Der Beschädigungsprozentsatz der Früchte betrug 24,2% in Großkisten gegenüber 14,4% in herkömmlichen Kisten. Der Großkisteneinsatz erfordert einen höheren Technisierungsgrad im gesamten Ernte- und Vermarktungsprozeß wie Hubvorrichtungen, Kippvorrichtungen an der Sortiermaschine sowie elektro-hydraulische Stapler im Obstlager. Auch die organisatorischen Anforderungen wachsen bei der Verwendung der Großkisten. Ein bes. Problem ist der Transport der Großkisten in engen Arbeitsgassen zwischen den Baumreihen, da die Großkisten einzeln mit dem Front- oder Hecklift von den Schleppern heraustransportiert werden müssen. Das Entleeren der Großkisten ist techn. noch nicht befriedigend gelöst. W. Blasse. 1231.

Schmadlak, J.; Dresden-Pillnitz, Inst. für Gartenbau der Dtsch. Akad. der Landwirtsch.-Wiss. zu Berlin. **Beitrag zur Befruchtungsbiologie des Apfels.** Arch. Gartenbau **10** (1962) Nr. 6/7. S. 509-537. – 21 Abb., 4 Tab., 38 Lit.
Durch wiederholte Bestäubungsversuche konnte das befruchtungsbiol. Verhalten einer Reihe von Apfelsorten geklärt werden. In Abhängigkeit der Sorten- und Witterungsverhältnisse tritt eine abgestufte Selbststerilität auf. Beachtliches Fruchtungsvermögen nach Selbstungen hatten 'Ontario', 'Herrnhut' und 'Böttner'. Bei 'Ontario' und 'Herrnhut' bildeten sich parthenokarpe Früchte. Zum Auftreten parthenokarper Früchte ergab sich in den Untersuchungsjahren eine deutliche Temperaturabhängigkeit. Die Fertilität von Sortenkombinationen läßt differenzierte sexuelle Affinität der Sortenpartner erkennen, wobei ein starker Einfluß der Muttersorte nachzuweisen ist. Die Sortenkombination 'Biesterfelder' × 'Cox' ist eine neue intersterile Gruppe. Aus dem Pollenschlauchwachstum im Griffel lassen sich nur generelle Schlüsse auf das sexuelle Verhältnis von Sortenverbindungen ableiten. Selbststerilität und Intersterilität sind nachweisbar. Die Pollenkeimung unter Beigabe von Griffelpreßsäften ergab kein entspr. Verhalten der Pollen, so daß die Auffassung über das Vorliegen bestimmter Hemmstoffe korrigiert werden muß. Ein Befruchtungsschema gibt Auskunft über das befruchtungsbiol. Verhalten der untersuchten 51 Apfelsorten. W. Blasse. 1232.

Williams, R. R. The effective distance of a pollen source in a cider apple orchard. **(Der wirksame Abstand einer Pollenquelle in einer Mostobstanlage.)** Annu. Rep. agric. horticult. Res. Stat., Long Ashton, Bristol **1958** S. 61-63. – 2 Tab.
Der Fruchtansatz der Apfelsorte 'Bulmer's Norman' nahm deutlich mit zunehmender Entfernung der Bäume von der Befruchtersorte 'Michelin' ab. Bei einer Entfernung von mehr als 50 ft. war die Bestäubersorte nicht mehr wirksam. In einer Anlage mit der Sorte 'Annie Elisabeth' wirkte sich die Entfernung der Bestäuberbaumreihe auf den Samengehalt der Früchte ebenfalls sehr deutlich aus. U. Neumann. 1232.

Turovcev, N. I. (Turowzew, N. I.) Nekotorye morfo-fiziologičeskie osobennosti pobegov jabloni iz pridatočnych poček. **(Einige morphologisch-physiologische Besonderheiten von Apfeltrieben aus Adventivknospen.)** Bjulleteń Central'noj genetičeskoj laboratorii imeni I. V. Mičurina, Mičurinsk **1960** Nr. 9/10. S. 39-45. — 5 Abb., 3 Tab. 1232.

Mičulka, Břetislav; Velehrad, Ovocnářská Stanice ŠSP. K otázce hloubky zářezů nad pupeny u jabloní. **(Zum Problem der Einschnittiefe über den Apfelknospen.)** Sborník českoslov. Akad. zemědělských Věd, rostlinná Výroba **8(35)** (1962) Nr. 3. S. 447-452. — 5 Abb., 16 Lit. Zus. in Russ., Dtsch.

Einjährige Veredlungen der Apfelsorte 'Croncelské', auf Wildapfel wurden 1948/49 versuchsweise gekerbt. Die Einschnitte über den Knospen reichten bis ins Kambium oder bis in die Holzschichten. Die bis ins Holz reichenden Einschnitte verstärkten eine Kerbwirkung nicht. Unter gewissen Bedingungen schwächten sie sogar diese Wirkung und steigerten die Gefahr des Abbrechens der oberhalb des Einschnittes befindlichen Triebteile. Das Kerben förderte das Wachstum aus der 3. Knospe unterhalb der Einschnittknospe. Die Wundbehandlung mit Wachs oder Lanolinpaste beeinflußte das Wachstum nicht. Die Kerbwirkung besteht darin, daß der Strom physiol. aktiver Hemmstoffe, die von den höhergelegenen Vegetationspunkten im Bastteil des Triebes absteigen, unterbrochen wird. Eine Applikation von β-Indolylessigsäure in den Einschnitt (in Form von Lanolinpaste) paralysiert den Einfluß des Kerbens und gleichzeitig wird das Wachstum tiefer gelegener Knospen gehemmt. Bei einer Konz. von 1-2% war diese Applikation wirksam. Schwächere Konz. blieben im Gegensatz zu den Literaturangaben unwirksam. Dies hängt wahrscheinlich mit der Applikationsmethode zusammen. P. Bartoš. 1232.

Lapins, K.; Summerland, Brit. Columbia, Canada Dep. of Agric. Coldhardiness of young apple trees originating from the juvenile and adult zones of seedlings. **(Frosthärte junger Apfelbäume, die aus Jugend- und Alterszonen von Sämlingen stammen.)** Canad. J. Plant Sci. **42** (1962) Nr. 3. S. 521-526. — 3 Tab., 4 Lit.

Von Sämlingen im Stadium des Ertragsbeginnes wurden Knospen vom unteren Stammende (Jugendzone) und von der Spitze (Alterszone) gewonnen und auf Sämlingsunterlagen bzw. MM 104 veredelt. Die Veredlungen zeigten im ersten und 2. Jahr deutlich die charakteristischen Merkmale der Jugend- und Altersphase. Sowohl im Freiland als auch unter künstlichen Frostbedingungen waren die Bäume des Jugendstadiums signifikant frosthärter als die des Altersstadiums. Im Grad der Frosthärte bestanden Korrelationen zwischen Jugend- und Altersbäumen der gleichen Klone. Eine solche Korrelation gab es auch zwischen der Frosthärte der Ursprungssämlinge und den Veredlungen. Die Triebe von Bäumen des Jugendstadiums waren dünner und besser ausgereift als die von Bäumen des Altersstadiums. Innerhalb der Bäume des Jugendstadiums gab es aber keine Korrelationen zwischen Triebstärke bzw. Reifegrad einerseits und Frosthärte andererseits. — Bei Frosthärtetests von Sämlingen gegen Standardsorten muß darauf geachtet werden, daß die Standards die gleiche Altersphase wie die Prüfnummern haben. R. Schuricht. 1232.

Kato, Toru und Ito, Hideo. Physiological factors associated with the shoot growth of apple trees. **(Physiologische Faktoren, die das Triebwachstum bei Apfelbäumen bedingen.)** Tohoku J. agric. Res. **13** (1962) Nr. 1. S. 1-21. — 20 Abb., 25 Lit. Orig.: engl.

Die Beziehungen zwischen physiol. Faktoren und Wuchsleistung werden auf Grund von Versuchen an 7jährigen'Red Mc Intosh'-Bäumen dargelegt. Es werden bes. das Längenwachstum (Zahl und Länge der Internodien bzw. Nodien) der Triebe verschiedener Wuchsrichtung (vertikal, horizontal und hängend) und Beschaffenheit (fruchtend, geringelt, unterschiedlich entblättert) mit der chem. Konstitution (Kohlenhydrate, N-Verbindungen, Auxin, gibberellinähnliche Substanzen) der Triebe, Terminalknospen und Blätter in Verbindung gebracht und diskutiert. Ein Strukturbild veranschaulicht die physiol. Zusammenhänge. Solange das Triebwachstum noch nicht abgeschlossen war, konnte es durch Gibberellinbehandlung der Blätter gefördert werden. W. Schuricht. 1232.

Cripps, J. Delayed foliation in apple trees. **(Verzögerte Belaubung bei Apfelbäumen.)** J. Agric. Western Australia [4] 3 (1962) Nr. 5. S. 393-396. — 4 Abb.
Sehr milde Winter führen in Australien zu schwachem und verzögertem Austrieb der Blüten und Blätter bei Obstbäumen, wodurch es zu Ertragsdepressionen kommt. In einem 5jährigen Versuch konnten bei 'Granny Smith' durch eine einmalige Spritzung mit DNC (im extrem milden Winter 1959) Fruchtansatz und Ertrag im Vergleich zu einer jährlichen DNC-Behandlung bzw. Routinespritzung gesteigert werden. Alternanz konnte nicht behoben werden. Beste Ergebnisse zeigte eine Behandlung in der ersten Aug.-Woche. Die Wirkung auf die Fruchtgröße war unbedeutend. W. Schuricht. 1232.

Green, H. C. The resistance of apples to damage. **(Die Widerstandsfähigkeit von Äpfeln gegenüber Beschädigung.)** J. agric. Engng. Res. 7 (1962) Nr. 2. S. 155-157. — 2 Abb., 2 Tab.
Äpfel der Sorte 'Cox Orange Pippin' wurden verschiedenen Tests unterzogen, um die Resistenz gegenüber mechanischen Schäden zu ermitteln. Mit Anwachsen der Fallhöhe (10,20, 30 und 40 cm) nahmen die Größe und Tiefe der Druckstellen zu. Ab 2 in. Fallhöhe ist mit einer Schadwirkung bei frischen und aus dem Kühllager entnommenen Früchten zu rechnen. Bei einem Fall aus 200 cm Höhe waren 50% der Früchte geplatzt. Gegenüber Druck erwiesen sich die Kühllagerfrüchte widerstandsfähiger als die normal gelagerten. Gegeneinander gedrückte Früchte hielten einen Druck von 5,5 lb. ohne Schadwirkung aus. Bei Druckanstieg zeigte gewöhnlich eine der beiden Früchte Druckfleckenbildung. Säulenartig übereinandergelagerte Früchte wurden ebenfalls auf Druckstellen untersucht. Ab 6. Frucht wurde leichte Druckwirkung beobachtet. Schwere Druckschäden wurden ab 22. Frucht ermittelt. Da beim Abfüllen in Holzkisten Druckstellen nicht vermeidbar sind, wird das Auslegen der Kisten mit ½-in.-Lagen rel. harter Schaumplastfolie empfohlen. Großkisten sollen keine scharfen Kanten an den Lüftungsschlitzen oder Metallbeschlägen aufweisen. W. Blasse. 1232.

Spencer, W. H. The bulk handling of apples. **(Verwendung von Großkisten bei Äpfeln.)** Exp. Horticult. **1962** Nr. 6. S. 16-19. — 3 Tab., 10 Lit.
Aus 2jährigen Untersuchungen in 5 Betrieben lassen sich folgende Tendenzen erkennen: Bei der Sorte 'Bramley's Seedling' gab es in Großkisten etwas weniger Fruchtbeschädigungen als bei normalen bushel-Steigen, aber mehr als in half-bushel-Steigen. Die Großkiste sollte nicht tiefer als 55 cm sein, sonst steigt der Prozentsatz der beschädigten Früchte. R. Schuricht. 1232.

Uptmoor, Jan-Herbert; Langförden/Oldbg., Obstbauversuchsanst. **Palette oder Großkiste? Zur Rationalisierung von Ernte und Erntetransport im Apfelanbau.** Dtsch. Gartenbauwirtsch. **10** (1962) Nr. 8. S. 165-167. — 6 Abb.
Beim Leerguttransport aus dem Lager in die Obstanlage ergab sich eine Leistungssteigerung von 40% zugunsten der Großkiste. Beim Abtransport der vollen Behälter war es umgekehrt. Beim Pflücken wurden keine Unterschiede zwischen den Verfahren festgestellt. Das maschinelle Entleeren auf die Sortiermaschine erfordert bei der Großkiste mehr Platz und höheren techn. Aufwand; gegenüber der maschinellen Steigenentleerung beträgt der Vorteil nur 1,5 AKh/100 dt. Bezüglich der Fruchtbeschädigungen wurden widersprechende

Ergebnisse erzielt. In den Großkisten befanden sich 60% der Früchte mit Druckstellen in den untersten 2 Lagen. Die Früchte in den Großkisten welkten weniger als in Steigen. Die Anschaffungskosten für Geräte und Maschinen sind beim Paletteneinsatz nur wenig geringer als beim Großkisteneinsatz. Im Gegensatz zu den Großkisten können die Paletten auch beim Verladen des verkaufsfertig verpackten Obstes eingesetzt werden. R. Schuricht. 1232.

Pearce, S. C. und Moore, C. S.; Maidstone, Kent, East Malling Res. Stat. A study of sources of variation in apple tree experiments. **(Untersuchungen über die Ursachen der Streuung in Apfelfeldversuchen.)** J. horticult. Sci. **37** (1962) Nr. 3. S. 175-189. — 6 Abb., 1 Tab., 14 Lit.
Über die Variabilität von Äpfeln auf vegetativ vermehrbaren Unterlagen wird berichtet. Als Kriterium diente der Stammumfang. Die Streuung der Bäume tritt bei gleichen Klimaverhältnissen auf schlechteren Böden wesentlich stärker in Erscheinung als auf guten Böden. Weiterhin variieren die Bäume auf schwachwachsenden Unterlagen stärker als auf starkwachsenden Typenunterlagen. Zu dieser Frage werden Sortenvergleichsanalysen zwischen 'Cox Orange Pippin' und 'Beauty of Bath' auf EM V, IX, I, IV, und VII vorgenommen. Die Unterschiedlichkeit der Bäume bei den Pflanzungen wirkt sich nur in den ersten Standjahren aus. Die Variabilität in Apfelfeldversuchen wird abschließend einer math. Analyse unterzogen. W. Blasse. 1232.

König, F. **Führt Waagerechtbinden bei hohen Niederschlägen zur Kammbildung?** Erwerbsobstbau 4 (1962) Nr. 10. S. 192. — 2 Abb., 1 Lit.
Das Waagerechtbinden von Birnen führt zu einer starken Oberseitenförderung, d.h. zum Durchtrieb zahlreicher Knospen. Die gewünschte Blütenknospendifferenzierung wurde durch sog. „Tiefbinden" erzielt. Hierbei werden die Triebe nahezu parallel zum Stamm herabgebunden. Durch diese Erziehungsmaßnahme kann man gleichzeitig zur Stärkung der Leitastpartien beitragen. Das Tiefbinden bleibt auf die Jugendperiode der Bäume beschränkt. Diese Erfahrungen wurden bei Standorten über 1000 mm Jahresniederschlag gemacht. W. Blasse. 1235.

Hilkenbäumer, F. **Einfluß verschiedener Zwischenveredlungen bei Birnen auf Quitte A mit unterschiedlicher Kronenerziehung.** Erwerbsobstbau **4** (1962) Nr. 10. S. 184-185. — 1 Tab., 5 Lit.
An optimalen Standorten für Birne wird die Wirkung der Zwischenveredlung geprüft. 'Alexander Lucas' direkt auf Quitte A veredelt, führte zu ähnlich günstigen Wuchs- und Ertragsleistungen wie mit 'Gellert' und 'Pastorenbirne' als Zwischenveredlung. Bei 'Konferenzbirne' blieb der Ertrag ohne Zwischenveredlung niedriger als bei Zwischenveredlung mit 'Pastorenbirne'. 'Gellert' ist bei den Kombinationssorten 'Boscs' und 'Triumph' in Trieb und Ertrag, bei 'Lucas' im Ertrag der 'Pastorenbirne' überlegen. 'Pastorenbirne' als Zwischenveredlung reicht in ihren Leistungen bei 'Trévoux' und 'Lucas' an 'Gellert' heran. 'Bertrams' Stammbildner fällt gegenüber den anderen Stammbildnern weit ab und weist auch schlechtere Ergebnisse als die Direktveredlungen auf Quitte auf. Die Gegenüberstellung des frei entwickelten Spaliers und der freien Spindelkrone ergab triebmäßig bei 'Lucas' keine großen Unterschiede, bei 'Guyot' deutliche Vorteile zu Gunsten der freien Spindel. Einzelbaummäßig ist die Spindel der Spaliererziehung ertraglich überlegen, in der Flächenleistung liegt jedoch die Spalierpflanzung durch die größere Baumzahl weit über der der Spindelpflanzung. W. Blasse. 1235.

Friedrich, G.; Halle/S., Inst. für Obst- und Gemüsebau. **Wuchs und Ertrag von Birnenviertelstämmen unter dem Einfluß verschiedener Stammbildner.** Erwerbsobstbau **4** (1962) Nr. 10. S. 181-183. — **4** Tab., 3 Lit.
Die Stammbildnerversuche zu Birnen ergaben, daß es notwendig ist, für jede einzelne Ertragssorte den geeigneten Stammbildner zu ermitteln. In

frostgefährdeten Lagen kann durch Einschaltung eines Stammbildners die Bestandssicherheit erhöht werden. In der vegetativen Entwicklung erwies sich die Kombination 'Alexander Lucas' mit 'Bertrams'-Stammbildner als bes. wüchsig. Nur geringe Wuchsunterschiede bestehen bei 'Madame Verté' in Kombination mit verschiedenen Stammbildnern. Dagegen reagierte 'Paris' deutlich auf die verschiedenen Stammbildner. Hier erwiesen sich die Kombinationen mit 'Sacharnaja', 'Pabbeln' und mit 'Grüne Jagdbirne' als überdurchschnittlich. Ertraglich werden folgende Kombinationen am besten burteilt: 'Alexander Lucas' mit 'Bertrams', 'Old Home' und 'Pabbeln'; 'Madame Verté' mit 'Pabbeln' und 'Bertrams' und 'Paris' mit 'Pabbeln'. Durch Frosteinwirkungen wurde 'Paris' am stärksten geschädigt, bei 'Verté' und 'Lucas' lag mittelstarke Empfindlichkeit vor. W. Blasse. 1235.

Majerník, Ondrej und Nižňanský, Augustin; Bratislava, Biol. Ústav Slovenské Akad. Věd, Odd. Rostl. Fyziol. **Transpirationsintensität der infizierten und verwundeten Aprikose in bezug auf ihren Wasserhaushalt.** Biológia [Bratislava] **17** (1962) Nr. 5. S. 321-331. — 3 Abb., 2 Tab., 19 Lit. Zus. in Russ., Engl., Tschech.

Durch Wiegen stellte man die stomatäre Transpiration der Blätter 7jähriger Aprikosenbäume fest, die mit dem Pilz *Monilia laxa* Aderh. künstlich infiziert wurden. Die gemessene Transpiration wurde auf die planimetrisch ermittelte Blattflächeneinheit umgerechnet. Am stärksten transpirierten die infizierten, am wenigsten die unbeschädigten Blätter. Diese Unterschiede wurden im Laufe des ganzen Tages verfolgt. Die Intensität der Wasserabgabe hing vom Öffnungsgrad der Stomata ab, der nach der Adhäsionsmethode bestimmt wurde. Bei den infizierten Blättern waren zu allen Tageszeiten die Stomata am weitesten geöffnet; der Rhythmus des Öffnens war also offenbar gestört. Da man analoge Veränderungen des Wasserhaushaltes auch bei natürlich auftretenden Infektionen beobachten konnte, waren Vf. imstande, den Charakter der Veränderungen des Wasserhaushaltes während der Infektion graphisch darzustellen. Z. Šesták. 1242.

Anonym. Cherry pollination. New varieties in revised recommendations. **(Kirschenbefruchtung. Neue Sorten werden auf ihre Empfehlbarkeit überprüft.)** Fruit Wld. Market Grower **63** (1962) Nr. 8. S. 47. 49. — 1 Abb., 2 Tab.

In 3jährigen befruchtungsbiol. Prüfungen wurde das Verhalten alter und neu eingeführter bzw. neu gezüchteter Süßkirschensorten geprüft, um das Vorkommen von Intersterilitätsgruppen zu ermitteln. Für folgende Sorten wird eine Charakterisierung gegeben: 'Rons' (Muttersorte' Eagles Seedling'), 'Rival' (Muttersorte 'St. Margaret'), 'Ransom' (Muttersorte 'St. Margaret'), 'Regina' ('St. Margaret' × 'Black Eagle') und 'Merton Heart'. Folgende Kombinationen sind befruchtungsbiol. unverträglich: 'Werders Early Black × 'Merton Heart', 'Merton Heart' × 'Rival', 'Rival' × 'Merton Heart', 'Noble' × 'St. Margaret'. Der Blühbeginn sowie die Zeitspanne zwischen Blühbeginn und Vollblüte werden für die einzelnen Sorten dargestellt. W. Blasse. 1245.

Schwope, D. **Zur Beeinflussung von Wuchs und Ertrag durch die Stammhöhe bei Schattenmorellen.** Erwerbsobstbau 4 (1962) Nr. 10. S. 192-195. — 5 Abb., 3 Tab., 6 Lit.

An 2 Standorten wurden die Wuchs- und Ertragsbeeinflussungen von 'Schattenmorellen' bei unterschiedlicher Stammhöhe geprüft. Nach 8 Standjahren ergaben sich Unterschiede in der vegetativen und generativen Leistung, obgleich die Stammhöhenstufen von 20 cm nur den Bereich von 40-80 cm umfaßten. Die Ertragsdifferenzen zwischen 40 und 60 cm Stammhöhe sind nicht signifikant, während sowohl zwischen 40 und 80 cm als auch zwischen 60 und 80 cm echte Ertragsunterschiede bestehen. Gegenüber dem 40 cm-Stamm ist die Ertragsleistung nach 3, 5, 8 Standjahren etwa um 20-40% reduziert. Er-

trag und Wuchs nehmen mit zunehmender Stammhöhe nicht linear sondern progressiv ab. Optimale Pflege vermindert die Leistungsunterschiede im geprüften Höhenbereich. *Prunus mahaleb*- und *Prunus avium*-Bäume unterscheiden sich nur unwesentlich im Wuchs- und Ertragsverhalten.
W. Blasse. 1245.

Kardux, D. J.; Steenbergen. Nieuwe opweekmethode bij pruimen. (**Neue Erziehungsmethoden der Pflaumen.**) Fruitteelt 52 (1962) Nr. 35. S. 1056 bis 1057. — 3 Abb.
Eine heckenartige Erziehungsmethode für Pflaumen an Drahtspalier wird empfohlen, die bereits in den ersten Standjahren hohe Erträge gestattet. 'Czar' und 'Viktoria' auf 'St. Julien A' wurden 4,00 × 3,75 m, 'Early Laxton' und 'Ontariopflaume' auf 'Marianna' 4,00 × 3,10 m gepflanzt. Das Spaliergerüst besteht aus 10 cm starken Pfählen, die in 18 m Abständen eingerammt werden und in 0,75 m, 1,35 m und 1,95 m Höhe Doppeldrähte aufweisen. Bei der Erziehung wurden die Leittriebe im 2., 3. und 4. Standjahr 10 cm über dem jeweiligen Drahtpaar gekappt, die Seitentriebe waagerecht gesteckt. Ein Auslichtungsschnitt erfolgt in den Sommermonaten im begrenzten Umfang. Im 4. Standjahr brachten 'Viktoria' 96 dt/ha, 'Ontario' 93, 'Czar' 94, 'Early Laxton' 62 dt/ha. Bodenpflege der Anlage: ständig offene Baumstreifen, zwischen den Baumreihen Einsaat eines 1,80 m breiten Grasstreifens.
W. Blasse. 1250.

Matzner, F.; Weihenstephan-Freising, Inst. für Obstbau der TH München. **Frühjahrsbehandlung einjähriger Erdbeerpflanzen mit Gibberellin und ihre Wirkung auf Entwicklung und Ertrag.** Erwerbsobstbau 4 (1962) Nr. 6. S. 111 bis 113. — 2 Abb., 4 Tab., 4 Lit.
Die Frühjahrsbehandlung von Erdbeerpflanzen der Sorte 'Senga Sengana' mit Gibberellinsäure (GS) führte mit zunehmender Konz. (0-100 ppm) zu einer Verlängerung der Blütenstände, Verfrühung der Blüte und Fruchtreife. Bei den ersten 3 Pflücken wurde von den mit 50 und 75 ppm GS behandelten Varianten wesentlich mehr geerntet als von der Kontrolle. In der Gesamtertragsleistung wurden keine bedeutenden Differenzen erzielt, jedoch ging der prozentuale Anteil der Handelsklassen A und B mit zunehmender Dosierung der GS zurück. Mit zunehmender Konz. des Mittels wurden bes. gegen Ende der Ernte viel mißgebildete Scheinfrüchte beobachtet. B. Borck. 1260.

Handschack, W.; Dresden-Pillnitz, Inst. für Gartenbau der Dtsch. Akad. der Landwirtsch.-Wiss. zu Berlin. **Über die Beziehungen zwischen der Fruchtfleischfestigkeit und dem Alkoholunlöslichen sowie dem Zellulosegehalt bei Erdbeeren.** Arch. Gartenbau 10 (1962) Nr. 6/7. S. 562-569. — 2 Abb., 1 Tab., 17 Lit. Zus. in Russ., Engl.
Die Beziehungen zwischen Fruchtfleischfestigkeit und dem Gehalt an alkohol-unlöslichen Stoffen (Rohpektin und Zellulose) wurden an grünen, halbreifen und reifen Früchten mehrerer Erdbeersorten 2 Jahre lang untersucht. Zwischen dem Gehalt an Alkoholunlöslichem und der Fruchtfleischfestigkeit während des Reifeverlaufes bestehen signifikante korrelative Beziehungen. Bei reifen Früchten sind diese Beziehungen statistisch nicht gesichert. Der Zellulosegehalt ist jährlichen Abweichungen unterworfen und korreliert nicht mit der Festigkeit des Fruchtfleisches. Auf die Bedeutung anatomischer und histochem. Untersuchungen im Hinblick auf die Fruchtfleischfestigkeit wird hingewiesen. B. Borck. 1260.

Karnatz, A.; Berlin-Dahlem, TH, Inst. für Obstbau. **Nachbaubeobachtungen bei einjähriger Erdbeerkultur.** Erwerbsobstbau 4 (1962) Nr. 6. S. 114 bis 116. — 3 Tab., 8 Lit.
In einem 6jährigen Testversuch wurde die Möglichkeit der langjährigen Durchführung des einjährigen Erdbeerbaues auf der gleichen Fläche untersucht.

Mit den Sorten 'Regina' und 'Georg Soltwedel' wurden im 5. Anbaujahr noch Ertragsleistungen von 92 bzw. 93% gegenüber einer erstmalig bepflanzten Fläche erreicht. Bei 'Senga Sengana' wurde im 5. Nachbaujahr eine Ertragserhöhung um 12% und im 6. Jahr um 7% erzielt, was auf die Verminderung der übermäßig starken vegetativen Entwicklung dieser Sorte zurückgeführt wird. Der Anteil der Handelsklasse Auslese am Gesamtertrag ging durch den Nachbau etwas zurück. Es wird angenommen, daß sorteneigener Nachbau die Pflanzen mehr schwächt als sortenfremder. Nematoden-, Nährstoff-, Humus- und Wurzeluntersuchungen ergaben keine Unterschiede. Im Bedarfsfalle erscheint ein mehrjähriger Nachbau der einjährigen Erdbeerkultur vertretbar. B. Borck. 1260.

Brossier, J. O.; Montfavet, Vaucluse, Centre des Rech. Agronomiques du Sud-Est, Stat. d'Amélioration des Plantes Maraîchères. Variétés de fraisiers non remontantes inscrites au catalogue des espèces et variétés. Leur détermination et leur description. **(Nichtremontierende Erdbeersorten, die im Katalog der Gattungen und Varietäten beschrieben sind; ihre Bestimmung und Beschreibung.)** Ann. Amélioration Plantes **12** (1962) Sonder-Nr. S. 3-142.
In einer 7jährigen Arbeit wurden Beobachtungen an zahlreichen Erdbeersorten durchgeführt, wobei versucht wurde, vergleichbares Material zu verwenden, um den Einfluß der Herkunft, der Anbautechnik und ähnlichem auszugleichen. Die Schrift gibt eine Synthese dieser Beobachtungen wieder. Die Methodik, nach der die Untersuchung der Pflanzen erfolgte, wird beschrieben. Bestimmte Beziehungen für physiol. Merkmale wie früher oder später Blüh- und Reifezeitpunkt, schwacher oder starker Stolonenwuchs, Empfindlichkeit gegen Krankheitsbefall usw. werden definiert; desgleichen die morphol. Eigenschaften des Laubes, der Stolonen und der Frucht. Aus den Beobachtungen ergeben sich 2 Bestimmungstab. für die einzelnen Sorten. Die erste baut auf den Eigenschaften des Laubes, die 2. auf den Merkmalen von Laub, Blüte und Frucht auf. Es folgt eine ausführliche Beschreibung der in Frankreich angebauten Erdbeersorten mit Angabe der physiol. und morphol. Eigenschaften sowie ihrer Verbreitung und Bedeutung. G. Rinno. 1260.

Haas, P. G. de und Hildebrandt, W. **Erste Ergebnisse aus Sortenversuchen mit Kulturheidelbeeren.** Erwerbsobstbau **4** (1962) Nr. 9. S. 163-165. — 3 Abb., 4 Tab.
Zur Feststellung der Anbaumöglichkeiten für großfrüchtige Heidelbeeren wurden in der DBR Untersuchungen eingeleitet. Diese wurden mit 9 amer. Sorten und 9 Klonen des niedersächsischen Züchters Heermann in Grethem eingeleitet und in Grethem, Königsmoor bei Leer, Baumannshof bei Manding (Bayern) und in Weitmoos am Chiemsee durchgeführt. Der Versuchsanbau hatte bis jetzt folgende Ergebnisse: Die vegetative Entwicklung zeigt nach 4 Standjahren beachtenswerte Unterschiede der Sorten hinsichtlich der Strauchhöhe und der Strauchbreite. Die Ertragsleistung ist bei den einzelnen Sorten ebenfalls unterschiedlich. Die Erträge begannen im 3. Jahr nach der Pflanzung. Die Sorten 'Dixi' und 'Berkeley' brachten die höchsten Anfangserträge. Die Heermannschen Klone liegen im Schnitt höher als die amer. Sorten. Da die Pflanzen dieser Klone kräftiger als die der amer. Sorten waren, sind diese Unterschiede aber nicht gesichert. Die Reifezeit der Sorten liegt ziemlich gleich. I. allg. muß 4mal gepflückt werden. Eine günstige Konz. der Ernte weisen die Sorte 'Rancocas' und der Heermann-Klon 5381 auf. Bes. früh reift die Sorte 'Earlyblue', bes. spät die Sorte 'Dixi'. Die Fruchtreife steht selbstverständlich mit der Jahreswitterung in Verbindung. Auch die Beerengröße ist unterschiedlich. Die Beeren der jüngeren amer. Sorten haben ein größeres Einzelfruchtgewicht als die älteren amer. Sorten und die Heermann-Klone. W. Groh. 1261.

Groven, I. Sortsforsøg med hindbaer. **(Sortenversuche mit Himbeeren.)** Tidsskr. Planteavl **66** (1962) Nr. 3. S. 496–522. – 15 Abb., 11 Tab.
Die Versuche wurden 1956–61 in den schwed. Versuchsstat. Blangstedgaard (toniger Lehm), Hornum (sandiger Lehm), Spangsbjerg (leichter toniger Lehm) und Virum (toniger Lehm) durchgeführt. Die Büsche wurden im Verband 2,0 × 0,6 m gepflanzt und den Bodenverhältnissen entspr. gedüngt. Bewertet wurden folgende Merkmale: Ertrag, Großfrüchtigkeit, Schößlingszahl/100 m², Schnittumfang, durchschnittl. Schößlingslänge, Frostschaden, Handelswert, Gehalt an titrierbarer Säure, Zuckergehalt, Tr.-Subst.-Gehalt, Fruchtfarbe, Geschmack, Konsistenz konservierter Früchte und Ascorbinsäuregehalt tiefgefrorener Früchte 6 Monate nach der Ernte. Als Spitzensorten, sowohl für den Frischverbrauch als auch für die industrielle Verarbeitung, gingen folgende Sorten hervor: 'Lloyd George', 'Radboud', 'Andenken an Paul Camenzind' und 'Malling Jewel'. W. Fleischmann. 1262.

Wilson, D. Prediction of harvest date for black currants. **(Vorhersage des Erntetermins bei Schwarzen Johannisbeeren.)** Annu. Rep. agric. horticult. Res. Stat., Long Ashton, Bristol **1958** S. 78–81. – 3 Tab., 2 Lit.
Zwischen dem Termin der Blüte und dem Termin der Ernte besteht bei 7 Schwarzen Johannisbeersorten eine enge Korrelation, so daß der Blühtermin zur Ermittlung eines Schätzwertes für den voraussichtlichen Erntetermin verwendet werden kann. Die Zeitspanne zwischen Blüte- und Erntetermin ist sortenspez. Sie liegt im Mittel der untersuchten Sorten bei 89 Tagen und variiert von 79 ('Boskoop Giant') bis zu 95 Tagen ('Westwick Choice').
U. Neumann. 1265.

Lilov, D. C. (Lilow, D. Z.) Njakoi anatomični i biochimični izmenenija v oblagorodeni lozi, tretirani s chidrochinon, kaliev bromid i cheteroauksin. **(Einige anatomische und biochemische Veränderungen bei mit Hydrochinon, Kaliumbromid und Heteroauxin behandelten Pfropfreben.)** Izvestija na Instituta po biologija „Metodij Popov". Bŭlgarska akademija na naukite, Sofija **12** (1962) S. 205–227. – 14 Abb., 7 Tab., 38 Lit. Zus. in Russ., Engl.
Als Unterlagsrebe diente 'Chasselas' × 'Berlandieri 41 B', als Edelreis die Sorte 'Bolgar'. Stimuliert wurden nur die Unterlagen, indem ihre Basisteile 15 Std. in Lösungen von 0,2%igem Hydrochinon, 0,1%igem Kaliumbromid und 0,01%igem Heteroauxin getaucht wurden. Durch Hypertrophie des Bastgewebes wurde am Kopulationsschnitt der Unterlagsrebe eine stärkere Kallusbildung beobachtet. Auch an der Basis der Pfropfrebe traten dieselben Veränderungen auf. Die Bildung von mehr und stärkeren Tracheen hatte ein stärker entwickeltes Leitgewebe, eine höhere Aktivität beim Ablauf der Atmungs- und hydrolytischen Vorgänge sowie eine verstärkte N-, K- und P-Aufnahme durch die Wurzeln zur Folge. Dies führte zu einer stärkeren Ablagerung dieser Stoffe in den oberirdischen Teilen der Pfropfreben.
Z. Zankow. 1270.

Lilov, D. C. (Lilow, D. Z.) Izpitvane dejstvieto na njakoi stimulanti pri proizvodstvoto na oblagorodeni vkoreneni lozi. **(Prüfung der Wirkung einiger Wuchsstoffmittel und Chemikalien auf Pfropfreben.)** Izvestija na Instituta po biologija „Metodij Popov". Bŭlgarska akademija na naukite, Sofija **12** (1962) S. 179–203. – 4 Abb., 2 Tab., 59 Lit. Zus. in Russ., Engl.
1956–58 wurde bei 'Bolgar' auf 'Chasselas' × 'Berlandieri 41 B' die Stimulationswirkung folgender Mittel geprüft: Hydrochinon und Kaliumbromid in einer Konz. von 0,1, 0,2 und 0,4% und Heteroauxin in 0,01, 0,03 und 0,06%iger Konz. Dabei wurden nur die Basisteile der Unterlagen 15 Std. in die Lösungen getaucht. Beste Ergebnisse zeigten Heteroauxin in 0,01, Kaliumbromid in 0,1 und Hydrochinon in 0,2%iger Konz. Der Prozentsatz erstklassiger Pfropfreben war bei Hydrochinon um 15,3–18,0%, bei Kaliumbromid um 8,7–17,1% und Heteroauxin um 14,4–15,3% höher als bei der Kontrolle. Die behandelten

Pfropfreben entwickelten ein stärkeres Wurzelsystem und stärkere oberirdische Teile. Die Prüfung oben erwähnter Wuchsstoffe und Chemikalien durch Anbauversuche auf breiter Basis wird empfohlen. Z. Zankow. 1270.

Zankov, Zdr. D. (Sankow, Sdr. D.); Sofia, Höheres Landwirtsch. Inst. „Georgi Dimitrow". Rezultati ot predposevno tretirane na lozovi semena sŭs stimulirašti veštestva. **(Ergebnisse der Stimulation von Rebensaatgut vor der Aussaat.)** Izvestija na Instituta po biologija „Metodij Popov". Bŭlgarska akademija na naukite, Sofija **12** (1962) S. 253–262. — 2 Abb., 6 Tab., 12 Lit. Zus. in Russ., Engl.
Lufttrockenes und stratifiziertes Saatgut der Sorten 'Pamid' und 'Mavrud' wurden 36 und 48 Std. in Lösungen von 2% Kaliumbromid, 3% Kupfersulfat, 0,5% Kaliumpermanganat, 0,2% Hydrochinon, 2% Glyzerophosphat und 10 mg/l 2.4-D eingeweicht. Es wurden Feld- und Laborversuche durchgeführt. Die Behandlung erhöhte den Prozentsatz ausgekeimter Samen nur ganz schwach. Die Stimulationswirkung äußerte sich während der Vegetation, indem die behandelten Sämlinge im Wachstum die Kontrollpflanzen um das 2–4fache übertrafen. Bei den behandelten Samen wurde eine verstärkte Katalaseaktivität beobachtet. Z. Zankow. 1270.

Todorov, Christo. (Todorow, Christo.); Sofia, Höheres Landwirtsch. Inst. „Georgi Dimitrow". Vlijanie na filizeneto na lakomcite vŭrchu razvitieto i plodonošenieto na letorastite ot zimnite oči. **(Einfluß des Ausgeizens auf die Entwicklung und Fruchtung der Sommertriebe.)** Lozarstvo i vinarstvo, Sofija **11** (1962) Nr. 4. S. 10–18. — 2 Abb., 8 Tab., 6 Lit.
1954–57 wurden Versuche mit den Sorten 'Pamid', 'Tscherwen misket' und 'Pinot noir' durchgeführt. Bei der Sorte 'Pamid' wurde der Zapfen-, bei den anderen Sorten der verbesserte Guyot-Schnitt angewandt. Der Versuch wurde in 2 Varianten angelegt: mit und ohne Entgeizen, wobei jede Variante 150 Stöcke umfaßte. Während der Vegetation wurden Wachstum und Fruchtansatz der Sommertriebe beobachtet und am Ende des Jahres Menge und Qualität der Trauben ermittelt. Das Entgeizen bewirkte beim Zapfenschnitt besseres Wachstum und höheren Fruchtansatz. Der Traubenertrag je Weinstock stieg um 37,9–59,6%, während der Zuckergehalt nur unbedeutend zurückging. Ähnliche Ergebnisse wurden beim verbesserten Guyot-Schnitt erzielt. Z. Zankow. 1270.

Nicov, M. Périodocité quotidienne de croissance des rameaux de la vigne. **(Tageszuwachs der Sommertriebe der Rebe.)** Doklady Bolgarskoj akademii nauk, Sofija **15** (1962) Nr. 2. S. 211–214. — 1 Abb., 1 Tab., 6 Lit. Orig.: franz., Ausz.: russ.
Untersuchungsergebnisse über den Tageszuwachs der Rebensommertriebe werden mitgeteilt. Es wurde festgestellt, daß die Sommertriebe im Mai hauptsächlich am Tage, im Juli dagegen nachts wachsen. Der Junizuwachs ist tagsüber und nachts fast gleich. Z. Zankow. 1270.

Danailov, Bojan I. (Danailow, Bojan I.); Plewen, Bulgarien, Zentr. Forsch.-Inst. für Weinbau und Weinbereit. Dinamika na usvojaemite formi na azota pri torene na siva gorska počva, zasadena s lozja. **(Dynamik der aufnehmbaren Stickstofformen bei Düngung der mit Weinreben bepflanzten Bleicherden.)** Lozarstvo i vinarstvo, Sofija **11** (1962) Nr. 3. S. 15–20. — 4 Tab., 10 Lit.
In einer Tiefe von 0–100 cm wurde der Bodengehalt an leichtlöslichem N sowie an Ammoniak- und Salpeter-N untersucht. Die Bodenproben wurden bei folgenden Entwicklungsstadien der Reben entnommen: nach der Blüte, z. Z. des Beerenwachstums bis Erbsengröße, z. Z. der Beerenfärbung und während des Blattfalles. Der höchste Gehalt an leichtlöslichem N wurde bis zu einer Bodentiefe von 30 cm festgestellt. Unter 60 cm war die N-Menge in der gedüngten und ungedüngten Parzelle fast gleich. Die Hauptmenge an

leichtlöslichem N im Boden liegt im Herbst bei einer Bodentiefe bis zu 40 cm vor. Bei Niederschlägen dringt ein wesentlicher Teil davon bis in eine Tiefe von 1 m. Der Ammoniak-N kommt vorwiegend in einer Tiefe von 10–30 cm vor und unterliegt keiner Auswaschung. Unter 30 cm wurde dieser bei gedüngt und ungedüngt in fast gleicher Menge festgestellt. Der Nitrat-N ist in allen Tiefen erheblich vermehrt. Im Spätsommer wird er mehr in den oberen Bodenhorizonten (10–40 cm) abgelagert. M. Stoilow. 1270.

Kadisch, E.; Oppenheim. **Gedanken zur Phosphorsäure-Düngung im Weinbau.** Dtsch. Weinbau **17** (1962) Nr. 23. S. 895. 1270.

Anonym. **Die Phosphatdüngung der Rebe.** Dtsch. Weinbau **17** (1962) Nr. 23. S. 904. 1270.

Pavlov, Nikola Sp. (Pawlow, Nikola Sp.); Plewen, Bulgarien, Zentr. Forsch.-Inst. für Weinbau und Weinbereit. Uskorjavane uzrjavaneto na grozdeto ot desertnite sortove v polietilenovi oranžerii. **(Reifebeschleunigung bei Tafeltraubensorten in Polyäthylen-Gewächshäusern.)** Lozarstvo i vinarstvo, Sofija **11** (1962) S. 19–24. – 1 Abb., 3 Tab., 8 Lit.
250 m² eines Weingartens mit den Sorten 'Bolgar' und 'Dimjat' wurden im März mit Polyäthylenfolien überspannt und diese am 2. Juni abgenommen. Nach der Blüte wurden einem Teil der Weinstöcke zwecks Unterbindung der vollen Saftzufuhr die Fruchttriebe angeschnitten. Alle Entwicklungsphasen der Reben liefen rascher ab. Die Beschleunigung bei den einzelnen Stadien betrug: bei der Knospenbildung 7 Tage, dem Blühbeginn 8–10, dem Weichwerden der Beeren der angeschnittenen Reben 10, der unbehandelten Reben 7, der Pflückreife der Sorte 'Bolgar' 14 und der Sorte 'Dimjat' 18 Tage. Bei den durch Sommertriebanschnitt behandelten Rebstöcken setzte die Pflückreife noch früher ein: bei 'Bolgar' um 22 Tage, bei 'Dimjat' um 24 Tage früher. Die Qualität der unter Polyäthylenfolien gereiften Trauben war besser.
Z. Zankow. 1270.

May; Neustadt/Weinstr., Landes-Lehr- und Forsch.-Anst. für Wein- und Gartenbau. **Die Winterfurche im Weinbau.** Dtsch. Weinbau **17** (1962) Nr. 23. S. 894. 1270.

E. Zierpflanzenbau

Hofman, N. C. Bloementeelt in Denemarken. **(Zierpflanzenbau in Dänemark.)** Vakbl. Bloemisterij **17** (1962) Nr. 25. S. 446–447. – 5 Abb.
Steigende Exporte von Schnittblumen und Topfpflanzen veranschaulichen die schnelle Entwicklung des dänischen Zierpflanzenbaus, bes. bei Odense auf Fünen. So stieg der Umsatz der GASA/Odense von 1956–1961 von 40 Mill. Dänische Kronen auf 65,5 Mill., der Zierpflanzenanteil von 10 auf 24,3 Mill. Die Einzelbetriebe sind größer als in den Niederlanden und können sich unbeschränkt ausbreiten. Der Gewächshausbau wurde durch Standardisierung (12- u. 20-m-Häuser mit 90 × 90 cm großen Scheiben) verbilligt, techn. Verbesserungen werden laufend durchgeführt. So sind Ölheizung, automatisierte Belichtungsanlagen, Thermostaten zur Temperaturregelung und fest installierte Beregnungsanlagen selbstverständlich. Einige Betriebe besitzen bereits automatische Schattierungsanlagen. Der hohe Stand der Technisierung ermöglicht Löhne, die zu den höchsten in Europa gehören.
D. Schulz. 1315.

Oortgijs, J. Het nieuwe hulpmiddel OASIS. **(Das neue Hilfsmittel OASIS.)** Vakbl. Bloemisterij **17** (1962) Nr. 36. S. 662–663. – 7 Abb.
An Hand von Abb. werden die Verarbeitungsmöglichkeiten des in den USA entwickelten Plaststoffes OASIS erläutert. Er zeichnet sich durch hohe Waserkapazität aus und wird bei Schnittblumengestecken wie *Sphagnum* verwendet. D. Schulz. 1325.

Cathey, Henry M.; Beltsville, Md., U.S. Dep. of Agric., A. R. S., Crops Res. Div. New discoveries in plant growth. **(Neue Erkenntnisse über das Pflanzenwachstum.)** Amer. horticult. Mag. **41** (1962) Nr. 3. S. 156–162. – 6 Abb., 1 Tab., 8 Lit.

Vf. berichtet über den Einfluß von Phosfon (Tributyl-1.2.4-dichlorbenzyl-phosphoniumchlorid), CCC (2-Chloräthyl-trimethyl-ammoniumchlorid) und Amo 1618 (4-Hydroxy-5-isopropyl-2-methylphenyl-trimethyl-ammonium-chlorid, 1-Piperidincarboxylat) auf das Pflanzenwachstum. Bei den meisten Pflanzen kann man das Wachstum durch entspr. Auswahl der Substanzen regulieren. Vf. führt Beispiele an. Weiter geht er auf die Beeinflussung des Wachstums (**I**) und der Blütenbildung (**II**) durch intermittierende Belichtung ein; als Beispiele führt er die Beeinflussung der **II** bei Chrysanthemen und des **I** bei Ahornsämlingen an. H. Ackermann. 1330.

Chiapparini, L.; Milano. Prove di allevamento di piante ortive ed ornamentali in vasi di plastica. Considerazioni colturali e fitosanitarie. Nota prima. **(Versuche mit Gemüse- und Zierpflanzen in Plastiktöpfen. Der Einfluß auf Pflanzenwachstum und Gesundheit. 1. Mitt.)** Riv. Ortoflorofrutticolt. ital. **46(87)** (1962) Nr. 2. S. 139–154. – 9 Abb., 3 Tab. Zus. in Engl.

Bohnen, Erbsen, Nelken, Begonien, Gladiolen und *Monstera deliciosa* wurden in Plastiktöpfen im Gewächshaus bei kontrollierter Temperatur und Feuchtigkeit kultiviert. Die Entwicklung der Gladiolen war normal, die von Erbsen und Bohnen etwas besser als in Tontöpfen, während die Nelken und Begonien in ihrer Entwicklung eine klare Überlegenheit gegenüber der Topfkultur zeigten. Die Menge und Häufigkeit der Bewässerung der Pflanzen wurde für Gefäße mit und ohne Abzugsloch im Boden untersucht und der Einfluß dieser Faktoren auf das Wachstum diskutiert. Über die Untersuchungsergebnisse in bezug auf die Entwicklung der Pflanzenwurzeln wird berichtet. *Monstera* zeigte in Plastiktöpfen ein geringeres Wachstum, was wahrscheinlich durch das Vorhandensein einer intensiveren Atmungsaktivität der Wurzeln hervorgerufen wird. Im Hinblick darauf sollte *Monstera* in Plastiktöpfen nur mit bereits ausgebildeten Luftwurzeln kultiviert werden. I. Förtsch. 1330.

Heft, L. **Eine neue Anzuchtmethode für Baumschulpflanzen.** Gartenwelt **62** (1962) Nr. 18. S. 374–375. – 6 Abb.

Kulturziele bei Baumschulgehölzen sind ausreichende Wurzelverzweigung und gute Ballenbildung. Ohne Töpfe zu verwenden, soll dies durch Einballieren der Pflanzen erreicht werden. Das empfohlene Balliergerät arbeitet nach dem Prinzip der Zigarettenhanddrehmaschine unter Verwendung von leicht korrodierendem Maschendraht und torfhaltigen Substraten. 3 Ballengrößen gestatten vielseitige Einsatzmöglichkeiten. H. Erfurth. 1330.

Gill, D. L.; Tifton, Ga., U. S. Dep. of Agric., A.R.S. Test growth regulators on azaleas. **(Versuche mit Wuchsstoffen bei Azaleen.)** Amer. Nurseryman **116** (1962) Nr. 4. S. 17. 60–63. – 2 Abb., 2 Lit.

Azaleen werden in den Südstaaten Anfang Aug. zum letzten Male geschnitten, da später der Blütenansatz gefährdet ist. Wegen des ungleichmäßigen Neuaustriebes sind die Pflanzen aber zur Weiterkultur im Gewächshaus wenig geeignet. Deshalb wurden in einer Schattenhalle ausgepflanzte Azaleen (letzter Rückschnitt 29. Juni) und gekaufte Topfpflanzen (letzter Rückschnitt 12. Aug.) mit Cycocel oder Phosfon gegossen, bzw. mit Cycocel 3mal besprüht. Phosfon-Sprays wurden nicht erprobt, da bereits bei Camellien Blattschäden beobachtet wurden. 0,4 u. 0,8% Cycocel und 0,184% Phosfon werden als günstigste Dosierungen der Praxis empfohlen, die Sprühverfahren sind leichter anzuwenden. Bei gleichmäßigem Wachstum und besserem Blütenansatz verzögerte sich der Blühtermin. Diese Verzögerung läßt sich vielleicht beim

Versand nach dem Norden ausnutzen (späterer Versand, Pflanzen bei Ankunft noch nicht blühend). Die Möglichkeit, durch Schnitt und Wuchsstoffbehandlung den Blühtermin zu verlegen, wird angedeutet. D. Schulz. 1335.

Bowe, R.; Dresden-Pillnitz, Inst. für Obst- und Zierpflanzenbau der Dtsch. Akad. der Landwirtsch.-Wiss. zu Berlin. **Welche Faktoren beeinflussen die Blütenbildung bei Azaleen?** Dtsch. Gartenbau 9 (1962) Nr. 8. S. 217–218. – 6 Lit.

Frühere Versuche ergaben, daß sich eine Schattengabe bis 15. Juli im Jahr der Knospenbildung günstig auf die Treibfähigkeit auswirkte, es könnte aber auch gleichzeitig eine Temperaturwirkung aufgetreten sein. Durch Zusatzbelichtung kann bes. bei der frühen Treiberei eine frühere Blüte erzielt werden. Weiterhin hat die Temperatur einen starken Einfluß auf die Knospenbildung und -ausreifung. Die Knospenbildung erfolgt im Juli/Aug., dazu sind Temperaturen von 25 °C erforderlich, während zur Knospenausreifung nur 5, höchstens 10 °C nötig sind. Daraus erklärt sich die unterschiedliche Treibqualität der Azaleen. Gegebenenfalls müßte man den natürlichen Temperaturverlauf durch geeignete Kulturmaßnahmen beeinflussen. Schließlich wird die Blütenbildung durch die Düngung beeinflußt. Die Azalee spricht in ihrer generativen Entwicklung bes. auf N an. Gut mit N versorgte Pflanzen blühten früher. Bei einem Verhältnis N:P:K = 3:1:2 sollten Azaleen im Jahr der Knospenbildung kontinuierlich mit N versorgt werden. U. Walter. 1335.

Otto, A.; Wolbeck, Landwirtschaftskammer Westfalen-Lippe, Gärtner. Versuchsanst. Gartenbauschule. **Terminkultur mit Chrysanthemen in Erde und Kiessubstraten.** Gartenwelt 62 (1962) Nr. 13. S. 263–264. – 5 Abb., 2 Tab.

Die Terminkultur ist selbst in kleinen Betrieben durchführbar. Die Ganzjahreskultur bedarf einer Mindestglasfläche von 500 m². Der je nach Jahreszeit notwendige Langtag macht während der Gesamtvegetationszeit etwa 3–7 Wochen aus. In den Monaten Aug. bis Mai ist dafür eine tägl. Zusatzbeleuchtung von 1–5 Stunden erforderlich. Die Kurztagbehandlung setzt ein, wenn die Pflanzen etwa 25–30 cm hoch sind. Großräumige Gewächshäuser mit reichlich Lüftung und Heizung sind notwendig. Der Pflanzabstand beträgt 12–15 cm. Der Bodenzustand wird durch jährliche Dämpfung, Untersuchung der Nährstoff- und Salzkonz., Humusversorgung und Düngung günstig gestaltet. Nährstoffe und Wasser werden in einem Arbeitsgang verabreicht. Wichtig ist die vorbeugende Schädlingsbekämpfung. Bei kleinblumigen Chrysanthemen werden gut garnierte Stiele durch Entfernen der Mittelknospe erzielt. Es werden Angaben über die Eignung einiger Sorten für die Blüte zu bestimmten Zeiten des Jahres gemacht. Eine Übersicht verdeutlicht die Zusammenhänge bei der gesteuerten Kultur, eine weitere Übersicht macht Angaben über die Zusammensetzung der Nährlösungen bei der Erdkultur und der Kultur in Kiessubstraten. H. Jank. 1340.

Maatsch, R. und Rünger, W.; Hannover, TH, Inst. für Zierpflanzenbau. **Zyklische Belichtung bei Chrysanthemen.** Gartenwelt 62 (1962) Nr. 15. S. 303 bis 304. – 1 Tab., 1 Lit.

Der Effekt der zyklischen Belichtung bei der Langtagbehandlung bei Chrysanthemen ist der gleiche wie bei zusammenhängender Belichtung in der Nachtmitte. Dadurch ergibt sich eine Stromersparnis und höhere Wirtschaftlichkeit, selbst dann, wenn eine komplizierte und deshalb teure Schaltvorrichtung angeschafft werden muß. Vff. berichten über entspr. Versuche mit den Sorten 'Mefo' und 'Luyona'. Vor der für alle Versuchsglieder gleichartigen Kurztagbehandlung wurde unterschiedlich belichtet. Die Zeit der Langtagbehandlung betrug in diesen Versuchen 61 und 45 Tage. Die Sorten zeigten unterschiedliche Empfindlichkeit. In der Praxis paßt man sich der weniger empfindlichen Sorte an. Die gleiche Wirkung wie 4 Std. Licht zusammenhängend von 22–2 Uhr mit 50 lx gegeben, hatten folgende Varianten: 15 Min. Licht (L.), 45 Min. Dunkelheit (D.) mit 50 lx von 22–2.15 Uhr (das sind 5 Lichtgaben in der Nachtmitte). Diese Belichtung wird bes. empfohlen. Die gleiche Wirkung hat auch: 1 Std. L., 2 Std. D., 1 Std. L. von 22–2 Uhr mit 50 lx, oder 30 Min. L., 40 Min. D., 22–2 Uhr, 50 lx oder 24 Sek. L., 60 Sek. D., 22–2 Uhr, 50 lx oder dasselbe mit 100 lx oder 15 Sek. L., 45 Sek. D., 22–2 Uhr, 50 lx oder 15 Sek. L., 45 Sek. D., 16–7 Uhr, 50 lx oder 15 Sek. L., 45 Sek. D., 22–2 Uhr, 100 lx oder 5 Sek. L., 55 Sek. D., 22–2 Uhr, 100 lx.

H. Jank. 1340.

Pecket, R. C. und Selim, A. R. A. A.; Manchester, Dep. of Bot.; Cairo, Fac. of Agric. Blueness of flowers of Lathyrus hybrids. **(Blaufärbung der Blüten bei Lathyrus-Hybriden.)** Nature [London] **195** (1962) Nr. 4841. S. 620. — 1 Tab., 5 Lit.

Artkreuzungen innerhalb der Sektion Clymenum bestätigten die Vermutung, daß die Flavonole Quercetin und Kaempferol die Hauptursache bei der Blaufärbung der Anthocyanidin enthaltenden Petalen darstellen. Die bei *Lathyrus articulatus* und *L. clymenum* rotgefärbten Petalen traten auch bei den aus diesen Arten hervorgegangenen Hybriden wieder auf, während der Flavonolgehalt der zartgelben Petalen von *L. ochrus* bei Kreuzungen mit den nur Anthocyanidin enthaltenden Arten eine Blaufärbung hervorrief.

D. Schulz. 1340.

Augustin, E.; Quedlinburg, Versuchsstat. der Zentralstelle für Sortenwes. Nossen. **Wertvolle Sommerblumenneuheiten.** Dtsch. Gartenbau **9** (1962) Nr. 8. S. 214-217. — 3 Abb.

8 neue Astern- und 2 neue Petuniensorten werden beschrieben. Die Päonienaster 'Goldschatz' ist eine dunkelrosa Weiterentwicklung der alten 'Goldrose'. Die Päonienaster 'Blauer Turm' ist eine Verbesserung von 'Hellblau'. Die Schnittaster 'Hannelore' wurde aus verschiedenen Zuchtstämmen der Korallenaster 'Rosenelfe' selektiert und ist großblumiger und feinstrahliger als diese. Die Schnittaster 'Carola' stellt einen neuen Blumentyp dar mit 13 cm großen, dunkelrosa Blumen und krallenförmigen Petalen. Sie stellt gesteigerte Ansprüche an die Umwelt, Blühbeginn ist spät. Die Beet- und Schnittaster 'Granat' entstand aus Zuchtstämmen roter Kometenastern und ist die dunkelfarbigste Sorte im Gesamtsortiment, mit guter Wirkung bes. bei Kunstlicht. Die Juliaster 'Harzfeuer' ist leuchtend scharlachrot und ersetzt die wenig standfeste 'Lachskarmin'. Sie blüht ca. 5 Tage später als die anderen Juliastern. Die halbhohe Beetaster 'Bellisblütige Cyriaksburg Rot' enstand durch Selektion aus der alten Sorte 'Bellisblütige Cyriaksburg'. Die Zwergaster 'Blütenteppich Weiß' schließt eine Lücke im bisherigen Sortiment der 'Blütenteppich'-Astern. Die Petunienneuheit 'Niobe' stellt eine blaublühende 'Himmelsröschen' dar, im Farbton der Sorte 'Blaue Wolke'. Die Petunie 'Rotröckchen' ist eine allgefüllte scharlachrote Sorte von geringer Niederschlagsempfindlichkeit. U. Walter. 1342.

Neumann, G. **Die Sortensichtung bei Antirrhinum.** Arb. Zentralstelle Sortenwes. **1962** Nr. 16. S. 31-64. — 8 Abb., 2 Tab.

1952 wurde ein Vergleichsanbau mit 225 Sorten und 464 Herkünften begonnen, der mit abnehmender Sorten- und Herkunftszahl bis 1960 an 3 Versuchsorten (Nossen, Berlin, Quedlinburg) fortgesetzt wurde. Ziel des Versuches war 1. Aufstellung des Sortimentes empfehlenswerter Sorten, 2. Streichung nichtanbauwürdiger Sorten, 3. Feststellung der sortentypischen Herkünfte, 4. Ermittlung von Synonymen. Zur Bewertung wurden 18 Merkmale bonitiert, wobei bes. Wert auf die Blüteneigenschaften, Ausgeglichenheit, Sortenreinheit und Resistenz gelegt wurde. Ab 1955 konnte in den Versuch die Prüfung von Neuheiten und Neueinführungen aufgenommen werden. Von insg. 252 geprüften Sorten konnten 50 in das Empfehlungssortiment aufgenommen und

in ihren wichtigsten Eigenschaften beschrieben werden. Bei den nicht für einen Anbau zu empfehlenden Sorten wurde der Ablehnungsgrund angegeben. Da die Klassifizierung der Sorten in den Katalogen der Zuchtbetriebe unterschiedlich vorgenommen wird, ist ein neues vereinfachtes System der Gruppierung aufgestellt worden. Die empfehlenswerten Sorten sind gruppiert in: 1. Hohe Sorten (nur zum Schnitt): a) Sorten aus der *nanum maximum*- und *nanum grandiflorum*-Klasse, b) Sorten aus der *maximum unicaulis*-Klasse (unverzweigt), c) rostresistente Sorten. 2. Halbhohe Sorten (zum Schnitt und zur Beetbepflanzung): a) Sorten aus der *nanum maximum*- und *nanum grandiflorum*-Klasse, b) Sorten aus der *maximum hyazinthiflorum*-Klasse. 3. Zwergsorten (nur zur Beetbepflanzung). 4. Sorten für den Anbau unter Glas.
P. Hahn. 1342.

Augustin, E. **Die Ergebnisse der Sortenvergleichsprüfungen bei Petunia hybrida (Vilm.).** Arb. Zentralstelle Sortenwes. **1962** Nr. 16. S. 65-98. — 8 Tab., 22 Lit.
Von 1954-59 wurde eine Sichtung des Sortiments der Gattung *Petunia hybrida* (Vilm) durchgeführt. Der Anbau erfolgte im Freiland und z. T. im Frühbeetkasten unter Glas in Nossen und Quedlinburg. Der Versuch umfaßte 158 Sorten. Zur Bewertung wurden folgende Eigenschaften und Merkmale bonitiert: Sämlingsentwicklung, Habitus, Pflanzenhöhe, Blütenform, -farbe, -füllung und -größe, Blühdauer, Blühwilligkeit und Resistenz. Als Ergebnis der umfangreichen Versuche können 31 einfarbige und 7 mehrfarbige Sorten allg. empfohlen werden. Die herausgestellten Sorten werden beschrieben, die abgelehnten mit Angabe der Blütenfarbe, des Wuchses und Streichungsgrundes aufgeführt. Für die Pflanzenzüchter ergeben sich folgende Zuchtziele: buschig verzweigter Wuchs, über dem Laub blühende witterungsunempfindliche Blüten, nichtverblassende Blütenfarben, duftende gefülltblühende Sorten, neue bisher unbekannte Blütenfarben, Heterosissorten und Pollensterilität.
P. Hahn. 1342.

Uhlig, B. **Ergebnisse der Sortenwertprüfungen mit Viola × wittrockiana.** Arb. Zentralstelle Sortenwes. **1962** Nr. 16. S. 99-132. — 3 Tab.
Von 1952-54 wurde die Sichtung des umfangreichen Sortimentes von *Viola × wittrockiana* durchgeführt. Der Vergleichsanbau erfolgte an den 3 nach Boden und Klima unterschiedlichen Prüfstellen Nossen, Berlin und Dresden-Pillnitz. Als Ergebnis des Versuches wurde der größte Teil der spätblühenden und wenig sortenreinen Klassen (Cassier-, Odier-, Trimardeau-, Riesenstiefmütterchen gestrichen und nicht weiter geprüft. Im Jahre 1956 konnten von 150 geprüften Sorten 33 in das Empfehlungssortiment aufgenommen werden. Die typischen Herkünfte der empfehlenswerten Sorten werden an 2 Versuchsstellen ständig weiter beobachtet. Zur Bewertung der Sorten fanden folgende Merkmale Verwendung: Wuchs, Blühbeginn im Herbst und Frühjahr, Frosthärte, Sortenreinheit, Blütengröße und -form. Nach dem Wuchs erfolgt eine Einstufung in 5 Gruppen. Die empfehlenswerten Sorten der Klassen *Viola × wittrockiana hiemalis* (13 Sorten), *Viola × wittrockiana* Pirnaer winterblühende Stiefmütterchen (5 Sorten), *Viola × wittrockiana* Riesenblumige winterblühende Stiefmütterchen (3 Sorten), *Viola × wittrockiana* Schweizer Riesen (7 Sorten), *Viola × wittrockiana* Quedlinburger Riesen (5 Sorten) werden umfassend beschrieben. Die abgelehnten Sorten werden mit Angabe von Blütenfarbe, Blütezeit und Streichungsgrund aufgeführt. Für den Pflanzenzüchter ergeben sich aus den Versuchen folgende Zuchtziele: gedrungener buschiger Wuchs, frühe und gleichmäßige Blütezeit, reine leuchtende Farben, große geschlossene Einzelblüten, reicher Blütennachschub, Widerstandsfähigkeit gegenüber Kahlfrost, Wind und Regen. P. Hahn. 1342.

Sehm, E. **Ergebnisse der Sichtungsarbeiten am Sortiment von Delphinium ajacis L. und Delphinium consolida L.** Arb. Zentralstelle Sortenwes. **1962** Nr. 16. S. 19-29. — 3 Tab.

Von 1957-60 wurde in Nossen, Quedlinburg und Dachwig das Sortiment *Delphinium ajacis* L. und *Delphinium consolida* L. im Vergleichsanbau geprüft. Der Versuch umfaßte 49 Sorten und 85 Herkünfte von 5 Zuchtbetrieben. Geprüft und bewertet wurden: Sämlingsentwicklung, Verzweigung, Pflanzenhöhe, Blütenfarbe, -größe und -füllung, Länge und Dichte des Blütenstandes, Blühbeginn, Remontieren der Blüte und Resistenzeigenschaften. Als allg. empfehlenswert und anbauwürdig können aus den Klassen herausgestellt werden: 1. Niedriger Hyazinthen-Rittersporn: die Sorten 'Weiß', 'Rosa', 'Ziegelrot', 'Hellblau', 'Dunkelblau'. 2. Hoher Gefüllter Rittersporn: die Sorten 'Weiß', 'Rosa', 'Ziegelrot', 'Rotdorn', 'Hellblau', 'Dunkelblau'. 3. Später Hoher Gefüllter Rittersporn: die Sorten 'Weiße Pyramide', 'Rosamunde', 'Karminkönig', 'Blaue Glocke', 'Blaue Pyramide'. Diese Sorten werden ausführlich beschrieben. Die für den Anbau nicht geeigneten Sorten werden mit Angabe des Ablehnungsgrundes aufgeführt. Für die Pflanzenzüchter ergeben sich an Zuchtzielen: leuchtende Blütenfarben, bes. bei roten Sorten, langer, dicht mit Blüten besetzter Blütenstand, große, gut gefüllte Einzelblüten, gute Standfestigkeit, Resistenz u. a. P. Hahn. 1345.

Hansen, R. **Ergebnisse der Trollius-Sichtung.** Zbl. dtsch. Erwerbsgartenbau **14** (1962) Nr. 36. S. 4.
Durch mehrjährige Beobachtungen in Hamburg und Weihenstephan konnte das *Trollius*-Sortiment gesichtet werden. Dabei wurden bes. die Blüheigenschaften und der Wuchscharakter beurteilt. Das Standardsortiment umfaßt 8 Sorten: 'Goldquelle', *Tr. ledebouri* 'Golden Queen', 'Orange Globe', 'Earliest of All', 'Prichard's Giant', 'Aetna', *Tr. europaeus* 'Superbus' und 'Alabaster'. Die Sorten wurden charakterisiert. 23 Sorten gelten als überholt, 17 wurden zurückgestellt. H. Erfurth. 1345.

Fritzsche, W. und Halang, H.; Dresden-Pillnitz, Inst. für Obst- und Zierpflanzenbau der Dtsch. Akad. der Landwirtsch.-Wiss. zu Berlin. **Arbeitszeitaufwand bei Calceolarien, Cinerarien, Gloxinien und Pelargonien.** Dtsch. Gartenbau **9** (1962) Nr. 12. S. 327-330. – 5 Abb., 5 Tab., 1 Lit. nach Zus.
Von Calceolarien, Cinerarien, Gloxinien und Pelargonien wurden Höhe und Verlauf des Arbeitszeitaufwandes festgestellt. Damit sollten Anhaltspunkte für Planung und Spezialisierung dieser für das artengerechte Angebot wichtigen Topfpflanzen gegeben werden. Die einzelnen Arten waren durch einen voneinander abweichenden Arbeitszeitverlauf gekennzeichnet. Der effektive Arbeitszeitaufwand bewegte sich innerhalb der 4 Arten zwischen 5 und 10 Min. pro Stck. Der Anteil des direkten Lohnes am erzielten Bruttoumsatz betrug 10-13%. Damit kommt zum Ausdruck, daß das Verhältnis von Arbeitszeitaufwand zu Bruttoumsatz zwischen diesen Arten vergleichbar und nur geringfügigen Unterschieden unterworfen ist. Die durch Kalkulation ermittelten Kostensätze weisen für alle besprochenen Arten eine gute Rentabilität aus. 1355.

Sehm, E. **Die Ergebnisse der Sichtungsarbeit bei Primula sinensis.** Arb. Zentralstelle Sortenwes. **1962** Nr. 16. S. 3-17. – 8 Abb.
Zur Ermittlung der allg. empfehlenswerten Sorten wurden in den Jahren 1959-61 Sorten- und Herkunftsvergleiche in Pillnitz und Dresden durchgeführt. Geprüft wurden 32 in der DDR im Handel befindliche Sorten mit bis zu 4 Herkünften. Der Anbau erfolgte praxisüblich als kombinierte Kasten-Hauskultur. Geprüft und bewertet wurden: Sämlingsentwicklung, Habitus, Pflanzenhöhe, Pflanzendurchmesser, Standfestigkeit, Laubgröße, -form und -farbe, Blütenform, -farbe und -größe, Form und Farbe des Blütenauges, Blütezeit, Blühwilligkeit und Flächenbedarf. Als Ergebnis der Versuche konnten die Sorten 'alba magnifica', 'Heideröschen', 'Dua', 'Kardinal', 'Brillant compacta Verna' und 'coerulea compacta' allg. empfohlen und die Sortenmerkmale und Anbaueigenschaften ausführlich beschrieben werden. Die nicht

zu empfehlenden Sorten werden mit Angabe des Ablehnungsgrundes kurz charakterisiert. Die züchterische Bearbeitung dieser Sorten ist nicht mehr lohnend. Für die Pflanzenzüchter können als künftige Zuchtziele genannt werden: reine intensive Blütenfarben, gute Haltbarkeit bei hohen Temperaturen, einfache, gleichmäßig gefranste Blüten, kurze Kulturzeit, kräftiger und kompakter Wuchs, Stengelfäuleresistenz u. a. P. Hahn. 1355.

Strysom, J. C. und Maanen, G. H. van; Pretoria, Horticult. Res. Stat. A new method of propagating roses in winter and early spring. **(Eine neue Methode, Rosen im Winter und zeitigen Frühjahr zu vermehren.)** South African J. agric. Sci. **5** (1962) Nr. 1. S. 157-161. — 2 Abb., 3 Lit.

Die allg. übliche Okuliermethode mit T-Schnitt kann in Südafrika nur von Okt. bis Apr. angewandt werden und bringt in einem Kulturjahr höchstens 50% verkaufsfähige Pflanzen. Versuche in Pretoria zeigten, daß die aus den USA eingeführte *Rosa multiflora* Clarke schnellwüchsigere Unterlagen liefert als *R. multiflora*. Die Febr.-Vermehrung kann bereits im Juli veredelt und im Jan. verkauft werden. Die Unterlagen werden 3-5 Wochen nach der Veredlung einige cm über der Veredlungsstelle abgeworfen, damit die Augen sicher durchtreiben. Von Anfang Juli bis Anfang Aug. können die Edelreiser direkt von den Sträuchern gewonnen werden. Später wird Material verwendet, das in der letzten Juliwoche geschnitten und bei 32-34 °F aufbewahrt wird. Schematische Zeichnungen veranschaulichen die Veredelungsmethode, bei der ein Stück Rinde so entfernt wird, daß ein entsprechendes Rindenstück mit Auge hinter eine kleine Zunge geschoben werden kann. Das bei den Versuchen ermittelte Zahlenmaterial soll noch veröffentlicht werden.

D. Schulz. 1380.

Groven, I. Forsøg med planteskolekulturer. **(Kulturversuche mit Pflanzen in Baumschulen.)** Tidsskr. Planteavl **66** (1962) Nr. 3. S. 458-478. — 6 Abb., 13 Tab.

Von 1956-61 wurden an den schwed. Versuchsstationen Hornum und Spangsbjerg 3 Versuchsserien mit verschiedenen Forstpflanzen durchgeführt, und zwar: 1. Wurzelschnitt, 2. Einschlagen der zum Verpflanzen bestimmten Pflanzen in Lehmbrei, 3. Bodenbedeckung. —Zu 1: Beschnitten wurden im Pflanzbeet Pflanzen mit typischer Pfahlwurzel, wobei zwischen Hartholz (Buche, Weißdorn, Eberesche) und Weichholz (Fichte, Rottanne, Lärche, Douglasie) unterschieden wurde. Die Schnittiefe wurde variiert. Die Behandlungen führten zu harmonischerem Wachstum, besserer Ausbildung des Wurzelsystems und damit zu schnellerem Anwachsen am endgültigen Standort. Die Jungbäume mit hartem Holz werden am besten Anfang Sept. 15 cm tief geschnitten, die Weichholzbäume im Apr. und erneut im Aug. 10-12 cm tief. — Zu 2: Das Eintauchen der ausgegrabenen Wurzelballen in einen Torf-Lehmbrei wirkte sich bes. dann sehr günstig auf das spätere Anwachsen aus, wenn heißes und windiges Wetter vorherrschte und die Jungbäume längere Zeit (Transport usw.) außerhalb des Bodens bleiben mußten. — Zu 3: Es wurden verschiedene Materialien (gewöhnlicher Sand, Erde, Sägespäne, Kieselgur, Celluloseabfälle sowie helle und dunkle Polyäthylenfolie) auf ihre Eignung als Bedeckungsmaterial für Saatbeete nach erfolgter Aussaat geprüft. Der gewöhnliche Sand erwies sich am wirkungsvollsten, allerdings muß der pH-Wert (möglichst nicht zu hoch) von Zeit zu Zeit reguliert werden.

W. Fleischmann. 1380.

Dickey, R. D., Poole, R. T. und Joiner, J. N. Effects of nitrogen and potassium levels and two application intervals on growth and chemical composition of Rhododendron indicum and Viburnum suspensum. **(Die Wirkung von Stickstoff- und Kaliumgaben und zwei Düngungsintervallen auf das Wachstum und die chemische Zusammensetzung von Rhododendron indicum**

und Viburnum suspensum.) Proc. Florida State horticult. Soc. **74** (1961, hrsg. 1962) S. 436–440.
Bei der Anzucht von Ziergehölzen in Gefäßen wurden Düngungsversuche durchgeführt, bei denen man N und K in je 3 Mengen verabreichte. Das Substrat aus Torf, Perlit und Feinsand wurde angereichert mit insgesamt je 60, 120 oder 240 lb./acre und Jahr in Einzelgaben von 2- oder 8-wöchentlichem Abstand. Als Versuchspflanzen benutzte man *Rh. indicum* 'Formosa' und *Vib. suspensum*. Die Messung der vegetativen Leistung nach 16 Monaten erfolgte nach 4 Methoden. In allen Fällen verursachte erhöhte N-Zufuhr eine starke Wachstumssteigerung. Infolge des rel. hohen K-Gehaltes im Substrat gab es durch K-Zufuhr nur geringe Wuchsdifferenzen. Bei *Rh. indicum* war die dichtere Düngungsfolge bei mittleren und hohen N-Gaben leicht überlegen. Für die Praxis kann die 14täg. Düngung nicht empfohlen werden. Die chem. Zusammensetzung des Laubes wurde durch Düngung und Düngeabstände beeinflußt. H. Erfurth. 1380.

X. PFLANZENZÜCHTUNG

A. Allgemeine Literatur, Berichte, Statistiken u. a.

Howard, H. W.; Trumpington, Cambridge, Plant Breeding Inst. Crops and plant breeding. **(Nutzpflanzen und Pflanzenzüchtung.)** J. Roy. agric. Soc. England **122** (1961) S. 139–149. — 8 Lit.
Vf. befaßt sich mit einigen wichtigen Faktoren, die in England für die Pflanzenzüchtung von Bedeutung sind. Seit dem Jahre 1960 liegt dem Parlament ein Gesetz zur Verabschiedung vor, das nach der internationalen Konferenz in Schweden über dieses Problem i. J. 1954 ausgearbeitet wurde und die Rechte des Pflanzenzüchters schützen soll. Bevor es aber verabschiedet werden kann, ist noch viel Arbeit erforderlich, u. a. in folgender Hinsicht: Die Registrierung neuer Sorten wird vom National Inst. of Agric. Bot. vorgenommen. Die Bedeutung dieses Inst. für die Pflanzenzüchtung wird erläutert. — Bes. Bedeutung hat der Anbau von Futterpflanzensorten. Obwohl gegenwärtig etwa 36000 acres gegenüber 1500 i. J. 1941 mit Zuchtsorten zur Vermehrung bestellt sind, ist diese Fläche noch zu gering. Dies hängt aber davon ab, ob es gelingt, die Anbauer von der besseren Leistung anerkannter Zuchtsorten zu überzeugen. — Abschließend bespricht Vf. Probleme der Unkrautbekämpfung, die insbes. für die Vermehrung in vieler Hinsicht von Bedeutung sind. Auch diese Probleme sollte der Gesetzgeber nicht unberücksichtigt lassen. Trotz beachtlicher Fortschritte bei der chem. Unkrautbekämpfung sind die wichtigsten Mittel nach wie vor ordentliche Fruchtfolgen, gute Bodenbearbeitung und -pflege, u. a. Düngung.
K. Schulz. 1501.

Wuesthoff, F.; München. **Eine neue Internationale Konvention zur Schaffung eines Rechtsschutzes für Pflanzenzüchtungen.** Z. Zuckerind. **12** (1962) Nr. 10. S. 566–568.
Im Rahmen internationaler Verhandlungen wurde zwischen einigen westeuropäischen Staaten eine Internationale Konvention für den Schutz von Pflanzenzüchtungen abgeschlossen, die in den Unterzeichnerstaaten den Schöpfern von Neuzüchtungen besseren Rechtsschutz gewährt als die Patentgesetze, die den zu schützenden Gegenständen, Objekten der lebenden Natur, wenig angepaßt sind. Das Schutzrecht wird als rein privat, dem Patentschutz ähnlich, definiert. Vor Erteilung des Schutzrechtes sind entspr. Prüfungen vorzunehmen und bestimmte Schutzvoraussetzungen zu erfüllen. Vor der Schutzerteilung kann ein einstweiliger Schutz gewährt werden. Die Dauer des Schutzes kann 15 oder 18 Jahre betragen. Das Problem Sortenname — Warenzeichen wurde in befriedigender Weise gelöst und das Warenzeichenrecht nicht beeinträchtigt. Die Schutzrechte sollen in den Unterzeichner-

staaten allmählich auf alle Gattungen ausgedehnt werden, zunächst sind sie wahlweise bei 5 von den folgenden obligatorisch: Weizen, Gerste, Hafer oder Reis, Mais, Kartoffeln, Erbsen, Bohnen, Luzerne, Rotklee, Weidelgras, Gartensalat, Äpfel und Rosen oder Nelken. K. Schulz. 1501.

B. Allgemeine Pflanzenzüchtung

Skripčinskij, V. V. (Skriptschinski, W. W.); Stawropol, Bot. Garten. Biologičeskie osnovy mnogoletnosti kustovych zlakov v svjazi s otdalennoj gibridizaciej. **(Biologische Grundlagen der Mehrjährigkeit von Horstgräsern im Zusammenhang mit der entfernten Hybridisation.)** Bjulleteń Glavnogo botaničeskogo sada, Moskva **1961** Nr. 43. S. 34–47. — 5 Abb., 2 Tab., 14 Lit.
Bei der Züchtung mehrjähriger Pflanzen aus Kreuzungen ein- und mehrjähriger Formen ist auf die Funktionsfähigkeit des „Nachwuchsknotens" bes. Augenmerk zu richten. Die Knospen des Nachwuchsknotens mehrjähriger Kulturen werden nur bis Blühbeginn des Halmes, an dem sie sich befinden, in ihrer Entwicklung gehemmt, die Knospen des Nachwuchsknotens einjähriger Formen dagegen ständig. Weiteres Merkmal der Mehrjährigkeit ist das Absterben der Pflanzen. Bei einjährigen Formen sterben die Blätter und Internodien von unten nach oben ab, bei mehrjährigen die Blätter von unten und die Internodien von oben. Zur Realisierung der Mehrjährigkeit ist Anpassung an die Umweltbedingungen notwendig. Eine bes. Rolle spielt dabei die Bildung von Winterstengeln aus jarowisierten Meristemen. Diese Erscheinung fehlt bei Roggen (mehrjährigem) -Weizen- sowie Weizen-Quecken-Hybriden und erschwert die Schaffung mehrjähriger Weizen. Sommerformen können allerdings durch Reaktion auf die Tageslänge Winterunbilden überstehen (Wechselweizen). Als Hinweis für die Mehrjährigkeit von Hybriden kann ihr Verhalten gegenüber Bewässerung (Bildung von „Nachwuchsstengeln") und Schnitt nach dem Ährenschieben (guter Nachwuchs) gelten.
I. Schilowa. 1511.

Klingmüller, Walter; New Haven, Conn., Yale Univ., Gibbs Res. Lab. **Molekulargenetik.** Naturwiss. Rdsch. **15** (1962) Nr. 9/10. S. 363–372. — 19 Abb., 3 Tab., 38 Lit.
Die Molekulargenetik ist die Wiss. von der Vererbung unter Berücksichtigung der Vorgänge auf molekularer Ebene. Unter diesem Aspekt werden neuere Erkenntnisse des Vererbungsgeschehens, vor allem von Einzellern, besprochen. Diesen Untersuchungen zu Folge scheint das gesamte Vererbungsgeschehen von chem.-phys. Reaktionen und komplizierten Wechselwirkungen zwischen den Molekülen abzuhängen, so daß nach Kenntnis der Zusammenhänge mit spez. Subst. bestimmte Vorgänge gesteuert werden können. Ausgehend vom Chromosomenbau werden das Problem der Koppelungsgruppen und Rekombination besprochen und die Feinstruktur der Gene erörtert sowie die Komplementation. Die weiteren Abschnitte behandeln die DNS, das Coding-Problem, die Größenordnungen, die Entzifferung des Codes, spez. Mutagene, Untersuchungen mit basenanalogen Subst., die transfer und messenger RNS, das Tabakmosaikvirus, das *E.-coli*-System. Obwohl das Coding-Problem noch weit von seiner endgültigen Lösung entfernt ist, kann die Bedeutung dieser Erkenntnisse für die gesamte Biol. kaum überschätzt werden.
K. Schulz. 1515.

Waddington, C. M.; Edinburgh, Scotland, Univ. of Edinburg, Inst. of Animal Genetics. Genetic assimilation. **(Genetische Assimilation.)** Advances Genetics **10** (1961) S. 257–293. — 79 Lit.
Mit genetischer Assimilation wurde von Waddington 1953 ein Vorgang bezeichnet, bei dem erworbene Eigenschaften im konventionellen Sinne durch eine über lange Zeit (mehrere Generationen) auf eine Population einwirkende Selektion in erbliche Eigenschaften verwandelt werden. Vf.

geht von Veränderungen bei *Drosophila melanogaster* aus, die durch Veränderungen der Anzuchtbedingungen (durch erhöhte Temperatur) hervorgerufen wurden. Diese Erscheinung ist nicht dem Baldwin-Effekt gleichzusetzen. Der Baldwin-Effekt wird als nichtgenetisches Phänomen im Gegensatz zur genetischen Assimilation bezeichnet, auf den die Selektion keinen Einfluß hat. Bei der genetischen Assimilation hängt die Aneignung von Merkmalen von der genetischen Eigenschaft der Population ab, die durch die Selektion verändert sein kann. Vf. ist der Ansicht, daß diese Theorie bei der Deutung von Evolutionsabläufen von Bedeutung sein kann. K. Schulz. 1515.

Workman, P. L. und Allard, R. W.; Davis, Univ. of California. Population studies in predominantly self-pollinated species, III. A matrix model for mixed selfing and random outcrossing. **(Populationsuntersuchungen bei vorwiegend selbstbefruchtenden Arten. 3. Mitt. Ein Matrix-Modell für gemischte Selbstungen und zufällige Fremdbefruchtung.)** Proc. nat. Acad. Sci. USA **48** (1962) Nr. 8. S. 1318–1325. – 2. Mitt. vgl. LZ. Abt. II 8 (1963) Nr. 6. S. 1625.
Ein genetisches Modell wurde konstruiert, welches die direkte Berechnung der Häufigkeiten der zu erwartenden Genotypen in jeder beliebigen Generation von Populationen ermöglicht, die sich sowohl selbst als auch fremdbefruchten. Das Modell ist allg. dann anwendbar, wenn es sich um einen einzelnen Locus und unter gewisser Einschränkung auf die ersten Generationen, um Multiloci (Polygene) handelt. Für diese Bedingungen werden allg. Formeln angegeben und die Anwendung bei weiteren Pollinationstypen erörtert. K. Schulz. 1515.

Davis, Elmo W.; Beltsville, Md., U.S. Dep. of Agric., A.R.S., Crops Res. Div., Plant Ind. Stat. Possible genetic evidence of somatic segregation in Allium cepa L. **(Wahrscheinlicher genetischer Beweis somatischer Spaltung bei Allium cepa L.)** Nature [London] **195** (1962) Nr. 4843. S. 833.
Im Jahre 1954 wurden bei 'Yellow Sweet Spanish' 17 Pflanzen mit glatten und semi-glatten Samentrieben gefunden. Semi-glatt soll dominant über glatt, aber rezessiv gegenüber nichtglatt sein. 2 Zwiebeln – eine vom fertilen Stamm, die andere vom pollensterilen Stamm – wurden untersucht. 1 Zwiebel (fertil) erzeugte 2 glatte und 1 semi-glatten Samentrieb. Weitere Nachkommen des glatten Samentriebes waren glatt. Da kein Beweis für eine Mutation vorliegt, wird diese Erscheinung als Chromosomensegmentverlust im Zuge der Reduktionsteilung gedeutet, die Ausprägung beider Merkmale in einzelnen Pflanzenteilen zur Folge hat. K. Schulz. 1515.

Stubbe, Wilfried; Valdivia, Univ., Inst. de Bot. Análisis genético de la correlación entre los diferentes genomas y plastomas del género Oenothera. **(Genetische Analyse der Wechselbeziehungen zwischen verschiedenen Genomen und Plastomen der Gattung Oenothera.)** Phyton [Vicente López, Argentina] **18** (1962) Nr. 2. S. 121–126. – 3 Abb., 1 Tab., 8 Lit. Zus. in Dtsch.
In Kreuzungen von 14 verschiedenen *Oenothera*-Arten der Untergattung *Euoenothera* wurden die Plastomwirkungen bestimmter Genotypen verglichen. Die Untersuchungen ergaben 5 verschiedene Plastomtypen: **I.** *O. Hookeri, O. franciscana, O. Bauri*; **II.** *O. suaveolens, O. biennis, O. purpurata*; **III.** *O. Lamarckiana, O. chicaginensis*; **IV.** *O. parviflora, O. ammophila, O. atrovirens, O. silesiaca, O. syrtycola* und **V.** *O. argillicola*. Phänotypische Wirkungen des Plastoms betrafen die Blattfärbung, die Struktur der Chloroplasten, die Pollenkeimung, die Stärkekörner des Pollens und die Vermehrungsgeschwindigkeit der Plastiden. Die Zusammensetzung des Plastoms wurde mit Mutanten analysiert. Phylogenetisch sollen sich die ermittelten Plastomtypen aus **IV** (*parviflora*-Plastom) entwickelt haben. K. Schulz. 1515.

Świeżyński, K.; Zakład Genetyki Roślin PAN. Somatyczna rekombinacja u grzybów z uwzględnieniem znaczenia tego zjawiska w hodowli roślin. **(Somatische Rekombination bei Pilzen mit Berücksichtigung der Bedeutung dieser Erscheinung für die Pflanzenzüchtung.)** Postępy Nauk rolniczych **9** (1962) Nr. 2. S. 97–108. — 3 Abb., 24 Lit.

In den letzten Jahren wurden bes. Mechanismen der Genrekombinationen festgestellt, die parasexuelle Prozesse genannt wurden. Das Problem der somatischen Rekombination bei Pilzen wird besprochen, bei denen diese Vorgänge am gründlichsten bekannt sind und bes. Bedeutung für die Variabilität und die Möglichkeit zur genetischen Analyse bei höheren Pflanzen besitzen. Es werden Verfahren besprochen, die praktische Bedeutung für die Züchtung besserer und ergiebiger Mikroorganismen haben können. Bes. Gew. wird auf 4 Probleme gelegt: 1. Vertiefung der Kenntnisse über die Variabilität von Mikroorganismen als Krankheitserreger, die Bedeutung für die Resistenzzüchtung besitzen. 2. neue Beiträge zur Variabilität vegetativ vermehrter Pflanzen. 3. Möglichkeiten einer genetischen Analyse mehrjähriger Pflanzen. 4. Möglichkeiten zur Beeinflussung des Genotyps. Es werden Erkenntnisse der letzten Jahren von Gerszenzon, Tigyi, Gartner, Hill usw. zitiert und die Vermutung ausgesprochen, daß gezielte Veränderungen der Erbgrundlage bei Pflanzen möglich werden. W. Święcicki. 1515.

Östergren, Gunnar und Fröst, Sune; Lund, Sweden, Univ. of Lund, Inst. of Genetics. Elimination of accessory chromosomes from the roots in Haplopappus gracilis. **(Das Verschwinden akzessorischer Chromosomen von den Wurzeln bei Haplopappus gracilis.)** Hereditas [Lund] **48** (1962) Nr. 1/2. S. 363–366.

Neben den beiden regulären Chromosomenpaaren besitzen einige Individuen von Happlopappus gracilis (2n = 4) bis zu 4 akzessorische Chromosomen (Satelliten, B-Chromosomen) (a. C.). Unter 289 Pflanzen fanden sich 5, die a.C. in der Meiose hatten. Untersuchungen der Mitosen an Wurzelspitzen ließen keine a.C. erkennen, dagegen in den Somazellen unreifer Blüten. Vff. nehmen an, daß das Verschwinden von a.C. in den Wurzeln in ähnlicher Weise wie bei *Xanthisma texanum* vor sich geht, wo a.C. bei der Entwicklung der Wurzeln verschwinden. K. Schulz. 1530.

Göring, H.; Berlin, Humboldt-Univ., Inst. für Allg. Bot. **Zur Diskussion in der Genetik.** Dtsch. Landwirtsch. **13** (1962) Nr. 11. S. 524–525. 4 Lit.

Um bei vielen Wiss. klare Vorstellungen über die Lage der Biol. in der UdSSR zu geben, wird auf Bücher von Usenbajew, Glawinitsch, Petrow, Nasarow, Rshawitin und Krushilin verwiesen, die vom Standpunkt der Mitschurin-Biol. die vegetative Hybridisation behandeln. Hiermit legt Vf. dar, daß die Ansicht, in der Mitschurin-Biol. wäre seit einiger Zeit wenig veröffentlicht worden, falsch ist, wie allein durch o. a. Lit. aus diesem Teilgebiet der Mitschurin-Biol. bewiesen wird. Zuvor geht Vf. auf allg. Probleme der Genetik ein und kommentiert in diesem Zusammenhang bes. die Probleme, die in der Tier- und Pflanzenzüchtung von Bedeutung sind.
K. Schulz. 1530.

Wricke, G. **Über eine Methode zur Erfassung der ökologischen Streubreite in Feldversuchen.** Z. Pflanzenzücht. **47** (1962) Nr. 1. S. 92–96. — 3 Lit.

Vf. befaßt sich mit der für den Züchter so wichtigen Frage, wie die ökologische Streubreite von Neuzüchtungen schnell und sicher erfaßt werden kann. Der Versuch, Wechselwirkungen mehrerer Komponenten in einem Rechengang zu erfassen, kann als originell gewertet werden. In manchen Fällen dürfte allerdings die Kenntnis der Anbaueignung für bes. Bedingungen auch praktisch bedeutsam sein. H. Müller/Bernburg. 1550.

Kimura, Motoo; Madison, Univ. of Wisconsin. On the probability of fixation of mutant genes in a population. **(Über die Fixierungswahrscheinlichkeit von mutierten Genen in einer Population.)** Genetics **47** (1962) Nr. 6. S. 713–719. — 10 Lit.

Einleitend berichtet Vf. über die Lit. aus den Jahren 1922 bis 1960. — Für das Durchsetzen oder Verschwinden eines Gens sind nicht nur Selektionsvorgänge, sondern ist auch der Zufall verantwortlich. Die endgültige Fixierung eines Gens wird vom Vf. als stetiger stochastischer Prozeß behandelt. Die Lösung ist eine Funktion der Anfangshäufigkeit. Mittelwert und Streuung der Genhäufigkeit ändern sich von Generation zu Generation. Vf. zeigt, daß seine Formel allgemeiner ist als die früher gefundenen. Einige Anwendungsmöglichkeiten werden behandelt. G. Reißig. 1550.

Čeremisov, B. M. (Tscheremissow, B. M.) Principy i metody opredelenija kačestva pšenicy v selekcionnoj rabote. **(Prinzipien und Methoden der Qualitätsbestimmung von Weizen bei der züchterischen Arbeit.)** Sbornik trudov aspirantov i molodych naučnych sotrudnikov. Vsesojuznyj institut rastenievodstva, Leningrad **1961** Nr. 2. S. 89–97. — 15 Lit.

Vf. beschreibt in zusammenfassender Form 1. Methoden zur Bestimmung phys.-chem. Qualitätskennziffern, 2. Methoden zur Bestimmung der Mahl- und Backeigenschaften, 3. die Vorbereitung der Proben für die Analyse und die Wahl der Untersuchungsmethoden sowie 4. die Bewertung der Qualität des Weizens für die Züchtung. J. Held. 1550.

Stoilov, M. (Stoilow, M.) Edin spomagatelen metod za izpitvane na obštata kombinativna sposobnost na samooprašeni linii ot carevica. **(Ein Hilfsverfahren zur Ermittlung der allgemeinen Kombinationseignung von selbstbestäubten Maislinien.)** Izvestija na Centralnija naučnoizsledovatelski institut po rastenievŭdstvo, Sofija **12** (1961) Sl. 73–93. — 6 Abb., 3 Tab., 13 Lit. Zus. in Russ., Dtsch.

Unter Ausnutzung der selektiven Bestäubung und Befruchtung von I-Linien wird ein neues Verfahren zur Prüfung ihrer Kombinationseignung vorgeschlagen. Ohne die I-Linien zu isolieren, läßt man sie sich frei bestäuben, oder kreuzt sie von Hand mit einem beliebigen Bestäuber. Die derart bestäubten Linien werden im Folgejahr im Ertrag verglichen. Vergleichsprüfung mit dem klassischen Verfahren der Testkreuzung der Linien mit einigen Testern ergaben, daß die Übereinstimmung der rel. Erträge der frei bestäubten Linien mit den nach dem klassischen Verfahren getesteten bei über 80% liegt, was beweist, daß das vorgeschlagene neue Verfahren ziemlich wirksam ist. In dreijährigen Versuchen (1958–60) wurde mit diesem Verfahren die Kombinationseignung von über 300 I-Linien ermittelt und dabei gute Erfolge erzielt. Dabei wurde davon ausgegangen, daß Linien, die sich durch hohe Kombinationseignung auszeichnen, ihre Eignung unbeeinflußt vom Tester übertragen. M. Stoilow. 1550.

Schnell, F. W. **Über Methoden zur reziproken Verbesserung der Kombinationseignung.** DLG-Pflanzenzuchtabt. Frankfurt/Main, Vortr. Pflanzenzüchter **1960** (hrsg. 1962) Nr. 6. S. 82-95. — 2 Abb., 12 Lit.

Vf. berichtet über neue Maiszüchtungsmethoden. Er geht dabei von der für Europa evtl. zutreffenden Erfahrung aus, daß vielfach die spez. Kombinationseignung wertvoller als die allg. Kombinationseignung sein kann. Er betont, daß mit Einführung der Methode der wiederkehrenden Selektion vor etwa 15 Jahren ein neues Zeitalter der Maiszüchtung begonnen hat. Ein Nachteil der wiederkehrenden Selektion ist, daß meistens nur eine einjährige Beurteilung der verbesserten Kombinationseignung möglich ist, was zu einer beachtlichen Verschiebung und Einengung führen kann. Vf. schlägt daher ein neues Zuchtschema vor, das er „alternierende reziproke

Verbesserung" nennt, wobei die Ausgangslinien nacheinander auf spez. Kombinationseignung getestet und verbessert werden. Der Zuchtweg wird zwar länger, aber das Risiko der Auslese wesentlich vermindert. Auf diesem Wege ist es möglich, alle 4 Jahre eine verbesserte Doppelhybride bereitzustellen. Die Einfachkreuzungen werden abwechselnd bearbeitet und getestet. H. Müller/Bernburg. 1563.

C. Spezielle Pflanzenzüchtung

Lein, Alfred; Schnega/Hann., Saatzucht F. Heine. **Entwicklungslinien der Getreidezüchtung.** Kühn-Arch. **76** (1962) Nr. 1/2. Theodor-Roemer-Gedenkschr. S. 49-55. — 4 Lit.

Aus der Vielzahl der Probleme der Getreidezüchtung wird das Hauptzuchtziel, der Ertrag, eingehend mit dem Ziel behandelt, von der rein empirischen zur bewußten Ertragszüchtung zu kommen. Fragen der Ertragsstruktur und Ertragsbildung werden im Zusammenhang mit der Ertragssicherheit, der ökologischen Streubreite, dem Ertragspotential und dem Wert als Kreuzungselter erörtert. Hiernach zeichnen sich bereits deutliche Zusammenhänge zwischen der Ertragsstruktur durch Erfassung der einzelnen Ertragskomponenten und der Ertragssicherheit ab. Zur Lösung der Frage der ökologischen Streubreite werden entwicklungsphysiol. Untersuchungen, die Aufschluß über den zeitlichen Verlauf der Ertragsbildung geben, unerläßlich werden. Die Kenntnis der Ertragsstruktur wird dazu beitragen, das Ertragspotential einer Sorte als Ausdruck max. Leistungsfähigkeit unter Einbeziehen der Umweltkonstellationen und der daraus resultierenden Interaktionen genauer zu definieren. Für die Selektion und Leistungsprüfungen werden künftig faktorielle Versuchsanlagen an Bedeutung gewinnen. Nach Betrachtungen über den Wert von Analysen der Gesamtvariabilität des Ertrages durch die Erfassung des erblichen und des durch die Umwelt bedingten Anteils sowie der Wechselwirkungen schließt Vf. mit einigen grundlegenden Gedanken zum Problem Genotyp-Umwelt, in deren Konsequenz ein Analogieschluß zu heutigen Auffassungen der Atomphysik gezogen wird. H.-D. Koch. 1710.

Bhaskaran, S. und Swaminathan, M. S.; New Delhi, Indian Agric. Res. Inst. Polyploidy and radiosensitivity in wheat and barley. II. Survival, pollen and seed fertility and mutation frequency. **(Polyploidie und Strahlensensibilität bei Weizen und Gerste. 2. Mitt. Überleben, Pollen- und Samenfertilität sowie Mutationshäufigkeit.)** Genetica ['s-Gravenhage] **32** (1961) Nr. 3. S. 200-246. — 6 Abb., 19 Tab., 91 Lit. 1. Mitt. Teil 2 vgl. LZ. Abt. II 7 (1962) Nr. 7. S. 1959.

Die Keimfähigkeit und Überlebendenrate als Maß der Strahlensensibilität nimmt bei 2x-, 4x- und 6x-Weizen sowie 2x- und 4x-Gerste mit steigender Dosis ab. Je höher die Ploidiestufe, um so größer ist die Strahlenresistenz. Die Strahlenart bzw. Strahlenenergie kann die Ergebnisse modifizieren. Eine direkte Korrelation zwischen Ploidiestufe und Strahlensensibilität besteht aus diesem Grunde nicht. Außerdem können biol. Merkmale, die im Verlauf der Phylogemie erworben werden und keine Beziehung zur Ploidiestufe haben, diese Beziehung stark stören. Die Pollenfertilität wird mit ansteigender Dosis reduziert. Bei **4x**-Gerste vermögen nur höhere Dosen eine weitere Reduzierung zu bewirken. Das Keimpflanzenwachstum ist erst bei hohen Dosen gehemmt. Die Samenfertilität in M_1 unterliegt großen individuellen Schwankungen und ist ein unsicheres Maß der Sensibilität. Die in M_1 bei **2x**-Gerste und **4x**-Weizen gefundenen Sektorial- und Periklinalchimären haben unterschiedliche cytologische Ursachen. Als Ursache wird die Anwesenheit von mehreren Initialzellen im Embryo des ruhenden Samens angenommen. Daneben treten in M_1 mehrere „grasklumpenartige", sehr spät oder nicht schossende und später eingehende Pflanzen auf, die durch Chromosomenaberrationen hervorgerufen werden. Die Häufigkeit der Chlorophyllmutationen in M_2 nimmt mit dem Ploidiegrad stark ab. Die Mutationsrate steigt bei den alloploiden Weizen mit der Ploidiestufe, nicht so bei autopolyploider Gerste. Die meisten Mutationen sind auf Chromosom IX lokalisiert. Die Ursachen werden erörtert. Die Alloploidie des Brotweizens macht einerseits die Beziehungen zwischen Ploidiestufe und Strahlensensibilität schwierig, läßt aber andererseits gerade den Brotweizen als bes. günstiges Mutationsobjekt erscheinen. 1710.

Jain, S. K.; Davis, Univ. of California, Dep. of Agronomy. Studies on the breeding of self-pollinating cereals. The composite cross bulk population method. **(Untersuchungen über die Züchtung selbstbestäubender Getreide. Die zusammengesetzte Kreuzungsramschmethode.)** Euphytica [Wageningen] **10** (1961) Nr. 3. S. 315-324. – 3 Abb., 4 Tab., 20 Lit.
Zur Beurteilung der Ramschmethode für die Züchtung wurde die Wirkung der natürlichen Selektion auf die Struktur und Variabilität einer zusammengesetzten Kreuzungsramschpopulation von Gerste zwischen F_1 bis F_{19} von 4 Gesichtspunkten ausgehend analysiert: 1. Die Beziehung zwischen Ertragsfähigkeit und Eignung (Arterhaltungs- und Vermehrungsfähigkeit). Zwischen beiden wurde eine enge‘ positive Korrelation gefunden, die für die Anwendung der Ramschmethode in der Züchtung spricht. 2. Die Komponenten der Eignung (z. B. Keimfähigkeit, entwicklungsphysiol. Verhalten, Zahl der produzierten Samen); sie können je nach ihrer genetischen Struktur unterschiedliches Verhalten zeigen. Anhand der Häufigkeit einiger dominanter Merkmale ließ sich zeigen, daß ein bestimmter Teil der Plänotypen in der Population zunimmt, ein weiterer konstant bleibt und ein dritter abnimmt. Die Ramschzüchtung sollte daher berücksichtigen, inwieweit die Zuchtziele durch die natürliche Selektion begünstigt werden. 3. Art und Größe der genetischen Variabilität; sie wurde an 8 verschiedenen Merkmalen untersucht. 4. Die Reaktion auf die Selektion. Nach Vf. kann die Ramschmethode ein durchaus wirksames Zuchtverfahren sein. F. Müller. 1710.

Larson, Ruby I. und MacDonald, M. D. Cytogenetics of solid stem in common wheat. IV. Aneuploid lines of the variety Rescue. **(Cytogenetik leistungsfähiger Weizenstämme. 4. Mitt. Aneuploide Linien der Varietät 'Rescue'.)** Canad. J. Genetics Cytol. **4** (1962) Nr. 1. S. 97-104. – 4 Tab., 7 Lit. 3. Mitt. vgl. LZ. Abt. II **5** (1960) Nr. 11. S. 2714.
Durch verschiedene Teste bei Linien einer Weizensorte und deren Hybriden wird die Lokalisierung einiger Eigenschaften auf den Chromosomen und deren Zusammenwirken untersucht. E. Koch/Biendorf. 1712.

Wagenaar, E. B.; Ottawa, Ontario, Canada, Dep. of Agric. Cytological studies of the development of metaphase I in Triticum hybrids. III. The lagging patterns in two triploids. **(Cytologische Untersuchungen der Entwicklung der Metaphase I bei Triticum-Hybriden. 3. Mitt. Die Art der Verzögerung bei zwei Triploiden.)** Canad. J. Genetics Cytol. **3** (1961) Nr. 4. S. 361-371. – 1 Abb., 5 Tab., 6 Lit. 2. Mitt. vgl. LZ. Abt. II **7** (1962) Nr. 7. S. 1961.
Von 2 F_1-Bastarden, *Triticum dicoccum* × *T. monococcum* (2n = 21) und *T. durum* × *T. monococcum* (2n = 21) wurden Antheren fixiert und cytologisch untersucht. Bei der Metaphase I wurden ähnliche Bilder gefunden, wie sie aus früheren Untersuchungen bekannt sind. Bei den älteren Antheren traten in der Anaphase I und in der Telophase unerwartet hohe Zahlen von Chromosomenaberrationen auf. Eine Beziehung zwischen dieser Erscheinung und der Abnahme der Anzahl offener Bivalente (oder ein Ansteigen der Chiasmahäufigkeit) im späteren Stadium der Metaphase I scheint gegeben zu sein. Eine Hypothese für diese Erscheinung und die rel. Stärke des Spindelmechanismus wird gegeben. F. Beleites. 1712.

Gfeller, F. und Whiteside, A. G. O.; Ottawa, Ontario, Dep. of Agric. Inheritance of quality as related to agronomic characters in advanced lines of a spring wheat cross. **(Vererbung der Qualität in Beziehung zu agronomischen Merkmalen in fortgeschrittenen Linien einer Sommerweizenkreuzung.)** Canad. J. Plant Sci. **41** (1961) Nr. 3. S. 607-614. — 9 Tab., 6 Lit.

Einige 100 zufällig selektierte F_8- und F_9-Linien aus den Kreuzungen 2 phänotypisch ähnlicher Nachkommen aus der Kombination 'R.L 2265-46' × 'Redman' wurden auf Back- bzw. Mehlqualität (Expansion, Sedimentation, Mixogramm) untersucht. Ersterer Elter hat eine schlechte Qualität, ist aber schwarzrostresistent und besitzt compactoide Ähre. 'Redman' hat dagegen eine ausgezeichnete Backqualität. Die Rostresistenz wird durch das Gen *Sr* 6 bedingt. Generell zeigten Linien mit compactoider Ähre und Schwarzrostresistenz schlechtere Qualität als jene mit pyramidaler Ähre bzw. Rostanfälligkeit. Keine der Linien aus der ersten Population besaß gute Qualität, hingegen waren Linien der Population (gleiche Kreuzung, aber mit einem für Ährenform und Rostresistenz heterozygotem Stamm 'R.L. 2265-46') zu 2% bezüglich Qualität, Rostresistenz und Ertrag positiv zu bewerten. Die beiden Gene für Rostresistenz (*Sr* 6) und compactoide Ähre sind gekoppelt (Austauschraten 1. Kreuzung: 33,1 ± 0,7%, 2. Kreuzung: 18,9 ± 0,3%). Die mittleren Erträge der Linien mit compactoider Ähre sind signifikant niedriger als jene mit pyramidaler Ähre. Wenn 2 dominante Hauptgene miteinander gekoppelt sind und wenigstens eines davon mit schlechter Qualität verbunden ist, sollte der größeren Effektivität wegen mehr als einmal mit der entsprech. rezessiven Version zurückgekreuzt werden. 1712.

Threlkeld, S. F. H. Study of a gene controlling height in Triticum vulgare var. Thatcher. **(Untersuchungen über das Gen, welches die Höhe von Triticum vulgare var. 'Thatcher' kontrolliert.)** Canad. J. Genetics Cytol. **4** (1962) Nr. 2. S. 147-150. — 4 Tab., 5 Lit.

Über 2 Jahre wurden 'Thatcher'-Varietäten und 'Thatcher'-Kreuzungen verschiedener genetischer Konstitutionen bezüglich des Chromosoms IX (langer oder kurzer Arm am Chromosom) beobachtet. Dabei konnte nachgewiesen werden, daß ein Gen auf dem kurzen Arm des Chromosoms IX für die Vergrößerung der Pflanzenlänge verantwortlich ist. Die Vergrößerung der Pflanzenlänge war nicht mit der Reduktion der IAA-Oxidaseaktivität gekoppelt. E. Koch/Biendorf. 1712.

Okamoto, M. Identification of the chromosomes of common wheat belonging to the A and B genomes. **(Identifizierung der zum A- und B-Genom gehörenden Chromosomen bei Weizen.)** Canad. J. Genetics Cytol. **4** (1962) Nr. 1. S. 31-37. — 5 Abb., 3 Tab., 20 Lit.

Hexaploider Weizen (genetische Konstitution = AABBDD) mit telozentrischer Herkunft der Chromosomen des A- und B-Genoms wurde mit einer amphidiploiden Form (AADD) gekreuzt. Auf Grund der Häufigkeit, mit der sich die betreffenden telozentrischen Anteile an den Paarungen beteiligten, konnte geschlossen werden, daß die Chromosomen IV, VI, IX, XI, XII und XIII zum A-Genom und I, II, III, V, VII, VIII und X zum B-Genom gehören. E. Koch/Biendorf. 1712.

Aladova, M. P. (Aladowa, M. P.) Skorospelye pšenicy različnych ėkologičeskich grupp. **(Frühreife Weizensorten verschiedener ökologischer Gruppen.)** Sbornik trudov aspirantov i molodych naučnych sotrudnikov. Vsesojuznyj institut rastenievodstva, Lenigrad **1961** Nr. 2. S. 17-26. — 5 Tab., 7 Lit.

Vf. untersuchte So-Weizen-Herkünfte aus Nordrußland, den Waldgebieten Ostsibiriens, fernöstlichen Küstengebieten, Mittelasien und dem Ausland (Nordskandinavien, Hindustan, China, Australien u. a.) hinsichtlich Frühreife u. a. wirtsch. bedeutsamer Merkmale. Standard war die aus der Schweiz stammende und für die nördlichen Gebiete der UdSSR rayonisierte mittelfrühe Sorte 'Diamant'. Bes. frühreif waren Herkünfte aus nördlichen Breiten der UdSSR, aus ihnen hergestellte Hybriden und nordskandinavische Formen. Auch einige südliche Herkünfte waren frühreifer als der Standard, viele von ihnen büßten jedoch im Laufe der Untersuchungen bzw. unter bes. ungünstigen klimatischen Bedingungen ihre Frühreife ein. I. allg. waren die frühreifen Formen weniger ertragreich als der Standard. Die Sorten 'Sonop' aus der VAR, 'Skala' aus der UdSSR und 'Apu' aus Finnland werden als wirtsch. wertvoll bezeichnet. J. Held. 1712.

Beljakov, I. I. (Beljakow, I. I.) Izučenie kollekcii pšenicy na zasuchoustojčivost'. **(Untersuchung des Weizensortiments auf Dürreresistenz.)** Sbornik trudov aspirantov i molodych naučnych sotrudnikov. Vsesojuznyj institut rastenievodstva, Leningrad **1961** Nr. 2. S. 26-34. — 4 Tab., 10 Lit.
Bei der Untersuchung des Weizen-Weltsortiments auf Dürreresistenz wurden in- und ausländische Sorten mit guter Dürreresistenz, kurzer Vegetationszeit, hoher Ertragsfähigkeit u. a. wirtsch. wertvollen Merkmalen gefunden. Vf. empfiehlt, einige Sorten für Dürregebiete ohne weitere züchterische Bearbeitung zu rayonisieren. Gleichzeitig sind diese Sorten ein wertvolles und breites Ausgangsmaterial für die Züchtung dürreresistenter Sorten.
J. Held. 1712.

Belea, A. Hároméves törzsösszehasonlító kisérlet buzával és az egyes törzsek szalmaszilárdságának vizsgálata. **(Ein dreijähriger Stammprüfungsversuch mit Weizen und die Untersuchung der Standfestigkeit der einzelnen Stämme.)** Búzatermesztési Kísérletek [Weizenbau-Versuche] **1952/59** (hrsg. 1961) S. 185-189. — Aus: Ung. Agrar-Rdsch. **1962** Nr. 3.
Vorwiegend italienische Sorten und Neuzüchtungen wurden auf Ertrag und Standfestigkeit geprüft. Es zeigte sich, daß die alten italienischen Sorten ('Freccia', 'Ardito') hohen Ertrag und Standfestigkeit besitzen, aber ziemlich viele ungünstige Eigenschaften (geringe Winterfestigkeit und Bestandesdichte usw.) aufweisen. Hybriden, welche die Standfestigkeit von 'Freccia' besaßen, konnten infolge ihrer geringen Bestandesdichte den Ertrag der Standardsorte nicht erreichen. Die aus der Kreuzung *Triticum aestivum* × *T. turgidum* hervorgegangenen Stämme bedürfen noch einer weiteren Verbesserung, da sie i. allg. später reifen als die Sorte 'B 1201'. Auf Grund dieser Beobachtungen wird die Selektion neuer Stämme, die Verbesserung bereits vorhandener Stämme und deren weitere Untersuchung für notwendig angesehen. 1712.

Srinivasan, V. K.; Wellington, Nilgiris, I.A.R.I., Wheat Breeding Substat. Inheritance of glume pubescence in Triticum dicoccum Schübl. **(Vererbung der Spelzenbehaarung bei Triticum dicoccum Schübl.)** Current Sci. [Bangalore] **31** (1962) Nr. 7. S. 292. — 1 Tab., 1 Lit.
In 9 Kreuzungen von Stämmen mit behaarten und unbehaarten Spelzen von *Triticum dicoccum* war behaart dominant über unbehaart. Die F_2 spaltete im Verhältnis 3:1, so daß monofaktorieller Erbgang nachgewiesen wurde. Die Länge und Dichte der Haare variierte sehr innerhalb der Nachkommenschaften. Vf. nimmt deshalb an, daß diese Eigenschaften polygen vererbt werden. K. Schulz. 1712.

Pel'cich, I. L. (Pelzich, I. L.) O polovych i vegetativnych gibridach iz roda Triticum. **(Generative und vegetative Hybriden aus der Gattung Triticum.)** Sbornik trudov aspirantov i molodych naučnych sotrudnikov. Vsesojuznyj institut rastenievodstva, Leningrad **1961** Nr. 2. S. 48-59. — 5 Tab., 3 Lit.
Innerhalb der Arten *Triticum durum muticomelanopus*, *T. durum coerulescens*, *T. aestivum alborubrum*, *T. aestivum lutescens* und *T. aestivum hostianum* sowie zwischen den Arten *T. durum hordeiforme* und *T. aestivum alborubrum* wurden

generative und vegetative (durch Embryotransplantation) Hybriden hergestellt. Die generativen Hybriden spalteten von der F_1 an in morphol. und physiol. Merkmalen auf. Die vegetativen Hybriden dagegen spalteten weder in der 1. noch in den weiteren Generationen. Nach Vf. werden bei der vegetativen Hybridisation „die Eigenschaften des einen Elters (im vorliegenden Fall des Vaters) vollständig assimiliert oder durch die Erblichkeit der anderen Elternform verzehrt. Dabei tritt die verzehrte Erblichkeit nicht auf, sondern bleibt in der 1., 2. und den folgenden Generationen rezessiv.“
J. Held. 1712.

Tavrin, Ė. V. (Tawrin, E. W.) K charakteristike amfidiploidov Tr. timopheevi Zhuk. × Tr. durum Desf. i Tr. aestivum L. × Tr. timopheevi Zhuk. **(Zur Charakteristik der Amphidiploidie bei Tr. timopheevi Zhuk. × Tr. durum Desf. und Tr. aestivum L. × Tr. timopheevi Zhuk.)** Sbornik trudov aspirantov i molodych naučnych sotrudnikov. Vsesojuznyj institut rastenievodstva, Leningrad **1961** Nr. 2. S. 59-66. — 3 Tab., 6 Lit.
Samen künstlich hergestellter Artbastarde aus den Kreuzungen *Triticum timopheevi* × *T. durum* und *T. aestivum* × *T. timopheevi* wurden ohne (**I**) oder nach Colchicinierung (**II**: Samen 2 Std. in 0,025%ige Lösung eingequellt; **III**: durch Längsschnitt wurde 0,05%ige Lösung appliziert; **IV**: wie **III**, aber 0,1%ige Lösung) ausgesät. Die nach **IV** behandelten Pflanzen zeigten die höchste Fertilität, dagegen waren alle nach **I** behandelten steril. — Die Amphidiploiden unterschieden sich von den ihnen entspr. Amphihaploiden durch breitere Ähren, dickeren Halm, höhere Kornzahl je Ähre und Pflanze, geringere Wuchshöhe, kürzere Ähren und Grannen sowie eine geringere Anzahl Ährchen je Ähre. Die Pollengröße ließ Schlüsse über den Ploidiegrad der Nachkommen bei Kreuzung tetraploider Weizen (*T. timopheevi* × *T. durum*) zu, dagegen nicht bei Kreuzung einer hexaploiden mit einer tetraploiden Form (*T. aestivum* × *T. timopheevi*).
J. Held. 1712.

Jakovlev, A. V. (Jakowlew, A. W.); Moskau, Bot. Hauptgarten der Akad. der Wiss. der UdSSR. Novyj sort ozimoj pšenicy pšenično-pyrejnyj gibrid 48. **(Eine neue Winterweizensorte, die Weizen-Queckenhybride 48.)** Bjulleteń Glavnogo botaničeskogo sada, Moskva **1961** Nr. 42. S. 40–42. — 1 Abb., 1 Tab.
Die Weizen-Quecken-Hybride 48 eignet sich für den Anbau im Süden der UddSR. Sie ist sehr winterfest und übertrifft andere Weizen-Quecken-Bastarde auch im Gebiet von Moskau erheblich. Die TKM beträgt etwa 46 g, die Backqualität wird als gut bezeichnet. Der Anbau erfolgt in Kasachstan, Kirgisien und auf den Nichtschwarzerdegebieten des europäischen Teils der UdSSR. H. Müller/Bernburg. 1712.

Baeva, Roza Jord. (Baewa, Rosa Jord.) Proučvane cheterozisnite projavi i svobodnoto meždusortove krŭstosvane na rŭžta. **(Untersuchung der Heterosiswirkung bei der freien Sortenkreuzung bei Roggen.)** Izvestija na Centralnija naučnoizsledovatelski institut po rastenievŭdstvo, Sofija **12** (1961) S. 95–112. — 4 Abb., 8 Tab., 24 Lit. Zus. in Russ., Dtsch.
Untersucht wurden die reziproken Kreuzungen der Sorten ’Nr. 59‘ einerseits und ’K_1‘, ’C_2‘, ’Niskostablenna‘ und ’019‘ andererseits. Die Kreuzungen erfolgten durch Aussaat von je 2 Sorten auf gesonderten Parzellen, wobei die Sorten reihenweise abwechselten. Bei Vollblüte wurde mit einer Leine zusätzlich bestäubt. Stärkste Heterosiseffekte wurden dann erzielt, wenn Elternsorten mit ähnlichen ertragsbedingenden Merkmalen, guter biol. Widerstandsfähigkeit und Kulturähren gekreuzt wurden. Die 1. Generation nach freier Bestäubung hatte nicht immer mütterlichen Typ. Auch die Kreuzungsrichtung hatte Einfluß auf die Heterosiswirkung. In Kombi-

nationen, bei denen 'Nr. 59' ♀ war, wurde entweder nur ein ganz schwacher oder gar kein Heterosiseffekt beobachtet; bei Verwendung als ♂ wiesen die Kombinationen hohen Heterosiseffekt auf. M. Stoilow. 1714.

Chéry, J. L'amélioration de l'orge. **(Die Veredlung der Gerste.)** Progr. agric. viticole **154(77)** (1960) Nr. 17. S. 135–144.; Nr. 18. S. 163–172.; Nr. 19. S. 191–201.; Nr. 21. S. 251–253.; Nr. 22. S. 276–279.; **155(78)** (1961) Nr. 1. S. 11–14. — 3 Abb., 5 Tab., 23 Lit.

Der Anbau der Gerste hat sich in den letzten 20 Jahren durch verbesserte Anbautechnik und Züchtung leistungsfähigerer Sorten bedeutend ausgedehnt. Die Entwicklung der So-Gersten in Mittel- und Nordeuropa sowie in Frankreich, die hier auf bömisch-mährische und skandinavische Sorten zurückgehen, wird skizziert. Auch der Wi-Gerste wird mehr Aufmerksamkeit geschenkt, bes. den Auslesen der Kreuzungen 'Bordia' × 'Kenia'. Ein Selektionsschlüssel für Wi- und So-Gersten hinsichtlich der Resistenz ist angegeben. Die großen klimatischen Verschiedenheiten Frankreichs werden züchterisch diskutiert. Hinsichtlich der Produktivität werden 3 Ertragsfaktoren besprochen, für die Qualität der Extraktgehalt. Die Selektion unbespelzter, glattgranniger und grannenloser Typen wird behandelt. Die Ertragssicherheit wird unter dem Gesichtspunkt der Standfestigkeit, Winterfestigkeit (mit Beispielen), der Wechselformen, Frühreife, der Widerstandsfähigkeit gegen Hitze und Krankheiten besprochen. G. Bandlow. 1716.

Hagberg, A.; Svalöf, Swedish Seed Assoc. Production of duplications in barley breeding. **(Die Erzeugung von Duplikationen in der Gerstenzüchtung.)** Hereditas [Lund] 48 (1962) Nr. 1/2. S. 243–246. — 4 Abb., 7 Lit.

Die Herstellung von Duplikationen ist ähnlich wie die Polyploidisierung ein Weg zur Anreicherung von Chromosomenmaterial im Zellkern. Experimentell können Duplikationen durch Kreuzung von Pflanzen mit 2 entspr. Translokationen entstehen. Es wird angenommen, daß sich die Duplizierung von Teilen des Chromosoms V, in dem die meisten Mehltauresistenzgene lokalisiert sind bzw. des kurzen Arms des Chromosoms VI, das den Faktor für hohe α-Amylaseaktivität trägt, positiv auswirken wird. Über letzteres wird berichtet. Aus Kreuzungen der Translokationslinien T6-7a und T6-7d, die aus Mutationsversuchen stammten, spalteten in der F_2 homozygote Duplikationen im Verhältnis von 1:16 heraus, die sich jedoch morphol. nicht von den Ausgangsformen unterscheiden ließen. Sie waren fertil und hatten lebensfähige konstante Nachkommen. Homozygote Deletionen, die im gleichen Verhältnis herausspalteten, riefen Letalität hervor. Außerdem traten für Duplikationen heterozygote Pflanzen auf, die in der F_3 homozygote Duplikationen lieferten. Die Erzeugung von Duplikationen eröffnet der Pflanzenzüchtung neue Möglichkeiten, bes. bei einer cytologisch so gut bekannten Kulturpflanze wie Gerste. G. Krauße. 1716.

Jain, S. K. und Allard, R. W.; Davis, Univ. of California. Population studies in predominantly self-pollinated species. I. Evidence for heterozygote advantage in a closed population of barley. **(Populationsuntersuchungen bei vorwiegend selbstbestäubenden Arten. 1. Mitt. Beweis des Heterozygotenvorteils in einer geschlossenen Gerstepopulation.)** Proc. nat. Acad. Sci. USA 46 (1960) Nr. 10. S. 1371–1377. — 1 Abb., 2 Tab., 12 Lit.

Versuchsmaterial war 'Composite Cross V', das aus Kreuzungen von 31 Gerstesorten hervorging. Die Untersuchungen erstreckten sich von F_3–F_{18}, in denen 4 dominante und die entspr. rezessiven Eigenschaften verfolgt wurden. Die Selektionskoeffizienten für die 3 Genotypen (dominant und rezessiv, homozygot und heterozygot) wurden von F_3, F_5, F_{13}, F_{15} und F_{18} errechnet sowie die erwarteten Häufigkeiten den beobachteten gegenübergestellt und über χ_2 geprüft. Der Anteil der Heterozygoten nahm nicht in dem erwarteten

Verhältnis ab. Dieser Selektionsvorteil ist mit großer Wahrscheinlichkeit auf Überdominanz zurückzuführen, wenn auch keine eindeutigen Beweise hierfür erbracht werden können. Vff. postulieren, daß dies für die Erhaltung der Populationsvariabilität von Bedeutung ist und gleichfalls Einfluß auf die Evolutionspotenz hat. K. Schulz. 1716.

Allard, R. W. und Jain, S. K.; Davis, Univ. of California. Population studies in predominantly self-pollinated species. II. Analysis of quantitative genetic changes in a bulk-hybrid population of barley. **(Populationsuntersuchungen bei vorwiegend selbstbestäubenden Arten. 2. Mitt. Analyse quantitativer genetischer Veränderungen in einer Ramschhybridpopulation von Gerste.)** Evolution [Lancaster] **16** (1962) Nr. 1. S. 90–101. – 10 Tab., 24 Lit. 1. Mitt. vgl. vorst. Ref.
Die Untersuchung quantitativer Eigenschaften (Reifezeit, Pflanzenlänge, Ährendichte und Samengröße) bis zur F_{19} ließ sowohl gerichtete als auch stabilisierende Selektion erkennen. Die Ergebnisse ließen keine klare Unterscheidung zwischen dem homeostatischen und dem intermediären Optimum-Modell der stabilisierenden Selektion zu. Die Analyse der gerichteten Selektion zeigte, daß die durchschnittl. Populationseignung linear mit der Generationsfolge steigt. Daher wirkten die Selektionsprozesse in unverminderter Weise über den ganzen Untersuchungsbereich. Die größere Varianz innerhalb der Familien von F_{19} gegenüber den homozygoten Elternlinien wird als Beweis für die bessere Eignung der Heterozygoten interpretiert. Neben den Veränderungen, die durch Zusammenwirken von stabilisierender und gerichteter Selektion hervorgerufen werden, blieb die Population auch in hohen Generationen sehr variabel. Ähnlichkeiten und Unterschiede der Populationsvariabilität selbst- und fremdbefruchtender Arten und die Funktion der Populationsvariabilität werden besprochen. K. Schulz. 1716.

Hagemann, Rudolf und Scholz, Friedrich. **Ein Fall geninduzierter Mutationen des Plasmotypus bei Gerste.** Züchter **32** (1962) Nr. 2. S. 50–59. – Zus. in Engl.
Die durch Röntgenbestrahlung aus der So-Gerstensorte 'Haisa' entstandene Mutante '4205' wurde über mehrere Generationen beobachtet und die Spaltungen gedeutet. Die grünen Pflanzen bzw. Ähren spalten in ca. 10% grüne, 80% gestreifte und 10% weiße Keimpflanzen auf. Bei den Nachkommen gestreifter Pflanzen treten umso mehr weiße Keimpflanzen auf, je größer der Weißanteil in der Streifung ist. Rein weiße Ähren liefern nur weiße Nachkommen. Kreuzungen zeigten, daß der Blattfarbdefekt rein mütterlich vererbt wird. Aufspaltungen in der F_2 (Grün:Grün-weiß-Streifung = 3:1) lassen die Weißstreifung als rezessiv deuten. Das entspr. Gen wird mit albostrains bezeichnet und mit as symbolisiert. Das rezessive Allel as induziert homozygot z. T. eine Mutation bestimmter protoplasmatischer Erbanlagen. Die Mutation des Plasmotypus ist irreversibel, auch wenn as durch As ersetzt wird. Weitere Untersuchungen lassen vermuten, daß es sich um eine Plastommutation handelt. E. Koch/Biendorf. 1716.

Sarkissian, Igor V. und Huffaker, R. C. Depression and stimulation by chloramphenicol of development of carboxylating enzyme activity in inbred and hybrid barley. **(Depression und Stimulation durch Chloramphenicol auf die Entwicklung der Aktivität der Carboxylenzyme bei Inzucht- und Hybridgerste.)** Proc. nat. Acad. Sci. USA **48** (1962) Nr. 5. S. 735–743. – 5 Abb., 4 Tab., 21 Lit.
Das System und der Ablauf der Enzymtätigkeit werden analysiert und beschrieben. Die Einwirkung von Chloramphenicol bei verschiedener Behandlung auf Gerste unterschiedlicher genetischer Konstitution (kk, Kk und KK) wird dargestellt, wobei sich eine gewisse Heterosiswirkung bei dem heterozygoten Typ Kk erkennen läßt. E. Koch/Biendorf. 1716.

Thomas, Susan; Trivandrum, Kerala Univ., India, Bot. Dep., A chromosomal interchange in maize giving low sterility. Cytological studies of an interchange between chromosomes IV and VII in maize. **(Ein Chromosomenaustausch bei Mais, der zu niedriger Sterilität führt. Cytologische Untersuchun gen eines Austausches zwischen den Chromosomen IV und VII bei Mais.)** Cytologia [Tokyo] **26** (1961) Nr. 1. S. 83–88. – 8 Abb., 2 Tab., 16 Lit. Orig.: engl.

Auf keimende Maispflanzen wirkte Öl von *Bassia latifolia*. Es ergaben sich zahlreiche ungewöhnliche Teilungserscheinungen. Eine Pflanze wurde bes. untersucht und gefunden, daß Austausch einzelner Teilstücke zwischen dem IV. und VII. Chromosom stattgefunden hatte. Dennoch war der Pollen fertil.
H. Müller/Bernburg. 1720.

Maguire, Marjorie P.; Univ. of Texas, Genetics Foundation, Dep. of Zool. Divergence in Tripsacum and Zea chromosomes. **(Abweichungen bei Tripsacum und Zea-Chromosomen.)** Evolution [Lancaster] **15** (1961) Nr. 4. S. 394–400. – 3 Abb., 2 Tab., 14 Lit.

Es gelang Vf., ein Segment eines *Tripsacum*-Chromosoms im kurzen Arm des Chromosoms II vom Mais einzulegen. Die abweichenden Pflanzen unterschieden sich in einzelnen Meßwerten. Es ergab sich die Frage, ob durch diese morphol. Veränderung des Chromosoms nicht mehr als ein Ausfall einzelner Gene erzielt worden ist, wie von Vf. angenommen wird.
H. Müller/Bernburg. 1720.

Shaver, Donald L.; Bloomington, Univ., Dep. of Bot.; Upton, N.Y., Brookhaven Nat. Lab., Biol. Dep. A study of aneuploidy in autotetraploid maize. **(Eine Untersuchung der Aneuploidie in autotetraploidem Mais.)** Canad. J. Genetics Cytol. **4** (1962) Nr. 2. S. 226–233. – 7 Abb., 4 Tab., 16 Lit.

In den Wurzelspitzen von 356 Sämlingen eines bereits längere Zeit tetraploiden argentinischen Hartmaises wurden die Chromosomen ausgezählt und entspr. ihrer Zahl Gruppen gebildet. Die Bestäubung erfolgte nur innerhalb dieser Gruppen, wobei die Narbenfäden lange genug mit frischem Pollen bestäubt wurden. Aneuploide Pflanzen hatten meist 39 oder 41 Chromosomen, nur 4 hatten 37 und 2 Pflanzen 44 Chromosomen, die jedoch keinen Samen ergaben. Von den 6 Pflanzen mit 38 Chromosomen setzten 2 und von 3 mit 43 nur 1 Pflanze Samen an. Die Fertilität war bei den aneuploiden Pflanzen gesichert schwächer als bei den euploiden. Die Unterschiede zwischen den einzelnen aneuploiden Gruppen waren statistisch nicht zu sichern. Ähnliche Ergebnisse ergaben Pollenuntersuchungen. Jedoch waren die Korrelationen zwischen der Fertilität der Samenanlagen und der Pollenabortion i. allg. nicht gesichert. Die durchschnittl. Chromosomenzahlen in allen geprüften Gruppen näherten sich denen der euploiden. Weniger als 37 oder mehr als 44 Chromosomen konnten daher nicht festgestellt werden. Die Differenzen zwischen den durchschnittl. Chromosomenzahlen der einzelnen Gruppen waren statistisch gesichert. A. Winkel. 1720.

Duvick, D. N., Snyder, R. J. und Anderson, E. G.; Johnston, Iowa, Dep. of Plant Breeding. The chromosomal location of Rf_1, a restorer gene for cytoplasmic pollen sterile maize. **(Die Chromosomenlokalisierung des Gens Rf_1, eines Restorers für zytoplasmatische Pollensterilität bei Mais.)** Genetics **46** (1961) Nr. 10. S. 1245–1252. – 5 Tab., 10 Lit.

Die meisten Ergebnisse von Restorer-Untersuchungen weisen nach, daß 2 dominante Gene diese Eigenschaft hervorrufen. Es wurden Linien benutzt, die Duvick bereits in früheren Arbeiten genauer untersucht hatte. Zur Verbesserung der cytologischen Auslese wurden Markierungsgene verschiedener Chromosomen benutzt. Die Analysenkreuzungen ergaben, daß der

Faktor Rf_1 am Ende des langen Arms vom Chromosom III lokalisiert sein muß. Der Genort befindet sich in der Nähe des Markierungsgens ts_4.
H. Müller/Bernburg. 1720.

Vettel, F. K.; Hadmersleben, Forsch.-Stelle für Getreidezücht. der Dtsch. Akad. der Landwirtsch.-Wiss. zu Berlin. **Einige Korrelations- und Vererbungsstudien am Mais.** Z. Pflanzenzücht. **46** (1961) Nr. 4. S. 353–388. – 9 Abb., 18 Tab., 40 Lit.
Auf Grund von Anbauversuchen im Jahre 1959/60 untersuchte Vf. verschiedene Korrelationen von Merkmalen mit dem Ziel, die Auslesemöglichkeiten zu verbessern. Die Werte stimmten mit den von pflanzenbaulicher Seite bekannten Daten weitgehend überein. Die Vererbungsstudien bestehen im wesentlichen aus Sortenkombinationen. Es kommt darauf an, die Korrelationsbrecher zu ermitteln, die auch unter den nicht immer günstigen Anbaubedingungen hohe und sichere Erträge bringen können. Die Werte bestätigen, daß die Hybridzüchtung auch (oder gerade) in den Grenzlagen große Leistungsreserven erschließen kann. H. Müller/Bernburg. 1720.

Gamble, E. E.; Iowa State Univ., Agronomy Dep. Gene effects in corn (Zea mays L.) I. Separation and relative importance of gene effects for yield. **(Genwirkungen bei Mais [Zea mays L.] 1. Mitt. Trennung und relative Bedeutung von Genwirkungen auf den Ertrag.)** Canad. J. Plant Sci. **42** (1962) Nr. 2. S. 339–348. – 2 Tab., 24 Lit.
Der Maisertrag wird durch Genwirkungen und Wechselwirkungen von Genotyp und Umwelt bestimmt. Vf. lehnt es ab, nur die Wirkung individueller Gene zu messen und fordert, die Gene als Ganzes zu betrachten, um mit Hilfe statistischer Verfahren grundlegende genetische Informationen zu erhalten, die auch für den Züchter von großer Bedeutung sind. Aus 6 Inzuchtlinien mit guter allgemeiner Kombinationseignung ('Hy', 'WF9', 'Oh41', 'B7', 'B14', 'B36') wurden 15 F_1 Kombinationen hergestellt und der rel. Einfluß von additiven, dominanten und epistatischen Genwirkungen auf die Ertragsbildung bestimmt. In die Untersuchungen wurden die F_2 und Rückkreuzungen (P_1F_1 und P_2F_1) einbezogen, so daß insgesamt 66 Varianten je Ort vorhanden waren. Für die Vererbung des Ertrages müssen dominante Genwirkungen als bes. wichtig angesehen werden. Der Einfluß additiver Genwirkungen war z. T. statistisch nicht zu sichern. A. Winkel. 1720.

Gamble, E. E.; Iowa State Univ., Agronomy Dep. Gene effects in corn (Zea mays L.) II. Relative importance of gene effects for plant height and certain component attributes of yield. **(Genwirkungen bei Mais [Zea mays L.] 2. Mitt. Relativer Einfluß von Genwirkungen auf Pflanzenhöhe und gewisse Ertragskomponenten.)** Canad. J. Plant Sci. **42** (1962) Nr. 2. S. 349–358. – 2 Tab., 4 Lit. 1. Mitt. vgl. vorst. Ref.
Die Bedeutung von Genwirkungen auf die Vererbung von Pflanzenhöhe (max. Länge bis zur Spitze der Fahnenhauptachse) Kornreihenzahl, Kolbenlänge, Kolbendmr. (etwa in der Mitte des Kolbens), und des Samengew. (von 100 zufällig ausgewählten Samen) wurde an 15 Kreuzungen aus 6 Inzuchtlinien ermittelt. Wenn auch nicht immer alle Genwirkungen nachweisbar waren, so zeigte sich doch, daß die additiven, dominanten und epistatischen Genwirkungen die Vererbung quantitativer Merkmale beim Mais bestimmen. Dabei wird den dominanten und epistatischen größere Bedeutung beigemessen als den additiven. Sie waren rel. wichtiger für die Vererbung der Kornreihenzahl, des Kolbendmr. und des Samengew. als für die Pflanzenhöhe und Kolbenlänge. Von den bekannten Zuchtmethoden wird die reziproke, recurrente Selektion als am besten geeignet herausgestellt, da sie alle 3 Arten von Genwirkungen berücksichtigt. A. Winkel. 1720.

Singh, Amir; New Delhi, Indian Agric. Res. Inst., Div. of Bot. Genotype-environment interaction in S_1 maize lines and their top-cross progenies. **(Wechselwirkung zwischen Genotyp und Umwelt bei S_1-Linien von Mais und ihren Top-cross-Nachkommenschaften.)** Indian J. Genetics Plant Breeding **21** (1961) Nr. 3. S. 153–163. — 6 Tab., 8 Lit.
In Nebraska wurden i. J. 1958 und 1959 169 Linien aus den Synthetics 'K_{III}' (Krug) und 'K_{II}' (A) sowie ihre Top-cross-Nachkommenschaften geprüft, um das Ausmaß der Wechselwirkungen zwischen Genotyp und Umwelt in Material verschiedenen Heterozygotiegrades festzustellen. Tester für den Top-cross war 'B_{III}', bestehend aus 25 Inzuchtlinien, die sich alle in ihrem Keimplasma von den K-Synthetics unterschieden. In der S-Linienprüfung zeigten diese größere Variabilität als in der Top-cross-Nachkommenschaftsprüfung. Die Größe der Wechselwirkungskomponente, Genotyp × Umwelt, war im Verhältnis zur entspr. Genotypkomponente beachtlich kleiner. In der Top-cross-Nachkommenschaftsprüfung waren dagegen beide Komponenten etwa gleich. Vf. konnte mit diesen beiden grundverschiedenen Prüfverfahren zeigen, daß beachtliche Ertragssteigerungen durch das Abschätzen der gesamten genetischen Varianz zu erwarten sind. A. Winkel. 1720.

Maroti, M. A kukoricanövény haploid- és diploidsejtjeinek nukleinfoszforsav- és proteintartalma. **(Nukleinphosphorsäure- und Proteingehalt haploider und diploider Zellen der Maispflanze.)** Acta bot. Acad. Sci. hung. **7** (1961) Nr. 3/4. S. 393–407. — Aus: Ung. Agrar-Rdsch. **1962** Nr. **4**.
Untersucht wurden haploide Zellen der Maishybride 'Mv-1' (Pollen) und diploide Zellen von Keimpflanzenwurzeln. Sowohl im Pollen wie auch in den Wurzelzellen wurde der DNS-P- sowie der Gesamt-N- und Protein-N-Gehalt ermittelt. Der Pollen enthält wesentlich mehr Nukleinsäure-P, DNS-P, Gesamt- und Protein-N als irgendeine diploide Zelle der Wurzel. Zwischen dem DNS-P-Gehalt der haploiden und diploiden Zellen derselben Pflanze ist keine der Polyploidie entspr. Proportionalität zu beobachten; somit wird diese außer von den Chromosomen noch von anderen Faktoren beeinflußt. Nach Annahme von Vf. ist DNS-P nicht allein im Zellkern lokalisiert, sondern auch im Zellplasma in meßbaren Mengen. Der DNS-P-Gehalt ist in den vegetativen Zellen nicht konstant, sondern verändert sich laufend. Parallel mit der Reife der Pollenzellen verändert sich die Zusammensetzung der P-Fraktionen, wodurch auch ihr biol. Wert beeinflußt werden kann. Des weiteren untersucht bzw. vergleicht Vf. Gew. und Tr.-Subst.-Gehalt der Pollenkörner mit entspr. Merkmalen diploider Wurzelzellen und stellt fest, daß sowohl das Gew. der Pollenkörner als auch deren Tr.-Subst.-Gehalt wesentlich höher sind als bei den diploiden Zellen. Der DNS-P-Gehalt in den verschiedenen Zonen der Wurzelspitze ist, auf das Frischgew. bezogen, niedriger als im Pollen. Auf das Tr.-Gew. bezogen ist jedoch der DNS-P-Gehalt der Wurzelzellen, infolge des größeren Tr.-Subst.-Gehaltes des Pollens, höher. Die Bestimmung von DNS-P nahm Vf. nach Ogur-Rosen vor, während die N-Bestimmung nach Kelley bzw. Thompson erfolgte. 1720.

Whitney, N. J. und Mortimore, C. G.; Harrow, Ontario, Canada Dep. of Agric. Evaluation of a bio-assay of ether extracts from corn (Zea mays L.) as a means of screening inbreds for resistance to root and stalk rot. **(Bewertung einer biologischen Probe aus Ätherextrakten von Mais [Zea mays L.], als Mittel zur Auswahl wurzel- und stengelfäuleresistenter Inzuchtlinien.)** Canad. J. Plant Sci. **42** (1962) Nr. 2. S. 302-307. — 2 Abb., 10 Lit.
Aus 2 anfälligen ('W37A', 'CH3') und 2 resistenten ('CH9', 'B14') I-Linien von Mais wurden zu 5 Terminen im wöchentlichen Abstand während und nach dem Erscheinen der Narbenfäden Ätherextrakte aus Stengel und Wurzel gewonnen. Da bei unbefruchteten Pflanzen niemals Stengel- und Wurzelfäulen auftraten, wurde bei einigen Kolben durch rechtzeitige Isolation die Befruchtung ver-

hindert und diese Pflanzen in die Untersuchungen mit einbezogen. Die verschiedenen Extrakte unterschieden sich jedoch nicht einheitlich in ihrer Wirkung auf das Wachstum von *Fusarium moniliforme* Sheld. und *Gibberella zeae* (Schw.) Petch. Die Wachstumsbeeinflussung war lediglich vom Zeitpunkt der Extraktgewinnung abhängig. Da demzufolge ätherlösliche Verbindungen die Resistenz der I-Linien nicht bedingen können, wird diese Methode für die Bestimmung von resistentem Material von Vff. nicht empfohlen.

A. Winkel. 1720.

Leng, R.; Urbana, Univ. of Illinois. Predicted and actual responses during longterm selection for chemical composition in maize. **(Vorausgesagtes und wirkliches Verhalten während langdauernder Selektion auf chemische Zusammensetzung bei Mais.)** Euphytica [Wageningen] **10** (1961) Nr. 3. S. 368-378. — 4 Abb., 3 Tab., 11 Lit.

Es wird über Untersuchungen bez. Protein- und Ölgehalt bei Mais berichtet. Diese Arbeit ist als Fortsetzung der i. J. 1952 veröffentlichten umfangreichen Darstellung zu diesem Komplex anzusehen. Es war eine weitere Steigerung des Proteingehaltes möglich. Bei den guten Linien wurde bis zu 22% Protein festgestellt. Die untere Grenze blieb in den letzten Jahren etwa konstant bei 5%. Die Erhöhung des Ölgehaltes scheint über 14% kaum noch möglich. Das drückt sich beim Vergleich der Werte in den letzten 10 Jahren aus. Das Min. des Ölgehaltes dürfte bei etwa 1% liegen. Bez. der Proteinauslese kommt Vf. zu dem Schluß, daß die Endwerte noch nicht erreicht sind, während die Möglichkeiten zur Steigerung bzw. Verminderung des Ölgehaltes weitgehend erschöpft scheinen. Wichtig ist dabei, daß nicht nur der Keimling, sondern auch das Endosperm beachtet wird. Eine endgültige Aussage über dieses Problem dürfte erst nach weiteren 10-20 Versuchsjahren möglich sein.

H. Müller/Bernburg. 1720.

Oberdorf, F.; Bernburg, Inst. für Pflanzenzücht. der Dtsch. Akad. der Landwirtsch.-Wiss. zu Berlin. **Bericht über Probleme der Maiszüchtung in Bernburg.** S.-B. dtsch. Akad. Landwirtsch.-Wiss. Berlin **10** (1961) Nr. 5. S. 17-29. — 3 Abb., 4 Tab. Zus. in Russ., Engl.

Mais-Neuzüchtung wird seit 1951 in Bernburg betrieben. Es wurde eine größere Zahl von Zuchtstämmen geschaffen, die z. Z. in internen und offiziellen Prüfungen stehen. Vordringliche Aufgabe ist die Schaffung von Silomaishybriden, die sowohl für den Hauptfrucht- als auch den Zweitfruchtanbau geeignet sind und besten ausländischen Züchtungen beim Anbau in der DDR ertraglich mindestens gleichwertig, in Anpassung an günstige Umweltbedingungen aber eindeutig überlegen sind. Die Möglichkeit der Saatguterzeugung in der DDR wird als Voraussetzung betrachtet. Weitere züchterische Arbeiten haben die Schaffung von Körnermaishybriden zum Ziel, die bei gleicher Anbausicherheit wesentlich höhere Erträge bringen als die Futtergetreidearten. In Groß-Lüsewitz, Gülzow, Hadmersleben und Müncheberg werden weitere Probleme der Maiszüchtung bearbeitet. 1720.

Telkiev, G. und Tomov, N. (Telkiew, G. und Tomow, N.) Izsledvane vŭrchu njakoi vŭprosi ot oprašvaneto na carevicata. **(Untersuchungen über einige Fragen der Maisbestäubung.)** Izvestija na Kompleksnija selskostopanski naučnoizsledovatelski institut - Karnobat, Sofija **2** (1962) S. 15-30. — 4 Abb., 11 Tab., 15 Lit. Zus. in Russ., Engl.

Es wurde versucht, den günstigsten Zeitpunkt zur Bestäubung und die Dauer der Lebensfähigkeit des Pollens von Mais zu ermitteln. Deshalb wurden Bestäubungen von 5 bis 19 Uhr in Abständen von 2 Std. vorgenommen. Die Versuche wurden mit Sorten, I-Linien, Einfach- und Doppelhybriden angestellt. Festgestellt wurde, daß die Bestäubung bei Mais während des ganzen Tages möglich ist und bei I-Linien zwischen 8 und 16 Uhr am besten ist. In Papier aufbewahrt, bleibt der Pollen etwa 1 bis höchstens 1½ Tage lebensfähig. Ferner wird darauf hingewiesen, daß zur Erhaltung der Befruchtungsfähigkeit des Pollens die Lufttemperatur von größerer Bedeutung als die rel. Luftfeuchtigkeit ist. M. Stoilow. 1720.

Telkiev, Geno und Tomov, Nikola. (Telkiew, Geno und Tomow, Nikola.) Karnobat, Bulgarien, Zentr. Forsch.-Inst. für Landwirtsch. Sŭzdavane na samooprašeni linii s mŭžka sterilnost pri carevicata. **(Züchtung von Inzuchtlinien mit männlicher Sterilität beim Mais.)** Selskostopanska nauka, Sofija **1(7)** (1962) Nr. 2. S. 147-156. — 5 Abb., 10 Lit. Zus. in Russ., Engl.
Nach kurzer Übersicht über das Schrifttum zur Ausnutzung der männlichen Sterilität bei Mais wird die zur Züchtung von I-Linien mit männlicher Sterilität angewendete Methodik beschrieben. Vff. weisen darauf hin, daß neben I-Linien mit männlicher Sterilität auch 5 Restorer ausgelesen wurden. Die Übertragung der Sterilität auf züchterisch wertvolle I-Linien ist im Gange. M. Stoilow. 1720.

Kobelev, Ju. K. (Kobelew, Ju. K.); Sherebkowo, Gebiet Odessa, Versuchsstat. des Unions-Inst. für Maisforsch. Povyšat' tipičnost' samoopylennych linij. **(Das Typische bei den I-Linien verstärken.)** Kukuruza, Moskva **7** (1962) Nr. 8. S. 43-44. — 1 Tab.
Um bei der Erzeugung von I-Linien ihren typischen Charakter zu erhalten und zu verstärken (da bei Abschwächung der sortentypischen Merkmale keine volle Entfaltung der Heterosis eintritt, wodurch die Ertragsleistung der Hybridpflanzen sinkt), wurden bei Superelite und Elite der I-Linien 'WIR-38', 'WIR-40', 'WIR-44' Kolben, deren Nachkommen überhaupt keine weißspindligen sondern nur rotspindlige Kolben hatten, ausgewählt. 100-%ig typische I-Linien wurden durch Auswahl von ausschl. rotspindligen Kolben zur Aussaat produziert, da die Kolben mit rosa Spindeln in der folgenden Generation aufspalten und Kolben mit roten, rosa und weißen Spindeln ergeben. L. Rang. 1720.

Focke, R. **Ein Beitrag zur Bedeutung morphologischer Merkmale für den Ertrag.** Dtsch. Akad. Landwirtsch.-Wiss. Berlin, Tagungsber. **1962** Nr. 48. S. 153-159. — nach Zus.
Aus Meßergebnissen an Maissorten bzw. -linien wird geschlossen, daß die Auffindung von leistungsbeeinflussenden morphol. Merkmalen möglich ist, daß einer zielstrebigen Selektionsarbeit in bestimmter Richtung aber der umweltabhängige Wert der Merkmale entgegenwirkt. Die Züchtung von Stämmen mit Merkmalsgruppen, die unter bestimmten Umweltverhältnissen eine Vorhersage über den Ertrag ermöglichen, wird vorgeschlagen. 1720.

Raeuber, A., Bellmann, K., Meinl, G., Mrazek, O., Pfeffer, Ch. und Winkel, A.; Groß-Lüsewitz, Inst. für Pflanzenzücht. der Dtsch. Akad. der Landwirtsch.-Wiss. zu Berlin. **Anwendung nichtlinearer Korrelationen bei phänometrischen Arbeiten bei Mais.** Z. Pflanzenzücht. **46** (1961) Nr. 4. S. 433-442. — 7 Abb., 2 Tab., 4 Lit.
Auf Grund der i. J. 1960 durchgeführten Vergleichsprüfungen, die an 4 Anbauorten (von der Ostseeküste bis Südmähren) durchgeführt wurden, werden an Hand der einzelnen Vegetationsphasen in Abhängigkeit von der Witterung die Leistungen der Hybridsorte "Siloma" (W 802) und ihrer Eltern verglichen. Es ergeben sich die bekannten optimalen Werte von 22 °C als günstigste Temperatur für das Maiswachstum. Die Temperatur hat den größten Einfluß während die Windstärke in Abhängigkeit vom Anbauort das Wachstum weniger beeinflußt. Züchterisch dürfte bes. interessant sein, daß die Hybride offensichtlich ein größeres Pufferungsvermögen als ihre Eltern besitzt. H. Müller/Bernburg. 1720.

Dhawan, N. L., Singh, Amir und Vaidya, S. M.; New Delhi, Indian Agric. Res. Inst., Div. of Bot. Cooperative tests with U.S. maize hybrids in India. **(Gemeinschaftsprüfungen mit US-Maishybriden in Indien.)** Indian J. Genetics Plant Breeding **21** (1961) Nr. 3. S. 164-174. — 5 Tab., 2 Lit.
In Indien wurden von 1950-1956 insgesamt 51 US-Doppelhybriden aus 16 Reifegruppen (70-155 Tage) mit den Lokalsorten verglichen. Von dem in 4 Anbauzonen an 14 Orten untersuchten Material werden Herkunft, Reifegruppe und Abstammung angegeben. Die späten Zahnmais-Hybriden waren den Hartmais-Lokalsorten im Kornertrag überlegen (31-173%). Es werden jedoch noch immer frühe Hartmaisformen bevorzugt, die sich gut in die Mais-Weizen Rotation einfügen. Von den 4 ertragreichsten Hybriden ('US 13', 'Texas 26', 'Dixie 22' und 'NC 27') wurden in Delhi und Haiderabad die dazugehörigen I-Linien auf Samenansatz sowie Krankheits- und Schädlingsbefall geprüft. Alle Linien hatten geringe Vitalität und schwache Pollenproduktion und waren teilweise von *Sclerospora philippinensis*, *Helminthosporium turcicum* sowie *Chilo zonellus* befallen. Ihr Anbau zur Erzeugung von Doppelhybriden ist nicht zu vertreten. Hohe Erträge werden aus der Neuzüchtung von Hartmais-Hybriden mit I-Linien erwartet, die in Indien selbst erzeugt werden. A. Winkel. 1720.

Królikowski, Z., Baczyński, Z. und Krupa, F.; Warszawa, Stacja Hodowlano-Badawcze Smolice i Bąków. Synteza wyników doświadczeń z mieszańcami odmianowymi i polskimi odmianami kukurydzy. **(Die Synthese der Versuchsergebnisse mit Sortenhybriden und polnischen Maissorten.)** Biul. Inst. Hodowli Aklimatyzacji Roślin, Prace Zakładu Biol. Przechowalnictwa Nasion **1961** Nr. 3. S. 9-24. — 2 Abb., 6 Tab.
Im Jahre 1954 wurden Arbeiten über das Problem der Kombinationseignung polnischer Maissorten aufgenommen. Es wurden die Ergebnisse von 7 Versuchen zur Körner- und 5 Versuche zur Silomaiserzeugung besprochen, die mit einigen Sorten in 2 Orten durchgeführt wurden. Es wird der Wert dieser Sorten als Kreuzungskomponenten und die Ertragsfähigkeit ihrer Hybriden geprüft. Als Bezugsgröße dienten die Sorten 'Stanowicka' und das Mittel der verwendeten 4 Standardsorten. Es wurde festgestellt, daß die polnischen Sortenhybriden besser als die Sorten sind und ausländischen Linienhybriden gleich kommen. Die Ertragserhöhungen sind bei der Körnererzeugung größer als bei der Grünmasseproduktion. Zum Silomaisanbau eignen sich am besten unter ungünstigen Klimaverhältnissen die Hybriden: 'Złóta Górecka' × 'Wigor', 'Wielkopolanka' × 'Wigor' und 'Małopolanka' × 'Wigor'; unter guten Klimaverhältnissen: 'Złota Górecka' × 'Mikulicka'. Beste Sorte war 'Rzeszowska Silosowa'. Z. Zimniak. 1720.

Fedin, M. A.; Orjol, RSFSR, Staatl. Landwirtsch. Versuchsstat. Izučenie gibridov kukuruzy v Zentral'noj černozemnoj polose. **(Die Untersuchung von Maishybriden im Zentralen Schwarzerdegürtel.)** Vestnik sel'skochozjajstvennoj nauki, Moskva **7** (1962) Nr. 6. S. 89-91. — 1 Tab. Zus. in Engl., Franz., Dtsch.
Um hochleistungsfähige Hybriden zu züchten, darf 1. die Mutterform nur geringe Wärmeansprüche besitzen, 2. müssen 2 Komponenten von Dreifachhybriden wenig wärmeliebend sein und 3. müssen für die Kreuzung geograph. entfernte Formen gewählt werden. Die besten Ergebnisse erzielte man mit der Sortenlinienhybridisation, wobei als Mutter eine freibestäubende Sorte und als Vaterform eine Linienhybride gewählt wurde. Die Vereinigung dieser beiden Formen ergibt einen sehr vitalen Organismus mit „einer großen Zahl von Widersprüchen" (Heterozygotie) und eine bessere Ausgeglichenheit der Pflanzen. Die aus dieser Kreuzung hervorgegangenen Hybriden zeigen in der F_1 und F_2 keine Ertragsdifferenzen. Daraufhin erfolgte Kreuzung der F_2 von Einfachhybriden. Auf diese Art wurde beispielsweise die Hybride

'Schatilowski 5' geschaffen, die nach Angaben der staatlichen Sortenprüfung in einigen Gebieten im Ertrag sogar die Hybride 'Bukowinski 1' übertrifft.
E. Kahn. 1720.

Schertz, K. F. Cytology, fertility, and gross morphology of induced polyploids of Sorghum vulgare. **(Cytologie, Fertilität und Morphologie bei induzierten Polyploiden von Sorghum vulgare.)** Canad. J. Genetics Cytol. **4** (1962) Nr. 2. S. 179-186. — 1 Abb., 3 Tab., 17 Lit.

Morphol., Fertilität und cytologische Verhältnisse wurden bei mit Colchizin behandeltem *Sorghum vulgare* (Sorte 'SA 403') untersucht. Von 77 reif gewordenen Pflanzen waren 53 diploid und 24 polyploid. Unter den polyploiden Pflanzen waren tetraploide und hypotetraploide. Die polyploiden waren schwächer bestockt, hatten eine geringere Blattfläche, waren kürzer und später reif. Dagegen waren bei den polyploiden Spelzen und Stomata länger und die Samen größer. Die Zahl der Samen und die Fertilität waren im Vergleich zu den diploiden geringer. Die hypotetraploiden Pflanzen waren fast völlig steril und bei den tetraploiden 0-44% der Rispen. Die Färbung der Pollen in IKI-Lösung war variabel. Unregelmäßigkeiten in den Chromosomenverhältnissen konnten in den verschiedenen Stadien der Zellteilung beobachtet werden. Die Abnormitäten waren meistens mit einer geringen Fertilität verbunden.
E. Koch/Biendorf. 1722.

Gelin, O.; Landskrona, Sweden, Plant Breeding Inst. Experimental mutation in Pisum. **(Experimentelle Mutation bei Pisum.)** Genetica agraria [Pavia] **13** (1960) Nr. 1/2. S. 67-78. — 1 Tab., 6 Lit.

Mit Hilfe eines Gewächshaustestes wird die Mutationsrate im Sämlingsstadium der X_2-Generation bestimmt. Die Sorte 'Weitor' wurde mit X-Strahlen, Neutronen, Sauerstoff, Äthylenoxyd und Äthylenimin und die Sorte 'Witham Wonder' mit X-Strahlen und Neutronen behandelt. Die LD_{50} für X-Strahlen lag für 'Weitor' bei 7 kr, bei 'Witham Wonder' bei 2 kr; für Neutronenbestrahlung bei beiden Sorten bei 1000 rep. Die Häufigkeit gestörter Anaphasen im Wurzelspitzenmeristem wird nach Röntgenbestrahlung für 'Weitor' bei 8 kr mit 27%, für 'Witham Wonder' bei 2,5 kr mit 33% angegeben, nach Neutronenbestrahlung für beide Sorten mit 40%. Die Häufigkeit der durch Sauerstoff verursachten Anaphasenstörungen ist etwa gleich der des bestrahlten Materials, während bei Äthylenimin keine Störungen dieser Art beobachtet wurden. Die Differenzen in der Mutationsrate bei LD_{50} waren bei 'Weitor' und 'Witham Wonder' für die verschiedenen Behandlungen nicht signifikant. Im Mutationsspektrum wurde zwischen X-Strahlen, Neutronen und Sauerstoff kein Unterschied gefunden, dagegen zeigten die Äthylenderivate ein anderes Spektrum. Es wird angenommen, daß X-Strahlen und Neutronen einen verschiedenen Aktionsweg haben. Die Wirkung des Sauerstoffs ist der der Strahlen sehr ähnlich. Gleiche Behandlungen ergaben bei verschiedenen Sorten d. h. bei verschiedenen genetischen Konstitutionen verschiedene Mutationsspektren. Äthylenimin wird in Zukunft größere Bedeutung als mutationsauslösendes Agens beigemessen. F. Müller. 1732.

Ivanov, N. R. (Iwanow, N. R.) Ischodnyj material dlja selekcii kormvych bobov. **(Ausgangsmaterial für die Futterbohnenzüchtung.)** Selekcija i semenovodstvo, Moskva **27** (1962) Nr. 5. S. 35-39. — 1 Abb.

Für die Futterbohnenzüchtung stehen über 700 Arten, Sorten und Herkünfte als Ausgangsmaterial zur Verfügung. Vf. beschreibt 24 Herkünfte (darunter 9 sowj., 3 aus DBR., 2 französ., 1 niederl., 1 engl., 1 marokkanische, 1 afghanische, 1 syrische); TKM, Kornausbildung und Kornfärbung, Wuchshöhe, Eiweißgehalt, Vegetationsdauer, Krankheitsresistenz und Hülsenansatz werden angegeben. G. Jury. 1734.

Atabekova, A. I. (Atabekowa, A. I.); Moskau, Landwirtsch. Timirjasew-Akad. Somatičeskie mutacii u bobovych. **(Somatische Mutationen bei Leguminosen.)** Voprosy évoljucii, biogeografii, genetiki i selekcii. Sbornik, posvjaščennyj 70-letiju so dnja roždenija akademika N. I. Vavilova. Vsesojuznoe botaničeskoe obščestvo, Moskva-Leningrad **1960** S. 43-51. — 5 Abb., 57 Lit.
Bes. geeignet für Untersuchungen von Knospenmutationen erschienen Vf. unter den Leguminosen Arten von *Lupinus*, da diese überwiegend heterozygot sind und eine Fülle von Mutanten aufweisen. Die Mutationen betreffen 1. die Blüte, 2. vegetative Organe, 3. Frucht und Samen. 1. Bei *L. africus*, *L. nanus* und *L. hybridus* fanden sich Chimären in der F_2 mit Streifigkeit und Mosaikzeichnungen an den verschiedensten Teilen der Blütenkrone und in verschiedener Stärke. Das Ausmaß der somatischen Mutation ist direkt der Zeitdauer ihres Auftretens proportional. Periklinalchimären, die sonst bei *Phaseolus* auftreten, sind bei der Lupine bereits in der Blüte erkennbar. 2. Bei den vegetativen Organen fand Vf. Blattmutanten der Form und Farbe sowie Zwerg- und Riesenwuchs, insbes. Minusvarianten, die bei Erbse häufig, bei Lupine dagegen selten beobachtet wurden. U. a. trat eine konstante hellgrüne und eine sterile, buntblättrige Form von *L. ornatus* auf. 3. Bei den Frucht- und Samenmutanten wurden erstmalig bei *L. luteus* Farbmutanten, bei *L. hybridus* eine völlig neue Samenfarbe gefunden. Alle Formen entstanden spontan aus heterozygotem Material. In einer Kreuzung von *L. linifolius* × *L. angustifolius* waren von 6 Hybriden in der F_3 2 Chimären und 3 in der F_4. U. Bandlow. 1740.

Sampson, D. R.; Ottawa, Ontario, Canada Dep. of Agric. Intergeneric pollen-stigma incompatibility in the cruciferae. **(Unverträglichkeit von Pollen und Narbe zwischen Gattungen der Cruciferen.)** Canad. J. Genetics Cytol. **4** (1962) Nr. 1. S. 38-49. — 3 Tab., 7 Lit.
Pollenschlauchhemmung auf Narben offener Blüten wurde nach 18 Gattungsbestäubungen zwischen 10 selbstunverträglichen Arten oder Varietäten von *Brassica, Raphanus, Eruca, Rapistrum, Diplotaxis, Iberis* und *Arabis* analysiert. Eine Kombination war verträglich, 2 waren halbverträglich und die übrigen mehr oder weniger unverträglich. 14 Bestäubungen auf Narben junger Knospen waren mit einer Ausnahme verträglich. 3 selbstverträgliche Arten von *Lepidium, Draba* und *Erucastrum* nahmen den Pollen von 4 selbstunverträglichen Arten an, aber ihr Pollen war auf den selbstunverträglichen Narben ebenfalls unverträglich. Die Ergebnisse werden mit einem physiol. Mechanismus gedeutet, dem ein makromolekularer Code mit 2 Paar jeweils komplementär strukturierten Seiten zugrunde liegt. Die Knospenverträglichkeit wird mit der Abwesenheit von Barrieren für das Pollenschlauchwachstum erklärt. G. Bandlow. 1752.

Putt, Eric D. The value of hybrids and synthetics in sunflower seed production. **(Der Wert von Hybriden und synthetischen Sorten in der Erzeugung von Sonnenblumensaatgut.)** Canad. J. Plant Sci. **42** (1962) Nr. 3. S. 488-500. — 6 Tab., 10 Lit.
Bei Vergleichen von 3 Sonnenblumenhybriden mit 4 synthetischen Sorten wurde nachgewiesen, daß sich Inzuchtlinien besser zur Erzeugung von synthetischen Sorten eignen als von Hybriden; auch Doppelkreuzungen mittels natürlicher Bestäubung waren den aus gleichen Linien geschaffenen synthetischen Sorten nicht ertragsüberlegen. Die Methodik der Schaffung synthetischer Sorten wird beschrieben. E. Kabis. 1758.

Vasileva-Drjanovska, O. A. (Wassilewa-Drjanowska, O. A.) Citoembriologični izsledvanija na oprašvaneto i oploždaneto pri kartofite s prašec ot otdalečeni vidove. **(Cytoembryologische Untersuchungen der Bestäubung und Befruchtung mit Pollen entfernter Arten bei Kartoffeln.)** Izvestija na Instituta po biologija „Metodij Popov". Bŭlgarska akademija na naukite, Sofija **12** (1962) S. 73-90. – 26 Abb., 16 Lit. Zus. in Russ., Engl.

Die Keimung des Pollens von *Solanum demissum, S. verrucosum* und *S. chacoense* wurde auf den Sorten 'Aquila', 'Kardinal' und 'Choshnitschki' sowohl im ersten Stadium der Befruchtung als auch im Embryosack verfolgt. Bestäubt wurde ein- oder zweimal mit Pollengemischen. 2, 6 und 8 Std. sowie 1, 2, 3, 4, 6, 10, 12 und 15 Tage nach der Bestäubung wurde mit Karnoy fixiert und cytologisch untersucht. Am besten keimte der Pollen o. g. Arten auf 'Choshnitschki' und am schwersten auf 'Aquila'. Die Pollenschläuche aller 3 Arten gelangten bis zum Embryosack der Kultursorten, doch kam es nicht zur Befruchtung. Die Chromosomenzahl spielte bei der Ausbildung der Pollenschläuche keine Rolle. Festgestellt wurden Veränderungen im Gehalt an RNS und DNS der Eizelle und des sekundären Kerns, später auch beim Endosperm (ohne Befruchtung). Im Embryosack der Kultursorten wurde mehr als ein Pollenschlauch gebildet. Zweimalige Bestäubung fördert und verstärkt die Pollenschlauchbildung. Die Bestäubung mit Pollengemischen förderte die Keimung des Pollens entfernter Arten und war Voraussetzung für die Keimung des Pollens im Embryosack. M. Stoilow. 1772.

Osipova, N. I. (Ossipowa, N. I.); Mittelasiat. Stat. des Unions-Inst. für Pflanzenbau (WIR). Ustojčivost' k virusnym zabolevanijam aperiodičeskich vidov kartofelja i ich gibridov. **(Die Widerstandsfähigkeit der aperiodischen Form der Kartoffel und ihrer Hybriden gegen Viruserkrankungen.)** V sb.: Virusn. bolezni s.-ch. rast. i mery bor̆by s nimi, Moskva **1960** S. 277-281. – Aus: Referativnyj žurnal. Biologija, Moskva **1961** Nr. 20. G 293. S. 34.

Arten mit kurzer Ruheperiode waren: *Solanum boyacense, S. Kesselbrenneri, S. Rybini, S. Cuencanum, S. chaucha, S. phureja, S. canarense, S. Macmillanii* und *S. curtilobum.* Es wurde festgestellt, daß alle diese Arten unter den Bedingungen des Taschkenter Gebietes stark von Abbaukrankheiten befallen wurden. Am widerstandsfähigsten waren *S. Kesselbrenneri* und *S. chaucha,* welche nur gefleckt waren. Diese Arten übertragen auf die Hybriden zusammen mit der Aperiodizität auch eine schwache Widerstandsfähigkeit gegen Viruskrankheiten, z. B. die Hybriden von *S. Kesselbrenneri.* Hybridmaterial, das verhältnismäßig widerstandsfähig gegen Viruskrankheiten ist, kann durch entspr. Auswahl der Eltern durch Kreuzung erhalten werden, was durch die Ergebnisse der Prüfungen auf Widerstandsfähigkeit verschiedener Kombinationen von *S. boyacense* mit ausgewählten Sorten bestätigt wird. Es werden Sorten angeführt, die eine rel. hohe Widerstandsfähigkeit gegen Abbau besitzen und wegen ihrer sonstigen Eigenschaften als Ausgangsmaterial für Kreuzungen empfohlen werden.

übersetzt v. D. Grafe. 1772.

Vŭlčev, P. (Wâltschew, P.) Rezultati ot opiti s recipročni prisadki meždu čuvstvitelni i ustojčivi na virusni bolesti kartofi. **(Ergebnisse von Versuchen mit reziproken Pfropfungen gegenüber Viruskrankheiten anfälliger und widerstandsfähiger Kartoffelsorten.)** Izvestija na Centralnija naučnoizsledovatelski institut po rastenievŭdstvo, Sofija **12** (1961) S. 331-336. – 3 Tab., 11 Lit. Zus. in Russ., Engl.

Die abbauanfälligen Sorten 'Erstling' und 'Bintje' und die Art *Solanum demissum* sowie die abbauresistente Sorte 'Aquila' wurden untersucht. Die Abbauresistenz wurde bei der 1. und 2. Nachkommenschaft nach der Pfropfung ermittelt. Die Versuche zeigten, daß das ein- bis dreimalige Pfropfen der Sorte 'Aquila' auf 'Bintje' keine Steigerung der Abbauwiderstandsfähigkeit von 'Bintje' ergab. Im 1. Jahr nach dem Pfropfen wies die auf 'Aquila' veredelte Sorte 'Bintje' 35,6% abbaukranke Pflanzen auf, ebensoviel wie die unveredelten 'Bintje'-Pflanzen, während die Sorte 'Aquila' nur 2% abbaukranke Stauden zeigte, d. h. genausoviel wie unveredelte Stauden von 'Aquila'.

Ähnliche Ergebnisse ergaben die Prüfungen im 2. und 3. Nachbau. Untersuchungen mit *S. demissum* wurden wegen des starken Abbaues dieser Art bereits im 2. Versuchsjahr abgebrochen. M. Stoilow. 1772.

Leszczenko, Piotr; IHAR-Prac. Badań Raka Ziemniaczanego-Bydgoszcz. Wzmożenie rakoodporności odmian ziemniaków przez wegetatywne szczepienie. **(Erhöhung der Krebswiderstandsfähigkeit von Kartoffelsorten durch vegetative Pfropfung.)** Biul. Inst. Hodowli Aklimatyzacji Roślin, Prace Zakładu Biologii i Przechowalnictwa nasion **1961** Nr. 6. S. 71-75. — 1 Tab., 11 Lit.

Es wurden 10 sehr und 10 weniger gegen Krebs anfällige Kartoffelstämme verwendet. Auf empfindliche Stämme wurden Pfropfreise verschiedener widerstandsfähiger Stämme gepfropft. Die Versuche erstreckten sich über 8 Jahre. Gepfropfte Pflanzen bauten schnell ab, was die Untersuchungen erschwerte. Nur die Nachkommen der Pfropfung von Sorte 'Fram' auf 'Katahdin' und der 2-maligen Pfropfung von 'Nowa Huta' auf Nachkommen der Pfropfung 'Nowa Huta' auf 'Dzialkowiec' waren 4-5 Jahre widerstandsfähig und bauten wenig ab. Die Ergebnisse stimmen mit sowjetischen überein. W. Śliwiński. 1772.

Slepuškina, G. P. (Slepuschkina, G. P.); Puschkin, Gebiet Leningrad, Unions-Forsch.-Inst. für Pflanzenbau, Abt. für Leguminosenkult. K metodike selekcii skorospelych sortov kartofelja. **(Zur Züchtungsmethodik frühreifer Kartoffelsorten.)** Selekcija i semenovodstvo, Moskva **27** (1962) Nr. 5. S. 39—41. — 1 Tab.

In den Jahren von 1957-1961 wurde eine Reihe von Kreuzungen, bei denen sehr häufig die Sorte 'Prijekuler Frühe' als Elter beteiligt war, durchgeführt. Untersucht wurde der Einfluß der Saatzeit bei der Sämlingsvermehrung, der Behandlung des Saatguts mit Gibberellin, der Aufzucht in Torfhumuswürfeln und in Zuchtgefäßen (nach K. H. Möller) sowie von Kurztagsverhältnissen auf die Verkürzung der Vegetationszeit. Die Reife wurde ermittelt. Die Knollenbildung begann bei den Kurztagssämlingen früher als bei Normaltagssämlingen. Bei ersteren wurden 60% frühreife Sämlinge gefunden, dagegen bei letzteren nur 43,1%. Späte Aussaat erhöhte den Anteil frühreifer Sämlinge. G. Jury. 1772.

Bormotov, V. E., Zagrekova, V. N. und Ščerbakova, A. M. (Bormotow, W. Je., Sagrekowa, W. N. und Stscherbakowa, A. M.) Sozdanie tetraploidnych form sacharnoj svekly. I. Polučenie i otbor poliploidov C_0 na pervom godu vegetacii. **(Schaffung tetraploider Zuckerrüben. 1. Mitt. Gewinnung und Auswahl der Polyploide C_0 im ersten Vegetationsjahr.)** Bjulleteń Instituta biologii. Akademija nauk Belorusskoj SSR, Minsk **1960** (hrsg. 1961) Nr. 6. S. 233-238. — 2 Abb., 1 Tab., 15 Lit.

Als Ausgangsmaterial dienten 3 polygerme Sorten ('Uladowskaja 752', 'Ramonskaja 06', 'Werchnjatschskaja 038') und die monokarpe Sorte 'Jaltuschkowskaja'. Die Colchicinierung erwies sich bei der Schaffung tetraploider Formen als die wirksamste Methode. Die keimenden Samen wurden in einer 0,1%igen Colchicinlösung bei 28 °C 3 Std. eingequellt und dann unter Glas angezogen. Bereits beim ersten Blattpaar wurden gegenüber der Kontrolle Formabweichungen festgestellt. Ins Freiland wurden nur Pflanzen mit deutlichen Abweichungen gepflanzt. Diese phänotypische Auslese erleichtert die Folgearbeiten. Die Untersuchung der C_0-Pflanzen ermöglicht höhere Ausbeute an Polyploiden. Blattpräparate wurden in 5-6 Min. hergestellt. Als Farbstoffe dienten u. a. Carmin, Nigrosin, Orcein, Lackmoid, Fuchsin. Beim Phasenkontrastmikroskop entfällt u. U. das Färben. I. J. 1960 wurde folgendes Ergebnis erzielt: Von 2613 mit Colchicin behandelten Knäulen wurden

941 Pflanzen aufgezogen. Davon zeigten 259 klare Veränderungen gegenüber den Kontrollpflanzen. Durch die cytologischen Untersuchungen wurden 56 polyploide Pflanzen nachgewiesen. G. Jury. 1774.

Afanasiev, M. M. und Sharp, E. L. Testing of inbred lines of sugar beets for resistance to Aphanomyces, Rhizoctonia and Fusarium root rots. **(Prüfung von Zuckerrübeninzuchtlinien auf Resistenz gegen Aphanomyces-, Rhizoctonia- und Fusarium-Wurzelfäulen.)** J. Amer. Soc. Sugar Beet Technologists **11** (1961) Nr. 6. S. 542-546. – 1 Tab., 7 Lit.
Nach Beschreibung der Prüfungsmethodik werden Inzuchtlinien mit Resistenzeigenschaften hergestellt. Durch Auswahl von Inzuchtlinien und Selektion innerhalb von Sorten konnte *Fusarium*- und auch *Rhizoctonia*- sowie *Aphanomyces*-Resistenz erreicht werden. L. Bachmann. 1774.

Payne, Merle G., Powers, LeRoy und Remmenga, E. E. Some chemical-genetic studies pertaining to quality in sugar beets (Beta vulgaris L.). **(Einige chemisch-genetische Studien über die Qualität der Zuckerrüben [Beta vulgaris L.].)** J. Amer. Soc. Sugar Beet Technologists **11** (1961) Nr. 7. S. 610-628.
Vff. verweisen einleitend auf die Tatsache, daß der Zuckergehalt der Rüben in einzelnen Rübenfabriken derart niedrig ist, daß die Rentabilität der Zuckererzeugung in Frage gestellt ist. Es wird angenommen, daß hierbei die N-Düngung eine bes. wichtige Rolle spielt. Um die Ursache festzustellen, wurden umfangreiche Feldversuche an 8 Orten mit zahlreichen Wiederholungen mit 6 Populationen durchgeführt, um den Einfluß der Umweltfaktoren einerseits, andererseits der Sorte auf verschiedene wertbildende Merkmale, bes. den Gehalt an Zucker, N, Betain und Glutaminsäure, festzustellen. Die Versuche wurden nach verschiedenen Gesichtspunkten biometrisch ausgewertet. Es zeigte sich, daß die auf genetische Faktoren zurückzuführenden Unterschiede beachtlich, jedoch geringer waren als die durch Umwelteinflüsse. Die Reaktion der einzelnen Sorten auf die Düngung war sehr verschieden. Es gab Typen, bei denen die Korrelationskoeffizienten gedüngt und ungedüngt fast gleich waren, bei anderen hingegen wurden große Unterschiede festgestellt. Für die Züchtung wichtig sind solche Zuckerrüben, die trotz starker Düngung hohen Zuckergehalt aufweisen. Derartige Typen waren unter den geprüften Populationen vorhanden. O. Heinisch. 1774.

Hovin, Arne W. und Gibson, Pryce B.; University Park, Pa., U.S. Regional Pasture Res. Lab.; Clemson, S.C., Agric. Exp. Stat. A red leaf marking in white clover. **(Eine rote Blattzeichnung bei Weißklee.)** J. Heredity **52** (1961) Nr. 6. S. 295-296. – 1 Abb., 2 Tab., 3 Lit.
Auf Weiden in Georgia und Süd-Carolina sind Weißkleepflanzen mit einer roten Blattzeichnung gefunden worden. Die Zeichnung hat bei jungen Blättern V-Form und färbt sich später rot. Es wird angenommen, daß dieses Pigment Anthocyan ist. – Kreuzungen von Typen mit homozygot weißer Blattzeichnung (V^bV^b-Typen) mit selbstunverträglichen Testern ohne Blattzeichnung ergaben, daß die rote Zeichnung erblich ist und durch ein einziges dominantes Gen, bezeichnet als $V^r{}_3$, hervorgerufen wird. J. Spanier. 1780.

Lesins, K.; Edmonton, Univ. of Alberta, Dep. of Genetics. Interspecific crosses involving alfalfa. III. Medicago sativa L. × M. prostrata Jacq. **(Artkreuzungen bei Luzerne. 3. Mitt. Medicago sativa L. x M. prostrata Jacq.)** Canad. J. Genetics Cytol. **4** (1962) Nr. 1. S. 14-23. – 6 Abb., 5 Tab., 10 Lit. 2. Mitt. vgl. LZ. Abt. II **8** (1963) Nr. 1. S. 208.
Da *Medicago prostrata* zu kreuzungsfertilen Arten gehört, setzt sie bei Kreuzung besser als bei Selbstung an. Bei Verwendung von *M. sativa* als Mutter ist der Samenansatz nicht von Kreuzungen innerhalb der Art zu unterscheiden, die Samen sind allerdings etwas kleiner. Wird *M. prostrata* als ♀ verwendet, so ist der Samenansatz gering, und die Samen sind nicht vollkörnig. Für diese

Ergebnisse werden Unterschiede in der genetischen Konstitution des Endosperms verantwortlich gemacht. Im diploiden Zustand ist die Chromosomenpaarung und -trennung normal. Die Anthocyan-Blütenfärbung spaltet monofaktoriell, für die Hülsenform sind mehr als 2 Faktoren verantwortlich. Für die Vererbung der Anthocyan-Blütenfarbe bei tetraploiden Formen soll bes. Chromosomenpaarung innerhalb des Genoms verantwortlich sein. Für den Züchter ist wichtig, daß *M. prostrata* als Kreuzungspartner verwendbar ist.
J. Schieblich. 1780.

Palmer, T. P.; Christchurch, Dep. of Sci. and Ind. Res., Crop Res. Div. Winter growth of lucerne (Medicago sativa). II. Genetic variation in a population of Hunter River lucerne.) **(Das Wachstum von Luzerne [Medicago sativa] im Winter. 2. Mitt. Genetische Variabilität in einer Population der 'Hunter River'-Luzerne.)** New Zealand J. agric. Res. 3 (1960) Nr. 4. S. 641-646. — 1 Abb., 2 Tab., 8 Lit. 1. Mitt. vgl. LZ. Abt. II 5 (1960) Nr. 11. S. 2658.
An 98 Einzelpflanzen (E.) einer nicht selektierten Luzernepopulation und deren Polycross-Nachkommenschaften (PN) (ebenfalls als E.) wurde die Variabilität von Stengellänge (längster Stengel je E. 4mal in 14täg. Abständen gemessen) und Grüngew. während des Winterwachstums untersucht. Die statistische Auswertung erfolgte unter bes. Berücksichtigung der Erblichkeitsverhältnisse dieser Merkmale. Der Anteil der genetisch bedingten Variabilität war für beide Merkmale hoch und beruhte bei der Stengellänge überwiegend auf additiver Genwirkung. Für die Verlängerung des Stengels reicht eine phänotypische Selektion der Elternpflanzen aus, so daß auf PN-Prüfungen zugunsten einer größeren Anzahl E. für die Selektion verzichtet werden kann. Dagegen hat die gleiche Selektion auf Ertrag wenig Wert, und PN-Prüfungen sind notwendig. Zwischen der anfänglichen Stengellänge und dem weiteren Längenwachstum bestand eine leicht negative Korrelation ($r = -0{,}22$), die stärker wurde, wenn die Gesamtpopulation für dieses Merkmal in eine bessere und eine schlechtere Gruppe geteilt wurde ($r = -0{,}76$ resp. $r = -0{,}40$).
J. Spanier. 1780.

Heinrichs, D. H. und Morley, F. H. W.; Saskatchewan, Canada Dep. of Agric.; Canberra, Australia, Div. of Plant Ind. Quantitative inheritance of creeping-root in alfalfa. **(Quantitative Vererbung der Ausläuferbildung an Luzernewurzeln.)** Canad. J. Genetics Cytol. 4 (1962) Nr. 1. S. 79-89. — 1 Abb., 4 Tab., 9 Lit.
An 2 Populationen aus Kreuzungen von *Medicago media* Pers. × *M. falcata* L., deren Eltern auf ausläuferbildende Wurzeln selektiert waren, wurde die Erblichkeit dieses Merkmals untersucht. Der genotypische Anteil an der Gesamtvariabilität war vorwiegend additiv, es konnte aber auch ein Teil nicht-additiver Varianz nachgewiesen werden. Innerhalb der ausläuferbildenden Fraktion war in beiden Gruppen ein hoher Anteil der genotypisch bedingten Variabilität nichtadditiv. Bei hoher Erblichkeit des Merkmals „Ausläuferbildung" erwies sich der Grad der Ausprägung bei den Einzelpflanzen (Ausbreitung und Dichte der Triebe) als wenig erblich und stark abhängig von nichtadditiven und umweltbedingten Faktoren, wobei möglicherweise auch Gene mitwirkten, die die Wüchsigkeit bedingen (Jones und Hanson, 1959). Für die Selektion war die Einteilung in für dieses Merkmal erwünschte und unerwünschte Typen genau so erfolgreich wie eine stärkere Differenzierung in 5 Ränge.
J. Spanier. 1780.

Goplen, B. P.; Saskatoon, Saskatchewan, Canada Dep. of Agric., Res. Stat. A recessive gene with major pleiotropic effects in sweetclover, Melilotus alba L. **(Ein rezessives Gen mit „major" pleiotroper Wirkung bei Steinklee, Meliotus alba L.)** Canad. J. Genetics Cytol. 4 (1962) Nr. 2. S. 141-146. — 3 Abb., 3 Tab., 4 Lit.

Unter den frei abgeblühten Nachkommen von *Melilotus alba* fand man eine Mutante, die unter Gewächshausbedingungen extrem große, dunkelgrüne, faltige Blätter entwickelte, ein doppelt so hohes Blatt-Stengel-Verhältnis (bezogen auf Tr.-Subst.) aufwies wie normale Pflanzen, veränderte Blüten hatte und weiblich steril war (75% Abortionen). Als Ursache dafür konnte ein rezessives Gen mit "major" pleiotroper Wirkung ermittelt werden. Für landwirtsch. Zwecke ist dieser Typ nutzlos, da er unter Freilandbedingungen wenig vital ist. J. Spanier. 1780.

Lundqvist, Arne; Lund, Sweden, Inst. of Genetics. The nature of the two-loci incompatibility system in grasses. I. The hypothesis of a duplicative origin. **(Die Art des durch 2 Loci bedingten Unverträglichkeitssystems bei Gräsern. 1. Mitt. Die Hypothese eines duplikativen Ursprungs.)** Hereditas [Lund] 48 (1962) Nr. 1/2. S. 153-168. – 5 Tab., 11 Lit.

Die Beziehung von Unverträglichkeitsgenen, der S- und Z-Allele, ist im 2x-Pollen von *Festuca pratensis* untersucht worden. Dieser kann auf 2x-Narben keimen, aber weniger leicht als 1x-Pollen. 2 verschiedene Allele des Pollens führen noch nicht zur Unverträglichkeit, wohl aber 2 verschiedene Loci. Es wird geschlossen, 1. daß so viele verschiedene S-Z-Arten gebildet werden, wie besondere S-Z-Paare in dem ♂ oder ♀ Gewebe vorhanden sind und 2. daß keine Anzeichen von Dominanzwirkung zwischen den untersuchten Unverträglichkeitsallelen vorliegen. Die Vererbung der Selbstverträglichkeit ist bei 4 solchen Mutanten von 2x-Roggen untersucht worden und daraufhin der Ursprung des gametophytischen komplementären "Grassystems" mit 2 Loci diskutiert worden. Der parallele Verlust der Epistasie- und Dominanzwirkung führt zu einem duplikativen Ursprung des "Grassystems".

G. Bandlow. 1780.

Lundqvist, Arne; Lund, Sweden, Inst. of Genetics. The nature of the two-loci incompatibility system in grasses. II. Number of alleles at the incompatibility loci in Festuca pratensis Huds. **(Die Art des durch 2 Loci bedingten Unverträglichkeitssystems bei Gräsern. 2. Mitt. Anzahl der Allele auf den Unverträglichkeitsloci bei Festuca pratensis Huds.)** Hereditas [Lund] 48 (1962) Nr. 1/2. S. 169–181. – 7 Tab., 21 Lit. 1. Mitt. vgl. vorst. Ref.

Die Anwesenheit von 3 S-Z-Paaren von Unverträglichkeitsgenen ist bei Pflanzen eines Stammes von *Festuca pratensis* und bei nichtverwandten Individuen geprüft worden. Als Pollenspender dienten Pflanzen, die in diesen 3 Genpaaren homozygot waren. In der verwandten Population traten alle 3 S-Z-Paare auf, bei den nicht verwandten Pflanzen dagegen keine. Nach Schätzungen muß man mit 12–13 Allelen (Signifikanz von 5%) an einem Locus für Inkompatibilität rechnen. Es ist unwahrscheinlich, daß eine solche Serie von spez. Genen in einer ursprünglichen Population vorhanden ist. Ihre mutative Entstehung aus einem oder einigen anfänglichen I-Genen erscheint wahrscheinlicher. G. Bandlow. 1780.

Grof, B. Induction of fertility by colchicine treatment in Ronpha grass, a sterile interspecific Phalaris hybrid. **(Induktion der Fertilität durch Colchicinbehandlung bei Ronpha-Gras, einem sterilen Artbastard bei Phalaris.)** Queensland J. agric. Sci. **17** (1960) Nr. 4. S. 443–446. – 3 Abb., 2 Lit.

„Ronpha-Gras" entstand durch natürliche Bastardierung von *Phalaris arundinacea* und *Phalaris tuberosa* var. *stenoptera*. Es wurde von Südafrika eingeführt und dient im Sommerregengebiet als zusätzliche Rindvieh- und Schafweide in den Wintermonaten. Blütenstände werden über eine lange Periode hinweg gebildet. Bei einigen Blüten traten Antheren und Stigmen hervor; die Antheren waren dünn und geschrumpft und platzten nicht. Nur 2–4% des Pollens war färbbar. Um fertile Formen herzustellen, behandelte Vf. Klonmaterial mit 0,2%iger Colchicinlösung. Junge Triebe wurden zurückgeschnitten und 12 Std. in die Lösung eingetaucht. Außerdem wurde

Colchicin in gut wachsende Stengel injiziert. Die Behandlung erfolgte 4–6 Tage lang tägl. Beide Verfahren hatten die gleiche Wirkung. 6% der behandelten Pflanzen bildeten eine Rispe, die normale Anthese zeigte. Die Pollenkörner waren gut entwickelt und zu 69% färbbar. Auf 100 cm Rispenlänge wurden 155 fertile Samen angesetzt. Die Samen wiesen gute Keimfähigkeit auf. E. Forbriger. 1780.

McWilliam, J. R.; Canberra, C.S.I.R.O., Div. of Plant Ind. Interspecific hybridization in Phalaris: Hybrids between Phalaris tuberosa and the hexaploid race of Phalaris arundinacea. **(Artkreuzung bei Phalaris: Hybriden zwischen Phalaris tuberosa und der hexaploiden Rasse von Phalaris arundinacea.** Austral. J. agric. Res. **13** (1962) Nr. 4. S. 585–598. – 6 Tab., 22 Lit.
Selbststerile *Phalaris tuberosa* (2n = 28) und *P. arundinacea* (2n = 42) wurden miteinander gekreuzt. Die F_1 war männlich steril. Morphol. hatte sie größere Ähnlichkeit mit *P. tuberosa* als mit *P. arundinacea*. Bei Rückkreuzung mit *P. tuberosa* kam es zu geringem Samenansatz. Die Meiose verlief bei der F_1 unregelmäßig. In der Diakinese waren durchschnittl. 11,3 Bivalente vorhanden. Trivalente wurden selten und Quadrivalente häufig beobachtet. Die Zahl der Univalente lag im Durchschnitt bei 10,2. Bei den durch Colchicinbehandlung der F_1 entstandenen Allopolyploiden (2n = 70) wurden in der Diakinese 32,1 Bivalente und 4,3 Univalente pro Zelle festgestellt. Die Allopolyploiden zeichneten sich durch dickere, grobere Blätter, weniger Bestockungstriebe, kräftigere Halme und steiler stehende Seitenäste der Blütenstände aus. Die Variabilität war größer als bei der F_1. Anbauversuche mit der F_1 bei 4 verschiedenen Temperaturbereichen im Gewächshaus ergaben, daß sie den Eltern und den Allopolyploiden im Ertrag überlegen sind. In Feldversuchen konnte gute Anpassungsfähigkeit an unterschiedliche klimatische Bedingungen festgestellt werden. Die gute Wüchsigkeit von *P. tuberosa* im Herbst und Winter und die von *P. arundinacea* im Sommer sind bei dem Hybriden günstig kombiniert. E. Forbriger. 1780.

Bajlov, D. (Bajlow, D.) Rezultati ot izsledvanija vŭrchu edin nov metod za polučavane na chibridno seme pri tjutjuna. **(Ergebnisse der Untersuchungen über eine neue Methode zur Gewinnung von Hybridsamen bei Tabak.)** Izvestija na Centralnija naučnoizsledovatelski institut po rastenievŭdstvo, Sofija **12** (1961) S. 57–72. – 9 Abb., 7 Tab., 13 Lit. Zus. in Russ., Dtsch.
Zur Gewinnung von Hybridsamen aus orientalischem Tabak (*Nicotiana tabacum*) wurden 3 Verfahren untersucht: 1. Kastration und Isolation (gewöhnliches Verfahren), 2. Kastration ohne Isolation (Gisquet-Methode) und 3. ohne Kastration, mit Isolation mittels Vaseline. Die Untersuchungen zeigten, daß im Vergleich zum gewöhnlichen Verfahren die Anwendung von Vaseline die Arbeitsproduktivität um mehr als das 3-fache und zur Gisquet-Methode um 30 bis 97% gesteigert wird. Durch das Vaselineverfahren werden außerdem der höchste Anteil an Hybridsamen und der geringste Blütenabfall erzielt. Im 3-Jahresdurchschnitt gesehen, wurden beim gewöhnlichen Kreuzungsverfahren 0 bis 3%, bei der Gisquet-Methode 6 bis 10% und beim Vaselineverfahren 1 bis 3,6% selbestbefruchtete Pflanzen erzielt.
M. Stoilow. 1800.

Šabanov, Dimitŭr. (Schabanow, Dimiter.) Onasledjavane na degeneriraneto pri tjutjuna. **(Vererbung des Abbaues bei Tabak.)** Selskostopanska nauka, Sofija **1(7)** (1962) Nr. 2. S. 167–174. – 3 Abb., 3 Tab., 4 Lit. Zus. in Russ., Engl.
Vf. legt die Unterschiede zwischen vorzeitig aufgeblühten und abgebauten Tabakpflanzen dar. Die abbaukranken Pflanzen werden beschrieben. Die Untersuchungen an der Sorte 'Mestna newrokopska basma' zeigten, daß der Abbau erblich ist. Nicht nur aus den Samen von defomierten, vorzeitig aufgeblühten Blüten gingen abbaukranke Pflanzen hervor, sondern auch aus den

Samen von normal entwickelten Blüten, die aus einem Trieb abbaukranker Pflanzen stammten. Es wird darauf hingewiesen, diese Sorteneigenschaft nicht nur bei der züchterischen Arbeit, sondern auch beim Samenbau zu berücksichtigen und Entartungen als eine stark ausgeprägte Form des Abbaues zu betrachten. M. Stoilow. 1800.

Daskalov, Chr., Tarnovska, K. und Ognjanova, A. (Daskalow, Chr., Tarnowska, K. und Ognjanowa, A.) Vlijanieto na dŭlžinata na denja vŭrchu projavlenieto na cheterozisnija efekt pri domatite. **(Einfluß der Tageslänge auf die Ausprägung des Heterosiseffekts bei Tomaten.)** Izvestija na Centralnija naučnoizsledovatelski institut po rastenievŭdstvo, Sofija **12** (1961) S. 5–20. — 16 Abb., 3 Tab., 6 Lit. Zus. in Russ., Dtsch.

Untersucht wurden die Tomaten-Hybriden aus 'Nr. 10' × 'Bison' und 'Komet' × 'Sarja' mit ihren entspr. Eltern bei 10-, 16- und 24-std. Belichtungsdauer. Die Heterosiswirkung wurde bei der Kombination 'Komet' × 'Sarja' von der Belichtungsdauer nicht wesentlich beeinflußt. Bei 24-std. Belichtung wurde bei der Kombination 'Nr. 10' × 'Bison' erhöhte Heterosiswirkung beobachtet. Die Versuche zeigten, daß sich die Sorte 'Nr. 10' sowie die Hybride 'Nr. 10' × 'Bison' auch bei ununterbrochener Beleuchtung normal entwickeln. Auf Grund dessen ließen sich die geprüften 27 Tomatensorten in 4 Gruppen einteilen. M. Stoilow. 1810.

Kolev, N. und Šarenkova, Chr. (Kolew, N. und Scharenkowa, Chr.); Sofia, Landwirtsch. Inst. „G. Dimitrow", Lehrstuhl für Garten- und Gemüsebau. O nekotorych vegetativnych i generativnych projavlenijach determinantnych tomatov. **(Vegetative und generative Erscheinungen determinanter Tomaten.)** Fiziologija rastenij, Moskva **9** (1962) Nr. 1. S. 75–79. — 4 Tab., 11 Lit. Zus. in Engl.

Busch- und Stabtomaten unterscheiden sich wesentlich im Wuchs und der Entwicklung der vegativen und generativen Organe. Dies muß bei der Bestimmung der Pflanzzeit und Agrotechnik beachtet werden. Unter gleichen Bedingungen bilden die Buschtomaten ('Isobilie', 'Sofiska Konserwa') eine größere Anzahl generativer Organe je Blattflächeneinneit als die Stabtomaten ('Komet' × 'Sarja', 'Rutgers'). Die Photosynthese ist bei ersteren intensiver. Es wurde eine positive Korrelation zwischen der Bildung und Entwicklung generativer Organe und der Photosyntheseintensität bei beiden Formen gefunden. J. Birke. 1810.

Mital, S. P. und Thomas, T. A.; New Delhi, Indian Agric. Res. Inst., Div. of Bot. A functional sterile mutant in tomato variety 'Meeruti'. **(Eine funktionell sterile Mutante in der Tomatensorte 'Meeruti'.)** Indian J. Horticult. **18** (1961) Nr. 2. S. 150–151. — 1 Tab., 2 Lit.

Bei der Tomatensorte 'Meeruti' wurde eine Mutante mit kleistogamen Blüten gefunden. In den Blütenmerkmalen, bes. dem Nichtaufplatzen der Antheren, ähnelt diese Mutante einer Mutante der Sorte 'John Baer'. Kreuzungen der Mutante mit der Sorte 'Sioux' spalteten in der F_2 im Verhältnis von 3 normalen: 1 kleistogamen Blüte. Die Früchte waren frei von grünen, unreifen Stellen, wie sie bei 'John Baer' und 'Meeruti' vorkommen, so daß die Reife der Früchte der Mutante nicht durch diese Fleckenbildung verzögert wird. Als weitere günstige Eigenschaft wird die im Vergleich zu anderen kleistogamen Mutanten gute Kombinationseignung genannt, welche für die Hybridsaatguterzeugung erwünscht ist. K. Schulz. 1810.

Madžarova, D. (Madsharowa, D.) Njakoi izvodi ot selekcijata na repički tip Saksa. **(Einige Schlüsse aus der Züchtung von Radieschen Typ Saxa.)** Izvestija na Centralnija naučnoizsledovatelski institut po rastenievŭdstvo, Sofija **12** (1961) S. 370–380. — 5 Tab., 8 Lit. Zus. in Russ., Engl.

Untersucht wurden einheimische und ausländische in Bulgarien verbreitete Radiespopulationen vom Typ Saxa. Aus der Kreuzung geographisch entfernter Herkünfte vom Typ Saxa und gelenkter Auslese und Erziehung wurde die neue Sorte 'Saxa Nr. 2'. gezüchtet, die in wirtsch. Hinsicht die Ausgangsherkünfte und die z. Z. im Lande verbreiteten Populationen überbietet. Aus der Herkunft „UdSSR“ wurde mit dem Gruppenausleseverfahren die Sorte 'Saxa 1/53' gezüchtet, die als Spätsorte für den Freilandanbau im Sommer und Herbst geeignet ist. Abschließend werden die neuen Sorten beschrieben. M. Stoilow. 1810.

Nieuwhof, M. Male sterility in some cole crops. **(Pollensterilität verschiedener Kohlarten.)** Euphytica [Wageningen] **10** (1961) Nr. 3. S. 351–356.
Vf. untersuchte die genetischen Verhältnisse einer Reihe von Blumenkohl-, Rosenkohl- und Weißkohlsorten japanischer Provenienzen. Beim Samenbau dieser Sorten werden Inzuchtlinien verwendet und selbststerile Linien wechselseitig bzw. pollensterile Linien mit einer fertilen bestäubt. Häufig war die Pollensterilität nicht vollständig, so daß auch Samen aus wechselseitiger Bestäubung von Pflanzen innerhalb dieser an sich pollensterilen Linie mitenthalten waren. Solches Saatgut ist wertlos. Vf. entwickelte ein Verfahren, pollensterile Pflanzen ausfindig zu machen. Die Pollensterilität ist hiernach mit morphol. Merkmalen gekoppelt, so daß Selektion möglich ist. Es wurde festgestellt, daß die Pollensterilität nicht durch Umweltbedingungen beeinflußt wird. Sie beruht auf dem Vorhandensein eines oder mehrerer rezessiver Gene. Die Ursachen der Pollensterilität werden für Blumenkohl, Rosen- und Weißkohl im Hinblick auf den praktischen Samenbau gesondert erörtert. G. Barich. 1810.

Jahr, W.; Quedlinburg, Inst. für Pflanzenzücht. der Dtsch. Akad. der Landwirtsch. zu Berlin. **Befruchtungsbiologie und Allopolyploidie bei der Artkreuzung Sommerraps × Chinakohl (Brassica napus f. typica Pospichal × B. pekinensis Rupr. var. cylindrica Tsen et Lee).** Züchter **32** (1962) Nr. 4. S. 216–225.
Die bekannten Verfahren der Auslese-, Kreuzungs- und Mutationszüchtung lassen nach Vf. keine bes. Erfolge auf dem Gebiet der Kulturpflanzenzücht. mehr erwarten. Das gilt auch für die Polyploidiezücht., da einfache Genomverdopplungen häufig zu Formen führen, die den Ausgangsformen sogar unterlegen sind. Auf Grund dieser Überlegungen wird versucht, in eine bekannte allopolyploide Kulturform ein deutlich abweichendes Genom einer 2. Kulturform einzubauen und gleichzeitig hierbei die natürliche Selektion wirken zu lassen. Kreuzungspartner waren *Brassica napus* und *B. pekinensis*. Es gelang, neue konstante Allopolyploide zu erhalten, bei denen dem Raps neue Genome zugefügt wurden. Es stellte sich heraus, daß *Brassica*-Arten neben reduzierten Gameten auch unreduzierte Gameten bilden und solche unreduzierten Gameten funktionstüchtig sind und Artbastarde höchst unterschiedlicher Chromosomenvalenz entstanden. Es wurde offenbar, daß bei bestimmten Kombinationen bestimmte Gametenverbindungen bevorzugt werden, so daß die neu gewonnenen Allopolyploiden auf einem Wahlvermögen der Gameten zurückzuführen sind. Diese neue Methode der selektiven Allopolyploidiezüchtung ist für die Gewinnung neuer Kulturpflanzen von Bedeutung und keineswegs auf *Brassica*-Arten beschränkt. G. Barich. 1810.

Schander, H.; Jork, Obstbauversuchsanst. **Variationsstudie über den Eintritt des Blühbeginns bei Apfelsämlingen.** Dtsch. Akad. Landwirtsch.-Wiss. Berlin, Tagungsber. **1960** (hrsg. 1962) Nr. 35. S. 111–121. — 6 Abb., 12 Lit.
Nachkommenschaftsprüfungen bei Äpfeln ergaben, daß der Eintritt der reproduktiven Phase in erster Linie genotypisch bedingt ist. Dadurch erscheint es möglich, auf dem Züchtungswege die Bildung der ersten Früchte

am Sämling vorzuverlegen. Korrelationen zwischen dem Eintritt des Sämlings in die reproduktive Phase und anderen positiven wie negativen Eigenschaften liegen nicht vor. Beobachtungen an dreijährigen, erstmalig fruchtenden Apfelsämlingen zeigten, daß der Übergang von der vegetativen in die fertile Phase nicht mit dem Übergang von Habitus und Blattform der „Jugendform" in die der „Altersform" gekoppelt zu sein braucht, so daß der Begriff „Jugendform" sein einheitliches Gepräge verliert. W. Blasse. 1820.

Storoženko, E. M. und Stadornov, O. I. (Storoshenko, Je. M. und Stadornow, O. I.) Ustojčivost' sortov jabloni k gribnym boleznjam i ee praktičeskoe ispol'zovanie v raznych ėkologičeskich uslovijach. **(Resistenz von Apfelsorten gegen Pilzkrankheiten und ihre praktische Nutzung unter verschiedenen ökologischen Bedingungen.)** S. ch. Sev. Kavkaza **1960** Nr. 9. S. 51–55. – Aus: Referativnyj žurnal. Biologija, Moskva **1961** Nr. 18. G 610. S. 65.
Apfelsorten wurden in bezug auf Empfindlichkeit gegen Pilzkrankheiten im Gebiet Krasnodar in 4 Gruppen eingeteilt: hochempfindliche, empfindliche, durchschnittl. widerstandsfähige, resistente. Es werden die Sorten hervorgehoben, die gleichzeitig gegen Schorf und Krebs ('Litauer Pepping', 'Schneekalvill', 'Jonathan', 'Anis-Kuban') resistent sind. In Gebieten mit unbeständigem Kontinentalklima, teilweise winterlichem Tauwetter und scharfer Kälte, die zu Frostschäden an Bäumen, zum Platzen der Rinde und Entwicklung von Krebskrankheiten führen, werden Sorten der 4. Gruppe ('Gruschowka', 'Kuban', 'Weißer Apport', 'Wirginskoje', 'Baumanns Renette') und 3. Gruppe empfohlen ('Boiken', 'Miltosch', 'Sneshnoje', 'Winterbanane'), die frost- und trockenresistent sind.
übersetzt v. W. Peitz. 1820.

Denisov, V. F. (Denissow, W. F.) Nasledovanie priznakov u gibridov gruši (Pyrus communis L. × P. regelii). **(Vererbung von Merkmalen bei Birnenhybriden [Pyrus communis L. × P. regelii].)** Bjulleteń Central'noj genetičeskoj laboratorii imeni I.V. Mičurina, Mičurinsk **1960** Nr. 9/10. S. 89–94. – 5 Abb., 5 Tab. 1820.

Jakovlev, S. P. und Cvetaeva, Z. N. (Jakowlew, S. P. und Zwetajewa, S. N.) Rezul'taty gibridizacii ussurijskoj gruši s kul'turnymi sortami. **(Ergebnisse der Hybridisation der Ussuri-Birne mit Kultursorten.)** Agrobiologija, Moskva **1961** Nr. 3. S. 455–458. – 6 Abb., 2 Tab.
Für die Zentrale Zone der UdSSR sind winterfeste Birnensorten mit Qualitätsfrüchten in verschiedenen Reifegruppen zu schaffen. Die in Fortsetzung der Arbeit Mitschurins von Jakowlew erzielten Hybriden zeigen Zusammenhänge zwischen morphol. Merkmalen, phänologischen Phasen und der Frosthärte, wobei sich die verschiedenen Hybriden von *P. ussuriensis* mit südlichen Sorten untereinander kaum unterscheiden. Fruchtgröße, -Farbe, -Geschmack und einige andere Eigenschaften der Hybriden zeigen jedoch große Differenzen. Die Ergebnisse chem. Analysen werden dargestellt (Tr.-Subst.-Gehalt, Zuckergehalt, Säuregehalt und Gerbstoffgehalt). Die insgesamt am besten abschneidenden Kreuzungspartner werden genannt, darunter 'Klapps Liebling'. Die Herauszüchtung von Hybriden für die Gebiete Kalinin, Rjasan, den Ural, Nordkasachstan u. a. ist gelungen.
K. Reichardt. 1820.

Endlich, J. und Murawski, H.; Müncheberg, Inst. für Acker- und Pflanzenbau der Dtsch. Akad. der Landwirtsch.-Wiss. zu Berlin. **Beiträge zur Züchtungsforschung an Pflaumen. 3. Mitt. Untersuchungen an Artbastarden von Prunus spinosa L. × Prunus cerasifera Ehrh. und die Frage der Entstehung von Prunus domestica L.** Züchter **32** (1962) Nr. 3. S. 121–133. – 19 Abb., 8 Tab., 21 Lit. 2. Mitt. vgl. LZ. Abt. II **4** (1959) Nr. 10. S. 2182.

Kreuzungen von *Prunus cerasifera* (2n = 16) und *Prunus spinosa* (2n = 32) ergaben zahlreiche F_1-Bastarde mit 2n = 24 Chromosomen. Die Kombination *P. spinosa* × *P. cerasifera* brachte bessere Ansatzergebnisse als die reziproken Kreuzungen. Morphol. nehmen derartige Bastarde eine Mittelstellung ein. Sie sind fast völlig steril, nur vereinzelt wurden Früchte gebildet. Wurden derartige Bastarde auf *P. domestica* veredelt, war die Fertilität höher. Die Mikrosporogenese der Bastarde ist weitgehend normal. Es werden 12 Bivalente gebildet, der Anteil normaler Tetraden beträgt 96%. Nachkommen dieser Bastarde bildeten nach der Mikrosporogenese 0,8% Dyaden, deren Mikrosporen 24 Chromosomen besitzen. Durch Veredlung konnte der Dyadenanteil auf 19,7% erhöht werden. Von 26 F_1-Nachkommen haben 15 Pflanzen 2n = 48, 7 Pflanzen 2n = 40, 4 Pflanzen 2n = 32 Chromosomen. Alle hexaploiden Nachkommen sind *P. domestica* morphol. sehr ähnlich. Es gilt als erwiesen, daß die Artbastarde auch unreduzierte Eizellen bilden. *P. domestica* kann als amphidiploider Bastard aus *P. spinosa* × *P. cerasifera* synthetisch hergestellt werden. Damit besteht die Möglichkeit, wertvolle Eigenschaften in die hexaploiden *P. domestica*-Pflaumen einzubauen. W. Blasse. 1820.

Levadoux, L.; Pont-de-la-Maye/Gironde, Centre de Rech. Agronomiques du Sud-Quest, Stat. de Rech. de Viticult. L'amélioration de la vigne dans les stations de l'I.N.R.A. **(Die Züchtung der Weinrebe auf den I.N.R.A.-Stationen.)** Ann. Inst. nat. Rech. agronom., Sér. B **11** (1961) Nr. 3. S. 379–385. — 13 Lit.
Die Züchtungsmethoden bei der Weinrebe unterscheiden sich nicht von den allg. in der Pflanzenzücht. angewendeten Methoden. Unterschiede bestehen lediglich in technischer Hinsicht. Die Arten der Gattung *Vitis*, die züchterisch bearbeitet werden, gehören hautptsächlich der Untergattung *Euvitis* an und sind Ökospecies, mehr oder weniger eng miteinander verwandt und nicht durch Kreuzungsbarrieren getrennt. Wichtigste allg. Zuchtziele sind: Ertragstreue Reben mit hoher Qualität und Robustheit sowohl gegen Krankheiten und Schädlinge als auch gegen Klima und veränderte Anbaubedingungen. Die Lage der einzelnen Stat. bestimmt dabei die Aufgabenstellung, die auch durch die Tradition des Anbaus in den einzelnen Gebieten beeinflußt wird. Gegenwärtig wird wegen ihres geringen Aufwandes und wegen des immer stärkeren Auftretens von Virosen die Auslesezüchtung, d. i. Klonauslese, betrieben. In der Zukunft werden Kreuzungszüchtung und evtl. Mutationszüchtung stärker betrieben werden. K. Schulz. 1820.

Reuther, Gerhard. **Genetisch-biochemische Untersuchungen an Rebenartbastarden.** Züchter **31** (1961) Nr. 7. S. 319–328.
Die lange Zeit, die erforderlich ist, um bei Rebenartbastarden und deren Abkömmlingen zu einer Bestimmung ihres Anbauwertes zu gelangen, läßt morphol. und physiol. Merkmale nicht mehr als ausreichend erscheinen. Um Neuzüchtungen richtig und vor allem schnell beurteilen zu können, sollen genetisch-biochem. Untersuchungen charakteristischer Zellinhaltsstoffe vorgenommen werden. Z. B. ist die Zahl der Diglucoside proportional der Resistenz der Rebe, da diese Diglucoside auf die Höhe des *Riparia*-Erbgutes hinweisen, während vorhandene Monoglucoside den Anteil des *Vinifera*-Erbgutes bestimmen. Das Verfahren, die Anbauwürdigkeit von Rebenneuzüchtungen durch den Indikatorwert von Zellinhaltsstoffen frühzeitig und zuverlässig zu bestimmen, könnte für die praktische Rebenzüchtung von Bedeutung sein. G. Barich. 1820.

Rodrigues, Acúricio und Aguiar Macedo, J. de. Sur la détermination phyllométrique des portegreffes de vigne et l'emploi des fonctions discriminantes. **(Über die phyllometrische Bestimmung der Unterlage der Weinrebe und die Anwendung von Diskriminanzfunktionen.)** Agronom. lusitana **21** (1959) Nr. 4. S. 269–298. 1820.

Henrard, Georges. Sélection du Cyclamen persicum Mill. basée sur la forme du jeune tubercule. **(Auslese von Cyclamen persicum auf Grund der Form der jungen Knolle.)** Bull. Inst. agronom. Stat. Rech. Gembloux **29** (1961) Nr. 3/4. S. 309–320. – 9 Abb., 2 Lit.

Um eine frühzeitige Auslese zu ermöglichen, untersuchte Vf. die Abhängigkeit der Pflanzenentwicklung von der Form der jungen Knolle. In 2 Versuchsreihen wurden Samen von *Cyclamen persicum* Var. 'Zuiver Witt' bei 20 und 17 °C angezogen. Unter 4 Formgruppen zeigte die Gruppe mit länglicher Knolle die ungünstigste Entwicklung: die Pflanzen hatten geringere Blattfläche, spätere Blüte, weniger Blüten und größere Sterblichkeit. Es wird deshalb vorgeschlagen, die leicht zu erkennenden länglichen Knollen nach 25 Tagen auszumerzen. U. Kirchberg. 1830.

Simonet, Marc; Versailles, Centre de Rech., Stat. Centr. Génétique. Sur la création d'hybrides d'Iris amphidiploïdes. **(Über die Erzeugung amphidiploider Iris-Bastarde.)** Advances horticult. Sci. **2** (1962) S. 341–350. – 7 Abb., 10 Lit. Zus. in Engl., Dtsch.

Vf. beschreibt *Iris stolomila,* einen neuen autosynthetischen Bastard mit 2n = 38 Chromosomen. *I. stolomila* wurde aus *I. stolonifera* Maxim. Sorte 'Regelia' × mit n = 22 *I. pumila L.* 'Pogoniris Nains' mit n = 16 Chromosomen erhalten. Die Reduktionsteilung ist i. allg. regelmäßig und gibt Gameten mit n = 19. Beide Eltern zeigen bez. der Chromosomen keine Ähnlichkeit. W. Hiller. 1830.

Ryan, G. F., Greenblatt, G. und Al-Delaimy, K. A. Seedling albinism induced by an extract of Alternaria tenuis. **(Albinismus an Sämlingen, künstlich durch einen Auszug von Alternaria tenuis herbeigeführt.)** Science [Washington] **134** (1961) Nr. 3482. S. 833–834.

In Anzuchtbeeten von *Citrus*-Sämlingen wurde gelegentlich Chlorophyllmangel bei einzelnen Pflanzen beobachtet. Dieser Chlorophyllmangel machte sich sowohl als vollständiger Albinismus, teilweise aber auch nur in Form von weißen Streifen an sonst grünen Blättern bemerkbar. Man vermutete *Alternaria tenuis* als Erreger. Bei Mais war schon vorher *Aspergillus flavus* als Ursache für das Auftreten von Sämlings-Albinismus festgestellt worden. Durch Inokulation von *A. tenuis* wurde diese These erhärtet. Das Verfahren, das auch bei Bohnen erprobt wurde, wird beschrieben. Extrakte der Erreger erwiesen sich als Hemmstoffe bei der normalen Chlorophyllbildung. G. Barich. 1880.

Bremer, G.; Wageningen, Inst. of Agric. Plant Breeding. Problems in breeding and cytology of sugar cane. V. Chromosome increase in Saccharum hybrids in relation to interspecific and intergeneric hybrids in other genera. **(Probleme der Züchtung und Cytologie von Zuckerrohr. 5. Mitt. Chromosomenvermehrung bei Saccharum-Hybriden in Beziehung zu Art- und Gattungsbastarden bei anderen Gattungen.)** Euphytica [Wageningen] **11** (1962) Nr. 1. S. 65–80. – 23 Lit. Zus. in Niederl. 4. Mitt. vgl. LZ. Abt. II 8 (1963) Nr. 3. S. 810.

Nach normaler Meiosis I in den Embryosackmutterzellen bei *Saccharum*-Speziesbastarden werden Embryosack- und Eizellen mit erhöhter Chromosomenzahl als Folge einer Endoduplikation des Kerns innerhalb der Chalaza in Embryosacktetraden- oder -dyadenzellen gebildet. *Saccharum*-Artbastarde, deren Chromosomenzahl die doppelte Zahl des haploiden Satzes des ♀ Elters und die haploide Zahl des ♂ Elters enthalten, sind so häufig, daß man ihr Auftreten als normal bezeichnen kann. Bei anderen Kulturpflanzen wurden ähnliche Beobachtungen gemacht, nur ist diese Erscheinung nicht so häufig wie bei *Saccharum.* Vf. versucht die Vermehrung der Chromosomenzahl bei Gattungsbastarden von *Lolium* × *Festuca* und Artbastarden anderer Gattungen, *Solanum* und *Triticum*, auf Grund der Erkenntnisse, die bei *Saccharum* gewonnen wurden, zu deuten. K. Schulz. 1880.

XI. PHYTOPATHOLOGIE UND PFLANZENSCHUTZ

A. Allgemeine Literatur, Berichte, Statistiken u. a.

Anonym. Proceedings of the Canadian Phytopathological Society. Twenty-seventh session June 26–29, 1961, Regina College, Regina, Saskatchewan. **(Berichte der Canadian Phytopathological Society. 27. Jahresversammlung vom 26.-29. Juni 1961, Regina College, Regina, Saskatchewan.)** Proc. Canad. phytopathol. Soc. 28 (1961) S. 1–23.

Auszüge der auf der 27. Jahresversammlung gehaltenen Vorträge fassen Ergebnisse zusammen, die Versuche an pilzlichen bzw. bakteriellen Krankheitserregern ermittelten, u. a. über *Helminthosporium sativum*, *Puccinia graminis tritici*, *Sclerotinia sclerotiorum*, *Plasmodiophora brassicae*, *Venturia inaequalis*, *Cochliobolus sativus*, *Aspergillus* sp., *Kabatiella caulivora*, *Claviceps purpurea*, *Fusarium oxysporum*, *Pythium arrhenomanes*, *Rhizoctonia solani*, *Corynebacterium insidiosum*. Einige Arbeiten waren Fragen bestimmter Prüfmethoden gewidmet. 4 Vorträge befaßten sich mit Viruskrankheiten an Gramineen und Gelbklee. – Auf dem Gebiet des Vorratsschutzes wurden Probleme behandelt, die bei Lagerung behandelten feuchten Getreides bisher nicht näher untersucht worden waren. Im Anhang werden 138 Veröffentlichungen von Mitgliedern der CPS aus dem Zeitraum vom 1. 6. 1960 bis 31. 5. 1961 aufgeführt. W. Wolde. 1901.

Anonym. Reports from Research Divisions for 1960. Plant Pathology Division. **(Berichte der Forschungsabteilungen für das Jahr 1960, Abteilung für Pflanzenpathologie.)** Res. exp. Rec. Ministry Agric. Northern Ireland 10 (1960) Nr. 2. S. 259–279. – 6 Tab., 7 Lit.

Im Forschungsbericht des Landwirtsch.-Ministeriums Nordirlands wird u. a. über die Arbeiten o. g. Abteilung i. J. 1960 berichtet. Einen großen Umfang nahmen Arbeiten über Virosen der Kartoffeln (S-Virus, A-, Y- und X-Virus u. a.) sowie Sortenanfälligkeit ein. Eine Prüfmethode auf Anfälligkeit gegen *Fusarium coeruleum* (Lib.) Sacc. wurde ausgearbeitet. Zur Bekämpfung von *Sclerotium cepivorum* Berk. wurden Versuche mit PCNB und Kalomel durchgeführt. Die Stippigkeit der Äpfel ist ein physiol. Problem. Düngung mit schwefelsauren Düngern fördert das Auftreten. Der Überblick über die Arbeit des Beratungsdienstes und die dabei festgestellten Krankheiten an Getreide, Kartoffeln, Gemüse (Tomaten, Gurken, Kohl u. a.), Obst, Pilzen und Zierpflanzen findet sich am Schluß des Berichtes.
R. Fritzsche. 1901.

Anonym. Reports from Research Divisions for 1960. Agricultural Entomology Division. **(Berichte der Forschungsabteilungen für das Jahr 1960, Abteilung für landwirtschaftliche Entomologie.)** Res. exp. Rec. Ministry Agric. Northern Ireland 10 (1960) Nr. 2. S. 185–202. – 5 Tab.

Überblick über die i. J. 1960 in Nordirland bearbeiteten landwirtsch. Schädlinge. Die Fritfliege (*Oscinella frit L.*) trat an Samenbeständen von Weidelgras verheerend auf. Der Befall war bei Welschem und Deutschem Weidelgras unterschiedlich. Die besten Bekämpfungserfolge wurden mit einem Insekticidgemisch aus 50% Dieldrin, 40% Thimet und dem Rest WL 1650 (einem abgewandelten Dieldrinprodukt) erzielt. Gegen *Otiorrhynchus* sp. erwiesen sich in Erdbeeranlagen DDT-, HCH-, Aldrin- und Dieldrinstaub als günstig. Die Bekämpfung von *Phytoptus ribis* mit kombinierten Acariciden-Insekticiden (EPN, Ethion, Trithion) war erfolgreich. Um den Anbau qualitativ hochwertigen Kartoffelpflanzgutes zu garantieren, machte sich eine Bekämp-

fung der als Virusvektor bedeutsamen Blattlaus *Aulacorthum solani* notwendig. Die Züchtung nematodenresistenter Kartoffelsorten wurde fortgesetzt. Erfolgversprechend sind die beiden Linien X 258 und X 259. *Coleophora laricella* trat epidemisch an den Lärchennadeln auf. Eine Behandlung mit einem Gemisch von HCH und DDT Anfang Juli war erfolgreich. Die Narzissenschädlinge *Merodon equestris* und *Eumerus tuberculatus* (*Diptera*), die als Überträger schädlicher Pilze bedeutungsvoll sind, wurden mittels Wärmetherapie und Formalinbehandlung der Zwiebeln bekämpft. Das Auftreten schädlicher Milbenarten bei der Honigbiene wurde untersucht. Eine Liste der meldepflichtigen Schädlinge sowie endemischer Schädlinge (Kartoffelkäfer, Nosemakrankheit der Bienen, Kartoffelnematode) sind angefügt.
K. Geißler. 1901.

Sachtleben, Hans; Berlin. **75 Jahre Deutsches Entomologisches Institut.** Dtsch. Akad. Landwirtsch.-Wiss. Berlin, Tagungsber. **1961** (hrsg. 1962) Nr. 45. S. 13–28. — 21 Lit. Zus. in Russ., Engl.

Aus Anlaß der 75. Wiederkehr des Gründungstages fand die 9. Wanderversammlung Deutscher Entomologen in Berlin statt. Die wechselvolle Geschichte des Inst. wurde aufgezeigt und bes. die überragende Persönlichkeit des Gründers, Gustav Kraatz, hervorgehoben. Im Anschluß daran wird die jetzige Gliederung des Inst. dargelegt. Die Einrichtungen des Inst., Sammlung, Bibliothek und Bibliographie werden besprochen und die jetzigen Aufgaben des Inst. erläutert. K. Schulz. 1901.

B. Krankheiten und ihre Ursachen

Planck, J. E. van der; Pretoria, Div. of Plant Pathol. Estimation of the logarithmic infection-rate in plant disease. **(Schätzung der logarithmischen Infektionsrate bei Pflanzenkrankheiten.)** South African J. agric. Sci. **4** (1961) Nr. 4. S. 635–637. — 1 Tab., 4 Lit.

Vf. erörtert die Frage, welchen Umfang eine Epidemie erreicht haben muß, damit man bei der Schätzung der logarithmischen Infektionsrate (I) den Einfluß der Fruktifikationszeit vernachlässigen kann. Die Fruktifikationszeit ist für die Schätzung von **I** von geringer Bedeutung, wenn ungefähr 16–20% des anfälligen Gewebes bzw. bei systemischen Krankheiten 16–20% der Pflanzen infiziert sind. D. Seidel. 1911.

Harrison, Merle, Payne, Merle G. und Gaskill, John O. Some chemical aspects of resistance to Cercospora leaf spot in sugar beets. **(Einige chemische Aspekte der Resistenz von Zuckerrüben gegen Cercospora-Blattflecken.)** J. Amer. Soc. Sugar Beet Technologists **11** (1961) Nr. 6. S. 457–468. — 5 Abb., 4 Tab., 22 Lit.

Die in den USA angebauten gegen *Cercospora beticola* resistenten Zuckerrübensorten reichen unter mäßigen Infektionsbedingungen für die Erzielung sicherer Erträge aus, dagegen nicht in Jahren bzw. Gebieten mit sehr günstigen Infektionsbedingungen. Um dem Bedarf nach Sorten mit höherer Resistenz nachkommen zu können, suchten Vff. den eigentlichen Mechanismus der Blattfleckenresistenz zu erforschen und bessere Selektion zu erreichen. Es gelang, von resistenten Zuckerrübenblättern eine Phenolverbindung zu isolieren, welche, wenn oxydiert, gegen *C. beticola* auf Reinkultur toxisch wirkte. Bei anfälligen Sorten war die in gleicher Weise gewonnene Verbindung von wesentlich niedrigerer Konz. und zeigte keine toxische Wirkung auf das Wachstum des Erregers. Nach den erzielten chromatograph. Daten und denjenigen der Löslichkeit sowie der ultravioletten Absorption dürfte es ein Ortho-dihydroxyphenol mit einer oder mehreren Seitengruppen sein. Mit dieser chem. Analyse von Blattproben ist eine verbesserte Einzelpflanzenauslese möglich. W. Gottschling. 1911.

Chatierji, Snehamoy und Sarup, Prakash; New Delhi, Indian Agric. Res. Inst., Div of Entomol. On the relative resistance of some national Pusa varieties of wheat to Sitotroga cerealella Oliv. Gelechidae: Lepidoptera. **(Über die relative Resistenz einiger einheimischer Pusa-Weizensorten gegen Sitotroga cerealella Oliv. [Gelechidae: Lepidoptera].)** Proc. nat. Acad. Sci., India, Sect. B **31** (1961) Nr. 1. S. 76–79. – 1 Tab., 2 Lit.

Bei 15 indischen 'Pusa'-Weizen, deren Resistenz gegen *Trogoderma granarium* Everts (Chatterji, S.M., Indian J. Ent. **17**, 125–127, 1955) bereits geprüft worden war, wurde die Anfälligkeit gegen *Sitotroga cerealella* Oliv. untersucht. Nach vorausgehender Feuchtigkeitsbestimmung der Körner wurden diese in Weithalsflaschen 3 Mon. bei Zimmertemperatur (25–39 °C) dem Befall des Schädlings ausgesetzt. Anschließend erfolgte die Ermittlung des Gew.-Verlustes und des %-Satzes geschädigter Körner. In beiden Kriterien ergaben sich signifikante Unterschiede zwischen den einzelnen Sorten. Ein höherer Feuchtigkeitsgehalt der Körner scheint bedingt die Anfälligkeit zu erhöhen. Des weiteren werden in der Härte der Testa, dem Protein- und Stärkegehalt beeinflussende Faktoren gesehen. Völlige Resistenz konnte bei keiner Sorte festgestellt werden. F. Müller. 1911.

Zotov, V. V. (Sotow, W. W.) Fillokceroustojčivost' vinograda i puti ee povyšenija. **(Phylloxera-Resistenz der Weinrebe und Wege zu ihrer Erhöhung.)** V sb.: Immunitet rast. k boleznjam i vredit., Moskva **1961** S. 228–233. – Aus: Referativnyj žurnal. Biologija, Moskva **1962** Nr. 1. G 117. S. 16.

Vf. sieht die Ursache der *Phylloxera*-Resistenz der Weinrebe darin, daß in den Zellen des befallenen Gewebes eine Verschiebung der fermentativen Reaktion zur Synthese hin erfolgt. Das ist sowohl für resistente als auch für nichtresistente Arten charakteristisch. Die Verschiebung dieser Reaktion zur Synthese hin erfolgt um so stärker, je resistenter die Art oder Sorte ist. Bei resistenten Arten und Sorten treten mehr zytoplasmatische Granulachondriosomen in den Zellen des befallenen Gewebes auf als bei anfälligen. Das Gleichgewicht der fermentativen Reaktion ist gegeben, der Stoffwechsel läuft weiter und die befallene Wurzel bleibt am Leben. Nichtresistente Arten und Sorten können wegen der unbedeutenden Anzahl zytoplasmatischer Granula die gesamte, ständig zunehmende Menge hydrolysierter Fermente nicht adsorbieren. Die fermentative Reaktion verschiebt sich allmählich zur Hydrolyse hin, wird irreversibel, infolgedessen hört der Stoffwechsel auf und führt zum Absterben der befallenen Wurzel. Unter günstigen Wachstumsbedingungen treten eine Verstärkung der Synthese in den befallenen Geweben sowie eine Erhöhung der *Phylloxera*-Resistenz ein.
übersetzt v. E. Fröhmcke. 1911.

Woltz, S. S. und Jackson, C. R.; Bradenton, Gulf Coast Exp. Stat. Relationship of amino acids to yellow strapleaf of Chrysanthemums and similar disorders. **(Die Beziehung von Aminosäuren zur gelben Bandblättrigkeit von Chrysanthemen und ähnlichen Störungen.)** Proc. Florida State horticult. Soc. **73** (1960, hrsg. 1961) S. 381–384. – 1 Tab., 7 Lit.

Bei der gelben Bandblättrigkeit (YSL) der Chrysantheme handelt es sich um eine physiol. Krankheit. An ihrem Zustandekommen sind freie Aminosäuren des Bodens beteiligt. Triebstauchungen sowie Chlorosen, grüne Netzung, Verschmälerung der Spreite und Verkrümmungen erkrankter Blätter gelten als charakteristische Symptome. dl-Alloisoleucin, d-Isoleucin, l-Isoleucin, l-Leucin und d-Allisoleucin erzeugen in der angegebenen Reihenfolge progressiv abgeschwächt derartige Krankheitserscheinungen an Chrysanthemen. Ein anomal Wachstum induzierten d- und l-Methionin. dl-Alloisoleucin, d-Isoleucin und d-Leucin erwiesen sich im Boden als rel. stabil und riefen infolgedessen starke Pflanzenschädigungen hervor. l-Leucin und n-Methionin

wurden dagegen in tätigem Boden schnell in unschädliche Verbindungen umgewandelt und kommen deshalb für die Krankheit nicht in Betracht.
H. E. Schmidt. 1930.

Leonard, C. D. und Stewart, Ivan; Florida Citrus Exp. Stat. Yellow-vein in Citrus . **(Die Citrus-Adernvergilbung.)** Proc. Florida State horticult. Soc. **73** (1960, hrsg. 1961) S. 69–79. – 1 Abb., 14 Lit.

Während der Wintermon. treten in Florida an den Blättern von *Citrus sinensis* L. in unterschiedlichem Maße von Jahr zu Jahr Adernvergilbungen auf. In schweren Fällen kann die gesamte Blattspreite chlorotisch verfärbt sein. N- und Ca-Gehalt dieser Blätter sind durchweg geringer als in gesunden Blättern. Hinsichtlich des Mg-, K- und P-Gehaltes liegen keine nennenswerten Unterschiede vor. Durch N-Dünger kann ein normales Ergrünen der Bäume herbeigeführt werden. Experimentell lassen sich die Symptome der Adernvergilbung reproduzieren, wenn vom Juli bis Jan. keine N-Gaben verabreicht werden. Ca- und B-Mangel bedingen kein Zustandekommen derartiger Symptome. Als Hauptursache der *Citrus*-Adernvergilbung kommt N-Mangel in Betracht.
H. E. Schmidt. 1930.

Mehta, B. V., Khatri, P. B. und Neelakantan, V. A note on 'fatio' disease of Guava. **(Eine Bemerkung über die „Fatio"-Krankheit des Guavabaumes.)** Indian J. Horticult. **18** (1961) Nr. 2. S. 162–166.

Guavabäume (vermutlich *Psidium guayava* Raddi) zeigen im Ahmedabad-Distrikt im Staate Bombay oftmals eigenartige Krankheitserscheinungen, die als „Fatio" bezeichnet werden. Auf den Blättern des Baumes beobachtet man rötliche Flecke, die an Größe zunehmen und zum Vertrocknen der Blätter führen. Die Rinde der befallenen Zweige ist geborsten, in schweren Fällen sterben die betroffenen Zweige ab. Da sich parasitäre Ursachen bislang für die erwähnten Krankheitserscheinungen nicht finden ließen, werden Ernährungsstörungen oder andere physiol. Faktoren als Ursachen angenommen. Umfangreiche Bodenuntersuchungen an Standorten mit gesunden oder kranken Bäumen sowie vergleichende Blattanalysen an verschieden stark erkrankten bzw. nichterkrankten Pflanzen wurden eingeleitet. Als vorläufiges Ergebnis dieser Untersuchungen läßt sich aussagen, daß Mangel an org. Subst. und an N sowie vor allem an den Spurenelementen Zn und B mit dem Auftreten der „Fatio"-Krankheit in Beziehung stehen. Weitere Untersuchungen zur Klärung der Zusammenhänge sind noch nicht abgeschlossen.
H. Bochow. 1930.

Chudjakov, Ja. P. (Chudjakow, Ja. P.); Leningrad, Unions-Inst. für Landwirtsch. Mikrobiol. Ėpifitnye mikroorganizmy i vozmožnost' ispol'-zovanija ich dlja zaščity rastenij ot boleznej. **(Epiphytische Mikroorganismen und die Möglichkeit ihrer Verwendung zum Schutze der Pflanzen gegen Krankheiten.)** Dtsch. Akad. Landwirtsch.-Wiss. Berlin, Tagungsber. **1961** Nr. 41. S. 135-144. — 1 Abb., 5 Tab., 27 Lit. Orig.: russ., Zus. in Engl., Dtsch.

Die aus Bakterien, Actinomyceten bzw. Hefen sich zusammensetzende epiphytische Mikroflora ist eine bes. ökol. Gruppe, die an das Leben auf verschiedenen Pflanzenteilen angepaßt ist. Die Versuche wurden mit sterilen Samen von Hafer, Buchweizen, Sonnenblume, Klee und Zwiebel und mit *Bacterium herbicola*, *Chromobacterium prodigiosum* und *Torula rosea* als Epiphyten durchgeführt. Alle 3 Epiphyten gingen auf Blätter und Wurzeln aller 5 Pflanzenarten über. Die Epiphyten sind nicht für bestimmte Pflanzenarten spezifisch. Erfolgreiche Versuche mit epiphytischen antagonistischen Bakterien gegen *Sclerotinia* bei Möhren, *Fusarium culmorum* bei Weizen und *F. lini* bei Lein konnten durchgeführt werden. Als Antagonisten wurden *Pseudomonas liquefaciens*, *P. fluorescens*, *Bacterium megaterium* und *B. mesentericus* geprüft, wobei *Mycobacterium globiforme* die stärkste antagonistische Wirkung aufwies.
H. Lehmann. 1950.

Lloyd, A. B. und Clarke, R. T. J.; Palmerston North, Dep. of Sci. and Ind. Res., Plant Chem. Div.; Dep. of Agric. Spore production by Sporidesmium bakeri on ryecorn (Secale cereale). **(Sporenbildung von Sporidesmium bakeri an Roggen [Secale cereale].)** New Zealand J. agric. Res. **2** (1959) Nr. 3. S. 1084. 1950.

Nolte, H.-W.; Aschersleben, Inst. für Phytopathol. der Biol. Zentralanst. der Dtsch. Akad. der Landwirtsch.-Wiss. zu Berlin. **Die derzeitige Bedeutung und der Stand der Nematodenforschung im Weltmaßstab mit Schlußfolgerungen für die in der Deutschen Demokratischen Republik durchzuführenden Arbeiten und Maßnahmen auf diesem Gebiet.** S.-B. dtsch. Akad. Landwirtsch.-Wiss. Berlin **10** (1961) Nr. 7. S. 1-24. — 5 Abb., 42 Lit. Zus. in Russ., Engl.

Kurzer geschichtlicher Abriß der Nematodenforschung, mit bes. Berücksichtigung der in Deutschland erfolgten Entwicklung. Anhand einiger Beispiele (u. a. *Heterodera schachtii, Ditylenchus dipsaci*) werden die Bedeutung und die Problematik der Nematodenforschung behandelt. Bes. Aufmerksamkeit verdienen in Zukunft die wandernden Wurzelnematoden, die an zahlreichen Pflanzenarten erhebliche Ertragsschäden verursachen. Neuerdings gewinnen Arten aus den Gattungen *Xiphinema* und *Trichodorus* als Virusvektoren erhöhte Bedeutung. Verbreitung und Wirtspflanzenspektrum einzelner Arten sind in der DDR noch nicht hinreichend bekannt. Dieser Gruppe sollte in Zukunft größere Aufmerksamkeit gewidmet werden. Eine Intensivierung der Arbeiten auf systematischem und taxonomischem Gebiet ist anzustreben. — Blattnematoden können mit den z. Z. erhältlichen Mitteln sicher bekämpft werden, die Bekämpfung der wandernden Wurzelnematoden ist jedoch infolge des hohen Mittelpreises nicht für Großflächen durchführbar. H. Stelter. 1960.

Luc, Michel und Guiran, G. de. Deux nouveaux Paratylenchus (Nematoda-Criconematidae) de Côte d'Ivoire. **(Zwei neue Paratylenchus-Arten [Nematoda-Criconematidae] von der Elfenbeinküste.)** Nematologica [Leiden] **7** (1962) Nr. 2. S. 133-138. — 2 Abb., 1 Lit.

Paratylenchus arculatus n.sp. (I) und *P. ivorensis* n.sp. (II) werden beschrieben und abgebildet. **I** wurde an Wurzeln von *Theobroma cacao L.* und **II** an solchen von *Loesnera kalantha* Harms gefunden. Vff. setzen bei der Diagnose ihre beiden neuen Arten in Beziehung zu mehreren ähnlichen wie sie bei Tarjan, A. C. (1960) zu finden sind. Dabei ergeben sich folgende Feststellungen: **I** ist die kleinste Art der Gattung (L = 0,18-0,25 mm) und ist charakterisiert durch ihren abgeplatteten Kopf mit einem hervorragenden Lippenring. Es wurden nur Weibchen gefunden. **II** hat im weiblichen Geschlecht einen sehr langen Stachel (52-59 μ). Die Vulva liegt bei 73-77%. Der postvulvare Uterussack fehlt. Seitenfeld mit **4** Längslinien. Nur ein Männchen wurde gefunden. Ihm fehlt der Stachel, der Schwanz ist länglich konisch und die Spicula haben eine merkwürdige Gestalt. F.-W. Paesler. 1960.

Overman, A. J.; Bradenton, Gulf Coast Exp. Stat. Nematodes associated with pangolagrass pastures. **(Nematoden vergesellschaftet mit Pangolagras-Weiden.)** Proc. Florida State horticult. Soc. **74** (1961, hrsg. 1962) S. 201 bis 204. — 2 Abb., 1 Tab., 2 Lit.

Digitaria decumbens Stent. (Pangolagras) (**I**) wird in Florida zunehmend als Weidegras angebaut. Ungleichmäßiges Wachstum und neuerdings häufigere Fruchtwechsel mit diesem Weidegras waren Anlaß, den Nematodenbesatz auf diesen Weiden zu analysieren. Von **74** **I**-Beständen unterschiedlichen Alters (1-17 Jahre), die nach verschiedenen Vorfrüchten angebaut waren, wurden Bodenproben untersucht. Überwiegend wurden Arten aus den Gattungen *Trichodorus, Pratylenchus, Belonolaimus, Hoplolaimus, Criconemoides,*

Scutellonema, Helicotylenchus, Hemicycliophora und *Meloidogyne* festgestellt. Wachstum der Pflanzen und Nematodenbesatz standen in keinem Zusammenhang. Das Auftreten einiger Nematodenarten wird jedoch von den Bodenarten maßgeblich beeinflußt. In jedem Falle überwogen jedoch Arten aus den Gattungen *Trichodorus* und *Pratylenchus*. Beziehungen zwischen Vorfrüchten, Nematodenbesatz und Alter der Weiden waren nicht erkennbar. In Infektionsversuchen wird nachgewiesen, daß sich *T. christiei, P. scribneri* und *B. longicaudatus* an I vermehren, während die Population von *Helicotylenchus erythrinae* sich vermindert. Da vor allem *Trichodorus* sp. in Florida an Gemüsepflanzen erhebliche Schädigungen verursacht, sollte I in Fruchtfolgen mit Gemüse nicht angebaut werden. H. Stelter. 1960.

Feder, William A. und Ford, Harry W.; Orlando, Fla., Crops Res. Div. Lake Alfred, Fla., Citrus Exp. Stat. Effect of Fusarium upon the growth of seedlings of several burrowing nematode-tolerant Citrus rootstocks. **(Der Einfluß von Fusarium auf das Wachstum von Sämlingen verschiedener Citrus-Wurzelstöcke, die gegenüber Radopholus similis Cobb tolerant sind.)** Proc. Florida State horticult. Soc. **74** (1961, hrsg. 1962) S. 43-45. – 1 Tab., 10 Lit.
Citrus-Sämlinge von 5 nematodentoleranten Pflanzen und einer anfälligen Form wurden entweder mit *Radopholus similis* Cobb oder mit *R. similis* + *Fusarium solani* (Mart.) Appel et Wr. und *F. oxysporum* Schlecht. infiziert. Anfällige Sämlinge reagierten auf den Nematodenbefall mit einem um 40% reduzierten Längenwachstum und einer um ca. 40% geringeren Wurzelmasse. Der Befall von Nematoden und *Fusarium* hatte eine Verminderung beider Kriterien um ca. 60% zur Folge. Die nematodentoleranten Sämlinge wurden durch den Befall von Nematoden und *Fusarium* nicht geschädigt. Nach Abschluß der Versuche wurden in anfälligen und toleranten Pflanzen Nematoden und *Fusarium* nachgewiesen. Nematodentolerante Sämlinge besitzen demnach gleichzeitig Toleranzeigenschaften gegenüber verschiedenen *Fusarium*-Arten. H. Stelter. 1960.

Colbran, R. C. Studies of plant and soil nematodes. 3. Belonolaimus hastulatus, Psilenchus tumidus and Hemicycliophora labiata, three new species from Queensland. **(Untersuchungen über Pflanzen- und Bodennematoden. 3. Mitt. Belonolaimus hastulatus, Psilenchus tumidus und Hemicycliophora labiata, 3 neue Arten aus Queensland.)** Queensland. J. agric. Sci. **17** (1960) Nr. 3. S. 175-181. 1960.

Nemazi, Joseph; West Jordan, Utah-Idaho Sugar Co. A preliminary study of the relationship of the sugar beet nematode Heterodera schachtii, to three varieties of red tomatoes. **(Eine Voruntersuchung über die Beziehung des Rübennematoden Heterodera schachtii zu drei roten Tomatensorten.)** J. Amer. Soc. Sugar Beet Technologists **11** (1961) Nr. 6. S. 482-484. – 1 Abb., 4 Lit.
Zur Klärung der Frage, ob und wie stark Tomatensorten von *H. schachtii* befallen werden, wurden im Freiland 3 rote Tomatensorten "Hybrid T3", "Moscow A" und "Moscow B" auf ihre Resistenz geprüft. Alle drei Tomatensorten zeigten an den Wurzeln i. allg. leichten, aber unterschiedlichen Befall von Nematodenzysten. In den Wurzeln konnten vereinzelt nicht voll ausgebildete weibliche Larven (L_3) beobachtet werden. E. Zesewitz. 1960.

Steele, Arnold E.; Salinas, Calif., A.R.S. Effect of nabam solutions on the emergence of larvae from cysts of Heterodera schachtii Schmidt. **(Einfluß von Nabam-Lösungen auf das Schlüpfen von Larven aus den Zysten von Heterodera schachtii Schmidt.)** J. Amer. Soc. Sugar Beet Technologists **11** (1961) Nr. 6. S. 528-532. — 2 Tab., 9 Lit.
Die im Labor. durchgeführten Schlüpfversuche mit Nabam-Lösungen von 500, 1000 und 2000‰ im Vergleich zu Leitungswasser und Rübenwurzeldiffusat ergaben, daß eine frisch angesetzte Nabam-Lösung von 1000 ‰ die

günstigste schlüpffördernde Wirkung von 62% erzielte. Die Lösung 500 ‰ erbrachte ein Schlüpfergebnis von 42% – gleich dem Rübenwurzeldiffusat – und von 2000 ‰ nur 3%. Das Larvenschlüpfen in Leitungswasser betrug 9%. In einem weiteren Versuch mit Zineb B (1000 ‰ Nabam + 658 ‰ Zinksulfat) wurden die annähernd gleichen Schlüpfergebnisse wie im ersten Versuch erzielt. Geringere Aktivierungsfähigkeit zeigte Zineb A (1000 ‰ Nabam + 1316 ‰ Zinksulfat) und Maneb (1000 ‰ Nabam + 1197 ‰ Magnesiumsulfat). E. Zesewitz. 1960.

Rosen, Hans v. **Spinnmilben und ihre Bekämpfung in Mittelschweden.** Statens Växtskyddsanst., Medd. 12 (1961) Nr. 85. S. 63-78. – 2 Abb., 3 Tab., 63 Lit. Zus. in Schwed.

Dank der ungünstigen klimatischen Bedingungen sind Spinnmilbenkalamitäten in Mittelschweden selten; sie wurden nur in den Jahren 1955 und 1959 beobachtet. An schädlichen Arten treten auf: *Panonychus ulmi* Koch, *Tetranychus viennensis* Zacher und *T. urticae* Koch. *P. ulmi* bildete 1960 bei Stockholm 4 Generationen. Da Resistenz bisher noch nicht auftrat, ist eine Bekämpfung mit org. Phosphor-Verbindungen mit gutem Erfolg möglich. Außerdem bewährten sich Kelthane und Nagit. *T. viennensis* dürfte in 3 Generationen auftreten. Eine Bekämpfung ist ebenfalls mit Kelthane oder Nagit möglich. *T. urticae* kann i. allg. wie *P. ulmi* bekämpft werden. Bei Treibhausgurken bewährten sich 3 Behandlungen mit 10%igem Kelthane-Staub. Tedion ist ebenfalls wirksam, doch muß der Einsatz öfter wiederholt werden. E. Königsmann. 1960.

Lewis, T.; Cambridge, School of Agric. The effects of temperature and relative humidity on mortality in Limothrips cerealium Haliday (Thysanoptera) overwintering in bark. **(Die Wirkungen von Temperatur und relativer Luftfeuchtigkeit auf die Mortalität von Limothrips cerealium Haliday [Thysanoptera] bei Überwinterung unter der Rinde.)** Ann. appl. Biol. 50 (1962) Nr. 2. S. 313-326. – 5 Abb., 1 Tab., 11 Lit.

Untersuchungen ergaben, daß unter der Borke älterer Exemplare der österreichischen Kiefer zahlreiche tote Blasenfüße der Art *Limothrips cerealium* zu finden waren, die aus mehreren Jahren stammten, da die überwinternden Populationen sehr klein sind. Da unter der Borke die phys. Bedingungen im Winter stark schwanken, war bei den vorliegenden Untersuchungen bes. an den Einfluß von Temperatur und rel. Luftfeuchtigkeit (**r. L.**) auf eine erfolgreiche Überwinterung gedacht. Die Untersuchungen wurden an einem 40-jährigen Baum während des sehr milden Winters 1960/61 und unter extremeren Bedingungen im Labor. durchgeführt. Die Temperaturmessungen wurden mit elektr. Mikroelementen durchgeführt, die **r. L.** wurde mit 5% Genauigkeit mittels Kobaltchloridpapier ermittelt. Die tiefsten Temperaturen wurden im Dez./Jan., die höchsten im März/Apr. gemessen. Die **r. L.** schwankte zwischen 30% auf der Sonnenseite und 80% während der Nacht. Die Temperaturempfindlichkeit der Blasenfüße war bei hoher **r. L.** gering. Die größte Mortalität war bei trockener, warmer Luft zu bemerken, wie sie unter der Borke im Frühjahr herrscht, kurz bevor die Winterquartiere verlassen werden. K. Geißler. 1960.

Nolte, H.-W. und Adam, H.; Aschersleben, Inst. für Phytopathol.; Quedlinburg, Inst. für Pflanzenzücht. **Über das Verhalten des Erbsenwicklers gegenüber Erbsensorten und Erbsen-Neuzuchtstämmen.** Züchter 32 (1962) Nr. 3. S. 175-179. – 3 Abb., 2 Tab., 9 Lit.

Im Erbsenanbau werden neben den durch *Sitona lineata, Acyrthosiphon onobrychidis* und *Contarinia pisi* verursachten Schäden die größten Ertragsausfälle durch *Laspeyresia nigricana* hervorgerufen. Zur Bekämpfung von *L. nigricana* eignen sich Parathion-Präparate. Stäube- und Spritzmittel sind gegen die Jungraupen einzusetzen, ehe sie sich in die Hülsen einbohren. Wegen des sich über längere Zeit hinziehenden Schlüpfens der Raupen muß die Behandlung wiederholt durchgeführt werden. Bis die Bekämpfung vom Flugzeug aus erfolgen wird, sind vorbeugende Maßnahmen bes. zu beachten. Da der Falter nur an blühende Bestände Eier ablegt, kann durch Auswahl von Sorten, die z. Z. des Falterfluges bereits abgeblüht sind, eine Gefährdung sehr weitgehend vermieden werden. In den Jahren 1959 und 1960 wurden im Anbau stehende Speise- und Gemüseerbsen auf Befall ausgewertet. Es zeigte sich, daß mit der Verschiebung des Blühtermines eine Befallserhöhung parallel geht. Die Blühdauer ist von untergeordneter Bedeutung, die Wuchshöhe bleibt ohne Einfluß auf den Befall. Am geringsten befallen waren frühzeitig blühende Sorten und Stämme. R. Peschel. 1960.

Nagy, B. A kukoricamoly (Ostrinia nubilalis Hb. [Lepidopt.]) magyarorzsszági rajzásidejére vonatkozó ujabb megfigyelések. **(Neuere Beobachtungen über die Flugzeit des Maiszünslers [Ostrinia nubilalis Hb. (Lepidopt.)] in Ungarn.)** Növényvédelmi Kutató Intézet Évkönyve [Jb. Forsch.-Inst. Pflanzenschutz] 8 (1957/60, hrsg. 1961) S. 215-227. — Aus: Ung. Agrar-Rdsch. **1962** Nr. 4.
Freilandzuchten, Untersuchungen an Wirtspflanzen, Bearbeitung lepidopterol. Sammlungen und Lichtfallenmaterial bestätigten, daß sich der Frühjahrsflug vom 15. 6.-15. 7. und der Sommerflug vom 25. 7.-25. 8. erstrecken. Der seit dem letzten Jahrzehnt beobachtete 2. Flug kann die Entwicklung einer 2. Generation ermöglichen. 1960.

Il'ičev, V. V. (Ilitschew, W. W.) Podsolnečnikovaja ognevka — vreditel' kukuruzy. **(Der Sonnenblumenzünsler — ein Maisschädling.)** Kukuruza, Moskva 7 (1962) Nr. 8. S. 48-49.
Die Aserbaidshan. Pflanzenschutzstat. des Unions-Forsch.-Inst. für Pflanzenschutz stellte einen starken Befall der Maiskolben in der Milch- und Milchwachsreife durch Raupen des Sonnenblumenzünslers fest. Der Schädling kriecht von Sonnenblumen (Zwischenreihen auf den Hybridisierungsfeldern zur Markierung der Maisvaterpflanzen) auf Maispflanzungen über. Die Raupen des Sonnenblumenzünslers beschädigten mehr als 27% der Maiskolben und entwickelten sich auf den Maiskolben normal. Der gleiche Befall wurde im Gebiet Samarkand beobachtet. Zur Vermeidung von Mais-Ernteverlusten muß statt Sonnenblume Hanf oder *Sorghum* gewählt werden.
L. Rang. 1960.

Jermy, T. A fritlégy (Oscinella frit L.) 1959 évi kártétele a kukoricán Magyarországon. **(Über die beim Mais durch die Fritfliege [Oscinella frit L.] in Ungarn im Jahre 1959 verursachten Schäden.)** Növényvédelmi Kutató Intézet Évkönyve [Jb. Forsch.-Inst. Pflanzenschutz] 8 (1957/60, hrsg. 1961) S. 169-181. — Aus: Ung. Agrar-Rdsch. **1962** Nr. 4.
Ertragsverluste traten i. J. 1959 nicht ein, da die Schäden mehr oder weniger in starker Blattdeformation und Blattspreitenlücken bestanden, die von der Maispflanze überwunden wurden. Zerstörung des Vegetationskegels wurde ganz selten verursacht. 1960.

Krämer, K.; Frankfurt/M., Pflanzenschutzamt. **Psilopa leucostoma Mg. (Dipt.) — ein Rübenschädling?** Anz. Schädlingskunde verein. Schädlingsbekämpf. **35** (1962) Nr. 3. S. 40-42. — 5 Abb., 5 Lit.
Vf. berichtet über das Schadauftreten von *Psilopa leucostoma* an *Beta*-Rüben in Hessen-Nassau. Es handelt sich bei dem Schädling um einen echten Minierer. Eine ausführliche Beschreibung von Ei und Schadbild liegt vor.
E. Zesewitz. 1960.

Zamfirov, C. (Samfirow, Z.) Vidov sŭstav na černite žitni muchi ot roda Phorbia (Diptera, Muscidae) v Severo-zapadna Bŭlgarija. **(Artzusammensetzung der schwarzbehaarten Getreidefliegen der Gattung Phorbia [Diptera,**

Muscidae] in Nordwestbulgarien.) Rastitelna zaštita, Sofija **10** (1962) Nr. 2. S. 56-58. — 5 Lit. Zus. in Russ., Engl.
Untersuchungen in Gemeinschaft mit dem Dtsch. Entomol. Inst. zu Berlin ergaben, daß *Phorbia genitalis* Schnabel in Nordwestbulgarien fehlt. Dagegen sind die beiden schwarzbehaarten Getreidefliegen *P. securis* Tiensuu und *P. penicillifera* anzutreffen. Vf. vermutet, daß diese 2 Arten auch in den anderen Landesteilen vorkommen. Ja. Ljubenow. 1960.

Reich, R.; Erfurt, Pflanzenschutzamt. **Untersuchungen über die Epidemiologie der Rübsenblattwespe (Athalia rosae L.).** Nachrichtenbl. dtsch. Pflanzenschutzdienst [Berlin] [N.F.] **15(41)** (1961) Nr. 12. S. 245-253. — 6 Abb., 9 Tab., 17 Lit. Zus. in Russ., Engl.
Abiotische Faktoren üben einen bes. Einfluß auf den Entwicklungsablauf des Schädlings aus. Unterschiedliche Bodenarten haben keinen Einfluß auf die Abwanderungstiefe der Larven. Der größte Teil der Larven bildet den Kokon in einer Tiefenlage bis zu 2 cm. In allen Bodenarten erfolgte der Schlüpfbeginn zur annähernd gleichen Zeit. Übermäßig feuchte Böden hemmen die Entwicklung des Schädlings. Die günstigsten Bedingungen für das Abwandern liegen im Feuchtigkeitsbereich von 4-15%. Eine Schlüpfverminderung durch tiefere Lagerung (L $\leqq$ 25 cm) der Kokons konnte nicht beobachtet werden. Warme, trockene Witterung gibt dem Schädling günstigste Entwicklungsbedingungen. E. Zesewitz. 1960.

Sáringer, Gy. Adatok a mustárdarász (Athalia glabricollis Thomson, Tenthred., Hym.) álhernyók táplálék fogyasztásának ismeretéhez. **(Beiträge zum Nahrungsverbrauch der Larven von Athalia glabricollis Thomson. [Tenthred., Hym.].)** Növényvédelmi Kutató Intézet Évkönyve [Jb. Forsch.-Inst. Pflanzenschutz] 8 (1957/60, hrsg. 1961) S. 139-153. — Aus: Ung. Agrar. Rdsch. **1962** Nr. **4**.
Die Nahrungsaufnahme verläuft nicht gleichmäßig, da z. Z. der Häutungen kein Fraß erfolgt. Die auf 1 g Körpergewicht bezogene Menge aufgenommener Nahrung zeigt während der Entwicklung eine abnehmende Tendenz. Die von einer Larve verzehrte grüne Blattmenge betrug bei natürlicher Belichtung (**I**) 298,6, bei Kurztag-Belichtung (**II**) 209,9 und bei Langtag-Belichtung (**III**) 227,2 mg. In den drei letzten Entwicklungsstadien (Dauer 5 Tage) verbrauchten die Larven bei **I** 92,5, bei **II** 86,6 und bei **III** 96,8% der für ihre Entwicklung nötigen Gesamtnahrungsmenge. Es handelt sich um einen wirtsch. sehr gefährlichen Schädling. Die Larven müssen noch vor Beginn der intensiven Nahrungsaufnahme (L_1-L_3) bekämpft werden. 1960.

Błażejewska, Aleksandra. Nowe obserwacje nad zimowaniem słodyszka rzepakowego Meligethes aeneus F. i niektórych innych gatunków z rodzaju Meligethes Steph. **(Neue Beobachtungen über Überwinterungsformen des Rapsglanzkäfers [Meligethes aeneus F.] und einiger anderer Arten von Meligethes Steph.)** Polskie Pismo entomol. **1961** Nr. 1/2. S. 5-11. — 3 Tab., 6 Lit. Zus. in Russ., Engl.
Untersuchungen in den Jahren 1955-57 bei Toruń zeigten auf, daß die Käfer als Winterquartier ausschl. Waldränder wählen, gelegentlich dringen sie auch tiefer in den Wald ein. Sie bevorzugen eine Bodentiefe von 0-10 cm. Unter jungen Fichten wurden die Käfer in größerer Zahl als unter Eichen und Birken angetroffen. Die Versuche wurden 1958-60 fortgesetzt. *M. symphyti* wurde als Einzelexemplar unter Birke gefunden. Unter Fichten waren 4 weitere *Meligethes*-Arten vorhanden. W. Śliwiński. 1960.

Dirimanov, Marin und Angelova, Rada. (Dirimanow, Marin und Angelowa, Rada.); Plowdiw, Bulgarien, Höheres Landwirtsch. Inst. „W. Kolarow". Zemnite bŭlchi po zeleto i borbata s tjach. **(Die Kohlerdflöhe und ihre Bekämpfung.)** Gradinarstvo, Sofija 4 (1962) Nr. 3. S. 28-30. — 2 Abb.

Biologie und Schadbild der Kohlerdflöhe (*Phyllotreta* sp.) werden beschrieben. Bes. wurden an Kohl in Südbulgarien angetroffen: *Chaetocnema tibialis*, *P. nigripes*, *P. undulata*, *P. nemorum* u. a. Gute Wirkung gegen diese Schädlinge wiesen die Spritzmittel Parathion 0,12%, Fonithion 0,4% sowie Wofatox 0,15%, von den Stäubemitteln DDT 5% und Hexachloran in Aufwandmengen von 20-30 kg/ha auf. A. Balewski. 1960.

Lange, W. H. und McCalley, N. F.; Davis, Univ. of California, Dep. of Entomol. The cribrate weevil, a new pest of the globe artichoke in California. **(Brachyrrhinus cribricollis Gyll., ein neuer Schädling an der Kugel-Artischocke in Kalifornien.)** J. econ. Entomol. 55 (1962) Nr. 1. S. 14-17. — 4 Abb., 2 Tab., 4 Lit.

Brachyrrhinus (*Otiorrhynchus*) *cribricollis* Gyll. wurde als Schädling an Artischocke (*Cynara scolymus*) 1956 bei Castroville, Monterey County, zum ersten Mal festgestellt. In jedem Jahr entwickelt sich nur eine Generation, man findet Larven verschiedener Stadien gleichzeitig an den Pflanzen, i. J. 1960 wurden je Pflanze im Mittel 42 Larven gezählt. Die Käfer richten den größten Schaden an, sie befressen junge Blätter und Knospen. Durch den Fraß werden letztere als Gemüse unverkäuflich. Dem Larvenfraß an den Wurzeln scheint keine große Bedeutung zugemessen zu werden. Die Imagines wurden außerdem an Brombeere (*Rubus vitifolius*), Weide (*Salix* sp.), Senf (*Brassica* spp.), Malve (*Malva parviflora*) und Nessel (*Urtica gracilis*) festgestellt. Von den 23 geprüften Bekämpfungsmitteln wurden gegen die Käfer mit Aldrin, Endrin, Bayer 29493, SD 3348, Heptachlor, SD 3450 und Dieldrin die besten Ergebnisse erzielt. Biol. ist eine Bekämpfung der Käfer im Boden durch *Beauveria bassiana* (Balsamo) Vuillemin möglich. J. Noll. 1960.

Obarski, Jerzy. Wpływ entomofauny na objawy bakteriozy i plonowanie kolendry. **(Der Einfluß der Entomofauna auf die Symptome der Bakteriose und die Koriandererträge.)** Biul. Inst. Ochrony Roślin 14 (1962) S. 7-33. — 2 Abb., 8 Tab., 7 Lit. Zus. in Russ., Engl.

Zum Schutz der Versuchsfelder gegen Insekten wurden Lindan, Toxaphen oder Thiodan angewendet. Im 1. Versuchsjahr wurden Kontrollfelder (ohne Insekticidbehandlung) mit Versuchsfeldern, die während der Vegetationszeit häufig mit Lindan und Toxaphen bestäubt worden waren, verglichen. In den folgenden Jahren wurde eine weitere Variante hinzugenommen (Toxaphen- und Thiodanbehandlung in größeren Zeitabständen, um Insektenfraß zu ermöglichen). In den *Coriandrum sativum*-Beständen waren *Meligethes aeneus* F., *Lygus campestris* L. und *Macrosteles laevis* Rib. sowie i. J. 1961 *Chrysomelidae*- und *Curculionidae*-Arten anzutreffen. Der Insektenbefall erhöhte den Anteil erkrankter Pflanzen (Blütenbrand und Samenabfall). Trotz Isolierstreifen vermochte *L. campestris* die Krankheit auf gesunde Pflanzen zu übertragen. W. Śliwiński. 1960.

Koppányi, T. Szipókásrovarok népességeinek alakulása elsö-, másod- és harmadéves füveslucerna állományokban. **(Die Gestaltung der Rhynchoten-Populationen in ein-, zwei- und dreijährigen Gras-Luzernebeständen.)** Debreceni mezögazdasági Akad. tudományos Évkönyve [Jb. landwirtsch.-wiss. Akad. Debrecen] **1960** (hrsg. 1961) S. 69-79. — Aus: Ung. Agrar-Rdsch. **1962** Nr. 4.

Für die Ermittlungen wurden ein 1jähriger (**I**)-, ein 2jähriger (**II**)- und zwei 3jährige (**IIIa** und **IIIb**) Gras-Luzernebestände herangezogen. *Festuca pratensis* bildete die Graskomponente, lediglich auf **IIIa** wurde Luzerne mit *Lolium italicum* angebaut. **I, II** und **IIIa** wurden gemäht, **IIIb** als Weide genutzt. Während des Sommers waren die Populationen der Wanzen und Zikaden entgegengesetzten Änderungen unterworfen. Bei **I** wiesen Zikaden die höchste Individuenzahl und Wanzen die höchste Zahl an Arten auf. Bei **I** und III erfuhr die Individuenzahl der Zikaden eine ständige Abnahme, Anfang Sept. nahmen bei Wanzen Arten und Individuenzahl ab, bei Zikaden nahm die Individuenzahl zu. *Adelphocoris lineolatus* wird zukünftig mehr Bedeutung als Luzerneschädling erhalten. 1960.

Koppányi, T. Kalászt szivogató poloskák mennyiségi és minöségi megoszlása buzafajták szerint. **(Quantitative und qualitative Verteilung ährensaugender Wanzen an einigen Weizensorten.)** Debreceni mezögazdasági Akad. tudományos Évkönyve [Jb. landwirtsch.-wiss. Akad. Debrecen] **1960** (hrsg. 1961) S. 89-94. — Aus: Ung. Agrar-Rdsch. **1962** Nr. **4**.
Versuche der Landesstation für Sortenprüfung bei Debrecen zeigten auf: 1) Die größte Anzahl an Wanzen wiesen die Sorten 'Belozerkowskaja', 'Fertöder 293' und 'Nowoukrainka 83', die niedrigste 'Besostaya 1', 'Odesskaja 16' und 'Karcager 21' auf. 2) 6 von 7 Wanzenarten bildeten 3 Artenpaare, zwischen denen die Individuenzahl im wesentlichen übereinstimmte (Unterschied nicht signifikant). An der Gesamtindividuenzahl waren *Eurygaster maura* und *E. austriaca* zu 86, *Aelia rostrata* und *A. acuminata* zu 11, *Dolycoris baccarum* zu 2 und *Palomena prasina* sowie *Carpocoris pudicus* unter 1% beteiligt. Außerdem waren *Mezocerus marginatus* und *Lygus pratensis* durch Saugen schädlich. 1960.

Muma, Martin H. und Clancy, D. W. Parasitism of purple scale and Florida red scale in Florida Citrus groves. **(Parasitismus der Purpurschildlaus und der Roten Florida-Schildlaus in Citrus-Plantagen Floridas.)** Proc. Florida State horticult. Sco. **74** (1961, hrsg. 1962) S. 29-32.
Der Wirkungsgrad der Parasiten (*Aphytis lepidosaphes* Comp.; *Pseudhomalopoda prima* Gir.; *A. holoxanthus* DeBach) der Purpurschildlaus (*Lepidosaphes beckii* Newman) und der Roten-Florida-Schildlaus (*Chrysomphalus aonidum* L.) ist stark von den chem. Bekämpfungsverfahren abhängig. Vf. weist auf sinnvolle Kombinationsmöglichkeiten von biol. und chem. Bekämpfung hin.
H. A. Koch. 1960.

Evenhuis, H. H.; Wageningen, Inst. voor Plantenziektenkundig Onderzoek. Methods to investigate the population dynamics of aphids and aphid parasites in orchards. **(Methoden zur Untersuchung der Populationsdynamik von Aphiden und Aphidenparasiten in Obstgärten.)** Entomophaga [Paris] **7** (1962) Nr. 3. S. 215-220. — 3 Abb., 10 Lit. Zus. in Dtsch.
Der Grad der Parasitierung der Blutlaus durch *Aphelinus mali* (Hald.) wurde ermittelt durch Sezieren von 100 größeren Larven, die je 10 an 10 Apfelbäumen gesammelt wurden. Er hat in der ersten Hälfte der Saison 2 oder 3 Maxima, welche den Generationen des Parasiten entsprechen. Der jahreszeitliche Massenwechsel der Blutlaus, der im Zusammenhang mit dem Parasitierungsgrad betrachtet wird, läßt sich nicht zahlenmäßig exakt darstellen, sondern wurde durch Beobachtung der Zu- und Abnahme der Populationsdichte erfaßt. *Ephedrus pulchellus* Stelfox ist der wichtigste Parasit von *Dysaphis plantaginea* (Pass.) in den Niederlanden. Die Bestimmung der Populationsdichte von *D. plantaginea*, *Rhopalosiphum insertum* (Walk.) und *Aphis pomi* De Geer sowie deren Parasiten und der Hyperparasiten ist noch schwieriger als im Falle der Blutlaus; es werden lediglich einige Möglichkeiten der Untersuchungstechnik in Betracht gezogen. F. P. Müller. 1960.

Grigorov, St. P. (Grigorow, St. P.). Bobovata (cveklova) listna vǔška — Aphis fabae Scop. — biologija, ekologija i sredstva za borba. **(Die Schwarze Bohnenlaus [Rübenblattlaus] Aphis fabae Scop. — Biologie, Ökonomie und Bekämpfungsmittel.)** Naučni trudove. Visš selskostopanski institut „Georgi Dimitrov". Agronomičeski fakultet, Sofija **10** (1961) S. 353-373. — 9 Abb., 9 Tab., 19 Lit. Zus. in Russ., Dtsch.
Wirtsch. Bedeutung, Verbreitung in Bulgarien, Wirtspflanzen, Biologie und Ursachen des Massenauftretens von *Aphis fabae* Scop. werden behandelt. —

Spritzen mit Malathion 0,15-0,20%, E 605 forte 0,05%, Metasystox 0,05% und Wofatox 0,06-0,08%, ferner Stäuben mit E 605, Wofatox und 12%igem HCH (je 30 kg/ha) brachten gute Bekämpfungsergebnisse.

A. Balewski. 1960.

Colter, J. S. und Ellem, Ka. A. O. Structure of viruses. **(Struktur der Viren.)** Annu. Rev. Microbiol. **15** (1961) S. 219-244.

Im 1. Teil der Übersicht sind für verschiedene Pflanzenviren, Viren der Tiere und Insekten, ferner Bakteriophagen die vorliegenden Befunde über den Aufbau der Proteinkomponente wiedergegeben. Es wird gezeigt, daß sich alle aus einer größeren Zahl identischer Untereinheiten, die in regelmäßiger Anordnung um die Nucleinsäure liegen, zusammensetzen. Während die gestreckten Virusteilchen einen spiraligen Aufbau erkennen lassen, haben die sphärischen kubische Symmetrie. Der 2. Teil enthält die zahlreichen Daten über die infektiöse Komponente der Partikeln, die Nucleinsäure.

O. Bode. 1970.

Bils, Robert F. und Hall, Cecil E.; Cambridge, Mass., Inst. of Technol., Dep. of Biol. Electron microscopy of wound-tumor virus. **(Elektronenmikroskopie des Wundtumor-Virus.)** Virology **17** (1962) Nr. 1. S. 123-130. – 7 Abb., 16 Lit.

Das Wundtumor-Virus (WTV) besitzt eine ikosaedrische Gestalt mit einem Dmr. von etwa 600 Å. Seine Oberfläche setzt sich aus Untereinheiten von etwa 75 Å Dmr. zusammen. Jede Kante des Ikosaeders ist mit 4 und jede Fläche mit 10 Untereinheiten besetzt. Daraus ergibt sich eine Gesamtzahl von 92 Untereinheiten für die ganze Oberfläche. Uranylacetatbehandlung läßt innerhalb des WTV einen Kern von etwa 350 Å Dmr. erkennen, der aus Ribonucleinsäure (RNS) oder einem Nucleoproteid besteht. Beim Abbau des WTV kommen lange Stränge von etwa 30 Å Dmr. zum Vorschein, die entweder aus RNS in stark gefalteter und aufgewickelter Form oder aus einem möglicherweise mit einer Proteinkomponente verbundenen RNS-Strang bestehen.

H. H. Schimanski. 1970.

Yarwood, C. E.; Berkeley, Univ. of California, Dep. of Plant Pathol. Heat activation of plant virus infections. **(Hitzeaktivierung von Pflanzenvirus-Infektionen.)** Virology **14** (1961) Nr. 3. S. 312-315. – 4 Abb., 1 Tab., 5 Lit.

Wurden Blätter von *Phaseolus vulgaris* L. var. 'Pinto' oder *Vigna sinensis* (Torner) Savi, die mit dem Tabakmosaikvirus (TMV) oder Tabaknekrosevirus (TNV) inokuliert wurden, 2 Sek. nach der Inokulation 0,5 bis 4 Sek. in Wasser oder Hg von 45°-65 °C getaucht, nahm die Anzahl der entstehenden Lokalläsionen zu, wobei die Zunahme mit steigender Erhitzungsdauer rasch geringer wurde. Wurde die Zeitspanne zwischen Inokulation und Erhitzung sowie Erhitzungsdauer konstant gehalten und die Erhitzungstemperatur variiert, erwiesen sich 50 °C für das TMV und 60 °C für das TNV als optimal für die Infektionsförderung. Wurde die Zeitspanne zwischen Inokulation und Erhitzung variiert, nahm beim TMV und TNV die Infektionsförderung bis zum Abstand von 60 Sek. zwischen Inokulation und Erhitzung rasch ab. Für das TMV folgte anschließend eine Hitzeinaktivierung bei einem Abstand von 1 Min. bis 3 Std. und eine erneute Hitzeaktivierung bei einem Abstand von 5 Std. bis 24 Std. zwischen Inokulation und Erhitzung. Hitzeaktivierung der Infektion konnte außerdem für den Batatenstamm des TMV, das Pfirsichgelbknospenmosaikvirus, Luzernemosaikvirus und Apfelmosaikvirus nachgewiesen werden.

H. H. Schimanski. 1970.

Munro, James; Fredericton, Canada Dep. of Agric. The importance of potato virus X. **(Die Bedeutung des Kartoffel-X-Virus.)** Amer. Potato J. **38** (1961) Nr. 12. S. 440-447. – 5 Tab., 21 Lit.

In den seit vielen Jahren mit X-Virus infizierten Sorten 'Green Mountain' und 'Netted Gem' wurden an gesund aussehenden Pflanzen einzelne Stengel mit schwerem Mosaik gefunden. Überimpfungen von symptomlosen Teilen solcher Pflanzen verursachten auf *Datura stramonium* var. *tatula* ein leichtes Mosaik ohne Nekrosen; Überimpfungen von Blättern der Stengel mit schwerem Mosaik führten zu Nekrosen. Die schweren Symptome des X-Virus setzten sich fortschreitend von Blatt zu Blatt und Stengel zu Stengel fort. Innerhalb von 3 Wochen nach der 1. Beobachtung beherrschte die schwere Form die ganze Pflanze. Die schnelle Ausbreitung neu entstehender X-Stämme in bereits infizierten Pflanzen beweist, daß die Prämunität unzuverlässig ist. Ch. Pfeffer. 1970.

Köhler, E. **Über die unterschiedliche Temperaturempfindlichkeit von Typen und Stämmen des Kartoffel-X-Virus.** Phytopathol. Z. **44** (1962) Nr. 2. S. 189-199. — 5 Abb., 6 Tab., 8 Lit. Zus. in Engl.
Untersucht wurden die Stämme RE 4 und RE 5 aus der Kartoffelsorte 'Rote Erstling', Isolate aus der 'Erstling', Cs-Stämme aus einer estländischen 'Erstling' (die evtl. aus 'Erstling' stammt) sowie Stämme aus der Sorte 'Kl. Spiegeler Wohltmann' u. a. Sorten. Als Testpflanzen dienten 'Samsun'-Tabak (Versuche der Jahre 1935-39), *Gomphrena globosa* (1950) oder *Datura stramonium* (1951-57). Entspr. ihrer unterschiedlichen Hitzeempfindlichkeit ließen sich die verschiedenen Stämme des Kartoffel-X-Virus in 3 Gruppen einteilen: Gruppe X^N mit einem thermalen Inaktivierungspunkt (**TIP**) bei 70° und darunter, Gruppe X^R mit **TIP** von 72-73° und Gruppe X^E mit **TIP** von 75-76°. Es gehören u. a. zur X^N-Gruppe die Cs- und Wohltmann-Stämme, zur X^R-Gruppe RE 4 und RE 5, zur X^E-Gruppe die Stämme aus der 'Erstling'. Die Stämme der X^R- und X^E-Gruppe würden nach der Einteilung von Cockerham (nach dem Verhalten der Stämme im Überempfindlichkeitstest) zu Gruppe 2 gehören. — 'Samsun'-Tabak scheint für X^E-Stämme anfälliger als für X^N-Stämme zu sein, während *D. stramonium* für beide Gruppen etwa dieselbe Anfälligkeit besitzt. R. Kämmerer. 1970.

MacKinnon, J. P.; Fredericton, Canada Dep. of Agric., Res. Stat. Distribution of virus X in chronically infected potato tubers. **(Die Verteilung des X-Virus in chronisch infizierten Kartoffelknollen.)** Amer. Potato J. **38** (1961) Nr. 12. S. 448-450. — 1 Abb., 1 Tab., 5 Lit.
In regelmäßigen Abständen wurden aus dem Lager Knollen der Sorte 'Green Mountain' entnommen und bestimmte Teile der Knollen auf X-Virus untersucht. Alle Knollen, aber nicht alle Knollenteile, enthielten X-Virus.Das Virus wurde immer bei der Untersuchung an der Basis des Keimes und bei über 90% der Proben in einem Knollenauge ermittelt. In den übrigen Knollenteilen wurde in 58-74% der Proben X-Virus festgestellt. Die meisten Läsionen auf *Gomphrena globosa* wurden bei Abreibungen aus den Knollenaugen oder von Teilen der Keime beobachtet. Das Virus wanderte während der Lagerung oder des Keimens nicht. Eine höhere Viruskonz. in den Keimen resultiert wahrscheinlich aus einer lokalen Vermehrung.
Ch. Pfeffer. 1970.

Neitzel, K.; Groß-Lüsewitz, Inst. für Pflanzenzücht. der Dtsch. Akad. der Landwirtsch.-Wiss. zu Berlin. **Beziehungen zwischen dem Auftreten von virusübertragenden Blattläusen und Viruskrankheiten bei Kartoffeln in der Deutschen Demokratischen Republik.** Nachrichtenbl. dtsch. Pflanzenschutzdienst [Berlin] [N.F.] **16(42)** (1962) Nr. 7. S. 130-134. — 6 Tab., 14 Lit. Zus. in Russ., Engl.
Die Ermittlung des Befallsfluges erfolgte nach der Gelbschalenmethode (Moericke), wobei die Fangschalen nicht im Kartoffelbestand, sondern auf 20 × 20 m großen unkrautfreien Schwarzbracheflächen standen. Die Versuchsorte lagen teils in Gesundheitslagen, teils in Abbau- und Übergangs- oder

Abbaugrenzlagen. Gute Übereinstimmung wurde zwischen der Befallsflugintensität von *Myzus persicae* (Sulz.) und dem Virusbesatz der Kartoffeln festgestellt. Der Vergleich zwischen Virusbesatz und Blattlauswerten, wie sie durch Auszählungen nach der 100-Blattmethode erhalten werden, führte zu unzureichenden Ergebnissen. Vf. weist auf die Bedeutung der Gelbschalen für den Blattlauswarndienst sowie auf die Möglichkeit ihrer Anwendung zur Schätzung des zu erwartenden Virusbesatzes in Kartoffelbeständen und zur Austestung von Gesundheits- und Abbaulagen hin. B. Hinz. 1970.

Ford, Richard E. und Ross, A. Frank.; Ithaca, N.Y., Cornell Univ., Dep. of Plant Pathol. The interaction of potato viruses X and Y in tobacco leaf tissue differing in age. **(Die Wechselwirkung der Kartoffelviren X und Y in altersmäßig unterschiedlichem Tabakblattgewebe.)** Phytopathology **52** (1962) Nr. 3. S. 226-233. — 3 Abb., 15 Lit.
Das Altersstadium der Blätter von 'Samsun'-Tabak hatte bei der Inokulation des Kartoffel X-Virus keinen deutlichen Einfluß auf die Viruskonz. Jedoch im Falle einer Mischinfektion durch das Y-Virus der Kartoffel und das X-Virus stieg der Titer des letztgenannten Virus signifikant an. Er war bei einer Blattbreite von 5 cm höher als bei einer solchen von 2 oder 8 cm. Mit beiden Viren einzeln infizierte junge 'Samsun'-Blätter zeigten an der Blattbasis Adernnekrosen und apikal chlorotische Flecke mit nekrotischem Zentrum. In den Apikalteilen der doppelt infizierten Blätter kamen keine Symptome zustande. Das XY/X Konz.-Verhältnis war hier auch kleiner als an der Blattbasis. Wurde nur eine Blatthälfte inokuliert, dann war in dieser die X-Konz. stets größer als in der benachbarten, von beiden Viren systemisch infizierten Hälfte. Gleichartige Verhältnisse lagen beim 'Türkischen Tabak' vor, wobei jedoch der Virustiter geringer war als im 'Samsun'-Tabak.
H. E. Schmidt. 1970.

Marx, Ruth und Beiss, Ulrich; Braunschweig, TH, Inst. für Landwirtsch., Technol. und Zuckerind. **Nachweis von Stämmen beim Mosaikvirus der Beta-Rüben.** Phytopathol. Z. **44** (1962) Nr. 1. S. 94-100. — 3 Tab., 5 Lit.
Vff. prüften im Gewächshaus auf verschiedenen Testpflanzenarten 2 Herkünfte des *Beta*-Virus 2. Herkunft „Rosenhof" verursachte auf Zuckerrübe, *Chenopodium opulifolium, Tetragonia expansa, Claytonia perfoliata, Nemophila maculata, Phacelia campanulata* und *Agrostemma githago*, Herkunft „Braunschweig" auf *Stellaria media* intensivere Symptome. Auf *Nicotiana quadrivalvis* konnten keine eindeutigen Unterschiede festgestellt werden. In Zuckerrüben stieg der Virusgehalt nach Infektion mit „Rosenhof" rascher an und erreichte einen höheren abs. Wert (Läsionentest auf *C. amaranticolor* und *C. quinoa*). Der Blatt- (und sehr wahrscheinlich auch der Rüben-)ertrag von Zuckerrüben wurde durch „Rosenhof" stärker gemindert. Beide Herkünfte reagierten mit den homologen und heterologen Antiseren in gleicher Weise. Außer bei *S. media* war der Titer jedoch bei „Rosenhof" meist höher. Die zwischen beiden Herkünften ermittelten Unterschiede ließen sich nicht immer reproduzieren, da diese offenbar durch endogene und exogene Faktoren stark beeinflußt werden. K. Wiesner. 1970.

Engler, R. A.; Tübingen, Max-Planck-Inst. für Virusforsch. **Die Rolle der Ribonucleinsäure bei der Biosynthese des Tabakmosaikvirus.** Dtsch. Akad. Landwirtsch.-Wiss. Berlin, Tagungsber. **1960** (hrsg. 1961) Nr. 33. S. 83-92. — 8 Abb., 14 Lit. Zus. in Russ., Engl.
Es wird nachgewiesen, daß die Latenzzeit nach Infektion mit Tabakmosaikvirus-Ribonucleinsäure (TMV-RNS) 8-10 Std. geringer ist als nach Infektion mit inaktivem Virus. Da im infizierten Blatt zunächst freie RNS auftritt, deren Konz. wieder zurückgeht, kommt Vf. zu dem Schluß, daß die Synthese der TMV-RNS früher einsetzt als die des Eiweißanteiles des Virus, und die zunächst im Überfluß gebildete RNS sich mit dem später erzeugten Eiweiß

zu TMV-Partikeln vereinigt. Es wird vermutet, daß zu Beginn der Infektion RNS im Zellkern aufgebaut wird. Die Eiweißsynthese beginnt dagegen im kernnahen Cytoplasma; sie konnte weder im Kern noch in den Chloroplasten nachgewiesen werden. J. Merker. 1970.

Wittmann, H. G. **Proteinchemischer Vergleich von spontanen und chemisch induzierten Mutanten des Tabakmosaikvirus (Ein Beitrag zur Nucleinsäure-Eiweiß-Korrelation).** Ber. dtsch. bot. Ges. **78** (1960) Nr. 11. S. 15-29. 1970.

Izard, Camille und Giraudel, Annie. Multiplication du virus de la mosaique du tabac et potentiel de croissance du limbe foliaire. **(Vermehrung des Tabakmosaikvirus und Wachstumspotential des Blattes.)** Ann. Inst. exp. Tabac Bergerac **3** (1961) Nr. 4. S. 675-680. – 1 Abb., 7 Lit. Zus. in Engl.

Das 6. oder 7. Blatt von Tabakpflanzen, Sorte 'White Burley' wurde auf mechanischem Wege mit TMV geimpft (Kontrolle mit reinem Wasser). Zur Bestimmung des Wachstumspotentials des Mesophylls wurden von den geimpften und darüber liegenden Blättern Blattscheiben von 5,25 mm Dmr. nach 3-192 Std. ausgestanzt und in Petrischalen auf Filterpapier, das mit einer Nährlösung und Kinetin getränkt war, gelegt. Die Untersuchungen haben gezeigt, daß das TMV bereits in einem frühen Stadium das Wachstumspotential des Blattes verändern kann. Die hemmende Wirkung hängt von einer gewissen Viruskonz. ab. Es ist anzunehmen, daß das Virus gleichzeitig auf das Auxin und die Wachstumsfaktoren des Mesophylls einwirkt.

J. Merker. 1970.

Shepherd, Robert J. und Pound, Glenn S. Magnesium nutrition of Nicotiana tabacum in relation to multiplication of tobacco mosaic virus. **(Magnesium-Ernährung von Nicotiana tabacum in Beziehung zur Vermehrung des Tabakmosaikvirus.)** Phytopathology **50** (1960) Nr. 3. S. 195-198. 1970.

Ross, A. Frank; Ithaca, N.Y., Cornell Univ., Dep. of Plant Pathol. Localized acquired resistance to plant virus infection in hypersensitive hosts. **(Lokalisierte erworbene Resistenz gegen Pflanzenvirus-Infektion bei überempfindlichen Wirten.)** Virology **14** (1961) Nr. 3. S. 329-339. – 4 Abb., 2 Tab., 24 Lit.

Durch das Tabakmosaikvirus (TMV) an *Nicotiana tabacum* L. var. 'Samsun NN' induzierte Lokalläsionen weisen 1-2 mm um die Läsion herum eine Zone hoher Resistenz gegen TMV-Neuinfektionen auf, in der bei TMV-Nachinokulation keine oder sehr wenige kleine Läsionen entstehen. Größe der Resistenzzone und Resistenzgrad nehmen bis ca. 6 Tage nach der Inokulation deutlich, später nur noch unwesentlich zu. Rel. Luftfeuchtigkeit und Dunkelbehandlung haben keinen Einfluß auf die Ausbildung der Resistenzzone. Bei Temperaturen um 30 °C wird diese nicht mehr ausgebildet. Die Resistenz ist nicht virusspez.; die Zonen um TMV-Läsionen sind auch resistent gegen das Tabaknekrosevirus (TNV), Tabakringfleckenvirus und Tomatenringfleckenvirus, nicht jedoch gegen das Wasserrübenmosaikvirus. Umgekehrt induziert das TNV eine lokalisierte Resistenz gegen das TMV. Gleichzeitige Inokulation von TMV + Kartoffel-X-Virus führt zum Ausbleiben der Resistenzzonen um die TMV-Läsionen bei TMV-Nachinokulation; gegen das TNV sind solche Zonen jedoch noch resistent. Es wird angenommen, daß die Resistenzzone um die Läsion möglicherweise die Viruswanderung von Zelle zu Zelle unterbindet und dadurch das Virus in der Läsion lokalisiert.

H. H. Schimanski. 1970.

Ross, A. Frank; Ithaca, N.Y., Cornell Univ., Dep. of Plant Pathol. Systemic acquired resistance induced by localized virus infections in plants. **(Systemische erworbene Resistenz, induziert durch lokalisierte Virusinfektionen an Pflanzen.)** Virology **14** (1961) Nr. 3. S. 340-358. – 7 Abb., 7 Tab., 13 Lit.

Inokulation von *Nicotiana tabacum* var. 'Samsun NN'-Halbblättern mit Tabakmosaikvirus (TMV) induziert eine unvollständige Resistenz gegen das TMV in den gegenüberliegenden nichtabgeriebenen Halbblättern. Durch TMV-Folgeinokulation auf den resistenten Halbblättern 7 Tage nach der Erstinokulation wird eine geringere Anzahl kleinerer Läsionen im Vergleich zu anfälligen Kontrollblatthälften hervorgerufen. Auch Abreiben der unteren Blätter einer Pflanze induziert Resistenz in den oberen Blättern und umgekehrt. Die nichtinokulierten resistenten Blätter bzw. Blatthälften sind virusfrei. Die Resistenz tritt 2-3 Tage nach der Erstinokulation auf, erreicht ihr Maximum nach 7 Tagen und hält mindestens 20 Tage lang an. Der höchste Resistenzgrad wird erreicht, wenn die Pflanzen vor und nach der Folgeinokulation bei 20 °C gehalten werden. Vergrößerung des Quotienten Blattflächengröße bei der Erstinokulation/Blattflächengröße bei der Folgeinokulation bewirkt zwar eine Resistenzzunahme, aber keine Ausbildung einer vollständigen Resistenz. Gleichzeitige Erstinokulation mit TMV + Kartoffel-X-Virus induziert eine hohe Resistenz gegen TMV-Folgeinokulation, jedoch nur geringere Resistenz gegen Folgeinokulation mit TMV + X. Die TMV-induzierte Resistenz wirkt nicht nur gegen das TMV, sondern auch gegen das Tabaknekrose-, Wasserrübenmosaik-, Tabak-sowie Tomatenringfleckenvirus. Umgekehrt kann auch jedes der 4 letztgenannten Viren Resistenz gegen das TMV hervorrufen. H. H. Schimanski. 1970.

Miličić, Davor; Zagreb, Univ., Bot. Inst. **Virus-Einschlußkörper in Lokalläsionen.** Phytopathol. Z. 44 (1962) Nr. 3. S. 282-294. — 4 Abb., 32 Lit., Zus. in Engl.
In Lokalläsionen, die durch das Tabakmosaikvirus bei *Chenopodium amaranticolor* und *Datura stramonium* hervorgerufen werden, wurden Viruseinschlußkörper festgestellt, während *Nicotiana glutinosa* frei von Einschlußkörpern war. Auch in Lokalläsionen, die durch das Kakteenvirus bei verschiedenen *Chenopodium*-Arten bewirkt werden, konnten Viruseinschlußkörper nachgewiesen werden. Viruseinschlußkörper wurden auch in Lokalläsionen gefunden, die durch ein Cruciferenvirus (Stamm des Virus der Schwarzringfleckigkeit des Kohls oder *Matthiola* virus 1) auf *C. amaranticolor*, *C. album*, *N. sanderae*, *N. rustica* und *Gomphrena globosa* verursacht werden. Die Viruseinschlußkörper sind bei lokal virusinfizierten Pflanzen auf den Bereich der Lokalläsionen beschränkt. Im gesunden Blattgewebe zwischen den Lokalläsionen sind sie nicht zu finden. Bei nekrotischen Lokalläsionen sind die Zelleinschlüsse immer nur im lebenden Gewebe lokalisiert, das das nekrotische Zentrum in Form eines Hofes umgibt, während die Einschlüsse bei chlorotischen Läsionen in allen Teilen vorkommen.
H. H. Schimanski. 1970.

Anonym. "New" potato virus Y. Vein-browning disease of tobacco. **(„Neues" Kartoffel-Y-Virus. Die Rippenbräune-Krankheit des Tabaks.)** Commonwealth phytopathol. News 7 (1961) Nr. 4. S. 49-51.
Übersichtsreferat. — Diese Virose wurde in Deutschland, der Schweiz, Ungarn und Italien festgestellt, ferner an Importkartoffeln in Brasilien. Ihre Symptome sind je nach Umweltbedingungen, Jahreszeit und Tabaksorte variabel; typisch für *Nicotiana tabacum* var. 'Samsun' ist eine Adernaufhellung der Spitzenblätter, gefolgt von Nekrosen an Blattmittelrippen, Blattstielen und am Stengel. Die Blätter vertrocknen, der Stengel — bes. am Wurzelhals — und die Wurzeln verbräunen. Differentialdiagnostische Untersuchungen mit verschiedenen Wirtspflanzen, serologische und Prämunitätsversuche zeigten, daß die Virose durch eine Variante des Kartoffel-Y-Virus verursacht wird, von der wiederum verschiedene Stämme existieren. Das Virus ist mechanisch und durch Aphiden übertragbar. Wirtspflanzen sind *N. tabacum*, *Solanum tuberosum*, *Datura metel*, *Petunia hybrida*, *Lycopersicon esculentum*,

Stellaria media und *Capsicum annuum*. Phys. Daten des Virus: Thermaler Inaktivierungspunkt 60 °C (nach anderen Angaben 62 °C), Verdünnungsendpunkt 1:10^6, Beständigkeit in vitro 30 bis 70 Tage.
H. H. Schimanski. 1970.

Kassanis, B. und Nixon, H. L.; Harpenden, Herts., Rothamsted Exp. Stat. Activation of one tobacco necrosis virus by another. **(Aktivierung eines Tabaknekrosevirus durch ein anderes.)** J. gen. Microbiol. **25** (1961) Nr. 3. S. 459-471. — 14 Abb., 4 Tab., 21 Lit.
Die Rothamsted-Kultur des Tabaknekrosevirus (TNV) ruft an *Phaseolus vulgaris* var. 'Prince' Lokalläsionen verschiedener Größe hervor. Viren, die aus großen Lokalläsionen stammen und anschließend eine Folge von Einzelläsionsabimpfungen durchlaufen, ergeben bei Vermehrung in Tabak Viruspräparate, die bis zu 500 große Partikeln auf eine kleine enthalten. Die kleinen Partikeln gelangen offenbar als Verunreinigung bei Vermehrung der Einzelläsionsabimpfungen in oberirdisch gesund erscheinendem, jedoch von der Wurzel her TNV-infiziertem Tabak in die Präparate, und es ist wahrscheinlich, daß kleine Partikeln nicht in Blättern gebildet werden, die nur mit großen Partikeln infiziert sind. Viren, die aus kleinen Läsionen stammen, ergeben nach Vermehrung in Tabak Viruspräparate (TNVs), die große und kleine Partikeln im Verhältnis von etwa 1:10 enthalten. Dichtegradientenzentrifugation von TNVs-Präparaten ergibt 3 Zonen, von denen die oberste nur kleine, die mittelste große und kleine und die unterste Zone Aggregate von kleinen Partikeln enthält. Weder die kleinen Partikeln allein noch ihre Aggregate sind für *Nicotiana tabacum* oder *P. vulgaris* infektiös; nur bei gemeinsamer Inokulation mit großen Partikeln kommen Infektionen zustande. Ein Inokulum aus großen Partikeln ruft nur große Lokalläsionen hervor; ein Inokulum aus einem Gemisch großer und kleiner Partikeln bewirkt die Entstehung großer und kleiner Läsionen, deren Zahlenverhältnis vom Mengenverhältnis der beiden Partikelarten im Inokulum abhängt. Die kleinen und großen Partikeln sind serologisch nicht verwandt und scheinen verschiedene Viren zu sein, bei denen die Vermehrungsfähigkeit des einen von der Anwesenheit des anderen abhängt. H. H. Schimanski. 1970.

Kassanis, B.; Harpenden, Herts., Rothamsted Exp. Stat. Properties and behaviour of a virus depending for its multiplication on another. **(Eigenschaften und Verhalten eines Virus, das bei seiner Vermehrung von einem anderen abhängt.)** J. gen. Microbiol. **27** (1962) Nr. 3. S. 477-488. — 3 Abb., 8 Tab., 11 Lit.
Die Rothamsted-Kultur des Tabaknekrosevirus (TNV) enthält 2 serologisch nicht verwandte Viren, von denen das sog. „Satellitenvirus" (SV) keine Läsionen erzeugt und sich nur bei Anwesenheit von TNV vermehrt. Die Zahl entstandener Lokalläsionen hängt weitgehend ab von dem Mischungsverhältnis beider Viren, von Art und Alter der Testpflanzen sowie teilweise von den Temperaturverhältnissen, unter denen inokulierte Testpflanzen gehalten werden. Durch Anwesenheit von SV im Inokulat oder bei 3täg. Vorinfektion der Pflanzen war die TNV-Konz. erniedrigt. Dabei fand gleichzeitig eine SV-Vermehrung statt. Mit einem Dmr. von etwa 17 mμ und einem Mol.- Gew. von 1,9 $\times$ 10^6 hat SV unter den bisher bekannten Pflanzenviren die geringste Größe. Es war noch nach 17jähriger Lagerung bei — 3 °C sowie Erhitzung über 10 Min. auf 90 °C infektiös. Hinsichtlich der thermalen- und der UV-Inaktivierung ist das TNV empfindlicher. Beide Viren unterscheiden sich stark in ihrer elektrophoretischen Mobilität und können somit durch Elektrophorese getrennt werden. H. E. Schmidt. 1970.

Costa, A. S. und Carvalho, Ana Maria B.; Campinas, Brazil, Inst. of Agronomy, Sect. of Virol. Studies on Brazilian tobacco streak. **(Unter-**

suchungen über die brasilianische Tabakstrichelkrankheit.) Phytopathol. Z. 42 (1961) Nr. 2. S. 113-138. – 9 Abb., 7 Tab., 21 Lit. Zus. in Dtsch.
Die brasilianische Tabakstrichelkrankheit wird durch eine Gruppe mehrerer Virusstämme hervorgerufen, die dem amer. Tabakstrichelvirus nahestehen. Da diese Virusstämme fast ausschl. Blütenanomalien der Tabak- und Wirtspflanzen hervorrufen, wird die Varietätenbezeichnung *Annulus orae* var. *florideformans* vorgeschlagen. Das brasilianische Tabakstrichelvirus ruft auch auf Baumwoll-, Sojabohnen- und Erdnußpflanzen sowie auf verschiedenen *Crotalaria*-Arten Erkrankungen hervor. Tomate und Bohne sind im Gewächshaus gleichfalls anfällig, nicht dagegen im Freiland. Eine Samen- bzw. Insektenübertragung konnte bei Tabak und Baumwolle nicht beobachtet werden; das Virus kann dagegen leicht auf mechanischem Wege übertragen werden. Dieses Virus ist sehr labil und wird im Preßsaft schnell inaktiviert. Die Verdünnungsgrenze liegt zwischen 5^{-6} und 5^{-7}. Es konnten bisher 4 Stämme dieser Gruppe beschrieben werden. J. Merker. 1970.

Izard, Camille. Observations sur le temps d'incubation, après inoculation de diverses Nicotianae, avec deux souches du virus de la mosaique du concombre. **(Beobachtungen über die Inkubationszeit nach Impfung verschiedener Nicotiana-Arten mit zwei Stämmen des Gurkenmosaikvirus.)** Ann. Inst. exp. Tabac Bergerac **3** (1961) Nr. 4. S. 681–685. – 1 Lit. Zus. in Engl.
Die im Gewächshaus durchgeführten vergleichenden Versuche mit 45 *Nicotiana*-Arten und -Sorten unter Anwendung von 2 Stämmen des Gurkenmosaikvirus (1 × aus Gurken, 1 × aus Tabak isoliert) haben gezeigt, daß zwischen den einzelnen *Nicotiana*-Arten bzw. -Sorten Unterschiede in der Inkubationszeit bestehen. Danach wurden die geprüften Arten in 2 Gruppen eingeteilt. Es scheint keine Korrelation zwischen der Inkubationszeit und der Stärke der Symptome zu bestehen. In einigen Fällen kann *N. suaveolens* als Differential wirt zur Bestimmung einiger wenig bekannter Stämme des Gurkenmosaikvirus verwendet werden. J. Merker. 1970.

Uschdraweit, H. A.; Berlin-Dahlem, Biol. Bundesanst. für Land- und Forstwirtsch., Inst. für Gärtner. Virusforsch. **Dahliensortiment und Viruskrankheiten.** Phytodathol. Z. 44 (1962) Nr. 3. S. 209–234. – 13 Abb., 3 Tab., 37 Lit. Zus. in Engl.
Unter eur. Verhältnissen werden Dahlien vom Dahlienmosaikvirus, Gurkenmosaikvirus und Virus der Bronzefleckenkrankheit der Tomate befallen. Die ersten beiden sind sehr häufig, während das letzte in der vorliegenden Untersuchung nicht nachgewiesen werden konnte. Außerdem ließ sich von Dahlien auch das Freilandprimelvirus isolieren. Die Reaktion von 152 Dahliensorten auf Befall mit (nicht näher bestimmten) Viren wurde durch Pfropfung von Trieben der zu untersuchenden Sorten auf 5 viruskranke Dahliensorten ermittelt. Der Gesundheitszustand dieser 152 Dahliensorten konnte durch Aufpfropfen gesunder Dahliensämlinge auf Knollen zu untersuchender Sorten festgestellt werden. Alle geprüften Dahliensorten waren virusanfällig, reagierten jedoch auf die Virusinfektion sehr unterschiedlich. Neben toleranten Sorten gab es solche, deren wirtsch. Wert durch Semi- bzw. Intoleranz gegen Virusbefall mehr oder weniger stark gemindert wurde. Alle älteren Sorten erweisen sich als Virusträger mit Ausnahme weniger, deren eindeutige Reaktion auf Virusbefall eine Bestandsbereinigung ermöglicht. Die sich aus dieser Situation ergebenden praktischen Maßnahmen werden besprochen.
H. H. Schimanski. 1970.

Brückbauer, H. und Rüdel, M. **Untersuchungen über die Viruskrankheiten der Rebe. 1. Mitt. Auftreten und Symptome der Reisigkrankheit an der Sorte Silvaner.** Weinberg u. Keller 8 (1961) Nr. 9/10. S. 322–334.
Es werden neuartige Symptome an viruskranken Silvanerstöcken beschrieben, weil diese Rebsorte bisher als verhältnismäßig widerstandsfähig galt. Es sind dies: Rotverfärbung der Triebspitzenblätter, der Gescheine und der

Ruten beim Austrieb; Deformation der Blätter, die deutlich dunkler gefärbt sind als die gesunden; Adernaufhellung und verlaubte Ranken. Interessant ist, daß in Chloroseherden das Laub der kranken Stöcke seine dunkelgrüne Farbe behält und sich nicht gelb verfärbt. Kurzinternodien und Doppelknoten, die sonst bei viruskranken Stöcken auftreten, konnten nicht beobachtet werden. Dem Auftreten der „Verlaubten Ranken" kommt offenbar eine bes. diagnostische Bedeutung zu. Der Ertrag der kranken Stöcke war deutlich vermindert. Er betrug 0,8 kg gegenüber 2,1 kg bei gesunden Stöcken.

F. Gollmick. 1970.

Grant, T. J., Moreira, S. und Salibe, Ary A.; Orlando, Fla, Dep. of Agric., Crops Res. Div.; Campinas, Brazil. Report on general aspect of tristeza and stem pitting in Citrus varieties in Sao Paulo, Brazil. **(Bericht über die allgemeine Lage von Tristeza und Stammrillung bei Citrus-Sorten in Sao Paulo, Brasilien.)** Proc. Florida State horticult. Soc. **73** (1960) S. 12–16. – 15 Lit.
Während im brasilianischen Orangenanbau das Problem der Tristeza-Krankheit durch die Verwendung virustoleranter Wurzelstöcke teilweise als gelöst erscheint, werden Pampelmusen und westindische Limonen stark durch die Krankheit geschädigt. Die Symptome der Virose äußern sich in Form von Riefungen an Stamm und Seitentrieben, Wuchsstauchungen, verkleinerten Früchten und Blättern. Bei der Eureka-Limone gilt das Auftreten eines von dem Virus der Tristeza-Krankheit verschiedenen Stengelrillungsvirus als unwahrscheinlich. Es sind 2 Stämme bekannt, von denen einer wahrscheinlich durch Läuse übertragen wird. Kranke Bäume sind zu roden. Für Pfropfzwecke sind lediglich gesunde Reiser zu verwenden. In für die Züchtung bedeutsamen Untersuchungen sollen die Resistenzeigenschaften von *Citrus*-Sorten gegen das Virus der Tristeza-Krankheit ermittelt werden. Die nur schwachgeschädigten Sorten der Hamlin- und Valencia-Orange sollen in diesem Zusammenhang beachtet werden.

H. E. Schmidt. 1970.

Bibliographie der Pflanzenschutzliteratur. 1954. I. und II. Teil. Biologische Bundesanstalt für Land- und Forstwirtschaft in Berlin-Dahlem. Bearbeitet von J. Bärner. Berlin; Hamburg: Kommissionsverlag Paul Parey. 1961. (XXXII, 367 S.) 8°. DM 80, –; (XLI, S. 369–611). 8°. DM 45, –. Diese auf ihrem Fachgebiet umfassendste Sammlung von Titeln phytopathol. Arbeiten der Weltliteratur wurde weiterhin ergänzt (vgl. LZ. Abt. II 2 [1957] Nr. 12. S. 1948; 5 1960 Nr. 3. S. 737.; Nr. 11. S. 2759.). Die beiden neuen Bände, die 17800 Lit. des Jahres 1954 enthalten, bringen im 1. Teil die Kapitel: I Allgemeines, II Krankheiten und Ursachen (Allg. Krankheitslehre, Krankheiten mit verschiedenartigen oder unbekannten Ursachen, nichtparasitäre Krankheiten, pflanzliche Feinde, tierische Feinde, Viren), III Krankheiten und Wirtspflanzen. Der 2. Teil behandelt das Kapitel IV Maßnahmen des Pflanzenschutzes (Pflanzenhygiene, Pflanzentherapie, Förderung und Organisation des Pflanzenschutzes, Gesetzgebung und Verwaltung im Pflanzenschutz, Statistik über die Verbreitung von Pflanzenkrankheiten und Schädlingen). Titel, Einleitungen, Kapitelüberschriften und „Lebende Kolumnentitel" sind wie gewohnt in 3 Sprachen (dtsch., engl. und franz.) wiedergegeben. Lit-Zitate in kyrillischer Schrift sind nach der dtsch. wiss. Transliteration aufgeführt (DIN 1460).

E. v. Wangenheim.

Nedjalkov, Nedjalko S. **Gradobitnostta v Bŭlgarija.** (Die Hagelschäden in Bulgarien.) Sofija: Izd. na Bŭlg. Akad. na naukite. 1960. (91 S.) 4°. (1962 B 109)
Sabet, K. A. **The Occurence of bacterial wilt of potatoes caused by Pseudomonas solanacearum (E. F. Sm.) E. F. Sm. in Egypt.** Cairo: Agric. extension dept. 1961. (29 S. m. 16 Abb.) 4°. (1962 B 97)

C. Krankheiten und Wirtspflanzen

Hayward, A. C. Survival of bacterial pathogens on herbarium specimens. **(Das Überleben von bakteriellen Pathogenen an Herbarexemplaren.)** Commonwealth phytopathol. News **7** (1961) Nr. 4. S. 52–54. – 1 Tab., 5 Lit.
Viele pflanzenpathogene Bakterien sind imstande, in getrockneten Herbarexemplaren ihrer Wirtspflanzen ihre Lebensfähigkeit und Pathogenität zu bewahren. Aus nicht oberflächensterilisiertem 10 bis 23 Mon. altem Herbarmaterial konnten 5 pflanzenpathogene *Xanthomonas*- und 4 *Pseudomonas*-

Arten isoliert werden. Zur Identifizierung pflanzenpathogener Bakterien ist also auch Herbarmaterial geeignet, obwohl frisch gesammelte Proben vorzuziehen sind. Pflanzenpathogene Bakterien sind keine Sporenbildner, und der Mechanismus ihrer oft hohen Austrocknungsresistenz ist schwer verständlich. Es ist jedoch wahrscheinlich, daß der von fast allen *Xanthomonas*-Arten gebildete extracellulare Schleim eine Schutzfunktion ausübt.

H. H. Schimanski. 2000.

Joshik, N. C.; Calcutta, Government of India, Quarantine Stat. Studies in Ustilaginales. 4. Morphology and cytology of Tilletia eleusines on Eleusine verticillata. **(Untersuchungen an Ustilaginales. 4. Mitt. Morphologie und Cytologie von Tilletia eleusines an Eleusine verticillata.)** Mycologia [New York] **52** (1960) Nr. 6. S. 829–836. – 18 Abb., 18 Lit.

Die Sori von *Tilletia eleusina* Syd. werden hauptsächlich in den Ovarien von *Eleusine verticillata* Roxb. gefunden. Sie sind länglich und haben eine Länge von 1,5–2,5 mm. Die Teleutosporen sind braun und haben einen Dmr. von 17–25 μ. Das Epispor ist 2–5 μ dick mit netzartiger Wandausbildung. Die sterilen Zellen sind hyalin (Dmr. 9–11 μ). Die Teleutosporen keimen mit einem langen unseptierten Promycel. Die 1. Kernteilung erfolgt im Promycel. Die Kerne wandern in den apikalen Teil, wo die 2. Kernteilung erfolgt. Nach abermaliger Teilung tritt jeder der 8 Kerne in je ein Sporidium, die an der Spitze des Promycels gebildet worden sind. Die primären Sporidien fusionieren. Die nunmehr zweikernigen Sporidien wachsen zu zweikernigen sekundären Sporidien aus, die mit dikaryontischen Hyphen auskeimen. Innerhalb des Wirtsgewebes haben die verzweigten und septierten zwei- bis vielkernigen Hyphen einen Dmr. von 1,5–2μ. Bei der Bildung der Teleutosporen schwellen die Hyphen terminal an. Im zeitigen Stadium treten hierbei zwei Kerne auf. Kurz darauf erfolgen die Kernpaarung und die Teleutosporenbildung.

G. Otto. 2000.

Savile, D. B. O.; Ottawa, Canada Dep. of Agric., Plant Res. Inst. Res. Branch. Scme fungal parasites of Liliaceae. **(Einige Pilz-Parasiten der Liliaceae.)** Mycologia **53** (1961) Nr. 1. S. 31–52. – 15 Lit.

Es wird eine Übersicht gegeben über an Liliaceen vorkommende parasitische Pilze aus Kanada, bes. Britisch-Kolumbien, ihre Herkunft und ihren Wirtspflanzenkreis. Es handelt sich um 1 Ascomyceten, 5 *Ustilaginales*, 23 *Uredinales*, davon eine neue Species an *Lloydia serotina*, *Puccinia kukkonensis* Savile n. sp., die beschrieben wird, und 7 *Fungi imperfecti*.

Herta Schmidt. 2000.

Czyżewska, S. und Zarzycka, H. **Ergebnisse der Bodeninfektionsversuche an Linum usitatissium, Crambe abyssinica, Cannabis sativa und Cucurbita pepo var. oleifera mit einigen Fusarium-Arten.** Dtsch. Akad. Landwirtsch.-Wiss. Berlin, Tagungsber. **1961** Nr. 41. S. 15–36.

In den Jahren 1957–61 wurden im Inst. für Pflanzenschutz Reguly (Polen) verschiedene *Fusarium*-Arten, die nach den herkömmlichen Methoden aus erkrankten Pflanzenteilen isoliert worden waren, in Bodeninfektionsversuchen an Samen sowie jungen Pflanzen von Lein, *Crambe abyssinica*, Hanf und Ölkürbis auf ihre Pathogenität geprüft. Die am stärksten pathogenen *Fusarium*-Arten waren für Lein *F. avenaceum*, *F. culmorum* und *F. anguioides* f.2, für *C. abyssinica*, *F. avenaceum* var. *herbarum*, *F. avenaceum* und *F. martii* var. *minus*, für Ölkürbis *F. sporotrichoides*, *F. avenaceum* und *F. avenaceum* var. *graminum*, für Hanf *F. oxysporum* sowie *F. avenaceum* var. *herbarum*. Als günstigste Inokulationsmethoden erwiesen sich für Samen das Auslegen eines vom Mycel durchwachsenen Nährbodens neben den ausgelegten Samen und für Sämlinge das Begießen der jungen Pflanzen mit einer Sporensuspension des zu untersuchenden Pilzes. G. Zahn. 2000.

Parkinson, D. **Die Entwicklung von Fusarien in der Wurzelregion von Getreide und anderen Nutzpflanzen.** Dtsch. Akad. Landwirtsch.-Wiss. Berlin, Tagungsber, **1961** Nr. 41. S. 7–14.
Es werden die Ergebnisse des Arbeitsprogramms einer Forschergruppe aus dem Bot. Inst. der Univ. Liverpool mitgeteilt. Bei Versuchen mit Buschbohnen- und Gerstenkeimlingen einerseits und Pferdebohnen-, Lauch- und Haferkeimlingen andererseits zeigte sich, daß die Fusarien an der Wurzeloberfläche wesentlich stärker vertreten waren als in der Rhizosphäre. Da nachgewiesen werden konnte, daß die *Fusarium*-Arten an der Wurzeloberfläche nicht von der Samenoberfläche stammen, muß die Besiedlung der jungen Wurzeln durch die Pilze vom Boden her erfolgen. Es wird vermutet, daß die Chlamydosporen der Fusarien durch mycetostatische Faktoren des Bodens am Auskeimen gehindert werden. Diese Hemmung soll mit Beginn des Wurzelwachstums, in dessen Folge wertvolle Nährstoffe wie Aminosäuren, Zucker usw. ausgeschieden werden, wegfallen. Nach vorläufigen Ergebnissen an Pferde- und Buschbohnen geht das Eindringen der Fusarien in die Wurzeln sehr langsam vor sich. G. Zahn. 2000.

Agarwal, G. P.; Jabalpur, Mahakoshal Mahavidyalaya, Dep. of Bot. Fungi causing plant diseases at Jabalpur (Madhya Pradesh). III. **(Pflanzenkrankheiten verursachende Pilze in Jabalpur [Madhya Pradesh]. 3. Mitt.)** J. Indian bot. Soc. **40** (1961) Nr. 3. S. 404–408. – 2 Abb., 7 Lit. Orig. engl. 2. Mitt. vgl. LZ. Abt. II **8** (1963) Nr. 2. S. 547.
In Indien vorkommende parasitäre Pilze werden beschrieben. Auf Blättern von *Xanthium strumarium* und *Ipomea reptans* sowie in anderen Gebieten auf *Pisum sativum* und *Momordica dioica* wurde *Alternaria tenuis* gefunden. *Corynespora cassicola* wurde auf *Hiptage benghalensis*, *Pestalotiopsis fici* auf *Ficus religiosa*, *Gloeosporium artocarpia* auf *Artocarpus integrifolia*, ferner *Phyllosticta tephrosiae* Agarwal sp. nov. auf *Tephrosia purpurea* ermittelt. Neben einigen neuen Wirtspflanzen, die bei *A. tenuis* und *H. benghalensis* festgestellt wurden, sind *P. fici* und *A. integrifolia* in Indien erstmalig gefunden worden. Es gelang die Auffindung einer neuen Art, *P. tephrosiae*. Die Symptome der Krankheiten werden beschrieben. K. Schulz. 2000.

Koršunova, A. F. (Korschunowa, A. F.); Leningrad, Unions-Forsch.-Inst. für Pflanzenschutz der Lenin-Akad. der Landwirtsch.-Wiss. Kornevaja forma puzyrčatoj golovni. **(Die Wurzelform des Maisbeulenbrandes.)** Zaščita rastenij ot vreditelej i boleznej, Moskva **7** (1962) Nr. 7. S. 59. – 1 Abb.
Der Maisbeulenbrand (*Ustilago zeae*) vermag auch das Wurzelsystem der Maispflanzen zu befallen, wie in einem Versuch i.J. 1956 mit künstlich infiziertem Saatgut beobachtet werden konnte. Die Beulen sind bereits im 3- bis 4-Blattstadium zu erkennen. Die befallene Pflanze bleibt im Wachstum zurück. H. Decker. 2020.

Fedin, M. A.; Orlowskaja, RSFSR, Landwirtsch. Versuchsstat. Poražaemost' kukuruzy švedskoj muchoj i puzyrčatoj golovnej v zavisimosti ot srokov seva. **(Der Befall des Maises durch Fritfliege und Beulenbrand in Abhängigkeit von den Aussaatzeiten.)** Zaščita rastenij ot vreditelej i boleznej, Moskva **7** (1962) Nr. 5. S. 29. – 1 Tab.
Mehrjährige Versuche über den Einfluß der Aussaatzeiten und der Saattiefe auf den Befall durch Fritfliege und Beulenbrand erbrachten den Nachweis, daß Frühsaaten (Bodentemperatur 7–9 °C) und eine Saattiefe von 4–5 cm den geringsten Befall durch die Fritfliege und den Maisbeulenbrand aufwiesen. Größere Saattiefen wirkten wie Saatzeitverspätung begünstigend auf das Auftreten des Schädlings und der Krankheit. H. Decker. 2020.

Leijerstam, Bengt. Physiologic races of cereal rusts in Sweden in 1956–1959. **(Physiologische Rassen der Getreideroste in Schweden in den Jahren 1956**

bis 1959.) Statens Växtskyddsanst., Medd. **12** (1961) Nr. 84. S. 53–61. – 8 Tab., 10 Lit.

Die Untersuchung erstreckte sich auf *Puccinia graminis tritici* (I), *P. triticina* (II), *P. graminis avenae* (III) und *P. coronata avenae* (IV). Identifiziert wurden bei I 5 Rassen (21), bei II 8 (107, 77, 57), bei III 8 (6 A, 3, 7, 7 A, 6, 4) und bei IV 26 (228, 231, 239) (in Klammern die am häufigsten vertretenen Rassen in der Reihenfolge abnehmender Häufigkeit). K. Wiesner. 2020.

Leppik, E. E.; Ames, Iowa, Agric. and Home Econ. Exp. Stat. Some viewpoints on the phylogeny of rust fungi. IV. Stem rust genealogy. **(Einige Gesichtspunkte zur Phylogenie der Rostpilze. 4. Mitt. Die Genealogie des Schwarzrostes.)** Mycologia [New York] **53** (1961) Nr. 4. S. 378–405. – 5 Abb., 102 Lit. 3. Mitt. vgl. LZ. Abt. II **6** (1961) Nr. 5. S. 1260.

Vf. gruppiert die Arten der Gattung *Puccinia* in die beiden phylogenetischen Einheiten (clans) *Longipedicellae* (Typus: *P. graminis* Pers.) und *Brevipedicellae* (Typus: *P. brachypodii* Otth.) und beschreibt die morphol. und physiol. Hauptmerkmale der zugehörigen Arten. Die frühen Vorfahren der Schwarzroste haben sehr wahrscheinlich in Zentralasien ihren Ursprung gehabt, von wo sie sich im Tertiär zusammen mit den *Berberis* spp. auf Europa, Nordafrika und Nordamerika und später auch auf Südamerika ausbreiteten. Von dieser Rostgruppe (sept. *Berberidis*) sind noch Relikte in Südamerika und Asien vorhanden. Die Ausbreitung von *P. graminis* ging parallel mit der Verbreitung von *B. vulgaris* als Aecidienwirt und wurde bes. durch die Ausdehnung des Getreideanbaues beschleunigt. Die auf Getreide lebenden Varietäten und Rassen stellen z.Z. den Hauptanteil der Schwarzroste. K. Wiesner. 2020.

Lange-de la Camp, Maria; Aschersleben, Inst. für Phytopathol. der Biol. Zentralanst. der Dtsch. Akad. der Landwirtsch.-Wiss. zu Berlin. **Beobachtungen über eine Streifenkrankheit des Weizens. Vorl. Mitt.** Phytopathol. Z. **44** (1962) Nr. 3. S. 235–240. – 3 Abb., 20 Lit.

Im Sommer 1961 beobachtete Vf. in einem Feldversuch an einigen Pflanzen der Sorte 'Koga' eine auf den Blattspreiten auftretende streifenförmige Verfärbung, die auf die Blattscheiden übergreift. Teilweise waren die Blattspreiten längsstreifig zerschlissen. Von den kranken Pflanzen wurde ein *Cylindrohelminthosporium* isoliert, dessen systematische Zugehörigkeit unter Einbeziehung von Lit. erörtert wird. K. Wiesner. 2020.

Manninger, I.; Martonvásár, Ungarn, Akad. der Wiss. **Über einige Erfahrungen mit dem Kopfbrand Sorosporium reilianum (Kühn) McAlpine des Maises.** Dtsch. Akad. Landwirtsch.-Wiss. Berlin, Tagungsber. **1961** Nr. 41. S. 91–94. – 1 Tab.

Monokultur des Maises und geringer Nährstoffgehalt des Bodens werden als Hauptfaktoren für die zunehmende Verseuchung ungar. Böden mit dem Erreger des Maiskopfbrandes, *Sorosporium reilianum* (Kühn) McAlpine, herausgestellt. Als bedeutsam für das Auftreten der Krankheit wird auf Grund von einjährigen Prüfungsergebnissen auch der Aussaattermin betrachtet. In einigen Bezirken war Kopfbrand i. J. 1958 nur sporadisch vertreten; 1959 erreichten die Schäden 30–50% und 1960 bereits 50–70%. Resistenzprüfungen mit *Sorosporium* am Zuchtmaterial von Martonvásár lassen die Bekämpfung des Parasiten auf züchterischem Wege erfolgreich erscheinen. Als Sofortmaßnahmen werden vorgeschlagen: Späte Aussaat (im Versuch: 27. Mai) Verwendung wenig anfälliger Hybriden, ferner intensive agrotechnische Maßnahmen, vornehmlich mineral. Düngung mit N, P und K.

K.-H. Kuhfuß. 2020.

Čeremisinov, N. A. (Tscheremissinow, N. A.) Griby – vozbuditeli boleznej početkov kukuruzy. **(Pilze als Erreger von Kolbenerkrankungen bei Mais.)**

Izv. Voronežsk. otd. Vses. botan. o-va **1960** S. 81–94. – Aus: Referativnyj žurnal. Biologija, Moskva **1961** Nr. 18. G 738. S. 78.
Mykol. und phytopathol. Analysen von Maiskolben aus verschiedenen Ortschaften des Gebiets Woronesch (durchgeführt in den Jahren 1954–1958) zeigten das Vorhandensein von Fusariose, Grauschimmelfäule, Schwarzfäule, Nigrosporose, Sklerotiniose und Kopfbrand. übersetzt v. W. Peitz. 2020.

Vicente Jordana, Román de. Cytoarjesis in potato tubers. V. Influence of germinative activity in arresting soft-rot and other infections: Effects of tuber inactivation and reactivation. **(Cytoarjesis in Kartoffelknollen. 5. Mitt. Einflüsse der Keimung auf die Hemmung von Bakterienfäule und anderen Infektionen: Einfluß der Knollen-Inaktivierung und -Reaktivierung.)** An. Edafol. Agrobiol. **19** (1960) Nr. 6. S. 315–364. – 21 Abb., 11 Tab., 43 Lit. Zus. in Span.
Keimungsreife Kartoffelknollen faulen leicht, wenn die Entwicklung der Knospen gehemmt oder unterbunden wird, z. B. durch niedrige (4–5 °C) oder hohe Temperatur (35–37 °C), durch „Versiegeln" der Augen oder Aufbewahrung unter Wasser. Durch Wiedereinsetzen der Keimung nach Wegfall der Keimungshemmungen wird beginnende Fäule ihrerseits wieder gehemmt. Ähnliche Erscheinungen hat Vf. an Samen von Weizen, Mais, Luzerne, Busch- und Pferdebohnen beobachtet. M. Ruthenberg. 2030.

Chižnjak, P. A. und Jakovleva, V. I. (Chishnjak, P. A. und Jakowlewa, W. I.); Tschernowzy, Unions-Forsch.-Stat. für Kartoffelkrebs. Ob agressivnych rasach vozbuditelja raka kartofelja. **(Über aggressive Rassen des Kartoffelkrebserregers.)** Zaščita rastenij ot vreditelej i boleznej, Moskva 7 (1962) Nr. 7. S. 51. – 2 Abb.
Im Sept. 1960 wurde beim Anbau von krebsresistenten Kartoffelsorten in der Vorgebirgszone der Transkarpaten an einer Sorte ('Oktjabrjonok') schwacher Krebsbefall (2–9%) beobachtet. Bei der Überprüfung i.J. 1961 zeigte sich, daß alle angebauten krebsresistenten Sorten ('Oktjabrjonok', 'Rannij polesskij', 'Peredowik', 'Carnea', 'Majestic' und 'Grenzmark') zu 98–100% befallen wurden. Diese Beobachtungen sprechen für das Auftreten von aggressiven Rassen des Kartoffelkrebses. H. Decker. 2030.

Jakovleva, V. I. (Jakowlewa, W. I.); Tschernowzy, Unions-Forsch.-Stat. für Kartoffelkrebs. Izmenčivost' vozbuditelja raka kartofelja. **(Variabilität des Kartoffelkrebserregers.)** Vestnik sel'skochozjajstvennoj nauki, Moskva **6** (1961) Nr. 12. S. 72–75. – 3 Abb. Zus. in Engl., Franz., Dtsch.
Zur Beurteilung der Variabilität des Kartoffelkrebses wurden krebsresistente Sorten nach Kontakt (48 Std.) mit Krebsgeschwülsten oder krebsdeformierten Keimen infiziert. An den aufgewachsenen Keimen wurde die Entwicklung des Erregers im infizierten Gewebe mikroskopisch nach 12 bis 16 Tagen festgestellt. Das befallene Gewebe diente außerdem zur Testung der Aggressivität und Entwicklung des Erregers durch wiederholte Infektionen. Zwischen den ansonsten resistenten Pflanzen bzw. Sorten ergaben sich deutliche Unterschiede der Befallsstärke und der Entwicklung des Parasiten. Während bei einigen Pflanzen bzw. Sorten bereits mehrere Generationen des Pilzes vorhanden waren, zeigten andere keine. Daraus wird abgeleitet, daß auch krebsresistentes Pflanzgut verseuchen kann, weil die schwachresistenten Pflanzen den vollen Entwicklungszyklus des Pilzes ermöglichen. W. Roder. 2030.

Grümmer, Gerhard; Greifswald, Ernst-Moritz-Arndt-Univ., Inst. für Agrobiol. **Weitere Untersuchungen über den Verlauf der Krautfäule-Epidemie in Kartoffelfeldern.** Wiss. Z. Ernst Moritz Arndt-Univ. Greifswald, math.-naturwiss. R. **10** (1961) Nr. 1/2. S. 103–110. – 6 Abb., 3 Tab., 5 Lit.
Mit der Frühkartoffelsorte 'Erstling' und der Spätsorte 'Capella' (neuerdings in 'Gerlinde' umbenannt, Ref.) wurden während der Jahre 1955–60 Rein-

und Mischpflanzungen durchgeführt. Durch Messungen der Temperatur und der rel. Feuchtigkeit in den Beständen wurde ermittelt, daß zwischen den beiden Sorten sowie zwischen Rein- und Mischpflanzungen keine wesentlichen Unterschiede im Bestandsklima auftraten. Die erheblichen Unterschiede im Verhalten gegen den Erreger sind auf morphol. bzw. physiol. Faktoren zurückzuführen. M. Amme. 2030.

Novotel'nova, N. S. (Nowotelnowa, N. S.); Leningrad, Unions-Forsch.-Inst. für Pflanzenschutz der Lenin-Akad. der Landwirtsch. – Wiss. Belaja ržavčina na podsolnečnike. **(Weißrost auf der Sonnenblume.)** Zaščita rastenij ot vreditelej i boleznej, Moskva **7** (1962) Nr. 7. S. 57. – 2 Abb.
Im Jahre 1961 wurde erstmalig in der UdSSR (Kuban-Gebiet) das Auftreten von Weißrost (*Cystopus tragopogonis* Schröt.) auf der Sonnenblume beobachtet. Der Befall zeigte sich an einzelnen Pflanzen. Offensichtlich ist der Pilz von dem stark befallenen *Tragopogon pratense* L. auf die Sonnenblumen übergegangen. H. Decker. 2045.

Csuti, I. A csillagfürt hervadásos betegságe Magyarországon. **(Die Welkekrankheit der Lupine in Ungarn.)** Növénytermelés [Pflanzenbau] **11** (1962) Nr. 1. S. 83-88. – Aus: Ung. Agrar-Rdsch. **1962** Nr. **4**.
Als Krankheitserreger wurden *Fusarium oxysporum*, *F. avenaceum*, *F. redolens* und eine noch nicht näher bestimmte *Fusarium*-Art festgestellt. Vf. beweist die Pathogenität o.g. *Fusarium*-Arten durch künstliche Infektion. Es werden 2 Befallsperioden unterschieden in Abhängigkeit von den Witterungsbedingungen. Bei der 2., gefährlicheren Periode wurden Verluste zwischen 35 und 40% registriert. Der Verbreitung der Krankheit kann durch agrotechnische Maßnahmen und durch Saatgutbeizung mit Ceresan (200 g/dt) begegnet werden. 2050.

Keček, N. A. und Stepanjan, T. G. (Ketschek, N. A. und Stepanjan, T. G.); Inst. für Ackerbau des Min. für Landwirtsch. der Armen.SSR. Biologičeskie osobennosti vozbuditelej askochitoza ėsparceta v Armjanskoj SSR. **(Biologische Besonderheiten des Erregers der Brennfleckenkrankheit der Esparsette.)** Izvestija Akademii nauk Armjanskoj SSR. Biologičeskie nauki, Erevan **14** (1961) Nr. 7. S. 49-56. – 6 Abb., 3 Tab., 3 Lit. Orig.: russ., Ausz.: armen.
Die Brennfleckenkrankheit der Esparsette in Armenien wird durch zwei *Ascochyta*-Arten hervorgerufen, die sich in ihren biol. Eigenschaften zwar sehr ähnlich sind, sich aber im Aufbau und der Form der Pyknidien und Sporen unterscheiden. Es handelt sich um *A. onobrychidis* Pr. et. Del. (Syn. *A. orobi* Sacc. var. *onobrychidis* Pr. et Del.) und *A. pisi* Libert. Die erste Art ist bedeutend weiter verbreitet und ruft auch ernstere Schäden hervor als die zweite. Rolf Kießig. 2050.

Halkilahti, A.-M. **Die im Boden lebenden Kleekrebshyphen und ihre Fähigkeit, Rotklee zu infizieren.** Dtsch. Akad. Landwirtsch.-Wiss. Berlin, Tagungsber. **1961** Nr. 41. S. 47-51.
Ziel der Untersuchungen war zu ermitteln, weshalb der Grad der Schädigungen durch Kleekrebs (*Sclerotinia trifoliorum*) bei den verschiedenen Kleekulturen wie auch von Jahr zu Jahr wechselt. Unter den in Finnland herrschenden klimatischen Verhältnissen kommt der Infektion des Klees durch das Mycel des Pilzes eine große Bedeutung zu. Für das Auskeimen der Sklerotien zu Mycel und damit für das Zustandekommen der Infektion spielt die antibiotische Mikroflora des Bodens eine große Rolle. Unter den Pilzparasiten von *S. trifoliorum* erwies sich *Acrostalagmus roseus* als bes. aktiv; er vernichtete in einem Versuch 43% der künstlich infizierten Sklerotien. Auf die Ausbildung eines infektionstüchtigen Mycels aus den Sklerotien übte die Temperatur einen bemerkenswerten Einfluß aus, und zwar in dem Sinne, daß bei niedrigen

Temperaturen eine starke Mycelbildung vorlag. Dieser Einfluß dürfte jedoch nicht direkt sein, sondern über eine Reduzierung der Aktivität der antibiotischen Bodenmikroflora bei niederen Temperaturen gehen, da auf sterilisiertem Boden kein Temperatureffekt zu beobachten war.
G. Zahn. 2050.

Sacchetti, Mario und Zambonelli, Carlo; Bologna, Univ. degli Studi, Ist. di Microbiol. Agraria. Quelques marques d'identification du Clostridium felsineum (Carbone) Donker. **(Einige Identifizierungsmerkmale von Clostridium felsineum [Carbone] Donker.)** Fibra [Wageningen] **6** (1961) Nr. 1. S. 18 bis 28. — 5 Abb., 3 Tab., 15 Lit.
Der anaerobe Bacillus *Clostridium felsineum* spielt beim Rösten der Faserpflanze eine wichtige Rolle. *Clostridium* baut nämlich Pektine ab. In den Jahren 1951-1960 wurden aus Hanfrösten in der Nähe von Bologna 10 Stämme von *C. felsineum* isoliert und untersucht. Beim Abbau der Pektine wurden festgestellt: CO_2, H_2, Butter-, Essig- und Milchsäure sowie Butanol, Äthanol und Aceton.
E. M. Ardelt. 2060.

Jotov, L. (Jotow, L.) Novi bolesti po chmela v Bŭlgarija. **(Neue Hopfenkrankheiten in Bulgarien.)** Rastitelna zaštita, Sofija **10** (1962) Nr. 1. S. 36-47. — 8 Abb., 4 Tab., 12 Lit. Zus. in Russ., Engl.
Beschrieben werden durch Trockenheit, übermäßige Feuchtigkeit, Kälte und Hagel verursachte Schäden. Die infektiöse Sterilität (hop infectious sterility virus) ist die wirtschaftlich bedeutsamste Krankheit. Als weitere Viruskrankheiten treten die Kräuselkrankheit (*Humulus* virus 2 Smith) sowie das Hopfenmosaik (*Humulus* virus 1 Smith) auf. Ferner sind in Bulgarien Bakterienkrebs (*Pseudomonas tumefaciens*) und die Wirtelpilzwelkekrankheit (*Verticillium alboatrum*) bekannt. Der prozentuale Befall verschiedener Sorten durch Viruskrankheit und den Bakterienkrebs in den einzelnen Hopfenpflanzungen wird aufgezeigt. Prophylaktische und Bekämpfungsmaßnahmen beschließen die Arbeit.
D. Dodow. 2060.

Marcelli, E.; Scafati, Ist. Sci. Sperimentale per i Tabacchi, Lab. di Patol. Vegetale. La Peronospora del tabacco (Peronospora tabacina Adam). **(Die Peronospora des Tabaks [Peronospora tabacina Adam].)** Tabacco **65** (1961) Nr. 698. S. 47-93. — 29 Abb., 4 Tab., 132 Lit. Zus. in Engl.
Die epidemische Ausbreitung des Tabakblauschimmels i. J. 1960 in Europa, insbes. in Norditalien, wird nachgewiesen. Die für die Ausbreitung außerordentlich günstigen klimatischen Faktoren werden erwähnt. Die in der Lit. angeführten ersten Ergebnisse über Bekämpfungsmaßnahmen werden zitiert. Obwohl über die Biologie dieses Pilzes keine abschließenden Ergebnisse vorliegen, scheinen in Europa 2 Stämme (ein amer. und ein austral.) mit unterschiedlicher Pathogenität gegenüber Tabak und anderen Solanaceen aufzutreten. Die epidemiol. Faktoren für primäre und sekundäre Infektionen, Möglichkeiten zur Verhütung und Bekämpfungsmaßnahmen sowie Anbaumaßnahmen zur Verhinderung bzw. Eindämmung dieses Pilzes werden behandelt. Abschließend werden die Probleme der Züchtung resistenter Tabaksorten gestreift und die *Nicotiana*-Arten hinsichtlich ihrer Resistenz in 4 Gruppen eingeteilt.
J. Merker. 2065.

Zanardi, D.; Pavia, Osservatorio per le Malattie delle Piante. La "Muffa blu" del tabacco — Storia, biologia, danni e difesa, **(Der "Blauschimmel" des Tabaks — Geschichte, Biologie, Schäden und Schutzmaßnahmen.)** Tabacco **65** (1961) Nr. 698. S. 3-18. — 15 Abb., 29 Lit. Zus. in Engl.
Nach allg. Ausführungen über die Verbreitung von *Peronospora tabacina* Adam in den USA und in Australien wird das Auftreten des Pilzes in Europa, bes. in Italien aufgezeigt. Das epidemische Auftreten dieser Krankheit i.J. 1960 in Italien wird auf die für den Pilz außergewöhnlich günstigen klima-

tischen Bedingungen zurückgeführt. Es werden Ratschläge für zeitgerechte Bekämpfungsmaßnahmen gegeben und die für die Prophylaxe geeignetsten Fungicide beschrieben. J. Merker. 2065.

Michajlova, Paraskeva. (Michajlowa, Paraskewa.); Sofia, Forsch.-Inst. für Pflanzenschutz. Rasprostranenie na manata po tjutjuna v Bŭlgarija prez 1961 godina. **(Ausbreitung des Blauschimmels des Tabaks in Bulgarien im Jahre 1961.)** Selskostopanska nauka, Sofija **1(7)** (1962) Nr. 3. S. 301-308. — 2 Abb., 1 Lit. Zus. in Russ., Engl.

Die ersten Befallsmeldungen stammen aus dem Jahre 1961, als der Blauschimmel in Sandanski, Bregowo und Pokrajna (Krs. Widin) erstmalig auftrat. Das Vordringen der Infektion war vom Süden und Westen des Landes her möglich. Günstige Witterungsbedingungen förderten das rasche Vordringen der Krankheit bis in die Donauebene, während sich im Gebiet der Rhodopen die Krankheit wesentlich geringer verbreitete. D. Dodow. 2065.

Anonym; Plowdiw, Bulgarien, Zentralinst. für Tabakforsch. Mana po tjutjuna. **(Blauschimmel des Tabaks.)** Bŭlgarski tjutjun, Sofija **1961** Nr. 12. S. 10-33. — 12 Abb., 4 Tab., 15 Lit. Zus. in Russ., Engl., Dtsch.

Hohe rel. Luft- und Bodenfeuchtigkeit erhöhen die Anfälligkeit der Pflanzen und das Schadausmaß. Am stärksten werden die Zigarren-Tabake, gefolgt von den Virginia-Typen, am geringsten die orientalischen Tabake befallen. Bekämpfungsversuche führten zu folgenden Ergebnissen: 1. Kupfermittel sind wirkungslos. 2. Die Carbamat-Präparate Ferbam, Aspor, Cyram sowie Bulbosan wirken auf Tabak, selbst bei hohen Konz., nicht phytotoxisch. Aspor 0,3% ist bes. aussichtsreich. Beimengungen von Insekticiden (Ekatin, Intrathion, Parathion und Thiodan) ist möglich. Bei häufigen Niederschlägen ist Stäuben mit Aspor unter Zusatz von Inertpulver der Spritzung vorzuziehen. D. Dodow. 2065.

Rayner, R. W. Notes on tobacco anthracnose. **(Bemerkungen über die Tabak-Anthraknose.)** Commonwealth phytopathol. News **7** (1961) Nr. 4. S. 61-62. — 24 Lit.

Die Blattfleckenkrankheit wird durch einen Pilz der Gattung *Colletotrichum* oder *Gloeosporium* hervorgerufen. Von den verschiedenen Synonymen wird *C. destructivum* O'Gara als die richtigste Artbezeichnung angesehen. Der Pilz hat eine weltweite Verbreitung, richtet jedoch nur in einigen Staaten der USA, in Njassaland und Rhodesien sowie in Japan größere Schäden an. Übertragung ist durch Wirtspflanzen und Samen möglich; letztere spielt bes. in Afrika eine größere Rolle. Da es noch keine geeigneten Saatgut-Desinfektionsmethoden gibt, ist die Verwendung von einwandfrei gesundem Saatgut erforderlich. J. Merker. 2065.

Kovačevski, I. (Kowatschewski, I.) Uvjachvane na krastavicite i pŭpešite v Bŭlgarija. **(Welken der Gurken und Zuckermelonen in Bulgarien.)** Rastitelna zaštita, Sofija **9** (1961) Nr. 5. S. 14-19. — Zus. in Russ., Engl.

Untersuchungen bewiesen, daß Mikroorganismen als Ursache der Welkeerscheinungen ausscheiden. Vielmehr rufen Temperaturen unter 13-14 °C im Zusammenhang mit einer Wurzelfäule an von *Cucumis* virus 1 befallenen Gurkenpflanzen ein Welken der Pflanzen hervor. Selbst wenn die Virusinfektion schon lange Zeit vorher stattfand, ließ sich das Welken durch Temperaturerniedrigung reproduzieren. Vorbeugende und Bekämpfungsmaßnahmen sind angeführt. A. Balewski. 2070.

Burychina, E. K. und Bujanova, N. D. (Burychina, Je. K. und Bujanowa, N. D.); Westsibir. Gemüsestat.; Moskau, Abt. des Unions-Inst. für Landwirtsch. Mikrobiol. Bakterioz morkovi. **(Die Möhrenbakteriose.)** Zaščita rastenij ot vreditelej i boleznej, Moskva **7** (1962) Nr. 7. S. 57-58. — 1 Abb.

Im Altai-Gebiet verbreitete sich in der letzten Zeit eine gefährliche Möhrenkrankheit, die durch *Xanthomonas carotae* bedingt ist. Die Krankheit tritt am stärksten im Juli bei mittleren Tagestemperaturen von 20-25 °C auf. An den unteren Blättern zeigen sich zunächst kleine gelbe Flecke, die schnell dunkel werden. Später vergilben die Blätter und sterben ab. Der Anteil der erkrankten Pflanzen erreichte in einzelnen Beständen 40%. Die Krankheit kann mit dem Saatgut verbreitet werden. Eine chem. Beizung erwies sich als unwirksam, während die Heißwasserbehandlung (20 Min. bei 50-53 °C) den Befall verminderte. H. Decker. 2070.

Keyworth, W. G. und Howell, J. Sheila; Wellesbourne, Warwick Nat. Vegetable Res. Stat. Studies on silvering disease of redbeet. **(Untersuchungen über die Silberkrankheit der Roten Bete.)** Ann. appl. Biol. **49** (1961) Nr. 1. S. 173-194. — 9 Abb., 8 Tab., 11 Lit.

Seit dem Jahre 1945 wird in England an Roten Beeten, vornehmlich an Samenträgern der Sorte „Cheltenham Green Top", eine Erkrankung beobachtet, bei der zuerst die Blattnerven oder das ganze Blatt ein silbriges Aussehen annehmen, später die Pflanzen welken und absterben. Andere Arten von *Beta vulgaris* erkranken meist nur leicht. Der Erreger ist *Corynebacterium betae* sp. nov. Er ließ sich in der Hauptwurzel, dem Stengel und dem Blatt nachweisen. Hauptansteckung geht vom kranken Saatgut aus. Erkrankte Pflanzen liefern etwa 1% befallene Knäuel. Die Ausbreitung der Krankheit erfolgt im Herbst und Winter in den Stecklingsanzuchtbeeten bis auf mindestens 50 yd. von der Infektionsquelle. Sowohl über die Hauptwurzel als auch über das Blatt ließen sich die Pflanzen künstlich infizieren. In der Natur scheint die Infektion vornehmlich über die Blattränder zu erfolgen. Eine Übertragung mit dem Messer beim Schneiden kranker und gesunder Wurzeln ist ebenfalls leicht möglich. Zoochore Übertragung konnte nicht nachgewiesen werden. Saatgutbehandlung mit Streptomycin oder Erythromycin (200-400 μg/ml) eliminierte den Erreger fast vollständig. Hg-Staubbehandlung war weniger wirksam, jedoch in der Praxis anwendbar.

K. Wiesner. 2070.

Allen, J. D. und Smith, H. C.; Lincoln, Dep. of Sci. and Ind. Res., Plant Diseases Div. Dry-rot (Leptosphaeria maculans) of brassicas: seed transmission and treatment. **(Trockenfäule [Leptosphaeria maculans] von Brassica-Arten: Samenübertragung und Samenbehandlung.)** New Zealand J. agric. Res. **4** (1961) Nr. 5/6. S. 676-685. — 2 Abb., 5 Tab., 12 Lit.

Gesunde Samen einer Kohlart wurden neben Rübensamen mit bekanntem Ausmaß der Trockenfäuleinfektion ausgesät. Zählungen der erkankten Pflanzen 3 und 9 Mon. (bzw. 7 und 9) nach der Aussaat brachten den Nachweis, daß bereits eine natürliche Infektion von 0,5% der Samen für eine Infektion auf dem Feld ausreicht. Dieser Prozentwert ist allerdings von Jahr zu Jahr verschieden und kann 3% überschreiten. Diese Unterschiede werden auf klimatische Faktoren, bes. auf die Feuchtigkeit während des Auflaufens der Pflanzen zurückgeführt. In Labor.-Versuchen mit künstlich infizierten Samen wurde nachgewiesen, daß Captan und org. Hg-Verbindungen den Thiram- und Chinonverbindungen überlegen sind. Bei künstlich infizierten Samen waren im Feldversuch mit Ceresan, Orthocid, Cresan + Orthocid und Panogen behandelte Pflanzen geringer befallen als die Kontrollen. Zwischen den Fungiciden bestanden jedoch keine Unterschiede. Samenbehandlungen durch heißes Wasser (50 °C für 25 Min.) oder 0,2% Ceresan hatten im Feldversuch keinerlei Erfolg. G. Otto. 2070.

Szirmai, J. und Molnár, B. A faiskolai „csillagfoltosság" problémája. **(Das Problem der „Sternfleckigkeit" in den Baumschulen.)** Növényvédelmi Kutató Intézet Évkönyve [Jb. Forsch.-Inst. Pflanzenschutz] 8 (1957/60, hrsg. 1961) S. 35-45. — Aus: Ung. Agrar-Rdsch. **1962** Nr. 4.

Die in Ungarn vorkommende „falsche Sternfleckigkeit“ wird durch eine Milbe verursacht, die mit systemischen Acariciden zu bekämpfen ist. Mit „Sternfleckigkeit“ bezeichnet man eine durch Okulation oder Pfropfung übertragbare Viruskrankheit der Aprikose. 2080.

Buchloh, G., Baxter, P. und Neubeller, J.; Bonn, Univ., Inst. für Obstbau. **Zur Ätiologie der Stippigkeit von Apfelfrüchten. 2. Mitt.** Angew. Bot. **35** (1961) Nr. 5/6. S. 259-262. – 2 Abb., 3 Lit. 1. Mitt. vgl. LZ. Abt. II **6** (1961) Nr. 5. S. 1256.
Stippiges Gewebe wird häufig als korkartig bezeichnet. Wie jedoch histochem. und elektronenmikroskopische Untersuchungen über den submikroskopischen Feinbau braunverfärbter Zellmembran sowie Analysen fettartiger Bestandteile aus stippigem Gewebe zeigten, handelt es sich hier nicht um eine echte Verkorkung, sondern um eine unspez. Verbräunung der Zellwände. Die Entstehung der Stippigkeit wird vorwiegend auf ein Kollabieren der Mittellamelle zurückgeführt. F. Daebeler. 2080.

Schreven, A. C. van; Wageningen. Jonathanbederf. **(Das Verderben bei ‚Jonathan‘.)** Fruitteelt **51** (1961) Nr. 45. S. 1247-1251. – 4 Abb., 4 Tab.
Bei der Apfelsorte ’Jonathan‘ wird in manchen Jahren auf dem Lager ein Verbräunen des Fruchtfleisches, das sowohl von der Schale als auch vom Kernhaus ausgehen kann, festgestellt. Auf der Schale treten Flecke auf. Dadurch wird die Qualität der Früchte bis zur Unbrauchbarkeit gemindert. Die Erscheinung wird als „Jonathanbederf“ bezeichnet. Bes. stark trat sie in den Jahren 1952/53, 1957/58 und 1960/61 auf. Die Ursachen hierfür sind nichtparasitärer Natur. Eine gewisse Standortabhängigkeit liegt vor. Zur Vermeidung darf die Lagertemperatur 3-4 °C nicht über- oder unterschreiten. Die Pflücke soll nicht zu spät erfolgen. Glasige Früchte sollen nicht eingelagert werden. Die Ursache der Glasigkeit bedarf der Untersuchung. Möglicherweise ist auch die Lagerung in Gaszellen ein Mittel gegen das Auftreten dieser Erscheinung. R. Fritzsche. 2080.

Videnov, Bojan. (Widenow, Bojan.); Kjustendil, Bulgarien, Inst. für Obstbau. Strupjasvaneto – nova bolest po kostilkovite u nas. **(Der Steinobstschorf – eine neue Krankheit für Bulgarien.)** Ovoštarstvo, Sofija **9** (1962) Nr. 5. S. 27-28. – 1 Abb.
Es wird eingangs das Krankheitsbild von *Fusicladium cerasi* (Rabh.) Saccardo an Pfirsichfrüchten beschrieben. Der Pilz überwintert als Mycel, aber auch in Form von Schlauchfrüchten. Die Inkubationsperiode beträgt rund 20 Tage. Die Infektion der Früchte kann bis zu einem Mon. vor der Fruchtreife anhalten. Bekämpfung: Spritzen um die Blütezeit mit 0,15% Fuklasin-Ultra, 0,25% Orthocid oder 0,2% kolloidalem Schwefel. Die nachfolgenden Spritzungen fallen mit denen gegen die Schrotschußkrankheit zusammen.
D. Dodow. 2080.

Petersen, Donald H.; Clemson, S. C., Clemson Coll., U.S. Dep. of Agric., A.R.S., Dep. of Bot. and Bacteriol., Crops Res. Div.; Agric. Exp. Stat. The pathogenic relationship of Clitocybe tabescens to peach trees. **(Das Pathogenitätsverhältnis von Clitocybe tabescens zu Pfirsichbäumen.)** Phytopathology **51** (1961) Nr. 12. S. 819-823. – 1 Tab., 11 Lit.
Stengelstückchen von *Quercus alba* L. (Dmr. 0,75-1,0 in., Länge 4 in.) wurden zusammen mit Maismehl und Wasser in entspr. Gefäßen sterilisiert und anschließend mit Kulturen von *Clitocybe tabescens* (Scop. ex Fr.) Bres. beimpft. Nach einer Bebrütung von 3 Mon. bei 28 °C wurden die verpilzten Holzstückchen in unmittelbaren Kontakt zu den Wurzeln von Pfirsichsämlingen in den sterilisierten Boden der Versuchstöpfe gebracht. Bei der Hälfte dieser Sämlinge waren vorher Wurzelverletzungen vorgenommen worden. Nach 10mon. Versuchsdauer waren alle Pflanzen frei von Infektionen durch *C.*

tabescens. In einem Feldversuch wurde der gleichen Frage nachgegangen. Pfirsichbäume aus einer Baumschule wurden auf jungfräulichen Boden gepflanzt, in den vorher durch *C. tabescens* infiziertes Steckholz, infizierte Wurzeln oder Boden aus dem Bereich infizierter Pfirsichbäume eingebracht worden waren. Als Kontrolle dienten die gleichen Materialien von nichtinfizierten Bäumen. Während der 4 Versuchsjahre ergaben sich zwischen den Varianten keine Unterschiede im oberirdischen Aufwuchs. Gegen Ende der 4 Versuchsjahre wurden jedoch an 8 von 19 Bäumen Wurzelinfektionen festgestellt. Die Infektionen waren auf jeweils 1-2 Wurzeln beschränkt und wiesen nur geringe Ausmaße auf. Sie standen in deutlicher Beziehung zum Infektionsmaterial. Die Symptome dieser Wurzelinfektionen werden beschrieben. Vf. nimmt an, daß das Verhältnis von *C. tabescens* zu den Pfirsichbäumen eher saprophytisch als parasitisch ist. Schäden durch den Pilz sind möglich, doch dürften sie erst einige Jahre nach der Pflanzung in Erscheinung treten.
G. Otto. 2080.

Foschi, S., Sansavini, S. und Bannò, A. Le principali avversità del ribes nero con particolare riferimento a quelle rinvenute e studiate in Emilia. **(Die hauptsächlichsten Schädigungen an der Schwarzen Johannisbeere unter besonderer Berücksichtigung der Erfahrungen und Untersuchungen in Emilia.)** Riv. Ortoflorofrutticolt. ital. **45(86)** (1961) Nr. 6. S. 665-688. S. Kramer. 2080.

Robinson, J. A.; Auckland, Dep. of Sci. and Ind. Res., Plant Diseases Div. Wilt and dieback of the carnation in New Zealand. **(Welke und Triebsterben der Nelke in Neuseeland.)** New Zealand J. agric. Res. **4** (1961) Nr. 5/6. S. 660-666. — 1 Abb., 2 Tab., 7 Lit.
Es wird untersucht, welche Welke-Erreger in den Nelkenkulturen Neuseelands vorkommen. *Fusarium oxysporum* var. *dianthi* (Prill. et Del.) Snyder et Hansen ist vorherrschend (40 Fälle). *Verticillium cinerescens* Wollenw. (die Bezeichnung *Phialophora* wird vom Vf. nicht anerkannt), das in W-Europa sehr häufig ist, trat nur in einem Betrieb auf, der Stecklinge aus England bezogen hatte, *V. dahliae* Kleb. in 5 Fällen. *Pseudomonas caryophylli* (Burkholder 1942) Starr et Burkholder 1942 wurde nicht gefunden. Sehr häufig kommt *Fusarium culmorum* (W. G. Sm.) Sacc. vor, das Wurzelhalsfäulen und Triebabsterben nach dem Blumenschnitt von der Schnittstelle her verursacht. Isolierung und Identifizierung der Pilze sowie Infektionsversuche an Chabaudnelken werden beschrieben. Herta Schmidt. 2100.

Schneider, Roswitha; Berlin-Dahlem, Biol. Bundesanst. für Land- und Forstwirtsch., Inst. für Mykol. **Untersuchungen über das Auftreten der Guignardia-Blattbräune der Roßkastanie (Aesculus hippocastanum) in Westdeutschland und ihren Erreger.** Phytopathol. Z. **42** (1961) Nr. 3. S. 272-278. — 5 Abb., 6 Lit. Zus. in Engl.
Als erste Symptome der *Guignardia*-Blattbräune, *Guignardia aesculi* (Peek) Stew., treten auf Blättern der Roßkastanie (*Aesculus hippocastanum*) unregelmäßige, begrenzte oder bandartige, rot- bis dunkelbraune Flecke auf. Sie sind häufig von einer leuchtendgelben bis hellbräunlichen Randzone umgeben. Ihre Größe ist unterschiedlich. In fortgeschrittenem Stadium sind größere Teile der Blätter erkrankt bzw. ganze Blätter abgestorben. Die Fruchtkörper des Pilzes erscheinen als dunkle Punkte auf den nekrotischen Blattpartien. Pyknidien und Pyknosporen (Mikro- und Makrosporen) werden für die Nebenfurchtformen *Phyllostictina sphaeropsoidea* (Ell. et Ev.) Petr. und *Asteromella aesculicola* (Sacc.) Petr. beschrieben und abgebildet. Ebenso werden Perithecien, die an stark befallenen Blättern nach Überwinterung im Freien vereinzelt auftraten, beschrieben. Der Wirtspflanzenkreis kann nicht genau angegeben werden, doch wird vermutet, daß innerhalb der Art *A. hippocastanum* widerstandsfähige Typen vorkommen. Auf die Notwendigkeit von Bekämpfungsmaßnahmen wird hingewiesen. G. Otto. 2150.

Spence, J. A.; Bristol, Univ., Dep. of Bot. Black-pod disease of cocoa. I. A comparison of isolates of Phytophthora palmivora (Butl.) Butl. **(Kakaoschalenschwärze. 1. Mitt. Vergleich der Isolate von Phytophthora palmivora [Butl.] Butl.)** Ann. appl. Biol. **49** (1961) Nr. 4. S. 717-722. – 3 Tab., 7 Lit.
Der Erreger der Kakaoschalenschwärze, *Phytophthora palmivora* (Butl.) Butl. befällt außer Kakao Kautschuk, Baumwolle und Palmen. Isolate des Krankheitserregers aus verschiedenen Gebieten Afrikas und Mittelamerikas wurden im Hinblick auf die Fähigkeit der Oosporenbildung bei Kontakt mit Standard-Isolaten von Kakao und Kautschuk untersucht. Die meisten Isolate gehörten zur Kakao-, eine zur Kautschuk-Gruppe und 3 Isolate bildeten überhaupt keine Oosporen. Die Einteilung in Kakao- und Kautschuk-Gruppe geht auf Godd (1927) und Ashby (1929) zurück, die diese Einteilung je nach Kompatibilität von Isolaten mit Standard-Isolaten von Kakao oder Kautschuk trafen. Die geprüften Isolate unterschieden sich in der Wachstumsrate auf Kakaoschalengewebe erheblich. Auch sortenbedingte Unterschiede in der Wachstumsrate ließen sich nachweisen. O. Saß. 2200.

Spence, J. A.; Bristol, Univ., Dep. of Bot. Black-pod disease of cocoa. II. A study of host-parasite relations. **(Kakaoschalenschwärze. 2. Mitt. Eine Untersuchung über die Wirt-Parasit-Beziehungen.)** Ann. appl. Biol. **49** (1961) Nr. 4. S. 723-734. – 1. Mitt. vgl. vorst. Ref.
Phytophthora palmivora (Butl.) Butl. ist einer der gefährlichsten Krankheitserreger in allen kakaoanbauenden Ländern. – Außer Blattflecke an den Blättern und krebsartigen Rindenbeschädigungen verursacht der Pilz an den Kakaofrüchten eine Braun- bzw. Schwarzfäule (black pod disease"). Nach Schätzungen von Padwick (1956) betragen die Verluste jährlich 50000 t, das sind nahezu 10% der Weltproduktion. Da die Bekämpfung der Krankheit durch Kulturmaßnahmen und Fungicidspritzungen nur zu Teilerfolgen führt und resistente Sorten nicht bekannt sind, ist die Aufklärung des Wirt-Parasit-Verhältnisses von großer Bedeutung. Die Vermutung, daß die unterschiedliche Verfärbung der Früchte auf vom Pilz ausgeschiedene pektolytische Enzyme zurückzuführen sei, ließ sich nicht bestätigen. Infiziertes Schalengewebe enthielt keine derartigen Enzyme. *P. palmivora* scheidet aber auf bestimmten Wirtsgeweben (z. B. Kartoffel) solche Enzyme aus. Es ließ sich nachweisen, daß diese durch das Polyphenoloxydase-System infizierter Kakaoschalen gehemmt werden. O. Saß. 2200.

Mirocha, C. J. und Wilson, E. E.; Davis, Univ. of California, Dep. of Plant Pathol.; Clayton, N. C., Union Carbide Res. Stat. Hull rot disease of almonds. **(Schalenfäule der Mandeln.)** Phytopathology **51** (1961) Nr. 12. S. 843-847. – 6 Abb., 1 Tab., 4 Lit.
Die Krankheit tritt mit 3 Symptomen auf: Fäulnis von Fruchtmesocarp, Blattflecke und -nekrosen sowie Absterben der Äste. Letzteres verursacht die empfindlichsten Schäden. Die Mandelkerne werden gewöhnlich nicht infiziert. Im Spätsommer treten hellbraune Nekrosen auf dem Mesocarp auf, die größer werden und schließlich das ganze Mesocarp zusammenschrumpfen lassen. Die Blätter in der Nähe infizierter Früchte kräuseln sich und werden spröde. Sie zeigen mitunter ebenfalls Nekrosen. An den Ästen zeigen sich braune bis schwarze Streifen an den Gefäßen, und zwar immer an den Seiten, an denen sich die erkrankten Früchte befinden. Die Triebe sterben später ab. Mikroskopische Untersuchungen ergaben Gummibildung im Bereich des Kambiums. Diese Gumminester vereinen sich zu Gummibahnen zwischen den Gefäßbündeln. Von erkrankten Früchten wurden *Rhizopus* spp. am häufigsten isoliert. In Infektionsversuchen konnte die Pathogenität von 3 Arten (*R. stolonifer* (Ehr. ex. Fr.) Lind., *R. circinans* v. Tilgh und *R. arrhizus* Fischer) und 2 *Monilia*-Arten (*M. laxa* und *M. fructicola*) nachgewiesen werden. Kombinierte Infektionen erzeugten keine deutlicheren Symptome. Die

Schalenfäule der Mandeln tritt in allen Mandelanbaugebieten auf. Zwischen den Sorten bestehen keine Resistenzunterschiede. Die Infektion des Mesocarps erfolgt vorwiegend in der Zeit, in der das Mesocarp einen Wassergehalt von 74-77% aufweist. Die Pilze waren nicht in den erkrankten Trieben nachzuweisen. Es wird angenommen, daß von den Pilzen im Mesocarp Toxine gebildet werden, die für die Blatt- und Triebsymptome verantwortlich sind.

G. Otto. 2200.

Rayner, R. W.; Ruiru, Kenya, Coffee Res. Stat. Germination and penetration studies on coffee rust (Hemileia vastatrix B. & Br.). **(Keimungs- und Eindringungsuntersuchungen am Kaffeerost [Hemileia vastatrix B. et Br.].)** Ann. appl. Biol. **49** (1961) Nr. 3. S. 497-505.
Durch Windverbreitung gelangen die Uredosporen nur auf die Blattoberseite, an die Blattunterseite durch Regenspritzer. Die Uredosporenkeimung erfolgt nur in tropfbar flüssigem Wasser; bei 23 °C durchschnittl. in 2,6-4,7 Std. Die Appressorienbildung setzt nach 6,5-8,5 Std. ein (Minimum 5,3 Std.). Die Keimung wird durch Licht oder schnelles Eintrocknen der Wassertröpfchen an der Blattunterseite unterbunden. Auch Keimschläuche, die kürzer als 30 μ lang sind, stellen bei Belichtung ihr Wachstum ein. Sind sie bei Beginn der Belichtung länger, wird das weitere Wachstum gehemmt. Daher kann die Infektion nur zwischen 22 und 18 Uhr erfolgen. Voraussetzung für die Infektion ist, daß die Blätter durch Niederschläge oder Taubildung während der Nacht naß bleiben. Niederschläge haben wegen der Sporenverbreitung größere Bedeutung als der Tau. Niederschläge und Blattfeuchtedauer liefern Anhaltspunkte für Warndienst und Prognose. Die Inkubationsperiode beträgt durchschnittl. 4-7 Wochen, durch niedrige Temperaturen und Trockenheit wird sie verlängert. Das Blattalter ist für die Inkubationszeit ohne Bedeutung. Sie wird nur beeinflußt durch die Kaffeesorte und die Rostrasse.

O. Saß. 2200.

D. Maßnahmen des Pflanzenschutzes

Fuchs, W. H.; Göttingen, Univ., Inst. für Phytopathol. und Pflanzenschutz. **Entomologische Probleme im landwirtschaftlichen Pflanzenschutz.** Z. angew. Entomol. **50** (1962) Nr. 1. S. 4-16. — 85 Lit. Zus. in Engl.
Die Umstellung der landwirtsch. Produktion zur Erhöhung der Arbeitsproduktivität läßt die Schädlingsbekämpfung zu einem wichtigen Produktionsfaktor werden. Doch sind ihr aus hygienischen und biol. Gründen Grenzen gesetzt, die den Einsatz radikaler chem. Bekämpfungsverfahren nur gezielt zulassen. Daher kommt der Erforschung aller Faktoren, welche eine genaue Voraussage der Gradationswahrscheinlichkeit von Schadinsekten ermöglichen, bes. Bedeutung zu. Auf die Erhöhung der Befallsmöglichkeiten durch Verengung der Fruchtfolge wird spez. hingewiesen. Das Verhältnis von Schadinsekten zu Parasiten und Räubern bedarf unter den sich verändernden Wirtschaftsformen der Landwirtschaft genauer Untersuchungen. Das Ausmaß des Schadens in Abhängigkeit von der Populationsdichte der Insekten und der Anbauform der Kulturpflanzen wird als wichtiges noch ungenügend bearbeitetes Problem der Entomologie im landwirtsch. Pflanzenschutz herausgestellt. Bes. wird auf die Möglichkeiten der Resistenzzüchtung gegen Insektenschäden durch zahlreiche Beispiele hingewiesen. Vf. kommt zu dem Schluß, daß auf die Dauer nicht gegen die Schädlinge, sondern mit ihnen gewirtschaftet werden muß, was vielseitige Maßnahmen verlangt. Er fordert daher planmäßige und langfristige Zusammenarbeit zwischen Phytopathologen, Entomologen und Agronomen zur Erforschung der außerordentlich vielseitigen Probleme. H. A. Kirchner. 2400.

Izard, C., Schiltz, P. und Hitier, H. Estimation par la méthode des disques de l'efficacité „réelle" de certains traitements contre le mildiou du tabac. **(Beurteilung durch die Blattscheibenmethode über die „tatsächliche" Wirksamkeit von bestimmten Behandlungen gegen den Blauschimmel des Tabaks.)** Ann. Inst. exp. Tabac Bergerac **3** (1961) Nr. 4. S. 669-673. – 4 Tab., 2 Lit. Zus. in Engl.

Aus den Untersuchungen geht hervor, daß die Blattscheibenmethode gestattet, Rückschlüsse auf die tatsächliche Wirksamkeit von Behandlungen unter praktischen Verhältnissen zu ziehen. Darüber hinaus erbrachte sie den Beweis der Überlegenheit von Maneb über Zineb. J. Merker. 2420.

Izard, Camille und Schiltz, Pierre. Quelques précisions concernant la méthode de culture de Peronospora tabacina Adam, sur des disques découpés dans le limbe des feuilles et premières observations „in vivo". **(Einige Angaben bezüglich der Kulturmethode von Peronospora tabacina Adam an Blattausschnitten und erste Beobachtungen „in vivo".)** Ann. Inst. exp. Tabac Bergerac **3** (1961) Nr. 4. S. 659-668. – 12 Abb., 1 Lit. Zus. in Engl.

Es wird nachgewiesen, daß die Blattausschnittmethode nicht nur eine Annäherung an die Probleme der Genetik, sondern auch an andere biol. Probleme, die aus dem Tabakblauschimmel erwachsen, ermöglicht. Beste Bedingungen für diese Methode sind: Blattauschnitte von 14 mm Dmr., Tagestemperatur 20 °C, Nachttemperatur 10-15 °C sowie Lichtintensität 2000-3000 lx. Die praktische Schlußfolgerung aus den gewonnenen Ergebnissen ist, daß jedes kranke Blatt verbrannt werden muß. Bei herabgefallenen kranken Blattteilen besteht die Gefahr, daß sich Konidiophoren entwickeln, die unter günstigen Bedingungen zur Bildung großer Mengen von Oosporen führen können. Die Untersuchungen über den Einfluß des Lichtes lassen erkennen, daß es gefährlicher ist, wenn lebensfähige Oosporen im Frühjahr oder beginnenden Sommer vorhanden sind, als gegen Ende der Saison, wenn die Lichtintensität geringer ist. J. Merker. 2420.

Fričová, L'udmila und Frič, Friedrich; Bratislava, Katedra Analyt. Chem. Slovenskej Vysokej Školy Techn.; Českoslov. Akad. Vied, Biol. Ústav SAV, Oddelenie Fysiol. Rastlín. Príspevok ku kvantitatívnemu stanoveniu sulfhydrylových látok v listoch jačmená a sledovanie ich obsahu po infekcii múčnatkou (Erysiphe graminis f. spec. hordei-Marchal). **(Beitrag zur quantitativen Bestimmung von Sulfhydrylverbindungen in Blättern der Gerste und Beobachtung ihres Gehaltes nach Infektion mit Mehltau [Erysiphe graminis f. sp. hordei Marchal].)** Biológia [Bratislava] **17** (1962) Nr. 4. S. 241-252. – 9 Abb., 3 Tab., 12 Lit. Zus. in Russ., Dtsch.

Zur Bestimmung von Sulfhydrylverbindungen im Pflanzenmaterial wurden die polarographische Methode sowie die polarimetrische Titration mit 10^{-3} mol. Lösungen von p-Chlormercuribenzoesäure (pCMB) oder von Quecksilber-(II)-chlorid ($HgCl_2$) bei einem pH-Wert von 4,75 angewendet. Die Titration mit diesen beiden Reagentien ist gleich verläßlich. Die schneller durchzuführende polarimetrische Titration ist aber bei geringem Gehalt an Sulfhydrylverbindungen zu ungenau. Die polarimetrische Titration ist zur Ermittlung von Veränderungen des Gehaltes an Sulfhydrylverbindungen in Gerstenblättern von *Hordeum bulbosum* L. und *H. distichum* L. nach Infektion mit *Erysiphe graminis hordei* Marchal geeignet. Die Infektion hatte keine Abnahme an Sulfhydrylverbindungen in den Blättern zur Folge.
Z. Šesták. 2420.

Szepessy, I. Üszöggombák rokonsági kapcsolatainak meghatározása szerológiai módszerekkel. **(Bestimmung der Verwandtschaftsverhältnisse bei Brandpilzen mit serologischen Prüfmethoden.)** Agrártudományi Egyetem Mezögazdaságtudományi Karának Közleményei, Gödöllö [Ber. landwirtsch.-wiss. Fak. Univ. Agrarwiss., Gödöllö] **1961** S. 273-285. – Aus: Ung. Agrar-Rdsch. **1962** Nr. 3.

Bei der Erarbeitung der Pilzsystematik auf Grund der verwandtschaftlichen Beziehungen scheinen serol. Verfahren geeignet zu sein. Vf. verwendete ein für *Ustilago tritici* (Pers.) Jens. spez. Antiserum. Für die serol. Tests wurde das Antigen aus Mycel hergestellt, das aus den Reinkulturen folgender Brandpilze gewonnen wurde: *Ustilago tritici* (Pers.) Jens., *Sphacelotheca panici-miliacei* (Pers.) Bubak und *Tilletia caries* (D. C.) Tul. Das Normalserum reagierte auf die Antigene sämtlicher untersuchten Brandpilzarten positiv, die Reaktion selbst ist jedoch nicht spez. Das Antiserum von *U. tritici* reagiert nicht nur auf das eigene Antigen, sondern auch auf die Antigene anderer Brandpilzarten. Im Verhalten der verschiedenen Antiseren gegenüber dem eigenen und den fremden Antigenen sind eigenartige Unterschiede zu beobachten. Letztere zeigen sich nicht nur im Titerwert und in der Acidität, sondern auch in der Reaktionsgeschwindigkeit. Unter Berücksichtigung dieser Faktoren sind Unterschiede in der Antigenstruktur der untersuchten Brandpilzarten und zugleich auch gewisse übereinstimmende Merkmale festzustellen, die auf phylogenetische Beziehungen hinweisen. 2420.

Kühnel, Waltraude. **Prüfung verschiedener Methoden zur Infektion der Rispen- und Kolbenhirse (Panicum miliaceum L. und Setaria italica L.) mit den Brandpilzen Sphacelotheca panici miliacei (Pers.) Bubák und Ustilago crameri Körn. sowie Untersuchung der Dauer des infektiösen Stadiums der Wirtspflanze.** Nachrichtenbl. dtsch. Pflanzenschutzdienst [Berlin] [N. F.] **15(41)** (1961) Nr. 12. S. 241-245.

Mißerfolge bei der Inokulation der Rispenhirse (*Panicum miliaceum*) bildeten den Ausgangspunkt der Untersuchungen. Es zeigte sich bei Prüfung verschiedener Sorten bzw. Stämme, daß die 'Bernburger Rispenhirse' tatsächlich resistent gegen *Sphacelotheca panici miliacei* ist. Von allen geprüften Infektionsmethoden erwies sich die Sameninokulation als die einfachste und sicherste, während Triebinfektionen für die Resistenzprüfung ungeeignet sind. Die Rispenhirse ist noch im 3- bis 5-Blattstadium für Infektionen vom Boden aus anfällig, während das infektionsfähige Stadium der Kolbenhirse (*Setaria italica*) auf das Keimlingsstadium beschränkt ist. Renate Kießig. 2420.

Messiaen, C. M. La détection de Fusarium oxysporum f. sp. melonis dans les sols. **(Der Nachweis von Fusarium oxysporum f. sp. melonis in Böden.)** Dtsch. Akad. Landwirtsch.-Wiss. Berlin, Tagungsber. **1961** Nr. 41. S. 53-59.

Der Melonenanbau spielt im Südosten von Frankreich eine große Rolle. Die vorwiegend angebaute Sorte 'Cantaloupe Charantais' ist sehr empfindlich gegen den Erreger der Welkekrankheit, *Fusarium oxysporum* f. sp. *melonis*. Vf. vermittelt eine Methode, mit deren Hilfe der Krankheitserreger leicht im Boden nachgewiesen werden kann. Mit einem Kulturmedium, das Rohrzucker, Malzextrakt, Mineralsalze, Citronensäure und Äthylalkohol enthält, werden aus Bodenproben im Verhältnis 1:4000 Bodenverdünnungsplatten angelegt und nach 5täg. Bebrütung mit 80 ml Wasser je Petrischale homogenisiert. Die entstandene Suspension wird auf sterilisierten Boden in Blumentöpfe gegeben. Eine 2 cm dicke Schicht steriler Erde wird darauf gebracht. In die derartig präparierten Töpfe werden Melonensamen ausgelegt und das Absterben der Sämlinge, das in Beziehung zur *Fusarium*-Verseuchung der Bodenproben steht nach 15 Tagen beobachtet. Vf. empfiehlt diese Methode auch für den Nachweis anderer phytopathogener *Fusarium*-Arten. G. Zahn. 2420.

Franklin, Mary T.; Harpenden, Herts., Rothamsted Exp. Stat. Preparation of posterior cuticular patterns of Meloidogyne spp. for identification. **(Präparation der hinteren Kutikularmusterung bei Meloidogyne spp. zu Bestimmungszwecken.)** Nematologica [Leiden] 7 (1962) Nr. 4. S. 336-337. — 5 Lit.

Struktur und Musterung des Analendes der Weibchen aus der Gattung *Meloidogyne* sind ein Hauptmerkmal zur Identifizierung der Arten. Durch die gebräuchlichen Fixierungen werden diese Strukturen jedoch in der Regel verzerrt. Vf. behandelt die von früheren Autoren angewendeten Präparationsmethoden und beschreibt 7 Fixierungs- und Präparationsmethoden, durch die Verzerrungen und Bildungsabweichungen vermieden werden. Auf Besonderheiten der hier vorgeschlagenen Methoden, bzw. auf die Reaktion der Objekte, wird hingewiesen. Folgende Methode wird für den allg. Gebrauch vorgeschlagen: Vergallte Wurzelteile werden ohne vorherige Fixierung in heißes 1%iges Lactophenol-Baumwollblau getaucht. Nach Abkühlung kommen die vergallten Wurzeln zur Entfernung überschüssiger Farbe in reines Lactophenol, in dem sie auch unbeschränkt lagern können. Die Weibchen werden von den Wurzeln entfernt, in Lactophenol zerteilt und nach Entfernung des noch vorhandenen Körperinhalts in reines oder schwach angefärbtes Lactophenol zur Untersuchung übertragen. H. Stelter. 2420.

Keller, E.; Grange-Verney, Schweiz, Stat. Cantonale de Protection des Plantes. **Methode zur Untersuchung von Bodenproben auf Ditylenchus dipsaci.** Z. Pflanzenkrankh. (Pflanzenpathol.) Pflanzenschutz **69** (1962) Nr. 8. S. 449-452. — 2 Abb., 1 Tab., 3 Lit. Zus. in Engl.

Es werden eine einfache Methode zur Gewinnung von *Ditylenchus dipsaci* aus dem Boden beschrieben und die erforderliche Apparatur erläutert. 250 cm^3 Boden werden in einen unten geschlossenen Trichter gebracht und mittels einer Spiraldüse, die oberhalb des Bodens gehaltert ist, mit Wasser aufgeschwemmt. Der Überlauf wird in einem Nylontuch mit 50 μ Maschenweite aufgefangen. Die Spüldauer für eine Probe beträgt etwa 10 Min. Um Verstopfungen des Nylontuches zu vermeiden, ist es zweckmäßig, dieses durch einen kleinen Motor ständig in Schwingungen zu halten. Das Nylontuch mit Inhalt wird umgekehrt auf einen Nematodenfilter gelegt und das Ganze auf ein 1 mm Drahtsieb über ein mit Wasser gefülltes Glas gebracht. Nach etwa 12 Std. haben sich die Nematoden im Glas gesammelt und können abpipettiert werden. Auf diese Weise werden in 80% der Fälle 90% der im Boden befindlichen Tiere von *D. dipsaci* gefunden. Vor dem Ausspülen sollte der Boden an der Luft getrocknet werden. Bei schweren Böden hat sich infolge der Krümelbildung ein Vorweichen als vorteilhaft erwiesen. H. Stelter. 2420.

Cooke, R. C.; Birmingham, Univ., Dep. of Bot. Agar disk method for the direct observation of nematode-trapping fungi in the soil. **(Agar-Scheiben-Methode zur direkten Beobachtung von Nematoden-fangenden Pilzen im Boden.)** Nature [London] **191** (1961) Nr. 4796. S. 1411-1412. — 5 Lit.

Schwacher Maismehl-Extrakt-Agar wurde in Scheiben von 1 cm Dmr. und 3 mm Dicke zerlegt. Je 4 solcher Scheiben wurden auf einen Objektträger aufgebracht. Diese Objektträger wurden in 15 cm-Petrischalen, die mit Erde gefüllt waren, so eingebracht, daß sie von einer 1 cm hohen Erdschicht bedeckt waren. Zur Kontrolle können die Agar-Scheiben nach Abspülen direkt unter dem Mikroskop auf nematodenfeindliche Pilze und andere Parasiten untersucht werden. Bei Zugabe von Kohlblattgewebe, Glucose und Rohrzucker wurden verschiedene Parasitenarten festgestellt. Vf. glaubt, daß sich diese Methode sehr gut zum Studium der Nematodenparasiten und deren Einwirkung auf die Nematoden eignet. H.-W. Nolte. 2420.

Barlow, C. A. und Nicholls, C. F.; Chatham, Ontario, Canada Dep. of Agric. A humidity gradient apparatus for insects. **(Ein Feuchtigkeitsgradientengerät für Insekten.)** Canad. Entomologist **93** (1961) Nr. 10. S. 860-864. — 3 Abb., 1 Tab., 6 Lit.

Es wird ein Apparat zur Erzeugung von Luftfeuchtigkeitsgradienten für Untersuchungen an Insekten beschrieben. Es handelt sich dabei um einen

Kunststoffzylinder, der in mehrere Fächer aufgeteilt ist. Die Einstellung der Feuchtigkeitsstufen erfolgt mit gesättigten Salzlösungen bzw. aqua dest. für die Stufe von 95%. Die Genauigkeit der Einstellung wird besprochen.
R. Fritzsche. 2420.

Dennis, N. M. und Decker, R. W. A method and machine for detecting living internal insect infestation in wheat. **(Eine Methode und ein Gerät zur Feststellung von im Inneren von Weizenkörnern lebenden Insekten.)** J. econ. Entomol. 55 (1962) Nr. 2. S. 199-203. – 1 Abb., 2 Tab., 19 Lit.
Dem Verfahren und dem Gerät liegt folgendes Prinzip zugrunde: Die Körner werden zwischen Filterpapier, das mit Ninhydrin (Triketohydrindenhydrat) imprägniert ist, zerquetscht. Ninhydrin reagiert auf freie Aminosäuren, die bei Anwesenheit von Insekten im Korn vorhanden wären, mit Fluorescenz. Durch ein entspr. Gerät ist das kontinuierliche Zerquetschen größerer Kornmengen, die Zählung der Körner mit und ohne Fluorescenz möglich. Das Gerät ist industriell verwertbar. R. Fritzsche. 2420.

Wade, D. V.; Fredericton, New Brunswick, Canada Dep. of Agric., Res. Stat. An improved way of exposing the stylets of aphids to ultraviolet radiation. **(Ein verbessertes Verfahren, um die Stechborsten von Blattläusen der UV-Bestrahlung auszusetzen.)** Canad. J. Zool. 40 (1962) Nr. 4. S. 673-674. – 1 Abb., 5 Lit.
Durch UV-Bestrahlung der Mundwerkzeuge werden Viren, die auf dem Wege über die Stechborsten der Blattläuse übertragen werden, inaktiviert. Da Aphiden nach UV-Bestrahlung oftmals nicht mehr zu normalen Einstichen befähigt sind, wurde eine Methode entwickelt, um den Körper der Aphiden vor den Strahlen zu schützen. Die abgebildete Apparatur besteht aus einer kleinen UV-Lampe unter einem Binokular. Über der Lampe befindet sich eine Aluminiumfolie mit einem kleinen Loch, so daß bei entspr. Festhalten der Aphiden nur die Stechborsten vom UV-Licht getroffen werden. Es wurde mit *Myzus persicae* (Sulz.) und dem Kartoffel-Y-Virus gearbeitet.
F. P. Müller. 2420.

Schmidt, H. B. und Eisbein, K.; Aschersleben, Inst. für Phytopathol. der Dtsch. Akad. der Landwirtsch.-Wiss. zu Berlin. **Eine Methode zur Herstellung von Oberflächenabdrücken der Stechborsten von Aphiden.** Naturwissenschaften 49 (1962) Nr. 15. S. 357-358. – 2 Abb., 4 Lit.
Am distalen Ende der mandibularen und maxillaren Stechborsten von *Myzus persicae* (Sulz.) befinden sich Querrillen, die wahrscheinlich bei der Übertragung von nichtpersistenten Viren von Bedeutung sind. Es wird eine einfache Apparatur beschrieben, mit deren Hilfe Abdrücke der Stechborsten auf Objektträgern unter Benutzung einer Lösung von 1 g Kollodium in 10 ml Amylacetat hergestellt werden können. Die erhaltenen Filmabdrücke wurden mit Palladium/Platin und anschließend mit Kohle bedampft. Nach Auflösung des Kollodiumfilmes mit Amylacetat waren die Konturen des Abdruckes deutlich sichtbar. F. P. Müller. 2420.

Harcourt, D. G. Spatial pattern of the imported cabbageworm, Pieris rapae (L.) (Lepidoptera: Pieridae), on cultivated Cruciferae. **(Räumliche Verteilung des kleinen Kohlweißlings, Pieris rapae L. [Lepidoptera: Pieridae] an kultivierten Cruciferen.)** Canad. Entomologist 93 (1961) Nr. 11. S. 945-952. – 2 Abb., 4 Tab., 17 Lit.
Bei den Untersuchungen über Insektenpopulationen sind Fragen nach der Besiedlungsdichte zu beantworten. Da diese Häufigkeitsverteilung keine rein zufällige ist, sondern sowohl ein Überschuß von unbesetzten Wohnraumeinheiten als auch an dichtbesetzten Teilen vorhanden ist, entspricht sie nicht der Poisson-Verteilung. Diese ist durch einen Parameter, das arithmetische Mittel, charakterisiert. Die negative Binomialverteilung, die eine

Erweiterung der Poisson-Reihe darstellt, läßt sich für die in der Praxis vorkommenden Verteilungen anwenden. Sie wird durch 2 Parameter bestimmt, durch das Mittel (m) und den Exponenten K, der ein Maß für die Verteilung darstellt. Wenn die Varianz, die bei der negativen Binomialreihe größer ist als der Mittelwert, sich dem Mittelwert nähert und der Grad der Überdispersion abnimmt, wird $K \to \infty$ und die Verteilung geht über in die Poisson-Reihe. Die Versuchsanordnung wird ausführlich beschrieben, die Ergebnisse wurden während der Jahre 1957 bis 1960 erhalten in Verbindung mit Untersuchungen über die Populationsdynamik von *Pieris rapae* L. Es folgen einige Bemerkungen über die Lebensweise des Schädlings. Die beobachteten Verteilungen der Jugendstadien von *P. rapae* stimmen mit der negativen Binomialverteilung überein. Bei einer laufenden Überprüfung der Raupenpopulationen während der Entwicklung der gesamten Generation ergibt sich eine stufenweise Annäherung an die zufällige Verteilung, der Wert für K steigt an. Diese Tatsache hat ihren Grund in der Larvensterblichkeit, die hervorgerufen ist durch die dichteabhängigen biotischen Begrenzungsfaktoren, vor allem durch das Virus *Bergoldia virulenta* Tanada. Der starke Abfall des K-Wertes vom letzten Raupenstadium zur Puppe wird erklärt durch die Abwanderung der erwachsenen Raupen zu den Verpuppungsplätzen. Die Größe der Beobachtungseinheiten — $^1/_4$, $^1/_2$ oder gesamte Pflanze — beeinflußt die K-Werte. Zur Sicherung der Varianz der negativen Binomialverteilung wurden die Transformationen nach log (x = 1) sowie nach $\log(x + K/2)$ angewendet, beide Transformationen erweisen sich als brauchbar. J. Noll. 2420.

Hay, C. John und Myser, Willard C.; Delaware, O., Dep. of Agric., Forest Serv. Use of P^{32} as an aid in biological studies of the leafhopper, Scaphoideus luteolus. **(Die Verwendung von ^{32}P als Hilfsmittel für biologische Studien der Zikade Scaphoideus luteolus.)** J. econ. Entomol. **54** (1961) Nr. 6. S. 1260 bis 1261. — 1 Lit.

Es werden die Wirkung von ^{32}P auf die Eiablage von *Scaphoideus luteolus* und der Infektionsmechanismus bei der Phloemnekrose der Ulme beschrieben. K. Geißler. 2420.

Read, D. C. und Welch, H. E.; Belleville, Canada, Entomol. Res. Inst. for Biol. Control; Charlottetown, Exp. Farm. Establishing and maintaining a culture of Hylemyia brassicae (Bouché) Diptera: Anthomyiidae in the greenhouse or laboratory. **(Die Einrichtung und Erhaltung einer Zucht von Hylemyia brassicae [Bouché] Diptera: Anthomyiidae im Gewächshaus oder Laboratorium.)** Canad. Entomologist **94** (1962) Nr. 5. S. 458-460. — 1 Abb., 5 Lit.

Vff. beschreiben eine Methode zur Zucht von *Hylemyia brassicae* im Gewächshaus, mit der sie in den letzten 4 Jahren 22 aufeinanderfolgende Generationen heranziehen konnten. Die größte Schwierigkeit bei der Zucht von Gewächshauspopulationen stellte bisher die Diapause dar, in der die meisten Puppen eingehen. Das macht eine Temperaturbehandlung notwendig. Um diese Schwierigkeit zu überwinden, wurde eine größere Anzahl aus dem Freiland stammender Puppen in mit Erde gefüllte Zylinder eingelegt. Die aus diesen schlüpfenden Imagines legten die Eier ab. Die sich aus diesen Eiern entwickelnde neue Generation wurde zur Weiterzucht unter konstanten Bedingungen in neue Zuchtbehälter gebracht, während die überliegenden Puppen entfernt wurden. Wurde die Zucht auf diese Weise fortgesetzt, verringerte sich der Anteil der überliegenden Puppen von Generation zu Generation. Nach 20 Generationen war in der Zucht der Anteil der überliegenden Puppen auf 10% zurückgegangen gegenüber 97% bei der 1. Generation. Für die Zucht sind eine rel. Luftfeuchtigkeit von ca. 60% und eine gleichmäßige Belichtung von 8 bis 10 Std. tägl. vorteilhaft. K. Geißler. 2420.

Cuthbert jun., Frank P. A method of rearing Southern potato wireworm. **(Eine Methode zur Zucht des Südlichen Kartoffeldrahtwurmes.)** J. econ. Entomol. **55** (1962) Nr. 2. S. 262-263. — 1 Abb., 2 Lit.
Es wird eine Labor.-Methode zur Zucht von Larven des Südlichen Kartoffeldrahtwurmes, *Conoderus falli* Lane, zu Zwecken der Pflanzenschutzmittelprüfung beschrieben. Ausgangsmaterial sind im Freiland gefangene Käfer. Sie werden in bes. Käfigen zur Eiablage gebracht. Die sich entwickelnden Larven leben bis zu ihrer Verpuppung, falls sie nicht vorher benötigt werden, in Plastikgefäßen mit sandigem Lehm. Als Nahrung dienen nichtkeimfähige Weizenkörner. Eine Vermilbung der Zucht kann durch Beimischung von 15%igem Aramite zur Erde verhindert werden. Eine nachteilige Wirkung auf die Larven wurde nicht festgestellt. Die Versuchsanordnung wird beschrieben. R. Fritzsche. 2420.

Steiner, H.; Stuttgart, Landesanst. für Pflanzenschutz. **Methoden zur Untersuchung der Populationsdynamik in Obstanlagen.** Entomophaga [Paris] **7** (1962) Nr. 3. S. 207-214.
Die Untersuchungen über die Populationsdynamik der Biozönose unserer Obstanlagen stieß bisher auf Schwierigkeiten, weil diese Arbeiten zu zeitaufwendig waren. Vf. berichtet über 2 Methoden, die sich in 7jähriger Arbeit bei der Untersuchung der Gesamtfauna in Apfelanlagen bewährt haben. Mittels eines aus Perlonhemdenstoff bestehenden Trichters — Öffnung 0,25 m² — sammelt man die Tiere nach Beklopfen der Äste (2 Min.) in einem Honigglas zur späteren Identifizierung. Damit wird in kürzester Frist ein ziemlich genauer Eindruck über den Stand der Kronenfauna ermittelt, denn es werden mindestens 70% der tatsächlich vorhandenen Tiere erfaßt. Damit und auch mit stationär aufgehängten Trichtern mit 0,5 m² Fangfläche kann man sich leicht ein Bild vom Wirkungsgrad eines chem. Pflanzenschutzmittels machen, wenn man vor und nach der Behandlung eine solche Untersuchung vornimmt.
F. Gollmick. 2420.

Schmidt, H. B.; Aschersleben, Inst. für Phytopathol. der Biol. Zentralanst. der Dtsch. Akad. der Landwirtsch.- Wiss. zu Berlin. **Die Anwendungsmöglichkeiten des Elektronenmikroskopes in der pflanzlichen Virusforschung.** Mber. dtsch. Akad. Wiss. Berlin 4 (1962) Nr. 7. S. 422-433. — 9 Abb., 37 Lit.
Während faden- bzw. stäbchenförmige Viruspartikeln schnell und schonend nach der Exsudatmethode (Johnson 1951) oder der Tauchmethode (Brandes 1957) für die elektronenoptische Beobachtung präpariert werden, müssen die sphärischen Pflanzenviren zum elektronenmikroskopischen Nachweis in langwierigen Verfahren angereichert und von den z. T. gleichgestalteten Wirtseiweißen und Ribosomen befreit werden. Weitere Schwierigkeiten treten bei der sicheren elektronenmikroskopischen Größenbestimmung und Differenzierung der sphärischen Viren nach der Schrägbedampfung auf, da je nach Präparationsart, verschiedene Meßwerte für ein Virus gefunden werden und die Dmr. aller bisher beschriebenen sphärischen Viren zwischen 16 und 43 mμ liegen. Nähere Einzelheiten über den strukturellen Aufbau können mit der von Hall (1955) und Huxley (1957) benutzten Kontrastierung („negativ staining technic") erfaßt werden. Ebenso bietet nach Auffassung des Vf. das Filmabdruckverfahren noch zahlreiche Anwendungsmöglichkeiten in der pflanzlichen Virusforschung. Das gleiche gilt für die Dünnschnittechnik, mit deren Hilfe es bereits gelang, phytopathogene Viren in tierischen und pflanzlichen Geweben unter dem Elektronenmikroskop abzubilden.
E. Proll. 2420.

Brandt, H.; Aschersleben, Inst. für Phytopathol. der Dtsch. Akad. der Landwirtsch.-Wiss. zu Berlin. **Möglichkeiten der Standardisierung der Untersuchungsmethoden pflanzlicher Virosen.** Albrecht-Thaer-Arch. 6 (1962) Nr. 7. S. 502-514. — 24 Lit. Zus. in Russ., Engl.

Die Standardisierung der Untersuchungsmethoden von Pflanzenviren und -virosen sollte sich auf folgende Untersuchungsverfahren erstrecken: Feststellung des Wirtspflanzenkreises des zu untersuchenden Virus, Beurteilung der Symptomausprägung und der Wirtspflanzenreaktion nach Virusinokulation, Ermittlung von Differentialwirten, Durchführung von Prämunitätstesten, Versuche zur Virusübertragung (durch Pfropfung, *Cuscuta*, Preßsaft oder Insekten), Bestimmung der phys. Daten des Virus (Verdünnungsendpunkt, thermaler Inaktivierungspunkt, Beständigkeit in vitro), Virusreinigung (durch Chemikalien, Zentrifugation, Elektrophorese), Messung der Strömungsdoppelbrechung und Lichtabsorption im UV-Bereich, elektronenmikroskopische Feststellung von Größe und Gestalt sowie serologische Untersuchungen. Die Problematik der Standardisierung der angeführten Untersuchungsverfahren wird besprochen. H. H. Schimanski. 2420.

Schuster, Gottfried; Leipzig, Inst. für Phytopathol. der Karl-Marx-Univ., Abt. Landwirtsch. Bot. **Methoden und Wege zur physiologisch-chemischen Virusdiagnostik bei Kartoffelknollen.** Dtsch. Akad. Landwirtsch.-Wiss. Berlin, wiss. Abh. **1962** Nr. 50. S. 1-249. — 24 Abb., 59 Tab., 260 Lit. Zus. in Russ., Engl.

Die Ermittlung des Gesundheitszustandes von Kartoffeln mit Hilfe chem.-physiol. Methoden ist bisher noch immer nicht befriedigend gelöst. Die Grenzen und Möglichkeiten sowie der jetzige Stand des Problems der physiol.-chem. Virusdiagnostik werden anhand von Lit.-Studien bis zum Jahre 1959 und eigener experimenteller Untersuchungen der Jahre 1950-58 dargelegt. Die Arbeit ist in folgende Hauptkapitel gegliedert: I. Aufgaben und Probleme der Untersuchungen zur physiol.-chem. Virusdiagnostik bei Kartoffelknollen; II. Der Stand der physiol.-chem. Virusdiagnostik; III. Vergleichende Überprüfung verschiedener physiol.-chem. Diagnoseverfahren; IV. Ausarbeitung von Schnelltests auf der Grundlage von Permeabilitäts- und Reduktionsunterschieden; V. Untersuchungen über die Grundlagen des Fehling-Testes und dessen Beziehungen zu verschiedenen im Schrifttum verzeichneten Diagnoseverfahren; VI. Untersuchungen über den Einfluß verschiedener Umweltfaktoren auf den Verlauf des Fehling-Testes mit dem Ziel der Verbesserung der Testsicherheit durch Aufdeckung von Fehlerquellen; VII. Zur Arbeitssicherheit des Fehling-Testes; VIII. Untersuchungen zum Kallosetest; IX. Untersuchungen zur Ausarbeitung von Kombinationsverfahren.
K. Schulz. 2420.

Hamann, U.; Gr. Lüsewitz, Inst. für Pflanzenzücht. der Dtsch. Akad. der Landwirtsch.-Wiss. zu Berlin. **Die Prüfung der Blattrollvirusresistenz von Kartoffelzuchtmaterial durch Laboratoriumsmethoden.** Nachrichtenbl. dtsch. Pflanzenschutzdienst [Berlin] [N. F.] **16(42)** (1962) Nr. 7. S. 134-139. — 4 Abb., 3 Tab., 10 Lit. Zus. in Russ., Engl.

Um geeignete Labor.-Prüfmethoden ausarbeiten zu können, muß man die Resistenzeigenschaften der Kartoffeln kennen. Im Gegensatz zu Arenz und Baerecke, die mit mehrstengeligen Pflanzen arbeiteten und der Ausbreitungsresistenz bes. Bedeutung zumessen, hält Vf. nach Infektionsversuchen mit einstengeligen Pflanzen die Infektionsresistenz und Intoleranz für die entscheidenden Resistenzfaktoren. Die Übertragung des Blattrollvirus auf Keime ist u. a. von der Zahl der Blattläuse, von Licht, Temperatur, Infektionsquelle und Art der Keime abhängig. Vf. fand folgende Infektionsmethode optimal: Pfirsichblattläuse werden 6 Tage bei 20-24 °C auf blattrollviruskranker 'Sieglinde' gehalten. Nach 10-12 Std. Hungerzeit der Läuse werden je 10 pro Kartoffelkeim aufgesetzt. Bei 10 Wiederholungen zu je 10 Pflanzen konnten bei 12 Kartoffelsorten die Freilandresistenzgruppen reproduziert werden. Die Prüfmethode ließ sich durch Infektion frisch aufgelaufener

Pflanzen verbessern; diese muß im gleichen Entwicklungsstadium der Sorten erfolgen; zur endgültigen Resistenzbeurteilung werden die gebildeten Knollen nachgebaut. R. Kämmerer. 2420.

Vulic, Marko und Arenz, Bruno; Weihenstephan, Landessaatzuchtanst. **Über eine verbesserte Arbeitsweise zur serologischen Bestimmung des Y-Virus in der Kartoffelpflanze.** Nachrichtenbl. dtsch. Pflanzenschutzdienstes [Braunschweig] **14** (1962) Nr. 5. S. 65-69. — 4 Abb., 3 Tab., 10 Lit.
Verringerung des Zeit- und Arbeitsaufwandes und gleichzeitige Erhöhung der Arbeitssicherheit bei der serologischen Prüfung von Kartoffelpflanzgut werden durch die von Vff. beschriebene Methode angestrebt. Weil ein Großteil unspez. Eiweißstoffe durch vorheriges Einfrieren des Saftes (15 Min. bei —10 °C) koaguliert, ist der zu untersuchende Preßsaft bereits nach kurzer Zentrifugation (10 Min. 5000 U/min) völlig geklärt. Die Gefahr des Auftretens unspez. Reaktionen während der Inkubationszeit ist vermindert. Die Teste werden in Petrischalen, die mit einem wassersabstoßenden Film (3% Mowital F 40) ausgekleidet sind, angesetzt, indem zu den Antiserumtröpfchen (15 pro Schale) der Preßsaft zugetropft wird. Die Schalen werden bei 10-12 °C aufbewahrt. Lichtzufuhr begünstigt, bes. zu Beginn, Eintritt und Ausprägung der Präzipitation. Wie spez. Untersuchungen ergaben, trat eine starke Verzögerung der Präzipitation bei sinkender Viruskonz. aber konstanter Antiserumkonz. ein. Da die Viruskonz. in Stecklingen in starker Abhängigkeit von Sorte und Zeitpunkt der Infektion stand, wurden zur Erfassung geringer Virusmengen alle Teste erst nach 24 Std. ausgewertet. Zeitlich gestaffelte Untersuchungen an Stecklingen, die einzelblattweise je Pflanze durchgeführt wurden, zeigten, daß der optimale Untersuchungszeitpunkt der untersten Blätter bei 3½ Wochen liegt. Die untersten Blätter werden deshalb herangezogen, weil bei ihnen die optimale Viruskonz. nach 17 Tagen erreicht ist und über 3 Wochen konstant bleibt, ohne daß unspez. Reaktionen die Teste stören.
E. Proll. 2420.

Jermoljev, E. und Chod, J.; Ruzyne bei Prag, Tschechoslow. Akad. der Landwirtsch.-Wiss., Forsch.-Inst. für Pflanzl. Produkt. **Die Möglichkeit der Feststellung des Virus der Vergilbungskrankheit (Beta virus 4 [Roland et Quanjer] Smith) in den Wurzeln der Zuckerrübe.** Nachrichtenbl. dtsch. Pflanzenschutzdienst [Berlin] [N. F.] **16**(42) (1962) Nr. 4. S. 66-67. — 2 Lit. Zus. in Russ., Engl.
Zur Diagnostik des Virus der Vergilbungskrankheit wurden biochem. Veränderungen in der Zuckerrübenwurzel untersucht. Für Serienuntersuchungen wird eine Methode empfohlen, bei der Rübensaft nacheinander mit NaOH, $CuSO_4$ und H_2O versetzt wird (Biuret-Test). Im Labor. untersuchte und danach klassifizierte Rüben zeigten im Freiland bei einem serologischen Test und bei morphol. Beobachtungen eine ungefähr 70%ige Übereinstimmung mit den Labor.-Untersuchungen. Die Anwendung des Biuret-Testes ist als Vorselektionsmöglichkeit in der Rübenzüchtung anzusehen.
L. Bachmann. 2420.

Quantz, Ludwig; Braunschweig, Biol. Bundesanst. für Land- und Forstwirtsch., Inst. für Landwirtsch. Virusforsch. **Zum Nachweis des Gewöhnlichen Bohnenmosaikvirus im Bohnensamen mit Hilfe des Schalentests.** Nachrichtenbl. dtsch. Pflanzenschutzdienstes [Braunschweig] **14** (1962) Nr. 4. S. 49-54. — 3 Abb., 5 Tab., 6 Lit. Zus. in Engl.
Der vom Vf. früher beschriebene Schalentest zum Nachweis des Gewöhnlichen Bohnenmosaikvirus (*Phasaeolus*-Virus 1, PV 1) eignet sich auch zum Nachweis dieses Virus im Bohnensamen. Die bei Zimmertemperatur unter Tageslicht 3-4 Tage angekeimten Bohnensamen wurden gequetscht und der Saft auf abgeschnittene, halbierte Primärblätter der Bohnensorte 'Topcrop' verrieben. Nach 2-3 Tagen erscheinen dunkelbraune Nekrosen auf den bei 32 °C in der

Feuchtekammer und unter Dauerlicht gehaltenen Blättern. Versuche über die Verteilung des Virus in den Samen verschiedener Bohnensorten ergaben, daß es in den Kotyledonen wie auch im Restembryo, selten dagegen in der Samenschale auftritt. Gegenüber dem langwierigen und jahreszeitabhängigen Freilandnachbau besitzt diese schnelle Methode eine durchschnittl. Treffsicherheit von 80% und darüber. Weitere Untersuchungen sollen sicherstellen, ob der Test bei der praktischen Gesundheitsprüfung von Bohnensaatgut angewendet werden kann. E. Proll. 2420.

Jermoljev, E., Čech, M., Pozděna, J. und Chod, J.; Ruzyně, Výzkumný Ústav Rostlinné Výroby ČSAZV, Oddelenie Fytopatol.; Praha, Biol. Ústav ČSAV, Oddelenie Fytopatol. Sérodiagnostika proužkovitosti cibule (Allium virus 1 [Melhus] Smith). **(Serodiagnostik der virösen Gelbstreifigkeit der Zwiebel.)** Rostlinna Výroba **8(35)** (1962) Nr. 4. S. 551-556. – 3 Lit. Zus. in Russ., Engl., Dtsch.
An mehreren Orten in der ČSSR wurde i. J. 1960 an einjährigen Speise- und Steckzwiebeln die viröse Gelbstreifigkeit beobachtet. Vff. versuchten, ein spez. Antiserum herzustellen, um zu prüfen, ob es sich tatsächlich um ein viröses Gelbwerden der Zwiebelblätter handelt. Von den 8 geprüften Methoden waren nur 2 geeignet. : 1. Ausfällen des Zwiebelsaftes mit Hilfe von Ammoniumsulfat. 2. 1std. Ultrazentrifugieren des Zwiebelblattsaftes bei 30000 U/min nach Behandlung mit Tricalciumphosphat. Die Titer dieser Antisera waren verhältnismäßig niedrig; bei Anwendung der Tröpfchenmethode entstehen verstreute Flecke. Die Feldschätzungen stimmten mit der serologischen Bestimmung bis zu 70-80% überein. Z. Šesták. 2420.

George, J. A.; Vineland Station, Ontario, Canada. A technique for detecting virus-infected Montmorency cherry seeds. **(Eine Methode zur Erkennung virusinfizierter 'Montmorency'-Kirschensamen.)** Canad. J. Plant. Sci. **42** (1962) Nr. 1. S. 198-203. – 3 Tab., 5 Lit.
Viren der Vergilbungskrankheit und der nekrotischen Ringfleckenkrankheit der Sauerkirsche wurden von Samen der Sorte 'Montmorency' mechanisch auf Gurken übertragen. Der aus schalenlosem Samen und aqua dest. gewonnene Saft wurde auf Gurkenkotyledonen verrieben, die bei 24 °C und Dauerlicht frühestens nach 30 Std. Läsionen zeigten. Die Anzahl der Läsionen nahm mit steigender Verdünnung des Inokulums bzw. mit Verzögerung des Testens nach dem Auftauen gefrorener Samen ab. Die am besten geeignete Verdünnung liegt bei 0,5 ml je Samen. Die Virusübertragung gelang bei 77% gefrorener Samen eines vergilbungskranken und bei 84% frischer Samen eines ringfleckenkranken Kirschbaumes. H. Kegler. 2420.

Hamon, J. und Mouchet, J. La mesure de la sensibilité des insectes aux insecticides: principes et facteurs de variation. **(Die Messung der Empfindlichkeit der Insekten gegen Insekticide: Ursachen und Faktoren der Variation.)** Bull. Soc. entomol. France **66** (1961) Nr. 7/8. S. 172-188. – 3 Abb., 1 Tab., 62 Lit.
Nach einem umfangreichen Überblick über das Problem der Insekticidresistenz sowie der Empfindlichkeitsbestimmung werden die Faktoren untersucht, die den Empfindlichkeitsgrad (Resistenzgrad) bestimmen. Hierzu gehören vor allem insektenphysiol. Faktoren, Populationsdichte, Geschlecht, Alter, Ernährung, Temperatur- und Feuchtigkeitsbedingungen, ferner die Insekticidkonz., Beobachtungsfehler und Art des Lösungsmittels bzw. des Trägerstoffes. Die Empfindlichkeitsbestimmung erfolgt am zweckmäßigsten auf graphischem Wege, wobei genügend Konz.-Stufen gewählt werden müssen. Voraussetzung für vergleichbare Werte ist in jedem Falle Übereinstimmung in den genannten Faktoren. Andernfalls ist ein Vergleich nur schwer möglich.
R. Fritzsche. 2420.

Eichler, Wolfdietrich. **Gesichtspunkte für die Auswahl von Testinsekten für die biologische Insektizidprüfung unter besonderer Berücksichtigung gesundheitsschädlicher Arten.** Dtsch. Akad. Landwirtsch.-Wiss.- Berlin,Tagungsber. **1961** (hrsg. 1962) Nr. 45. S. 281-290. — 14 Lit.
Für die biol. Insekticidprüfung werden 4 verschiedene Methoden behandelt: 1. Die allg. Insekticidprüfung. Sie dient der Klärung der insekticiden Eigenschaften und wird mit wenigen international eingeführten, leicht züchtbaren Insektenarten durchgeführt. Je nachdem, ob ein Nachweis kleinster Insekticidmengen, die Prüfung von systemisch wirkenden Mitteln oder die Verbundwirkung verschiedener Wirkstoffe erforscht werden soll, wird sich die Auswahl der Testtiere verändern. Schwache Dosen verschiedener Wirkstoffe können sich synergistisch, starke Dosen durch Antagonismus dagegen weniger wirksam verhalten. 2. Die spezielle Insekticidprüfung zur gleichzeitigen Feststellung der Wirkung auf natürlich vorkommende resistente Stämme an im Freien gefangenen Schadinsekten. 3. Prüfung der Insekticide im Feldversuch unter Praxisbedingungen. Hierbei kann es notwendig werden, die Prüfungen im Gewächshaus unter freilandähnlichen Bedingungen durchzuführen. 4. Wirkungsprüfung am Modellinsekt. Hierbei werden bestimmte, leicht zu haltende Ersatztiere für den später zu bekämpfenden Schädling zur Prüfung herangezogen (z. B. in Meerschweinchenwunden eingesetzte Larven von *Callitroga hominivorax* anstelle von Dasselfliegenlarven in Rindern).
H. A. Kirchner. 2420.

Tsao, Peter H., Leben, Curt und Keit, G. W.; Riverside, Univ. of Calif., Dep. of Plant Pathol.; Wooster, Ohio Agric. Exp. Stat., Dep. of Bot. and Plant Pathol.; Madison, Univ. of Wisconsin, Dep. of Plant Pathol. An enrichment method for isolating actinomycetes that produce diffusible antifungal antibiotics. **(Eine Anreicherungsmethode für die Isolierung von Actinomyceten, die diffusible fungicide Antibiotica bilden.)** Phytopathology **50** (1960) Nr. 1. S. 88-89. 2420.

Baeumer, K. und Lochow, J. v.; Göttingen, Univ., Inst. für Pflanzenbau und Pflanzenzücht. **Untersuchungen über die echte Kleemüdigkeit. 3. Mitt. Beobachtungen an einem Fruchtfolge-Versuch.** Z. Acker- u. Pflanzenbau **113** (1961) Nr. 4. S. 395-412. — 1 Abb., 12 Tab., 12 Lit. 2. Mitt. vgl. LZ. Abt. II **3** (1958) Nr. 4. S. 784.
Im 9jährigen Dauerversuch wurde die Frage geprüft, ob sich bei wiederholtem Anbau von Rotklee (*Trifolium pratense* L.) nach Rotklee bzw. Gelbklee (*Medicago lupulina* L.) oder Schwedenklee (*Trifolium hybridum* L.) spez. Symptome einer Unverträglichkeit des Rotklees mit sich selbst zeigen. Weder in der Bestandsentwicklung noch in der Substanzproduktion der Einzelpflanzen konnte bisher eine solche Unerträglichkeit des Rotklees mit sich selbst festgestellt werden. Es können allerdings bestimmte tierische oder pflanzliche Parasiten durch den wiederholten Kleeanbau stark vermehrt werden, wodurch dann Ertragsdepressionen möglich sind. Dies hat jedoch nichts mit der spez. Vorfruchtwirkung des Rotklees zu tun, die allein in der Pflanzenart selbst begründet ist. R. Fritzsche. 2450.

Sequeira, L.; Coto, Compania Bananera de Costa Rica, Res. Dep. Control of bacterial wilt of bananas by crop rotation and fallowing. **(Bekämpfung der Bakterienwelke der Bananen durch Fruchtwechsel und Brache.)** Trop. Agric. **39** (1962) Nr. 3. S. 211-217. — 1 Abb., 2 Tab., 23 Lit.
Das Problem der Bekämpfung von *Pseudomonas solanacearum* durch Fruchtwechsel wurde bereits mehrfach in verschiedenen Teilen der Welt im Zusammenhang mit dem Verhalten verschiedener von dem Erreger befallener Kulturpflanzen untersucht. Das brachte z. B. im Tabakbau erhebliche Anbaupausen mit sich. Kurzzeitige Fruchtfolgen waren wenig wirkungsvoll, wobei weniger die Erhaltung des Erregers an Unkräutern als vielmehr dessen bis

4jährige Haltbarkeit im Boden als Ursache zu gelten hat. In Bananenpflanzungen brachte dagegen 22mon. Brache bereits Erfolge. – In den Versuchen wurden die Bananenstauden eines Feldes mit Wuchsstoffen zerstört, das Feld dann mit der Scheibenegge bearbeitet. Danach wurde 0, 6, 12, 18 und 24 Mon. Unkrautbrache stehen gelassen bzw. Kudzu (*Pueraria phaseoloides*) angebaut. Nach diesen Zeiten wurden erneut Bananen gebaut und die Befallsgrade registriert. Dabei zeigte sich, daß bereits 18 Mon. Brache oder Kudzu-Anbau den Befall fast restlos vermeiden konnten (0,3-0,4% befallene Bananenpflanzen 6 Mon. nach der Pflanzung, 0,6-1,3% 12 Mon. nach der Pflanzung). Nach 24 Mon. Zwischenkultur trat kein Befall mehr auf. Die Beziehungen zwischen Dauer der Zwischenkultur und der Stärke des Welkebefalles sind markant. Von diesen Ergebnissen abweichende Befunde anderer Autoren werden dem Vorkommen verschiedener ökol. Rassen des Erregers und dem variierenden Besatz an Wirtsunkräutern zugeschrieben. W. Stenz. 2450.

Anonym. **Biologische Methoden der Bekämpfung von Pflanzenkrankheiten und -schädlingen.** Zeszyty problemowe postępów Nauk rolniczych **1962** Nr. 35. S. 268.

Vorliegende Veröffentlichung enthält 28 Vorträge, die anläßlich einer internat. Konferenz vom (18.-23. 10. 1960) in Warschau von poln., sowjet., tschech. und dtsch. Wissenschaftlern über die biol. Bekämpfung gehalten wurden. Jeder Votrag ist in poln., russ. und dtsch. abgedruckt, wobei der volle Wortlaut in derjenigen Sprache erscheint, in der er gehalten wurde. In den beiden anderen Sprachen erscheinen umfangreiche Inhaltsangaben. Die Vorträge behandeln allg. Probleme der biol. Bekämpfung von Pflanzenkrankheiten und -schädlingen in verschiedenen Ländern sowie Forschungsergebnisse über ihre Parasiten und Räuber. W. Śliwiński. 2470.

Yamvrias, C.; La Minière, Lab. de Lutte Biol. del' I. N. R. A. Contribution à l'étude du mode d'action de Bacillus thuringiensis Berliner vis-à-vis de la teigne de la farine Anagasta (Ephestia) kühniella Zeller (Lépidoptère). **(Beitrag zur Kenntnis der Wirkungsweise von Bacillus thuringiensis Berliner gegen die Mehlmotte Anagasta [Ephestia] kühniella Zeller [Lepidoptera].)** Entomophaga [Paris] **7** (1962) Nr. 2. S. 101-159. – 12 Abb., 14 Tab., 17 Lit.

Der pathogene Effekt ist das Ergebnis eines Faktorenkomplexes, zu dessen endgültiger Aufklärung noch eingehende histopathologische Untersuchungen notwendig sind. Die Larvenstadien sind unterschiedlich empfindlich. Ältere Larven sind wesentlich widerstandsfähiger als Junglarven. Bekämpfungsmaßnahmen mit Bakterienpräparaten sind daher nur bei rechtzeitiger Anwendung erfolgreich. Subletale Dosen hemmen die Entwicklung; die Fertilität der daraus entstehenden Imagines ist reduziert. Ständige Behandlung mit diesen Präparaten über 7 Generationen führte nach dieser Zeit zu einer konstanten LD 50. Die Möglichkeiten eines praktischen Einsatzes werden besprochen. Für den Menschen sind die Präparate ungefährlich. Eine direkte Behandlung des Mehles wird aber nicht angeraten. Zur Zeit ist das Verfahren noch nicht wirtschaftlich. R. Fritzsche. 2470.

Lipa, Jerzy J. Zwalczania kolki szkodników kapustnych handlowymi preparatami mikrobialnymi (Biotrol 25W i Thuricide WP) zawierajacymi bakterie Bacillus thuringiensis. **(Die Bekämpfung einiger Kohlschädlinge mit den im Handel befindlichen Bakterienpräparaten [Biotrol 25 W und Thuricide WP], welche Bacillus thuringiensis enthalten.)** Biul. Inst. Ochrony Roślin **16** (1962) S. 235-256. – 12 Abb., 9 Lit. Zus. in Russ., Engl.

Die amer. Bakterienpräparate Biotrol 25 W und Thuricide WP (*Bacillus thuringiensis*) wurden mit 2, 10, 20 und 40 g/Pflanze gegen *Pieris brassicae*, *P. rapae* und *Mamestra brassicae* auf Weiß-, Wirsing- und Blumenkohlpflanzen sowie auf Kohlrabi geprüft. Als Haftmittel dienten Triton B und Sandovit.

2 g des Präparats (ca. 300 Mill. Sporen und Kristalle) auf 1 Pflanze reichen aus zur wirksamen Bekämpfung auch älterer Larvenstadien der genannten Schädlinge. W. Śliwiński. 2470.

Burgerjon, A.; La Minière, Lab. Biocoenot. Lutte Biol. Relation entre l'intoxication provoquée par Bacillus thuringiensis Berliner et la consommation chez Pieris brassicae L. **(Beziehung zwischen der durch Bacillus thuringiensis Berliner hervorgerufenen Infektion und dem Nahrungsverbrauch von Pieris brassicae. L.)** Ann. Épiphyties **13** (1962) Nr. 1. S. 59-72. — 8 Abb., 21 Lit.

Vf. beschreibt ein Verfahren zur Schnellbestimmung der toxischen Wirksamkeit von *Bacillus thuringiensis* Stamm 'Berliner' und Stamm 'Anduze' gegen *Pieris brassicae*-Raupen, das auf der Feststellung basiert, daß eine lineare Korrelation zwischen dem Log. der Konz. der Bakteriensuspensionen auf einer bestimmten Blattoberfläche und der Abnahme des Nahrungsverbrauches infizierter Raupen gegenüber Kontrollraupen besteht. Die aus der Korrelation ermittelten Regressionsgeraden ermöglichen eine quantitative Bewertung der Aktivität der Bakterienpräparate (biol. Titration). Der unterschiedliche Verlauf der Regressionsgeraden weist auf einen deutlichen Unterschied in der Aktivität der beiden Bakterienstämme hin. — Die Abnahme des Nahrungsverbrauches wird durch Messung der unterschiedlichen Lichtdurchlässigkeit der Blattoberfläche in Abhängigkeit vom Fraßgrad auf photoelektrischem Wege bestimmt. G. Kerner. 2470.

Laan, P. A. van der und Wassink, H. J. M.; Amsterdam, Univ., Lab. Entomol. Control of tent caterpillars (Malacosoma neustria) with Bacillus thuringiensis in the city of Amsterdam. **(Bekämpfung von Ringelspinnerraupen (Malacosoma neustria) mit Bacillus thuringiensis im Stadtgebiet von Amsterdam.)** Tijdschr. Planteziekten **68** (1962) Nr. 2. S. 143-146. — 1 Tab., 6 Lit.

Bei einer regelmäßigen Bekämpfung von Massenvermehrungen des Ringelspinners auf Ulmen im Stadtgebiet von Amsterdam, die eine unzumutbare Belästigung der Bewohner darstellten, traten bei Anwendung älterer Insekticide gewisse Nachteile auf; wirksame neuere Insekticide konnten wegen der Gefährdung von Mensch und Tier im Stadtzentrum nicht angewendet werden. Vff. entschlossen sich daher, spez. biol. Mittel einzusetzen, die sich ausschl. gegen die schädlichen Raupen richteten und keine Gefährdung der umgebenden Lebewelt bedeuteten. Vff. berichten über Versuche, die sie mit 3 verschiedenen Bakterienpräparaten auf der Basis von *Bac. thuringiensis* Berliner und mit Derris-Staub + 2,1% Rotenon durchführten. Material und Methode werden beschrieben. Die Ergebnisse zeigten einen höheren Mortalitätsanteil durch die *Bac. thuringiensis*-Präparate als durch Derris-Staub. Die Vorteile der ersteren werden besprochen. Versuche, die im Stadtgebiet auf größerer Ebene angelaufen sind, konnten wegen ungünstiger Witterungseinflüsse nicht zuverlässig ausgewertet werden und sollen i. J. 1962 wiederholt werden. G. Kerner. 2470.

Hams, A. F. und Wilkin, G. D.; Nottingham, Boots Pure Drug Co. Ltd., Res. Dep. Observations on the use of predacious fungi for the control of Heterodera spp. **(Beobachtungen über die Verwendung von räuberischen Pilzen zur Bekämpfung von Heterodera spp.)** Ann. appl. Biol. **49** (1961) Nr. 3. S. 515 bis 523. — 6 Tab., 7 Lit.

Die Versuche wurden mit den Pilzen *Dactylaria candida, Arthrobotrys robusta* und *Trichothecium cystosporium* durchgeführt, die zur Bekämpfung des Hafer-, Kartoffel- und Erbsennematoden eingesetzt wurden. Ergänzende Untersuchungen wurden mit dem in die Zysten eindringenden Pilz *Phialophora heteroderae* durchgeführt. In Kulturfiltraten sporulierten die Pilze sehr gut. Sie wurden von dort auf Molken übertragen. Das beimpfte Substrat wurde mit Vermiculit gemischt. Nach 14-21 Tagen Aufenthalt bei 26-28 °C wurde

das Vermiculit-Pilzgemisch im Vakuum oder an der Luft getrocknet. — Bei Impfung von Freilanderde in Topfversuchen wurden gute Bekämpfungserfolge erzielt. Demgegenüber brachten Freilandversuche keine befriedigenden Ergebnisse. Vff. folgern aus ihren Untersuchungen, daß ein Erfolg nur zu erwarten ist, wenn der Höhepunkt der Pilzentwicklung, der etwa 12–15 Tage nach der Beimpfung des Bodens einsetzt, mit dem Schlüpfen der Larven aus den Zysten zusammenfällt. Das ist unter Labor.-Bedingungen zu erreichen, im Freiland aber unterliegen Pilze und Nematoden anderen Bedingungen.
H.-W. Nolte. 2470.

Dirimanov, M. und Angelova, R. (Dirimanow, M. und Angelova, R.); Plowdiw, Bulgarien, Höheres Landwirtsch. Inst. „W. Kolarow". Vŭzmožnosti za izpolzuvane na gubata boverija (Beauveria bassiana [Bals.]) za borba sreštu vrednite nasekomi. **(Möglichkeiten der Verwendung des Pilzes Beauveria bassiana Bals. zur Bekämpfung schädlicher Insekten.)** Priroda, Sofija **10** (1961) Nr. 6. S. 58–61. — 3 Abb., 4 Tab.
Vff. beschreiben die Verfahren zur Isolierung und Vermehrung des Pilzes *Beauveria bassiana* und dessen Einsatz zur Bekämpfung von verschiedenen Insekten durch Spritzen oder Stäuben oder aber durch Kombination mit verminderten Aufwandmengen an DDT und HCH sowie durch Einbringen in den Boden. Bei Labor.-Versuchen wurde beim Luzernekäfer (*Phytodecta fornicata*) 12 Tage nach der Behandlung mit *B. bassiana* eine 40–50%ige Abtötung der Käfer erzielt. Bei Kombination mit HCH stieg die Mortalitätsrate auf 60% an. Durch Stäuben mit *Beauveria* betrug sie 15%, bei Kombination mit HCH 27%. Durch Einbringen von *Beauveria* in den Boden zur Bekämpfung der Kohleule (*Barathra brassicae*) wurden eine 65%ige Abtötung der Raupen und eine 30%ige der Puppen erreicht, während bei Spritzung der Kohlbätter mit *Beauveria*-Suspension die Mortalität zwischen 50 und 80% schwankte. Beim Spritzen mit 2%iger *Beauveria*-Suspension erreichte man in Labor.-Versuchen eine 90%ige und beim Stäuben sogar eine 95%ige Abtötung des Kiefernprozessionsspinners (*Thaumatopoea pityocampa*). Vff. fordern ein aus *B. bassiana* herzustellendes Biopräparat zur erfolgreichen biol. Bekämpfung schädlicher Insekten.
A. Balewski. 2470.

Fedorinčik, N. S. (Fedorintschik, N. S.); Leningrad, Unions-Forsch.-Inst. für Pflanzenschutz. Ispol'zovanie griba Trichoderma lignorum Harz dlja podavlenija fitopatogennych gribov v počve. **(Die Verwendung des Pilzes Trichoderma lignorum Harz zur Bekämpfung phytopathogener Pilze im Boden.)** Dtsch. Akad. Landwirtsch.-Wiss. Berlin, Tagungsber. **1961** Nr. 41. S. 109 bis 118. — 4 Tab., 14 Lit. Orig.: russ., Ausz.: engl., dtsch.
Verschiedene Herkünfte von *Trichoderma lignorum* wurden auf ihre antagonistische Aktivität gegenüber 16 phytopathogenen Pilzarten geprüft, wobei der Stamm 6 die größte Aktivität zeigte. Dieser Stamm unterdrückte in Nährlösung nach Helriegel bei Mischkultur mit ***Fusarium lini, Helminthosporium sativum, Colletotrichum lini, Alternaria tenuis, Phoma betae, Sclerotinia libertiana, Pythium debaryanum, Ascochyta pisi, Botrytis cinerea*** bzw. ***Verticillium*** spp. deren Wachstum völlig. In Gefäßversuchen mit sterilem Boden konnte der Befallsgrad von mit *F. lini* und *C. lini* infizierten Leinpflanzen durch Superinfektion mit dem Stamm 6 reduziert werden. In Feldversuchen wurde die Infektion von Kartoffeln mit *R. solani* dadurch vermindert, daß in jedes Pflanzloch eine Hand voll Torf, in dem Stamm 6 vorkultiviert worden war, gemischt mit 5% Superphosphat gegeben wurde. Zur Anzucht der für die Praxis notwendigen Antagonistenmengen bewährte sich die Kultivierung von *T. lignorum* in erwärmtem Torf und in Torf-Erde-Komposten, während Erde-Mist-Komposte geringere Keimzahlen ergaben. Durch Massenkultur des Stammes 6 auf erwärmtem Torf wurde das Biopräparat Trichodermin 3 hergestellt, das in Bodenentseuchungs- und Beizversuchen gegen

F. lini und *C. lini* erfolgreich zur Anwendung kam. Der Praxis wird dieses Verfahren vorerst zur Bekämpfung phytopathogener Pilze in Gewächshäusern und Mistbeeten empfohlen. H. Lehmann. 2470.

Denburgh, R. S. van und Burbutis, Paul P.; Newark, Delaware Agric. Exp. Stat. The host-parasite relationship of the European corn borer, Ostrinia nubilalis, and the protozoan, Perezia pyraustae, in Delaware. **(Das Wirt-Parasitverhältnis zwischen dem Maiszünsler, Ostrinia nubilalis, und dem Protozoen Perezia pyraustae in Delaware.)** J. econ. Entomol. **55** (1962) Nr. 1. S. 65–67. — 1 Tab., 12 Lit.
Im Frühjahr 1960 konnte in Delaware eine Parasitierung der Larven und Imagines des Maiszünslers, *Ostrinia nubilalis* Hübn., durch den Protozoen *Perezia pyraustae* Paillot bis zu 85% festgestellt werden. Hierdurch wurde die Lebensdauer der Männchen und Weibchen erheblich gesenkt, ebenso die Fruchtbarkeit der Weibchen. Unter den abgelegten Eiern war bei den infizierten Weibchen die Lebensfähigkeit herabgesetzt gegenüber Eltern nichtinfizierter Weibchen. Der Parasit wirkt sich somit auch auf die Embryonalentwicklung aus. Es wird hieraus geschlossen, daß *P. pyraustae* ein wichtiger Faktor innerhalb des Massenwechsels von *O. nubilalis* in Delaware sein kann.
R. Fritzsche. 2470.

Dosse, Gudo; Stuttgart-Hohenheim Landwirtsch. Hochschule, Inst. für Pflanzenschutz. **Die Feinde der Raubmilben als reduzierender Faktor der Spinnmilben.** Entomophaga [Paris] 7 (1962) Nr. 3. S. 227–236. — 17 Lit.
In Stuttgart-Hohenheim wurde die Biozönose an Apfelbäumen untersucht. Wichtigster Feind der Obstbaumspinnmilbe *Metatetranychus ulmi* ist die Raubmilbe *Typhlodromus pyri*, die ihrerseits eine Reihe von Feinden hat, und zwar *Crysopa vulgaris, Anthrocoris nemorum, Orius minutus* und 35 weitere Arten. Da diese Feinde der Raubmilbe z.T. auch gleichzeitig Spinnmilben sowie Blattläuse vertilgen, hängt ihre Einschätzung als Nützling oder Schädling stark von der jeweiligen Zusammensetzung der Biozönose ab. Der wichtige Spinnmilbenverzehrer *Stethorus punctillum* ist in den letzten Jahren völlig aus dem Raum Stuttgart-Hohenheim verschwunden. Wegen der laufenden Veränderungen innerhalb der Biozönose muß eine einmal aufgestellte schonende Spritzfolge ständig überprüft werden. E. Königsmann. 2470.

Karg, Wolfgang; Kleinmachnow bei Berlin, Biol. Zentralanst. **Über die Beziehungen von edaphischen Raubmilben zur Arthopoden- und Nematodenfauna des Bodens.** Dtsch. Akad. Landwirtsch.-Wiss. Berlin, Tagungsber. Nr. 45. S. 311–327. **1961** (hrsg. 1962) — 8 Abb., 4 Tab., 21 Lit. Zus. in Russ., Engl.
In Fütterungs- sowie in Freilanduntersuchungen werden die Beziehungen zwischen Raubmilben (*Gamasides*) und deren Beutetieren sowie den Temperatureinflüssen untersucht. In den oberen hohlraumreicheren Schichten dominieren andere Arten als in den tieferen hohlraumärmeren. Die Nahrung der Raubmilben *Pergamasus crassipes* (L.), *P. septemtrionalis* (Oudms.), *P. misellus* Berl. und *Hypoaspis aculeifer* (Can.) besteht im wesentlichen aus Collembolen. Dem Populationsanstieg der Raubmilben in den Sommermon. läuft eine Verminderung der Collembolen entgegen. In den Herbstmon. vermindert sich, bedingt durch die niedrigen Temperaturen (unter 10 °C), die Milbenpopulation bei gleichzeitigem Anstieg der Collembolenpopulation. Temperatur und Nahrungsangebot bestimmen die Abundanzschwankungen. Auf Feldstücken, die vom Kartoffelnematoden, *Heterodera rostochiensis* Woll., verseucht sind, treten u.a. die Arten *Dendrolaelaps strenzki* Hirschmann 1960; *Alliphis siculus* (Oudemans 1905) und *Rhodacarellus silesiacus* Willmann 1936, die in Fütterungsversuchen als Nematodenspezialisten erkannt wurden, stärker in Erscheinung. Beutetiere und Räuber müssen in einem bestimmten Verhältnis (Größe, Reaktionsvermögen) zueinander stehen. Ebenso sind Be-

ziehungen zwischen der Form der Cheliceren und den Beutetieren erkennbar. Fang der Beute und deren Verdauung werden behandelt.

H. Stelter. 2470.

Buffam, P. E.; Portland, Oreg., Pacific Northwest Forest and Range Exp. Stat. Observations on the effectiveness and biology of the European predator Laricobius erichsonii Rosen (Coleoptera: Derodontidae) in Oregon and Washington. **(Beobachtungen über Wirksamkeit und Biologie des europäischen Prädatoren Laricobius erichsonii Rosen [Coleoptera: Derodontidae] in Oregon und Washington.)** Canad. Entomologist 94 (1962) Nr. 5. S. 461–472. – 5 Abb., 1 Tab., 9 Lit.

Zur Bekämpfung der Tannenlaus *Chermes* (=*Adelges*) *piceae* Ratz. wurden während der Jahre 1957 bis 1960 in Oregon und Washington 18 räuberische Arten aus Europa, Asien und Australien eingeführt und freigelassen, als eine der ersten *L. erichsonii.* Diese Art hatte sich bereits in Kanada eingebürgert und *C. piceae*-Populationen wirksam reduziert. Die Lebensweise von *L. erichsonii* in Ostkanada unterscheidet sich kaum von der in Europa; Räuber und Parasiten wurden nicht festgestellt. Transport und Aussetzungsmethoden werden beschrieben. An 8 Stellen in Washington und Oregon wurden während der Jahre 1958 und 1959 10125 eur. Exemplare von *L. erichsonii* ausgesetzt. Weder die Anzahl der Käfer noch die Art ihrer Freilassung (Käfig- oder freie Aussetzung) scheinen Einfluß auf die Ansiedlung zu haben. Diese scheint in 5 Gebieten erfolgt zu sein. Die Ausbreitung war auf Grund der hohen Beutedichte rel. gering, sie betrug im 2. Jahr nach der Freisetzung maximal 850 ft. Auszählungen ergaben in 3 von 4 Fällen eine signifikante Reduzierung der Schädlingspopulation. Lebenszyklus und Verhalten wurden in 3 Gebieten untersucht. Eine Larve im 4. Stadium verzehrt 50 Eier innerhalb von 24 Std. (Labor.-Beobachtung). Die Ansiedlung in Oregon und Washington scheint geglückt; Populationsdichte und Ausbreitungsgebiet vergrößern sich ständig, so daß bei Fortdauer dieser Entwicklung die Population von *C. piceae* so weit begrenzt wird, daß die Bäume nicht mehr absterben. Einige Umweltbedingungen können aber ungünstig auf die *L. erichsonii*-Populationen wirken.

W. Lehmann. 2470.

Koehler, Witold. Kilka spostrzeżeń nad zagęszczaniem siępopulacjdwóch gatunków z rodziny Coccinellidae na tle gradacji szkodników leśnych. **(Einige Bemerkungen bezüglich der Populationsdichte von zwei Arten aus der Familie der Coccinellidae im Lichte einer Gradation der Waldschädlinge.)** Polskie Pismo entomol. **1961** Nr. 1/2. S. 17–25. – 3 Abb., 1 Tab., 4 Lit. Zus. in Russ., Engl.

Im Frühjahr und Sommer 1954 trat in Wäldern Oberschlesiens nach starkem Befall durch *Acantholyda nemoralis* Toms. f. *praecox* W. K. sowie i. J. 1956 nach Befall durch *Pannolis flammae* Schiff. der Marienkäfer (*Analis ocellata*) zahlreich auf. Trat die späte Form von *A. nemoralis* f. *serotina* stark auf, zeigte sich eine andere Marienkäferart, nämlich *Neimysia oblongottuata.* Vf. vermutet, daß den Marienkäferarten eine Bedeutung hinsichtlich der Verminderung der Population von Waldschädlingen zukommt. Ein zahlreiches Auftreten von *Coccinella septempunctata* in den Wäldern im Herbst ist darauf zurückzuführen, daß diese Art im Walde überwintert und im Frühjahr auf bestellte Ackerflächen abwandert. W. Śliwiński. 2470.

Ruszkowski, Andrzej. Obserwacje nad występowaniem biedronkowatych (Coccinellidae). **(Beobachtungen über das Auftreten der Marienkäferarten.)** Polskie Pismo entomol. **1961** Nr. 1/2. S. 57–66. – 2 Tab., 2 Lit. Zus. in Russ., Engl.

In den Jahren 1958/59 untersuchte Vf. das Auftreten von Marienkäfern auf Anbauflächen von Luzerne, Hornschotenklee, Fenchel, Kümmel und Koriander in Puławy sowie von Fenchel, Koriander und Kümmel im Kreis Poznań und in

Opole-Lubelskie. 15 verschiedene Arten wurden bestimmt. Über Termin und Intensität des Auftretens einzelner Arten wird berichtet.

W. Śliwiński. 2470.

Strojny, Władysław. Acanthocryptus afflictor (Grav.)-Hym., Ichneumonidae pasożyt Billaea irrorata (Meig.)-Dipt., Tachinidae. **(Acanthocryptus afflictor [Grav.]-Hym., Ichneumonidae als Parasit von Billaea irrorata [Meig.]-Dipt., Tachinidae.)** Polskie Pismo entomol. **1961** Nr. 1/2. S. 79–84. — 11 Abb., 9 Lit. Zus. in Russ., Engl.

Bei Untersuchungen über die Biologie von *Saperda populnea* L. und seinem Parasiten *Billaea irrorata* (Meig.) beobachtete Vf. als Hyperparasiten *Acanthocryptus afflictor* (Frav.). In Jahren mit geraden Jahreszahlen tritt er in Polen häufig auf. Die Biologie der Hyperparasiten sowie Art und Weise der Parasitierung werden beschrieben. W. Śliwiński. 2470.

Haeselbarth, Erasmus. **Zur Biologie, Entwicklungsgeschichte und Ökologie von Brachistes atricornis Ratz. (Hym., Brac.) als eines Parasiten von Pissodes piceae (Ill.) (Col., Curc.).** Z. angew. Entomol. **49** (1962) Nr. 3. S. 233–289. — 26 Abb., 70 Lit.

Brachistes atricornis Ratz. ist ein Eiparasit des Rüsselkäfers *Pissodes piceae* (Ill.). Die Biologie dieser Braconide wird ausführlich geschildert. Die Beobachtungen wurden im Freien durchgeführt. Da es bei dieser Art häufig nicht zur Kopulation kommt, wird auch parthenogenetische Fortpflanzung vermutet. Es werden in der Regel mehrere Eier in die Eigrube von *P. piceae* abgelegt, bisweilen mehr als sich Eier im Wirtsgelege befinden. Auch werden bereits angestochene Wirtsgelege mehrmals von verschiedenen Weibchen belegt. Es kann sich jedoch nur eine Larve entwickeln. Sehr selten werden Eilarven von *P. piceae* angestochen. Die beiden ersten Larvenarten ernähren sich von der Körperflüssigkeit des Wirtes. Nach dem 3. Larvenstadium verläßt die *Brachistes*-Larve den Wirt, um sich nun ektoparasitisch am Wirt lebend, später dicht unter der dünnen Rindenschicht zu verpuppen. Die schlüpfenden Imagines können dadurch leicht nach außen gelangen. Die Entwicklung von *B. atricornis* ist weitgehend mit bestimmten Entwicklungsvorgängen des Wirtes koordiniert. Es scheint hier eine gegenseitige hormonale Beeinflussung vorzuliegen. Die Stärke der Parasitierung von *Pissodes* durch *Brachistes* ist mit etwa 40% ziemlich konstant, da das Weibchen von *Brachistes* nicht alle Eier eines *Pissodes*-Geleges mit einem Legebohrer erreichen kann. Dieser Umstand sowie der ungefähre Gleichgewichtszustand der Populationen von *Brachistes* und *Pissodes* lassen eine wesentliche Beeinflussung des Gradationsverlaufes von *Pissodes* kaum erwarten. Auch eine künstliche Förderung des Parasiten erscheint bei der engen gegenseitigen physiol. und ökol. Anpassung von *Brachistes* und *Pissodes* fast aussichtslos.

H. A. Schmidt. 2470.

Labeyrie, V.; Antibes, Alpes-Maritimes, INRA. Stat. Lutte Biol. Influence des parasites oophages sur la régulation des populations de Cassida deflorata Suff. **(Der Einfluß von Eiparasiten auf die Regulierung der Populationsdichte von Cassida deflorata Suff.)** Entomophaga [Paris] **6** (1961) Nr. 4. S. 257–263. — 6 Tab., 8 Lit.

Die Eigelege von *Cassida deflorata*, einem Schädling an Artischocken, werden mit unterschiedlicher Intensität in Südfrankreich von einer Reihe parasitischer Hymenopteren aus der Familie der *Mymaridae*, *Trichogrammatidae* und *Eulophidae* befallen. Labor.-Versuche ergaben, daß die Parasitierung vom Alter der Eier abhängt; die größte Anfälligkeit der Eier liegt innerhalb von 48 Std. nach der Ablage. Vf. untersuchte die Parasitendichte in den verschiedenen Befallsgebieten und die Rolle, die die Parasiten bei der Begrenzung der Populationsdichte des Schädlings spielen. Nur für das Gebiet der Ostküste von Korsika ließ sich ein regulierender Einfluß der Parasiten nachweisen. Es wird die Frage gestellt, ob die schwächere Aktivität der Entomophagen in den übrigen Gebieten auf den Kulturwechsel bzw. die Anbaufolge zurückzuführen ist. Vf. kommt zu dem Schluß, daß die Übervermehrung von *C. deflorata* nicht an einen einzigen regulierenden Faktor gebunden ist, sondern daß mehrere Faktoren daran beteiligt sind, deren Erforschung eine systematische Analyse aller Elemente der Biozönose rechtfertigt. G. Kerner. 2470.

House, H. L. und Barlow, J. S.; Belleville, Ontario, Canada Dep. of Agric., Entomol. Res. Inst. for Biol. Control, Res. Branch. Effect of different diets of a host, Agria affinis (Fall.) (Diptera: Sarcophagidae), on the development of a parasitoid, Aphaereta pallipes (Say) (Hymenoptera: Braconidae). **(Wirkungen unterschiedlicher Nahrung des Wirtes Agria offinis [Fall.] [Dipt.: Sarcophagidae] auf die Entwicklung des Parasiten Aphaereta pallipes [Say] [Hymenoptera: Braconidae].)** Canad. Entomologist **93** (1961) Nr. 11. S. 1041–1044. — 12 Lit.

Beide Insekten bilden ein sehr geeignetes Studienobjekt für das Wirt-Parasit-Verhältnis bei Insekten, da *Agria affinis* auf künstlichen Nährsubstraten genau bekannter chem. Zusammensetzung gezüchtet werden kann. Die Reaktion des Parasiten auf die Zusammensetzung der Nahrung seines Wirtes läßt sich genau verfolgen. Bei einem Gehalt der Wirtsnahrung von 3% Aminosäuren und 0,5% Dextrose war die Mortalität des Parasiten größer als bei einem Gehalt von 2% Aminosäuren und 4% Dextrose. Die Entwicklungsdauer (14–15 Tage) war in jedem Fall gleich, ebenso der Weibchenanteil von ca. 60%. K. Geißler. 2470.

Guseva, T. M. (Gussewa, T. M.); Ukrain. Inst. für Pflanzenschutz. Opyt primenenija trichogrammy protiv kukuruznogo motyl'ka. **(Versuche zur Anwendung von Trichogramma gegen den Maiszünsler.)** Zaščita rastenij ot vreditelej i boleznej, Moskva **7** (1962) Nr. 5. S. 30.

Im Gebiet von Tschernowzy wurde in den Jahren 1960–1961 *Trichogramma evanescens* Westw. zur Bekämpfung des Maiszünslers eingesetzt. Bei einer einmaligen Ausbringung von *Trichogramma* zu Beginn der Eiablage des Maiszünslers waren noch 82% der Maisstengel vom Schädling befallen, bei einer 2maligen Ausbringung zu Beginn und während der Masseneiablage ging der Befall der Stengel auf 45% zurück (Kontrolle 100% Befall). H. Decker. 2470.

Evenhuis, H. H. **Betrachtungen über den Einfluß der Blutlauszehrwespe Aphelinus mali (Hald.) auf den Massenwechsel ihres Wirtes, der Apfelblutlaus Eriosoma lanigerum (Hausm.), in den Niederlanden.** Z. angew. Entomol. **49** (1962) Nr. 4. S. 402–407. — 1 Abb., 1 Tab., 8 Lit.

Die Blutlauszehrwespe *Aphelinus mali*(Hald.) ist ein monophager Parasit der Apfelblutlaus *Eriosoma lanigerum* (Hausm.): Sie kann befallene und nichtbefallene Wirte unterscheiden. Superparasitismus kommt in der Regel nur dann vor, wenn nicht genügend Wirtstiere zur Verfügung stehen. Eine parasitierte Blutlaus kann noch eine zeitlang Nachkommen produzieren. Das Vermehrungspotential von *A. mali* ist geringer als das von *E. lanigerum*, es ist demzufolge theoretisch nur eine rel. große Parasitenpopulation in der Lage, eine rel. kleine Wirtspopulation in Schach zu halten. Dieses Gleichgewicht zwischen Wirt und Parasit wird jedoch labil, wenn abiotische Faktoren (z. B. strenger Frost) eintreten, die einen sehr hohen Prozentsatz der Blattläuse abtöten. Da auch eine Koinzidenz der Entwicklung von Wirt und Parasit im Jahresablauf nicht besteht, kann zumindest unter holl. Bedingungen die Blutlauszehrwespe die Zunahme der Blutlaus nicht genügend unterdrükken. H. A. Schmidt. 2470.

Kruel, W. und Otto, D. **Untersuchungen zur Biologie der Roten Waldameisen und zur Nutzbarmachung in der Forstwirtschaft.** Forsch.- u. Entwickl.-

Stelle Eberswalde, Institut für Forstwissenschaften der Deutschen Akademie der Landwirtschaftswissenschaften zu Berlin. Plan-Nr. 1701 21 h-2-19/0.
Im Rahmen der Grundlagenuntersuchungen für eine gelenkte Wiederverbreitung nützlicher Waldameisen-Arten war eine Bearbeitung ökol. Fragen unter Berücksichtigung der neuen systematischen Gliederung der *Formica rufa*-Gruppe notwendig. Vorliegender Bericht gibt eine statistisch fundierte Analyse der in der Mecklenburger Seenplatte, im Gebiet Eberswalde, in Teilen der Schorfheide und im Hohen Fläming vorkommenden Arten, ihrer Dichte (Abundanz) und der ökol. Bedingungen ihrer Verbreitung. Bes. Wert wurde auf die Untersuchung des Einflusses waldbaulicher und standortlicher Faktoren auf Verbreitung und Vitalität der einzelnen, forstlich wichtigen Roten Waldameisen-Arten gelegt. 2470.

Zech, Erhard. **Auftreten und Biologie der Parasiten bei Obstbaumschädlingen (Apfelwickler und weitere Wicklerarten).** Forsch.- u. Entwickl.-Stelle Naumburg/Saale, Institut für Obstzüchtung. Abschlußber. 22/2. 1962. Plan-Nr.: 1701 11h/1-7/9.
In den Jahren 1959–1961 wurden im Untersuchungsgebiet von Naumburg regelmäßig 4 Parasiten in Apfelwicklerzuchten ermittelt. Mit Hilfe von Schlupfkontrollen wurden Zeitpunkt und Stärke des Auftretens der einzelnen Parasitenarten festgestellt. Hierbei war es möglich, neue Erkenntnisse über den Wirkungsgrad der Nützlinge zu gewinnen. 2470.

Šedivý, Jozef.; Praha-Ruzyně, Výzkumný Ústav Rostlinné Výroby. Přirození nepřátelé housenek nesytky rybízové (Aegeria tipuliformis Clerck.). **(Natürliche Feinde der Raupen des Johannisbeerglasflüglers [Aegeria tipuliformis Clerck].)** Zool. Listy **10(24)** (1961) Nr. 4. S. 345–350. — 3 Abb., 1 Tab., 8 Lit. Zus. in Dtsch.
Es sollte festgestellt werden, welche Wirkung das Aussetzen des regelmäßigen Schnittes und die Vernachlässigung der Johannisbeerkulturen auf den Befall der Raupen des Johannisbeerglasflüglers (*Aegeria tipuliformis* Clerck.) durch ihre natürlichen Feinde haben kann. Die Vernachlässigung entspr. agrotechn. Eingriffe führte zu keiner Verstärkung des Befalls durch natürliche Feinde der Raupen, auch an deren systematischer Zusammensetzung hat sich während der einzelnen Beobachtungsjahre nichts geändert. In den Jahren 1953–1956 fand Vf. folgende Feinde: *Bracon triangularis* Nees, *Macrocentrus marginator* Nees, *Chelonus starki* Telenga, *Apanteles* (*laevigatus* Rtzb. ?), *Ephialtes punctulatus* Rtzb., *Eurytoma verticilata* F. Die Parasitierung ließ sich an Raupen verfolgen, die in Holundermarkstückchen in mit feuchtem Filtrierpapier ausgelegten Petrischalen gehalten wurden (die Johannisbeertriebe haben sich für diesen Zweck als weniger geeignet erwiesen). Am häufigsten traten *Bracon triangularis* Nees und *Macrocentrus marginator* Nees auf. Die Parasitierung der Raupen und Puppen überstieg in keinem Fall 5%. Häufiger als durch Entomophagen wurden die Raupen und Puppen vom Pilz *Beauveria globulifera* (Speg.) befallen. Die Zahl der auf diese Weise befallenen Raupen betrug i.J. 1954 mehr als 11%. P. Bartoš. 2470.

Evenhuis, H. H.; Kentville, Nova Scotia, Canda Dep. of Agric., Res. Stat.; Wageningen, Netherlands, Inst. of Phytopathol. Res. Some notes on the dipterous enemies of aphids harmful for apple growing in Nova Scotia. **(Einige Bemerkungen über Dipterenfeinde von Aphiden, die das Apfelwachstum in Neuschottland gefährden.)** Canad. Entomologist **93** (1961) Nr. 11. S. 1020 bis 1021. — 2 Lit.
Vf. berichtet über einige Beobachtungen an den natürlichen Feinden der Apfelläuse *Eriosoma lanigerum* (Hausm.), *Dysaphis plantaginea* (Pass.) und *Aphis pomi* Deg. Als Feinde von *E. lanigerum* konnten *Neocnemodon elongata* (Cn.) (*Syrphidae*) als Larvenparasit in den Kolonien und *Phthorima bidens* Davos

(*Hymenoptera, Ichneumonidae*) als Parasit aus den Puparien dieser Art gezogen werden; weitere Feinde waren *Metasyrphus wiedemanni* (John.) (*Diptera, Syrphidae*) und *Syrphus vittarons* Shan. (*Syrphidae*). Als Feinde der beiden anderen Blattlausarten wurden ermittelt: *Metasyrphus vinelandi* (Cn.), *Leucopis americana* Malloch u.a. *Leucopis* spp. (*Chamaemyiidae*).

K. Geißler. 2470.

Vasiljević, Lj.; Zemun, Jougoslavie, Inst. Protect. Plant., Lab. Lutte Biol. Susceptibilité des chenilles du bombyx disparate (Lymantria dispar L.) envers la polyédrie dans les diverses phases de gradation de leur développement dans la nature. **(Die Anfälligkeit von Schwammspinnerraupen [Lymantria dispar L.] gegen die Polyedrose in den verschiedenen Phasen des Gradationsablaufes ihrer Entwicklung in der Natur.)** Entomophaga [Paris] **6** (1961) Nr. 4. S. 269–276. – 5 Abb., 2 Tab., 17 Lit.

Untersuchungen haben gezeigt, daß sich die Anfälligkeit der Raupen in den einzelnen Phasen der Gradation unterscheidet. Raupen aus der Kulmination brachten eine Prädisposition für die Krankheit mit und waren bes. anfällig, so daß sich bei künstlicher Infektion die Sterblichkeit noch vergrößerte. Dagegen wurden Raupen aus der Latenzphase nur in geringem Umfang durch die Polyedrose dezimiert und reagierten auf die künstliche Infektion zunächst sehr langsam. Raupen aus der Retrogradation und aus Labor.-Zuchten nahmen eine Mittelstellung ein. Vf. beobachtete, daß die Schwammspinnerraupen im 1. Jahr nach der Kulmination gegen die Polyedrose resistent waren und folgert daraus, daß sich im Verlauf der Retrogradation bis zur Latenz des Schädlings eine genetisch bedingte Immunität ausbildet, die bis zur Entstehung einer neuen Gradation anhält. Vf. sieht die Übervermehrung des Schwammspinners als eine Art Wechselbeziehung zwischen dem physiol. Zustand der Raupen und der Aktivierung des Virus, die eine neue Verseuchung auf natürlichem Wege zur Folge hat. G. Kerner. 2470.

Hedén, Å. und Ulfvarson, U. **Einige Gesichtspunkte zur Desinfektionswirkung bei der Beizung von Saatgetreide mit flüssigen Beizmitteln.** Phytopathol. Z. **44** (1962) Nr. 3. S. 241–253.

Vff. untersuchten die Verteilung einiger org. Quecksilberverbindungen (Methyl-Hg-dicyandiamid, Methyl-Hg-phosphat, Methyl-Hg-chlorid) während der Beizung von Getreidekörnern und die sich ergebende Desinfektionswirkung. Es konnte festgestellt werden, daß auf Grund der Flüchtigkeit (Bildung einer Gasphase) der angeführten Verbindungen bei der Lagerung des Getreides eine gewisse Umverteilung eintritt. Obwohl sich dadurch einige Ungleichmäßigkeiten in der Verteilung der Fungicide ergeben, wird das Getreide ziemlich gleichmäßig desinfiziert. Vermutlich ist die Gasphase, deren Konz. während der Lagerung innerhalb des Haufens praktisch gleich bleibt, für die vollständige Desinfizierung verantwortlich. Die Mittel sind nur unter ungewöhnlichen Bedingungen phytotoxisch. G. Zahn. 2500.

Niemann, E. **Beurteilung der thermischen und der anaeroben Verfahren zur Flugbrandbekämpfung bei Gerste und Weizen.** Angew. Bot. **36** (1962) Nr. 1. S. 1–15.

Die praktische Durchführung sowie die Vor- und Nachteile der verschiedenen Verfahren zur Flugbrandbekämpfung werden dargelegt (Heißluft, Heißbenetzung, Heißnebel, Heißwasser, Warmbenetzung, Warmwasserdauerbad, anaerobe Benetzung und Kaltwasserquellung). Verfahren mit abnehmender Wassermenge erfordern längere Behandlungszeiten. Je tiefer die Temperatur gewählt wird, um so mehr ist Luftabschluß erforderlich. Keimschäden sind bei Temperaturen zwischen 25–35 °C am geringsten. Verfahren mit geringen Wasserzusätzen wirken keimschonend. Teilweise wurde eine Steigerung der Keimkraft festgestellt. H. Rogoll. 2500.

Gustafsson, Nils. Undersökningar beträffande bekämpning av potatisskorv (Streptomyces scabies) genom jorddesinfektion med PCNB. **(Untersuchungen zur Bekämpfung des Kartoffelschorfes [Streptomyces scabies] durch Bodenbehandlung mit PCNB.)** Kungl. Skogs-och Lantbruksakad. Tidskr. 101 (1962) Nr. 3/4. S. 301–316. — 6 Tab., 18 Lit.

Für die während der Jahre 1954–58 durchgeführten Untersuchungen wurden 30, 60 und 120 kg/ha PCNB verwendet. Diese Mengen wurden breitwürfig, durch Einhacken oder in Drillsaat ausgebracht. Zusätzlich wurde die Wirkung von PCNB auf Ertrag, Gehalt an Stärke und Tr.-Subst. sowie auf die Kocheigenschaften der Kartoffeln untersucht. — Alle Behandlungen führten zu einer statistisch gesicherten Abnahme des Schorfbefalles, wobei die Wirksamkeit mit steigender Dosierung zunahm, der Ertrag jedoch abnahm. Die Ausbringung in Drillsaat bewährte sich nicht. In einem der Untersuchungsjahre wurde ein gewisser Rückgang des Stärkegehaltes festgestellt, dsgl. ergab sich eine leichte Beeinträchtigung der Kochqualität insofern, als die Knollen zur Dunkelfärbung und zu Veränderungen des Geschmacks nach dem Kochen neigten. Beobachtungen über die Dauer der Wirksamkeit der Behandlungen ergaben, daß diese nur auf das Anwendungsjahr selbst beschränkt ist. Ein wirtsch. Einsatz ist dann gegeben, wenn 25% der Knollen befallen sind, und zwar derart, daß etwa 5% der Knollenoberfläche mit den Schorfpusteln bedeckt sind. W. Fleischmann. 2500.

Anselme, Cl.; Les buts et méthodes de traitement des semences de lin. **(Die Ziele und Methoden der Behandlung von Leinsaatgut.)** Fibra [Wageningen] 7 (1962) Nr. 1. S. 11–16. — 3 Tab., Zus. in Engl.

Die wichtigsten Krankheitserreger beim Lein sind *Botrytis cinerea, Fusarium* sp., *Alternaria linicola, Polyspora lini, Ascochyta linicola, Melampsora lini, Colletotrichum lini* und *Mycosphaerella linorum*. Die Erreger befinden sich an der Oberfläche oder innerhalb der Samen. Die Ernteverluste sind enorm. Um ihnen entgegenzuwirken, ist die Beizung des Saatgutes unbedingt erforderlich. Vf. legt das Schwergewicht auf die Anwendung von TMTD zur Bekämpfung von *M. linorum* und *A. linicola*. E. M. Ardelt. 2500.

Spek, J. van der. Control of Botrytis infection of flax seed. **(Die Kontrolle der Botrytis-Infektion von Leinsaatgut.)** Fibra [Wageningen] 6 (1961) Nr. 1. S. 29–31. — 10 Lit. Zus. in Dtsch.

Botrytis-Infektionen des Saatgutes sind in den Niederlanden wegen der für die Entwicklung dieses Pilzes günstigen Witterungsbedingungen häufig. Saatgutbeizung ist deshalb eine dringende Notwendigkeit. Sie sollte mit Hg-haltigen flüssigen Beizmitteln durchgeführt werden. Nach der Beizung soll das Saatgut noch 3–4 Wochen bis zu Aussaat lagern. E. M. Ardelt. 2500.

Frauenstein, Käte; Leipzig, Karl-Marx-Univ., Inst. für Phytopathol. **Untersuchungen zur Bekämpfung des Blattfleckenpilzes Pleospora bromi Died.** Nachrichtenbl. dtsch. Pflanzenschutzdienst [Berlin] [N. F.] **16(42)** (1962) Nr. 6. S. 112–117. — 1 Abb., 4 Tab., 6 Lit.

Die Ausbreitung des Blattfleckenpilzes *Pleospora bromi* Died. an der Wehrlosen Trespe, *Bromus inermis* Leyss., macht Bekämpfungsmaßnahmen erforderlich. Kulturmaßnahmen und Resistenzzüchtung bieten keinen ausreichenden Bekämpfungserfolg. Es wurden die Möglichkeiten einer chem. Behandlung überprüft. Im Labor. bewirkte nur Defusit 50 eine völlige Abtötung der Ascosporen. Bei einer 0,5%igen Konz. waren phytotoxische Schäden zu verzeichnen. Eine völlige Abtötung des Mycels sowie der Pseudothecien erfolgte nicht. Die besten Ergebnisse im Feldversuch brachten Defusit 50 und Kupfer-Defusit. Eine starke Herabsetzung der Infektionsrate konnte durch Defusit 50 in 1%iger Konz. bei einer Aufwandmenge von 1000 l/ha vor dem Austrieb der

Trespe nach Abharken der zu behandelnden Flächen erzielt werden. Nur in Zucht- und Vermehrungsbeständen ist eine Bekämpfung angebracht. Die Beachtung der Kulturmaßnahmen ist von großer Bedeutung.
R. Reich. 2500.

Hübner, R.; Eichhof, Bad Hersfeld, Staatl. Lehr- u. Versuchsanst. für Grünlandwirtsch. und Futterbau. **Kleekrebsbekämpfung mit Brassicol.** Z. Acker- u. Pflanzenbau **114** (1962) Nr. 3. S. 311–316. – 2 Abb., 4 Tab., 1 Lit. Zus. in Engl.
Vf. berichtet über 3jähr. Versuche mit „Brassicol-Super" (Pentachlornitrobenzol). Mit 30 kg/ha in 400 l Wasser wurden befriedigende Ergebnisse erzielt. Die günstigste Anwendungszeit liegt zwischen Ende Okt. und Mitte Nov. Die Kosten belaufen sich auf etwa 100,– DM/ha. M. Amme. 2500.

Ivančeva-Gabrovska, T. und Lulov, K. (Iwantschewa-Gabrowska, T. und Lulow, K.) Rezultati ot opitite za chimičeska borba sreštu manata po tjutjuna (Peronospora tabacina Adam) izvedeni prez 1961 g. **(Ergebnisse der im Jahre 1961 durchgeführten Versuche zur chemischen Bekämpfung des Blauschimmels [Peronospora tabacina Adam] an Tabak.)** Rastitelna zaštita, Sofija **10** (1962) Nr. 2. S. 18–26. – 1 Abb., 3 Tab., 12 Lit. Zus. in Russ., Engl.
Zur Vernichtung von blauschimmelinfizierten Tabakanzuchtflächen wirkte 2–3%iges Selinon am besten, etwas geringere Wirkung zeigte 4%iges Kupfervitriol. Das Tauchen der Jungpflanzen vor dem Auspflanzen in 0,25–0,4%ige Aspor-, 0,3%ige Ferbam- und 0,2%ige Mn-Kurit-Lösung wie auch das Stäuben mit Bulbosan zeigten geringe Wirkung gegen den Blauschimmel. Ebenfalls sind 15 g Benzol, 31 g Paradichlorbenzol und 15 g/m² Xylol als Begasungsmittel, auch bei 3maliger Anwendung in Abständen von 3 Tagen, ungeeignet. Die beste Wirkung zeigten Spritzungen mit Aspor (0,3–0,4%ig), Tiezene (0,3%ig) und Stäubung mit Tiezene P. Im Freiland wirkte Mn-Kurit (0,2%ig) sehr gut, etwas geringer war die Wirkung von Ferbam (0,5%) und Ziram (0,4%). D. Dodow. 2500.

Marcelli, E. und Zanardi, D.; Scafati, Italia, Ist. Sci. Sperimentale per i Tabacchi, Lab. di Patol. Vegetale; Pavia, Univ., Ist. ed Orto Bot. Risultati di prove di lotta antiperonosporica in colture di tabacco in serra. **(Versuchsergebnisse über die Bekämpfung der Peronospora in Tabakkulturen im Gewächshaus.)** Tabacco **65** (1961) Nr. 698. S. 94–106. – 9 Abb., 7 Tab., 15 Lit. Zus. in Engl.
Es wird über die phytotoxische und fungicide Wirkung einiger Pflanzenschutzmittel in Gewächshausversuchen mit Tabaksetzlingen, die natürlich (Scafati) bzw. künstlich (Pavia) mit Sporen von *Peronospora tabacina* Adam infiziert waren, berichtet. Die Wirksamkeit von flüssigem und staubförmigem Zineb, Ferbam, Ziram und Maneb wird bestätigt. Maneb ist in höherer Konz. etwas phytotoxisch. Streptomycin liefert in mittleren und hohen Konz. gute Ergebnisse. Benzol ist in höchster Konz. wirksam, Paradichlorbenzol liefert dagegen unbefriedigende Ergebnisse. Ebenso bleibt Cu-Oxychlorid in Konz. von 3–5‰ unwirksam. J. Merker. 2500.

Rui, D., Mori, P. und Giraldi, G.; Verona, Italia, Osservatorio per le Malattie delle Piante. Sperimentazioni antiperonosporiche su tabacco in serra. **(Versuche zur Bekämpfung der Tabak-Peronospora im Gewächshaus.)** Tabacco **65** (1961) Nr. 698. S. 29–45. – 6 Abb., 3 Tab. Zus. in Engl.
Um die Möglichkeit der Bekämpfung von *Peronospora tabacina* Adam während der Anzucht zu studieren, wurden Gewächshausversuche durchgeführt. Dabei wurden die Phytotoxizität von 17 verschiedenen Präparaten (Paradichlorbenzol, Antibiotica, Kupfersalze und kupferfreie, synthetische Stoffe in flüssiger oder Pulverform) sowie deren Wirksamkeit gegen eine *Peronospora*-Infek-

tion untersucht. Mit den kupferfreien Dithiocarbamaten Zineb, Ferbam, Maneb und Ziram wurden die besten Resultate erzielt, Kupfersalze waren dagegen abs. unwirksam. J. Merker. 2500.

Ramson, Alfred; Kleinmachnow, Biol. Zentralanst. der Dtsch. Akad. der Landwirtsch.-Wiss. zu Berlin. **Untersuchungen zum Einsatz von Fungiziden zur Bekämpfung der Blauschimmelkrankheit des Tabaks (Peronospora tabacina Adam).** Ber. Inst. Tabakforsch. Dresden **9** (1962) Nr. 1. S. 58–71. – 9 Abb., 3 Tab., 15 Lit. Zus. in Russ., Engl.
In Gewächshausversuchen zur Bekämpfung von *Peronospora tabacina* Adam zeigten die Zineb- und Ferbam-Präparate die beste Wirkung, gefolgt von den Maneb-Verbindungen. Captan und Thiuram waren unsicher in ihrer Wirkung, Ziram, Phaltan, Dyren sowie die geprüften Cu-Verbindungen und ein Cu-Zineb-Präparat waren ungeeignet. Eine gute fungicide Wirkung konnte auch nach Anwendung von Maneb- und Zineb-Staub beobachtet werden. Für Saatbeetspritzungen eignen sich Ferbam- und Zineb-Präparate am besten, jedoch muß der Tabaksamen sehr dünn ausgesät werden (0,3–0,5 g/Fenster). Abschließend wird das Problem der Ausbreitung und Verteilung der Fungicide bei Feldspritzungen erörtert. J. Merker. 2500.

Jankowski, Franciszek und Florczak, Krystyna. Dalsze badania nad termiczną metodą dezynfekcji nasion tytoniu. **(Weitere Untersuchungen über die thermische Entseuchung der Tabaksamen.)** Roczniki Nauk rolniczych, Ser. A **86** (1962) Nr. 2. S. 221–238. – 7 Abb., 4 Tab., 5 Lit. Zus. in Russ., Engl.
In früheren Versuchen konnten Vff. nachweisen, daß trockene Luft von mehr als 100 °C hinsichtlich der Desinfektion von Tabaksamen gute Ergebnisse zeigte. Im Jahre 1959 wurde in Labor.-Versuchen die Wirkung trockener Heißluft auf die Entwicklung einiger pilzlicher Krankheitserreger des Tabaks in Reinkulturen untersucht. *Sclerotinia sclerotiorum* Fuck., *Pythium de Baryanum* Hesse, *Fusarium* sp. und das Tabakmosaikvirus wurden bei allmählicher Steigerung von 95 auf 115 °C abgetötet bzw. inaktiviert. Das Schema eines Gerätes zur thermischen Desinfektion der Tabaksamen wird besprochen und abgebildet. W. Śliwiński. 2500.

Aleksiev, A. (Alexiew, A.) Proučvane vŭrchu njakoi agrotechničeski meroprijatija kato sredstvo za borba sŭs sinjata kitka po tjutjuna (Orobanche ramosa L., Or. muteli Sch.). **(Untersuchung über einige agrotechnische Maßnahmen zur Bekämpfung des Tabakwürgers [Orobanche ramosa L., Or. muteli Sch.].)** Izvestija na Centralnija naučnoizsledovatelski institut po tjutjuna – Plovdiv, Sofija **1** (1961) S. 155–181. – 11 Tab., 32 Lit. Zus. in Russ., Engl.
Als Stimulantien für die Keimung der Samen des Tabakwürgers *Orobanche ramosa* und *O. muteli* Sch., sind Sommer- und Winterwicke sowie Futtererbsen (Schnitt bis zum 25. 5.), bei Bewässerung noch besser Klee und Steinklee geeignet, die bis Ende des Folgejahres geschnitten werden. Mineraldüngung, 4malige Hacke und (wenn nötig) 3–4 Wassergaben tragen nicht nur zur Behebung der durch den Schmarotzer verursachten Schäden bei, sondern führen auch zu einer Ertragssteigerung bei Tabak. Eine Zusatzmineraldüngung beim Auspflanzen des Tabaks und 20–40 Tage danach, ist zu empfehlen. Bei der Pflanzung Ende Mai–Anfang Juni entwickelt der Tabakwürger 3mal weniger blütentragende Triebe als bei frühem Pflanztermin (5.–10. 5.). Ertrag und Qualität liegen dabei um 15–20% höher. N. Mitow. 2500.

Lockhart, C. L. und Eaves, C. A.; Kentville, Nova Scotia, Canada Dep. of Agric. An evaluation of captan smoke generators for controlling rots in stored tomatoes. **(Eine Bewertung von Captan-Nebelgeneratoren zur Bekämpfung von Fäulen gelagerter Tomaten.)** Canad. J. Plant Sci. **42** (1962) Nr. 2. S. 294 bis 301. – 2 Abb., 5 Tab., 5 Lit.

Heißgasvernebler, mit deren Hilfe fungicide Beläge auf Lagerprodukte gebracht werden können, erscheinen aussichtsreich zur Bekämpfung von Lagerfäulen. Bau und Wirkungsweise eines Captan-Nebelgenerators werden beschrieben. Das zur Verwendung kommende Captan wird durch die thermische Nebelerzeugung in seiner Wirkung nicht beeinträchtigt. Vff. prüften zunächst die Einsatzmöglichkeit des Gerätes zur Bekämpfung von *Monilinia fructicola* auf lagernden Äpfeln. Das Captan schlug sich an allen Oberflächen des Behandlungsraumes und der Früchte nieder, jedoch wurden auf den nach oben weisenden Flächen größere Mengen als auf den seitwärts und nach unten weisenden festgestellt. Gleichfalls erfolgreich wurden Lagerfäulen bei Tomaten (*Alternaria tenuis, Botrytis cinerea, Penicillium* sp. u.a.) verhindert. Mengen über 2 g Captan (50%)/20 cu.ft. sind phytotoxisch. Die wirksame Dosis liegt aber darunter. Zur Bekämpfung von *Colletotrichum atramentarium* an Tomatenfrüchten genügt eine 6 std. Einwirkungsdauer. Längere Zeiten verursachten weder Schaden noch verbesserten sie den Erfolg. H. Lehmann. 2500.

Badanin, P. A. Chloroz plodovych porod i bořba s nim. **(Chlorose von Obstarten und ihre Bekämpfung.)** S. ch. Povolž'ja **1961** Nr. 2. S. 90–91. – Aus: Referativnyj zurnal. Biologija, Moskva **1962** Nr. 1. G 407. S. 48.
Bei Untersuchungen der Versuchsstat. für Gartenbau Kuibyschew erwiesen sich solche Arten und Sorten als resistent gegen Chlorose, deren Zellsaft einen höheren Gehalt an Gerbstoffen aufweist. Von den Kirschsorten besitzen die Kostytschewskier Formen die höchste Resistenz, von Äpfeln die Sorte 'Tajoschnoje'; die Eiche wurde durch Chlorose nicht geschädigt. Ein Komplex agrotechn. Maßnahmen zur Prophylaxe gegen Chloroseerkrankungen wird empfohlen, so z.B.: auf bewässerten Flächen der Anbau mehrjähriger Kleegras-Gemische, vor dem Aufbrechen der Knospen im Frühjahr eine Spritzung der Bäume mit 5–6 %iger Eisenvitriollösung, Superphosphat-Düngung + org.-mineral. Gemische, Mulchen der Baumscheiben sowie flache Bearbeitung flachgründiger Carbonatböden. Hauptsächliche Maßnahmen im Kampf gegen Chlorose sind die richtige Auswahl geeigneter Böden vor der Pflanzung und der Anbau Chlorose-resistenter Sorten. übersetzt v. E. Fröhmcke. 2500.

Padfield, C. A. S.; Havelock North, Dep. of Sci. and Ind. Res., Fruit Res. Div. The use of diphenylamine and other chemicals to control superficial scald of apples. **(Die Verwendung von Diphenylamin und anderen chemischen Mitteln zur Bekämpfung der Hautbräune der Äpfel.)** New Zealand J. agric. Res. **2** (1959) Nr. 3. S. 953–970. 2500.

Baker, June V.; Cambridge, Nat. Agric. Advisory Serv. The development of a pruning technique to reduce apple mildew. **(Die Entwicklung einer Schnittechnik zur Reduzierung des Apfelmehltaus.)** Exp. Horticult. **1962** Nr. 6. S. 58–61. – 1 Tab., 4 Lit.
Die Überwinterung des Apfelmehltaus (*Podosphaera leucotricha* (Ell. et Ev.) Salm.) erfolgt in Knospen und an Trieben. Durch geeignete Schnittmaßnahmen ließ sich das Mehltauauftreten im folgenden Jahr von 25,9% in der Kontrolle auf 3,4% senken. Bei Trieben, deren Spitzenknospe befallen ist, hat der Schnitt zwischen der 5. und 6. Blattknospe unterhalb der Spitze zu erfolgen. Bei mehltaubefallenen Trieben muß zwischen der 3. und 4. Blattknospe unterhalb der Befallsstelle geschnitten werden. Durch den Rückschnitt der Triebe wird kein seitlicher Neuaustrieb angeregt. F. Daebeler. 2500.

Ross, R. G.; Kentville, Canada Agric. Res. Stat. Overseas news Canada. Dodine against apple scab in Nova Scotia. **(Neues aus Übersee – Kanada. Dodine gegen Apfelschorf in Neuschottland.)** Commonwealth phytopathol. News **7** (1961) Nr. 4. S. 57.
In Neuschottland wird Dodine in den letzten Jahren zur curativen und prophylaktischen Apfelschorfbekämpfung mit Erfolg eingesetzt. Das Mittel war in

mehreren Fällen dem Captan überlegen. Geringe phytotoxische Schäden an den Früchten wurden bei den Sorten 'Ribston', 'Golden Russett' und 'Gano' beobachtet. Erfolgversprechend erscheint eine Mischung aus Dodine und Glyodin. F. Daebeler. 2500.

Sárosi, M. und Diófási, L. Sárguló szölöalanytökék gyógyitása vaskelát permettrágyázással. **(Die Beseitigung der Chlorose an Weinrebenunterlagen durch Blattdüngung mit Eisenchelat.)** Agrokémia és Talajtan [Agrochem. u. Bodenkunde] **10** (1961) Nr. 4. S. 529–538. – Aus: Ung. Agrar-Rdsch. **1962** Nr. 3.

In den Versuchsanlagen des Weinbauforschungsinst. in Pécs zeigte sich die Chlorose auf Rebenunterlagen ('Berlandieri' × 'Riparais T. 5 C') von Jahr zu Jahr stärker. Die Vergilbung beginnt im oberen Teil des Triebes und greift später auf untere Partien über. Die oberen Blätter sind gleichmäßig gelbgefärbt, bleiben aber den Adern entlang oft noch grün. Die tiefer stehenden Blätter weisen gelbe Flecke zwischen den Adern auf. Die erkrankten Rebstöcke bleiben in der Entwicklung zurück. – Vff. führten Blattdüngungsversuche in den Jahren 1960/61 mit folgenden Varianten durch: 0,2% Eisenchelat + 0,05% Manganchelat (I); 0,2% Eisenchelat + 0,2% Zinkchelat (II); 0,05% Manganchelat + 0,2% Zinkchelat (III); 0,15% Eisenchelat + 0,05% Manganchelat + 0,2% Zinkchelat (IV). Je 10 Pflanzen wurden mit jeder Lösung behandelt, als Kontrolle blieben zweimal 10 Pflanzen unbespritzt. Die eisenhaltige Lösung erwies sich stets als wirksam, bes. bei einer Konz. von 0,2% ohne Zusatz anderer Spurenelemente. Das stärkste Ausmaß der Chlorose zeigte sich z.Z. des intensivsten Triebwachstums, weil dann die Pflanzen nicht imstande sind, die nötige Eisenmenge aus dem Boden aufzunehmen. In den erkrankten Blättern wurde weniger Mn gefunden. In den Blättern der gespritzten Pflanzen standen Fe und Mn im richtigen Mengenverhältnis zueinander. – Der Boden der Versuchsfläche war ziemlich arm an Fe, er enthält jedoch genügende Mengen an aktivem Mn. 2500.

Heimann, Max. **Neue Untersuchungen über Vorbeugung und Bekämpfung des „Erica-Sterbens“.** Z. Pflanzenkrankh. (Pflanzenpathol.) Pflanzenschutz **69** (1962) Nr. 5. S. 257–269. – 11 Abb., 6 Tab.

Die Erreger des *Erica*-Sterbens sind Pilze der Gattungen *Olpidium*, *Phytophthora* und *Pestalotiopsis*. Nicht allein der Pilzbefall, sondern auch ungeeignete Kulturbedingungen lösen die Erkrankung aus. Hohe sommerliche Transpiration begünstigt die Krankheit und muß auf ein Mindestmaß herabgesetzt werden. Im Gießverfahren eingesetztes Maneb und Captan sowie eine org. Hg-Verbindung und 8-Oxychinolinsulfat zeigten keine ausreichende fungicide Wirkung. Wirksame Bekämpfungsmaßnahmen sind die chem. Bodenentseuchung mit Vapam, Trapex und E 833 sowie gründliches Dämpfen. R. Reich. 2500.

Eckert, J. W. und Kolbezen, M. J.; Riverside, Univ. of California, Dep. of Plant Pathol. Control of Penicillium decay of Citrus fruits with 2-aminobutane. **(Bekämpfung des Penicillium-Befalls der Citrus-Früchte mit 2-Aminobutan.)** Nature [London] **194** (1962) Nr. 4831. S. 888–889. – 1 Tab., 8 Lit.

Bei der Prüfung von aliphatischen Aminen auf ihre fungicide Wirkung gegen den beim Lagern von *Citrus*-Früchten auftretenden Schimmelpilz *Penicillium digitatum* Sacc. erwies sich das sekundäre Butylamin als sehr wirksam. Die Keimung von *Penicillium*-Sporen wurde bei in vitro-Versuchen bereits durch Konz. von m/1000 verhindert. Für Lagerversuche wurden die Früchte (Zitronen und Orangen) mit einer Sporensuspension besprüht und nach 16std. Aufbewahrung bei 24 °C. 4 Min. in die zu untersuchenden Lösungen getaucht. Die weitere Lagerung erfolgte bei 20°. Bei einem pH-Wert von 10,5 zeigten Früchte, die nach der Behandlung kurz abgewaschen worden waren, einen Befall von 22%, nichtgewaschene einen solchen von 2%, die unbehandelten

Kontrollen waren zu 100% befallen (Lagerzeit 2 Wochen). Bei pH 6,5 lagen die Befallszahlen bei 49 bzw. 14%. Verwendet wurden 0,5%ige Lösungen. Auch ein Schutz von Äpfeln gegen einen Befall durch *Penicillium expansum* ist mit dem gleichen Mittel erreichbar. Vff. entwickelten eine analytische Methode zum Nachweis von Rückständen des Mittels auf behandelten Früchten. J. Hartisch. 2500.

Grivanov, K. P. (Griwanow, K. P.); Saratow, Landwirtsch. Forsch.-Inst. des Südostens. Borba s chlebnymi žukami (Coleoptera, Scarabaeidae) v uslovijach propašnoj sistemy zemledelija na primere Povolž'ja. **(Bekämpfung der Getreidelaubkäfer [Coleoptera, Scarabaeidae].)** Ėntomologičeskoe obozrenie, Leningrad **41** (1962) Nr. 2. S. 249–261. – 2 Abb., 7 Tab., 9 Lit. Zus. in Engl.

Die Getreidelaubkäfer *Anisoplia austriaca* und *A. agricola* sind im Südosten des eur. Teils der SU verbreitet. Seit dem Jahre 1959 wurden Massenauftreten beobachtet, wobei z.T. erhebliche Schäden durch Larvenfraß an den Wurzeln auf Weizen-, Roggen- und Gerstenflächen verursacht wurden. Am stärksten wird Sommerweizen geschädigt, da das Massenauftreten der Schädlinge mit dem Schossen, dem Beginn der Kornbildung und der Milchreife des Weizens zusammenfällt. Die Larvenzahl konnte durch ein- und besser noch durch zweimalige Bodenbearbeitungsmaßnahmen im Herbst reduziert werden. In diesem Zeitraum befinden sich die Larven dicht unter der Erdoberfläche bzw. im Verpuppungsstadium. Bodenbearbeitungsmaßnahmen auf Maisschlägen während der Vegetationsperiode blieben erfolglos, weil die Larven in diesem Zeitraum sich in 10–20 cm Tiefe befinden. Außer diesen agrotechn. sind chem. Maßnahmen notwendig. Durch Anwendung von 1,5–2 kg/50 l/ha Chlorophos wird neben den Getreidelaubkäfern auch *Eurygaster integriceps* erfolgreich bekämpft. H. Lehmann. 2500.

Lilly, C. E., Harper, A. M. und Bergen, P.; Lethbridge, Res. Stat.; Taber, Alberta, Canadian Sugar Factories Limited. A comparison of methods of applying heptachlor for control of the sugar beet root maggot in Southern Alberta. **(Ein Vergleich der Ausbringungsmethoden von Heptachlor zur Bekämpfung der Zuckerrübenwurzelfliege in Südalberta.)** J. Amer. Soc. Sugar Beet Technologists **11** (1961) Nr. 6. S. 491-499. – 6 Tab., 7 Lit.

Die Ausbringung von Heptachlor + Düngemitteln mit der Saat brachte recht gute Bekämpfungsergebnisse, aber sie verursachte phytotoxische Schäden. Große Mengen von granuliertem Heptachlor bewirkten starke Phytotoxizität. Recht gute Ergebnisse brachte die Ausbringung von granuliertem Heptachlor (ca. 1 kg/ha) direkt in die Drillreihe. Phytotoxische Wirkung wurde dabei nicht beobachtet. Eine Saatgutbehandlung mit Heptachlor erwies sich als günstige Bekämpfungsmaßnahme gegen *Tetanops myopaeformis*.
E. Zesewitz. 2500.

Harper, A. M., Lilly, C. E. und Bergen, P.; Lethbridge, Res. Stat.; Taber, Alberta, Canadian Sugar Factories Limited. An evaluation of insecticides for control of the sugar beet root maggot in Southern Alberta. **(Die Prüfung von Insekticiden zur Bekämpfung der Zuckerrübenwurzelmade in Südalberta.)** J. Amer. Soc. Sugar Beet Technologists **11** (1961) Nr. 6. S. 485-490. – 1 Abb., 3 Tab., 4 Lit.

In Bekämpfungsversuchen gegen *Tetanops myopaeformis* wurden die Insekticide Dylox, Guthion und Disyston mit Heptachlor an 2 verschiedenen Standorten auf ihre Wirksamkeit verglichen. Neben Heptachlor erzielte Guthion recht gute Abtötungswerte. Mit mittleren Ergebnissen folgt dann Disyston; es wirkt aber stark phytotoxisch. Nur geringe Wirksamkeit zeigte Dylox.
E. Zesewitz. 2500.

Maždrakov, P. D. (Mashdrakow, P. D.); Sofija, Biol. Inst. „Metodi Popow" der Bulg. Akad. der Wiss. Rezultati ot stimulacionno tretirane na žitni kulturi s fungicidni i insekticidni sredstva. **(Ergebnisse über die Stimulierung von Getreidekulturen durch Fungicide und Insekticide.)** Izvestija na Instituta po biologija „Metodij Popov". Bŭlgarska akademija na naukite, Sofija **12** (1962) S. 228-244. — 7 Tab., 20 Lit. Zus. in Russ., Dtsch.
Weizensaatgut wurde mit Germisan, Abavit-Gamma, Verindal, Kupfercarbonat (0,4 kg/dt) und Hexachloran (12%), Roggen und Hafer mit gleichen Präparaten aber anderen Aufwandmengen behandelt. Nur bei Hafer wird ein Teil des Saatgutes vorher mit 0,25%iger Formalinlösung gebeizt. Die Ertragssteigerung betrug bei Weizen 6 bis 12%, wobei die Behandlung mit Germisan die höchste Ertragssteigerung bewirkte. Bei Roggen war diese mit 5% bei Behandlung mit Kupfercarbonat am höchsten. Hexachloran hemmte die Entwicklung und minderte den Ertrag bei Roggen. Hafer reagierte auf die Behandlung mit Germisan mit einer 12,4%igen Ertragssteigerung. Es wird festgestellt, daß die o.g. Präparate nicht nur gute fungicide, sondern auch stimulierende Eigenschaften besitzen und dadurch zu Ertragssteigerungen beitragen.
M. Stoilow. 2505.

Dardenne, G.; Gembloux, Centre de Rech. de Phytopharm. Détermination des dépots de trois fongicides utilisés pour la lutte contre le Peronospora tabacina. **(Rückstandsbestimmungen von drei Fungiciden, die zur Bekämpfung von Peronospora tabacina verwendet werden.)** Parasitica [Gembloux] **18** (1962) Nr. 1. S. 39-44. — 12 Lit.
3 Tage nach Behandlung der Pflanzen mit Fungiciden zur prophylaktischen Bekämpfung des Tabakblauschimmels wurden Blattproben entnommen und diese auf ihren Rückstandsgehalt an diesen Fungiciden untersucht. Die Rückstände schwankten von 40-500 ppm. Die Ergebnisse sind für folgende weitere Untersuchungen wichtig: Welche Mengen an Fungiciden sind erforderlich, um eine Verbreitung und Entwicklung der Sporen von *Peronospora tabacina* zu verhindern? Welchen Einfluß üben die Rückstände auf das Grünblatt und auf die Verarbeitung des getrockneten Tabaks aus? Welche Anwendungsverfahren (Spritzen, Nebeln oder Stäuben) sind danach am besten geeignet?
J. Merker. 2510.

Fraselle, J. V.; Gembloux, Stat. de Phytopharm. de l'État. Étude sur des plantules cultivées en serre, de l'action de l'éthylène-bisdithiocarbamate de zinc (Zineb) sur le mildiou du tabac causé par Peronospora tabacina Adam. **(Versuch mit Setzlingen, die im Gewächshaus angezogen wurden, hinsichtlich der Wirkung von Zinkäthylen- bis -dithiocarbamat [Zineb] auf Tabakblauschimmel, hervorgerufen durch Peronospora tabacina Adam.)** Parasitica [Gembloux] **18** (1962) Nr. 1. S. 45-82. — 12 Abb., 19 Tab., 6 Lit.
Die Versuche führten zu folgenden Ergebnissen: Zineb besitzt bereits bei normalen Dosen eine ausgezeichnete prophylaktische Wirkung, seine antisporulierende Wirkung ist gleich Null, ebenso konnte 24 Std. nach der Inokulation keine curative Wirkung beobachtet werden. Bei wachsenden Setzlingen hält der Schutz nur einige Tage an, so daß die Spritzung wiederholt werden muß.
J. Merker. 2510.

Aleksiev, Atanas und Stefanov, Dimitŭr. (Alexiew, Atanas und Stefanow, Dimiter.); Plowdiw, Bulgarien, Zentralinst. für Tabakforsch. Chimičeski sredstva za borba sreštu manata po tjutjuna. **(Chemische Bekämpfungsmittel gegen den Blauschimmel des Tabaks.)** Bŭlgarski tjutjun, Sofija **1962** Nr. 2. S. 12-16. — 1 Abb., 3 Tab.
Aspor (70% Zineb) in 0,3-0,4%iger Konz. erwies sich gegen den Tabakblauschimmel am wirksamsten. Zum Stäuben ist es mit Lehm oder Talkum im Verhältnis 1:10 zu vermischen. Bei klarem Wetter soll gespritzt werden, sonst ist das Stäuben wirksamer. Zur gleichzeitigen Bekämpfung der Blattläuse und des

Tabakblasenfußes können dem Aspor Insekticide zugesetzt werden. Bei für die Entwicklung des Blauschimmels günstiger Witterung sind die Behandlungen häufiger durchzuführen. Benzoldämpfe sind zur Gesunderhaltung der Anzuchtbeete geeignet. D. Dodow. 2510.

Ivanov, Spas. (Iwanow, Spas.) Rezultati ot izpitvaneto na novi preparati sreštu strupjasvaneto po jabŭlkata. **(Prüfungsergebnisse von neuen Präparaten gegen den Apfelschorf.)** Ovoštarstvo, Sofija **9** (1962) Nr. 2. S. 32-35. — 3 Tab.

Während der Jahre 1957-1960 wurden am Inst. für Obstbau in Plowdiw folgende Fungicide gegen den Apfelschorf geprüft: Vitigran 0,5%, Kupravit 0,25%, Kupferkalk 0,25%, Orthocid 50 0,2%, Zineb 0,2%, Fuklasin ultra 0,15-0,1%, Nirit-Konz. 0,25-0,15%, Pomarsol forte 0,2%, Schwefelkalkbrühe 1,5%, Kupferoxychlorid 1%, Kupferkalkbrühe 1% (stark und schwach alkalisiert) zur Vroblüte- und 0,5% zur Nachblütespritzung. Außer den kupferhaltigen Präparaten, die aber an Blättern und Früchten Schäden verursachen, eigneten sich ohne wesentliche Blatt- und Fruchtschäden hervorzurufen, in der Reihefolge abnehmender Wirksamkeit Orthocid 50, Zineb, Schwefelkalkbrühe und Pomarsol forte. Empfohlen wird für die Vorblütespritzung Kupferkalkbrühe, für die Blüte- und Nachblütespritzungen dagegen sind Schwefelpräparate und org. Fungicide geeignet. D. Dodow. 2510.

Perrot, Gaudio und Calmejane. Les dernières données practiques de la lutte contre l'oidium du pommier et les nouvelles possibilités apportées par le dinitrophenylcrotonate. **(Neueste praktische Angaben über die Bekämpfung des Apfelschorfes und neue Möglichkeiten durch die Anwendung von Crotonsäuredinitrophenylester.)** Advances horticult. Sci. **3** (1962) S. 199-205. — 3 Tab. Zus. in Engl., Dtsch.

Die Bekämpfung des Apfelschorfs setzt i. allg. zu spät ein, wenn im Vorjahr schon ein starker Befall vorhanden war. Nach dem Ende der Blütezeit ist es noch früh genug für eine vorbeugende Behandlung der Knospen für das nächste Jahr. Ein starker Befall gegen Ende des Sommers läßt keine Schlüsse auf die Stärke des Befalls im nächsten Frühjahr zu. Die Knospen können gesund bleiben, wenn sie schon vor dem Einsatz der Sekundärinfektion geschlossen waren und umgekehrt. Durch Anwendung von Crotonsäuredinitrophenylester kann die Bekämpfung schon bei tiefen Temperaturen erfolgen (4-5 °C). Die Wirkung ist gut, Phytotoxizität tritt erst bei Temperaturen über 35 ° ein. W. Hiller. 2510.

Golyšin, N. M. (Golyschin, N. M.); Moskau, Samoilow-Forsch.-Inst. für Düngemittel und Insektofungicide. Kaptan i faltan v bořbe s seroj gnil'ju zemljaniki. **(Captan und Phaltan zur Bekämpfung der Erdbeergraufäule.)** Zaščita rastenij ot vreditelej i boleznej, Moskva **7** (1962) Nr. 6. S. 36-37. — 1 Tab.

Im Jahre 1961 wurden Captan (N-Trichlormethylthiotetrahydrophthalimid) und Phaltan (N-Trichlormethylthiophthalimid) als 50%iges Spritzpulver 0,3-, 0,5- und 0,75%ig (1000 l/ha) zur Bekämpfung der Erdbeergraufäule (*Botrytis*) geprüft. Die 3 Spritzungen erfolgten am 21.4., 27,4. und 4.5., die Auswertung am 8.7. Im Vergleich zur Kontrolle ging der Befall durch die Spritzungen mit Captan von 29 auf 7,5, 6,7 und 5,2% (mit zunehmender Konz.) zurück. Durch die Phaltan-Spritzungen wurden entspr. Werte von 9,0, 7,5 und 5,7% erhalten. H. Decker. 2510.

Richmond, D. V. und Somers, E.; Bristol, Univ., Long Ashton Res. Stat. Studies on the fungitoxicity of captan. I. The structural specificity of captan and six n-trichloromethylthio analogues. **(Untersuchungen über die Fungitoxizität von Captan. 1. Mitt. Die strukturelle Spezifizität von Captan und 6 n-**

Trichlormethylthio-Analogen.) Ann. appl. Biol. **50** (1962) Nr. 1. S. 33-43. — 3 Abb., 5 Tab., 31 Lit.
Die 7 untersuchten Verbindungen sind als Phthalimide strukturell sehr ähnlich und haben alle die $NSCCl_3$-Gruppe, von der wahrscheinlich nur der $SCCl_3$-Rest als toxiphor anzusprechen ist. Er reagiert innerhalb der Zelle unter Bildung von Thiophosgen, das sich mit freien SH-, NH_2- oder $COOH_2$-Gruppen verbindet und dadurch wichtige Lebensvorgänge hemmt. Es bestehen aber beträchtliche Unterschiede in der Fettlöslichkeit. Der Olelyl-Alkohol-Wasser-Trennungskoeffizient beträgt z.B. für Phaltan 1350, für N-(Trichlormethylthio)-4.5-epoxyhexahydrophthalimid 7. Dieser Unterschied wirkt sich aber nicht auf die Fungitoxizität und die Aufnahme der Substanzen durch Sporen von *Alternaria tenuis* und *Neurospora crassa* aus. Captan und Phaltan wirken etwa gleich stark fungistatisch, obwohl der Koeffizient von Captan nur 1/10 beträgt. Nur bei den 2 Derivaten mit dem niedrigsten Koeffizienten ist die Fungitoxizität geringer. Es wird außerdem darauf hingewiesen, daß es bedenklich ist, die thermodynamische Aktivität einer Substanz als Kriterium für ihre Fungitoxizität anzusprechen, da die Werte in bezug auf verschiedene Testpilze unterschiedlich sind. Die für *A. tenuis* erhaltenen hohen Werte deuten auf eine unspez. oder narkotische Wirkung hin. Auffallend ist die starke Aufnahme der untersuchten Verbindungen durch die Sporen, ehe die Keimung gehemmt wird. Herta Schmidt. 2510.

Richmond, D. V. und Somers, E.; Bristol, Univ., Long Ashton Res. Stat. Studies of the fungitoxicity of captan. II. The uptake of captan by conidia of Neurospora crassa. **(Untersuchungen über die Fungitoxizität von Captan. 2. Mitt. Die Aufnahme von Captan durch die Konidien von Neurospora crassa.)** Ann. appl. Biol. **50** (1962) Nr. 1. S. 45-56. — 5 Abb., 7 Tab., 18 Lit. 1. Mitt. vgl. vorst. Ref.
Die in der 1. Mitt. festgestellte hohe Aufnahme von Captan durch die Sporen von *Neurospora crassa* wird näher untersucht. Es handelt sich nicht um eine einfache Diffusion, sondern der Wirkstoff wird von der Konidie aktiv aufgenommen und wahrscheinlich durch Thiole am oder im Protoplasma entgiftet, so daß er seine toxische Wirkung nicht entfalten kann. Entweder kommt es zu einer Akkumulation oder zu einer Inaktivierung von Enzymen oder Co-Enzymen. Herta Schmidt. 2510.

Rajkov, Emil. (Rajkow, Emil.) Izpolzuvane na bezmedni preparati sreštu manata po lozata. **(Einsatz von kupferfreien Präparaten bei der Blattfallkrankheit der Rebe.)** Kooperativno zemedelie, Sofija **17** (1962) Nr. 5. S. 24-26. — 1 Tab.
Gute Ergebnisse brachten in 6jährigen Bekämpfungsversuchen gegen *Peronospora* folgende kupferfreie Präparate: Zineb 0,2%, Curit 0,2%, Aspor 0,2%, Orthocid-50 0,25%, Fuklasin ultra 0,2%, Novazir L 0,3%, Pomarsol forte und Frutene 0,25% sowie die kombinierten Präparate Zinophyt 0,5% und Cuprozin 0,5%. Es wird empfohlen, die jungen noch nicht tragenden Neuanlagen sowie die Pfropfreben mit kupferfreien Präparaten und nur die letzten 1-2 Spritzungen mit 2%iger Kupferkalkbrühe zu spritzen. Ertragsreben sollen mit kupferfreien Präparaten, aber nur bei trockenem Wetter oder schwachen Niederschlägen gespritzt werden, wobei die Spritzungen um die Blütezeit und die letzte Spritzung mit Kupferkalkbrühe vorzunehmen sind. Bei der Sorte 'Bolgar' soll nur die Vorblütespritzung mit kupferfreien Präparaten durchgeführt werden. Die Kombinationspräparate Zinophyt, Cuprozin u.a. können bei allen Sorten auch allein, d.h. ohne Kupferkalkbrühe, eingesetzt werden. D. Dodow. 2510.

Zubov, M. F. (Subow, M. F.); Moskau, Wiss. Samoilow-Inst. für Düngemittel und Insektofungicide. Kombinirovannyj preparat dinitrorodanbenzola s kolloidnoj seroj — na zaščitu vinogradnikov. **(Kombinationspräparat aus**

Dinitrorhodanbenzol und Kolloidschwefel zum Schutz der Weinrebe.) Vinodelie i vinogradarstvo SSSR, Moskva **22** (1962) Nr. 4. S. 41-42. — 2 Tab., 1 Lit.

Dieses Kombinationspräparat enthält 20% Dinitrorhodanbenzol, 75% Kolloidschwefel und 5% Sulfidlauge. Es wird erfolgreich zur Bekämpfung von *Plasmopara viticola* und *Uncinula necator* eingesetzt. Das 20%ige Handelspräparat kommt 0,5- bis 1%ig zur Anwendung. H. Lehmann. 2510.

Mailloux, M. und Morrison, F. O.; Quebec, Canada, McGill Univ., Fac. of Agric., Macdonald Coll. The effects of acaricides on the developmental stages of the two-spotted spider mite, Tetranychus telarius. **(Die Wirkungen von Acariciden auf die Entwicklungsstadien der Spinnmilbe Tetranychus telarius.)** J. econ. Entomol. **55** (1962) Nr. 4. S. 479-483. — 2 Tab., 14 Lit.

An *Phaseolus vulgaris* wurden 37 Verbindungen auf ihre Wirkung und Dauerwirkung gegen Adulti, Nymphen und Eier von *Tetranychus telarius* (L.) geprüft. Unter diesen 37 Chemikalien befanden sich 19 handelsübliche Pflanzenschutzmittel. Kelthane zeigte die beste Wirkung. Chlorbenzilat, Karathane, Trithion und Ethion wirkten mehr oder weniger gut gegen alle Stadien. Tedion, Ovex und Chlorbenzol wirkten gegen Jugendstadien und Eier; Aramite, Dimite, Dibrom und Malathion töteten die beweglichen Stadien, hatten aber nur geringe ovicide Wirkung. Thiodan wirkte sehr schlecht. Die 6 systemischen Acaricide wirkten vor allem gegen erwachsene Tiere. Die Versuchstechnik wird beschrieben. E. Königsmann. 2515.

Jorgenson, Edsel C. und Griffin, Gerald D.; Salt Lake City, Ut.; Madison, Wis., A.R.S. Evaluation of telone and D-D in relation to planting time and fallowing for control of sugar beet nematode, Heterodera schachtii Schmidt. **(Einschätzung von Telone und DD in Abhängigkeit von der Aussaatzeit und Brache zur Bekämpfung des Rübennematoden Heterodera schachtii Schmidt.)** J. Amer. Soc. Sugar Beet Technologists **11** (1961) Nr. 6. S. 515-518. — 4 Tab., 3 Lit.

Die i.J. 1959 durchgeführten Versuche ergaben, daß auf vorjähriger Brache nach Behandlung mit Telone und DD und Bestellung im März höhere Erträge erzielt wurden als auf den alljährlich bestellten Flächen. Auf Grund der Populationsabnahme auf der Brache empfehlen Vff. die angegebene Methode als Bekämpfungsmaßnahme gegen den Rübennematoden. Unterschiede zwischen den beiden Präparaten DD und Telone waren nur gering.
E. Zesewitz. 2520.

Hagborg, W. A. F. und Chelack, W. S.; Winnipeg, Manitoba, Canada Dep. of Agric. Res., Plant Pathol. Lab. Bioassay of antibiotic P-9 by the direct response of stem rust of wheat. **(Biotest von Antibioticum P-9 durch direkte Prüfung am Weizenschwarzrost.)** Canad. J. Bot. **40** (1962) Nr. 7. S. 957-963. — 3 Abb., 4 Tab., 7 Lit.

Das Antibioticum P-9 wurde in Schüttelkulturen von *Streptomyces* sp. in 1%iger Weizenmehlsuspension gebildet. Die Wirksamkeit verschiedener Partien der Rohfiltrate wurde gemessen an der anteilmäßigen Hemmung (= Differenz zwischen Kontrolle (% Infektion = 100) und behandelter Variante) der Weizenschwarzrostinfektionen (*Puccinia graminis* Pers. f. sp. *tritici* Erikss. et Henn. Rasse 15 B) an Weizensämlingen in Relation zum Log. der Konz. des Testmediums. Bei dieser Darstellungsweise ordnen sich die Werte in Form einer Geraden. Vff. hoffen, daß die auf 11 Tests beruhende gewogene Durchschnitts-, regressionslinie der Rohfiltrate das reine Antibioticum P-9 charakterisiert und daß diese zur Schätzung der rel. Reinheit des Antibioticums dienen kann.
D. Seidel. 2535.

Darby, J. F. Bacterial spot control of pepper with streptomycin in Central Florida. **(Bekämpfung der bakteriellen Fleckenkrankheit an Paprika mit Strep-**

tomycin in Zentral-Florida.) Proc. Florida State horticult. Soc. **74** (1961, hrsg. 1962) S. 161-166.
Xanthomonas vesicatoria (Doidge) Dowson ist der schwer bekämpfbare Erreger einer Fleckenkrankheit an Paprika (*Capsicum annuum L.*) und anderen Solanaceen. Mitt. über unterschiedliche Bekämpfungserfolge bei dieser Bakteriose mit Streptomycin (SM) veranlaßten Vf., Untersuchungen über die Möglichkeit der Anwendung dieses Antibioticums gegen den Krankheitserreger einzuleiten. Es wurden 2 Feldversuche im großen Maßstab durchgeführt: beim 1. Versuch im Sept. 1960 zog während der Versuchsdauer der Hurrikan „Donna" durch, der 2. Versuch im März-Mai 1961 wurde unter weniger schweren Wetterbedingungen durchgeführt. Im 1. Versuch (1960) konnte ein guter Bekämpfungserfolg mit einer Mischung von dreibasischem $CuSO_4$ (4,8 g/l) + SM-Sulfat (200 ppm; als Agrimycin 100 oder 17) und Nabac-K 6 (ein Hexachlorphenpräparat) + SM-Sulfat erzielt werden. Im Frühjahr 1961 ergab die Zugabe von einem Emulsionsöl (5 ml/l; Sunspray Oil) zu einer Lösung von dreibasischem $CuSO_4$ + SM-Sulfat (gleiche Konz. wie oben) eine sehr gute Bekämpfung des Erregers, verbunden mit einer Ertragssteigerung an Qualitätsfrüchten. Dreibasisches $CuSO_4$ oder Nabac-25 allein mit „Sunspray Oil" reduzierten die Blattinfektionen zwar, brachten aber keine Ertragserhöhung. G. Zahn. 2535.

Narayanan, S. und Iyer, V.; Navsari, S. B. Garda Coll., Microbiol. Dep. Groundnut-cake and rice bran as possible supplements in the production of streptomycin. **Erdnußkuchen und Reiskleie als mögliche Zusätze bei der Produktion von Streptomycin.)** Current Sci. [Bangalore] **31** (1962) Nr. 4. S. 152 bis 153. — 1 Tab., 2 Lit.
Eine 4–6fache Steigerung der Streptomycinproduktion zweier *Streptomyces griseus*-Stämme konnte durch Zusätze von 0,5% Erdkuchen-Pulver zum Dulaney-Nährmedium erzielt werden. Entfetten des Ölkuchens reduziert die Antibioticaausbeute. Reiskleie-Pulver wirkte beim Stamm B 150 fördernd, bei Stamm MA-13 nur dann, wenn es zuvor entfettet wurde. Säurehydrolysate aus Erdnußkuchen und Reiskleie waren ohne Wirksamkeit oder reduzierten die Antibioticaausbeute. Außerdem wurde durch das Reiskleie-Hydrolysat die Sporulation der beiden Actinomyceten-Stämme vollständig gehemmt. Die optimale Konz. zur Erzielung der höchsten Antibioticaausbeute lag für beide Zusätze bei 0,7% ihres Trockengewichtes bezogen auf ml Nährlösung.
H. Opel. 2535.

Wildbolz, Th. **Über Möglichkeiten der Prognose und Befallsüberwachung und über Toleranzgrenzen bei der integrierten Schädlingsbekämpfung im Obstbau.** Entomophaga [Paris] 7 (1962) Nr. 3. S. 273-283.
Eine maschinell und ohne große Spezialkenntnisse durchgeführte Spritzung kann wesentlich leichter sein als eine Schädlingskontrolle. Intensivbetriebe führen daher oft Behandlungen durch, deren Wirtschaftlichkeit fraglich ist. Bei der integrierten Schädlingsbekämpfung (Kombination von Kulturmaßnahmen, biol. und chem. Bekämpfung) wird versucht, Spritzungen nur bei Überschreiten der Toleranzgrenzen durchzuführen. Bisher ist dies aber nur in Versuchen möglich. Die Toleranzgrenze ist von folgenden Faktoren abhängig: Zeitpunkt der Festlegung der Toleranzgrenze; Entwicklungsstadium des Schädlings beim Zeitpunkt der Kontrolle; Zustand der Wirtspflanze; wirtsch. Überlegungen (z. B. ob ein Aussortieren befallener Früchte möglich ist oder nicht — Apfelwickler/Kirschfliege). Im Zusammenhang mit der Fruchtholzprobenuntersuchung werden als kritisch betrachtete Werte angegeben. Entspr. Richtzahlen werden auch für die Befallskontrollen vor und bei einigen Schädlingen auch nach der Blüte genannt. Beim Apfelwickler ist es trotz umfangreicher Untersuchungen bis jetzt nur möglich, Aussagen über das Auftreten der Falter und damit über den richtigen Spritzzeitpunkt zu machen. Die Mengenprognose ist aber sehr schwierig, so daß nicht gesagt werden kann,

ob zu dem betreffenden richtigen Zeitpunkt auch gespritzt werden muß. Die unterschiedliche Bedeutung des Früh- und Spätbefalls hat dabei ein entscheidendes Gewicht. H. Rogoll. 2550.

Olsson, Karin; Stockholm. Undersökning över förutsättningarna för en svensk varningstjänst för äppelskorv. **(Untersuchungen über die Voraussetzungen für einen Apfelschorfwarndienst in Schweden.)** Statens Växtskyddsanst., Medd. **12** (1962) Nr. 88. S. 131–161. — 18 Abb., 4 Tab., 37 Lit. Zus. in Engl.
Nach einer kurzen Beschreibung der Biologie und Geschichte des Schorfes (*Venturia inaequalis*) werden die zur Feststellung des Ausstoßes und der Verbreitung der Ascosporen z.Z. gebräuchlichen Methoden behandelt. Eine neue, sog. „Petrischalen"-Methode, wurde entwickelt. Sie eignet sich zum Feststellen des Sporenausstoßes unter Labor.- und Freilandbedingungen. 20 oder mehr schorfbefallene Blätter werden mit der Perithecien tragenden Seite nach unten über eine Petrischale von 18–19 cm Dmr. gelegt. Die Blätter werden durch engmaschigen Draht zusammengehalten. Bei Labor.-Versuchen erfolgt das Anfeuchten der Blätter durch Filtrierpapier und Aufbewahrung der Schalen in einer feuchten Kammer. Die ausgestoßenen Sporen gelangen auf den Boden der Petrischale, der mit einem Gemisch aus Cu-Sulfat und einem Benetzungsmittel bestrichen ist. Mit 2 ml einer Spülflüssigkeit (Wasser und Benetzungsmittel) werden die Sporen abgewaschen. Die Spülflüssigkeit wird mit einer Zählkammer auf Sporen untersucht. — Zur Kontrolle des Sporenfluges in den Baumkronen dürften sich die verschiedensten Sporenfallentypen eignen, nicht jedoch in die Krone gehängte Objektträger. Der Beginn des Sporenfluges kann örtlich unterschiedlich sein. Einen Einfluß auf Reife und Ausstoß der Ascosporen üben auch die verschiedenen Sorten aus. F. Daebeler. 2550.

Zislavsky, Walter. **Die Registrierung der Blattnässedauer und ihre Bedeutung für den Pflanzenschutz.** Pflanzenarzt [Wien] **15** (1962) Nr. 1. S. 4–6. — 2 Abb., 1 Tab.
Zwischen epidemischer Verbreitung pilzlicher und bakterieller Pflanzenkrankheitserreger und Witterung (Temperatur und Feuchtigkeit) besteht ein enger Zusammenhang. Tropfbar flüssiges Wasser auf den Blättern (Oberflächenfeuchtigkeit — Blattnässe) dient dieser Verbreitung. Die zum Wirksamwerden einer Infektion erforderliche Oberflächennässedauer (Blattnässedauer) ist sehr genau bei *Venturia inaequalis* erforscht (Schorfwarndienst). — Diese Kenntnis der Infektionsbedingungen dient der Feststellung von Infektionen nach Niederschlagsperioden, in deren Ergebnis eine gezielte Bekämpfung möglich ist. — Zur unmittelbaren Registrierung der Blattnässedauer stehen zur Verfügung: Tauwaage, Hanffaden- und elektrische Geräte. Das vom Vf. entwickelte elektrische Blattnässeregistriergerät (BNR-Gerät), das wegen seiner größeren Empfindlichkeit geringeren Niederschlagsmengen gegenüber viel besser als die Hiltnersche Tauwaage arbeitet. wird neben anderen Geräten, beschrieben. Den im Freien befindlichen „Nässefühler" und das im Raum stehende „Registriergerät" verbindet eine zweiadrige elektrische Leitung. Stromquelle ist eine 4,5 V-Taschenlampenbatterie im Registriergerät.
F. John. 2550.

XII. UNKRAUTBEKÄMPFUNG

A. Allgemeine Literatur, Berichte, Statistiken u.a.

Zweep, W. van der; Wageningen, Inst. of Biol. Chem. Res. of Field Crops. Report of the fourth German conference on weed biology and weed control. **(Bericht über die 4. Deutsche Konferenz zu Fragen der Unkrautbiologie und -bekämpfung.)** Weed Res. **1** (1961) Nr. 4. S. 307–310.
Die 4. Deutsche Arbeitsbesprechung über Fragen der Unkrautbiologie und -bekämpfung wurde vom 2.–3.3. 61 in der Landwirtsch. Hochschule in Stuttgart-

Hohenheim unter Leitung von Prof. Rademacher abgehalten. Zu Beginn wurden Berichte über die 5. Brit. Unkrautbekämpfungskonferenz in Brighton und über eine sowjet. Herbicidkonferenz gegeben. Weitere Beiträge behandelten die Bekämpfung von Ungräsern und Unkrautvernichtung in Hackfrüchten. Über die Bekämpfung von Graben- und Wasserunkräutern lagen ebenfalls einige Referate vor. Auch ein Beitrag zur Bekämpfung von Unkräutern auf Bahnanlagen wurde gegeben. In den Referaten über die Vernichtung von *Tussilago farfara* waren Amitrol und Mecoprop bes. aussichtsreich. Die restlichen Referate umfaßten die Herbicidanwendung in Baumschulen, Maiblumenkulturen und Kleearten. G. Feyerabend. 2701.

Stryckers, J.; Gent, Rijkslandbouwhogeschool. 13e symposium international de phytopharmacie et de phytiatrie (Section F) Institut supérieur agronomique de l'État, Gand, 9 mai 1961. **(13. Internationales Symposium über Phytopharmazie und Phytiatrie [Sektion F] im Institut Superieur Agronomique de l'État in Gent am 9. Mai 1961.)** Weed Res. 1 (1961) Nr. 4. S. 311–317.
Überblick über die in der Herbicidsektion dieses Symposiums gehaltenen Referate. Für die Anwendung in Zuckerrüben wurden NaTCA+Chloralchloracetamid gegen *Avena fatua* und *Alopecurus myosuroides* sowie BiCP+OMU gegen die meisten Samenunkräuter empfohlen. Dinosebacetat war dem Ammoniumsalz dieses Herbicids überlegen. Weitere Ausführungen galten den Kombinationsmöglichkeiten von Wuchsstoffherbiciden mit N-Düngern bei der Anwendung im Grassamenbau. Über die Möglichkeiten des Einsatzes von BiCP+OMU im Gemüsebau wurde ebenfalls berichtet. Die weiteren Referate beschäftigten sich mit den Anwendungsmöglichkeiten von Amiben (3-Amino-2.5-dichlorbenzoesäure) und dem Einfluß von 2.4-D, 2.4-DB, Dalapon, TCA und Simazin auf die Samenkeimung. G. Feyerabend. 2701.

B. Unkrautbekämpfungsmittel

Kulpa, W. Teratogenny wpływ kwasu 2,4-dwuchlorofenoksyoctowego na owoce Polygonum nodosum Pers., Anthemis arvensis L. i Tripleurospermum inodorum (L.) Schultz-Bip. **(Teratologischer Einfluß von 2.4-Dichlorphenoxyessigsäure auf die Früchte von Polygonum nodosum Pers., Anthemis arvensis L. und Tripleurospermum inodorum [L.] Schultz — Bip.)** Roczniki Nauk rolniczych, Ser. A. 84 (1961) Nr. 3. S. 495–521. – 31 Abb., 15 Lit. Zus. in Russ., Engl.
Untersuchungen ergaben, daß 2.4-D, in toxischer Menge angewendet, bei den Pflanzen Mißbildungen der Früchte sowie eine ungenügende Entwicklung oder eine Schwächung der Lebensfähigkeit der Samen hervorrufen kann. Die Empfindlichkeit der Früchte gegen dieses Herbicid scheint jedoch ein Artmerkmal und nicht mit der Empfindlichkeit der vegetativen Organe korreliert zu sein. Mißbildungen wurden nur bei *Polygonum nodosum, Anthemis arvensis* und *Tripleurospermum inodorum* festgestellt. Bei anderen wurden normale Früchte beobachtet. Die deformierten Früchte enthielten gewöhnlich normal entwickelte Samen. Dies wurde als rel. Resistenz gegen 2.4-D gedeutet. W. Święcicki. 2710.

Wellmer, W. **Unvermutete Schäden durch Pflanzenschutzmittel.** Gesunde Pflanzen 14 (1962) Nr. 4. S. 72–74. – 1 Abb.
Im Jahre 1961 traten auf verschiedenen Feldern in Schleswig-Holstein eigenartige Wuchsschäden an Kohlpflanzen auf. Die Blätter waren leicht angewelkt und eingerollt. Die Hauptwurzel zeigte warzenartige Mißbildungen, die Nebenwurzeln neigten zur Büschelbildung. Die Pflanzen blieben stark im Wachstum zurück, so daß die Flächen umgebrochen werden mußten. Untersuchungen wiesen als Ursache Rückstände von Herbiciden (CMPP und 2.4.5–T) im Gießwasser auf, das aus Wasserstellen stammte, aus denen Wochen vorher Groß-

geräte mittels Injektorpumpen ohne Rückschlagventile zur Unkrautbekämpfung getankt hatten, Rekonstruktionsversuche brachten gleiche Schäden bei 0,0001 bis 0,00001%iger Wirkstoffkonz. D. Weiß. 2710.

C. Unkraut und Unkrautbekämpfung

Chaffin, Wesley. Control of weeds in Oklahoma. **(Unkrautbekämpfung in Oklahoma.)** Oklahoma State Univ., Extens. Serv., Circ. **1958** Nr. E-582. S. 1–31.

Granström, Birger; Uppsala. Studier över ogräs i vårsådda grödor. **(Untersuchungen über Unkräuter in Sommerkulturen.)** Kungl. Lantbrukshögskolan Statens Lantbruksförsök, Statens Jordbruksförsök, Medd. **1962** Nr. 130. S. 1 bis 188. – 16 Abb., 108 Tab., 196 Lit. Zus. in Engl.
In etwa 1000 Feldversuchen über das Gesamtgebiet von Schweden wurde der Unkrautbesatz in Gerste, Hafer, Sommerweizen, Getreidegemenge, Flachs, Rüben, Kartoffeln und Erbsen im Zeitraum von 1958–61 untersucht (Auszählungen pro Flächeneinheit), analysiert und mit der Unkrautflora früherer Zeiten verglichen. Die Abhängigkeit bestimmter Species von Feldkultur, Fruchtfolge, Bodenart, Bodenacidität, Bestandesdichte, N-Düngung und Witterung wird biostatistisch untersucht und regional beschrieben. Das Konkurrenzvermögen von *Chenopodium album, Sinapis arvensis* und *Avena fatua* gegenüber Sommergetreide, Erbsen und Flachs wurde ferner in Gefäßversuchen einer exakten Prüfung unterzogen. Außerdem wurde der Einfluß der Pflanzendichte auf das TKG von Sommergetreide sowie *C. album, S. arvensis* und *Galium aparine* ermittelt. Die Arbeit enthält eine Fülle wertvoller eigener Beobachtungen unter sorgfältiger Beachtung der Weltliteratur.
H. Pätzold. 2720.

Świętochowski, Bolesław und Sońta, Wiera; Zakład Ogolnej Uprawy Roli i Roślin WSR Wrocław. Wpływ wilgotności gleby na wzrost i rozwój niektórych chwastów segetalnych. **(Der Einfluß der Bodenfeuchtigkeit auf den Wuchs und die Entwicklung segetaler Unkrautarten.)** Roczniki Nauk rolniczych, Ser. A **85** (1962) Nr. 1. S. 1–28. – 14 Abb., 14 Tab., Zus. in Russ., Engl.
Vff. führten 4jährige Gefäßversuche durch, in denen sie das von verschiedenen Unkrautarten dem Boden entnommene Wasser ermittelten. Sie stellten fest, daß eine unzulängliche Wasserversorgung des Bodens negativen Einfluß auf Belaubung, Länge und Stärke der Stengel, Blütenknospen, Blühen und Fruchtentwicklung sowie auf die org. Tr.-Subst.-Menge hat. Wassermangel wirkt stärker auf die Fruchtentwicklung als auf das Blühen ein. Die Reaktion auf Trockenheit ist bei verschiedenen Unkrautarten unterschiedlich, am geringsten war sie bei *Chenopodium album* und *Galinsoga parviflora,* am größten bei *Cirsium arvense* und *Sonchus arvensis.* – Schlechte Wasserversorgung führte zu geringerer Nährstoffaufnahme. W. Śliwiński. 2735.

Kolev, Ivan. (Kolew, Iwan.) Ljušteneto na stŭrništata kato sredstvo za borba s plevelite. **(Der Stoppelsturz als Unkrautbekämpfungsmaßnahme.)** Selskostopanska misŭl, Sofija **6** (1962) Nr. 12. S. 721–726, – 3 Tab.
Untersucht wurde der Einfluß von 4–6 sowie 8 cm tiefer Bearbeitung mit der Scheibenegge auf die Unkrautentwicklung (Unkrautarten, Unkrautbesatz/m² sowie Entwicklungsstadium). Es wird der Schluß gezogen, daß dies die Unkräuter nicht vernichtet, da die Unkräuter unter den Boden- und Klimaverhältnissen Bulgariens nach dem Stoppelsturz nicht auflaufen. Außerdem haben die Unkrautsamen die Keimruhe des Stoppelsturzes noch nicht durchlaufen. Die mehrjährigen Wurzelunkräuter werden zu ihrer Verbreitung durch das 4–6 und 8 cm tiefe Schälen gefördert. Zur Unkrautbekämpfung wird daher 10–15 cm tiefe Schälfurche mit anschließender Tieffurche empfohlen. M. Stoilow. 2740.

Fetvadžieva, N. und Atanasov, P. (Fetwadshiewa, N. und Atanassow, P.) Proučvane na MCPA kato cherbicid pri ovesa. **(Untersuchung über MCPA als Herbicid bei Hafer.)** Rastitelna zaštita, Sofija 9 (1961) Nr. 6. S. 57–68. — 1 Abb., 6 Tab., 10 Lit. Zus. in Russ., Engl.
MCPA kam in Mengen von 2,0 und 3,0 kg Wirkstoff/ha 3–4 Tage nach der Haferaussaat (I) bzw. im 3-bis-5-Blattstadium (II) auf Smolnitza-ähnlichem Boden in den Jahren 1959 und 1960 in Simeonowo bei Sofia zur Anwendung. Durch I erfuhren einjährige Unkrautarten eine Entwicklungsverzögerung bzw. eine Verminderung von 30–50%. Durch II wurden 50–75% der einjährigen Dikotylen vernichtet. Hafer erfuhr durch MCPA keine Beeinträchtigung, die Erträge waren nach MCPA-Anwendung meist höher. Ja. Ljubenow. 2740.

Rusinova, R. D. (Russinowa, R. D.); Altai-Forsch.-Inst. für Landwirtsch. Sistema bor'by s ovsjugom na Altae. **(Flughaferbekämpfung im Altai.)** Vestnik sel'skochozjajstvennoj nauki, Moskva 7 (1962) Nr. 3. S. 31–40. — 2 Abb., 6 Tab. Zus. in Engl., Franz., Dtsch.
Die Keimung des Flughafers ist weitgehend von der Bodentemperatur abhängig. Untersuchungen ergaben, daß im Altai die Keimung bei einer Temperatursumme von 180° beginnt. Im Bereich der Oberfläche bis zu 5 cm Tiefe wurden maximale Keimprozente festgestellt. Unter 25 cm Tiefe erfolgte keine Keimung mehr. Die Samen bleiben im Boden 3–4 Jahre lebensfähig. Durch Flughafer und Wurzelunkräuter verseuchte Flächen wurden mit Mais, Hafer-Wicken-Gemenge als Grünfutter und Weizen bestellt. Durch intensive Bodenbearbeitungs- und Pflegemaßnahmen im Frühjahr konnte der Unkrautbesatz nach 1–2 Jahren völlig beseitigt werden. H. Lehmann. 2740.

Beinhauer, H. **Diallate — ein neuer Wirkstoff zur Bekämpfung von Flughafer und Ackerfuchsschwanz.** Gesunde Pflanzen 14 (1962) Nr. 3. S. 44–47. — 2 Tab., 9 Lit.
Die Ergebnisse umfangreicher Versuche in Nordamerika und in der BRD mit 2.3-Dichlorallyldiisopropyl-thiolcarbamat (Diallate) als selektivesHerbicid werden dargestellt. Das Mittel wird mit einer der üblichen Feldspritzen ausgebracht und anschließend bei Vorsaatanwendung 5 cm und bei Nachsaatbehandlung 3 cm tief eingearbeitet. Je ha kommen 1,6 kg Wirkstoff in 50 bis mehreren 100 l Wasser zur Anwendung. Der Einsatz ist in Zuckerrüben, Kartoffeln, Raps, Flachs und Sonnenblumen möglich. Gerste und Weizen erwiesen sich weniger tolerant; so daß lediglich eine Nachsaatbehandlung bei hohem Flughaferbesatz empfohlen wird. — Die Wirkungsdauer beträgt 6–8 Wochen. Das Herbicid wird im Boden mikrobiell und in der Pflanze enzymatisch abgebaut. D. Weiß. 2740.

Lalova, M. (Lalowa, M.) Opiti za borba s plevelite v carevicata s cherbicidite simazin i atrazin na nanosno-pesŭčlivi počvi. **(Versuche zur Unkrautbekämpfung in Mais mit den Herbiciden Simazin und Atrazin auf sandigen Diluvial-Alluvialböden.)** Izvestija na Centralnija naučnoizsledovatelski institut po zaštita na rastenijata, Sofija 1 (1961) S. 305–314. — 2 Abb., 7 Tab. Zus. in Russ., Engl.
Als Vor- und Nachauflaufmittel kamen in den Jahren 1958–60 Simazin (2,0; 3,0; 3,5; 4,0; 5,0; 7,5 und 10 kg in 1000 l Wasser/ha) und Atrazin (2,0; 3,0 und 3,5 kg/1000 l Wasser/ha) in Mais zum Einsatz. Die besten Ergebnisse wurden erzielt, wenn das Herbicid in einer Menge von 2–3 kg/1000 l Wasser/ha sofort nach der Aussaat des Maises ausgebracht wurde. *Convolvulus arvensis, Cirsium arvense, Sonchus arvensis* u. a. mehrjährige Unkräuter zeichneten sich durch hohe Resistenz gegen diese Herbicide aus. Auf Mais wirkten die angegebenen Dosen nicht schädlich. Nur Simazin verursachte in trockenen Jahren Schäden an Wi-Weizen, der nach Mais als Folgekultur angebaut worden war. D. Dodow. 2740.

Kovačev, (Kowatschew, D.); Sofia, Höheres Landwirtsch. Inst. „Georgi Dimitrow", Landwirtsch. Fak. Proučvane na cherbicidite v posevite na carevicata. **(Untersuchung der Herbicidwirkung in Maisbeständen.)** Naučni trudove. Visš selskostopanski institut „Georgi Dimitrov". Agronomičeski fakultet, Sofija **9** (1961) S. 109–128. – 14 Tab., 18 Lit. Zus. in Russ., Dtsch.
In Maisbeständen gelangten zum Einsatz: 2.4-D (1,2; 1,5; 2,25 und 3,0 kg/ha), Simazin (3 und 5 kg/ha), DNOC (10, 20 und 30 kg/ha), Atrazin (3, 4 und 5 kg), Dikotex (5 und 10 kg), ferner Raphatox (8 und 16 kg). Die beste unkrautvernichtende Wirkung erzielten Simazin und Atrazin (3–4 kg/ha), lediglich *Convolvulus arvensis* überlebte. Im 2- bis 6-Blattstadium ließen sich *Sinapis arvensis*, *Raphanus raphanistrum*, *Amaranthus retroflexus* und *Chenopodium album* durch 2.4-D vernichten. 1,5 kg 2.4-D vertilgten *Setaria*-Arten. DNOC bewährte sich gegen 2.4-D-resistente Unkräuter wie *Veronica hederifolia*, *Polygonum aviculare* u. a. Unkräuter. M. Stoilow. 2740.

Kovačev, D.(Kowatschew, D.) Dejstvie na atrazina i simazina v zavisimost ot sroka na vnasjaneto im pri carevicata. **(Atrazin- und Simazinwirkung in Abhängigkeit von der Zeit ihrer Einbringung bei Mais.)** Rastitelna zaštita, Sofija **10** (1962) Nr. 1. S. 67–73. – 6 Tab., 7 Lit. Zus. in Russ., Engl.
Auf ausgelaugtem Tschernosjem-Smolnitza-Boden erwiesen sich gegen die Unkräuter in Maisbeständen die Präparate Simazin und Atrazin (in Aufwandmengen von 1,5 kg/ha Wirkstoff) unmittelbar vor der Aussaat, vor oder kurz nach dem Auflaufen des Maises in den Boden eingebracht, von bester Wirkung. Ausbringung zu einem späteren Zeitpunkt verringerte die Herbicidwirkung. Für Herbst- bzw. zeitigen Herbicideinsatz im Frühjahr wird Simazin, zur späteren Ausbringung im Frühjahr Atrazin empfohlen.
Ja. Ljubenow. 2740.

Abramenko, V. G. (Abramenko, W. G.) Primenenie atrazina i simazina v posevach orošaemoj kukuruzy. **(Einsatz von Atrazin und Simazin im bewässerten Maisanbau.)** S. ch. Povolž'ja **1961** Nr. 3. S. 56–58. – Aus: Referativnyj žurnal. Biologija, Moskva **1962** Nr. 1. G 519. S. 57.
Die größte Wirksamkeit von Atrazin und Simazin unter Feldbedingungen im Wolgograder Gebiet (Alluvialböden mit schwerem Lehm) erzielte man bei Vorauflauf-Spritzung (2 kg/ha Wirkstoff in 600 l Wasser) ohne Unterpflügen.
übersetzt v. E. Fröhmcke. 2740.

Kutuzov, G. P. (Kutusow, G. P.) Primenenie 2M-4ChM dlja uničtoženija sornjakov v posevach klevera. **(Verwendung von 2-Methyl-4-chlorphenoxybuttersäure für die Unkrautbekämpfung in Klee.)** Trudy Vsesojuznogo naučno-issledovatel'skogo instituta udobrenij i agročpovovedenija, Moskva **1962** Nr. 39. S. 129–131. – 2 Tab.
Bei Klee besteht im Ansaatjahr die große Gefahr der Verunkrautung. Diese kann verhindert werden, wenn 2 kg/ha 2-Methyl-4-chlorphenoxybuttersäure zur Anwendung kommen. Die Ertragsteigerung kann durch Zugabe von 0,2 kg/ha Molybdän wesentlich erhöht werden. Der Anwendungszeitpunkt wird durch das 2- bis 4-Blattstadium des Klees bestimmt.
H. Lehmann. 2740.

Anonym. Kemisk ukrudtsbekaempelse i kepaløg. **(Chemische Unkrautbekämpfung in Speisezwiebeln.)** Tidsskr. Planteavl **66** (1962) Nr. 1. S. 181–184. – 3 Tab.
Während der Jahre 1958–1960 wurde die Wirkung von Monochloracetat (**I**) und CIPC (Chlor-isopropylphenylcarbamat) (**II**) auf Zwiebeln und Unkraut auf leichtem und schwerem Boden untersucht. Die Ausbringung der Herbicide erfolgte vor und nach der Keimung ohne schädliche Nebenwirkungen auf die Zwiebeln. – Von **II** werden 4 l/ha wirksame Subst. etwa 2–4 Tage nach

dem Stecken oder Aussäen der Zwiebeln gespritzt, während I bis spätestens 8 Wochen vor der Ernte nach dem Keimen des Unkrautes mit 20 kg/ha wirksame Subst. ausgebracht werden kann. Die beste Wirkung erzielte man mit I im Keimblattstadium der Unkräuter, und zwar gegen fast alle Unkrautarten. Als bes. wirksam zeigte sich II gegen Ehrenpreis, Miere und Knöterich.
L. Seidewitz. 2740.

Cuthbertson, E. G. Control of capeweed in pastures. **(Bekämpfung von Cryptostemma calendula auf Weiden.)** Agric. Gaz. New South Wales **72** (1961) Nr. 12. S. 630. 661. 668. – 1 Abb.
Cryptostemma calendula (L.) Druce (= capeweed), ein gefährliches Unkraut auf Weideland, ist gegen 2.4-D wenig empfindlich. Mit dem Herbicid Diquat (kristalliner blaßgelber Feststoff, in Wasser leicht löslich) konnte im Wagga Agric. Res. Inst. eine gute Wirkung erzielt werden. In Gefäßversuchen wurde Diquat in Gaben von 3–6 oz./acre verabreicht, und zwar Anfang Mai, wenn sich die Pflanze im 3- bis 4-Blattstadium befand. Innerhalb einer Woche war das Unkraut vernichtet. Alle übrigen Weidepflanzen waren durch die Behandlung braun gefärbt, erholten sich aber nach Regen schnell wieder. Bei den unbehandelten Gefäßen wurde im Sept. ein Capeweed-Ertrag von mehr als 9 cwt./acre, in den behandelten dagegen von nur 0,7 cwt./acre (Tr.-Gew.-Basis) festgestellt. Diquat soll in einer Wassermenge von ca. 40 gal./acre ausgebracht werden. E. Wittenberg. 2750.

Alexandri, Al. V., Zinca, N., Coman, Tatiana, Popa, T., Condei, Gh., Tema, A. und Savin, Gh. Incercări de combatere a buruienilor pe cale cihmică în vii şi livezi. **(Versuche zur chemischen Unkrautbekämpfung in Reb- und Obstanlagen.)** Inst. Cercetări horti-viticole [Bucureşti], Lucrări ştiinţ. **1959/60** (hrsg. 1961) S. 873–880. – 6 Tab., 8 Lit. Zus. in Russ., Franz.
Mit 10 kg Simazin bzw. 5 und 10 kg Atrazin konnten in 6 rumän. Obstbau-Versuchsstat. gute Bekämpfungsergebnisse erzielt werden. TCA (in Gaben von 50 und 70 l/ha) zeigte zwar gute herbicide Wirksamkeit, schädigte jedoch Obstbäume und Rebstöcke. DNOC bewährte sich im Frühjahr in Rebanlagen. Naphthylphthalamidsäure, 2.4-D und MCPA wirkten unbefriedigend.
M. Petrescu. 2760.

Curtis jun., O. F.; Geneva, Agric. Exp. Stat. Sprays for controlling orchard weeds and grasses. **(Spritzungen zur Bekämpfung von Unkräutern und Gräsern in Obstplantagen.)** New York State horticult. Soc., Proc. annu. Meeting Nr. **107** (1962) S. 182–187. – 2 Tab.
Vf. empfiehlt zur Bekämpfung von schwach und oberflächlich wurzelnden Unkräutern eine Verabreichung von Karmex (2–4 lb.) oder Simazin (2–5 lb.) im Frühjahr. Gegen Quecken und andere tiefwurzelnde Unkräuter werden empfohlen: Dowpon (4–10 lb.), Weedazol oder Aminotriazol (4–8 lb.) und Amitrol T (½–1 gal.). Letztere können zusätzlich zu Karmex oder Simazin verabreicht werden. Für fruchttragende Apfelpflanzungen wird die Anwendung von Dowpon und Simazin oder Karmex, für fruchttragenden Birnenpflanzungen Dowpon und Karmex und bei fruchttragenden Pfirsichplantagen Dowpon in den niedrigsten Konz. vorgeschlagen. Alle Angaben beziehen sich auf 1 acre des zu behandelnden Bodens oder auf 100 gal. Spritzmischung, da die Spritzungen in 100 gal./acre verabreicht werden. E. Wittenberg. 2760.

Poršneva, N. S. (Porschnewa, N. S.); Kursk, Staatl. Landwirtsch. Versuchsstat. Chimičeskie sredstva bor'by s sornjakami. **(Chemische Mittel zur Unkrautbekämpfung.)** Sadovodstvo, Moskva **100** (1962) Nr. 7. S. 25–27. – 3 Abb., 2 Tab.
Die Wirkung von Simazin und Atrazin wurde in einer Beerenobstanlage erprobt. Nach einer Spritzung im Apr. mit 5 kg Wirkstoff/ha der angegebenen

Mittel werden die später gefundenen Unkräuter in Tab. angegeben. Beide Herbicide zeigten eine gute unkrautvernichtende Wirkung. Auf das Wachstum der Beerenobstkultur wirkten sie stimulierend. Bei Himbeeren wurde ein höherer Zuckergehalt festgestellt. I. Levke. 2760.

Näser, K.; Potsdam-Bornstedt. **Chemische Unkrautbekämpfung in Staudenkulturen.** Dtsch. Gartenbau **9** (1962) Nr. 9. S. 246–247. – 1 Abb.
Bericht über Anwendung von Hedolit (DNOC), 0,7%, in Staudengräsern, *Iris, Hemerocallis* und *Yucca filamentosa* sowie von W 6658 (Simazin) in zahlreichen Staudenkulturen. Für Simazin unempfindliche und empfindliche Stauden und Gräser werden genannt. In Topfsenkquartieren traten Schäden durch W 6658 auf. Herta Schmidt. 2760.

Boros, A. Rizs-gyom tanulmányok. **(Eine Studie über die Reis-Unkräuter.)** Agrobotanica [Tápiószele, Ungarn] **1960** (hrsg. 1961) S. 141–158. – Aus: Ung. Agrar-Rdsch. **1962** Nr. 4.
Auf den Reisfeldern Ungarns kommen alle 3 in der „Flora SSSR" (Komarow, 1934) beschriebenen und als Unkräuter des Reises bekannten *Echinochloa*-Arten vor: *E. hosti* (= *E. macrocarpa*) (**I**), *E. phyllopogon* (= *E. oryzicola*) (**II**) und *E. spiralis* (**III**). *E. hostii* wurde lange verkannt und fälschlich für das Synonym von *E. crus-galli* var. *oryzoides* gehalten. **I** und **II** sind dem Reis schädlich, während **III** nicht gefährlich zu sein scheint. Verwendung von reinem Saatgut sowie Einschalten von Hackfrüchten während des Trockenanbaues sind als Bekämpfungsmaßnahmen unerläßlich. – Weitere Unkräuter auf Reisflächen sind *Cyperus difformis* und *Typha laxmanni*. Der Reisanbau führte zur Verbreitung der vorher selten anzutreffenden Arten: *Marsilia quadrifolia, Schoenoplectus mucronatus, Elatine triandra, E. campylosperma* und *Lindernia pyxidaria*. 2770.

Redaktionsschluß: 12. 3. 1963

Herausgeber: Deutsche Demokratische Republik · Deutsche Akademie der Landwirtschaftswissenschaften zu Berlin, Institut für Landwirtschaftliche Information und Dokumentation, Berlin W 8, Krausenstraße 38/39; Chefredakteur: Dr. Ursula Wittbrodt, stellvertretender Chefredakteur: Dr. Werner Kleeberg, Berlin W 8, Krausenstraße 38/39; Fernsprecher: 22 51 61. Verantwortliche Redaktion der Abteilung II – Pflanzliche Produktion: Phytopathologie und Pflanzenschutz: Prof. Dr. Alfred Hey, Berlin, und Prof. Dr. Maximilian Klinkowski, Aschersleben; Pflanzenbau: Prof. Dr. Gustav Könnecke, Halle; Gartenbau: Prof. Dr. Johannes Reinhold, Berlin; Pflanzenzüchtung: Prof. Dr. Rudolf Schick, Groß-Lüsewitz, Kreis Rostock; Bodenkunde, Pflanzenernährung und Düngung: Prof. Dr. Karl Schmalfuß, Halle. Hauptredakteur: Dr. Werner Kleeberg, Berlin W 8, Krausenstraße 38/39; Fernsprecher: 22 51 61. Verlag: Akademie-Verlag GmbH, Berlin W 8, Leipziger Straße 3–4; Fernsprecher: 22 04 41, Telex-Nr. 011773, Postscheckkonto Berlin 350 21. Bestellnummer dieses Heftes: 1030 II – VIII/6. Das Landwirtschaftliche Zentralblatt, Abt. Pflanzliche Produktion, erscheint monatlich. Einzelheft DM 20,– einseitig bedruckte Ausgabe DM 24,–. Jahresbezugspreis DM 240,–; einseitig bedruckte Ausgabe DM 288, – einschl. Register, zuzüglich Porto- und Versandkosten. Gesamtherstellung: VEB Druckerei „Thomas Müntzer" Bad Langensalza. Veröffentlicht unter der Lizenznummer 1291 des Presseamtes beim Vorsitzenden des Ministerrates der Deutschen Demokratischen Republik.

Berichtigung

Im LZ Abt. II, Pflanzliche Produktion, 1962, Nr. 10, S. 2694 muß im Referat über die Arbeit von Schulze,

„Das Prinzip des Vermengens von Bodenunterschieden mit Wechselwirkungen in faktoriellen Versuchen“

der Satz

„Durch das Vermengen bestimmter Wechselwirkungen wird die Zahl der Versuchsglieder vermindert“

ersetzt werden durch den Satz

„Durch das Vermengen bestimmter Wechselwirkungen mit Bodenunterschieden kann die Zahl der Versuchsglieder im Block vermindert werden.“

Kolibri 360 GmbH
Ferdinand-Jühlke-Straße 7
99095 Erfurt, Deutschland
produktsicherheit@kolibri360.de